Melanie Klein
Relato del Psicoanálisis de un Niño

PSIKOLIBRO

RELATO DEL PSICOANÁLISIS DE UN NIÑO

La conducción del psicoanálisis infantil ilustrada con el tratamiento de un niño de diez años.

> *"...comme de vray il faut noter que les jeux*
> *des enfants ne sont pas jeux, et faut juger en*
> *eux comme leurs plus serieuses actions".*
> Montaigne, *Essais*
> Libro I, Capítulo XXIII

PRÓLOGO

Por Elliott Jaques

El *Relato del psicoanálisis de un niño* ocupa una posición singular en el conjunto de la obra de Melanie Klein.

En él se narra, día a día, el análisis -que duró cuatro meses- de un niño de diez años. En relación con cada sesión la autora agregó notas en las que evalúa, a la luz de sus últimas teorías, la técnica que utilizó y el material aportado por el paciente. Esas notas son más completas y, por supuesto, más autorizadas que los comentarios con que podría contribuir el editor, los que, por consiguiente, se han omitido en este volumen.

Tuve una oportunidad excepcional de conocer la actitud de Melanie Klein hacia esta obra: quiso mi buena fortuna que me invitara a colaborar con ella en la preparación del material y las notas, tarea que demandó muchas horas de discusión a lo largo de varios años. Sé que durante mucho tiempo Melanie Klein había alentado el deseo de escribir el historial completo de un análisis infantil, aprovechando las minuciosas anotaciones que efectuaba, sesión tras sesión, en todos sus análisis de niños. Pero el problema que planteaba la extensión, si se pretendía brindar un relato satis factorio de un análisis total, parecía insuperable.

Entonces la guerra creó una situación que de pronto ofreció una solución posible. Se convino el análisis de Richard. El tiempo de que se disponía era limitado y conocido de antemano: cuatro meses. Tanto la analista como el paciente estaban enterados de esta limitación desde el comienzo. Así fue como Melanie Klein se encontró en posesión de las anotaciones de un análisis breve, a las que era posible dar cabida en un solo volumen. Nunca sostuvo que no presentara diferencias con un análisis de duración normal. Era consciente, sobre todo, de que no habla tenido oportunidad de elaborar ansiedades particulares para luego volverlas a encontrar bajo otras formas y elaborarlas de nuevo con mayor profundidad; en tal caso hubieran quedado al descubierto otros tipos de ansiedades y otros procesos psíquicos. Pero, pese a estos defectos, entendía que estaban reunidos todos los elementos esenciales de un análisis completo, en medida suficiente como para ilustrar a la vez sobre la personalidad del paciente y sobre su propia labor.

Unos quince años más tarde decidió ocuparse seriamente del libro. Recorrió las anotaciones de cada sesión, retocando cuidadosamente el estilo pero sin alterar el contenido, a fin de dejar intacto el cuadro de cómo se habla desarrollado la labor en aquella época. Luego evaluó en su fuero interno cada sesión e hizo su autocrítica. Consignó estas reflexiones, así como los cambios que había experimentado su pensamiento, en notas detalladas; a tal efecto examinó cada asociación, cada interpretación de cada una de las sesiones, para poder brindar una explicación de su trabajo tan completa como fuera posible.

Con toda probabilidad puso en *Relato del psicoanálisis de un niño* una dedicación más intensa que en cualquiera de sus otras obras. Internada en el hospital, a pocos días de su muerte, se ocupaba aún de corregir las pruebas de imprenta. Quería dejar un registro absolutamente fiel tanto de su práctica como de su teoría. Creo que lo logró. El libro tiene vida. Muestra, como ningún otro de sus trabajos, a Melanie Klein en acción. Brinda una imagen fiel de su técnica y, a través de las notas, nos permite conocer cómo funcionaba su mente. Refleja sus conceptos teóricos de la época en que llevó a cabo el análisis. Muchas de las formulaciones incluidas en "El complejo de Edipo a la luz de las ansiedades tempranas" (1945, *Obras completas*) se basan en el material aportado por Richard, pero este libro muestra ideas nuevas en el momento en que surgen, ideas concebidas intuitivamente pero aún no desarrolladas o conceptualizadas. Esta obra, la última que produjo, es un digno monumento a su creatividad.

Elliott Jaques

PREFACIO

Con la presentación de este historial me propongo varias cosas. En primer lugar, mostrar mi técnica de trabajo con mayor detalle de lo que lo he

PSIKOLIBRO

hecho hasta ahora. Las extensas anotaciones que he ido haciendo a lo largo del caso, permiten que el lector observe cómo las interpretaciones quedan confirmadas por el material que les sigue, con lo cual se hace perceptible la dinámica cotidiana analítica y la continuidad que se mantiene a través de ella. Además, los detalles de este análisis esclarecen y confirman los conceptos por mi enunciados. Al final de cada sesión, el lector encontrará los comentarios sobre teoría y técnica que he ido haciendo.

En *El psicoanálisis de niños* sólo pude transcribir algunos extractos de mis observaciones e interpretaciones; y como en dicha obra me interesaba especialmente presentar ciertas hipótesis con respecto a ansiedades y defensas, hasta entonces no descubiertas, no pude en esa oportunidad dar una imagen completa de mi técnica. En especial, no logré dejar establecido con suficiente evidencia el consistente uso que hago de interpretaciones transferenciales. A pesar de ello, según mi criterio, los principios más importantes presentados en *El psicoanálisis de niños* siguen teniendo plena validez.

Aunque el análisis que describo sólo duró noventa y tres sesiones, que se dieron en un período de unos cuatro meses, la extraordinaria cooperación del niño me permitió llegar a grandes profundidades.

Tomé notas bastante extensas, pero, como es natural, no siempre pude estar segura de la sucesión del material ni reproducir literalmente las asociaciones del paciente o mis interpretaciones. Esa dificultad se presenta siempre cuando se quiere relatar material clínico. Una versión literal sólo se podría dar si el analista tomara notas durante las sesiones, lo cual perturbaría al paciente considerablemente, al romper el flujo de sus asociaciones libres, mientras que, por otra parte, distraería la atención del analista al sacarlo de la secuencia analítica. Otra posibilidad de conseguir una transcripción literal, sería la de introducir una máquina registradora, fuera abiertamente o a escondidas; pero esta medida, a mi parecer, se opone absolutamente a los fundamentos en los que se basa el psicoanálisis: la exclusión de toda audiencia durante las sesiones analíticas. Si llegara a sospechar el uso del aparato registrador, no sólo creo que el paciente dejaría de hablar y de comportarse como lo hace cuando está a solas con el analista (y el inconsciente es muy perspicaz), sino que además estoy convencida de que el analista, al hablar a la audiencia representada por la máquina, dejaría de interpretar en la forma natural e intuitiva en que lo hace cuando está a solas con su paciente.

Por todas estas razones estoy convencida de que las notas, tomadas lo más pronto posible después de cada sesión, constituyen el mejor relato de los acontecimientos cotidianos del análisis y por lo tanto, como es natural, del análisis en si. Por ello creo que, dentro de las limitaciones que he enumerado, doy en este libro un relato veraz de mi técnica y del material clínico.

Conviene tener en cuenta que la evidencia que el analista puede presentar difiere esencialmente de la que se exige en las ciencias físicas, porque la esencia total del psicoanálisis es diferente de éstas. En mi opinión, los intentos de presentar datos exactos comparables, traen como resultado un método pseudocientífico, ya que las manifestaciones del inconsciente y las respuestas del psicoanalista a las mismas no pueden ser sometidas a mediciones ni clasificadas dentro de categorías rígidas. La máquina, por ejemplo, sólo podría reproducir las palabras usadas, pero no su acompañamiento de expresiones faciales ni de movimientos. Estos factores intangibles desempeñan un papel importante en los análisis, como también lo hace la Intuición del analista.

De cualquier manera, como con el material que el paciente nos brinda se establecen y se ponen a prueba ciertas hipótesis de trabajo, el psicoanálisis es un proceder científico, cuya técnica contiene principios científicos. La valoración y la interpretación del material del paciente que lleva a cabo el analista, tienen su fundamento en un marco coherente de teoría. Su tarea consiste, sin embargo, en combinar el conocimiento teórico con la captación de las variaciones individuales que cada paciente le presenta. En cada momento nos enfrentamos con una serie dominante de ansiedades, emociones y relaciones de objeto, y el contenido simbólico del material del paciente tiene un significado preciso y exacto en relación con este tema dominante.

Este libro trata de mostrar el procedimiento analítico, que consiste en seleccionar los aspectos más urgentes del material e interpretarlos con precisión. Las reacciones del paciente y las asociaciones subsiguientes constituyen un nuevo material, que a su vez debe de ser analizado siguiendo los mismos principios.

Uno de los requisitos esenciales que exigía Freud en el análisis era el trabajo de elaboración, y en la actualidad este requisito se mantiene en pie. Los pacientes adquieren a veces la vivencia de una situación, sólo para repudiarla en las próximas sesiones, e incluso olvidar que alguna vez la habían aceptado. sólo si interpretamos repetida y debidamente el material a medida que éste reaparece en diferentes contextos, podemos ayudar al paciente a adquirir una visión de si mismo que sea más duradera. Un proceso adecuado de elaboración trae como resultado la modificación de ciertos rasgos de carácter y de la fuerza de los muy diversos procesos de disociación que encontramos aun en pacientes neuróticos; debe además incluir el análisis congruente en las ansiedades paranoides y depresivas. Como resultado se obtiene una mayor integración de la personalidad.

Aunque el análisis que aquí presento quedó inconcluso, es en muchos sentidos ilustrativo. Como se puede ver en él, pude llegar a estratos muy profundos de la mente, y permitir así que mi paciente manifestara muchas de sus fantasías y tomara conciencia de algunas de sus ansiedades y defensas. Pero no se pudo, en cambio, llevar a cabo una adecuada elaboración de todo esto.

A pesar de las dificultades inherentes a la corta duración de este análisis, me propuse no modificar mi técnica e interpretar, como de costumbre, incluso las ansiedades más profundas a medida que éstas se iban presentando, con sus correspondientes defensas. Si estas interpretaciones son comprendidas por el paciente dentro de cierto límite, a pesar de no poder llegar a elaborarlas totalmente, el análisis no deja de tener valor. Aunque los procesos de disociación y de represión tiendan a establecerse de nuevo, se habrá logrado hacer ciertas modificacio nes en regiones fundamentales de la mente.

Sin embargo, estoy segura de que aun cuando en el futuro lleguemos a mejorar nuestra técnica considerablemente, este progreso no conseguirá acortar la duración de los análisis. Por el contrario, mi experiencia me lleva a la conclusión de que cuanto mayor tiempo tengamos a nuestra disposición para llevar a cabo el tratamiento, tanto mejor podremos disminuir las ansiedades persecutorias y depresivas de nuestros pacientes y ayudarles a conseguir una mayor integración.

INTRODUCCION

Richard tenía diez años cuando empecé a analizarle[1]. Sus sínto mas habían llegado a un punto tal, que se le había hecho imposible ir al colegio desde los ocho años, edad en que el estallido de la guerra, en 1939, incrementó sus ansiedades. Tenía mucho miedo de los otros niños y esto contribuyó a que, en forma cada vez mayor, evitara salir solo. Además, desde los cuatro o cinco años había causado una gran preocupación a sus padres la progresiva inhibición de sus facultades y de sus intereses. Y junto con estos síntomas era hipocondríaco y frecuentemente caía en estados depresivos. Estas dificultades se hacían evidentes en su apariencia, pues tenía un aspecto muy preocupado y triste. Sin embargo, a veces -y esto ocurrió en forma sorprendente durante las sesiones analíticas-, su depresión

---

[1] Los detalles de los antecedentes del paciente que doy aquí son casi idénticos a los incluidos en la introducción de mi trabajo "El complejo de Edipo a la luz de las ansiedades tempranas" (1945), en el cual ejemplifico mis conclusiones con material sacado del análisis de este mismo paciente.

desaparecía, y de pronto sus ojos cobraban una vida y un brillo que transformaban por completo su expresión.

Richard era en muchos sentidos un niño precoz y dotado. Tenía muchas condiciones para la música, cosa que demostró desde una edad temprana. Su amor por la naturaleza era muy pronunciado, aunque sólo se refería a sus aspectos agradables. Sus dotes artísticas se manifestaban, por ejemplo, en la manera como elegía las palabras, y en un cierto sentido por lo dramático que enriquecía su conversación. No se llevaba bien con los demás niños, sintiéndose más cómodo con los adultos, y en especial con las mujeres, a quienes trataba de impresionar con sus dotes de conversador; lograba así congraciarse con ellas de una manera un tanto precoz.

La lactancia había sido insatisfactoria y había durado probablemente sólo unas semanas [2]. Siempre había sido delicado y desde su primera infancia había sufrido de resfríos y otras enfermedades. Su madre me habló de dos operaciones: circuncisión efectuada a los tres años y amigdalectomía a los seis. Richard era el menor de dos hermanos, habiendo entre los dos ocho años de diferencia. La madre, aunque no estaba enferma en el sentido clínico de la palabra, tenía una predisposició n hacia la depresión. Le preocupaba mucho cualquier enfermedad de Richard, actitud ésta que ejercía cierta influencia sobre los temores hipocondríacos del niño. No cabía duda de que éste le había desilusionado, ni de que, aunque trataba de disimularlo, prefería a su hijo mayor, el cual había tenido mucho éxito en la escuela y nunca le habla causado preocupaciones. Aunque Richard la quería mucho, era un niño con el cual resultaba difícil vivir: no tenía ninguna ocupación que le interesara; estaba siempre demasiado ansioso y sentía un afecto desmedido hacia su madre, tanto que, por no poder soportar separarse de ella, se le colgaba de una manera persistente y agotadora. Sus temores hipocondríacos se referían tanto a la salud de la madre como a la propia.

Aunque ésta le cuidaba mucho y hasta cierto punto le mimaba, no parecía darse cuenta de la gran capacidad de bondad y de cariño que poseía el niño, y tenía poca confianza con respecto a su desarrollo futuro. Por otra parte, era muy paciente, como, por ejemplo, al no presionarle para que jugara con otros niños ni obligarle a ir al colegio.

El padre de Richard le quería mucho y era también bondadoso, pero parecía dejar en manos de su mujer la responsabilidad de educarle. Aunque existía una relación afectuosa entre los dos hermanos, éstos tenían poco de común entre sí. La vida familiar, en general, era tranquila.

---

[2] La versión de la madre con respecto a este punto y a otros fue muy vaga, y por ello hay una cantidad d e detalles de los primeros años de la vida de Richard que aunque me hubiera gustado conocer mas, no pude llegar a descubrir.

La guerra había agudizado intensamente las dificultades de Richard. A causa de ella, sus padres se mudaron al campo y el hermano mayor fue evacuado con al escuela. Para poder iniciar el análisis conmigo, Richard y su madre vinieron a vivir a un hotel en "X", el pueblo donde yo vivía entonces, el cual no estaba lejos de su propia casa, situada en un pueblo al que llamaré "Y". Los sábados iban a pasar el fin de semana a su hogar. El abandono de la ciudad natal, que llamaré "Z", había causado en el niño mucha ansiedad. La guerra en general le había reactivado ansiedades tempranas, asustándole en forma particular los bombardeos y las bombas. Seguía muy de cerca las noticias sobre la guerra y tomaba mucho interés en los

cambios que se iban produciendo; esta preocupación apareció cons -
tantemente en el análisis.

En aquel entonces, para poder llevar a cabo el tratamiento de los niños, había yo alquilado un cuarto de juegos, ya que el sitio donde atendía a mis pacientes adultos no se prestaba para ellos. Este cuarto era grande y tenía dos puertas, una cocina y un cuarto de baño que daban a él. Richard identificó esta habitación conmigo y con el análisis, y por lo tanto estableció con ella una relación casi personal. Sin embargo presentaba algunos inconvenientes: a veces era usada por una agrupación de niñas exploradoras, razón ésta queme impidió sacar de ella los libros, cuadros y mapas que allí había. Otro inconveniente lo constituía el que no hubiera sala de espera ni nadie que atendiera la puerta. En cada sesión yo debía abrir con mi llave, y al salir, dejar la casa cerrada; y si Richard llegaba demasiado temprano, ocasionalmente venía a acompañarme durante un trecho del camino. Como yo abandonaba la casa tras cada sesión, esto hacía además que me esperara a la salida y me acompañaba hasta la esquina, que estaba a unos cien metros de la casa. En ocasiones en que yo me iba después al pueblo a hacer compras, me acompañaba un poco más. Cuando esto ocurría, aunque yo no podía negarme a conversar con el niño, trataba de no entrar en ningún tipo de interpretación ni de conversación que implicara detalles de mi vida íntima. Traté de mantenerme, dentro de lo posible, en el límite de los cincuenta minutos que duran las sesiones de los adultos.

Durante el curso de su tratamiento, Richard hizo varios dibujos. Es significativa la manera en que los ejecutaba, pues nunca comenzaba su labor con un plan preconcebido, y a veces se sorprendía al ver el cuadro terminado. Le di un material de juego variado, y además de los lápices y pinturas con los que hacía sus dibujos, los cuales también representaban en sus juegos el papel de personajes. El mismo trajo de su casa un juego de barcos de guerra. Cuando Richard quiso llevarse los dibujos a su hogar, le señalé que sería útil para su análisis el tenerlos guardados junto con los juguetes, ya que quizá quisiera volverlos a mirar alguna vez. Me di plena cuenta de que el niño comprendió que sus obras tenían para mí gran valor, cosa que durante el curso del análisis se vio confirmada repetidamente. En cierto sentido me estaba haciendo un regalo. De esta situación en que sus "regalos" eran aceptados y valorados, sacaba una sensación de seguridad, que vivió como una manera de hacer reparación. Todo este contenido fue debidamente analizado. El efecto de seguridad que produce en el niño la intención del analista de guardar sus dibujos, es un problema que el analista de niños debe enfrentar frecuentemente. Los pacientes adultos sienten a menudo deseos de ser útiles a su analista fuera de la situación analítica, y esto es similar al deseo del niño de hacerle un regalo. La mejor manera de manejar estos sentimientos es analizándolos.

Aunque me esforcé en general por tomar notas detalladas tras cada sesión, la cantidad de material recogido varió de una hora a otra, y sobre todo al principio, cuando algunas sesiones fueron tomadas de manera incompleta. Ciertos comentarios de mi paciente, que están transcriptos entre comillas, reproducen la versión literal de sus palabras, pero en general no pude lograr esto ni con lo que él decía ni con mis propias interpretaciones, así como tampoco pude anotar to das las que fueron pronunciadas. También hubo horas en las que la angustia del niño le hizo permanecer en silencio durante largos períodos, produciéndose por ello menos material. Fue imposible describir matices de comportamiento, gestos, expresiones faciales y la longitud de las pausas entre cada asociación, datos todos ellos, como sabemos, de una importancia particular en el trabajo analítico.

En mis interpretaciones traté de evitar, como suelo hacerlo tanto con niños como con adultos, el introducir comparaciones, metáforas o citas para ejemplificar lo que quiero decir. Por razones de brevedad, en este libro uso ocasionalmente términos técnicos cuando me refiero a algún detalle de sesiones anteriores. En la práctica nunca uso una terminología técnica, ni aun para recordar a mis pacientes un material anterior, actitud que mantengo también tanto con los adultos como con los niños. Por el contrario, me esfuerzo por usar, siempre que me sea posible, las palabras que el paciente mismo ha usado, y encuentro que esto tiene el efecto de disminuir sus resistencias y de hacerle retomar plenamente el material al que me estoy refi-riendo. En el caso de Richard tuve que introducir, empero, términos que él desconocía, tales como "genital", "potente", "relaciones sexuales", o "coito". A partir de un determinado momento, Richard llamó al análisis "el trabajo". A pesar, sin embargo, de haberme esforzado siempre por enunciar mis interpretaciones de la manera más parecida que pude a su forma de expresión, al transcribirías sólo he podido dar una versión resumida de la misma. Además, a menudo he escrito en forma global lo que en realidad constituían varias interpretaciones, separadas entre sí por el juego del niño o por algún comentario. Esto puede dar la impresión de que las interpretaciones fueran más largas de lo que en realidad lo fueron originariamente.

He pensado que sería útil definir ciertos puntos del material y de las interpretaciones en los mismos términos que uso en mis trabajos teóricos. Como es lógico suponer, estas formulaciones no fueron usadas al dirigirme al niño, sino que han sido añadidas al texto, entre corchetes.

En cuanto a los detalles de los antecedentes del paciente, he hecho en ellos alguna leve alteración por razones de discreción; y de igual manera debo, al publicar este trabajo, evitar varias referencias a personas y a circunstancias externas. A pesar de todo esto, sin embargo, estoy convencida como dije antes, de que presento un cuadro esencialmente veraz del psicoanálisis de este niño y de mi técnica.

Desde un principio supe que sería imposible prolongar el tratamiento más de cuatro meses. Sin embargo, tras una detenida consideración decidí emprenderlo, pues la impresión que me hizo el niño me permitía suponer que aunque sólo pudiera esperar obtener un resultado parcial, podría conseguir mejorarlo. El tenía mucha conciencia de sus grandes dificultades y tanto deseo de ser ayudado, que no podía yo dudar de su cooperación. También sabía que no se le presentaría durante varios años la posibilidad de ser analizado. Su afán por que yo lo tratara se hacía mayor por el hecho de que un muchacho mucho mayor que él, a quien conocía, era también pa-ciente mío.

Aunque hasta la última sesión me he adherido en todo lo esencial a mi técnica usual, al releer las notas me doy cuenta de que en este caso he contestado a más preguntas de las que suelo contestar en otros análisis de niños. Richard sabía también, desde el principio, que su tratamiento sólo duraría cuatro meses. Pero a medida que éste transcurría tomó perfecta conciencia de que necesitaba mucho más, y cuanto más nos acercábamos al fin del término, tanto más patético se tornaba su temor a quedarse sin él.

Yo tenía conciencia de mi contratransferencia positiva, pero, como estaba en guardia, pude mantenerme dentro del principio fundamental de analizar firmemente, tanto la transferencia negativa como la positiva y las profundas ansiedades que iba encontrando. Estaba convencida de que, por más difícil que fuera la situación, el análisis de las ansiedades reactivadas por su miedo a la guerra[3] era el único medio que tenía para ayudarle eficientemente. Creo que he logrado salvar los peligros a los que puede llevar el sentir una gran

---

[3] Véase "Sobre la teoría de la ansiedad y la culpa" (1948).

simpatía por el paciente y por sus sufrimientos y la consecuente contratransferencia positiva.

El resultado de este análisis fue, tal como yo esperaba, sólo parcial; pero logró ejercer cierta influencia en el desarrollo del niño. Durante un tiempo pudo asistir a la escuela; más adelante recibió clases privadas. Las relaciones con los niños de su edad mejoraron, y disminuyó la dependencia de su madre. Se pudieron crear intereses científicos y existen en la actualidad posibilidades reales para que siga una carrera. Desde que finalizó la guerra le he visto varias veces, pero hasta ahora no ha habido ocasión de continuar su tratamiento.

SESION NUMERO UNO (Lunes)

(Las dos primeras sesiones están basadas en notas incompletas.)

M.K. ha preparado algunos juguetitos, un cuaderno, lápices y tizas, y los ha colocado sobre una mesa a la que hay arrimadas dos sillas. Cuando se sienta, se sienta también Richard, quien no presta atención a los juguetes y se queda mirándola con aire expectante y ansioso, evidentemente esperando que diga algo. *M.K.* le dice que ya sabe la razón por la cual ha venido a verla: porque tiene ciertas dificultades para las que necesita que se le ayude.

Richard se muestra de acuerdo y en el acto empieza a hablar de sus preocupaciones (nota 1). Tiene miedo de los chicos que encuentra en la calle y de salir sólo, temor que se hace cada vez mayor. Ha llegado a hacerle odiar el colegio. También piensa mucho en la guerra. Por supuesto que sabe que los aliados van a ganarla y esto no le preocupa, pero ¿no es tremendo lo que Hitler hace con la gente, y en particular las cosas terribles que ha hecho a los polacos? ¿Se propone hacer lo mismo aquí? Agrega que está seguro de que va a ser derrotado (Y al hablar se dirige a un mapa grande que cuelga de una pared.)... Después sigue. *M.K.* es austriaca, ¿no? Hitler ha sido espantoso con los austríacos a pesar de serlo él mismo...

Después se refiere a una bomba que cayó cerca de su jardín donde solían vivir (en "Z"). La pobre cocinera estaba sola en la casa. Da una dramática descripción de lo ocurrido. El daño real no fue demasiado grande: sólo se rompieron algunas ventanas y se desplomó el invernadero del jardín, pero la pobre cocinera debió de estar aterrorizada y tuvo que ir a dormir a casa de unos vecinos. También piensa Richard que los canarios deben de haberse sacudido dentro de sus jaulas y asustado muchísimo... Habla otra vez de la crueldad de Hitler para con los países conquistados... Y a continuación trata de recordar si tiene otras preocupaciones que no haya aún mencionado. Ah, sí, a veces se pregunta cómo es él por dentro y cómo son los demás. Le causa extrañeza la manera como circula la sangre. Si uno se pusiera cabeza abajo durante un tiempo largo y toda la sangre bajara a ella, ¿se moriría?

M.K. le pregunta si no se preocupa a veces también por su madre[4].

Richard contesta que con frecuencia de noche tiene miedo y que hasta hace cuatro o cinco años llegaba a estar realmente aterrado. Últimamente también se ha sentido a menudo "solo y abandonado" justo antes de dormirse. Se preocupa frecuentemente por la salud de mamá que a veces no está bien. Una vez, tras un accidente, la trajeron a casa en una camilla: la habían atropellado. Aunque esto ocurrió antes de nacer él, piensa en ello a menudo... De noche teme que un hombre asqueroso -una especie de vagabundo- venga a secuestrar a mamá. Entonces se imagina cómo él, Richard, iría a ayudarla, y quemaría al vagabundo con agua caliente hasta dejarlo desmayado. Y si llegara a morirse por hacerlo, no le importaría... bueno sí, le importaría mucho... pero ello no le detendría de ir al rescate de mamá.

M.K. le pregunta cómo piensa que el vagabundo entraría en la pieza de su madre.

Richard contesta, tras alguna resistencia, que quizá podría entrar por la ventana, rompiéndola.

M.K. entonces sugiere que ese vagabundo se parece mucho al Hitler que asustó a la cocinera durante el bombardeo aéreo y que maltrató a los austríacos. Como Richard sabe que *M.K.* es austriaca, piensa que también ella va a ser atacada. Quizá también de noche, cuando sus padres se van a la cama, teme que pase algo con sus genitales de manera que mamá quede dañada (nota II).

Richard queda sorprendido y asustado. Parece no entender lo que significa la palabra "genital"[5]. Hasta ahora, es evidente que ha comprendido todo y que ha estado escuchando con sentimientos contradictorios.

M.K. le pregunta si sabe lo que quiere decir la palabra "genital".

Aunque Richard dice al principio que no, admite luego que cree que sí. Dice que mamá le ha contado que dentro de ella se hacen los bebés; que tiene allí huevitos y que papá le echa una especie de fluido que los hace crecer. (Conscientemente parece no tener ninguna idea del coito, ni saber el

---

4 Su madre me había dicho que se preocupaba mucho cuando a ella le pasa ba algo. Este tipo de información no puede ser usado a menudo y sólo debe formar parte de la interpretación si encaja muy profundamente en el material. Es más seguro depender sólo del material que el niño dé, pues si no, podemos hacerle sospechar que el analista se mantiene en un contacto estrecho con sus padres. Pero en este caso particular sentí que el niño estaba excepcionalmente dispuesto a hablar de sus preocupaciones.

Véase la Introducción. 5

nombre de los genitales[6].) Continúa diciendo luego que su papá es muy bueno y bondadoso, y que nunca haría nada a mamá.

M.K. interpreta que puede tener sentimientos contradictorios hacia papá. Que a pesar de saber que papá es bueno, de noche, cuando tiene miedo, puede temer que haga daño a mamá. Cuando habló del vagabundo no se acordó de que papá, que duerme en la misma habitación que mamá, la podría también proteger, y esto se debe a que siente que es el mismo papá el que podría dañarla. (En este momento Richard parece impresionado y claramente acepta la interpretación.) *M.K.* continúa diciéndole que durante el día piensa que papá es bueno, pero que de noche, cuando no puede ver a sus padres ni saber lo que hacen en la cama, puede pensar que papá es malo y peligroso y que todas las cosas terribles que le pasaron a la cocinera, y la ruptura de vidrios y el estallido, le estuvieran también pasando a mamá.

[División de la imagen paterna en una parte buena y otra mala.]

Estos pensamientos pueden estarle preocupando aunque no se dé cuenta de ellos. Hace un momento ha hablado de las cosas terribles que el austríaco Hitler hace a los austríacos, con lo cual quiere decir que maltrata a su propia gente, incluyendo a *M.K.* De la misma manera puede papá atacar a mamá.

Aunque Richard no dice nada, parece aceptar la interpretación (nota III). Desde el comienzo de la sesión ha estado extremadamente ansioso por hablar de sí mismo, como si esperara esta oportunidad desde hace mucho tiempo. Aunque repetidamente ha mostrado señales de angustia y de sorpresa, y ha rechazado algunas interpretaciones, hacia el final de la hora su actitud cambia y se pone menos tenso. Dice que ha visto los juguetes, el papel y los lápices en la mesa, pero que no le gustan los juguetes, y que prefiere hablar y pensar. Se muestra muy amistoso y satisfecho cuando se separa de *M.K.* y dice que se alegra de volver al día siguiente (nota IV).

Notas de la sesión número uno.

---

[6] Yo le había preguntado a su madre cuál era la expresión con que Richard denominaba a su genital, y ésta me contestó que con ninguna, pues nunca se refería a él. Tampoco llamaba de ninguna manera a los actos de orinar y defecar, pero cuando yo introduje las expresiones de "lo grande" y "lo chico" *(big job, little job)*, y más tarde la palabra heces, las comprendió sin ninguna dificultad.

En casos como éste en que el ambiente ha favorecido tanto la represión que no se usa expresión alguna para designar a los genitales ni a las funciones corporales, el analista debe él mismo introducirlas. No cabe duda de que el niño sabe que tiene un genital, tanto como se produce orina y materia fecal, de manera que las palabras que se le dan le ponen en contacto con este conocimiento, tal como se demostró en este caso. De igual manera al principio tuve que referirme a las relaciones sexuales con la descripción de lo que él mismo creía inconscientemente que sus padres hacían durante la noche. Gradualmente fui usando las palabras "relaciones sexuales" y más tarde "coito".

I. No es raro que en el período de latencia los niños pregunten para qué vienen al análisis. Lo más probable es que lo hayan ya preguntado en casa, resultando de utilidad discutir el asunto con los padres o con la madre antes de empezar. Si el niño reconoce sus propias dificultades, la contestación que hay que darle es fácil: se le contesta que viene a causa de ellas. En el caso de Richard yo misma introduje el tema, pues la experiencia me dice que es útil hacerlo en los casos en que el propio niño no lo hace a pesar de la curiosidad que siente. De no hacerlo así, pueden transcurrir varias sesiones antes de que se tenga la oportunidad de explicar las razones del tratamiento. Hay, sin embargo, casos en los que tenemos que descubrir en el material inconsciente el deseo del niño de saber cuál es la relación que guarda con el analista y su toma de conciencia de que necesita el tratamiento y de que éste le es útil. (He dado ejemplos acerca del comienzo de un análisis de latencia en *El psicoanálisis de niños,* capítulo IV.)

II. El punto de vista de los analistas difiere en cuanto al momento de la transferencia en que conviene interpretar. Aunque creo que no debe de transcurrir ninguna sesión en la que no haya alguna interpretación transferencial, mi experiencia me ha demostrado que no es siempre al principio cuando se debe interpretar la relación transferencial. Cuando el paciente está profundamente preocupado por la relación que mantiene con su padre, madre, hermano o hermana, o con experiencias pasadas o presentes, es necesario permitirle toda posibilidad en la que pueda referirse a estos temas. En estos casos la referencia al propio analista debe de venir después. En otros, en cambio, uno siente que cualquiera sea el tema que el paciente esté tocando, todo el énfasis emocional se refiere a su relación con el analista, y entonces la interpretación debe referirse antes que nada a la transferencia. No necesitamos recordar que las interpretaciones transferenciales siempre implican referir a objetos anteriores las emociones que se sienten hacia el analista. De no hacerse así, no se cumple del todo la función a la que están destinadas. Esta técnica de interpretar la transferencia fue descubierta por Freud desde las primeras épocas del psicoanálisis y sigue teniendo total validez en la actualidad. La intuición del analista es la que debe llevarle a reconocer la transferencia en material en el que quizás él no haya sido mencionado directamente.

III. En varias ocasiones a través de todo el caso, indico las res-puestas de Richard a mis interpretaciones. Algunas veces éstas eran negativas, e incluso expresaban un fuerte rechazo; otras, expresaban un total acuerdo, mientras que en ocasiones, la atención del niño parecía desviarse como si no me oyera. Pero aun en estas oportunidades sería erróneo suponer que no hubiera en él respuesta; lo que pasaba es que a menudo no pude yo tomar nota del efecto fugaz que mi interpretación le había hecho. El niño a veces se mantenía en silencio, sentado, mientras yo hablaba, o bien podía levantarse, y coger un lápiz, un juguete o el papel. También solía interrumpirse con algo que constituía una asociación más o una duda. Por todo ello mis interpretaciones pueden con frecuencia parecer más largas y seguidas de lo que en realidad fueron.

IV. Es poco común que un latente produzca en las primeras sesiones el tipo de material que trajo Richard. Por ello las interpretaciones son también diferentes. Tanto el contenido de la interpretación, como el momento en que se formula, varían de acuerdo con el paciente, el material que éste da y la situación emocional dominante.(*Véase El psicoanálisis de niños,* capítulo IV.)

SESION NUMERO DOS (Martes)

Richard llega unos minutos antes de la hora y espera a *M.K.* en la puerta. Parece ansioso por empezar. Dice que recuerda otra cosa por la que se preocupa a menudo, pero que es muy diferente de las cosas de las que ha hablado ayer; algo completamente distinto. Tiene miedo de que haya un choque entre el Sol y la Tierra y de que el Sol incendie a ésta. En ese caso, Júpiter y los demás planetas quedarían pulverizados, y la Tierra, siendo el único planeta con gente viva es tan importante y tan valiosa que... De nuevo mira el mapa y vuelve a comentar lo terrible que es lo que Hitler hace al mundo y el sufrimiento que causa. Piensa que Hitler debe de estar deleitándose en su cuarto porque los demás sufren y que le gustaría que a la gente le dieran latigazos... Señala Suiza y dice que es un pequeño país neutral, "cercado" por la enorme Alemania. También la pequeña Portugal es amiga. (Anteriormente me ha dicho que lee tres periódicos todos los días y que escucha todos los noticiarios de la radio.) La pequeña y valiente Suiza se atreve a atacar y a derrumbar a los aviones que pasan por su territorio, sean estos alemanes o británicos.

M.K. interpreta que la "valiosa Tierra" es mamá, y la gente que vive en ella, sus hijos, a quienes él quiere tener de aliados y amigos; de ahí sus referencias a Portugal, el pequeño país, y a los demás planetas. El Sol y la Tierra que chocan significan algo que pasa entre sus padres, mientras que "allá lejos" es aquí cerca, su habitación. Los planetas pulverizados (Júpiter) le representan a él y a los otros niños de mamá, y a lo que les pasaría si se atrevieran a ponerse entre los padres. Le hace notar que tras hablar de la colisión se ha referido de nuevo a Hitler que destruye a Europa y al mundo. Los pequeños países como Suiza también lo representan a él. Recordándole el material de la sesión anterior, en la cual Richard dijo que atacaría al vagabundo que viniera a secuestrar a mamá, que le quemaría y le dejaría inconsciente, pudiendo él mismo ser muerto, añade que esto significa lo mismo que Júpiter -él mismo- pulverizado entre la Tierra Y el Sol al chocar -sus padres-.

Richard está de acuerdo con parte de la interpretación. Contesta que a menudo piensa en el vagabundo y en que podría morir al defender a mamá, pero que prefiere morir a no luchar. También está de acuerdo con la interpretación de que la Tierra, valiosa porque contiene a gente viva, simboliza a su mamá. Muchas veces ha oído hablar de "la madre Tierra"...
Dice que le ha preguntado a su madre cuándo fue atropellada por el auto y traída a casa en una ambulancia y que ésta le ha contestado que cuando él tenía dos años. Siempre había creído que había ocurrido antes de nacer él...
Añade que odia a Hitler y que le gustaría hacerle daño, así como también a Goebbels y a Ribbentrop por atreverse a decir que Gran Bretaña es la agresora.

M.K. se refiere al material del día anterior sobre la manera como atacaría al vagabundo y le sugiere que cuando está en la cama, de noche, no sólo terne que papá dañe a mamá sino que a veces piensa que sus padres pueden estar divirtiéndose[7]; que esto puede hacerle sentir celos y rabia contra los dos por dejarle a él "solo y abandonado". Le interpreta que si desea dañarles por estar celoso, debe sentirse después muy culpable. Le ha contado que recordaba a menudo el accidente de mamá, pero creyendo que había ocurrido antes de su nacimiento. Este error se debe a sus sentimientos de culpabilidad: necesita convencerse a sí mismo de qué él nada tiene que ver con el accidente y de que no ha ocurrido por su culpa. Quizás el temor de que el vagabundo-padre dañe a su madre y de que el Sol y la Tierra choquen, está relacionado con la hostilidad que él mismo siente hacia los dos.

Richard niega rotundamente, al principio, tener tales sentimientos cuando lo mandan a la cama, y dice que él sólo se siente asustado y temeroso. Pero luego continúa diciendo que a veces puede discutir con sus padres hasta que éstos quedan exhaustos y no lo pueden soportar más y que esto le da placer. También dice que tiene celos cada vez que su hermano Paul viene con licencia[8], pues le parece que es el favorito de mamá. Esta a veces le manda chocolate, y aunque cree que tiene razón al hacerlo, siente de todas maneras gran resentimiento.

M.K. se refiere entonces al resentimiento que también siente cuando Ribbentrop miente, diciendo que Gran Bretaña es la agresora. Le señala que quizás esta rabia sea tan grande porque piensa que la acusación puede ser

---

[7] He aquí un ejemplo de las dificultades que surgen a causa de que mis notas no es tén completas. La anotación de esta interpretación confunde: estoy segura de no haberla formulado sin tener material sobre el cual basarme.

[8] En ese entonces, Paul, que acababa de cumplir los diecinueve años, estaba en el ejército.

aplicada a sí mismo: si tiene celos y rabia y desea hacer lío entre sus padres, él es también un agresor.

Richard se queda en silencio, evidentemente pensando en la interpretación, y después sonríe. Cuando *M.K.* le pregunta por qué se ríe, contesta que porque le gusta pensar: ha estado pensando en lo que ella acaba de decir y cree que tiene razón... (Sin duda la interpretación sobre su agresividad, tras alguna resistencia, le ha traído alivio.) Entonces se pone a hablar sobre su relación con Paul quien, años atrás solía molestarle Y perseguirle. A menudo lo ha odiado, pero también le quiere. A veces se aliaban los dos contra la niñera y la molestaban[9] (nota 1). Otras veces, en cambio, era la niñera quien le ayudaba a él contra Paul. También habla sobre una pelea que ha tenido recientemente con su primo Peter, a quien en general quiere, pero que esta vez le ha hecho daño. Menciona lo enorme que Peter es comparado con él.

M.K. le señala que cuando Peter en las peleas se hace malo, a Richard le parece que es una mezcla de papá bueno y del Hitler o vagabundo-papá malo. Y aunque le resulta fácil odiar a Hitler, le es en cambio muy doloroso odiar a papá, a quien por otra parte también quiere. [Ambivalencia.]

Richard se refiere otra vez, con resentimiento, al recibimiento que su mamá hizo a Paul cuando éste vino con licencia, y después menciona a Bobby, su perro spaniel, que siempre le hace a él grandes fiestas, pues le quiere más que a nadie de la familia. (Sus ojos brillan al decir esto.) Le regalaron a Bobby cuando era cachorrito y todavía le salta al regazo. Describe con evidente regocijo cómo cuando su papá se levantó una vez de la silla, Bobby le quitó el sitio y el padre tuvo que sentarse en el borde. Han tenido antes otro perro que se puso enfermo cuando tenía once años y tuvo que ser matado. A él esto le entristeció mucho, pero luego se le pasó...

También menciona a su abuela, a la cual ha querido mucho y que ha muerto hace algunos años.

M.K. interpreta los celos que siente por el cariño que mamá tiene hacia Paul, y le señala que inmediatamente después le ha hablado de la manera como Bobby lo recibe a él y le salta al regazo. Esto parece indicar que Bobby representa para él a un hijo y que la manera que tiene de vencer su resentimiento es ponerse en el lugar de mamá. Al mismo tiempo, cuando Bobby le saluda y le quiere más que a nadie, entonces Richard se convierte en el hijo querido por mamá y Bobby en ésta. Le recuerda además *M.K.* que tras hablar del perro viejo que debió ser matado, se refirió a la muerte

---

[9] Esta niñera entró en la casa al nacer Richard o inmediatamente después. El niño la quería mucho, pues parecía ser comprensiva y buena. En ese momento se había ido de la casa, estaba casada y vivía no lejos de "X".

de su abuela, lo cual parece indicar que siente como si ella también hubiera sido matada, y posiblemente -como en el caso del accidente de mamá- por alguna culpa suya. La abuela, a quien él quería, también puede estar representando a *M.K.* y quizá tema que por su causa le pase a ella algo malo.

(Mis notas aquí están particularmente incompletas. Estoy segura de que Richard debe de haber respondido a esta interpretación, posiblemente rechazándola. Tampoco tengo ninguna indicación sobre la forma en que terminó la sesión, pero si mi memoria no me engaña, no se opuso a venir el día siguiente (nota II).

Notas de lo sesión número dos.

I. En general, las niñeras, tías, tíos o abuelos, tienen mucha importancia en la vida de los niños pequeños. Los conflictos que, en alguna medida, siempre surgen en las relaciones de los niños con estas personas, no adquieren toda la importancia que toman los conflictos con los padres, ya que están más alejadas del impacto directo de la situación edípica. Lo mismo pasa con los hermanos y hermanas. Estos objetos amados, sirven además para reforzar los aspectos buenos de los padres. El recuerdo de tales relaciones es valioso, pues se trata de objetos buenos adicionales que han sido introyectados.

II. En la primera de estas dos sesiones, he tratado de analizar la ansiedad consciente e inconsciente surgida ante el daño hecho a su madre por el padre "malo" y sexual. En la segunda hora me preocupé por mostrarle la parte que su propia agresión jugaba en estas ansiedades. Esto puede sugerir que la primera finalidad que me propongo al trabajar con niños (y esto lo he señalado repetidamente), es la de analizar las ansiedades que se van activando. Sin embargo, es preciso una aclaración: en efecto, es imposible analizar las ansiedades, sin reconocer las defensas que operan contra ellas, debiendo por lo tanto éstas ser también interpretadas.

En el material que acabamos de transcribir, vemos que Richard tenía conciencia del temor de que un vagabundo raptara y dañara a su madre, pero no de que dicho miedo fuera un derivado de las ansiedades que le provocaban las relaciones sexuales de sus padres. Cuando le interpreté el contenido específico de esta angustia, también di mucha importancia al hecho de que le resultaba demasiado doloroso pensar que su padre fuera un hombre malo, y le señalé que por ello había dirigido su temor y sus sospechas hacia el vagabundo y hacia Hitler. Esto implica la inclusión del análisis de una defensa.

En la segunda sesión, le interpreto que el enojo que siente contra Ribbentrop por decir éste que Gran Bretaña es la agresora, representaba, además de odio por el Ribbentrop de verdad, un rechazo de sí mismo por ser agresivo. En esta ocasión, también interpreto la ansiedad y la defensa erigida contra ella, tal como puede verse si se tienen en consideración todos los detalles de la sesión.

En *El psicoanálisis de niños* (capítulo V) he indicado que cada interpretación debe señalar, hasta cierto punto, el papel qué están representando el superyó, el ello y el yo. Esto quiere decir que cada interpretación, adecuadamente formulada, lleva a cabo una sistemática exploración de las diversas partes del aparato mental y de sus funciones.

Algunos analistas, y me refiero en particular a los trabajos de Anna Freud, sostienen el punto de vista de que el análisis de las ansiedades debe de ser dejado para una etapa posterior de la tarea, analizándose en primer lugar las defensas, tanto aquellas que se erigen contra la angustia como las que lo hacen contra las pulsiones instintivas. En otras ocasiones he expresado ya claramente mi desacuerdo con este punto de vista. (Véase "Simposium sobre análisis infantil", 1927.)

SESION NUMERO TRES (Miércoles)

Richard llega a horario. En seguida se dirige al mapa y expresa el temor de que los barcos de guerra británicos queden bloqueados en el Mediterráneo, en el caso de que los alemanes ocupen Gibraltar. Tampoco podrían pasar a través de Suez. Habla también de los soldados heridos y se muestra angustiado por ellos. Se pregunta cómo podrían ser rescatadas de Grecia las tropas británicas, y lo que Hitler se propone hacer con los griegos. ¿Los esclavizará? Mirando el mapa, dice con preocupación que Portugal es un país muy pequeño en comparación con la gran Alemania, y que Hitler lo puede invadir. Menciona además a Noruega, de cuya actitud desconfía, aunque quizá resulte no ser un mal aliado después de todo.

M.K. interpreta que, inconscientemente, le preocupa lo que le puede pasar a papá cuando mete su órgano genital dentro de mamá. Teme que no pueda salir de dentro de ella y que quede apresado como los barcos del Mediterráneo. Esto se relaciona también con las tropas que deben ser liberadas de Grecia. Se refiere luego a la primera sesión cuando habló de que las personas se morirían si se pusieran cabeza abajo y la sangre les bajara a ésta. Esto es lo que teme que le pase a papá. También tiene miedo de que mamá quede dañada por el vagabundo-papá, de manera que su miedo se refiere a los *dos,* sintiéndose al mismo tiempo culpable por la agresión que vivencia hacia ambos. Su perro Bobby le representa a él mismo, que quiere ocupar el sitio que papá ocupa con mamá (1a butaca es la cama), y cada vez

---

siente celos y rabia, le odia y le ataca con sus pensamientos (nota 1); y esto le hace sentirse triste y culpable. [Situación edípica.]

Richard sonríe a *M.K.* y dice que está de acuerdo con que el perro le representa a él, pero niega enfáticamente la veracidad de la otra parte de la interpretación, pues él *nunca* haría una cosa así.

M.K. le explica, entonces, que el pensar que nunca llegaría a llevar a cabo un ataque semejante le trae alivio, pero le señala que cuando sus sentimientos hostiles son muy intensos y desea que su papá se muera, puede creer que esto ocurre de verdad. [Omnipotencia del pensamiento.] (Richard parece estar de acuerdo.) Relaciona también *M.K.* la ansiedad que siente por los aliados de Gran Bretaña, con su hermano, a quien no cree que sea un aliado de confianza que le pueda ayudar contra los dos padres unidos y hostiles. (En el material, representados por Alemania y Hitler.)

Richard contesta que es probable que sus padres se sientan muy enojados con él cada vez que tiene mal humor y les causa preocupación y que en efecto, en esos momentos, un buen aliado le serviría de mucho. Expresa una gran admiración por Churchil que ayuda a Giran Bretaña a salir adelante, y se detiene a hablar de este tema durante un rato.

M.K. interpreta que Churchil y Gran Bretaña representan otro aspecto de sus padres: un papá bueno que protege a mamá; unos padres maravillosos, más admirables aún que los verdaderos (Richard está de acuerdo con esto). En cambio Hitler y Alemania representan a los padres que son malos cuando se enfadan con él. [Disociación de los padres en buenos y malos y proyección.]

Richard parece profundamente interesado por esta interpretación y se queda en silencio, sin duda pensando en ella: La satisfacción con que acoge el nuevo conocimiento de sí mismo que *M.K.* le brinda es muy notable. Después comenta que es muy difícil tener en la mente tantas clases de padres.

M.K. le indica que lo que le resulta tan difícil que llega hasta a ser doloroso, es lo contradictorio de sus sentimientos. Quiere a sus padres, pero siente al mismo tiempo que los daña con su odio y su hostilidad, y luego se siente culpable por el daño que teme haberles ocasionado. Relaciona esto con el material sobre el accidente que sufrió su madre cuando él tenía dos años, y le dice que quizás haya pensado entonces que el auto, que representaba al papá-vagabundo, había herido a mamá por estar él mismo (Richard) enojado con ella y así haberlo deseado...

Richard dice que le gusta salir de paseo con Bobby, y que una noche se quedó con él hasta las diez, visitando a varias personas, y menciona en particular a una señora. A Bobby le gustaría tener mujer e hijos, pero mamá no quiere tener dos perros en la casa.

PSIKOLIBRO

M.K. interpreta que Bobby es él: es él quien quiere ser independiente y tener una mujer e hijos, porque de esta manera no sentiría frustración, odio ni culpa.

Richard se refiere entonces al día más feliz del año; fue un día en el cual estuvo patinando en trineo en la nieve.

En dicha ocasión unos amigos que estaban con ellos se dieron un golpe tal, que el marido se hizo un corte en la nariz y su mujer se le cayó encima. También Richard se cayó del trineo, pero no se hizo daño y todo resultó muy divertido.

M.K. sugiere que la pareja accidentada representa a sus padres. Justo al terminar ella de interpretar los impulsos hostiles que siente hacia éstos, particularmente en cuanto a sus relaciones sexuales (nota II) él ha recordado el accidente y lo ha hecho así porque éste representa dicha vida sexual. Por ello se siente culpable de él, aunque no resultara grave después de todo. El hombre con la nariz herida que le hizo divertirse representa el genital de papá, dañado, tal como desea verlo. Sin embargo, al no pasar nada grave Richard pudo divertirse y ahora siente que fue un día feliz.

Richard contesta a esto: "He descubierto que no hay felicidad sin tragedia", y empieza a hablar de otro día feliz de hace dos años, en que fue a Londres con sus padres. Allí visitaron el zoológico y dieron de comer a los monos a través de los barrotes de la jaula. Entre ellos había un mandril con un aspecto "muy desagradable". Un monito le saltó encima, le quitó la gorra y trató de sacarle las nueces de la mano. ¡Qué mono tan glotón! ¡Si justamente él estaba dándole de comer!

M.K. le indica que el monito glotón es él mismo de bebé, pero que cuando daba de comer a los monos se convertía en papá y mamá alimentando a sus hijos. El bebé (tanto el mono como Richard), es glotón y desagradecido y le saca el genital a papá (la gorra de Richard) y por eso sintió que el mandril tenía un aspecto peligroso y desagradable [Proyección de los impulsos agresivos sobre el objeto.] (nota II).

Richard (preocupado) pregunta a *M.K.* dónde está el reloj que acostumbra guardar en su cartera[10]. Dice que es un lindo reloj y que le gusta mirarlo.

M.K. saca el reloj y le indica que está preocupado; le sugiere que la razón por la cual quiere mirar el reloj es porque quiere irse.

Richard dice que no, que no se quiere ir, pero que quiere estar seguro de marcharse a la hora debida porque va a ir a dar un paseo con su mamá. Y además que le gusta mirar al reloj.

---

[10] Yo había usado ya este reloj en la primera sesión, porque el de pulsera se me había parado.

M.K. le interpreta que está ansioso por ver si mamá está bien y no dañada por sus ataques de glotonería, así como comprobar si todavía le quiere. Mirar el reloj (que es un reloj de viaje, plegable) es como mirar dentro de *M.K.* Teme haberla atacado tal como el monito le atacó a él, y que ahora esté dañada o enojada. *M.K.* le pregunta además, si el incidente con el mono había sido la tragedia de ese día.

Richard contesta que no, pues ese incidente había sido bastante divertido, ya que nada serio había ocurrido. Pero que más tarde había habido una tormenta, y él se había resfriado y le habían dolido los oídos. . .
Mira luego el mapa y expresa preocupación por el estado de la guerra. Pide a *M.K.* que venga a mirar con él y que compare el tamaño de Alemania con el de Francia, añadiendo que odia a Darlan por ayudar a los alemanes y por ser un traidor.

M.K. interpreta que él mismo se siente como un traidor cuando es glotón, agresivo y desagradecido, de modo que, en realidad, la tragedia de aquel día había sido el incidente con el mono, a pesar de que también fuera divertido, ya que el mono le representa a sí mismo.

Richard muestra otra vez signos de ansiedad. No separa los ojos del reloj y se levanta en cuanto termina la hora. Sin embargo, su actitud hacia *M.K.* se mantiene amistosa y le dice que le gusta quedarse los cincuenta minutos, pero que después quiere irse con su mamá. Resulta evidente que su resistencia ha aumentado y que siente grandes deseos de marcharse, pero que al mismo tiempo quiere quedar en términos de amistad con la analista.

Notas de la sesión número tres.

I. Tal como se podrá ver en las sesiones siguientes, los ataques que Richard fantasea contra su padre, van dirigidos tanto hacia el objeto externo como hacia el interno. Sin embargo, en esta etapa del análisis me limité a interpretar las relaciones que pensaba que mantenía con el objeto externo. Nunca interpreto en términos de objetos y de relaciones internas; hasta no tener un material explícito que muestre las fantasías de internalización del objeto en términos físicos concretos.

II. El que Richard se permitiera a sí mismo expresar su diversión ante el accidente que le había ocurrido a esta pareja, constituye algo característico. Esto se debe, no sólo a que no ocurriera nada grave, sino también a que las personas implicadas en él no eran sus padres.

III. Hay además otro aspecto en la proyección que se ve en este material. Al proyectar sus impulsos destructivos sobre el mono, Richard está tratando de deshacerse de una parte de sí mismo, con el fin de poder conservar sus sentimientos buenos alejados de todo peligro y de toda hostilidad. Esto también se ve cuando tras mi interpretación, quiere mirar mi reloj, que alaba diciendo que le gusta. Con esto está tratando de preservar la buena relación que tiene conmigo, que en ese momento represento a su madre. Podría además añadir, que la "tragedia" a la que Richard se refiere y que trata de explicar con el resfrío que tomó ese día, es en realidad el peligro de caer presa de la depresión y de sentimientos de culpa si daña a sus padres por no poder proyectar su agresión hacia otro lado.

SESION NUMERO CUATRO (Jueves)

Richard empieza otra vez a hablar sobre la guerra, y en especial sobre la actitud incierta de Rusia, opinando que puede llegar a hacerse daño a sí misma. También se refiere al material de la sesión anterior sobre su experiencia en el zoológico. En realidad, repite que no le llegó a ocurrir ningún accidente, y que la tragedia fue el resfrío y el dolor de oídos. (Decir esto implica que se resiste a la interpretación de *M.K.* sobre el verdadero sentido de la tragedia dentro de todo el contexto.) Pregunta luego a *M.K.* a qué se dedica y si tiene familia. Quiere saber algo sobre el señor K., los hijos que tienen, sus edades y sus profesiones. Después, tras mirar los distintos cuadros que hay en las paredes, señala con interés a uno que representa a dos perros y en otro donde hay un cachorro entre dos perros grandes. Dice que el cachorro es muy rico.

M.K. da brevemente la información que el niño le pide[11].

Richard se muestra evidentemente sorprendido por el hecho de que el Sr. K. haya muerto (aunque ya sabía esto antes de comenzar a analizarse), pero se alegra al oír que *M.K.* tiene un hijo.

M.K. entonces le interpreta que desea recibir de ella más cariño y atención, y que siente celos de los demás pacientes y de sus hijos. Le dice que esto se origina en los que siente de papá y de Paul y de la relación de ambos con mamá. Añade además que tiene curiosidad por saber lo que hace *M.K.* de noche, como le pasa con mamá. Los dos perros representan tanto a *M.K.* como al Sr. K.[12] como a papá y a mamá, mientras que él desea ser el cachorrito (el bebé) que se pone entre los dos y que además goza de ambos. También desea devolver a *M.K.* su marido.

---

[11] En el tratamiento de niños, suelo contestar algunas de las preguntas personales que éstos me formulan, aunque en forma breve, antes de proceder a analizarlas. Esta es una técnica diferente de la que uso con los adultos, a quienes por lo general no contesto, limitándome a interpretar. Sin embargo, como dije en la Introducción, en este caso particular contesté a más preguntas de las que suelo responder en otros. Echando una mirada retrospectiva, no creo que este proceder de reaseguramiento haya acelerado el análisis, y en general he notado que cada vez que por diferentes causas me he salido fuera de los límites de una técnica puramente psicoanalítica, he encontrado después razones para lamentarlo.

[12] Según se podrá juzgar a través de todo el análisis, la actitud de Richard hacia el señor K. Implicaba en forma persistente la fantasía de que éste todavía vive.

Richard siente en este momento una gran curiosidad por el reloj y dice que es "un lindo reloj". Quiere saber cómo se cierra y se abre, y mientras juega con él dice que se siente feliz, que hace buen tiempo, y que brilla el sol. Está de acuerdo con que el cachorrito del cuadro se parece a un bebé.

M.K. le sugiere que quizás haya deseado que su mamá tuviera bebés aunque le hubieran provocado celos.

Richard contesta con convicción, que a menudo le dice a su madre que debería de tenerlos, pero que ésta le contesta que ya es demasiado vieja. Naturalmente esto es una tontería, ya que es seguro que podría tenerlos "en abundancia". (Sigue manipulando el reloj.)

M.K. interpreta que su interés por el "lindo reloj" (que la representa a ella) y el placer que siente al tocarlo están relacionados con la satisfacción que le brinda averiguar cosas sobre su vida y su familia. El gozar del sol se relaciona además con la mamá "buena" y con el deseo que tiene de que tenga bebés y esté contenta. Por la misma razón se alegra de que *M.K.* tenga un hijo y un nieto.

Richard mira otra vez el mapa y expresa dudas sobre la actitud de Rusia. Pregunta también el lado en que ha estado Austria en la última guerra (aunque evidentemente conoce la respuesta) y después pide a *M.K.* le diga qué países del continente conoce.

M.K. menciona algunos países por donde ha viajado, e interpreta que las dudas que tiene sobre Austria y la desconfianza de Rusia se refieren a su sospecha de que ni su madre ni ella misma [la "mala" madre] se avengan a aliarse con él en contra del papá "malo" (el Hitler austríaco).

Richard habla entonces de Bobby, que es suyo aunque lo comparte con su mamá, y dice que el perro le quiere mucho. Es travieso y a veces hasta malo; en ocasiones come carbón y si se le gasta alguna broma, muerde; una vez llegó hasta morderle a él. Cuenta de nuevo que cuando papá se levanta de su silla situada cerca del fuego, Bobby se sube a ella, y ocupa tanto lugar que sólo queda un pedacito libre para su papá.

M.K. le recuerda la interpretación de que Bobby, cuando salta a la silla de papá, le está representando a él, que cuando tiene celos quiere quitarle el sitio. Quizás alguna vez haya deseado también morder a su padre en un momento de rabia o de celos. En cuanto a su interés por el perro cuando come carbón, le sugiere que puede estar relacionado con el interés que le provocaba a él mismo en el pasado "lo grande", y el deseo que puede haber tenido de comérselo.

Richard contesta firmemente que no haría tal cosa, aunque quizás haya pensado en ello cuando era pequeño. Admite que tiene conciencia de sus deseos de morder; a menudo los siente cuando se enfada. Entonces mueve las mandíbulas como para hacerlo, y esto en especial, cuando hace muecas. Cuando era pequeño una vez mordió a su niñera, y si pelea con su perro y éste le muerde, él le contesta con otro mordisco. A continuación expresa curiosidad por los demás pacientes de *M.K.*, y en especial por John Wilson[13]:quiere saber si se analizan en la misma habitación.

M.K. interpreta que desea saber esto porque está avergonzado por ser niño y usar el cuarto de juegos, ya que ser niño quiere decir no tener control; es decir jugar con "lo grande" y morder como un perro. Además, tiene celos de John igual que los tiene de Paul, pues ellos ya no son niños "malos". (Como Richard conoce bien a John, y sin duda éste le ha hablado de su tratamiento, cabe suponer que sabe que su amigo ya no se trata en el cuarto de juegos; también sabía Richard antes de empezar a analizarse que el Sr. K. había muerto. Su necesidad de obtener esta información sobre *M.K.* a pesar de conocer la respuesta obedece a muchas razones, entre ellas, el deseo de verificar si *M.K.* dice la verdad.)

SESION NUMERO CINCO (Viernes)

Richard comienza la sesión diciendo que se siente muy contento: el Sol brilla, y se ha hecho amigo de un niño de unos siete años con quien ha estado jugando en la arena, construyendo canales. Dice que le gusta mucho el cuarto de juegos, que es muy lindo. Le gusta que haya tantos cuadros de perros en las paredes. Además está deseando irse a su casa a pasar el fin de semana: el jardín que tiene es muy bonito a pesar de que cuando se mudaron "era como para morirse" ver la cantidad de hierbas malas que en él crecían. Luego hace un comentario sobre el cambio de empleo de Lord Beaverbrook, y se pregunta si su sucesor será tan bueno como él.

M.K. le interpreta que el cuarto de juegos es "lindo" a causa de los sentimientos que siente hacia ella, pues el cuarto la representa. El amigo nuevo es como un hermano menor, y esto está asociado al deseo de que un papá fuerte dé a mamá muchos bebés (los perritos de los cuadros). Le interpreta además que está preocupado, pues si empujara a su papá y le quitara el sitio como lo hace Bobby, él podría entonces ocuparlo, pero no tener bebés ni mantener a la familia unida, como su papá sí hace. También está contento porque se va a su casa, y deseoso de tener una vida familiar amistosa, quiere inhibir este deseo de desplazar a su padre. Las malas yerbas le representan a él cuando quiere deshacer la paz familiar con sus celos y rivalidad, y si ha usado la expresión: "era como para morirse", al referirse a ellas, es porque simbolizan algo peligroso.

---

[13] John Wilson es el paciente al que se alude en la Introducción, y a quien Richard conocía y veía a menudo. Era unos años mayor que él y por lo tanto no se analizaba en el cuarto de juegos.

Richard estornuda, tras lo cual se queda muy preocupado[14]. Teme estar cogiendo un resfrío, y dice casi para sí mismo: "Conoce su sonada" en vez de "Se suena la nariz"* . Cuando *M.K.* le llama la atención sobre la equivocación, se queda muy divertido.

M.K. interpreta que teme que su resfrío sea algo malo que hay dentro de él, y que por eso teme la "sonada".

Richard se dirige una vez más al mapa y pregunta cuáles son los países que se mantienen neutrales. Suecia es uno de ellos, pero esto puede no durar mucho. Entonces se agacha y mira el mapa al revés, comentando que Europa tiene una forma rara cuando se la ve así; no parece "correcta", sino "embrollada y mezclada".

M.K. asocia esto con sus padres, todos "embrollados y mezclados" durante las relaciones sexuales, hasta un punto tal, que no puede saber quién es quién cuando piensa en ellos en esta situación. También le interpreta que teme que durante el coito sus padres se mezclen de tal manera que el pene-Hitler malo de papá se quede dentro del cuerpo de mamá. [Figura combinada de los padres.] A esto se refiere cuando dice que Europa no es "correcta" y que es "rara"; teme que realmente sea algo malo y peligroso.

Richard muestra signos de ansiedad. Se levanta de la silla y da vueltas por el cuarto. Explora varios rincones, mira el piano, lo abre y lo prueba. En una mesita que hay al lado descubre un zapato de porcelana en el que hasta ahora no se ha fijado, dentro del cual hay una goma. La saca, y la vuelve a colocar adentro. Dice que el cuarto es lindo y que le gusta mucho... A continuación coge el reloj de *M.K.* y quiere saber dónde y cuándo lo ha comprado. Esto le lleva a formularle otras preguntas sobre su marido, tal como lo ha hecho en otra ocasión.

M.K. interpreta que la exploración que está haciendo del cuarto expresa el deseo que tiene de explorar su cuerpo por dentro, y que esto a su vez se debe a la ansiedad que siente por saber si existe dentro de él un pene-Hitler malo o uno bueno. Por ese motivo ha vuelto a hacer preguntas sobre el Sr. K. Todo esto está a su vez relacionado con su mamá y con ella y papá "mezclados". La desconfianza que siente hacia el interior del cuerpo de mamá está relacionada con el miedo que tiene de su propio cuerpo, de sus resfríos y de las "sonadas" interiores. Al mismo tiempo, está tratando de tranquilizarse a sí mismo, pensando que el cuarto es lindo, que le gusta, y que ello parece ser la demostración de que tanto su mamá como *M.K.* están bien y no tienen dentro de sí al papá-Hitler malo. [Defensa maníaca.]

---

[14] Como dije antes, Richard era muy hipocondríaco. Esto en parte se debía a que su madre, que a menudo se resfriaba, se preocupaba mucho por su hijo cuando a éste le ocurría lo mismo.

* Juego de palabras "He knows his blows" en vez de "He blows his nose".

Richard sigue explorando la habitación y encuentra una tarjeta colocada en el ángulo que forman dos lados dé un biombo. La admira y comenta que el petirrojo que representa es encantador. A él le gustaría ser petirrojo, pues estos pájaros siempre le han gustado mucho.

M.K. interpreta que el petirrojo representa a un pene bueno y también a un bebé, y que a Richard le gustaría poder hacer bebés, reemplazando en la tarea al Sr. K. y a su papá. El interés que le ha despertado el ángulo formado por el biombo (cuyas dos hojas se abren como piernas) expresa el deseo de tener relaciones sexuales con *M.K.* y con mamá.

Richard no contesta a casi ninguna de estas interpretaciones. Solo dice que una vez tuvo un petirrojo al que alimentaba, pero que un día se voló y no volvió más. Después mira el reloj y pregunta si ya es la hora de irse[15].

M.K. le interpreta que quiere irse y no volver más, porque las interpretaciones sobre sus deseos sexuales hacia ella le han dado miedo; además el petirrojo simboliza su genital al que teme perder o haberlo ya perdido.

Richard no quiere al principio admitir que se quiere ir, y trata de ser cortés. Pero después dice que sí, que quiere que sea la hora, pero que no desea marcharse antes de terminarla. (Cuando se acaba la sesión, se va solo, sin esperar a *M.K.*)

SESION NUMERO SEIS (Sábado)

Richard viene al consultorio con su madre[16] porque tiene demasiado miedo de los niños como para venir solo. Tras decirle esto a *M.K.* se queda en silencio.

M.K. hace una referencia al material de la sesión anterior (nota 1), y le recuerda que el petirrojo es su genital, el cual quiere colocar dentro del de ella; este deseo le ha asustado mucho porque teme ser atacado por el vagabundo-papá. Hoy siente que estar a solas con *M.K.* constituye una situación peligrosa, y por eso ha aumentado el miedo que tiene de encontrarse con niños hostiles camino de su casa. Además, si su madre viene con él, se asegura de que nada malo va a pasar entre él y *M.K.* Como por otra parte después de la sesión se va a ir a su casa a pasar el fin de semana, teme que el deseo que siente hacia su mamá provoque un ataque de su padre, y ello hace que necesite tener cerca a una madre buena que le

---

[15]El no contestar a mis interpretaciones y preguntar en seguida si es ya la hora de marcharse, constituyó una expresión de resistencia que Richard manifestó repetidamente en su análisis. Al mismo tiempo, tuvo siempre un gran interés en seguir manteniendo conmigo una relación amistosa.
[16]Por lo general, la madre sólo le acompañaba parte del camino.

proteja contra los niños hostiles y contra su padre. Esta madre buena le hace sentir, sin embargo, nuevos deseos, como lo hace *M.K.*, y por ello la vive también como a alguien peligroso.

Richard ha estado mirando el mapa todo este tiempo. Ahora habla de "Rumania abandonada" y del quebrantamiento que hay en otros países.

M.K. interpreta que está preocupado por la ruptura que se produciría en su familia si se llegasen a cumplir los deseos que tiene de tener a mamá para él solo. En ese caso tendría que temer a papá y a Paul, cosa que expresa en el miedo que tiene a los niños de la calle, que hoy ha sentido en forma más aguda. Además, le parece que si su mamá le quisiera más a él y llegara a poder ocupar el sitio de su papá, se sentiría abandonado y triste.

Richard, con aire dolorido y preocupado, dice que no quiere oír hablar de cosas tan desagradables. Al cabo de un rato pregunta por John; todavía no está bien, ¿no?; ¿cuando se va a curar?

M.K. interpreta que duda del valor de ella y del análisis; como le hace sentir cosas tan desagradables y asustadoras teme que no le van a servir de ayuda. Además, al sentir deseos sexuales, teme ser muy malo, y no tener remedio. A su vez esto le hace dudar de la bondad de mamá, que es la causante de sus deseos (nota II), y si no puede fiarse de ella, tampoco puede esperar que lo defienda de papá ni que lo ayude a controlarse para no atacar o desplazar a éste.

Richard se refiere entonces extensamente a una "tragedia" que le ha ocurrido el día anterior: mientras jugaba en la arena ha perdido su pala y no la ha podido encontrar.

M.K. interpreta que teme perder su pene (pala) como consecuencia de los deseos que siente hacia ella y hacia su mamá, mencionando luego que su madre le ha contado que fue operado en el pene, y que esta operación le asustó mucho (nota III).

Richard muestra mucho interés por la conversación entre *M.K.* y su madre. Aunque sin duda sabe que cuando su madre habló con *M.K.* para iniciar el tratamiento le contó cosas suyas, hasta ahora no había hecho mención de ello. Ahora pregunta qué más dijo de él su mamá.

M.K. le hace un pequeño resumen de la conversación: le dice que su madre le contó que a menudo está preocupado, que teme a los demás niños, y que tiene otros problemas. También le habló de él cuando era pequeño y de las operaciones a que había sido sometido.

Richard se queda muy contento al oír esto, pero resulta evidente que al mismo tiempo sigue con dudas y sospechas. Empieza a hablar inmediatamente de su operación, dando muchos detalles de la misma. Se acuerda bastante de la circuncisión, hecha cuando tenía tres años. Aunque no sufrió dolor, le dieron éter y esto fue espantoso. Le habían dicho antes

PSIKOLIBRO

que le iban a dar una especie de perfume, para que oliera, prometiéndole que no le harían nada más (esto está de acuerdo con el relato de la madre). El entonces llevó consigo una botella de perfume para usarla en vez del otro, y cuando esto no se le permitió, quiso tirársela al médico. Aun ahora, dice, siente deseos de pelearse con él y desde entonces le ha odiado, así como también odia el éter y le teme. De pronto, refiriéndose al momento en que éste fue suministrado, dice que "era como si cientos o miles de personas hubieran estado allí". Pero su niñera estaba a su lado y pensó que ella le protegería[17].

M.K. le señala la fuerza que tienen sus sentimientos de persecución: ha dicho que se sintió rodeado por cientos o miles de enemigos y completamente indefenso ante ellos. Comprendió que sólo contaba con una amiga, la niñera, que representaba a la mamá buena. Pero dentro sintió que había una mamá mala: una mamá que le había mentido y que por lo tanto se había ido al bando de los enemigos. El médico "malo" con el cual se quiere pelear, representa a su papá malo de quien teme que le reduzca a la impotencia y le corte el pene.

Richard está de acuerdo con esto. Luego sigue hablando de cuando, a los cinco años, le sacaron las amígdalas, y dice que también entonces lo horrible fue el éter que le dieron. Comenta que quedó enfermo bastante tiempo después de la operación. Habla de su "tercera operación" hecha a los siete años y medio, en la cual le dieron una vez más éter para sacarle varios dientes. (Todo el tiempo habla en forma muy dramática, evidentemente gozando con su relato. No cabe duda de que poder quejarse, expresar sus sentimientos y ansiedades, y saber que M.K. le está escuchando con simpatía e interés, le trae un gran consuelo.)

Tras todo esto, empieza otra vez a explorar el cuarto y dirige su atención al "lindo" petirrojo de la tarjeta que está clavada en el biombo. Pregunta a M.K. si a ella le gusta, y luego encuentra otra más en la que también hay un petirrojo, pero dice que ésta no es tan linda.

M.K. le indica que el primer petirrojo, que le gusta más, tiene la cabeza erecta, y representa a su pene no dañado, mientras que el segundo la tiene colgando, y simboliza al pene herido. Le dice además que desea exhibir su pene ante ella que ahora representa a la niñera buena que le quiso y le protegió y que quisiera que le gustase, pues así lograría convencerse de que no está dañado.

---

[17] En ese entonces el temor a la castración se había hecho muy consciente. Según la madre, el día después de la operación Richard se señaló el pene y dijo que "le había desaparecido por completo". Aunque no cabe duda de que la operación influyó en la angustia de castración, el an álisis demostró mas adelante que los deseos destructivos tempranos que Richard sintiera hacia el pecho de su madre y el pene de su padre, fueron los que constituyeron la causa fundamental del miedo a una posible venganza, y en especial a ser castrado por e l padre. La operación sirvió, sin duda, para intensificar estas ansiedades ya existentes.

Richard menciona ahora a sus dos canarios, a los que quiere mucho. Dice que a menudo hablan entre sí en forma enojada y que está seguro de que se están peleando... Luego descubre un cuadro que representa a dos perros y se interesa al notar que, aunque son de la misma raza, existen algunas diferencias entre los dos; tras lo cual señala el cuadro de los tres perros que antes le había gustado (cuarta sesión), y vuelve a admirar al cachorro que está en el medio.

M.K. le interpreta que le interesa saber la diferencia que hay entre sus padres y entre los órganos genitales de ambos. El cachorro del medio es él mismo que quiere separar a sus padres cuando están en la cama, en parte por celos, y en parte por temor a que se unan en contra de él, pues así sintió que lo hacían durante su operación, y cuando *M.K.* y su madre hablaron acerca de él. Le indica que parece tener mucho miedo de que se peleen y que quiere saber la razón por la que discuten; quizá tema él ser el causante de las peleas.

(Otra vez en esta sesión me faltan las notas sobre el final de la hora).

Notas de la sesión número seis.

I. Por regla general, el analista encuentra el fundamento de su primera interpretación en el material nuevo que surge en cada sesión; pero si la ansiedad es tan aguda que el paciente no puede expresarla, es necesaria una interpretación que se refiera a la sesión o sesiones anteriores. En el presente caso, la clave de la angustia prevalente en el momento actual, estaba en la insistencia de Richard para que su madre le acompañara hasta el cuarto de juegos, y por el silencio inicial, que fue más largo de lo común.

II. Es frecuente que en los análisis, el niño acuse a su madre de provocar en él deseos sexuales y de seducirle. Esta acusación tiene como fundamento la experiencia real de los cuidados físicos maternos efectuados durante la primera infancia, los cuales implican, entre otras cosas, el manipuleo y con ello la estimulación del genital del niño. En algunos casos un cierto grado de seducción inconsciente o aun consciente, llega verdaderamente a realizarse en las relaciones de las madres con sus hijos, pero creo, sin embargo, que es importante tener en cuenta y analizar debidamente, la proyección que hace el niño sobre su madre de sus propios apetitos sexuales, y de los deseos que él mismo tiene de seducirla.

III. Esto nos lleva a un punto vital de la técnica del análisis de niños. Al hacer referencia a una información de importancia dada por la madre de Richard, estaba ya segura de que éste tenía conocimiento de que yo había hablado de él con su madre. Es más, aunque demasiado asustado para preguntármelo, es evidente que el niño sentía curiosidad por saber lo que se había dicho y desconfiaba de toda la conversación.

Por ello, aunque al relatarle yo lo acontecido no logro aliviar del todo las dudas que le provoca mi contacto con la madre, es bien evidente al alivio que siente al oírme. (Lograr un alivio total no es posible con un niño tan desconfiado como éste, ni posiblemente con ninguno.) Podemos estar seguros de que cualquier niño a quien se lleva a tratamiento, sabe que se ha dado de él cierto grado de información, y por ello resulta conveniente referirse a ello en el momento oportuno. En la sesión anterior a ésta surgió en primer término cierto grado de angustia de castración, cosa que vuelve a ocurrir en ésta, en forma muy aguda. Por todo ello, tanto el temor a la castración provocado por la operación, como la desconfianza del niño hacia su madre, formaron parte del material total, y me pareció esencial traer el tema en este determinado momento.

Aunque a veces el analista puede hacer referencia a los informes dados por los padres, como, por ejemplo, en los casos de enfermedades u otros hechos importantes, esto debe constituir una excepción en el análisis. El analista debe encontrar su propio material en el mismo niño, y aunque a veces le pueda ayudar a hacer una interpretación más completa el estar en contacto con la madre y conocer por ella los cambios que se van operando en el paciente o cualquier otro dato relativo al niño, el abuso de estas conversaciones incrementa los sentimientos persecutorios del mismo.

SESION NUMERO SIETE (Lunes)

Richard parece muy contento de ver a *M.K.* Comenta que el fin de semana le ha parecido muy corto y que es como si acabara de separarse de ella. Dice que *M.K.* estuvo siempre "presente" en él, como si hubiera estado mirando una fotografía suya. (Sin duda quiere decir que ha pensado mucho en ella[18].) Cuenta con gran detalle de todo lo que le ha pasado mientras ha estado afuera, comentando que ha sido un fin de semana feliz (nota 1). Sin embargo ha habido una tragedia; al venir hacia la casa de *M.K.*, al bajar los escalones del hotel, se ha torcido el tobillo... Pide luego, a la analista, que le mire el traje nuevo; ¿no le parece que el color de los calcetines va muy bien con él? Sintiéndose comunicativo, comenta que hay una cosa que a menudo le preocupa: resultar ser un tonto, y no servir para nada.

M.K. interpreta que el haberse torcido el tobillo camino de su casa expresa el temor a dañarse el genital si se cumplen sus deseos de ser hombre y de introducirlo en el de *M.K.* Al mostrarle el traje nuevo y los

---

[18] Es característico de mi técnica y de toda la concepción que tengo del análisis considerar que al analizar la ansiedad en el momento en que se manifiesta de manera mas aguda, se obtiene el efecto de aliviarla. Como ejemplo de ello, vemos que entre la sesión anterior y la presente, la interpretación del temor a la castración y las causas subyacentes de la misma, han sido seguidas de un fuerte incremento de la transferencia positiva y de un alivio evidente de la angustia.

calcetines, le está indicando las ganas que tiene de exhibir su pene para
que ella lo admire; pero esto le hace temer a su vez no servir para nada
(ser tonto), y no llegar a tener nunca el genital adulto y valioso que desea.

Algo después, Richard pregunta si la estufa eléctrica pertenece a
M.K. Se da cuenta por primera vez que una de las barras está rota...
Luego relata que el primero en ir a encontrarle cuando llegó a su casa fue
Bobby, que le hizo un gran recibimiento. Aunque no, en realidad fue
papá el que le saludó primero. Papá pareció sorprendido -no, no quiso
decir eso-, quiso decir que papá pareció contento al verle. Los canarios
no estaban bien; tenían un aspecto enfermo y se estaban quedando calvos.
Al jugar con su arco y sus flechas, ocurrió que una flecha golpeó a papá
levemente en la cabeza, pero no le hirió y papá no se enfadó.

M.K. interpreta que duda del cariño de su papá y que le teme,
porque él mismo le quiere matar. Por eso, aunque queriendo decir que
papá estaba contento de verle, ha dicho otra cosa: que papá quedo
sorprendido al verle, como si no lo hubiera estado esperando.

En realidad la "sorpresa" significa un sentimiento mucho más
intenso: la creencia de que su papá no quería que fuera a casa, lo cual se
debe a que se da cuenta de que, inconscientemente, siente hostilidad
hacia él. Refiriéndose a la calvicie de los canarios, M.K. le pregunta si su
padre también se está quedando calvo. Richard contesta que sí.

M.K. interpreta entonces, que si ha mencionado a sus pajaritos es
porque cree haber enfermado a su papá, y haberle dañado el órgano
sexual y la cabeza, con sus celos y con el deseo de quitarle el sitio que
ocupa en la relación con su mamá. A causa de todo esto, teme que su
padre se vengue; cuando en la sesión anterior se refirió al médico malo
que le dañó el pene o que se lo quería destruir o quitar, estaba con ello
expresando las cosas que teme que su padre le haga. El barrote roto de la
estufa, del que sólo hoy se ha percibido, simboliza a su pene, mientras
que el fuego, los órganos genitales de M.K. o de su mamá. La necesidad
que tiene de que M.K. admire el traje y los calcetines que lleva puestos y
de ser querido por ella, es muy grande, debido al miedo de que su papá le
castigue o ataque si se entera de que desea a mamá, y si descubre a su
pene dentro del órgano genital de la misma.

Richard está mirando el mapa. Comenta que los partes de guerra son
buenos, pues han sido derribados muchos aviones alemanes. ¡Qué forma
rara tiene Rumania! Es un país muy "solitario". Mira entonces el mapa
cabeza abajo (agachándose para hacerlo), dice que "no puede entender
nada" y repite otra vez que así no parece ser correcto, sino que está todo
mezclado. Incorporándose, señala a Brest y dice que su papá le dijo un
chiste: algo sobre que los alemanes iban ahora a atacar las piernas tras haber

empezado con el pecho [**]. Señala luego varias ciudades del continente, tras lo cual echa una mirada al cuarto y se entusiasma al descubrir en él cosas en las que antes no había reparado, tales como la segunda puerta, muchas más fotos y tarjetas postales y una buena cantidad de banquitos (nota II). Mira de nuevo el zapato de porcelana y luego encuentra un almanaque ilustrado. En él admira sobre todo una de las fotografías, que representa a dos montañas, pero dice que en cambio hay otra que no le gusta, y abandona el tema.

M.K. le pregunta la causa por la que no le gusta.

Richard (tras dudar un momento) dice que el color marrón que tiene (sepia) da al campo un aspecto feo. Levanta entonces el reloj de *M.K.:*, que es de cuero marrón, lo manipula, lo pone de tal manera que queda con la parte de atrás hacia donde están él y *M.K.*, y se ríe de buena gana, mientras comenta que así parece muy raro.

M.K. interpreta que se está riendo de la parte marrón de atrás del reloj, porque lo ha asociado con "lo grande". Sugiere que si no le gusta el cuadro donde todo está de este color, es porque deja a *M.K.*, o mejor dicho, a mamá (el campo), toda sucia y fea. Pero al mismo tiempo le parece gracioso y por ello se ríe de "lo grande" y del "trasero" de *M.K.*

Richard está de acuerdo con que la parte de atrás del reloj representa el trasero de *M.K.*

M.K. interpreta que siente curiosidad por explorar dentro de su cuerpo y del de su mamá. La solitaria Rumania, atacada y en peligro, y las ciudades conquistadas del continente representan ahora a ella y a su madre dañadas las dos. Papá, al hacer el chiste sobre Brest, simboliza al vagabundo malo y a los alemanes, que atacan el pecho de mamá y su cuerpo, mientras que la admiración que él siente por las dos montañas expresa el cariño que tiene a esos pechos y el deseo de que no les pase nada malo. Por otra parte, darse cuenta de la existencia de tantas cosas nuevas en el cuarto de juegos, se debe a la mayor conciencia que tiene del deseo de meter su genital en el cuerpo de mamá y de explorar su interior con él, aunque al mismo tiempo protesta por el color marrón que afea el campo, lo cual es una expresión de la angustia que siente por "lo grande" que puede haber dentro de *M.K.* -la parte de atrás del reloj-, a pesar de que también le haga gracia.

Richard entonces habla sobre poesía, refiriéndose en especial a "The Daffodils" (Los narcisos) de Wordsworth. Luego se queda ad mirando otro cuadro que representa una gran torre, en un paisaje iluminado por el sol.

[**] Brest, nombre de un puerto de Francia, se pronuncia en forma muy similar a *breast* = pecho.

M.K. interpreta que esos niños a los que teme, representan ahora a su padre metido dentro del cuerpo de su madre, y que la admiración que siente por este cuadro tan soleado, indica el deseo que tiene de ver a sus padres unidos en forma feliz (nota III). (El elemento maníaco de la excitación de Richard cuando admira la belleza de la naturaleza, es muy marcado.)

Richard pregunta a M.K. si va a volver a ir al pueblo[19] (lo cual significa poderla acompañar durante un trecho del camino), y admite que quiere que le proteja de los niños que pueda encontrar en la calle.

M.K. interpreta que esos niños a los que teme, representan ahora a su papá o a su pene peligroso, y que está pidiendo a su mamá que le proteja de él.

Richard, que tiene un aire preocupado y parece no estar atendiendo, mira el reloj.

M.K. le pregunta si lo hace porque se quiere ir.

Richard dice que si, pero que no lo va a hacer hasta que no se acabe la hora; tras lo cual se va a orinar.

M.K. le interpreta, cuando vuelve, que tiene miedo de los peligros a que le llevaría tener relaciones sexuales con ella. Además, se ha ido a orinar, para asegurarse de que su órgano genital sigue intacto.

Richard empieza a mirar otra vez a su alrededor y al encontrar la fotografía de un hombre y una mujer que están de uniforme, dice que parecen ser importantes. Tiene un aire de contento y muestra interés por ellos.

M.K. interpreta el interés que tiene por preservar la felicidad y la autoridad de sus padres. Ha querido irse cuando se asustó de los deseos hacia M.K.; al mismo tiempo, ha pedido a ésta que le proteja del papá o del pene de éste, que le puede atacar, indicando con todo ello que está oscilando entre el deseo de quedarse con ella y de dejarla.

Notas de la sesión número siete.

I. Esta es una de las maneras en que los pacientes pueden expresar el sentimiento inconsciente de haber internalizado al analista. Existen también otras maneras de hacerlo. Un paciente, por ejemplo, me dijo que en un intervalo en el que estuvo separado de mí, sintió todo el tiempo como si yo hubiera estado suspendida sobre él. Aunque parezca contradictorio que el mismo paciente me diera al mismo tiempo una descripción detallada de todo lo que hiciera durante dicha separación (o en los intervalos de una sesión a otra), usó esta expresión como para tratar de correlacionar la situación interna con la externa, es decir, de establecer el nexo que existe

---

[19] Aunque no tengo notas sobre ello, debo de haber ido al pueblo tras una de las sesiones precedentes.

entre el analista como figura interna y como figura externa. En la medida en que el paciente siente que el analista es una parte interna suya, cree que comparte su misma vida y que, por lo tanto, deben los dos tener conocimiento de los pensamientos y experiencias del otro. Pero cuando se enfrenta otra vez con la figura real del mismo y tiene que reconocer que se trata de una figura externa, él siente la discrepancia que hay entre lo que desea y lo verdadero, y mediante su relato detallado de lo que ha estado haciendo, trata de juntar las dos situaciones (interna y externa).

II. Tanto en el análisis de niños como en el de adultos, el que el paciente empiece a ver detalles del consultorio o de la apariencia del analista que antes habían pasado inadvertidos, constituye una señal de progreso y de fortalecimiento de la transferencia. A menudo, el analista puede analizar las razones emocionales por las cuales algunos objetos particulares escaparon a la atención de su paciente. A veces, la incapacidad de ver cosas que incluso pueden ser grandes y evidentes, constituye un ejemplo de cómo toda la capacidad perceptiva en general puede ser inhibida por razones inconscientes.

III. Aquí vemos que se ha producido una modificación respecto a las sesiones en las que fue vivenciado e interpretado el deseo activo de Richard de castrar a su padre y el temor de ser castrado a su vez por el todo lo cual implica tener miedo del genital malo de éste, pues es vivido como peligroso tanto para el propio niño como para su madre. El análisis de tales temores es seguido, a menudo, de la aparición, a un primer plano, del sentimiento opuesto: la admiración por el genital y la potencia del padre, y el deseo de verle unido a la madre. Mediante el análisis de la desconfianza y de la ansiedad que el niño siente hacia los dos, y en particular hacia su vida sexual, pueden librarse de la represión una serie de sentimientos positivos, tales como el deseo de repararlos y de unirlos para que sean felices.

SESION NUMERO OCHO (Martes)

Richard está muy preocupado por los niños que pasan delante de la casa, pero dice que se siente protegido por *M.K.* Al venir ha tropezado con uno en la esquina, que tenía un aspecto muy poco amistoso. También se ha dañado la pierna camino del consultorio, y le sangra un poquito. Parece estar en un constante acecho y muy tenso, mientras mira hacia la calle. Señala a *M.K.* la cabeza de un caballo que está en la esquina (se trata de un caballo atado a un carro, pero el cuerpo del animal queda fuera de la vista), la mira repetidamente con aire asustado; de vez en cuando dirige también la mirada al mapa de la pared. Pregunta a *M.K.* sobre qué país pueden hablar: Portugal es muy pequeño. Otra vez mira el mapa cabeza abajo y dice que le gustaría la forma de Europa si no incluyera a Turquía ni a Rusia. Parecen fuera de sitio, "hacen un bulto" y son demasiado grandes. Además son dudosos y nunca se sabe qué es lo que van a hacer, especialmente Rusia.

M K. interpreta que el bulto de Turquía, la cabeza del caballo a la vuelta de la esquina y el niño hostil con el que se encontró, representan el órgano sexual de su papá, grande y asustador, metido dentro del cuerpo de mamá. Le recuerda que ayer se refirió al mapa comparándolo con el cuerpo de una mujer, y que le contó el chiste, que hizo su papá, de que tras el ataque a los pechos se iba a llevar a cabo un ataque a las piernas. De la misma manera siente Richard que es peligroso para mamá y que durante las relaciones sexuales, la ataca. Cuando están juntos, mezclados, no correctos, con el órgano de papá mezclado con mamá, duda sobre si mamá sigue siendo amiga suya o si toma el lado de papá y se pone en contra de él. A esto se refiere cuando habla de la actitud dudosa de Rusia.

Richard trata de ver dónde queda la cabeza de *M.K.* en el mapa, resultando evidente que ha aceptado la interpretación de que el mapa representa el cuerpo de ésta y el de su madre. De repente pregunta dónde ha dejado su gorra; la encuentra en un estante y la sujeta con Fuerza. Pregunta si puede mirar el reloj, lo abre y hace sonar la campanilla de alarma. Cuando lo vuelve a colocar en la mesa, pone sobre él la gorra que tenía sujeta entre las rodillas, al hacer su inspección, y dice que lo ha hecho accidentalmente. Comenta que le gusta el reloj, lo coge, y lo toca levemente con los labios. Luego vuelve a mirar el mapa cabeza abajo, comentando que "no lo entiende" de esa manera.

M.K. interpreta que siente amor y deseo hacia ella (el reloj) y que quiere inspeccionar su cuerpo y poner la gorra, que representa su pene, dentro de su órgano genital. Pero tiene miedo al bulto que hace Turquía, el cual representa al señor K. cuando tiene relaciones sexuales con *M.K.* (papá y mamá). Además no entiende bien qué son las relaciones sexuales, cómo se mezclan papá y mamá, y qué le pasa al pene una vez que se mete dentro de la mujer.

Richard pregunta si se quedan pegados como los hermanos siameses, agregando que debe ser terrible para estos mellizos no poderse separar jamás.

M.K. interpreta que siente angustia ante las relaciones sexuales de sus padres y también miedo por el peligro en que él mismo se colo caría, de meter su órgano sexual dentro del de ella. Teme no poderlo volver a sacar, siendo ésta la causa por la que quiso irse corriendo ayer.

Richard decide que ahora va a hablar sobre Gran Bretaña, y se pone a marcar en el mapa un viaje a Londres, que le parece precioso. Después sigue señalando una travesía del Mediterráneo en crucero hasta llegar a

Gibraltar y a Suez, el que le parece que debe ser muy bello (aunque otra vez tiene una modalidad maníaca, como la que siempre adquiere cuando se despierta su apreciación por lo bello, resulta evidente, sin embargo, la depresión sobre la que se basa el elemento maníaco).

M.K. interpreta que el "precioso" crucero es una exploración por su cuerpo y por el de su mamá, pero que comprende a países que están en un serio peligro debido a la guerra. De esta manera está tratando de negar el miedo que tiene a esos peligros y a los que implican las relaciones sexuales, excitantes pero peligrosas.[20]

Richard interrumpe a *M.K.* para preguntarle si le importa que ponga los pies sobre el barrote de su silla.

M.K. interpreta que la silla simboliza su órgano sexual y los pies de Richard su pene, y que está pidiéndole permiso para tener deseos sexuales, aunque éstos no puedan ser llevados a la práctica (nota 1).

Richard se refiere otra vez a Turquía y pregunta si puede levantar el zapato de porcelana. Saca de dentro la goma y la vuelve a meter.

Después sigue explorando la habitación. Sobre un estante encuentra unos sobres con fotos, y los cuenta; dice que hay muchas.

M.K. interpreta que la exploración que está haciendo es de su cuerpo, y las muchas fotos, los bebés que cree que éste contiene.

Richard se dirige entonces a la cocina y mira dentro del horno, decidiendo que no está limpio. Tras oler una botella de tinta, dice que se trata de una "sustancia muy olorosa". De vuelta en el cuarto, mira el reloj y repite que le gusta mucho. Lo mira desde atrás, se ríe y dice que es muy gracioso.

M.K. asocia el desagrado que siente por la "sustancia olorosa" con el que siente hacia "lo grande" que cree que hay dentro de su cuerpo junto con los bebés. Le recuerda que el día anterior no quiso mirar uno de los cuadros del calendario, porque el campo estaba estropeado por el color marrón, y que la parte de atrás del reloj le había recordado su "trasero".

Richard parece preocupado y mira la hora que es. Cuando *M.K.* le sugiere que quizá quiera irse, dice que sí, pero no se va a escapar; cree que el trabajo que hace con ella le está haciendo bien[21], pues ha tenido mucho menos miedo durante el fin de semana. Entonces se va a orinar y cuando vuelve, pregunta cuánto tiempo va a durar el tratamiento.

M.K. interpreta que no sólo teme a su trasero, y a "lo grande" que hay en ella, como si se tratara de cosas malas y peligrosas, sino que también

---

[20]Conviene recordar que en la tercera sesión Richard se había interesado, de pronto, en los barcos que quedarían bloqueados en el Mediterráneo si Gibraltar fuera tomada. En esa ocasión interpreté esto como el miedo ante los peligros a que se exponía su padre dur ante las relaciones sexuales con la madre.

[21]Richard se refiere aquí al análisis, llamándolo "el trabajo". No me acuerdo ya si esta expresión, que usó durante todo el tratamiento, fue tomada o no de algo que yo dijera.

se asusta de su propia orina y materia fecal a las que también cree malas. Por ello se ha ido a orinar, en el mismo momento en que ella le recordaba el temor que surgió, en sesiones anteriores, ante lo que le pasaría a su órgano genital de quedarse él solo con ella y tener relaciones sexuales. Su pene podría en ese caso quedar dañado, mientras que además el hombre malo relacionado con *M.K.*, y el vagabundo-papá, le podrían atacar.

Richard empieza ahora a hacer muchas preguntas: ¿cuántos pacientes tiene *M.K.* y cuántos solía tener?; ¿qué es lo que le pasa a John?... y mientras habla, enciende y apaga la estufa eléctrica.

M.K. contesta que no puede contar cosas de sus otros pacientes, así como tampoco cuenta a éstos las cosas de él. (Aunque Richard comprende este argumento, parece contrariado con la respuesta.) *M.K.* interpreta entonces los celos que tiene de sus otros enfermos, y el miedo a ellos, ya que representan a su marido y a sus hijos. Se refiere al niño de la esquina, a la cabeza del caballo y al bulto hecho por Turquía, y sugiere que todo ello representa el miedo que tiene al genital malo de su papá, que está dentro de mamá (el señor K. dentro de *M.K.*) y el deseo de destruir a su padre por miedo y por celos. Este papá malo, que se mete dentro de mamá, la daña o la convierte también en mala, pero si Richard le ataca cuando está dentro de ella, cosa que está expresando al apagar el fuego, mamá también se puede morir; por ello enciende y apaga repetidas veces, sin saber bien qué hacer. Todas estas dudas y ansiedades le hacen dudar también de la tarea que está llevando a cabo con *M.K.*

(Durante varias de las interpretaciones, y en particular en las referentes a la angustia de castración, Richard presenta un aspecto dolorido y asustado, y parece no oír. Aunque en la sesión anterior ocurrió lo mismo, esta vez cada interpretación ha sido seguida por una exploración mayor del cuarto y por una evidente disminución de la ansiedad. Esto se ve, por ejemplo, cuando en seguida de formulada la interpretación sobre la cabeza del caballo, vuelve a mirar a la calle, dice que el carro se ha movido, y que el animal está más cerca y parece bastante lindo.)

Nota de la sesión número ocho.

1. Aunque no siempre me refiera a ello en forma específica, también en otras ocasiones obtuvo Richard un evidente alivio al levantarse la represión de sus fantasías y poder expresarlas en forma simbólica. En su juego habitual, aunque el niño permanece inconsciente del contenido incestuoso y agresivo de sus fantasías e impulsos, experimenta, sin embargo, un alivio al poderlos expresar simbólicamente, siendo éste uno de los factores por el cual el juego es tan importante para el desarrollo infantil. En el análisis, debemos tratar de ganar acceso a fantasías y deseos muy

profundamente reprimidos, y ayudarle así a que tome conciencia de los mismos. Es importante que el analista pueda transmitir a su paciente el sentido de sus fantasías, estén éstas muy reprimidas o cerca de la conciencia, y poderlas verbalizar. Mi experiencia me ha demostrado que al hacerlo llenamos las necesidades inconscientes del niño, y creo que no es correcto suponer que hagamos daño a él o a las relaciones que mantiene con sus padres, al traducir, como si dijéramos a un lenguaje concreto, deseos incestuosos y agresivos que siente en forma inconsciente.

SESION NUMERO NUEVE (Miércoles)

Richard y *M.K.* se encuentran en la calle, cerca del consultorio. Por un contratiempo, *M.K.* no tiene la llave y los dos se vuelven a buscarla. Richard está sin duda turbado y preocupado por esto, aunque nada dice. Comenta, sin embargo, que los cuervos hacen mucho ruido y que "parecen asustados". También pregunta si *M.K.* le completará los minutos de la sesión que están perdiendo al ir a buscar la llave.

M.K. interpreta[22] que los cuervos lo representan a él, que está asustado, no sólo por la pérdida de tiempo que efectivamente le va a suponer, sino también porque ya no siente la seguridad de encontrar siempre el cuarto de juegos listo y a ella esperándole y preparada.

Richard contesta que tiene una "pregunta importante" para hacerle cuando vuelvan al consultorio; pero luego la formula directamente: ¿puede *M.K.* ayudarle a no tener sueños?

M.K. le pregunta por qué no quiere soñar ni hacerle la pregunta ahora.

Richard le explica entonces que sus sueños son siempre asustadores o desagradables, y agrega que teme que le oigan si habla ahora, sobre todo los chicos de la calle. En efecto, todo el tiempo habla en susurros a pesar de que en la calle no hay casi nadie...

De vuelta en el cuarto de juegos, relata algunos sueños. Uno de ellos se refiere a que la reina de *Alicia en el país de las maravillas* le da éter; otro a un transporte de tropas alemán que se derrumba cerca de él, sueño que a su vez le recuerda a otro que soñó hace mucho tiempo. Un auto, de aspecto "viejo, negro y desierto", cubierto con chapas de patente, llega hasta donde está él y se detiene a sus pies. (Mientras cuenta los sueños apaga y enciende la estufa eléctrica.)

---

[22] En esta ocasión, como la caminata tomó bastante tiempo, me aparté de la técnica habitual de no interpretar fuera del consultorio.

M.K. interpreta que la estufa queda negra cuando se la apaga y que entonces puede parecerle como si estuviera muerta. En el sueño, el auto viejo, negro y desierto, parece también estar muerto.

Richard indica entonces que cada vez que enciende el fuego se mueve algo rojo por dentro. (Se refiere a la vibración tras la pantalla de metal.)

M.K. interpreta que el fuego es su mamá y que Richard cree que dentro de ella hay algo que se mueve y que él quiere detener. Si lo ataca, cosa que cree hacer cuando apaga el fuego, entonces también mamá se queda vieja, negra y desierta como el auto del sueño. Ahora también teme por *M.K.* El transporte de soldados la representa a mamá con el Hitler-papá adentro. La reina de *Alicia en el país de las maravillas,* que le da éter, también simboliza a su madre mala y a su papá. Cuando fue operado mamá se convirtió en una mamá mala por no decirle la verdad, pensando entonces en que se había unido con el doctor malo (nota 1). La reina de *Alicia en el país de las maravillas* se dedicaba a cortar la cabeza a la gente y por lo tanto representa a estos padres peligrosos que le cortaban el pene tras haberle dejado inconsciente con el éter. Cuando Richard quiere ahora apagar el fuego de la estufa, quiere atacar o destruir al hombre malo que hay dentro de *M.K.* y al papá malo de dentro de mamá. Se ha referido una vez a la cantidad de enemigos malos que pensó que había durante su operación, y contar esto le ayudó a tener menos miedo. Por lo tanto, *M.K.* también representa a la niñera buena, que fue la única persona que él creyó que le protegería en aquella ocasión. (Véase sesión seis.)

Richard elige un país del mapa para hablar de él. Dice que quiere pegar a Hitler y atacar a Alemania. Entonces decide "elegir" a Francia en lugar de ésta, y se pone a hablar de este país que ha traicionado a Inglaterra, pero quizás sin poder remediarlo, comentando que Francia le da pena.

M.K. contesta que tiene en la mente a muchas clases de mamás: una mamá mala, Alemania, a quien quiere atacar para destruir a Hitler que contiene adentro, y una mamá herida y no tan buena, pero a la cual aún quiere, representada por Francia. Cuando piensa en las dos al mismo tiempo, no puede soportar atacar a Alemania, y se vuelve hacia Francia, hacia la cual puede permitirse sentir pena, Alemania (o mejor dicho, Austria), también representa a *M.K.*, que ha sido invadida por Hitler (nota II). [Síntesis de los aspectos disociados del objeto, culpa correspondiente y ansiedad depresiva.]

Richard vuelve a explorar el cuarto como en las sesiones anteriores. Levanta algunos libros, pero sin interés, y como perdido en sus pensamientos... Menciona a una niña fea con dientes salidos que vive en su mismo hotel, y dice que la odia. Parece preocupado y deprimido.

M.K. interpreta que odia a esa niña porque le representa a él cuando tiene ganas de atacar con mordiscos. Le ha contado ya (cuarta sesión), que una vez mordió a su niñera y a Bobby y que rechina los dientes cuando está enfadado. Ahora teme que al explorar el cuerpo de su mamá, representado por el cuarto, le entren ganas de mordería y comérsela a ella y a las cosas que contiene: bebés y el genital de su papá. También el cuarto representa a *M.K.* a quien también querría explorar y atacar de la misma manera...[23].

M.K. se refiere luego al deseo que una vez expresara, de que su madre tuviera "muchos bebés" (sesiones cuatro y cinco), pero al mismo tiempo habían aparecido entonces los celos que sentía de su hermano Paul. Cuando tiene celos de los bebés que pueden salir del cuerpo de mamá, desea atacarles y a ella también. Pero entonces piensa que se convertiría en la estufa negra donde nada se podría ya mover, y en el coche "viejo, negro y desierto" lleno de chapas de patentes que representan a los bebés muertos. Esto haría que la "cantidad de bebés" que hacia que el cuarto fuera lindo (los cuadros que representan a los perritos) se convirtieran en bebés muertos. En la primera sesión habló a menudo de sentirse "abandonado" durante la noche, y ahora se ha referido, en iguales términos, al auto "desierto". Si el auto, que representa a mamá, se muriera, también él se sentiría abandonado y muerto. Si hoy no encuentra placer en explorar la habitación, es por la fuerza con que han surgido todas esas ansiedades.

Richard pregunta de nuevo a *M.K.* si le va a hacer quedar más tiempo, ya que han empezado más tarde.

M.K. repite que así va a ser, pero le interpreta que desde el principio de la sesión, el miedo a perder parte de la hora con ella, se debe al temor que tiene de que ella y su mamá se mueran como consecuencia de sus ataques destructivos, o por lo que él les pueda hacer en el futuro con su voracidad y sus celos.

Richard empieza de nuevo a explorar, deteniéndose en particular ante unos banquitos. Comenta que tienen polvo y los sacude para limpiarlos. Después busca una escoba y empieza a barrer el cuarto.

M.K. interpreta que está tratando de arreglar a los bebés de dentro del cuerpo de su mamá (los banquitos)[24], y que puede temer que estos bebés sean tan sucios y voraces como él mismo siente que es. También los bebés del vientre de mamá están representados por los niños hostiles de la calle, a los que tanto miedo tiene. Cuando sacude los banquitos, está atacando, al mismo tiempo, a los bebés malos.

---

[23] Evidentemente falta en mis notas algún material que Richard debe de haber traído en este momento.

[24] Es significativo el cambio de humor que se operó tras estas interpretaciones. La depresión disminuyó y surgió en un primer plano el deseo de reparar.

Richard se va a orinar. Luego da una razón trivial por la cual dice que quiere irse puntualmente a pesar de que *M.K.* esté dispuesta a darle más tiempo. Pero le hace prometer que otro día le repondrá el tiempo perdido hoy.

M.K. interpreta que no quiere tomar demasiado de su tiempo por temor a comérsela con su voracidad.

Richard sale al jardín y pide a *M.K.* que le acompañe; goza plenamente del sol y del "hermoso campo" y dice que se siente feliz (nota III).

M.K. sugiere que ahora está menos asustado de los bebés malos del vientre de su mamá y de *M.K.*, y que por eso puede gozar con el lado bueno de las dos, ahora representado por el "hermoso campo". Pero que, además, le gusta mirar los hermosos alrededores, por cuanto le ayudan a no sentir miedo de todo lo malo y peligroso que hay dentro de ellas. [Defensa maníaca.]

Notas de la sesión número nueve.

1. Se ha discutido a menudo si se debe o no poner de manifiesto, durante el análisis de niños, las críticas de éstos hacia sus padres, que estuvieran reprimidas o inhibidas. Desde el comienzo de mi trabajo he llegado a la conclusión de que es muy importante permitir la manifestación de toda crítica, sea ésta justificada o no. Las razones son fáciles de comprender. Para el análisis, es muy importante romper la represión de los sentimientos hostiles; además, toda relación hecha de una idealización, es insegura. Cuando al niño le es permitido ver a sus padres bajo una luz mas realista, se disminuye la idealización, y puede establecerse una mayor tolerancia. Las criticas inconscientes tienden a producir exageraciones fantásticas, tales como la que se dio cuando la madre de Richard le mintió con respecto a la operación, llevando al niño entonces a fantasear que era la reina de *Alicia en el país de las maravillas,* quien no sólo le daba éter sino que, como cuenta la historia, mandaba cortar la cabeza a todo el mundo.

No se pueden analizar a fondo estas fantasías, si no se permite que surja el resentimiento real que el niño siente hacia sus padres. De hecho, encuentro que cada vez que se analizan las críticas y las fantasías de resentimiento ligadas a ellas, las relaciones entre los niños y sus padres mejoran considerablemente.

II. El conflicto entre atacar o conservar la vida de la persona amada, expresado aquí en relación con los países del mapa y en el encender y apagar la estufa, constituye la raíz de la posición depresiva infantil Estas ansiedades surgen por primera vez en el bebé en la relación con su madre (con su pecho), tanto tomándolo como objeto externo como internalizado, y tiene después muchas ramificaciones. Existe, por ejemplo, la urgencia del bebé por destruir al objeto malo contenido dentro del objeto bueno, con el fin de preservar al objeto mismo, y además para preservarse él, aunque luego, con tales ataques, siente que el objeto bueno vuelve a quedar en peligro. (Véase mi "Contribución a la psicogénesis de los estados maníaco-depresivos", 1935)

III. El humor de Richard cambió: completamente como consecuencia de la angustia surgida durante esta sesión y de las interpretaciones hechas sobre la misma. De acuerdo con mi experiencia, tales cambios ocurridos durante las sesiones no son raros, y se deben a qué se pone en juego una defensa maníaca contra la depresión; pero sin embargo, como resultado de su elaboración y de las interpretaciones, también se hace operativo un alivio real de la ansiedad, una disminución de la depresión y el deseo de reparar. Cabe, por lo tanto, hacer una diferencia entre las familiares fluctuaciones entre estados maníacos y depresivos y viceversa, por un lado, y la defensa maníaca que surge como paso hacia una creciente capacidad del yo para soportar la depresión. Estos pasos son inherentes al desarrollo normal, en el cual el bebé atraviesa por la posición depresiva manejándola de diversas formas; durante el análisis, es el proceder analítico el que las pone en actividad.

SESION NUMERO DIEZ (Jueves)

Richard llega unos minutos tarde, muy turbado. Cuenta a *M.K.* que ha estado en su casa, y que en vez de venir directamente desde el autobús, fue primero al hotel con su madre, razón por la cual se ha retrasado. (*M.K.* se da cuenta de que teme un conflicto entre las dos mujeres.)[25] Dice que ha tenido mucho miedo de los niños de la calle, y que una niña evacuada, de pelo rojo, le ha preguntado si era italiano. (Había varios italianos en "X".) Esta pregunta le asusta y preocupa, pues los italianos, al ser amigos de Hitler, son traidores y malos.

M.K. interpreta el temor a que surja un conflicto entre ella y su madre, y que quizás ha sentido otras veces que ocurriera lo mismo entre sus padres.

Richard dice que su papá y su mamá nunca se pelean, pero que siempre hubo muchos líos entre la niñera y la cocinera. (Su madre me había dicho ya que las peleas entre las dos muchachas, que condujeron a que la

---

[25] Los conflictos reales ocurridos entre los padres o entre gente de significación para la vida del niño (niñera, muchacha o maestra), causan a éste una gran ansiedad en cualquier edad, ansiedad ésta que se torna particularmente intensa durante la latencia (Véase *El psicoanálisis de niños*, capítulo 4).

primera se fuera de la casa, habían perturbado mucho a Richard, y que éste nunca perdonó el incidente final a la cocinera, que todavía está con ellos.)

Otra vez elige un país; primero dice que va a ser Estonia, pero después dice que como Estonia es enemiga de los polacos, va a elegir a la "pequeña Letonia" en su lugar[26]. Entretanto enciende y apaga la estufa eléctrica; luego mira los banquitos y los sacude para sacarles el polvo.

M.K. interpreta que, aunque sus padres nunca se han peleado, puede sin embargo haberse preocupado ante la posibilidad de un desacuerdo entre ellos. Este temor le hace desear aun más tener una hermana o hermano menor (la pequeña Letonia), que le sirvan de aliados en caso de producirse estas peleas, y le ayuden a unir otra vez a sus padres. Pero también teme tener hermanas o hermanos enemigos (la niña pelirroja que creyó que él era italiano) que le acusen de traicionarles a ellos o a sus padres cada vez que se siente hostil y celoso. También teme que los bebés de su mamá estén sucios y la dañen (los banquitos sucios).

Un poco más tarde Richard cuenta a *M.K.* que cuando empezó la guerra, fue a una escuela en la que había ratas, y que también las hay en el lavadero de "X". Comenta que las ratas son odiosas y que envenenan la comida. Continúa luego hablando de Bobby, que a veces le muerde; en esos casos, él le muerde de vuelta. También habla de "bombardear" a su perrito... Más tarde expresa que quiere saber cosas de los demás pacientes de *M.K.* y conocer todos los secretos; enterarse de lo que *M.K.* está pensando, y "horadar" con su mente la suya.

M.K. le repite una vez más que no puede hablarle de sus demás pacientes, e interpreta que quisiera horadarla con los dientes, y que por eso le preocupa tanto la niña de los dientes salidos. También quiere horadar a su mamá y encontrar dentro de ella todos los demás bebés que piensa que guarda en secreto. (Los demás pacientes de *M.K.*) Este deseo se hace más fuerte cuando piensa que los bebés pueden ser malos, como las ratas, y comerse y envenenar a su madre y a ella. También cuando él era bebé, puede haber deseado horadar el pecho de su mamá, y meterse dentro para devorarlo. Sugiere, además, M K., que la rata puede también representar el órgano genital de papá, que él imagina que horada a mamá quedándose luego dentro de ella. Pero si ataca al papá y a los bebés que están en su cuerpo, todos ellos pueden volverse en contra de él y devorarlo a su vez. Cuando juega con Bobby, puede morderle en forma juguetona, es decir, inofensiva, y así se libra de la culpa que siente cuando piensa en los hermanitos (los bebés de mamá) a quienes querría atacar y que ahora están representados por Bobby.

---

[26] En este período, ya no elegía el país para hablar de él, más que como si se tratara de una posesión.

Richard coge un calendario ilustrado y lo hojea. Le gusta mucho un barco de guerra que hay en una de las fotos y lo asocia con un capitán de barco, amigo de sus padres, por quien siente admiración. De repente muerde el borde de la foto, y tras coger su gorra, también la muerde.

M.K. interpreta que tiene una buena opinión del capitán, porque éste representa a papá cuando cuida a mamá, que es el barco de guerra. En este momento la admiración es muy intensa, porque no quiere pensar en el papá-rata peligroso, y porque cada vez que teme al papá-malo rata se conforta al pensar en un papá bueno. [Defensa maníaca.] Además le sugiere que poder admirar el pene fuerte y potente de papá[27] quiere decir que él no lo ha dañado, y que este papá fuerte puede entonces proteger y ayudar a mamá. Al mismo tiempo, sin embargo, siente celos y envidia de este órgano tan potente y lo quiere arrancar con los dientes; por eso acaba de morder el borde de la foto y la gorra.

Richard se pone muy afectuoso con *M.K.* Dice que la "quiere muchísimo" Y que es muy "dulce". Es evidente que la interpretación le ha traído alivio. Entonces pregunta si puede hoy otra vez esperarla para caminar con ella hasta la esquina; cuando una vez allá se despide, le dice adiós varias veces.

---

[27] La palabra "potente" fue usada en mis interpretaciones sólo tras haber explicado a Richard lo que quería decir con ella.

SESION NUMERO ONCE (Viernes)

Richard está sentado al lado de la ventana con *M.K.*, muy preocupado por unos niños que están en la calle. Dice (con cara muy triste,
cómo si hubiera tomado conciencia de lo perseguido que se siente) que
siempre está "en guardia", incluso cuando está con *M.K.*, a quien ve como
una figura protectora, y le pregunta si ella también tenía miedos
semejantes cuando era niña, pues ha oído decir que todos los niños pasan
por lo mismo. Luego empieza a encender y a apagar la estufa eléctrica,
mirándola mientras lo hace. Después coge el reloj, le da cuerda, lo abre, y
por un instante se lo lleva a la cara, acariciándose con él...

Más tarde habla del éxito que los bombarderos británicos han
tenido la noche anterior, de la flota alemana y de la derrota de los barcos
de Brest. Se pregunta cómo ha logrado Hitler convertir a Alemania en un
país nazi; ahora resulta imposible librarse de él sin atacar al país.

M.K. interpreta que teme que para destruir al papá malo y a los
bebés malos que están dentro de su mamá, tenga que atacar también a
ésta, pudiéndola entonces herir (Alemania, que debe ser atacada a causa
del Hitler malo). También le sugiere que, cuando mira el reloj por dentro,
es porque realmente quiere mirarla a ella, y observar sus órganos
genitales y al señor K. malo que allí se encuentra (papá Hitler). En cuanto
al fuego que apaga y enciende, le hace acordarse de interpretaciones
suyas anteriores (novena sesión), en las que le indicó que ese juego
expresaba el deseo de destruir a este papá malo y a los bebés de su
vientre. En aquella ocasión, igual que ahora, se asustó de la posibilidad
de matar también a mamá. Cuando acaricia el reloj, está acariciando a
M.K., en parte, debido a que le tiene lástima, ya que teme que esté dañada
por el señor K. malo y por los bebés (el Hitler malo dentro de Alemania).

Richard sigue jugando con el fuego, y después vuelve a coger el
reloj. Quiere saber por qué la aguja de la alarma marca una hora tan
temprana, y lo que hace *M.K.* a esa hora... Después anuncia que va a
"elegir" a Austria en el mapa. Hitler es austríaco, ¿no?, pregunta;
pero inmediatamente agrega, que también lo ha sido Mozart, y que a él
Mozart le gusta mucho.

M.K. interpreta que sospecha del tipo de relación que ella tiene con
los hombres, y que por eso quiere saber qué ha estado haciendo tan
temprano a la mañana. El Hitler "austríaco" que ha convertido a; Alemania
en un país nazi, es el señor K. malo, que convierte en mala; a *M.K.* En
cambio, el Mozart querido representa a un señor K. bueno, y el pensar en él
le conforta y le ayuda a vencer el miedo que siente del Hitler-señor K. malo.

También cuando está con mamá, trata de olvidar que tiene a un papá malo dentro de ella, que puede convertirla en mala a ella también.

Richard está muy intranquilo durante estas interpretaciones, y parece que no las oyera. Vuelve a explorar la habitación, comenta que los banquitos están muy sucios y los sacude como lo hizo la otra vez para limpiarlos. Después abre la puerta y admira el paisaje, y en especial las montañas.

M.K. interpreta que el hermoso paisaje constituye una prueba de que, afuera, existe un mundo bello y bueno, y que esto le hace tener la esperanza de que el mundo interno, sobre todo el de su madre, también lo sea. Esto le alivia la sospecha que tiene de las relaciones de su mamá y *M.K.* con los hombres malos. También se refiere al miedo que tiene a los niños de la calle y le sugiere que pueden estar representando a los niños-ratas malos que cree que hay dentro de su madre, a quienes quisiera atacar. Por eso teme que le ataquen ellos a su vez en la calle. Le señala que, al principio de la sesión, ha podido darse cuenta de la cantidad de miedo que les tiene.

Richard ahora se resiste menos a las interpretaciones. Está muy serio, evidentemente preocupado y bien consciente de sus temores persecutorios[1].

SESION NUMERO DOCE (Sábado)

M.K. ha traído lápices, colores y un cuaderno, y los coloca sobre la mesa.[2]

Richard pregunta ansiosamente para qué son, y si los puede usar para escribir o dibujar.

M.K. le dice que puede hacer con ellos lo que él quiera.

---

[1] Esta sesión es muy corta, no sólo porque mis notas estén incompletas, sino también porque últimamente, al surgir ansiedades mas profundas, Richard ha empezado a hablar mucho menos y el análisis se hace mas difícil. Todo esto está relacionado con la próxima nota de pie de página.

[2] En la primera sesión, como dije anteriormente, había yo preparado juguetes, papel, lápices, etc., sobre la mesa, pero Richard no se interesó por ellos, diciendo que no quería jugar ya que sólo le gustaba pensar y hablar. Durante las últimas sesiones, sin embargo, empezó a hablar cada vez menos, y se hizo evidente que al ir vivenciando ansiedades mas profundas, iba sintiendo una necesidad cada vez mayor de jugar y de actuar. Esto pudo verse en la mayor frecuencia con la que se acercaba al mapa, "elegía" un país, manipulaba el reloj, lo miraba y acariciaba, encendía y apagaba el fuego, exploraba la habitación con mayor detenimiento, inspeccionaba los cuadros y tarjetas del biombo y sacudía los banquitos.

Como el cuarto de juegos también se usaba para otros fines que los del análisis, no pude seguir el procedimiento que uso habitualmente de guarda r los juguetes y demás artículos en un sitio accesible para el niño -un cajón abierto o una mesa-, dejando así que él los use cuando y como quiera. (El analista debe abstenerse de dirigir el juego del niño o sus demás actividades, ya que esto corresponde al principio de la "libre asociación" del análisis de los adultos). Tampoco podía yo preparar sus cosas antes de cada sesión, pues si Richard llegaba antes de la hora me vería obligada a hacerlo en su presencia. Sin embargo, resulta ahora evidente que el ni ño necesitaba urgentemente un medio mas apropiado con el cual poder expresar su inconsciente, y por ello decidí traerle el papel y los lápices, pero no los juguetes, hasta poder ver cómo respondía a ello.

PSIKOLIBRO

Apenas comenzado el primer dibujo, Richard pregunta si a *M.K.* le importa que esté dibujando.

M.K. interpreta que parece que teme estar haciéndole algo malo.

Cuando termina el dibujo número 1, repite su pregunta y de pronto descubre que ha dejado marcas de lápiz en la segunda hoja del cuaderno.

M.K. interpreta que le preocupan estas marcas porque teme estar haciendo algo destructivo, y relaciona esto con el hecho de que lo que dibuja es una batalla.

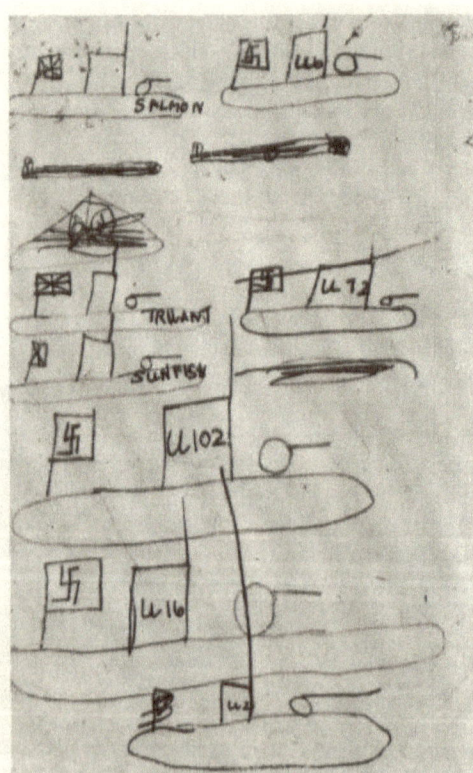

Richard se detiene al terminar los dos primeros dibujos[3].

M.K. le pregunta qué representan.

Richard contesta que es una batalla, pero no sabe quién va a atacar primero, el *Salmon* o el submarino alemán. Señala al U 102 y comenta que 10 es la edad que él tiene; con el número U 16 asocia la edad de John Wilson, tras lo cual se queda muy sorprendido al darse cuenta del significado inconsciente de los números, y profundamente interesado al descubrir que los dibujos pueden ser un medio para expresar pensamientos inconscientes.

M.K. interpreta que los números también indican que tanto él como John están representados por submarinos alemanes, y que por lo tanto son enemigos peligrosos de Gran Bretaña.

Richard queda muy sorprendido y perturbado por esta interpretación, pero tras un silencio,

---

[3] El U 2 de la parte inferior del dibujo, fue añadido dos sesiones después.

admite que debe ser así. Sin embargo piensa que está seguro de no querer atacar a los ingleses, pues es muy "patriota".

M.K. interpreta que los ingleses representan a su propia familia y que ya anteriormente ha podido darse cuenta de que no sólo los quiere y desea protegerles, sino que también desea atacarlos. [Disociación en el yo.] Esto está demostrado en el dibujo, donde se alía con John, que también representa a su hermano. Pero como John también se analiza con *M.K.*, se convierte además en aliado suyo cada vez que siente, hacia ella, la hostilidad que siente hacia su familia. Le recuerda también lo preocupado que se quedó cuando una niña le tomó por italiano (sesión diez), y que ella le interpretó entonces que era porque eso significaba ser un traidor a Gran Bretaña (sus padres). Los barcos británicos *Truant* y *Sunfish*, representan a éstos, atacados por él y John, quien a su vez representa a Paul..

Richard, entonces, da mas detalles sobre el U 72 que está a la derecha del *Truant* y del *Sunfish* . Dice que le gusta el número 2 porque es "un lindo número par"; el 7 es impar, y los números impares no le gustan...

Cuenta entonces una historia sobre dos hombres que cazan conejos y la manera como se las arreglan para repartirse siete de estos animales entre los dos.

M.K. interpreta que los dos hombres que cazan conejos y se los reparten, parecen ser él y John. También parece que ahora sus padres (que han sido atacados por los submarinos), son los conejos que deben ser matados, repartidos y devorados. El 7 y el 72 también les representan a ellos, devorados; el 2 es él y John, aliado suyo tal como lo es Paul cuando se enfada con papá y mamá. En este momento, John es un aliado contra *M.K.*, y también ella está representada por los conejos matados y repartidos. Recuerda además a Richard, que el 2 forma parte del número 102 que lo representa a él mismo. Por ahora también el 72 le representa a él (nota I). Refiriéndose otra vez al U 102, *M.K.* le señala que aquí él es mucho mas grande que los barcos británicos atacados, lo cual significa que desearía ser mas poderoso y fuerte que sus padres, para poderles controlar.

Esto lo desea tanto más, cuanto que teme un contraataque de parte de los dos. [Proyección de la agresión y miedo a la venganza].

Richard entonces, refiriéndose a la interpretación de *M.K.*, cuenta que su hermano a veces es aliado suyo, y que especialmente lo era contra la niñera; en cambio, en otras oportunidades, se convierte en enemigo, como, por ejemplo, cuando lo empieza a fastidiar.

M.K. interpreta, que cuando se alía con John contra ella, también ella está representando a la niñera. Después le indica que en la parte superior del dibujo número 1, el *Salmon* y el submarino representan a Paul y a sí mismo, y que le recuerda que antes dijo que no sabía quién va a atacar a quién.

Richard entonces amplía esto, diciendo que en este primer dibujo, el periscopio del *Sunfish* está atravesando al *Truant*.

M.K. interpreta que le está mostrando que también sus padres se pelean y que el periscopio, que representa el pene de su papá, está agujereando a mamá y es por ello algo peligroso. Cuando siente celos de que sus padres obtengan placer en las relaciones sexuales, desea que papá ataque a mamá de esta manera (el vagabundo, Hitler) lo cual implica que, aunque en forma indirecta, él también la ataca. Por eso le aterra el daño que se hacen el uno al otro. La matanza y la repartición de los conejos, también implican un ataque directo a sus padres, y ahora a *M.K.* ayudado por John.

Richard mira el dibujo número 2, y señala al U 19, diciendo con sorpresa que es la edad de su hermano. Otra vez vuelve a quedar muy impresionado por este hecho, y con una evidente convicción de que tanto él como John y Paul son los submarinos enemigos, peligrosos para sus padres y para *M.K.* Dice además, que el U 10 (en la mitad inferior del dibujo 2) es él mismo; que es mas grande que Paul y que se encuentra por encima de sus padres; pero que éstos le han atravesado con sus periscopios.

M.K. interpreta que desearía ser superior a todo el mundo. Como es el menor y el mas débil de la casa, desearía ser el miembro mas fuerte e importante de la familia. Pero, por otro lado, ser un submarino grande y peligroso, supone que si ataca a sus padres los puede destruir, y esto le da miedo. También ellos son peligrosos, porque le atraviesan con un periscopio -genital, lo cual significa tener unas relaciones sexuales con ellos, en las que ellos son los mas fuertes. (Mientras *M.K.* explica todo esto, Richard dibuja una svástica, y le demuestra lo fácil que es convertirla en bandera inglesa.) *M.K.* contesta que desea poder transformar su parte submarina hostil y agresiva en una británica, es decir, en una buena.

Durante esta interpretación, Richard empieza a hacer el dibujo 3, diciendo que quiere dibujar un "hermoso barco". Cuando traza la línea que está debajo de éste, comenta que la mitad inferior del dibujo está "bajo el agua" y que no tiene "ninguna relación con la parte de arriba". Bajo el agua hay una estrella de mar hambrienta a quien le gusta la planta. No sabe lo que va a hacer el submarino que está allí cerca, pero piensa que probablemente atacará al barco. El pez nada tranquilo y pacíficamente. Y añade: "Es mamá y la estrella de mar es un bebé".

M.K. interpreta que el deseo de hacer un "hermoso barco" es para arreglar a sus padres, y que los dos están representados por él.

Richard pregunta: "¿Ellos son las chimeneas?"

M.K. le indica que el humo de una de las chimeneas asciende en una línea recta, y que esto puede representar al pene de su padre. La otra, en cambio, es un poco más estrecha y la línea del humo está torcida. Representan el órgano sexual de mamá.

Richard dice que su mamá es más delgada que su papá, pero que nunca ha visto el órgano sexual de una mujer. No está seguro, sin embargo, de no haber visto el de alguna niña.

M.K. interpreta que la estrella de mar hambrienta, el bebé, es él mismo, y la planta, el pecho de su madre, del que le gustaría alimentarse. Cuando se siente como un bebé hambriento, desearía que su madre fuera para él solo, pero como no puede tenerla, se pone enojado y celoso y siente que ataca a los dos padres. Todo esto está representado por el submarino que "probablemente" va a atacar al barco. También tiene muchos celos de John porque, como paciente de M.K., recibe tiempo y atención de ella. Analizarse significa en este momento ser alimentado. Si ha dicho que la parte que queda por debajo del agua no tiene nada que ver con la de arriba, es para decir que su mente desconoce la avidez, los celos y la agresión, sentimientos estos que se encuentran en él en forma inconsciente. En la parte superior del dibujo, separada de la de abajo, está expresando el deseo de unir a sus padres para que sean felices juntos. Estos otros sentimientos, de los que si se da cuenta, los vivencia en lo que cree que es la parte superior de su mente. [Inconsciente disociado de lo consciente y reprimido posteriormente.]

Richard escucha esta interpretación con gran interés y atención y parece muy aliviado (nota II.) (Inmediatamente después de empezar a dibujar preguntó si se podía llevar los dibujos a su casa. M.K. le respondió que preferiría que los dejara para poderlos mirar cuando quiera hacerlo. Ahora se siente halagado por esta sugestión, interesándose especialmente al ver que M.K. pone la fecha en cada uno de ellos. Sin duda, se da cuenta de que los quiere conservar. La sensación de estarle haciendo con ellos un regalo, entra en el material en varias oportunidades.)

Al irse, comenta que tiene muchas ganas de pasar el fin de semana en su casa.

Notas de la sesión número doce.

1. De este material podemos inferir otras conclusiones que no han sido interpretadas. Richard siente que se ha comido a sus padres (los conejos), y que éstos forman ahora parte de sí mismo: son el número 7 del U 72. Este aspecto voraz y destructivo de si mismo, está expresado por la U (el submarino enemigo peligroso), mientras que sus aspectos "buenos" lo están por el número 2 (el "lindo" número par que tanto le gusta). El 2 también le representa a él, aliado con John, lo cual implica que también ha internalizado a éste (y a Paul) tanto en su aspecto malo (voraz) como en su aspecto útil (como aliado). La parte "linda y par" de sí mismo, el número 2, no constituye sólo, por lo tanto, la parte buena suya que contrasta con la parte submarino, sino que como está aliada con el hermano malo, también es vivida como peligrosa. La parte "linda, par", tiene así el sentido particular de ser una parte hipócrita, aparentemente suave. Este punto queda completamente confirmado por toda la formación caracterológica de Richard. Como se verá en sesiones posteriores, tenía una fuerte tendencia (de la cual él mismo desconfiaba profundamente) a mostrarse agradable, halagador, etc. El U 72, con las asociaciones surgidas en esta sesión y confirmadas por el material anterior y posterior, revela de manera clara la estructura de su yo, e incluye aspectos disociados de sí mismo, como ser impulsos ávidos y destructivos, tendencias reparatorias y amorosas, otras de carácter apaciguador e hipócrita, y algunas de las figuras internalizadas: padres cortados, matados y devorados que se han convertido en objetos dañados, hostiles, vengativos y devoradores de su mundo interior. (Véase, como ejemplo de esto, la figura del pájaro devorador que representa a la madre internalizada en la sesión número cuarenta y cuatro.) Dos sesiones más tarde, cuando Richard hubo tomado conciencia de su avidez y de sus celos, añadió rápidamente el U 2 al dibujo, y dijo después que era él mismo. Explicó, al mismo tiempo, que el periscopio atravesaba tan violentamente el U 102 y el U 16 porque estaba muy enojado con ellos. Yo interpreté entonces que una parte de si mismo estaba muy enojada con otra, la parte submarino enemigo y ávido. La parte punitiva de sí mismo (el superyó), aunque es vivida como alguien que hace lo que debe hacer, también está enojada y es agresiva, y por ello también está representada por un submarino. Pero como es mala y buena al mismo tiempo, la svástica del U 2 no le sale con una forma clara, sino como una mezcla de svástica y de bandera británica.

Elijo en este momento este ejemplo para ilustrar y demostrar con él mi afirmación de que el yo se va formando desde el principio de la vida post-natal, mediante la internalización de objetos. Y también que los procesos de disociación del yo están ligados a aspectos disociados del objeto. El material referente a la caza y repartición de los conejos, surgió tras haber dicho Richard que quería meterse dentro de mi mente. (El material de las ratas de la décima sesión.) Esto lo interpreté como el deseo de penetrar dentro de su madre, morderla y comerse el contenido de su cuerpo, todo lo cual nos llevó entonces a ver los procesos más tempranos de internalización, que son el devorar el pecho materno, y que dan origen a la fantasía de tener objetos internos dañados y devoradores a su vez. Dicho en otras palabras, podemos seguir la formación de la estructura del yo de Richard hasta una época muy temprana en la que se dan contenidos incluso preverbales. Estos procesos pueden ser vistos, no sólo en niños como éste de diez años, sino también en los adultos, aunque éstos como es natural, presentarían este material de una manera diferente a como lo hace el niño, si lleváramos el análisis hasta los estratos más profundos de la mente.

II. Aunque Richard recibió con gusto el papel y los lápices y comenzó a usarlos inmediatamente, al principio sintió una inhibición para expresar sus pensamientos inconscientes. Lo primero que dibujó fue el Salmon y el submarino situado en la parte superior del dibujo número uno. Después tachó los tres barcos que dibujó a continuación. y sólo tras haber hecho el Truant el Sunfish y el U 72, pudo hacer los demás submarinos de mayor tamaño. Para entonces yo ya le había interpretado el temor que sentía de hacerme daño al dibujar, interpretación ésta que podemos asociar con el hecho de que, al terminar el primer dibujo, me dijera que habla hecho marcas de lápiz en la página vacía de abajo. En el dibujo 2 se expresa ya con más libertad, así como también lo hace en las asociaciones, mientras que, luego, las interpretaciones de estos dos primeros dibujos provocan, a su vez, la riqueza del material del número 3. Esto constituye una prueba de algo que mi experiencia me ha demostrado: que al encarar las asociaciones del paciente y el material inconsciente que éstas contienen (como, por ejemplo, analizando los sentidos específicos inconscientes de su actitud, conducta o asociaciones mediante una interpretación dada en el momento oportuno), influimos sobre la cantidad y la calidad del material que puede obtenerse y ejercemos una influencia fundamental sobre el curso posterior del análisis.

SESION NUMERO TRECE (Lunes)

Richard parece vencido y triste. Le cuenta a *M.K.* que durante el fin de semana su madre se enfermó y a causa de ello no ha podido volver a "X" con él. Comió un pedazo de salmón que le sentó mal, a pesar de que a ninguno de los demás que lo comieron les hizo nada. Con lágrimas en los ojos dice que se siente muy triste por tener que dejar su casa, sus padres y todas las cosas que le gustan[4], y que aunque no se lo ha dicho a su madre, sintió que no quería volver a analizarse. Se preguntó a si mismo, si *M.K.* traería sus dibujos, el papel y los lápices, pensando que no lo haría. (Habla de manera indiferente, con palabras entremezcladas con largos silencios.)

M.K. interpreta que teme que los dibujos que hizo en la sesión anterior le hayan hecho daño a ella. Pueden haberla dañado o aun matado, o quizás haberla convertido en una enemiga "mala". Por esto no esperaba que se los trajera otra vez. También la gran preocupación que siente por la enfermedad de mamá está relacionada con el temor de haberla dañado mediante los ataques expresados en los dibujos. En dos de ellos, el submarino *Salmon* tuvo un importante papel y ahora resulta que su madre se ha enfermado de verdad por causa de un salmón que se ha comido, lo cual refuerza su temor inconsciente de ser él el responsable de su indisposición.

Richard empieza entonces a dibujar. Tras mirar repetidamente el dibujo número 3, dice que lo está copiando de manera exactamente igual, para darle uno de ellos a su mamá. Cuando termina (dibujo 4), se sorprende al ver que le ha salido muy diferente del original. Decide inmediatamente no dárselo después de todo. Mientras dibuja habla de una tragedia: sus canarios se están quedando calvos.

M.K. le señala que en la copia (dibujo 4), la estrella de mar que le representa a él mismo siendo un bebé ávido, está más alejada de la planta que simboliza a los pechos de su madre. Esto lo ha hecho por temor a dañarla con su voracidad. Sin embargo, ahora ha dibujado dos submarinos, en vez de uno como hay en el dibujo número 3, el cual le representaba a si mismo torpedeando (o con la posibilidad de torpedear) al "hermoso barco", que simbolizaba a sus padres.

---

[4] A veces la madre de Richard se quedaba con él en el hotel, pero en otras ocasiones lo hacía la cocinera o su antigua niñera, que vivía cerca.

Richard indica entonces que en el dibujo 4, el torpedo no va en dirección al barco y que por lo tanto no lo puede dañar. Añade que ahora hay dos peces, que son papá y mamá, observando cuidadosamente al submarino para que éste no haga daño.

M.K. interpreta que el deseo de hacer una copia exacta de su dibujo para dársela a su madre, también expresa que siente que no debería querer más a *M.K.* que a ella, cosa que parece haber sentido aun respecto a su mamá y la niñera, ahora representada por *M.K.* Como piensa que el dibujo del "hermoso barco" es un regalo, se siente tanto más culpable de habérselo dado a *M.K.* cuanto que ahora su mamá está enferma; por eso, y porque quiere hacerla sentir bien otra vez, piensa que el "hermoso barco" puede ayudar a curarla, mas al no haber podido hacer una copia exacta, ya no se lo quiere dar. La causa por la cual hay diferencias entre los dos dibujos (números 3 y 4), es el temor de haber dañado a sus padres. En el dibujo 4 trata de no hacerles daño y de que ellos le vigilen. Esto es igual a lo que le pasó cuando, durante el análisis, *M.K.* descubrió los sentimientos agresivos que tenía y Richard pensó que *M.K.* le podría ayudar a controlarlos. Luego, le pregunta a quién representa el segundo submarino.

Richard contesta que a Paul. Tras lo cual, nota con sorpresa que se ha "equivocado" con el color del barco en el dibujo 4, pues es diferente del que le puso en el 3.

M.K. interpreta que papá y mamá, que en el dibujo anterior estaban representados por las chimeneas, ahora están de color rojo, probablemente porque teme que estén dañados. Además ha hecho la chimenea de la derecha un poco más gruesa, y por otro lado las dos, que simbolizan los órganos sexuales de sus padres, tienen ahora el mismo trazado de humo. Todo esto expresa el deseo que tiene de que sean ambos iguales, para que así no haya ningún lío entre los dos (nota 1). Le recuerda a los canarios que se están quedando calvos, y le dice que representan lo mismo que las chimeneas: sus padres dañados.

Richard contesta que, en efecto, su padre sé está quedando calvo y que a menudo se siente mal; pero que es bueno y que le quiere mucho... Tras lo cual añade, con gran sentimiento, que hay "algo bueno" en que papá no esté bien, pues a causa de ello ha sido eximido de la última guerra...

M.K. le señala lo fuerte que es la lucha entre sus sentimientos de amor y odio, y que la culpa que siente le preocupa cada vez más.

Richard está mucho menos triste al irse. Pide a *M.K.* que le vuelva a traer los dibujos y además los juguetes de la primera sesión, pues ahora puede tener ganas de jugar con ellos. Durante las interpretaciones a veces se ha distraído, pero en otras ocasiones se ha quedado mirándola con mucho interés y comprensión, en particular al interpretarle *M.K.* el conflicto entre el amor y el odio, el temor a no poder controlar sus impulsos destructivos, y las ganas que tiene de reparar. Al finalizar la hora hace el dibujo número 5 y comenta que la silueta que está en el ángulo izquierdo inferior, en la cual ha puesto el puntaje de los aviones británicos y alemanes abatidos, representa también un hangar en Dover. (Este dibujo está analizado en la sesión número dieciséis.)

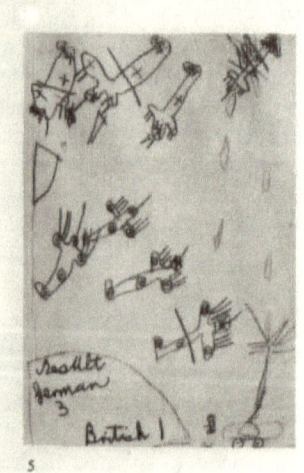

Nota de la sesión número trece.

1. Podemos llegar a la conclusión de que la envidia que Richard siente de la fertilidad de su madre y la potencia de su padre, la proyecta sobre ellos mismos. Al hacerlos iguales, la madre no tiene ya por qué envidiar al padre, ni el padre a la madre.

SESIÓN NÚMERO CATORCE (Martes)

M.K. ha traído los juguetes[5] y los coloca sobre la mesa. Richard se interesa mucho por ellos y empieza en seguida a jugar. Primero coge los dos columpios, pone uno al lado del otro, los hace balancearse y finalmente los deja otra vez juntos diciendo: "Se están divirtiendo". A continuación, llena uno de los vagones del tren, al que llama de carga, con muñequitos, y dice que los "niños" se van en viaje de placer a Dover. Añade a esos una mujer de tamaño un poco mayor, vestida de rosa, y la llama mamá. (En todos los juegos sucesivos, esta muñeca representó el papel de madre). (Nota I.) Agrega que también ella se va en viaje de placer con los niños. Tras esto añade también a uno de los hombrecitos de mayor tamaño, al que llama el "ministro" porque lleva sombrero, pero en seguida lo saca del vagón, lo sienta en el techo de una casa, pone a su lado a la mujer rosa y los dos se caen. Entonces los recoge, los coloca solos en otro vagón, mirándose el uno al otro y dice: "Mamá y papá se están haciendo el amor". Saca los muñecos pequeños del primer vagón, elige uno y lo coloca en el segundo de manera que queda mirando a la pareja que está en el primero.

M.K. interpreta que los columpios representan a sus padres, colocarlos uno al lado de otro y decir que se están divirtiendo significa que están en la cama, mientras que los movimientos de vaivén indican sus relaciones sexuales. Cuando dice que la mujer rosa, a la que ha llamado mamá, se va en viaje de placer con los niños, quiere con ello expresar que sus padres no deben estar juntos. De la misma manera, si bien permitiría que *M.K.* estuviera con él y con los demás niños (Paul, John, etc.), no le dejaría estar con ningún hombre que representara al señor K. Interpreta también que tras haber separado a sus padres, se sintió apenado y culpable, y que por eso ha vuelto a traer a papá, que está representado por el "ministro". Al sentar a los dos sobre el techo de la casa les permitió, igual que antes lo hizo con los columpios, que tuvieran relaciones sexuales, mientras que cuando se cayeron, lo cual implicaba que estaban heridos, los puso solos en un vagón mientras el "niño", que es él mismo, miraba cómo se "hacían el amor", desde otro, aunque manteniendo con ellos una relación

---

[5] Los juguetes eran los siguientes: pequeños muñequitos de madera, algunos de los cuales estaban vestidos de hombre y otros de mujer, y entre los cuales algunos eran mas grandes que otros. La "mujer rosa" y el "ministro" estaban sentados. Dos columpios, con una persona en cada asiento; dos trenes: uno con vagones cerrados al que Richard llamó "eléctrico" o "expreso", y cuyos vagones eran a menudo "de pasajeros", y otro con vagones abiertos, al que llamó tren de "carga", ajustándose a esta denominación durante todo el tratamiento. Los dos trenes tenían locomotoras; y aunque el eléctrico era mayor que el de carga, ninguno de los dos era mecánico, de manera que aunque digo que los ponía en marcha, siempre era Richard quien los empujaba. También había animalitos, casas de dos tamaños, un camión de carbón y otro de leña y algunas vallas y árboles. (He repetido a menudo que trato de evitar los juguetes que puedan especificar una determinada labor, pero por alguna razón que ahora no puedo recordar, los dos camiones formaban parte en aquel entonces de mi colección de juguetes).

amistosa. (Desde ahora en adelante, esta combinación de tres figuras, a veces representada por animales, expresó la buena relación con los padres, nota II).

Richard hace varios grupos con los muñequitos: pone a dos hombres juntos, después coloca una vaca y un caballo dentro del primer vagón, y una oveja en el segundo. Arregla las casitas hasta formar con ellas un "pueblo y una estación", hace correr el tren alrededor de ésta y después penetra adentro de la misma. Como ha dejado muy poco espacio entre las casas, el tren al pasar las tira, y debe volver a colocarlas bien otra vez. Luego de eso empuja el otro tren (al que llama tren "eléctrico") y los dos trenes chocan. Al ocurrir esto se perturba mucho y hace que el eléctrico atropelle todas las cosas. Los juguetes quedan amontonados, por lo cual comenta que todo está hecho un "revoltijo" y un "desastre". Al final, sólo el tren "eléctrico" queda en pie (nota III).

M.K. interpreta que el viaje de placer que los niños hacen a Dover significa que también ellos quieren tener relaciones sexuales como sus padres; pero que llevarlos justamente a Dover, que recientemente ha sido muy dañada por la guerra (tema al cual se refirió en el dibujo 5, significa que las relaciones sexuales de sus padres le parecen peligrosas. Este peligro también lo expresa al colocar al "ministro-papá" y a la mamá en el tejado, del cual luego se han caído. Al final, todo termina en un desastre. Interpreta además, que teme que el análisis también termine en desastre, y que esto pueda ser por culpa suya, de la misma manera que siente que puede haber sido él quien haya dañado a su mamá. Le hace recordar al perro que tuvo que ser destruido, y la mención que hizo de la muerte de su abuela (véase segunda sesión).

Richard queda profundamente impresionado por esta interpretación y sorprendido de que sus pensamientos y sentimientos puedan verse en sus juegos.

M.K. interpreta que al reconocer que sus juegos expresan lo que él siente, está también reconociendo que ella le esclarece las cosas que le pasan, y todo ello le demuestra que tanto el análisis como *M.K.* son buenos y útiles. Ahora ella representa a la madre buena que le ayuda después de todo, y a pesar del "desastre" que cree que ha ocurrido por su culpa (la de Richard).

Richard pregunta si lo que ha pasado al final significa que el tren "eléctrico" es él mismo y que es el mas fuerte de todos.

M.K. le recuerda que él era en efecto el mayor de la familia y el mas poderoso, en la representación de sí que hizo en el dibujo 2, con el submarino.

Entonces, tras una pausa, Richard empuja los juguetes hacia un lado y dice que se ha "cansado" de ellos, poniéndose a dibujar en forma muy elaborada y con gran deleite (dibujo 6)[6]. Al hacerlo, comenta que hay muchos bebés-estrellas de mar, que están "ardiendo de furia" y que tienen mucha hambre. Como quieren estar cerca de la planta (la cual todavía no ha dibujado), arrancan de allí al pulpo. Tras esto, decide dibujar ojos de buey en el *Nelson*.

6

M.K. interpreta que los ojos de buey son bebés igual que las estrellitas de mar y las chapas de patente del auto negro (novena sesión) y que desearía que su mamá tuviera bebés para que se sintiera mejor. Arrancar de allí al pulpo malo, significa que él y Paul arrancan de adentro de mamá el órgano sexual malo de papá, mientras que unido a John, le arranca el pene-Hitler a *M.K.*, y todo esto es porque cree que el salmón que enfermó a mamá durante el fin de semana es también el genital malo de papá. Hacer los ojos de buey, también implica tener un acceso mas fácil al cuerpo de su madre y no tener así que arrancarle las cosas de adentro. La planta a la que se quieren acercar los bebés, simboliza el pecho materno, su genital y su interior, y los bebés quieren estar cerca de él, alimentarse y meterse adentro. También se alimentan de *M.K.* pues el análisis es ahora comida. Por todo esto, si arrancan de allí al pulpo, no es sólo porque éste sea malo para mamá, sino también porque los bebés están "ardiendo de furia" debido a los celos que tienen de él, al hambre, y al deseo de ocupar su lugar. Le recuerda además *M.K.* que ya antes le ha interpretado que estos celos, su enojo y el deseo de que papá haga daño a mamá, hacen que luego tema a este papá "malo". (El vagabundo de la primera sesión, y ahora el pulpo). En el juego ha estado todo el tiempo fluctuando entre los celos (al separar la figurita rosa que representa a mamá de papá, que es el ministro), y el deseo de unir a sus padres (y permitirles que se hagan el amor). En realidad los padres no son malos en este juego, sino que tienen relaciones sexuales, lo cual le hace sentir a él una "ardiente furia" de celos.

---

[6] En la sesión que sigue a ésta se añadieron muchos detalles.

Richard dice: "Si, los bebés quieren estar ahí (quiere decir, cerca de la planta), y no quieren que esté el pulpo malo". Pero al mismo tiempo parece haber aceptado también, hasta cierto punto, la interpretación de *M.K.* de que si ataca a su padre no es sólo porque su genital -"el pulpo asqueroso"- sea malo, sino también porque tiene celos de él... Entonces vuelve a mirar los dibujos, añade rápidamente el U 2 al primero (sesión número doce), y dice que es él mismo, y que ha debido de atravesar al U 102 y al U 16 con el periscopio por estar muy enfadado con ellos.

M.K. interpreta, que ya en otra ocasión (sesión doce) le dijo que una parte de sí mismo odiaba a la otra, representada por el submarino enemigo. La parte de sí que ataca a esta parte del submarino -John y Paul malos-, aunque por una parte es vivida como una fuerza que le frena y que castiga sus tendencias agresivas, también actúa en forma enojada y hostil, razón por la cual también está representada por un submarino. [Superyó temido]. Sin embargo, como siente que esta parte de sí mismo está haciendo lo que *debe* de hacer, la svástica del U 2 le ha salido confusa, pareciéndose a una mezcla de svástica y de bandera británica; es decir, una mezcla de lo que siente que son sus partes buenas y de lo que son sus partes malas (nota IV).

Notas de la sesión número catorce.

1. Algunos de los juguetes conservaron a través de todo el análisis el mismo significado simbólico, como, por ejemplo, el "tren de carga" y el "ministro". Otros, en cambio, pasaron a representar diferentes papeles, lo cual resulta de interés por cuanto sugiere que los símbolos no siempre tienen el mismo significado.

11. El deseo de mantener unidos a los padres, aunque vigilados, tiene muchas causas, entre las cuales, como es natural, se encuentra una gran curiosidad sexual y el deseo de controlar a la pareja; pero, además, el observar a ésta significaba para Richard la seguridad de que sus padres no se hicieran daño entre sí sino que realmente se "hicieran el amor". En la introducción me he referido a la gran capacidad de amar que tenía este niño, la cual se expresó a través de todo el análisis, junto con el deseo de reparar. Estos factores, que permitieron que los rasgos depresivos dominaran sobre los esquizoides, explican también el que Richard fuera un paciente tan cooperativo y permitiera que un análisis tan corto diera sus frutos.

111. Una de las ventajas que trae la técnica de juego, en particular cuando se hace con juguetes pequeños, es que al expresar con este medio una gran variedad de emociones y de situaciones, el niño nos acerca lo mas posible a lo que le está ocurriendo en su mundo interior. Hasta cierto punto, esto también se expresa en los dibujos, en otras formas de juego y en los

sueños, pero cuando el niño juega con juguetes pequeños es cuando podemos ver con mayor claridad la expresión de todas sus tendencias opuestas. El hecho de que Richard pudiera producir en seguida tanta cantidad de material importante, nos hace recordar la bien conocida experiencia de que, a menudo, los pacientes revelan muchos de sus contenidos inconscientes ya en el primer sueño que traen al análisis. Se puede observar también que con frecuencia estos sueños anuncian el material que mas tarde representará un importante papel en el transcurso de todo análisis.

IV. Es interesante notar que aunque la interpretación del juego de Richard le produjera una resistencia tan grande que tuviera que dejar de jugar, siguió, sin embargo, dibujando con ahínco y produciendo con esta actividad un material referente a emociones anteriores mas fundamentales aún: ansiedades orales agudas sobre sí mismo y sobre su padre, y la conspiración hecha con el hermano en contra de ése. La conclusión a que esto nos lleva, es la de que, si bien por una parte se puso en funcionamiento una fuerte resistencia que el obligó a abandonar el juego, por otra, aceptó hasta cierto punto las interpretaciones, produciéndose así la emergencia de contenidos nuevos. Aunque la necesidad de expresar su inconsciente no quedó disminuida, el medio del que se valía para ello -los juguetes-, se convirtió en ese momento en algo malo, razón por la cual tuvo que continuar haciéndolo mediante el dibujo. También en los adultos vemos que a veces se ven obligados a abandonar una línea de asociaciones debido a la emergencia de resistencias, aunque al mismo tiempo podamos obtener nuevos contenidos inconscientes en los sueños que siguen a dicha sesión o incluso en el recuerdo emergente en ese momento de sueños que antes no habían sido contados al analista.

SESION NUMERO QUINCE (Miércoles)

Richard dice que esperaba que su mamá viniera, pero que no lo ha hecho por tener dolor de garganta. Esto le ha causado una desilusión, pero lo que le preocupa sobre todo es el que esté enferma. Empieza a jugar, y muchos de los detalles de su juego se asemejan a los descritos en la sesión anterior. Balancea los columpios, forma distintos grupos con los muñequitos, y una y otra vez los arregla de manera que queden dos figuras (a veces animales) en un vagón, mientras que en el otro queda una sola. De pronto, un perrito de juguete da un salto, se sube a un vagón y echa afuera al "ministro" (nota 1) al que Richard coloca entonces en el techo. Dice que los niños se van solos en los dos trenes a hacer un viaje de placer, pero después decide que la madre rosa vaya también con ellos. Aunque comenta que ambos trenes van a pasar sin peligro a través de la estación, los muñequitos se empiezan a caer, y al final el tren eléctrico atropella todas las cosas y queda como único sobreviviente (nota II). Tal como lo hizo ya en la sesión anterior, tras el desastre empuja a un lado los juguetes y dice que no le gusta jugar. Entonces empieza a dibujar con avidez, cobrando un aspecto más vital y menos deprimido...[7] En primer lugar termina el dibujo 6, añadiéndole algunos detalles que va señalando a *M.K.*: por ejemplo, pinta de rojo el pulpo, y le coloca una boca. Comenta que los dos peces están cuchicheando y que están además molestando al pulpo porque éste les hace cosquillas con los tentáculos. El pulpo tiene mucha hambre y quiere comida. Mientras colorea las estrellas de mar, comenta también que va a "dar vida a los bebés"[8], los cuales, hasta ahora, sólo eran de "gelatina". Las dos más chiquitas que están entre las plantas todavía no están del todo vivas. Al poner el color, añade las plantas, y explica que los dos peces que cuchichean entre si son él y Paul molestando a papá, agregando luego, que mamá no está en el dibujo.

    M.K. interpreta que sí está representada por la planta que simboliza su pecho, su órgano sexual y el interior de su cuerpo. Pero que como él teme que la lucha por ella la pueda destruir, no quiere admitir que esté presente; en cambio, al darle tantos bebés (las estrellas de mar y los ojos de buey) piensa que la está haciendo revivir, y sentirse mejor. Tampoco quiere que *M.K.* esté allí, para salvarla así de sus ataques voraces y de los de John. En la última sesión creía que mamá se había enfermado porque el pulpo papá se la está comiendo; pero cuando los bebés hambrientos llenos de "furia ardiente" le sacaron del lugar, vio que también ellos la habían dañado, y que también se la querían comer. El estar haciendo él y Paul un complot contra el pulpo papá, también significa matarle de hambre, ya que ha dicho que el pulpo estaba hambriento. Interpreta además *M.K.*, que los dos peces son papá y mamá que cuchichean sobre lo que los niños hacen (lo mismo hacen *M.K.* con el sospechoso K.). Esto significa que Richard teme que sus padres hayan descubierto su complot y a su vez se unan contra él tal como él lo hace con Paul. [Ansiedad persecutoria y miedo a la venganza.] Como por otra parte también *M.K.* está ahora descubriendo sus secretos, teme que entre en un complot contra él.

---

[7] Aunque no he guardado notas de ninguna interpretación en la que señale los nuevos caracteres que toma el juego de Richard, como ser el del ataque directo del perro a su padre, o el abandono que hace del juego y de los juguetes tras el "desastre", no me cabe duda de que todo fue interpretado.

[8] Se puede deducir con seguridad, de todo el contexto, que al colorear el dibujo, Richard sentía que la gente allí representada tomaba vida. Esta experiencia parece ser similar a la de uno o dos pacientes míos adultos, los cuales durante el análisis empezaron a tener sueños de colores, sintiendo que ello constituía un gran progreso, pues lo vivenciaron como la capacidad de revivir sus objetos.

PSIKOLIBRO

Richard entonces indica que mamá está presente en el dibujo bajo otra forma, pues es el barco *Nelson,* mientras que papá es el submarino *Salmon.* Vuelve entonces a repetir que su madre se enfermó al comer salmón. (Resulta evidente que ahora ha asociado su enfermedad con el contenido inconsciente del dibujo.)

M.K. interpreta que el pez pequeño que está entre el *Nelson* y el *Salmon* es él mismo, que quiere separar a sus padres para que el papá peligroso no dañe a mamá (y para que el peligroso Hitler no destruya a *M.K.*), pero que también los separa porque tiene celos de ellos.

Richard entonces dibuja una batalla de aviones, y dice que el avión grande y feo que está cruzado (es decir, abatido), es Paul; pero inmediatamente se contradice y añade que es su tío Tony, a quien no quiere.

M. K se pregunta entonces que quién es el que ha abatido a Paul o a su tío (el avión feo).

A lo que Richard contesta sin dudar un momento: "Yo".

M.K. le pregunta entonces quién le consiguió el cañón antiaéreo para hacerlo.

Richard se ríe y contesta: "Se lo robé a tío Tony, que es artillero". Muy divertido con esto, empieza a explicar que el avión británico -el lindo-es mamá, al cual él protege con su gran cañón contra el papá malo, contra Paul y contra su tío, matándolos a todos.

M.K. interpreta que tío Tony, al que no quiere, representa a papá malo, y que siente que le ha robado el pene (el cañón) pudiendo de esta manera tanto atacarle a él como salvar a su mamá.

Richard, entonces, hace el dibujo 7 y lo explica. Las estrellas de mar son bebés y el pez es mamá, la cual ha puesto la cabeza sobre el periscopio, para que el submarino no vea al barco británico. Así logra engañarle, pues desde el submarino sólo se puede ahora ver el color amarillo. No sabe cuál va a quedar destruido, si el submarino o el barco U. También el pez gordo de arriba es mamá; ésta se ha comido a una estrella de mar, la cual ahora se está abriendo camino a través de ella, con sus bordes, y la está dañando. El submarino del fondo es muy perezoso y duerme en vez de ayudar al otro y riéndose agrega: "Está roncando", tras lo cual añade: "Paul ronca de verdad".

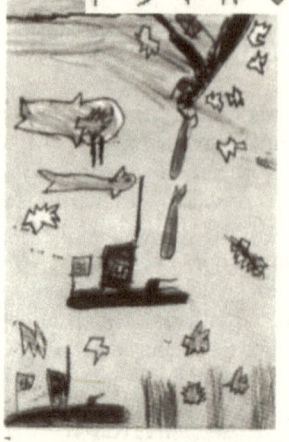

M.K. interpreta que el submarino alemán de arriba que ataca al otro submarino, representa a Richard atacando a su papá. El submarino de abajo que "ronca", es evidentemente Paul, que le ha abandonado, resultando ser un mal aliado. John y él atacan también al Sr. K., pero tampoco puede fiarse de John. Mamá, por su parte, al proteger al barco británico y tratar de engañar al submarino alemán que representa a Richard, ha tomado el lado de papá (nota III) y también le ha abandonado a él. En cuanto a Richard, éste quiere castigar al papá-Hitler por haber metido dentro de mamá un órgano genital-estrella de mar tan peligroso -y también el pez gordo de arriba-, el cual le daña el interior de su cuerpo. Pero por otra parte, también piensa que mamá es muy ávida, pues se está comiendo el genital-estrella de papá, o sea, el salmón de verdad que la enfermó. Esta estrella de mar que se encuentra dentro de mamá, también es un bebé, y si mamá está gorda es porque el bebé está creciendo dentro de ella. Esto lo expresó ya en la sesión anterior (dibujo 6) cuando habló de los bebés que todavía eran de gelatina y no estaban vivos; tratábase de bebés que aún se estaban desarrollando. *M.K.* interpreta también que los dos torpedos representan el salmón de papá y los genitales-submarinos de Richard, y que los ha pintado de rojo porque se están devorando entre sí.

Richard escucha todo esto con gran interés, aunque a veces tiene dificultad en aceptar alguna de las interpretaciones. Cuando se va está mucho más contento y más amigable. En cierto sentido, la situación de esta sesión es similar a la de la anterior: tras el juego aparecen resistencias, pero en los dibujos que hace a continuación, se da una gran riqueza de asociaciones y de material. Hacia el final de la sesión, el niño se pone mucho más deprimido, y la sensación de no poder reparar y de ser abandonado por la madre y el hermano, le suscita ansiedad y sentimiento de soledad. En el dibujo 7 hay una cantidad de estrellas de mar sin colorear, lo cual significa que siente que no les puede dar vida. La depresión también se debe a que su madre todavía no está bien, cosa que para Richard supone la fantasía de una tremenda enfermedad o el nacimiento de un bebé muy peligroso. En contraste con esta madre enferma, *M.K.* representa una madre sana (casi diría, la niñera sana en contraste con la madre enferma), lo cual, en la transferencia, le permite expresar tanto los ataques dirigidos contra su madre como la ansiedad que siente ante su enfermedad.

Notas de la sesión número quince.

1. Con frecuencia, ciertos contenidos que surgen en los análisis de niños y de adultos, parecen muy similares a otros que ya han aparecido antes. Por ello debemos prestar mucha atención para descubrir cualquier detalle nuevo que surja, aunque aparentemente parezca insignificante, ya que puede estar introduciendo aspectos nuevos de estos contenidos. En este caso particular, por ejemplo, el ataque al padre, aunque representado naturalmente en forma simbólica, tiene un carácter más preciso y directo que los anteriores.

Si el material se repite una y otra vez en forma obsesiva -y de nuevo esto es aplicable tanto a los análisis de niños como al de adultos-, cabe pensar en dos posibilidades: una es que el analista no se haya dado cuenta de ciertas variantes sutiles que deberían de haber sido interpretadas; otra, es que la actitud obsesiva del paciente no haya disminuido aún y precise una mayor investigación.

II Es algo bien sabido que los intentos que a veces hacen los niños pequeños por llevar a cabo tareas constructivas, quedan dificultados por su falta de habilidad manual. Cuando los niños empiezan a pintar, por ejemplo, suelen borronear los dibujos, tomando luego este hecho como una evidencia de que sus impulsos destructivos predominan sobre los constructivos y reparadores. Se observa a menudo, que cuando los esfuerzos que están haciendo fracasan, rompen el papel o hacen un emborronamiento aún mayor. Una de las causas de esta actitud, es que la falta de confianza en sí mismos, y la desesperación, refuerzan sus tendencias destructivas.

Richard tenía un intenso temor inconsciente de que sus juegos -que, como hemos visto, expresaban deseos y procesos tan fundamentales - terminaran en un "desastre", y estaba muy decidido a evitarlo. Los juguetitos se caían con facilidad, y cada vez que ello ocurría, se desesperaba y se odiaba a sí mismo, ya que para él esto constituía una prueba de su incapacidad para controlar sus impulsos agresivos o para hacer reparación. Como consecuencia de todo ello, dichos impulsos destructivos y la angustia persecutoria se veían reforzados, y entonces todo lo desordenado y la pila de objetos destruidos, le parecía que se convertían en enemigos peligrosos, que tenían a su vez que ser destruid os. Por todo esto, el juego terminaba siempre con que una parte peligrosa de sí mismo, el tren "eléctrico", quedaba como único sobreviviente, y como consecuencia final se sentía tras ello agobiado por la soledad, la ansiedad y la culpa, que a su vez debía de negar.

III. Al expresar Richard que su madre -el pescado- protegía a su marido de los hijos peligrosos, se sintió muy perturbado, pues vivenció que era abandonado por ella y que los dos padres se unían en su contra; por otro lado también se mostró satisfecho de que la madre protegiera al padre de sus impulsos peligrosos. Esto nos trae un esclarecimiento sobre un rasgo importante de la situación emocional de los niños, sobre todo durante el período de latencia. El niño siente, en efecto, que sus padres deben de vivir en armonía, y si llega a creer que ha conseguido estropear la relación que mantienen entre sí, aliándose con uno en contra del otro, esto constituye para él una fuente de gran conflicto e inseguridad. Ya he mencionado antes la inseguridad que siente si sus padres o las demás personas de autoridad que viven con él no se llevan bien, cosa que ocurre en especial durante el período de latencia, a pesar de que este coexista con el deseo opuesto: que uno de los padres se alíe con él en contra del otro.

SESIÓN NUMERO DIECISÉIS (Jueves)

Richard demuestra una particular alegría al ver a *M.K.* Le dice que la "quiere muchísimo" y que es muy "dulce" y continúa luego contando que su madre no ha venido aún, y que aunque esto ya no le importa tanto, lamenta que todavía no se encuentre bien (está tratando de ser razonable, pero tiene un aspecto serio y decaído). Empieza a jugar en seguida, formando otra vez grupos con los juguetes. Coloca a algunos niños juntos y al "ministro" en el tejado, solo; después pone al "ministro" y a la mujer rosa juntos. Luego hace grupos de animales metiendo una vaca y un caballo en un vagón, mientras desde el otro una oveja los está mirando. Un detalle nuevo aparece: cuando el ministro se cae del tejado es porque un hombrecito lo empuja, situación que es seguida de la misma actividad de la sesión anterior: el perro salta dentro del vagón y saca afuera al hombre que había adentro. Construye otra vez la "estación" (usando la misma casa que usara la vez pasada) y dice que se trata de los barrios bajos que rodean a ésta. En este momento parece preocupado y tiene dificultad en contestar a *M.K.* cuando ésta le pregunta por el aspecto que tienen los barrios bajos. Sin embargo, dice al fin que en ellos viven niños sucios y que hay muchas enfermedades, y al decirlo separa de entre los juguetes algunos que tienen pequeños defectos, mientras comenta que no los quiere. Hace andar entonces los dos trenes, hasta que el de carga choca con el eléctrico. De repente, muerde la torre de una casa a la que llama la "iglesia", el perro muerde también a alguien y a esto sigue un desastre, en el cual todo se cae menos el perro, que queda como único sobreviviente. Una vez más deja de lado los juguetes, como lo hizo tras los desastres anteriores, y dice con aire preocupado que está "cansado" de ellos. Se levanta, da una vuelta por la habitación y sale por la puerta. Al contemplar el paisaje de afuera se pone más alegre (con una admiración genuina), y hace un comentario sobre su belleza. Luego, de vuelta en el cuarto, empieza a dibujar; dice que está haciendo "un cuadro salvaje" (dibujó 8). Cuando *M.K.* le pregunta: "¿Por qué salvaje?", contesta que no sabe, y que simplemente se *siente* así. Cuando ya ha dibujado parte del dibujo, explica que las estrellas de mar son "muy comilonas", y que están rodeando al *Emden* que está hundido, pues lo quieren atacar. Lo odian y quieren ayudar a los británicos. También indica que el pez está a punto de tocar la bandera, pero que tanto él como las estrellas de mar están "en el camino" del submarino *Salmon,* el cual quiere hacer el salvamento del *Emden* hundido. Luego decide que el pez no estorba, después de todo, sino que, por el contrario, está ayudándolo en la tarea.

8

M.K. interpreta que el deseo que siente de hacer un cuadro "salvaje", está expresado en las estrellas de mar, las cuales tienen bordes mucho más dentados de lo que los tienen en los dibujos anteriores, y como ha dicho que son "muy voraces", le sugiere que dichos bordes pueden ser los dientes de estos bebés. Si se han acercado tanto al *Emden,* es porque están atacando los pechos de éste (las dos chimeneas). El *Emden* hundido es mamá, la cual se muere al ser comida y destruida por sus hijos (y es también *M.K.* destruida por la voracidad de Richard y de John). Papá aparece aquí como una figura buena, pues está tratando de salvar a mamá (el submarino *Salmon* que hace el salvataje del *Emden)* mientras los niños malos (las estrellas) tratan de impedírselo (nota 1). En cambio, la parte superior del dibujo representa una situación diferente: en ella, mamá (el pez) está viva, y cerca de papá (casi toca a la bandera), mientras que Richard (el submarino *Severn)* se encuentra en buenos términos con ambos. *M.K.* sugiere, además, que el avión británico puede estar representando a Paul, que queda así también incluido dentro de la feliz situación familiar.

En cuanto al juego anterior, los barrios bajos representan a la madre dañada, la cual se ha enfermado (las enfermedades). Esto significa, como han visto ya antes, que el genital del papá malo (en el dibujo 7 el salmón, y la gran estrella de mar que mamá se comió)[9], la ha enfermado. (Temor estimulado por el dolor de garganta que la madre tiene en la realidad.) Puede tener miedo de que las voraces estrellas de mar (él y John) puedan también enfermar ahora a *M.K.* Además, al jugar con los juguetes, ha vuelto a atacar en forma directa a papá. En dicho juego, él al principio estaba representado por el hombrecito que empujaba al ministro (papá) para tirarlo del tejado, y luego por el perro que echaba al hombre del vagón (nota II).

Richard se pone a mirar algunos de los dibujos anteriores, y en particular el 5, el cual no fue analizado en el momento de ser hecho.

M.K. entonces le pregunta qué cree que significa, y como Richard no quiere contestar, ella interpreta que los aviones británicos son la familia.

Richard se muestra entonces interesado y con deseo de cooperar, y dice que el bombardero alemán tachado, que está en el lado derecho, también lo representa a él. De repente se inquieta, se pone de pie y (tras una evidente lucha interior) dice que tiene un secreto que no puede contar a *M.K.*, pero casi inmediatamente lo relata: anoche se ensució los pantalones y la cocinera se los tuvo que lavar. Agrega con vergüenza que esto no le pasa con frecuencia, pero que a veces cree poder contener "lo grande" y luego resulta que al final no puede hacerlo.

M.K. interpreta que se ha acordado de su "secreto" en el momento en que reconocía que en el dibujo él era el bombardero malo alemán, y que esto se debe a que siente que "lo grande" son bombas. Quizá la causa por la cual se ensució los pantalones anoche fuera el temor que tenía de bombardear a su familia con materia fecal; de esta manera, ahora puede confesar su temor, poner a prueba si en realidad "lo grande" es peligroso y además ha logrado librarse de esta materia fecal secreta que cree que hay dentro de él. También le indica *M.K.* que en el dibujo las bombas están cayendo sobre el cañón antiaéreo y sobre uno de los aviones británicos

---

[9] El que Richard sospeche de sí mismo y se vea destructivo (el bebé ávido), para luego extender dicha sospecha hasta abarcar a los demás niños (aquí John y Paul). Coexiste con las dudas que tiene sobre su padre malo. La avidez es vivida predominantemente como un peligro para la madre; pero mientras los impulsos y fantasías destructivas de los niños (las estrellas de mar) se expresan en el morder y el devorar, el arma de destrucción del padre es su órgano genital voraz, que muerde y que envenena.

La culpa que siente Richard, como vemos en el material, no sólo tiene como origen su propia destructividad. sino también la del padre, pues cree que los impulsos agresivos de éste son el resultado de sus propios deseos hostiles. provocados por los celos. En el juego que hace, el desastre se debe básic amente a haber atacado, por celos, a su padre o a los dos padres juntos.

(que por esto está tachado). Hace poco tiempo le contó que le había robado el cañón a su tío y que con él había atacado a él, a papá y a Paul; pero en el dibujo el cañón destruye al bombardero alemán que representa la parte mala de sí mismo, la cual le roba el órgano genital a papá (el cañón) y le ataca con él. Por eso siente que él mismo merece ser castigado y destruido[10].

Richard señala entonces al hombrecito que está mirando el cráter hecho por la bomba.

M.K. interpreta que ese hombrecito también puede ser él, preocupado por el daño que ha causado. El cráter es el pecho de mamá, y como el cañón es el órgano de papá (y de su tío), resulta que las bombas fecales de Richard van dirigidas a los dos padres juntos. Y aun más: también el hangar representa a mamá, y Richard (el hombrecito) ha logrado así, de alguna manera, interponerse entre sus padres.

Richard señala entonces, que tanto él como su mamá y Paul están aún vivos pues son los tres aviones británicos no dañados; el único que ha sido tocado es papá. En cuanto a los aviones alemanes, dice que el "feo" que se encuentra en el ángulo superior izquierdo, es Paul, el de al lado, él mismo, y el tercero (que está intacto), su mamá.

M.K. interpreta que el avión alemán vivo también es ella, mientras que el avión alemán abatido representa a papá destruido. A pesar de esto, en la parte inferior del dibujo papá está vivo y al lado de mamá (el cañón y el hangar).

Richard añade a esto que también él está vivo, situado en la parte superior del dibujo, ya que los tres aviones alemanes abatidos también son papá, mamá y Paul, lo cual hace que aquí sea él el único sobreviviente.

M.K. le interpreta entonces, una vez más, que cuando siente que oscila entre sentimientos de odio, miedo, culpa, y el deseo de reparar, la gente (y él mismo) y las situaciones, se transforman en su mente, convirtiéndose según el caso, en gente mala, o destruida o buena o viva.

M.K. se ve obligada en esta sesión a darle unos minutos menos de los que le corresponden, cosa que comunica al niño, sugiriéndole que la próxima vez le puede compensar estos minutos.

Richard pregunta si es que tiene que ver a John más temprano.

Notas de la sesión número dieciséis.

1. En este momento están ya siendo expresadas, con pleno vigor, fantasías y deseos de carácter oral que, junto con los contenidos anales,

---

[10] Vemos aquí, por primera vez, que la destructividad de Richard le provoca miedo de morir, porque teme una venganza. La necesidad de ser castigado aparece en forma tal que no deja lugar a dudas.

representaron una parte importante de este análisis. El *Emden* hundido del dibujo 8, devorado por las voraces estrellas de mar, representa a la madre de Richard, devorada una y otra vez internamente, y por esto, vivida como si fuera una enemiga y como si estuviera muerta. Es interesante el hecho de que, a partir del dibujo 3 en adelante, Richard dibujara siempre una línea divisoria, cuyo significado era que lo que ocurría arriba no tenía ninguna relación con lo de abajo. La interpretación de que al hacer así estaba separando su parte consciente de la inconsciente, fue ampliamente comprobada. También creo, al considerar el dibujo 8, que esta línea expresa una división entre la situación interna y la externa, así como también entre el amor y el odio y las situaciones a las que estos sentimientos conflictivos pueden llevar. La posición depresiva está ahora en un primer plano, y uno de los aspectos esenciales de la misma se basa en los peligros que amenazan al objeto interno. El *Emden* hundido que no puede ser rescatado, representa justamente a la madre de Richard, dañada por su voracidad. (La enfermedad de la madre, aunque de hecho no fuera nada serio, reactivó en el niño antiguos sentimientos de ansiedad y culpa.)

Al mismo tiempo, el amor y las tendencias reparatorias que están ligadas a la posición depresiva, quedan expresadas por sobre la línea divisoria y en la parte media del dibujo.

El barco y el avión británico que rondan por encima, representan a los padres buenos y unidos, y al Paul bueno, los cuales tratan de controlar los impulsos destructivos de Richard para evitar el desastre al que llevarían a la familia y a sí mismo si se manifestaran. El pez-madre que casi toca la bandera, la cual representa al padre, y el *Salmon* que trata de salvar al *Emden* hundido, también son la expresión de las buenas relaciones entre los padres; mientras que los sentimientos ambivalentes del niño respecto a esta relación, se expresaron a su vez cuando, al principio, dijo que el pez estaba estorbando en medio del camino, aliado con las estrellas, para luego corregirse y añadir que en realidad no molestaba. El hecho de que en la primera asociación el pez-madre quisiera impedir que el *Salmon* salvara al *Emden,* tiene diversas causas determinantes: se trata, en efecto, de un intento de negar el que el *Emden* representa a una madre interna destruida; es además un medio de separar la situación interna de la externa; y significa, finalmente, que la madre interna es diferente de la externa, ya que esta última está aliada con el hijo, mientras que la primera está devorada, siendo por lo tanto hostil y peligrosa. Las estrellas, de mar ávidas, que devoran a la madre e impiden que el *Salmon* padre la rescate, expresan que los impulsos destructivos están en pleno vigor.

El que Richard haya podido expresar en este dibujo la manera cómo aspectos tan divididos (diferentes) actúan en forma simultánea, se debe al análisis hecho de los procesos de disociación y de proyec ción, de los impulsos sádicos, anales y orales; análisis éste que ha permitido además que el niño vivencie, hasta cierto punto, algo de la posición depresiva.

He mencionado ya que en la novena sesión se podían ir vislumbrando ciertos pasos hacia una síntesis mayor. En ella, en efecto, Richard se sintió preocupado por el odio que sentía hacia Alemania (la madre convertida en mala por el Hitler padre-malo), y por ello eligió a Francia, por la cual tenía simpatía aunque hubiera, como él dijo, "traicionado" a los ingleses. Esto significaba ya que la distancia entre la madre buena y la mala se iba haciendo menor, y que el niño se encontraba en mejores condiciones para amar al objeto a pesar de sus imperfecciones. El dibujo 8 nos lleva aun más lejos, ya que la condición necesaria para que se pueda llegar a la síntesis a que lleva la posición depresiva, es que el paciente pueda ir cobrando cada vez más conciencia de su realidad interna y de los aspectos contradictorios y disociados de sus emociones y deseos. Todo lo cual se ve en este dibujo.

II. Richard muestra de esta manera, tanto en el juego como en los dibujos, una gran variedad de aspectos, no sólo de diferentes personas (los padres, el hermano y él mismo), sino también de situaciones que según su fantasía pudieran darse como resultado de sus interrelaciones. Vemos así, por ejemplo, a la madre, quien toca la bandera, lo cual simboliza que se encuentra en buenas relaciones con el padre; y también vemos cómo el padre salva a la madre, mientras que Paul y él mismo se encuentran en buenas relaciones con el barco (los padres).

La vivencia de estas situaciones se debe en gran parte a la influencia de los propios deseos, emociones, y ansiedades del niño que mayor impulso tienen en ese momento, y que luego él mismo atribuye a su familia. Tanto en la terapia psicoanalítica de niños como en la de adultos, una parte esencial del tratamiento consiste justamente en ayudar al paciente, mediante las interpretaciones, a que vaya integrando los aspectos disociados y contradictorios tanto de su personalidad, como de las demás personas y situaciones. Este trabajo progresivo de síntesis y de integración, si bien por una parte produce alivio, desencadena angustia al mismo tiempo, pues el paciente va vivenciando durante el proceso todas las ansiedades persecutorias y depresivas que originariamente provocaron la disociación, ya que este mecanismo constituye una de las defensas fundamentales contra estos dos tipos de ansiedad.

SESION NUMERO DIECISIETE (Viernes)

Richard tiene un aspecto deprimido. Le cuenta a *M.K.* que esperaba que viniera su madre y Paul, que está de licencia, pero que no lo han hecho.

Posiblemente lo hagan mañana. Está muy triste por perderse la mayor parte de la licencia de su hermano, ya que aún si le ve mañana, sólo será por unas horas. Le preguntó a la cocinera (que está todavía en el hotel con él), qué pensaba que estaría haciendo la familia, y la descripción que ella le hizo de mamá y papá sentados frente al fuego con Paul y Bobby, le llevó a sentirse tan triste y solo que casi no lo pudo soportar. Con tono indiferente dice que no quiere dibujar, pero que le gustaría jugar con los juguetes. Sin embargo, pronto los abandona y declara que no quiere jugar, dibujar, ni hablar; ni siquiera pensar. Al cabo de un rato, a pesar de todo, coge de nuevo los juguetes y se da cuenta de que la mujercita se puede sacar de su base; entonces la tira hacia un lado, y dice que no le gusta. Después le cuenta a *M.K.* que ha mandado a su mamá un dibujo igual al que hizo ayer (dibujo 8).

M.K. sugiere que al hacer este dibujo para su mamá siente no sólo que le hace un regalo para que se mejore, sino también que le está confesando que él es el culpable de haberla dañado, tal como lo expresó en el dibujo donde estaba el *Emden* hundido. Además, se siente también culpable por rechazar a esta mamá dañada (la mujercita que se sale de su base), porque siente que él es el culpable de su enfermedad. Al mandarle el dibujo, está tratando de no rechazar a esta mamá (enferma y vivencialmente para él, muy dañada), y no preferir a *M.K.*, a la que ahora ve como una mamá sin daño alguno, y como su niñera (nota 1).

Richard vuelve a coger los juguetes y hace con ellos varios grupos: en uno están dos niñas juntas (dos de las muñecas más pequeñas); en otro, dos mujeres; el hombre y la mujer los coloca en el tejado de la casa; dos niños forman otro grupo, y una vez más, dos de los animales (una vaca y un caballo) quedan en un vagón uno frente al otro, mientras que desde otro vagón los mira una oveja. Dice que todos están contentos. Luego arma dos estaciones: una para el tren de carga que lleva animales, y otra para el expreso (o tren eléctrico). Deja una gran cantidad de espacio libre, y dispone todos los grupos de manera tal que los trenes puedan pasar entre ellos sin peligro. Tras esto dice con énfasis: "Todo marcha bien; hoy no va a haber ningún desastre". Y agrega, con un tono más dudoso: "Por lo menos, así lo espero". Mueve entonces al perro haciéndole ir repetidamente de un grupo al otro y finalmente lo coloca al lado de las niñas, diciendo que está meneando la cola por ellas. Mientras hace esto, pone en marcha rápidamente a uno de los columpios (acción que desde la sesión catorce ha simbolizado las relaciones sexuales de sus padres), y después empuja a un vagón contra las niñas y el perro haciendo que tire a los tres. De repente, un vagón de carbón se escapa de la estación, y empieza a tirar las casas, incluyendo la que en la sesión anterior pertenecía a un barrio bajo. El tren expreso (que en la sesión catorce era él mismo, convertido en el mayor y más fuerte de la familia, y que ahora simboliza a sus padres) atropella y tira el resto de los juguetes; luego, tal como ocurriera en la víspera, al llegar a este punto deja de jugar y empieza a dibujar.

M.K. interpreta que no quiere jugar por temor a hacer un desastre en la familia, cosa que desea movido por la soledad y la envidia que tiene de ellos, que están en casa todos juntos y felices. Cuando tras la interpretación anterior, se sintió más optimista, pensando que quizá lograra no atacarles, empezó a jugar insistiendo en que todo el mundo era feliz; pero no ha podido terminar el juego por los celos que siente cuando piensa que están todos juntos. Los dos animales del primer vagón, y el tercero que está solo en el otro, han representado varias veces la solución que ha encontrado para permitir a sus padres que se hagan el amor, y mantenerse en términos amistosos con los dos, a pesar de no poder estar con ellos. Pero para esta solución deben de ser sólo tres las personas implicadas, excluyendo con ello a Paul. Otro medio al que recurre para poder seguir jugando en paz, es el de poner juntos a dos niños, que representan a Paul y a sí mismo (grupo que antes no ha formado), con lo cual trata de separarse de sus padres para no dañarlos, yéndose en cambio a juntar con Paul.

Richard dice entonces que lo que le hace sentir particularmente furioso, es pensar que Bobby está dando ahora la bienvenida a Paul en vez de dársela a él.

M.K. le recuerda que Bobby representa para él un amigo, un hermano, un bebé y también él mismo. En el juego, el perro ha tirado repetidas veces al ministro-papá del vagón (el cual representa a mamá) y en la vida real, a menudo le quita el sillón a papá, esto significa para Richard que le quita el sitio que ocupa con mamá. Las veces en que está desilusionado de sus padres y de Paul, puede desear tener hermanitas con quienes jugar, y quizás también para hacerles algo con su órgano genital (el perrito que mueve la cola ante las muñequitas); pero esto le parece peligroso y por ello todo termina en un desastre. El vagón de carbón que destruye la estación, simboliza a Richard atacando a mamá con "lo grande" (bombas) mientras que el expreso que tira todo lo demás, es la pareja de padres que han des - cubierto todas las cosas que él ha hecho y que le castigan y hasta llegan a matarle por ello.

Richard empieza ahora a hacer un dibujo similar al primero de los que tenían submarinos, pero pronto lo abandona y rompe la hoja. Después hace una gran estrella de mar (dibujo 9), y en cuanto se da cuenta de la cantidad de bordes afilados que tiene, dice que quiere

9

hacer un dibujo lindo, y se pone a colorearla con los lápices de color. A continuación traza un círculo alrededor, llena el espacio de adentro con rojo y comenta: "Está precioso".

M.K. le recuerda que hace dos días (en la sesión quince, dibujo 7), una de las estrellas representaba el genital devorador de papá que el pez-mamá se había tragado, y que este dibujo lo hizo cuando su mamá tenía dolor de garganta. En él, el pez que contenía a la estrella de mar estaba muy gordo, lo cual también significaba que era a causa del genital que mamá había devorado y de un bebé que crecía dentro de ella. En el de hoy, la estrella también parece representar el pene devorado de papá, el cual hace que mamá sangre, por estarse él comiendo el interior de su cuerpo. Por eso está pintado de rojo el borde que rodea a la estrella. Este animal, sin embargo, también representa a un bebé ávido y frustrado -el mismo-, que daña a su madre y se come las cosas que contiene dentro, cada vez que la necesita y ella no viene. Esta situación la está reviviendo ahora, al haberse sentido desilusionado porque mamá se ha quedado con papá y Paul. Le recuerda, además, que en la sesión anterior ella se vio obligada a terminar la hora unos minutos antes de lo habitual, y que él entonces había preguntado si tenía que ver a John Wilson más temprano. Lo cual significa que tiene celos de Paul y de John, y que ha sido frustrado tanto por su mamá como por *M.K.* Por todo esto ahora las está atacando en forma directa, y desea comerse el interior de las dos, mientras que indirectamente lo hace al poner el genital peligroso de papá dentro de ellas.

Richard entonces, con voz vacilante y baja, dice que a menudo, cuando su mamá tiene dolor de cabeza o se siente mal, le dice que es por culpa de él, por haberse portado mal.

M.K. le contesta que cuando su mamá le dice esto es como si confirmara el temor que tiene de ser peligroso y destructivo para ella.

Richard se levanta, anda por el cuarto y encuentra un trapo de limpieza, con el cual empieza a limpiar el polvo de los estantes y demás muebles, comentando que quieren limpiar a mamá y hacer que se sienta mejor. Después se abre la puerta, enseña a *M.K.* el bello paisaje de afuera, y dice que el aire está "fresco y limpio". Da un salto desde los escalones, y por poco cae sobre un macizo de flores, tras lo cual pregunta si ha "matado a la plantación"

M.K. interpreta que una vez más se siente confortado al mirar a su madre externa, hermosa y no dañada, la cual está representada por las montañas, pues esto le hace sentir que no está destruida, sucia, ni comida por dentro. Además quiere arreglarla, y hacerla sentir tan sana y linda como el paisaje (el aire fresco y limpio) cosa que también ha expresado al limpiar los muebles.

Richard muestra ahora signos de ansiedad. Se preocupa por el ruido que hay afuera, en la calle, y quiere saber si hay en ella niños -sus enemigos- . Entra, vuelve a recorrer el cuarto y coge una pelo ta de fútbol que está en un estante. La infla y dice que la ha llenado de su propio aire, y que ahora no le queda nada a él. Cuando luego deja salir a éste de la pelota, comenta que suena como el viento de una película del "Everest" (queriendo expresar con ello que hace un ruido misterioso). Y añade: "Como si alguien estuviera llorando".

M.K. se refiere al dibujo de hoy (el número 9), y asocia el interior de mamá que sangra con la pelota.

Richard contesta que al inflar a ésta está reviviendo a su madre.

M.K. entonces le recuerda el material de ayer, en el cual el cuarto sucio significaba lo mismo que los barrios bajos con niños enfermos y sucios; en esa ocasión sintió que su materia fecal, que para él equivale a bombas, había envenenado y dañado a mamá, la cual también estaba devorada por dentro por niños muy malos. Por todo esto la habla representado por el *Emden* hundido (sesión dieciséis). Se refiere también al auto negro lleno de matriculas (sesión nueve) y a los esfuerzos que hizo por revivir a su madre encendiendo la estufa eléctrica.

Richard está acostado sobre la pelota de fútbol inflada, apretándola para sacarle el aire. Dice: "Ahora mamá está otra vez vacía y se está muriendo".

M.K. sugiere que la estrella de mar que representa a un bebé ávido, es decir, a él mismo, también estruja a su mamá y a su pecho hasta dejarlo seco; y que cuando él era bebé temía de esta manera perderla a causa de su voracidad, cosa que le preocupaba y le ponía triste. Pero, por otra parte, si trataba de arreglarla rellenándola de todas las cosas buenas que él contenía, temía entonces quedar él exhausto y morir. Esto le hacía entrar aun más avidez y desear nuevamente exprimir hasta vaciarla para mantenerse él vivo, pero una vez más la ponía a ella en peligro de muerte. Todo esto le pasa ahora con *M.K.*: le ha preguntado si mañana le dará más tiempo para compensar el que perdieron la vez anterior, pues quiere sacar todo lo más que pueda de ella; mas el temor de dejarla exhausta y de matarla le lleva a que, por lo general, no se quiera quedar más tiempo de los cincuenta minutos habituales. Durante esta sesión, Richard tiene momentos en los que se siente perseguido, sobre todo al mirar la calle; pero lo predominante en ella es un tono depresivo, a pesar de que se ha ido haciendo más leve que en los días anteriores.

Nota de la sesión número diecisiete.

1. Como he sugerido ya en el dibujo 8, Richard trata de disociar la situación interna de la externa. Yo soy la madre sana que también puede ser útil, mientras que la madre real, aunque enferma, todavía es querida y él trata de repararla. En cambio, la muñequita, a la que desecha, indica la existencia de una actitud ambivalente frente a la madre enferma y también representa a una madre interna dañada que le provoca demasiada ansiedad. Esta relación con la madre interna es la que constituye la base de todo sentimiento de paz y seguridad; en el caso de ser vivida como algo roto y persecutorio, se con-vierte en la causa fundamental de las perturbaciones mentales.

SESION NUMERO DIECIOCHO (Sábado)

Richard está muy decaído. Aunque sus padres y Paul han venido a verle, se han tenido que ir un día antes de lo que pensaban. Dice que no quiere los juguetes, que no tiene ganas de dibujar, y que ayer odió separarse de *M.K.* de tanto como la quiere. A continuación, se refiere a las noticias de la guerra y dice que se alegra de que Sollum haya sido capturada, pero que tiene dudas sobre la marcha general de las cosas. ¿Podrán los aliados vencer a los alemanes en tantos frentes? (Esto lo pregunta con ansiedad y preocupación.) Después cuenta algo a lo que llama un "sueño gracioso".

El se encuentra en Berlín. Un niño alemán de su edad le está "gritando" en alemán, insultándole por ser inglés y por no tener derecho de estar allí. Richard le contesta tan fuerte que el niño se aterra y sale corriendo. También hay otros niños buenos, que hablan inglés como los niños ingleses. Richard se dirige a Matsuoka, y le reprocha la política que lleva. Matsuoka al principio parece amistoso, pero luego "5e vuelve desagradable", porque Richard le molesta amenazándole con romperle el monóculo. De pronto mamá también está allí y habla con Matsuoka como si se tratara de un antiguo conocido, pero no le hace caso a él. Entonces Matsuoka desaparece, como si se hubiera asustado de Richard.

Al llegar a este punto, se acuerda de la primera parte del sueño: *Está dentro de un coche blindado, con seis pistolas, cinco cañones y una ametralladora. Las tropas alemanas le han echado de Berlín, pero él "se da vuelta y les escupe fuego". Las tropas entonces dan media vuelta y escapan lo más de prisa que pueden. Hay dos coches blindados llenos de soldados. Está seguro de que todos los coches alemanes tienen seis pistolas, pero no tan buenas como las suyas.* Al llegar aquí, Richard tiene un aspecto inseguro y angustiado. Se refiere a la idea de que puede asustar a cualquiera, lo cual parece divertirle, y dice: "Las cosas tontas que uno puede soñar". Añade luego que quizás ha "añadido alguna cosita" al sueño, pero que parece como si esta cosita formara parte de él. Su diversión, sin embargo, pronto da cabida a la depresión. Mientras cuenta el sueño empieza un dibujo, el que una vez más representa una gran estrella de mar, a la cual rellena con diferentes colores. Al hablar de los dos autos blindados alemanes, sujeta juntos dos lápices (formando con ellos un ángulo agudo) y se los mete en la boca. También pone en movimiento uno de los columpios.

M.K. interpreta[11] que soñar que está en Berlín expresa la sensación que tiene de estar rodeado y abrumado por enemigos. El mismo ha comentado lo extraño que le parece ser tan aterrador y poderoso que pueda asustar al niño alemán, a Matsuoka, y a las tropas alemanas de los coches blindados. Pensando ser así, consigue en el sueño negar el miedo que tiene, aunque si en la realidad se hubiera visto en esa situación, se habría encontrado totalmente impotente. [Defensa maníaca.] Matsuoka se "hizo desagradable" porque Richard le había molestado. Ya antes (en la sesión quince), le dijo a *M.K.* que los dos peces que representaban a Paul y a él mismo en el dibujo 6, estaban molestando al pulpo-papá. El monóculo de Matsuoka representa ahora el órgano genital de éste, y Richard amenaza con destruírselo. Por eso teme que Matzuoka a su vez ataque y destruya el suyo propio, como venganza. Los niños buenos que hablan en inglés, representan a Paul cuando es aliado suyo, mientras que el Paul hostil es el niño alemán "gritón". La manera como mamá interviene en el sueño, expresa el intento que hace de convertirla también en una aliada suya, pero ella parece juntarse con Matsuoka e ignorarle a él. Esta necesidad que tiene de una madre buena que le ayude, se ve también cuando se dirige a *M.K.* para decirle lo que la quiere; pero en el sueño, mamá le abandona. La angustia que siente en el sueño al verse rodeado de enemigos, está además relacionada con haberse sentido abandonado por sus padres y por Paul al despedirse de él el día anterior. Los últimos días se ha sentido muy celoso al pensar que ellos estaban todos juntos, mientras que él estaba solo y abandonado; pero en el sueño se ve que, en su mente, se han convertido en enemigos que se unen contra él y le van a atacar. Los coches están llenos de tropas, lo cual demuestra que no sólo los padres sino la familia entera se juntan para ir contra él. *M.K.* le sugiere además, que los dos lápices que ha

---

[11] Una vez más nos encontramos ante una interpretación que, aunque está aquí presentada en forma consecutiva, fue sin duda interrumpida por alguna respuesta o material nuevo.

sujetado juntos para metérselos en la boca, representan a sus padres a quienes se ha comido (los conejos repartidos entre él y Paul de la sesión doce). En el sueño, sus padres están simbolizados por los coches blindados, y *M.K.* le sugiere que también a éstos los ha devorado y los ha incorporado dentro de sí. [Objeto internalizado]; los dos son peligrosos y están unidos contra él (igual que en el sueño mamá se junta con Matsuoka).

Richard dice entonces que ayer le pasó algo agradable. Cuando estaba en la estación, un maquinista le dijo que subiera a la locomotora para ver como era. Y cuando más tarde vinieron a verle sus padres, volvió a ver en la estación el mismo tren de carga.

M.K. interpreta que ha mencionado el incidente del maquinista en el momento en que ella le hablaba de los padres hostiles representados por los coches blindados, y que lo ha hecho porque con ello quiere ahora expresar la sensación que tiene de haber incorporado dentro de si a un padre simpático (el maquinista); el tren de carga que éste le permitió inspeccionar, representa a mamá. Todo esto quiere decir que también siente que dentro de él hay unos padres buenos. En el sueño resulta que hay niños buenos en Alemania, los cuales simbolizan a hermanos buenos que le ayudan. Sin embargo, ninguna de estas cosas buenas le ayudan lo suficiente como para poder combatir el temor de haberse tragado, y de tener dentro de sí, a toda una familia que se ha aliado contra él con hostilidad, y que le hace sentirse lleno de enemigos. [Relación con objetos internos.]

Richard parece estar perdido en sus propios pensamientos mientras se formulan estas interpretaciones. Se pone muy inquieto y mira los dibujos, en especial el que acaba de hacer.

M.K. le pregunta lo que piensa de él.

Richard contesta que se trataba de una estrella de mar grande, pero que ahora la ha convertido en un diseño bonito.

M.K. le hace recordar entonces, que el día anterior la gran estrella de mar (dibujo 9), a la que transformó en un diseño bonito, había dañado el interior de su mamá hasta hacerla sangrar. La estrella que ha dibujado hoy también tiene muchos dientes, los cuales expresan ataques hechos a mordiscos. Estos ataques parecen estar relacionados con el auto blindado que, en el sueño, disparaba y escupía fuego. El temor que esto le provoca, se puso de manifiesto ayer, cuando deseaba hacer feliz a toda la familia sin poderlo conseguir, temor éste que luego le impulsó a destruirla de varias maneras. También al jugar hace unos días mordió la torre de la iglesia (sesión dieciséis), y se mostró de acuerdo con *M.K.* cuando ésta le in-terpretó que significaba estar mordiendo el órgano sexual de papá. En el juego de ayer, el perro, que quedó como único sobreviviente, le representaba a él, lo cual significa que es él (el perro), quien se ha comido a toda la familia.

Richard está escuchando con mayor atención, y parece más aliviado y vivaz. Señala los "dientes marrones" y dice que si, que son pistolas. Tras esto abre la puerta y una vez más expresa deleite ante el paisaje. Coge un poco de hierba del jardín, y, de vuelta en la habitación, se la pone en la boca y después la tira. Explora el cuarto y la cocinita de al lado, y encuentra en ella una escoba, con la cual empieza a barrer el lugar cuidadosamente. Mientras hace esto, sin embargo, está desatento y decaído. Después de barrer, busca la pelota con la que jugó en la sesión anterior, la infla y la aprieta contra su cuerpo hasta desinflarla. Escucha el ruido que hace el aire al salir y comenta: "Es como si hablara".

M.K. le pregunta que quién está hablando. Sin dudar un momento, Richard contesta: "Papá y mamá".

M.K. interpreta que la pelota con el tubo de goma representa a sus padres y a los órganos genitales de ambos, y que siente que están hablando en secreto.

Richard sigue inflando la pelota y sacándole luego el aire. Una vez más escucha el sonido que hace éste al salir y dice: "Ella está llorando. Papá la aprieta y se pelean".

M.K. le señala que, al apretar a la pelota-padres contra su barriga, está expresando otra vez la sensación de haber metido dentro de sí a sus padres, y que éstos están peleando entre si o unidos contra él (los dos coches blindados del sueño, Matsuoka y mamá). También cree que dentro de él hay una mamá dañada o muerta, pues papá la está apretando. Este temor de contener a unos padres que se pelean, que conspiran contra él, y a una mamá a quien papá hace daño, fue lo que le hizo tan difícil separarse de *M.K.* ayer, particularmente tras haberle dejado solo sus padres y Paul. Lo cual no sólo significa que se siente abandonado, sino además que todos se han unido contra él también en su interior. Los padres externos, Paul y *M.K.*, le son tan necesarios a causa de este temor de tener dentro de sí a tanta gente peligrosa y herida. Y también el miedo a su interior tiene mucho que ver con el sentirse solo, abandonado y asustado (nota 1).

PSIKOLIBRO

Richard vuelve a escuchar con la mayor atención y parece haber entendido la última interpretación. Antes de irse, hace rápidamente los dibujos 10 y 11.

10

Nota de la sesión número dieciocho.

1. Este material constituye una prueba de que el niño internaliza los diversos aspectos de las relaciones sexuales de sus padres, tal como él las fantasea (por ejemplo, como padres que se pelean, que se juntan de manera hostil en contra del niño o donde uno de ellos, o los dos, queda dañado o destruido). El niño muy pequeño transfiere estas situaciones a su mundo interior donde luego las vuelve a actuar, vivenciando todos los detalles de la pelea o de los daños causados, como si ocurrieran dentro de él. A causa de eso, estas fantasías pueden constituir la base de quejas hipocondríacas de diversa índole. Sin embargo, como no sólo se internalizan las fantasías sobre la vida sexual de los padres, sino también otros aspectos de las relaciones entre ambos (fantaseadas y observadas en la realidad), todo influye de manera fundamental en el desarrollo del yo y del superyó del niño.

Quiero llamar la atención sobre la manera concreta con que se caracterizan, en esta sesión, las fantasías de incorporación oral, cosa que vemos, en efecto, cuando Richard junta los dos lápices y se los mete en la boca al hablar de los coches blindados. Este material también arroja una luz sobre los distintos tipos de relación que guarda con los objetos internalizados.

Otro punto que este material sirve para ilustrar, es la estrecha relación que existe entre las situaciones de peligro internas y la correspondiente inseguridad respecto al mundo interno y externo. Esta inseguridad que en esencia es el temor a quedar expuesto a perseguidores internos y privado de un objeto bueno y útil, constituye según mi experiencia una de las causas más profundas del sentimiento de soledad.

SESION NUMERO DIECINUEVE (Lunes)

Richard dice que está mucho más contento. Ha pasado un fin de semana feliz; además ha visto a Paul durante unas cuantas horas y mamá ha venido a "X" para quedarse con él. Ha traído a la sesión unos juguetes suyos: una pequeña flota de barcos de guerra[12], con los cuales empieza a jugar. Pone algunos destructores a un lado y dice que son alemanes. Del otro, algunos cruceros, destructores y submarinos, constituyen la flota británica (está excitado y triunfante). Dos barcos de guerra atacan a los destructores, uno de los cuales estalla, mientras los otros quedan agujereados y se hunden. Mientras mueve los barcos, hace ruidos que se supone provienen de los mismos; son muy expresivos y variados y oscilan entre el ruido de máquinas en marcha y voces humanas, indicando con toda claridad cuando los barcos se sienten felices, amistosos, enojados, etc. Cuando junta dos o tres barcos, el ruido parece una conversación, aunque no usa ninguna palabra (al mismo tiempo, tiene hoy más conciencia que de costumbre de los ruidos de afuera, y de los niños que pasan frente a la casa. Repetidas veces salta para ver lo que pasa en la calle).

M.K. interpreta que los destructores alemanes son los bebés de mamá a quienes cree haber atacado por celos y porque los odia, y que por esto teme que ellos a su vez le sean hostiles. Mientras juega con los barcos desconfía de los niños que pasan por la calle y les teme; por esta razón se halla tan atento a los ruidos que llegan y tan "en guardia". Como todos los niños del mundo representan a los bebés de mamá, espera encontrar enemigos cada vez que se enfrenta con uno.

Richard abre entonces la puerta y pide a M.K. que admire el hermoso paisaje. Señala que hay muchas mariposas, que aunque son lindas también son destructoras, pues se comen el repollo y las demás verduras. El año pasado mató a sesenta en un mismo día. Tras esto, vuelve a entrar.

M.K. interpreta que las mariposas son para él lo mismo que las estrellas del mar: unos bebés tan ávidos como él mismo se siente; y que cree que deben todos ser destruidos para salvar a mamá. También cree que

---

[12] La flota consistía en 2 barcos de guerra, 3 cruceros, 5 destructores y 5 submarinos, en total 15 piezas, de la cuales los submarinos eran los menores.

M.K. debe de ser puesta a salvo de los celos que él siente hacia los otros pacientes, y del deseo de sacar de ella todo lo que sea posible: atención, tiempo y, en última instancia, su amor exclusivo. Pero si bien una de las razones por las que quiere atacar a los bebés es para preservar a mamá, también les tiene miedo por lo que pueden hacerle a él estos niños de la calle (los destructores enemigos), y por ello les quiere atacar.

Richard pone ahora toda la flota de un lado y dice que todos son barcos británicos, y que forman una familia feliz. Indica que los dos barcos de guerra son los padres, los cruceros, la cocinera, la muchacha y Paul, mientras que los destructores son bebés que todavía están dentro de mamá. Entonces empieza a jugar con los otros juguetes. Forma una ciudad al lado de la vía del tren, diciendo que nada se va a mover, ni aun los trenes (los cuales están colocados uno tras otro). Le dice a una niña de juguete que no se acerque a la vía porque es peligrosa. Forma varios grupos entre los que están los tres animales en dos vagones, pero separa a un lado a la mujer rosa y a otros muñequitos con los que ha jugado otras veces. El perro, dice, está moviendo el rabo, pero aparte de eso, está quieto. Después agre-ga que toda la familia es ahora feliz. De pronto, sin embargo, mueve los dos trenes, los hace chocar y tira todas las cosas. Comenta que ello se debe a que los trenes han empezado a pelearse, y que uno le ha dicho al otro que él es el más importante, a lo cual el otro ha contestado que el más importante es él; eso les ha llevado a una pelea y a hacer un lío con todo.

M.K. interpreta el anhelo que tiene por que toda la familia esté unida y feliz, y cuánto desea sentir únicamente amistad hacia todos ellos; pero sin embargo, los celos que tiene de Paul (en el juego del choque entre los dos trenes), le llevan a un desastre. Durante el fin de semana y los días anteriores, cuando Paul estaba en su casa y Richard en "X", se sintió muy celoso de Paul, el cual, por haber venido de licencia, recibe mucha atención. Esto le hace creer que todos le admiran y le consideran mucho más importante que lo que él es. Los trenes que se pelean también simbolizan a los padres durante las relaciones sexuales. La hora anterior sintió, en efecto, que los dos estaban metidos dentro de él, y que sólo manteniendo a todos (él mis mo incluido) completamente quietos y bajo control, podía tener la esperanza de seguir en buenos términos con ellos y de mantener contenta a la familia, pues el control[13] implica además poder contener sus propios sentimientos. Además, le ha indicado a la niña, que lo representa a él, que no debe de acercarse a los padres cuando éstos tienen relaciones sexuales (los trenes), lo cual significa que debe de alejarse de cualquier pelea.

---

[13] La necesidad de controlar los objetos internos puede expresarse mediante la adopción de posturas rígidas, así como también mediante otros fenómenos. En su forma mas extrema constituye, a mi parecer, una de las causas mas profundas de la catatonía. (Véase *El psicoanálisis de niños*, cap. 8).

Richard entonces cuenta un secreto a *M.K.*: a veces se lleva a Bobby a la cama y "se divierten mucho juntos", pero mamá no debe saberlo. Cuando termina de jugar, se acerca a la ventana como tantas otras veces, y se da cuenta de que hay un niño afuera. Se queda mirándolo durante un rato y luego le grita -"¡Vete de ahí!"- con voz bastante fuerte, aunque no lo suficiente como para que pueda ser oída desde afuera. Si bien desde el principio de la sesión ha estado inquieto, durante el juego, cuando hizo luchar a los dos trenes, esta inquietud aumentó y ahora, al tratar de controlar al niño de la calle, se encuentra sin lugar a dudas en pleno estado maníaco. Hace el saludo de Hitler, le pregunta a *M.K.* si la gente en Austria tiene que saludar de la misma manera, y comenta lo tonto que ello es.

M.K. interpreta que el niño de la calle del que quiere deshacerse representa al Hitler-papá-pene malo que siente que ha incorporado dentro de sí. Está tratando de controlar a este enemigo interno, pero como teme haber quedado él controlado, debe por lo tanto saludarlo. Aunque ha mencionado en esta hora que ha comido salmón -el cual representa el genital atractivo de su padre y de su hermano-, y que no le ha hecho daño (su madre, días atrás, se enfermó a causa de un salmón que comió, sesión trece), parece sentir, no obstante, que dentro de él este pescado se ha convertido en un padre y hermano malo y matón, a los que debe de mantener quietos y controlados.

Richard ha empezado otra vez a jugar. Reconstruye la ciudad y dice que es Hamburgo, y que su flota la está bombardeando.

M.K. le indica que, tal como le pasó antes, la familia a la que siente que ha atacado (antes representada por los destructores alemanes; ahora por Hamburgo) se ha convertido en enemiga suya y que debe por lo tanto seguir atacándola ahora.

Richard se levanta. Limpia el polvo del cuarto, pisotea con fuerza a los banquitos, y da un puntapié a una pelota que ha sacado de un armario, diciendo que no quiere que esté en ese lugar. Cierra la puerta del armario después, y expresa que no quiere que la pelota se vuelva a meter adentro, pues se podría perder allí y no la podría volver a sacar. Después tira otra pelota hacia donde está la primera y comenta que las dos "se están divirtiendo".

M.K. interpreta que Richard acaba de mostrar que desea sacar el genital de papá, representado por la pelota, de adentro de *M.K.* y de mamá (el armario), y que quiere jugar con él, deseo éste que expresa mediante las pelotas que "se están divirtiendo"; esta frase es igual a la que usó para designar lo que hace en secreto con Bobby en. la cama, y significa hacer algo con el genital del animal. Si no quiere que su mamá sepa nada de esto, es no sólo porque de cualquier manera se opondría a ello, sino también porque siente que Bobby representa a papá y a Paul, y que mamá pensaría que Richard se los está quitando a ella. El temor a que el Hitler-pene malo que tiene adentro le controle y le destruya, le hace querer expulsarlo fuera de sí (así como también sacarlo de adentro de mamá), cosa que por otra parte aumenta el deseo de incorporar, en cambio, el genital "bueno" de papá, el cual le daría placer y le haría sentirse más seguro y con menos temor del pene malo. Pero al hacer esto teme a su vez desposeer a mamá, la cual cree que también contiene un "buen" papá genital (nota 1).

Richard pregunta de pronto si, en caso de ir al colegio en el otoño, los niños grandes le harían daño, y al hablar dobla la cabeza de tal manera que ésta toca el mástil de uno de los barcos de guerra. Después lo manipula para ver si pincha.

M.K. dice que acaba de mostrarle lo que siente sobre los niños mayores que le harían daño: teme que le dañen, en particular hiriendo o destruyendo su órgano genital. Al mismo tiempo, a él le gustaría poder jugar con los penes de ellos, en parte para saber hasta qué punto son o no peligrosos. También asocia M.K. todo esto con el interés que siente hacia los demás pacientes, y en particular hacia John, con el cual le gustaría hacer el amor tras quitárselo a M.K. Esto parece haberlo sentido también con Paul, a quien desea y teme al mismo tiempo.

Richard se ha puesto muy inquieto. Sigue mirando hacia la calle para ver si hay niños en ella, da patadas por la habitación, y habla muy rápidamente. Apenas parece haber escuchado las últimas interpretaciones e interrumpe a M.K. varias veces. Al finalizar la sesión, menciona que va a encontrarse con su mamá y hace chocar dos casas entre sí.

M.K. interpreta que como ahora está sólo con su madre, ya que su padre y hermano no están, desea tener relaciones sexuales con ella (las dos casas que chocan), pero que teme lo que papá y Paul puedan hacerle; además tiene miedo de perder su pene dentro del cuerpo de mamá (la pelota en el armario).

Nota de la sesión número diecinueve.

1. El temor al pene peligroso internalizado, le sirve de fuerte incentivo para querer poner a prueba su peligrosidad en la realidad externa. El deseo homosexual, es decir, el deseo de obtener placer de un pene de hombre, se convierte así en un fuerte ímpetu hacia la homosexualidad. Si la ansiedad ante el pene peligroso internalizado es muy intensa, este reaseguramiento, como es natural, no se llega a obtener, lo cual puede llevar a un incremento obsesivo de la homosexualidad. (Véase *El psicoanálisis de niños,* capítulo 12.)

SESION NUMERO VEINTE (Martes)

Como el cuarto de juegos no está disponible ese día, *M.K.* espera a Richard en la puerta y se lo lleva a la casa donde ella vive.

Richard está muy emocionado por poder ver al fin su vivienda, y tanto más cuanto que sabe que él es uno de los pocos pacientes a quienes ella no atiende allí. Durante el camino está de buen humor y algo exaltado; señala una casa que tiene flores en el jardín de adelante y dice que es "exquisita y hermosa", y que desea que no caiga en ella ninguna bomba. También menciona que es una lástima no poder tener el cuarto de juegos ese día, comentando con gran sentimiento que todavía le gusta éste y que siempre "les ha sido fiel" a los dos (se refiere a sí mismo y a *M.K.*). Al entrar en la casa dice: "*M.K.*, te quiero muchísimo". Mira por todo el cuarto, hace preguntas sobre los demás pacientes, y en particular sobre la habitación en la que atiende a John. (Como Richard sabe que la vivienda consta de dos cuartos, su pregunta implica la posibilidad de que *M.K.* reciba a John en el dormitorio.) Luego sigue preguntando Otras cosas: cuántos pacientes tiene, y si ayer fue él el último. (Había venido por la tarde, cosa que no suele hacer.) Un poco más adelante pregunta qué hizo *M.K.* la noche anterior[14].

M.K. le interpreta que siente celos por las relaciones sexuales que pueda ella tener con los hombres, y en particular con sus pacientes (John), y une esto con los celos que también tiene de Paul y de papá en relación con mamá, sentimiento que aumentó durante la reciente visita de su hermano.

Richard ha puesto la flota de guerra en la mesa y señala que un destructor ha perdido el mástil. Dice que ahora son todos británicos, que están preparados contra el enemigo y que se sienten felices todos juntos. Mientras hablaba sobre los pacientes de *M.K.* los fue formando en columnas de acuerdo con el tamaño, y los colocó en el ángulo de la mesa más cercano a ella.

M.K. interpreta que los barcos representan a los pacientes y también a su familia, ordenados de acuerdo con la edad de cada uno: primero el padre, luego el hermano, después el mismo Richard y finalmente los bebés que aún pueden nacer. Siente que todos deben de repartirse a *M.K.* de la misma manera como deben repartirse a mamá en casa.

---

[14] Como "X" es un pueblo pequeño, a Richard, que era muy inquisitivo, le resultaba fácil obtener información sobre mi. Sabía bastantes cosas sobre algunos de mis pacientes, mi patrona, y el otro inquilino de la casa. Además, cuando yo salía a menudo me encontraba con él en la calle. Todo lo cual, como se verá mas adelante, entró a formar parte del material de análisis.

Richard está de acuerdo con esto; cuenta los barcos, y dice que *M.K.* tiene quince pacientes, pero que a todos les toca el turno. Después sigue jugando con la flota sobre la alfombra, pues necesita más sitio para llevar a cabo las operaciones. Coge un submarino y dice que aunque es el menor de todos, es el más derecho y lo bautiza con el nombre de *Salmon,* declarando que es él mismo. Después los pone a todos formando una fila y vuelve a repetir con énfasis que están todos juntos y contentos y que no hay enemigo alguno a la vista. Tras esto, mira por todo el cuarto, se acerca a la estantería y pregunta si puede sacar un libro, al tiempo que señala el más grande. Lo abre y lee un poco, pero pronto lo deja, diciendo que es demasiado de mayores para él y que no le gusta. Después pide a *M.K.* que lea unas pocas palabras en "austríaco" en uno de los libros alemanes. (Siempre habla de "austríaco", en un esfuerzo por no enterarse de que la lengua de *M.K.* es el alemán.) Cuando ésta lo hace así, escucha con interés, pero dice que es muy difícil y vuelve a jugar con su flota. Un destructor está de patrulla muy cerca de *M.K.*

El *Rodney,* un barco de guerra a quien acaba de llamar mamá, le sigue, mientras que el *Nelson* (papá) se mete entre el destructor y el *Rodney.* Richard entonces acerca otros destructores y submarinos a estos barcos, pero el *Nelson,* el *Rodney* y el primer destructor siguen formando un grupo entre sí. Dice: "Papá está inspeccionando a su mujer y a sus hijos", tras lo cual mueve el *Nelson* lentamente y con cuidado a lo largo del *Rodney,* tocándolo apenas y luego continúa hablando: "Papá hace la corte a mamá, muy suavemente", y separa un poco el primer destructor. Cuando el *Nelson* le sigue, tocando apenas al destructor, Richard explica: "Ahora papá me quiere a *mí.* Quise muchísimo a papá durante el fin de semana", y añade que le abrazó y le besó muchas veces. Mientras tanto, ha hecho que el *Nel-son* empuje y eche al *Rodney,* y lo vuelve a traer al lado del destructor, el cual, tal como lo acaba de indicar, le representa a él. Comenta: "No queremos aquí a mamá; se puede ir a otro lado", pero en seguida hace que el *Nelson* vuelva al lado del *Rodney* a "hacerle la corte suavemente", mientras que otro destructor se junta con el destructor-Richard.

M.K. interpreta que, al principio del juego, decidió ser el más pequeño pero el más derecho de todos los barcos, lo cual expresa la idea de que es más seguro seguir siendo niño y tener un genital pequeño, pero no dañado. Después quiso explorar a *M.K.* (y a mamá), representada por el libro grande, pero al decirle que éste era "demasiado para mayores", quiso significar, no sólo que se trata de un libro demasiado adelantado para él, sino también que tanto *M.K.* como su mamá son demasiado grandes, y que se siente incapaz de meter su pene pequeño dentro de una vagina de tal tamaño. De la misma manera como en la sesión anterior temió que la pelota

PSIKOLIBRO

se perdiera dentro del armario, teme ahora que su pene se pierda dentro de *M.K.* y de mamá que son tan grandes. Le dice, además, que quiere averiguar algo sobre el lenguaje extranjero, y por lo tanto secreto, que ella usa, lo cual significa saber algo sobre su misterioso órgano genital (el de su madre) y sobre su interior. Teme encontrar allí al peligroso pulpo o al Hitler-pene, y que éstos le ataquen. Por eso, otra vez siente (como cuando eligió el submarino más pequeño), que prefiere seguir siendo niño. A pesar de esto, hace un rato se convirtió en el destructor que guiaba a todos los demás y se colocó cerca del *Rodney* (mamá); pero al experimentar luego miedo y culpa por quedarse con ella, creyó que papá debía de separarle. Mientras puede mantener a la flota en reposo, siente que está controlando a la familia y a sí mismo y que así mantiene la paz (tal como lo hizo en la sesión anterior al mantener en quietud a los trenes y la ciudad). Si papá hiciera la corte a mamá "suavemente" -es decir, sin tener relaciones sexuales con ella-, también él podría controlarse y no meterse con ellos. La "inspección" quiere decir que desea que su papá lo controle, para evitar que se vaya con su mamá y tenga relaciones sexuales con ella. De esta manera acaba de mostrarle con su juego, que el deseo de quedarse con mamá está unido a sentirse culpable hacía papá y que por ello necesita devolvérsela. Por otro lado, también desearía tener a papá para sí solo, reemplazando a mamá en las relaciones sexuales con él y por esta razón echa afuera a su madre. Esto, sin embargo, significa que mamá se queda sola y abandonada; se arrepiente por ello y vuelve a juntar a sus padres para que se hagan la corte suavemente. Mas esta situación tampoco ha durado mucho, y enton-ces ha recurrido a Paul para tener relaciones sexuales con él, lo cual demuestra también que Bobby representa para él a su hermano.

Durante la formulación de estas interpretaciones, que Richard es-cucha atentamente, el niño vuelve a restaurar el antiguo orden de los barcos de acuerdo con su tamaño, evidentemente tratando con ello de evitar cualquier conflicto; pero de repente dice que está cansado de jugar y se detiene. Empieza entonces a dibujar. Primero termina el dibujo 10 que empezara en la sesión dieciocho. Mientras rellena con negro el *Truant*, habla de Oliver, un niño de su ciudad natal que vive en la casa de al lado de la suya, el cual no le gusta. Oliver no sabe esto e incluso llega a creer que Richard le quiere, pero Richard siente ganas de pegarle un puntapié tan fuerte que daría la vuelta al mundo. Nunca más le quiere volver a ver. En este momento se da cuenta, con interés, de que hay tres cosas de cada clase en el dibujo: tres aviones, tres estrellas de mar, tres submarinos y hasta tres balas que salen del cañón del avión del medio. Pregunta por qué será.

M.K. se refiere entonces a la sesión dieciocho, en la que Richard se sintió muy deprimido o y sólo a causa de que sus padres se habían ido el día anterior con Paul. En el dibujo que hizo ese día, las tres cosas de cada clase representan a papá, mamá y Richard, mientras que Paul, de quien se sintió tan celoso, quedó fuera de todo. Lo que le acaba de decir de su vecino, que implica el deseo de que éste se muera, parece referirse también a Paul, siendo éste el significado de que haya tres objetos de cada clase. Acaba de decir, además, que el niño cree que sí le quiere, cosa que también parece referirse a su hermano, quien no parece darse cuenta del odio que Richard le tiene cuando siente celos de él, a pesar de que en otras oportunidades también lo admire y le demuestre que lo quiere. Todo eso le hace sentirse poco sincero.

Richard protesta vivamente y dice que quiere a Paul y que no desea de ninguna manera que éste se muera.

M.K. interpreta que se siente en un conflicto entre el amor y el odio.

Richard indica entonces que en el dibujo hay un solo pez, y pregunta si representa a *M.K.*

M.K. está de acuerdo con esto y sugiere que también puede representar a mamá, la cual está situada entre el submarino más pequeño (Richard en el juego de la flota), y el mayor (papá). De modo que también aquí están los tres juntos, los padres y él; todo esto también se aplica a *M.K.* situada entre Richard (el submarino menor) y John, el cual representa al Sr. K. (el submarino mayor).

Richard dice entonces que ella (el pez) está olfateando el periscopio de papá y moviendo el rabo.

M.K. le recuerda que en un dibujo anterior, un barco casi tocaba la bandera (8), y que este dibujo representaba a mamá, la cual se ponía en la boca el genital de papá; también interpreta que la cola que se mueve (tal como la mueve el perro), es un pene que Richard cree que ella tiene.

Richard advierte entonces, que aunque él es el submarino más pequeño, no es él quien tiene, sin embargo, la bandera más chica.

M.K. contesta que el que su bandera sea más larga que las demás expresa el deseo de poseer el pene más grande de todos.

Richard está de acuerdo con que su bandera es la más larga, pero dice que no es tan buena como la de los otros submarinos, queriendo significar, que es bastante estrecha. Después indica una vez más que el pez está olfateando el periscopio y dice que así hacen los perros y que se suben los unos en el lomo de los otros. Una vez, cuando se estaba agachando junto a Bobby, un perro trató de subírseles al lomo.

M.K. sugiere que comparar a los perros con el pez que olfatea el periscopio parece indicar que el pez no sólo representa a mamá, sino también a papá y a él mismo. Le ha contado ya lo bien que lo pasa secretamente con Bobby en la cama y ahora parece que en realidad ha jugado con el pene del animal, permitiendo a éste que le huela el suyo y que se lo lama. Pero también puede haber tenido estas experiencias (las que describe entre el pez y el periscopio) con otro niño, metiéndose a lo mejor el pene de éste en la boca; quizás el niño haya sido su hermano.

Richard contesta, tras un silencio, que a menudo se acuesta con Paul, pero añade rápidamente que no en la misma cama, sino en el mismo cuarto. Tampoco papá y mamá se acuestan en la misma cama; sólo en la misma habitación.

M.K. interpreta que lo que acaba de decir significa que Paul y él han hecho juntos algo sexual, igual a lo que piensa que hacen papá y mamá, pues aunque ellos también duermen en camas separadas, supone que a veces están juntos en una sola.

P S I K O L I B R O

SESION NUMERO VEINTIUNO (Miércoles)

Richard encuentra a *M.K.* camino del cuarto de juegos, y queda encantado de ver que ésta tiene la llave de la casa. Parece ahora que el incidente de ayer le hizo pensar que nunca más podrían volver al cuarto de los niños, de modo que exclama con gran sentimiento: "¡Nuestro viejo cuarto! Le quiero mucho y me alegra volver a verlo". Después pregunta cuánto tiempo lleva ya de tratamiento.

M.K. le contesta que tres semanas y medía.

Richard se queda muy sorprendido, y dice que le parecía que era mucho más. Se sienta, contento, a jugar con la flota, y dice que se siente feliz.

M.K. interpreta que el miedo de perder el "viejo cuarto", es el temor que tiene de perderla a ella si llega a morir. Se refiere al día (sesión nueve) en que los dos tuvieron que ir a buscar la llave; tras ello él le contó entonces los sueños sobre el auto negro y desierto y jugó a encender y apagar la estufa, cosas que, según le interpretara, expresaban el temor de que se murieran ella y su mamá. El miedo a perder el cuarto *viejo* también representa el dolor que sintió con la muerte de su abuelita, mientras que volver a encontrarlo significa que *M.K.* va a seguir viviendo y que la abuelita resucita.

Richard interrumpe su juego, mira directamente a *M.K.* y dice serenamente y con profunda convicción: "Hay una cosa de la que estoy seguro: y es que tú serás mi amiga para toda la vida". Añade además que *M.K.* es muy bondadosa, que la quiere mucho y que lo que hace con él le hace mucho bien, aunque a veces sea muy desagradable. Aunque no puede precisar cómo sabe que le hace bien el tratamiento, dice que siente que es así.

M.K. interpreta que el haberle ella explicado el miedo que tiene de que se muera y el pesar que siente por la muerte de su abuela, le hace sentir que ésta vive aún en su mente (como una amiga suya de toda la vida), y que también *M.K.* vivirá para siempre así por estar contenida dentro de su mente (nota 1).

Richard vuelve a jugar con la flota, corriéndola hacia un lado. Los barcos que representan a sus padres están ahora con los niños, mientras que el *Rodney* sale sólo de patrulla, emitiendo sonidos amistosos. Richard comenta que ese barco está bien y contento. Los demás todavía están juntos. Indica luego que hoy uno de los destructores más grandes le representa a él, mientras que Paul es un submarino pequeño.

M.K. interpreta que esto se debe a que desearía ser mayor que Paul, convirtiendo así a éste en su hermano menor.

Richard, riéndose, se muestra de acuerdo con esto, y sigue jugando. El Nelson se acerca al destructor-Richard, casi hasta tocarlo, pero de repente se va a unir con el Rodney. Hace entonces andar a estos dos barcos juntos, pero sin que lleguen a tocarse, mientras que otro les sigue, y comenta que están todos juntos y contentos. El Nelson se acerca mucho al Rodney, mientras que el destructor-Richard es llevado al otro lado de la mesa, seguido por otro destructor. Entonces hace unos ruidos que se supone provienen del Rodney y del Nelson.

Son ruidos fuertes, parecidos al cloqueo de una gallina, y Richard comenta que a una gallina le han torcido el cuello y que ella ha puesto un huevo.

M.K. interpreta que otra vez está tratando de impedir las relaciones sexuales de sus padres, para evitar estar celoso y atacarles, y además por el gran temor que tiene de que su papá dañe a mamá. Este miedo lo ha expresado ya en relación con el vagabundo, los choques de trenes, la caída del tejado del ministro y la mujer rosa, y la mamá-pelota que pedía ayuda. Y no sólo teme que sea peligroso para su madre tener relaciones sexuales, sino que también cree que tener un bebé sería tan doloroso para ella que la podría matar. (La gallina con el cuello retorcido.)

Richard contesta que sabe que las mujeres gritan cuando dan a luz un hijo, pues es muy doloroso tenerlo; su mamá se lo ha contado.

M.K. interpreta que sus temores no sólo se deben a que le hayan contado esto, sino que además, como cree que el genital de su padre es peligroso y malo, ello le obliga a pensar que las relaciones sexuales y los partos son también malos y peligrosos. También guarda este temor una relación con sus celos, y con el deseo que tiene a veces de que, en efecto, sean dolorosas las relaciones sexuales. Le recuerda que en el dibujo 7, un bebé muy ávido se comía a su mamá por dentro.

Richard hace algunos cambios en la disposición de los barcos. La flota entera navega a todo vapor, pero uno de los submarinos se queda rezagado y trata de meterse entre los lápices largos que ha puesto juntos, tocándose con los extremos afilados hasta formar un ángulo agudo.

M.K. le recuerda que los lápices representan, como en sesiones anteriores (sesión dieciocho), a sus padres [1] y que el submarino pequeño es él cuando era más pequeño, tratando de separar a sus padres para impedir que éstos tengan un coito.

Mientras escucha esta interpretación, Richard coge primero uno de los lápices y después el otro, y se mete los dos en la boca.

---

[1] Estos dos lápices simbolizan de ahora en adelante a los padres, mientras que los colores, que son mas cortos, son los niños. A pesar de esto, en ciertos momentos algunos de los colores representan también a los padres.

M.K. interpreta que, una vez más, siente que ha incorporado dentro de sí a sus padres (como lo hizo particularmente en la sesión dieciocho), y que lo ha hecho con enojo y con celos.

Richard se saca los lápices de la boca y hace con ellos una barrera, mientras dice que el submarino no puede atravesarla porque ellos se lo impiden, a pesar de que él quiere irse con los demás barcos que constituyen su hogar.

M.K. le pregunta quienes son "ellos".

Richard contesta que son las estrellas de mar, los otros bebés. Entonces vacía la caja de los lápices, y mete dentro de ella el submarino y lo vuelve a sacar otra vez.

M.K. interpreta que él, que es el submarino, se siente excluido tanto por sus padres como por los bebés que están dentro de mamá, y que todos le impiden penetrar dentro de ella, aunque al final logra hacerlo y también salir de nuevo. Esto implica que si lograra meter su órgano genital dentro del de *M.K.* o del de la mamá, no se quedaría allí perdido.

Richard no contesta esto; vuelve a meter los lápices en la caja, la cierra y la deja de lado. Entretanto empieza a hacer preguntas sobre la familia de *M.K.* Ha oído decir que tiene un nieto, y le pregunta cómo se llama y cuántos años tiene.

M.K. contesta brevemente a estas preguntas, y después interpreta que al sacar los lápices, está tratando no sólo de librarse de sus rivales que se pelearían dentro de ella, sino también de sacar a los bebés de adentro de su cuerpo para quedarse él con ellos. Las preguntas que está haciendo a *M.K.* también significan que le gustaría quedarse con su nieto, y al meterse en la boca uno o dos lápices, quiere con ello incorporar dentro de sí a estos bebés (nota II).

Richard se opone enérgicamente a esto: los niños no pueden tener bebés, y el quiere ser un hombre.

M.K. interpreta que, en efecto, teme perder su órgano sexual y no poder llegar a ser hombre, pero que, de todas maneras, tiene envidia del cuerpo de mamá y de que ella pueda tener bebés en su cuerpo y alimentarlos. Le gustaría mucho que papá o Paul le dieran a él un bebé. Se refiere luego al juego de la sesión anterior con la flota, en el cual echó a mamá para hacer él el amor con papá; y también lo que dijo sobre el dibujo 10, en el cual la mamá-pez olfatea el periscopio de papá como quieren hacer los perros con él, y le recuerda todos los comentarios que hizo sobre estos animales.

Richard está mirando los juguetes y el dibujo, y se queda en silencio. *M.K.* sigue analizando el dibujo.

PSIKOLIBRO

Richard tiene al principio muy pocas ganas de hablar de él, pero luego comenta una vez más que hay tres cosas de cada clase y que todos los submarinos tienen un periscopio.

M.K. señala el del medio, que le representa a él, e interpreta que lo que quiere decirle es que él también tiene un pene como el de papá y el de Paul.

Richard contesta entonces, con tono de duda, que él ahora no es el menor, sino el mayor; que está situado en la parte inferior del dibujo y que además tiene la mejor bandera.

M.K. le recuerda que ayer dijo que el submarino de abajo era papá y que su bandera no era tan buena como la del submarino del medio, el cual ayer representaba a Richard. Ahora parece tener la mejor bandera -es decir, el genital del padre- y que lo ha adquirido mordiéndoselo cuando lo olfateaba como el pez-mamá. (Lo cual significa meterse el genital de papá en la boca.) También le indica que al hablar ella, él se metió repetidas veces el lápiz más grande en la boca.

Richard pregunta entonces por qué hay tres bebés-estrellas de mar, y agrega que cree que la que está encima de la mamá-pez querría estar sola, pero que no tiene adónde ir.

M.K. interpreta que esta estrella es él mismo; tanto ayer como hoy, el destructor que se iba solo quería pronto volver a casa, pero entonces las estrellas-bebés le cerraban el camino. Le sugiere, además, que estar encima de mamá significa que le gustaría hacer bebés con ella: las otras dos estrellas serían los dos hijos que tendrían, tal como papá y mamá lo han hecho teniendo a Paul y a él.

Richard pregunta por qué hay sólo un pez.

M.K. le sugiere que la pregunta que acaba de hacer parece indicar que no cree que el pez pueda sólo representar a mamá, pues papá también es muy importante para él. Sugiere que el pez puede ser tanto papá como mamá, y que sólo hay uno de cada clase. Ayer dijo que el pez meneaba la cola, lo cual significa que representa a papá y a su genital (el perro que meneaba la cola); el estar situado en medio de la página se debe a que representa para él la cosa central, lo más importante de su vida. Desea tanto a papá, con quien desearía estar, ocupando el lugar de mamá, como a mamá, con quien quisiera estar, en reemplazo de papá; pero teme los peligros a que le exponen ambas situaciones.

Richard arregla los juguetes de manera similar a como los arregló la sesión anterior pero ahora ya no se trata de una ciudad enemiga (Hamburgo), sino de una inglesa. La gente admira la flota que está situada del lado opuesto, y la costa está marcada por dos lápices largos. Con gran rapidez se suceden entonces una serie de incidentes[2]:

1. El perro está entre gente amiga, y gruñe. Richard lo saca de la mesa y lo coloca en el antepecho de la ventana, pero en seguida lo trae de vuelta.

2. Una niña se acerca demasiado a los trenes, los cuales están colocados de manera tal, que el eléctrico queda detrás del de mercancías; Richard le vuelve a advertir entonces que se cuide para no ser atropellada.

3. Separa a varias personas y las coloca en una esquina de la mesa; entre ellas hay varios muñequitos un poco dañados, y también está la mujer rosa. Richard dice que es el hospital, y cubre a todos con pequeños baldes, pues están enfermos. Durante un rato no les hace caso, aunque hace que los trenes pasen cerca de donde se encuentran, comentando que llevan comida y vendas para los enfermos, y que les están demostrando que "la vida continúa su marcha".

4. Arregla otra vez los trenes, colocando el eléctrico detrás del de carga. Después empuja al primero y hace que los dos choquen unas cuantas veces. De repente, con voz fuerte le grita al tren de mercancías que tiene a los tres animales dentro, colocados como en ocasiones anteriores: "Vamos, muévete, muévete".

M.K. interpreta que el incidente primero representa a un Richard gruñón y mordedor, que quiere hacer líos en su familia y en la de ella, a pesar de que al mismo tiempo desea tanto que no haya animosidad, lo cual también está expresado mediante la ordenación de los juguetes, ya que los niños y la gente admiran la flota y todos parecen felices. Por ello ha separado al perro gruñón e insatisfecho, que representa a una parte de sí mismo. Por la misma razón, piensa que la estrella-Richard debería de ser dejada en casa, sola, para impedir así que destruya la paz familiar; pero como no puede soportar estar solo, vuelve pronto.

En la situación II, la niña le representa a él mismo como en el juego anterior, y se está diciendo a sí mismo que no debe de interferir en las relaciones sexuales de sus padres, pues, de hacerlo, éstos lo van a destruir a él (atropellar).

Sobre la situación III, interpreta *M.K.* que ha empezado a haber conflictos: los enfermos son sus padres y Paul, y Richard los cubre para tapar así de su mente toda la situación [Negación], es decir, para no enterarse del daño que cree que les ha causado. Pero no puede olvidarse de ellos y trata entonces de resucitarlos trayéndoles comida y vendas. También desea alentarles cuando les dice que "la vida continúa".

---

[2] Llegado este punto, encuentro comentado en mis notas que debido a la gran cantidad de detalles que se modificaban constantemente en el juego de Richard, y a la riqueza del material, sólo pude interpretar parte de ellos, limitándome por esto a lo que me pareció constituir lo principal.

Sobre la situación IV, interpreta *M.K.* que de pronto se ha visto invadido por la ira, pues una vez más los trenes han pasado a representar a papá durante las relaciones sexuales con mamá, poseyendo a ésta y a los niños.

Mientras *M.K.* habla, Richard ha hecho que los trenes atropellen a todas las cosas; una vez más ha ocurrido el desastre, quedando como único sobreviviente el tren eléctrico. De repente, exclama que ayer comió la comida mayor de su vida, y enumera varios platos y además cuatro tostadas.

M.K. interpreta entonces que el desastre no tiene lugar sólo en el exterior, sino que al comerse a todo el mundo -el perro gruñón también está devorando a las cosas -, siente ahora que lo del hospital, las enfermedades y el desastre, también tienen lugar dentro de él. Ahora él está representado por el tren eléctrico, que controla todo dentro de sí, incluyendo a sus padres.

Richard coge una muñequita vestida de rojo, se la mete en la boca un momento y la muerde.

M.K. interpreta que esta figurita la representa a ella, que ese día tiene puesta una chaqueta roja, y que esto significa que también ella está incluida en el desastre, y que es devorada y destruida[3].

Richard pregunta si *M.K.* va a ir al pueblo, y qué es lo que va a hacer por la tarde.

M.K. interpreta que en este momento necesita tener una prueba de que ella está aún viva y de que existe en el exterior, también con su mamá necesita continuamente tener tales pruebas cada vez que teme haberla destruido al incorporarla con avidez. Por esto se apega a ella tan persistentemente.

Richard está escuchando con atención; después se levanta y se va afuera a admirar el paisaje, deseando evidentemente que *M.K.* también lo admire. Lo está pasando muy bien; pero en el momento en que está dando unos saltos frente a la puerta, mira de repente hacia el cuarto, al rincón donde ha dejado los juguetes.

M.K. interpreta que la admiración que siente por el mundo externo le ayuda a deshacerse del temor que tiene del desastre que ocurre dentro de él; por esta razón acaba de mirar a ese desastre interior, representado por los juguetes que están en la mesa; sin embargo, lo bien que lo está pasando hoy, parece demostrar que en realidad está menos asustado, y que por ello puede gozar más del mundo de afuera.

---

[3] Es interesante ver cómo, al llegar a esta etapa del análisis, aparecieron con mayor claridad las referencias a mí, pudiéndome diferenciar con mayor claridad de la figura materna.

Notas de la sesión número veintiuno.

1. Según mi opinión, esto expresa la sensación de haberme siempre poseído; en otras palabras, que tiene un fuerte sentimiento de tenerme internalizada. Ello me hace recordar a otro paciente, el cual estuvo en tratamiento conmigo de niño y que luego me vio cuando era ya mayor. Le pregunté entonces por lo que recordaba de su análisis, a lo que él contesto que se acordaba de que una vez me ató a una silla y que tenía siempre la sensación de haberme conocido muy bien. No me cabe duda de que esto representaba el haberme internalizado vigorosamente, manteniendo así viva la sensación de que yo constituía un objeto interior, bueno para él.

Esto constituye un ejemplo del alivio que se obtiene tras la interpretación de material muy asustador y doloroso. El hecho de que al hacer consciente el inconsciente mediante la interpretación, la angustia disminuya en cierto grado (lo cual no evita que reaparezca) constituye un principio bien conocido de nuestra técnica. Sin embargo, a menudo he oído a quienes dudan sobre la conveniencia de interpretar y hacer manifiesto a los niños (o hasta a los adultos), ansiedades de naturaleza tan profunda y dolorosa. Por ello quiero llamar la atención sobre lo que nos demuestra este ejemplo.

En realidad, resulta sorprendente ver cómo las interpretaciones muy dolorosas -y aquí me refiero en particular a aquellas que se vinculan a la muerte y a los objetos muertos internalizados, lo cual es una angustia psicótica-, tienen el efecto de hacer renacer la esperanza y de dar al paciente la sensación de que goza de más vida. La explicación que encuentro a esto, es que el hecho en sí de traer una angustia muy profunda más cerca del plano de la conciencia, produce alivio. Pero también creo que el hecho de que el análisis se ponga en contacto con ansiedades inconscientes muy profundas, da al paciente la sensación de ser comprendido y por lo tanto le aviva la esperanza. A menudo he oído decir a mis pacientes cuánto hubieran deseado ser analizados de niños, y esto no se debe sólo a las evidentes ventajas que tiene el análisis infantil, sino que expresa además el anhelo retrospectivo de encontrar a alguien que comprenda el propio inconsciente. Los padres muy comprensivos -y esto se aplica también a las demás personas -, logran a veces ponerse en contacto con el inconsciente del niño; pero aún en estos casos existe una diferencia entre esto y la comprensión del inconsciente a que lleva el psicoanálisis.

II. Fue ésta la primera vez en que pude ver claramente la identificación femenina de Richard y la envidia de su madre por ser gestora de bebés. De acuerdo con mis ideas actuales, esta envidia constituye un rasgo muy arraigado, tanto en el desarrollo de los niños como en el de las

---

niñas, y hace su aparición en primer lugar en relación con el pecho que amamanta. (Véase mi *Envidia y gratitud, 1957.*)

SESION NUMERO VEINTIDOS (Jueves)

Richard llega temprano y espera a *M.K.* fuera del cuarto de juegos. Está muy silencioso y serio, más pálido que de costumbre, pero amistoso. Su manera de ser difiere mucho de la del día anterior, en que expresó vivamente su amor por *M.K.* y la confianza puesta en ella. Saca la flota y la extiende. El *Rodney* está navegando sólo, pero el *Nelson* le sigue en seguida. Este no sabe si acercarse mucho al primero o no, lo cual significa que no sabe si cortejarle o no. Señala un destructor que tiene el mástil torcido y dice que es Paul. Está jugando de manera titubeante e indiferente, y pregunta a *M.K.*, de manera vacilante, si ha oído hoy las noticias (El día anterior no hizo mención del intento de invasión a Creta, lo cual llama la atención, ya que se interesa mucho en cada detalle de la marcha de la guerra. Unos días antes expresó, por ejemplo, congoja, ante el asunto de Vichy.)

M.K. le pregunta si se refiere a Creta.

Richard, con aire preocupado, dice que si. Se levanta, deja de jugar y dice que anoche no tenía la intención de ir al cine, pero que al final se fue solo; sin embargo, tuvo que salir corriendo cinco minutos después e irse a su casa, pues se sintió enfermo. La música le había excitado hasta no poder aguantarla más. Trata entonces de jugar nuevamente, y coloca el *Nelson,* al lado de un submarino que antes ha dicho que es él mismo. Pero otra vez abandona el juego y, como lo ha hecho antes, pregunta a *M.K.* por la marcha del análisis de John. Dice que aunque sabe, porque *M.K.* se lo ha dicho, que no puede hablarle de él, así como tampoco le va a contar a John cosas suyas, le gustaría, sin embargo, saber si le es "permitido" hablar de sus pacientes con el señor K. y si le cuenta a éste cosas de su análisis.

M.K. le pregunta quién debe darle el permiso para hablar con el señor K.

Richard contesta que ella misma, su propia mente.

M.K. le repite entonces lo que ya le dijo una vez (sesión cuatro) cuando Richard indagó sobre su familia: que el señor K. ha muerto.

Richard contesta que se le había olvidado, pero quiere saber de qué lado estuvo durante la última guerra, añadiendo que en realidad se da cuenta de que debió de estar en el lado opuesto. (En realidad Richard conocía todos estos detalles, pues, como dije antes, recibía mucha información sobre *M.K.*).

M.K. interpreta que se ha olvidado de que el señor K. ha muerto porque su muerte le hace temer la muerte de su padre y, además, que sospecha de él, porque el ser enemigo le acerca bastante a Hitler. Como en su imaginación siente como si el señor K. todavía viviera y se encontrara dentro de *M.K.*, teme que ésta se una con el Hitler-padre malo (el señor K.) en contra de él...

Richard habla otra vez de John y pregunta qué es lo que éste le dice que siente hacia ella o hacia él. Alguna vez John le ha hablado de *M.K.* y le ha dicho cosas que no quiere repetir por temor a ofenderla, pero a menudo piensa en ello. Después añade que una vez que ella se fue a Londres (antes que comenzara él su análisis), John le dijo que le gustaría que *M.K.* estuviera ya en la tumba, pues así no tendría que analizarse más. (Mientras habla, mira ansiosamente a *M.K.* para ver cómo reacciona ésta.)

M.K. se refiere entonces al juego de ayer, en el que separó a la mujer rosa y la tapó, diciendo que estaba en el hospital; esto expresaba el deseo de olvidar a su mamá dañada y de deshacerse de ella, así como también de *M.K.* Por eso ahora siente que le ha hecho lo mismo que John quería que le pasara. En el juego de ayer no resultó claro quién era el que había dañado a la mujer rosa; sin embargo, antes había estado discutiendo el dibujo 9 (sesión diecisiete), y en otras ocasiones también habían visto ya cómo no es sólo el Hitler malo quien daña a *M.K.*, sino que también desea hacerlo a veces el propio Richard. Por esto tiene mucho miedo de que estos deseos lleguen a dañarla realmente, lo cual es peor aún que lo desagradable que le resulta tener que contarle el comentario de John.

Mientras *M.K.* hace esta interpretación, Richard se levanta y sale afuera. Está lloviznando, y él odia la lluvia, que le deprime; en cambio, el sol le alegra muchísimo... Vuelve al cuarto y empieza a jugar con la flota, pero pronto la abandona y evidentemente tras llegar a una decisión, dice que ha tenido una pesadilla.

Unos peces le invitan a comer con ellos en el agua. Richard rehúsa la invitación. Entonces el jefe de los peces le dice que en ese caso le esperan grandes peligros, a lo cual Richard contesta que no le importa, y que se irá a Munich. De camino a esta ciudad, se encuentra con sus padres y con su primo, quienes se unen a él. Todos están montados en bicicleta, y él también. Tiene puesto el impermeable porque llueve. Una locomotora se descarrila y se acerca adonde él se encuentra; está ardiendo y el fuego le persigue. Es espantoso. Huye lo más rápidamente que puede y logra salvarse, pero abandona a sus padres. Tras esto se despertó muy asustado, pero siguió "despierto con el sueño" (sintiendo como si hubiera logrado continuarlo en la realidad y deshacer el daño hecho). *Busca entonces muchos cubos de agua, apaga el fuego y arregla la tierra que se ha resecado mucho con el calor, para que pueda ser fértil otra vez; está, además, casi seguro de que también sus padres han podido salvarse.*

M.K. le pregunta por qué no quiso comer los peces.

Richard, sin vacilar, contesta que porque de seguro le iban a dar de comer pulpo frito, que es un plato que odia.

M.K. le pregunta entonces lo que le parece que quiso decir el jefe de los peces cuando se refirió a los "grandes peligros" que le esperaban si no aceptaba la invitación a comer.

Richard sólo puede contestar que si no comía iba a estar en un gran peligro. (Aunque da estas asociaciones con desgano, parece encontrar la tarea mucho más fácil cuando puede acompañar sus palabras con el juego de la flota. La resistencia se hace mucho mayor cuando M.K. le pregunta por lo que piensa sobre la decisión de ir a Munich después de todo; Richard se angustia y no contesta.)

M.K. le recuerda entonces que una vez le habló de Munich, diciendo que es el cuartel de los nazis, y que la Casa Parda era un lugar particularmente peligroso.

Richard está de acuerdo con esto y dice qué, de ir, tendría mucho miedo, y que no puede por eso comprender por qué va en el sueño después de todo.

M.K. le indica que el desastre que ocurrió ayer en el juego, lo vive como si fuera no sólo externo, sino también interno, ya que él era el "perro gruñón" que devoraba a todos. Como se le han despertado muchos temores sobre su interior, ha llegado a pensar que el canto del cine y los ruidos se producían dentro de él, y no lo ha podido aguantar. También está aterrado pensando que se ha devorado a M.K. y que ella no puede ahora, por lo tanto, ayudarle a vencer su angustia. Esto lo demostró al meterse a la mujer rosa (que es M.K.) en la boca, y mordería, lo cual fue también lo último que hizo en la sesión anterior.

Richard dice que en el cine también oyó voces de niños que cantaban, y que tuvo miedo de que a la salida todos se volvieran contra él.

M.K. le interpreta que teme que los bebés de mamá, a los que querría atacar y devorar, se vuelvan contra él y le ataquen, a su vez, tanto en el mundo exterior como en el interior. El pulpo frito que le daría de comer el jefe de los peces representa a su padre, a quien también querría atacar y comer; y además le representa a sí mismo, quien, como venganza, sería a su vez devorado por su padre. Pero el jefe es Hitler que invade Creta, la cual representa a Gran Bretaña, a mamá y a sí mismo. Richard además pone en duda la eficacia de obedecer al jefe para salvarse del peligro, porque como este jefe es Hitler, se trata de alguien mentiroso y engañador. El ir a Munich, por ello, significa meterse en pleno peligro, pero en un peligro externo, mientras que el pulpo frito y el jefe de los peces son el Hitler-papá malo (el Sr. K. del material anterior), que se encuentra dentro de él. [Huida hacia un peligro exterior como defensa contra peligros interiores.]

Richard dice con convicción que, en efecto, sería mucho más fácil luchar contra Hitler en Munich, que dentro de sí mismo.

M.K. le dice que en el sueño se encuentra con sus padres y su primo (quien además es Paul), y que desearía que todos le ayudaran, pero teme no poder confiar en ellos. Esta duda la ha expresado al preguntar si *M.K.* le habla al Sr. K. de él, y si éste estuvo en el campo enemigo durante la última guerra. La referencia que hizo previamente sobre Vichy y Francia, expresan en general la duda que tiene sobre la alianza con Paul. Pero también en esta misma sesión, le ha contado a *M.K.* los comentarios que John hizo sobre ella, de manera que siente que también él es un delator.

Las sospechas que tiene sobre el Sr. K. se refieren al Sr. K. que se encuentra dentro de *M.K.*, pues si bien ya sabe que el Sr. K. está muerto, siente como si dentro de ella estuviera vivo. Le recuerda que en el "desastre" que ocurrió en el juego del día anterior, en el momento en que los trenes tiraban todas las cosas, él se acordó de pronto de lo mucho que había comido, lo cual significaba que sentía que también se había comido a sus padres mientras estaban teniendo una relación sexual. También siente que el fuego de la locomotora que le persigue en el sueño se encuentra dentro de él, y teme que queme a los padres buenos y a los bebés que allí se encuentran. Aunque no ha querido ver a la mamá dañada, o muerta, y por eso la ha cubierto (sesión veintiuno), piensa que la tiene dentro de sí. Por esto espera poder salvar a todos con agua fertilizante buena, que representa una orina buena, mientras que la sustancia ardiente que le persigue desde la locomotora de papá es orina peligrosa, capaz de quemar a él y a mamá.

Richard, que al principio de la sesión estaba turbado y desatento, se ha ido poniendo más vivaz y comunicativo a medida que *M.K.* formulaba estas interpretaciones. Y mientras las escucha sigue jugando: el *Rodney* se coloca al lado del *Nelson* y éste al lado del destructor-Richard. Dice entonces que el *Nelson* está atacando al *Rodney*, que ahora es un barco de guerra alemán, y que lo está haciendo volar. Después de esto, el *Nelson* es el alemán, el *Rodney* es británico y el que vuela es el *Nelson*. Hacia el final de la interpretación de *M.K.*, Richard va a buscar la pelota de fútbol, la infla, se acuesta sobre ella para sacarle el aire y dice que una vez más su mamá está vacía y llorando... Busca entonces la escoba, y tras barrer el cuarto dice que ahora está más limpio.

M.K. le interpreta que está tratando de arreglar a su mamá interna. También le pregunta por lo que comió anoche.

Richard contesta que pescado, pero que le gustó. De pronto se queda muy sorprendido y con gran interés dice: "Y sin embargo soñé que fueron los peces los que me invitaron a mi a comer". Cuando se separa de *M.K.* está serio y pensativo, pero al mismo tiempo amistoso y no triste (nota 1).

Nota de la sesión número veintidós.

I. En la nota I de la sesión número veintiuno, llamé la atención sobre el sorprendente hecho de que las interpretaciones hechas sobre emociones y situaciones muy asustantes, producen alivio, a veces incluso en el transcurso de la misma sesión. El hecho de que Richard pueda por fin confesarme algo que evidentemente le preocupaba mucho (los comentarios hostiles de John sobre mí), demuestra en efecto que las interpretaciones de la sesión anterior han dado como resultado que tenga una mayor confianza en mí. También creo que constituye un progreso el haber podido tener esta pesadilla particular, así como el recordarla y poder contármela. El material presente nos lleva además a la conclusión de que las ansiedades interpretadas en la sesión anterior, aunque aliviadas en cierto grado, han seguido activas durante el período de intervalo entre las dos sesiones, pudiendo ello deberse, en parte, a que han sido reactivadas con gran fuerza ansiedades referentes a la internalización de objetos, las que han coincidido además con otras provocadas por circunstancias externas. Para poder liberarse de la presión combinada de estas situaciones de peligro internas y externas, Richard trata de concentrarse en las externas, y por esto, con gran sorpresa de su parte, se escapa del peligro de los peces y se va a Munich. En términos generales, yo diría que la externalización constituye una de las grandes defensas contra las situaciones internas de peligro, a pesar de que a menudo fracasen. El material nos muestra, en efecto, claramente, cómo Richard trata en su sueño de encontrar alivio a la situación interna huyendo hacia lo externo, y hasta él mismo llega a decir que sería más fácil combatir a Hitler fuera que dentro de sí. Debemos, además, recordar que esta defensa fue usada en circunstancias en las que los temores externos se hallaban fuertemente reactivados, ya que el temor de que Inglaterra fuera ocupada por Hitler constituía un potente factor del estado mental del niño.

Resulta interesante ver cómo, al tratar de manejar la situación interna, Richard usa algunos de los métodos de defensa que también aplicaría a situaciones externas, tales como la negación, disociación, apaciguamiento del objeto interno y conspiración contra él mediante la alianza con otro objeto. El análisis de la interacción entre situaciones internas y externas, y de la manera como las dos coinciden y se diferencian, es, creo, de suma importancia.

SESION NUMERO VEINTITRES (Viernes)

Richard llega un poco tarde, y por ello ha corrido durante todo el camino; está muy preocupado por haber perdido dos minutos de su sesión. Dice que no ha traído la flota porque ha decidido que no la quiere; pero al cabo de un rato admite que no quería que se le mojara con la lluvia... Más tarde expresa cuánto le disgusta el tiempo lluvioso, y tras esto se hace otro silencio.

M.K. le recuerda que en el sueño de la noche anterior tenía puesto un impermeable, porque llovía.

Richard empieza a dibujar y lo hace con mayor deliberación y cuidado que de costumbre. Comenta que no era tanto por la lluvia por lo que se había puesto el impermeable en el sueño, sino porque al principio de éste estaba metido en el agua con los peces. (Al llegar a este punto muestra señales de resistencia, pero contesta, sin embargo, a unas cuantas preguntas sobre el sueño.) Dice que el jefe de los peces no se parecía a ninguno de los representados en sus dibujos; que podría haber sido una trucha, y que ésta se había también mostrado amistosa y cariñosa con él.

M.K. le dice que en realidad no se fió del pez, cosa que expresó así ayer; por este motivo había preferido irse a Munich.

Richard vuelve a angustiarse y a resistirse. Niega al principio desconfiar del pez, pero al final admite que, en efecto, no se fiaban ni de él ni de la comida que le ofrecía.

M.K. interpreta que ese pez pacifico y amistoso, en sus dibujos ha representado a menudo a mamá, ya que aunque con frecuencia dice que ella también es dulce, quizá no siempre se fíe de ella. Hace dos sesiones también dijo que M.K. era "dulce" y que la quería mucho, pero en la última sesión temió que hablara de él con el Sr. K., el cual representa a un enemigo.

Richard se opone a esto con fuerza, y examinando la cara de M.K. dice que no, que él cree que ella es muy buena.

M.K. interpreta que a pesar de ello duda de ella, cada vez que siente que se combina interiormente con el sospechoso Sr. K., a lo cual Richard contesta pensativamente, que esto no puede ser verdad porque no conoce al Sr. K. y nunca lo va a conocer; pero que como está seguro de que M.K. es buena, el Sr. K. debe de haberlo sido también. Añade que realmente no puede desconfiar de mamá. Después enseña a M.K. lo que ha estado dibujando, y le señala especialmente que hay dos cosas de cada clase en el dibujo; está impresionado porque, una vez más, esto ha ocurrido sin deliberación previa de su parte[4]. Indica así, que en el *Nelson* hay dos chimeneas, en el papel dos barcos y también dos personas, es decir, un pez grande y uno chico. Después descubre que el humo que sale de las chimeneas del *Nelson* forma una figura, que es también el número dos.

M.K. le sugiere que el pececito bebé que nada muy contento con su mamá es él mismo; ambos están separándose del submarino *Salmon* que es papá, ese papá malo, pulpo, según él tan peligroso cuando está dentro de mamá y de *M.K.* La desconfianza que tiene de *M.K.* cuando ésta contiene al desconocido y sospechoso Sr. K. y de mamá cuando papá está dentro de ella, implica que cree que entonces forman una unión hostil a él y que esta unión está ligada con las relaciones sexuales de ambos. También cree que mamá está en peligro por comerse al pulpo-papá.

Richard entonces indica que hay una sola estrella de mar, mientras que de las demás cosas hay dos. (Hasta ese momento sólo ha dibujado la estrella del fondo.) Dice que se trata de Paul, furioso y celoso porque Richard nada con mamá. Al decir esto, añade otras estrellas y pone los nombres de su hermano y de la muchacha de su casa, y las palabras "alarido y chillido". Paul da alaridos y chillidos tan fuertes, que tanto la muchacha como la cocinera y papá vienen a atacarle y a sujetarle (las tres estrellas que acaba de añadir).

M.K. interpreta que en la parte superior del dibujo ha permitido que papá y mamá estén juntos, pues ha dibujado dos chimeneas en el *Nelson,* dando a cada una de ellas igual cantidad de cosas: dos cañones a cada lado que representan dos pechos, dos bebés y el mismo tipo de órgano sexual; además, cada uno tiene un pene (la misma línea de humo). De esta manera, ha reunido a sus padres; pero al mismo tiempo al nadar con mamá bajo la línea divisoria, muestra el deseo de tenerla para él sólo. Además, al alejarse del *Salmon,* que representa a papá, se está separando del papá malo, que enferma a mamá. Por sobre la madre y el pececito bebé, está la estrella que da alaridos y chillidos, y que representa a Paul celoso. Papá, representado a su vez por una de las estrellas (a la que llama papá) y acompañado por la cocinera y la muchacha, sujeta a Paul para protegerle a él (nota 1).

Richard empieza otra vez a dibujar mientras *M.K.* le interpreta (y hace este dibujo, como de costumbre, con toda espontaneidad). Primero hace una fila de letras, empezando por la A (de las cuales hay seis o siete), a las que luego tacha, mientras que en el ángulo inferior derecho dibuja otras que aún se pueden ver. Estas letras están unidas entre sí por garabatos. Todo lo

---

[4] Aunque Richard empieza a dibujar cuidadosa y deliberadamente, como se encuentra en un evidente estado de angustia y de resistencia llega a expresar material de tipo inconsciente. No puedo publicar este dibujo porque contiene varios nombres tales como el del hermano y el de la muchacha.

hace muy rápidamente, cubriéndolo en seguida con garabatos, aunque al principio no de la manera tan completa como queda el dibujo en su versión final.

M.K. le indica que el primer dibujo lo ha hecho con claridad y deliberación, mientras que en éste las letras están todas mezcladas y cubiertas por garabatos negros. Le sugiere entonces que en el primer dibujo se ha referido a sus relaciones externas y ha expresado el miedo que tiene de ellas, para librarse así de su "interior", el cual le asusta aun mucho más (tanto el suyo como el de *M.K.* y el de mamá), ya que cree que está poblado de gente peligrosa y dañada, toda mezclada entre sí y ennegrecida por su propio "lo grande".

Richard, mientras tanto, ha empezado a hacer el dibujo 12. Lo empieza como de costumbre, dibujando la forma grande de una estrella de mar, a la cual después rellena con colores, y dice que es un imperio y que cada color representa a un país diferente. No hay guerra en él.

"Ellos entran pero a los países más pequeños no les importa ser tomados.

M.K. le pregunta quiénes son "ellos".

Richard no contesta, pero dice que los negros son horrorosos y malos. El celeste y el rojo, en cambio, son la gente buena, a quienes los países más pequeños no les importa admitir.

M.K. entonces, refiriéndose al primer dibujo de la sesión, le sugiere que el imperio puede simbolizar otra vez a su familia.

Richard está de acuerdo con esto, y agrega que el negro malo es Paul, el celeste mamá y el violeta la muchacha (Bessie) y la cocinera. El pequeño espacio pintado con azul heliotropo del centro, es él mismo y el rojo, papá. De repente exclama: "Y el total, es una estrella comilona, llena de dientes grandes". Entretanto, ha empezado a dibujar en la misma página 13.

Ahora, Paul es muy bueno, como lo es a menudo, y de color rojo, mientras que el negro malo es papá. El color heliotropo es mamá y la sección chiquita negra del centro es él mismo.

M.K. le indica las dudas que tiene, tanto sobre papá como sobre Paul. Siente que a veces son buenos y a veces malos, y por ello no se puede fiar de ellos. Sin embargo, en el segundo dibujo (13), el negro del centro lo representa a sí mismo, y es del mismo color que el que tenía el Paul malo del dibujo 12 y el papá del 13. Esto significa que la sensación de no poder confiar ni en papá ni en su hermano, está también relacionada con la de ser él malo también e indigno de confianza. En las sesiones anteriores - y en particular tras el sueño de los peces - pudieron llegar a ver que teme haberse comido a toda la familia, y por lo tanto al imperio; es decir, que la estrella comilona es él mismo. Los "dientes grandes" de ésta y "lo grande" - el centro negro- constituyen las armas con las cuales cree que ha destruido a todos. Pero luego aparece que "ellos" -su padre y su hermano -, han penetrado en países pequeños, y esto significa que él mismo se siente a su vez invadido, hasta el punto tal que ya no queda más de él que la pequeña sección negra[5]. Tras de esto *M.K.* se refiere al fuego de la locomotora que le perseguía en el sueño, y le sugiere que ello puede también significar que siente como si la materia fecal que hay dentro de sí mismo pusiera en peligro tanto a él como a su madre.

Richard busca la pelota, la infla y se acuesta encima de ella para sacarle el aire. De repente, con tono bajo y rabioso, y dirigiéndose sin duda a la pelota, dice: "¡Bruto malvado!

M.K. interpreta que en la sesión anterior tenía muy poca confianza en ella por su conexión con el señor K., y que temía que mamá con papá adentro pudiera estar dañada o sentirse hostil con él. Hoy ha sostenido vivamente que tanto mamá como *M.K.* son buenas, mientras que papá es malo. Pero ahora parece que si está tratando con todas sus fuerzas de ver buena a mamá y a papá malo, es porque le resulta demasiado doloroso y asustador perder la confianza en mamá. Le sugiere que está tratando de negar el enojo que le produce que su madre se acueste con su padre y que, según él cree, se lo meta dentro de sí y se una con él en su contra. Al tratar de ver buena a mamá, intenta también negar que la odia además de amarla, y para ello transfiere este odio hacia su padre. Ahora está resentido, porque mamá se ha hecho daño a sí misma al incorporar dentro de sí al pulpo peligroso y al padre-vagabundo, y por esto le sugiere que el "Bruto

---

[5] La pequeña sección negra que resulta ser la parte mala de Richard, tiene varios significados. Richard es como un centro, desde el cual el peligro puede empezar a extenderse por todas partes, ya que, a pesar de ser pequeño, representa un papel d ominante. Por ello, el miedo a ser invadido por el padre negro malo, corresponde a los propios deseos y fantasías que él tiene de invadir a los demás con su materia fecal [Identificación proyectiva]. Véase mis "Notas sobre algunos mecanismos esquizoides" (1946).

malvado" se lo está diciendo a papá, pero que también va dirigido contra mamá y contra *M.K.*

Richard se opone a esto vivamente, y dice que jamás llamaría tales cosas a ninguna de ellas, pues las quiere a las dos.

M.K. interpreta que siente un gran conflicto cada vez que odia a mamá, que es al mismo tiempo la persona a quien más quiere. También le recuerda que en la sesión número veintiuno enterró a la mujer rosa que siempre ha representado a su madre, porque quería deshacerse de ella por estar herida.

Richard contesta entonces, con evidente dolor: "¡No digas eso; me hace sentir muy triste!"

M.K. sugiere que como a menudo las interpretaciones que le formula son dolorosas, también piensa que ella es una "bruta".

Richard, que está afilando un lápiz, coloca por un instante la hoja de la navaja sobre la pelota, pero no la corta. En vez de esto, pinta de negro, con violencia, el segundo dibujo que hizo durante la sesión y lo agujerea por todas partes con el lápiz. Luego recorre de arriba abajo la habitación dando pisotones, descubre una bandera británica en un estante y la desdobla. Canta entonces el "Dios salve al rey", haciendo mucho ruido, mira el mapa (cosa que no ha hecho desde hace varios días)[6] y pregunta si puede colorear todos los países que Alemania ha ido conquistando (el mapa es del principio de la guerra), pero no lo hace, pues *M.K.* le recuerda que no le pertenece a ella. Richard está muy inquieto y dice que quiere irse, pero espera hasta la hora exacta que le corresponde tras lo cual corre hacia la puerta.

M.K. interpreta que teme realmente llegar a atacarla y hacerle daño (cuando pone la navaja en la pelota y al emborronar y agujerear el papel) y portarse como Hitler y el papá negro cuando conquistan países (que representan a mamá y a ella).

Richard se da vuelta en el umbral de la puerta, pregunta si *M.K.* también va al pueblo, la espera y la acompaña hasta la esquina. En la calle le dice que ayer ella dejó la ventana abierta y que debería haberla cerrado, ¿no? En este momento se siente muy amistoso, evidentemente aliviado de haber salido de la casa. En el transcurso de la sesión ha contado, además, que la tarde anterior se fue al cine, y que al entrar vio a un niño al que le tiene miedo, pero que de todas maneras entró y se quedó durante todo el espectáculo (nota II).

---

[6] Esto está relacionado con no haberse referido a las noticias de guerra, que en ese entonces eran muy malas.

PSIKOLIBRO

Notas de la sesión número veintitrés.

I. En este constante intento de evitar situaciones conflictivas internas y externas constituye defensas fundamentales y es uno de los rasgos característicos de la vida mental. En particular, es característica de los niños pequeños, los cuales luchan constantemente por conseguir estabilidad y una buena relación con el mundo externo. Richard muy pocas veces, o quizá nunca, había vivenciado momentos de estabilidad emocional de cierta duración, cosa que influyó sobre todo su desarrollo. En mi artículo "El complejo de Edipo a la luz de las ansiedades tempranas" (1945) y en el capítulo 4 de *El psicoanálisis de niños,* me he referido ya a las tentativas que se hacen para poder llegar a una solución de compromiso.

II. Aunque en esta sesión las defensas maníacas ocupan el papel preponderante, Richard, no obstante, está más preparado para enfrentar la ansiedad que siente. La actitud maníaca se ve en el caminar de arriba abajo haciendo tanto ruido que a veces apaga mi voz. Además, en no mencionar la guerra ni hacer ninguna alusión a la invasión de Creta. Pero, por otra parte, ha podido ir al cine, y el dibujo sobre el imperio invadido por fuerzas enemigas guarda una estrecha relación con la guerra. Por sobre todo esto, además, toma conciencia de algo que él mismo se interpreta: de que el dibujo del imperio representa una estrella de mar voraz, con muchos dientes, es decir, que es él mismo. También logra expresar sus conflictos y la angustia que siente hacia el padre malo, de una manera mucho más clara. Esta combinación de técnicas de negación y de defensas maníacas, que operan simultáneamente con una mayor capacidad de autoconocimiento y de enfrentar diversas angustias, constituye una característica de las etapas por las que se pasa durante el tratamiento analítico (o en el curso del desarrollo), en las cuales se van produciendo modificaciones en el sistema de defensas. La negación, en este caso, se refiere a ciertos aspectos (sobre todo a la situación externa de la guerra), pero, en cambio, Richard vivencia su realidad interior mejor que hasta ahora.

SESION NUMERO VEINTICUATRO (Sábado)

Richard llega otra vez un poco tarde[7]. Dice que se olvidó de mirar el reloj y que después ha tenido que correr todo el camino. Se queda en silencio, con aire asustado y triste.

M.K. interpreta que olvidarse de ver la hora quiere decir algo muy parecido al deseo que tuvo el día anterior de salir corriendo del cuarto de

---

[7] Es interesante ver cómo junto con los cambios indicados en la nota II de la sesión veintitrés, Richard muestra su resistencia llegando tarde. L mismo tiempo, al venir corriendo, pone en evidencia la existencia del sentimiento contrario.

juegos. Le interpreta que desconfía de ella y de su mamá (la "bruta malvada"). Al irse ayer, además, comentó que el día anterior *M.K.* había dejado abierta una ventana, la cual debiera haber sido cerrada, lo que también expresa un resentimiento hacia la malvada madre-bruta y hacia ella misma. Quiere decirles a las dos, en efecto, que no deberían de haber dejado abierta la ventana (1a cual representa sus órganos genitales), por la cual permiten al pulpo bruto, que es el padre malo, penetrar y tener con ellas una relación sexual.

Richard repite que no es posible que él quiera atacar o insultar a *M.K.* o a su mamá; de solo pensar en ello se siente muy triste. Empieza a dibujar (dibujo 14) y al mismo tiempo habla de la posibilidad de que Alemania invada a Inglaterra, tema sobre el que ha estado pensando esta misma mañana. En caso de llevarse a cabo la invasión, ¿podría *M.K.* seguir atendiéndole? ¿Cómo llegaría a "X"? En este momento está dibujando la gran estrella de costumbre, y cuando la termina la divide en varias secciones. Entonces dice que viene papá y hace que el lápiz negro marche hacia el dibujo, mientras tararea una marcha que quiere ser siniestra[8], y va rellenando con el negro [9] algunas de las secciones. Tras esto hace avanzar rápidamente el lápiz rojo, acompañándolo con una tonada que canta vivamente, y al ir a rellenar las secciones rojas anuncia: "Este soy yo, y verás qué parte más grande del imperio me toca". Después colorea algunas secciones con el celeste y mirando a *M.K.* dice: "Estoy contento". (En ese momento realmente parece ser feliz y estar en un contacto íntimo con *M.K.*) Tras pintar las partes celestes continúa: "Mira cómo se ha extendido mamá. Se ha quedado con mucha más parte del imperio". Con el violeta rellena otras secciones y dice: "Paul es bueno; me está ayudando". Rellena a continuación algunas secciones cercanas al centro negro que estaban en blanco y dice que es papá quien está allí, apretujado y rodeado de Paul, de mamá y de sí mismo. Al terminar hace una pausa, mira a *M.K.* y le pregunta: "Realmente, ¿pienso yo todas estas cosas de todos vosotros? No sé si lo hago o no. ¿Cómo puedes tú saber realmente lo que yo pienso?".

---

[8] Ya he señalado que Richard tenía una gran capacidad para reproducir una variedad de sonidos, que expresaban vivamente la situación emocional que quería comunicar. Con ellos acompañaba varias actividades, como el juego de la flota, el rebotar la pelota o el movimiento de los lápices. A veces, llegaba hasta dar la impresión de que los ruidos provenían de lo mas profundo de su interior.

[9] Desde esta sesión en adelante, el negro representó siempre al padre, el celeste a la madre (y a *M.K.*) y el rojo a sí mismo.

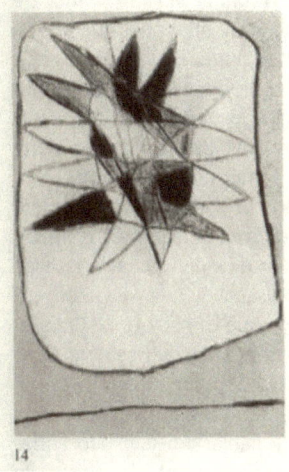

14

M.K. le contesta que ella puede, en efecto, darse cuenta de algunos de sus pensamientos inconscientes, por medio de sus juegos, sus dibujos y las cosas que dice, pero que acaba de expresar dudas sobre si lo hace con o sin razón y sobre si es o no de confianza. Estas dudas, sigue interpretando, han surgido junto con una desconfianza general que siente hacia ella y hacia su mamá, la cual se ha hecho más fuerte en los últimos días a pesar de que aún le gusta referirse a ambas llamándolas "dulces". Ya una vez expresó el temor de que *M.K.* le delatara al señor K., al que ve, en general, como si se tratara de un enemigo. Y en el sueño de hace dos días (sesión veintidós), el jefe de los peces era el

Hitler-padre traidor, pero habitualmente ese pez suele representar a mamá. Por todo ello ha llamado a ésta y a *M.K.* (representadas por la pelota de fútbol), "brutas malvadas". Sin embargo, también está contento, porque el celeste -la mamá buena-, y *M.K.* que últimamente usa un chaleco de este color, se están extendiendo por todo el imperio, el cual, como dijo en la sesión anterior, es una estrella de mar voraz con grandes dientes que le representa a él y que se traga a todo el mundo. Le gustaría pues, meterse más y más de esta buena mamá dentro de sí; y además, siendo ella la mamá buena, no le importa que lo haga, sino que por el contrario, también *desea* estar dentro de él, protegiéndole del papá malo y de su propia avidez y odio. Recientemente expresó deseos inconscientes de que mamá y *M.K.* se murieran y cuando *M.K.* le interpretó este contenido se asustó mucho y sintió mucho dolor, aunque después se sintió más aliviado y feliz. Parece, pues, que vivencia con mayor intensidad, tanto la confianza como la desconfianza que siente ante ambas.

Richard parece estar pensando en lo que *M.K.* le dice. Parece sorprenderse ante la sugestión de que el mayor conocimiento de las razones por las cuales se siente triste, le pueda consecuentemente producir alivio y una mayor confianza; pero acepta esta afirmación. Entonces dibuja un contorno oblongo alrededor del "imperio" y lo colorea de rojo.

M.K. le pregunta si le representa a él mismo, ya que el rojo es el color que le representa a él.

Richard dice que no, que se trata de algo diferente que no pertenece en absoluto al imperio. Lo ha pintado de rojo porque así parece más brillante. Al dibujar vuelve a hablar de Hitler (aunque no refiriéndose a Creta, tema que aún elude), y dice que Hitler es muy malvado, que hace a todo el mundo infeliz, pero que es muy inteligente, ¿no? ¿No está a menudo borracho? Y sigue haciendo algunas reflexiones sobre el talento del dictador, de quien, al parecer, piensa bien. Después se ríe al pensar que en Creta tenemos algunos tanques, mientras que Hitler no tiene ninguno. "Fíjate", dice, "es la primera vez que Hitler no tiene tanques".

M.K. le señala que también es la primera vez que se refiere espontáneamente a Creta; esto se debe, en parte, a que tiene menos miedo del Hitler interno y además a que la falta de tanques del dictador le hace sentir cierta esperanza, mientras que antes pensaba que la situación era desesperada (nota 1). Pero esto también significa que es posible despojar al papá malo de su pene peligroso y así preservar a la mamá amada y a *M.K.* (Inglaterra). Acaba de trazar alrededor de la estrella-imperio (él mismo) un área roja, que cree que no lo representa a él. El reloj ha significado en otras ocasiones sangre, y mientras dibujaba empezó a hablar del malvado Hitler que hace sufrir al mundo entero. El rojo, pues, representa la sangre de mamá, derramada por el Hitler-papá (que según Richard está metido dentro de ella). Mamá es el mundo que sufre a causa del padre malo, donde él está también incluido. [Identificación proyectiva] (nota II). Y también está dañada por el mismo Richard, representado por la estrella-bebé voraz que penetra en su cuerpo y la hace sangrar.

Richard busca la pelota y juega con ella de la manera ya descrita. Indica a *M.K.* el ruido que "ella" está haciendo y que anteriormente ha significado el llanto o los quejidos que hacía su madre al morirse o pedir auxilio. Pero ahora también hace sonidos como los de un gallo o una gallina. Después tira la pelota lejos de sí, y con tono vacilante formula una pregunta, haciendo la salvedad de que odiaría herir los sentimientos de *M.K.* ¿Es ella extranjera o no? Inmediatamente se contesta a si mismo, diciendo que en cierto modo no lo es, pues como lleva viviendo mucho tiempo en Inglaterra, es ciudadana británica; pero, sin embargo, el inglés que habla, aunque es "muy bueno", no es como el de una persona inglesa, y ella no ha nacido en Inglaterra. Durante la última guerra, cuando ella estaba del otro lado, ¿se alegraba ante las derrotas inglesas? Richard dice todo esto con gran dificultad y embarazo, y sin esperar a que se le conteste sigue hablando: "De todas maneras, ahora estás de parte de los ingleses, ¿no? Ahora estás del todo de nuestra parte".

M.K. le indica que la desconfianza que siente hacia sus padres, a los que cree que complotan contra él, ahora la siente hacia *M.K.* y el Sr. K., y que parece producirle una gran ansiedad. Cada vez que se siente culpable, o cada vez que sus padres están juntos sin él, y en particular durante la noche, se queda muy preocupado ante esta sospecha. No puede averiguar qué es lo que piensan sus padres, y entonces mamá (ahora *M.K.*) representa al extranjero, posiblemente enemigo. Tampoco puede descubrir si contiene dentro de sí a un padre bueno o a uno malo. Las veces que tiene menos desconfianza de su madre (y ahora de *M.K.*) siente que hay dentro de sí más cantidad de la mamá buena y protectora. El que ahora confíe más en *M.K.* que antes, se puede ver en el hecho de haber podido expresar sus dudas y sus críticas.

Richard está de acuerdo con que teme herir a su mamá, pero agrega que a veces la deja exhausta, argumentando con ella, molestándola con preguntas y obligándola a hacer lo que él quiere. Después dice que está deseando que llegue el fin de semana y que ha comprado un cenicero que tiene un gallo dibujado, para regalárselo a papá.

M.K. interpreta que ha metido el gallo -el pene de papá- de vuelta dentro de su madre, lo cual también significa arreglar el del papá bueno. Pero que, al mismo tiempo, teme también que el gallo sea el pulpo-padre que hace llorar y morir a mamá, cosa que puso en evidencia cuando la pelota simbolizaba a una gallina a la cual le retorcía el cuello...

Richard ha estado dando vueltas por la habitación todo este tiempo, explorando, mirando dentro de los libros, y encontrando cosas en las estanterías. Varias veces toca la cartera de *M.K.* con un evidente deseo de abrirla y examinarla. Aprieta una pelotita entre los píes y después comienza a marcar el paso de ganso, comentando que es una manera tonta de marchar.

M.K. interpreta que la pelotita es el mundo (mamá y *M.K.*) aplastado por las botas alemanas (el paso de ganso). Al hacer esto está expresando la sensación de que no sólo contiene dentro de sí a la mamá buena, sino también al papá-Hitler, y que destruye a su madre tanto como lo hace su padre.

Richard se opone vivamente a esto, diciendo que él no es como Hitler, pero parece comprender que el paso de ganso y los pies que aprietan representan eso. Es casi la hora de terminar la sesión y está muy amigable y afectuoso. Al apagar la estufa eléctrica, dice, "la pobre vieja descansará ahora un poco". Coloca luego cuidadosamente los lápices de colores dentro de su caja ordenados según su tamaño, y la cierra. Ayuda a *M.K.* a guardar los juguetes en su bolsa, y al finalizar la sesión le pide que se acuerde de traer todos sus dibujos la próxima vez. (En realidad, *M.K.* siempre los trae.) Le pide además que se quede un rato en silencio, él mismo contiene el aliento y dice: "Pobre cuarto viejo, tan silencioso". Después pregunta a *M.K.* qué va a hacer durante el fin de semana.

M.K. interpreta que teme que se muera el fin de semana (el pobre y viejo cuarto silencioso). Por eso quiere estar seguro de que le traerá los dibujos, lo cual también expresa el deseo que tiene de colaborar con el análisis y así arreglar a *M.K.* y preservarla, y aun de que ella descanse (la pobre estufa), para que de esta manera no quede exhausta con sus pacientes y particularmente por su causa.

Notas de la sesión número veinticuatro.

I. Esto constituye un ejemplo de la manera en que se emplea la negación para enfrentar la desesperación provocada por situaciones y hechos internos y externos de peligro. En este caso, la situación interna peligrosa consiste en que su odio ataca y destruye a la madre buena, lo cual le trae como consecuencia depresión y desesperación. El análisis ha ido reduciendo la ansiedad, con lo cual ha disminuido la negación y aumentado la esperanza de poder preservar tanto a la madre interna como a la externa (la mamá celeste que se extiende dentro de él). Todo esto, a su vez, tiene el efecto de que también disminuya la negación de los peligros externos -la situación de la guerra, la invasión de Creta y el peligro de que Inglaterra sea invadida- y de que Richard pueda enfrentar y expresar mejor esta ansiedad. Hay que recordar, además, que según su punto de vista, la situación externa había mejorado.

II. En esta misma hora había expresado ya, mediante el dibujo de la estrella de mar-imperio, la internalización voraz de la madre, de mi y de todo el mundo. Ahora, el borde rojo representa un proceso de identificación proyectiva (véase "Notas sobre algunos mecanismos esquizoides", 1946). La parte ávida de sí mismo -la estrella-, ha invadido a la madre, y la ansiedad que el niño siente, los sentimientos de culpa que padece y su simpatía, se refieren al sufrimiento de ésta, motivado tanto por la intrusión en ella como por el padre malo que la controla y la daña desde adentro. En mi opinión, los procesos de identificación proyectiva y de internalización son complementarios, y entran en funcionamiento desde el principio de la vida postnatal, determinando de una manera vital las relaciones de objeto. El niño vivencia que incorpora a su madre con todos los objetos internos de ésta, y también el objeto, que entra en otra persona, es vivido como si llevara consigo sus propios objetos (y la relación que guarda con ellos). La exploración posterior de las vicisitudes por las que pasan las relaciones de objeto internalizadas, las cuales se encuentran en cada etapa relacionadas con procesos proyectivos, esclarece, a mi parecer, todo el proceso del desarrollo de la personalidad y de las relaciones objetales.

SESIÓN NUMERO VEINTICINCO (Lunes)

Richard llega unos minutos tarde, con un aspecto muy preocupado. Pregunta a *M.K.* si le ha traído los dibujos (los pidió en forma muy particular en la sesión anterior), los revisa y dice que no quiere ver el último (el 14). Aunque tampoco le gusta el dibujo 8, decide dejarlo de lado para completarlo... Dice que ha pensado bastante en *M.K.* el domingo, mientras jugaba en el jardín. Le habría gustado mucho que hubiera pasado por allí y hubiera entrado a verle jugar. Luego, transmite algunas novedades de la familia: Paul viene a pasar una semana de licencia a casa, por lo cual mamá se va el jueves, pero la niñera vendrá entonces a "X", a quedarse con Richard. Al decir esto parece enojado y preocupado. Dibuja un imperio (dibujo 15*)* y dice que papá (el negro) está muy cerca de mamá (celeste), pero que él, Richard, también está allí cerca. Hay muy poca cantidad de Paul (violeta)... Luego comenta que cuando venía le pasó una tragedia; la cuenta con aire turbado y triste: una señora, que iba con tres niños ruidosos y habladores, se enfermó en el autobús, y seguía todavía enferma al bajarse. Lo siente mucho por ella y cree que la culpa la tienen los niños.

M.K. interpreta que es él quien se siente culpable. Cree ser ruidoso y parlanchín y que a causa de esto deja exhausta a su madre, y esto se lo ha dicho repetidas veces ya a *M.K.* En la última sesión, temió hacerle lo mismo a ella. Por esto, siente que no puede proteger a ninguna de las dos del papá Hitler-negro, ni tampoco de sus propios ataques y avidez. Richard está muy inquieto; se levanta, da unas vueltas, y luego pega patadas al suelo. Al mismo tiempo escucha atentamente cualquier ruido que se produzca, y pregunta si pasan niños por la calle. Se queda un poco separado de *M.K.*, pálido por la ansiedad, e inquiere si en caso de asustarse mucho y querer irse corriendo dentro de unos diez o quince minutos, ella le dejaría ir. (Al hacer esta pregunta ya han pasado veinte minutos de la sesión, pero no ha mirado el reloj.)

M.K. le contesta que sí le dejaría ir.

Richard entonces dice que está muy preocupado por ella ¿Tiene realmente que volver a Londres?[10]

M.K. interpreta que el miedo que tiene por los peligros a los que ella se expone en Londres está incrementando por otros temores; le recuerda, en efecto, que al mencionar que mamá se iba a ir a casa a estar con papá y con Paul, estaba muy enfadado y preocupado, e interpreta que esto debe ser por temor a atacar y herir a su madre por estar celoso y enojado con ella. Lo mismo siente ahora hacia *M.K.*, la cual se va a Londres a visitar a su familia, quedando por lo tanto también expuesta al peligro de sus ataques. La culpa que experimenta por esto es la que le ha hecho sentir, tan vivamente, que los niños ruidosos del autobús eran los causantes de la enfermedad de su madre.

Richard pregunta qué hace *M.K.* los domingos, cuántos años tiene su hijo y si éste es austríaco.

M.K. le recuerda la curiosidad que siempre ha demostrado por conocer sus secretos, y le interpreta que ahora la siente más aun, porque tiene celos de su hijo y teme al Sr. K. interno y desconocido. Se está preguntando por eso, si los dos son como Hitler y le hacen daño a *M.K.* o si ella, por su parte, se une con ellos en contra de Richard. El mismo temor y la misma sospecha siente con respecto a su madre, ahora que ésta se va a casa con papá y Paul, pero sin él...

Richard está dibujando mientras *M.K.* habla (dibujo 16). Al hacerlo se refiere a la explosión del barco *Hood*, muy preocupado. Dice que ha sido una cosa terrible y que le hizo dar un salto cuando se enteró de ello. Sigue con este tema durante un buen rato.

M.K. hace entonces una referencia al juego de la flota (sesión veintidós), cuando los barcos papá y mamá se dedicaron a atacarse, siendo uno cada vez el enemigo. De la misma manera, siente ahora que no puede ayudar a mamá, a *M.K.* ni a Inglaterra contra el Hitler-papá malo ni contra sí mismo.

---

[10] En esos momentos ya planeaba hacer un viaje a Londres, cosa que ya le había comunicado a Richard.

Richard dice que está muy preocupado por la invasión y que no puede dejar de pensar en ella.

M.K. le pregunta qué cree que pasaría de llegar a realizarse.

Richard contesta que teme que le maten y que también maten a su mamá.

M.K. le recuerda, entonces, que en la sesión anterior tuvo miedo de no poder venir a verla en el caso de producirse la invasión; pero al irse a su casa a pasar el fin de semana también temió que *M.K.* se muriera o fuera atacada por el Hitler-papá malo, el malvado bruto que cree que contiene dentro de sí.

Richard se ha quedado serio y pensativo, y luego dice que no le gustaría morirse antes de volver a ver al mundo en paz otra vez.

M.K. asocia este deseo con la necesidad de restaurar la paz familiar y poder mantener bien seguros a sus padres internos, y en particular, de sentir a su madre fuera de todo peligro. Si pudiera conseguir todo esto, la muerte no le parecería un desastre interior, ni una pelea en la cual, tanto sus padres como él, quedarían destruidos.

Richard, que está afilando los lápices, tira las virutas por todas partes y a una punta rota la llama "cadáver". Además, según él "sin querer", tira también algunas virutas sobre *M.K.* Le enseña un lápiz de color al que ha sacado la punta por los dos lados y dice que es él mismo; pincha con la punta la mano de *M.K.* y le pregunta si le duele. Después afila dos lápices largos hasta dejarlos muy puntiagudos y se los mete alternativamente en la boca, mordiéndolos, tras lo cual los sujeta, la punta de uno contra la del otro, y dice que se están peleando.

M.K. le pregunta quiénes son.

Richard señala primero al lápiz amarillo y dice que es papá, mientras que el verde es mamá. Luego agrega que es al revés, y finalmente no sabe cuál es cuál. Le muestra a *M.K.* que los dos están marcados.

M.K. le indica, entonces, que acaba de morder a los dos y que por eso han quedado marcados. (Richard se sorprende al oír esto pues no ha tomado conciencia de su mordisco.) Le dice, además, que acaba de expresar el temor de haber dañado a sus padres y le habérselos comido, y de que éstos, a su vez, se estén peleando entre sí. Por ello teme morirse él también, ya que continúan la lucha en su interior. [Los padres internalizados en una relación sexual de combate]. Siente que están tan mezclados entre sí, que ya no puede distinguir el uno del otro [Figura parental combinada] (nota 1).

Richard trata de poner de pie a los dos lápices y se enfada cuando éstos se caen. Los hace pelear entre si otra vez y pronto los demás lápices y colores intervienen también en la pelea, tras la cual los deja a todos en un montón. En medio de la batalla garabatea y escribe en la parte de atrás del último dibujo (dibujo l6).

M.K. le sugiere que otra vez ha ocurrido un desastre como el de los juguetes.. No sólo se están peleando los padres sin que él pueda separarlos (el intento de poner de pie a los lápices), sino que hasta los hermanos (los colores) se pelean también entre ellos, atacándose los órganos genitales. El saber que Paul viene a casa le ha hecho aumentar el temor a que esto ocurra.

Richard se levanta varias veces y da vueltas por la habitación, haciendo ruido y con una expresión de enojo. Menciona otra vez al *Hood,* se dirige hacia el mapa, y, con expresión muy preocupada, especula sobré la "fuerza naval" de Gran Bretaña. De repente murmura: "Richard, Richard, Richard", como si se tratara de un pedido de auxilio.

M.K. le pregunta si hay alguien que lo esté llamando pidiéndole auxilio, a lo que el niño le responde que sí.

M.K. le sugiere entonces que quizá sean los marineros del *Hood.* Richard está de acuerdo y dice que se están ahogando y que le piden ayuda. Después, con el mismo tono, murmura: "Papá, papá, papá".

M.K. interpreta que cuando el *Hood* volado representa a la mamá atacada por él los marineros que piden ayuda son los bebés de su interior que le llaman a él y a papá buscando ayuda... Luego le pregunta en qué estaba pensando cuando escribió y garabateó en el papel, a lo que Richard contesta que no desea hablar de ello. Sólo menciona que en un ángulo ha dibujado una luna llena y una en cuarto.

Durante el transcurso de esta sesión, Richard se ha sentido alternativamente enfadado y preocupado, y, algunas veces, desesperado. Hacia el final de la hora se ha ido tranquilizando.

Nota de la sesión número veinticinco.

1. Estos dos conceptos expresan, no tanto dos situaciones diferentes del inconsciente del niño como dos etapas de la misma fantasía. Una de las fantasías más tempranas que el niño tiene sobre la sexualidad de sus padres se forja, creo, con los objetos parciales, es decir, con la idea de que el pene del padre se introduce en el pecho de la madre. Esto pronto puede llevarle a imaginar que los genitales de ambos están siempre mezclados, mientras que un desarrollo posterior de la "figura parental combinada" trae como resultado la fantasía de que los padres, como personas enteras, se pelean durante la relación sexual. Cuando vivencia estas ansiedades, el niño pequeño ha logrado ya un mayor sentido de la realidad, una percepción más

clara del mundo externo y una relación con objetos totales, pero, sin embargo, se encuentra todavía bajo el influjo de las primeras fantasías inconscientes (que en realidad nunca son abandonadas del todo), así como también de impulsos destructivos, de su voracidad y de un gran deseo de posesión, todo lo cual explica por qué sigue creyendo que la relación entre los padres sea tan destructiva.

A medida que la estabilidad del niño va aumentando, va sintiendo que la relación de los padres internos es más pacífica, pero esto, sin embargo, no incluye la idea de una relación sexual pacífica. En contraste con ello, y en relación con los padres externos, encontramos con frecuencia que aun los niños muy pequeños desean que sus padres no se sientan frustrados sexualmente y en ciertos momentos llegan a desear que se satisfagan sexualmente en forma genital. Todo esto sirve para mostrarnos que las relaciones con los objetos externos son diferentes de las que se tienen con los objetos internos, aunque siempre exista cierta conexión entre las dos situaciones. (Véase *El psicoanálisis de niños,* capítulo 9.)

Recientemente he sostenido que la etapa más temprana de la relación del niño con su madre y con su pecho, constituye algo fundamental para el desarrollo de la felicidad y del sentimiento de seguridad. La extensión y la intensidad de esta fase parece variar mucho, debido en parte a factores externos, siendo estas variaciones de considerable importancia para todo el desarrollo.

Las fantasías acerca de la figura parental combinada -como, por ejemplo, la de que el pene del padre penetra por el pecho de la madre-, son ya la consecuencia de una perturbación de esta primera relación. El deseo de poseer a la madre sin ninguna interferencia, está influido, como es natural, por una serie de factores, tales corno la ansiedad, la avidez y el deseo de posesión. Por otra parte, esta relación sólo puede tener cierta estabilidad, si la envidia del niño no es demasiado intensa. De cualquier manera, sin embargo, la intrusión de otro objeto incrementa todos los conflictos, y provoca odio y desconfianza hacia los dos padres, influyendo luego todos estos sentimientos en la fuerza con que se forma la fantasía de la figura parental combinada en todas sus variantes, y dando un determinado matiz a los estadíos tempranos del complejo de Edipo.

SESION NUMERO VEINTISEIS (Martes)

Richard llega puntualmente, con un aspecto mucho menos preocupado. Está ansioso por enseñar a *M.K.* lo que trae en su maletín: la flota y un par de zapatillas que su madre quiere que se ponga al quitarse las botas de goma. Admira las zapatillas, le dice a *M.K.* cuánto han costado y le pide que las toque para que vea lo suave y lindas que son. Después se las calza. Cuenta que su madre está en la cama con dolor de garganta, y que él está muy preocupado. La está cuidando, de manera que hace su "parte", ¿no? Le ha contado a su madre lo que *M.K.* contesto ayer a su pregunta de que si le dejaría ir antes de la hora en caso de asustarse, a lo cual mamá le respondió que le parecía una idea tonta el hacerlo. El piensa lo mismo ahora, ya que no tiene razón para querer marcharse, pues *M.K.* es muy buena.

M.K. interpreta que en las tres sesiones anteriores ha tenido miedo de ella porque representaba a la "bruta malvada" (la pelota), que tiene dentro de sí a un hijo y a un marido extranjeros (el papá-bruto). También teme que esté dañada por el Hitler-padre que hay en ella, temor asociado a la vez con el miedo que tiene de que sus padres unidos se peleen dentro de él y se mezclen como los dos lápices largos y afilados hasta un punto tal que no se sepa cuál es el padre y cuál la madre.

Richard, como tantas otras veces, está escuchando los ruidos de la calle, y pide a *M.K.* que se calle para poder oírlos. Está otra vez "en guardia" contra los niños enemigos que pasan. (En realidad este miedo casi nunca le abandona, ni aun cuando se siente protegido por *M.K.*, cosa que él mismo admite.)

M.K. le llama la atención sobre esta angustia constante.

Richard asiente y dice que hace poco estaba en el autobús con su mamá cuando subió un niño de su edad que le hizo de pronto asustarse. Le miró con furia y éste a su vez le miró a él, y aunque no quería atacarle, sintió sin embargo que quizá debería de hacerlo, para evitar que el otro le atacara a él. Después reflexiona y manifiesta que, a menudo, cuando se encuentra con niños que cree le van a atacar, resulta que éstos ni se han fijado en él, y se queda entonces muy aliviado. ¿Se sentiría muy mal de volver al colegio? ¿Se pasará la vida temiendo a los niños y más adelante quizá también a los adultos? ¿Quiere su madre que trabaje con *M.K.* porque piensa que no va a poder seguir adelante con la escuela? Le gustaría ir a la Universidad como lo va a hacer Paul.

M.K. dice que, en efecto, su madre teme esto y que por ello le ha puesto en tratamiento.

Richard pregunta entonces qué otras cosas le ha contado su madre de él.

M.K. le vuelve a repetir que su mamá mencionó que a veces está taciturno y que cree que puede no ser feliz.

Richard escucha, pensativo y serio, y dice: "Es muy bueno para mí este trabajo y creo que tú eres muy buena".

M.K. interpreta que se siente satisfecho de que ella y su madre se lleven bien, y de que las dos se preocupen por él, y que esto lo ha sentido a menudo con su niñera. Sin embargo, en otras ocasiones, tiene miedo de que se cree un conflicto entre ambas. Cuando ve que las dos están de acuerdo, cree con mayor fuerza en la existencia de una madre buena, representada por *M.K.*, pero tiene mucho miedo de los niños enemigos, los cuales representan a los bebés no nacidos de mamá a los que cree haber atacado y estar atacando aún.

Richard saca la flota. Dice que está de maniobras y que no hay ninguna batalla. El es un pequeño destructor y Paul un acorazado, pero luego cambia los papeles, de manera que él es el barco grande y Paul el pequeño. Ambos están juntos, muy amigablemente. El *Nelson* (papá) está también con los niños, pero de pronto se va con el *Rodney* (mamá). Toca entonces a este último aunque sólo levemente, mientras Richard y Paul hacen lo mismo. De esta manera, todos reciben una cantidad equivalente de atención. También coloca en fila algunos barcos pequeños, a los que llama con el nombre de la cocinera y de Bessie, y tras una pausa añade "los bebés que están dentro de mamá". Dos veces, mientras juega a esto, levanta la cabeza para decir: "Estoy muy contento", y hace una referencia a sus zapatillas, comentando que le gustan mucho, pues son muy cómodas.

M.K. interpreta que parece sentirse agradecido con mamá por haberle traído a analizarse con ella y por haberle comprado las zapatillas; las dos cosas indican que su mamá le quiere.

Richard asiente, y repite que las zapatillas son muy cómodas, añadiendo con gran sentimiento: "Me gusta tenerlas cerca de mí; son papá y mamá".

M.K. le indica que ahora siente que no es sólo mamá quien le ayuda, pues papá también lo hace. Mamá, además, le permite tener un papá bueno, y cree que los dos padres de su interior pueden estar en paz entre sí y además ayudarle a él. Aunque todavía siente que los está controlando, ambos se llevan bien. Le interpreta, además, que sólo puede conseguir que exista una relación amistosa entre sus padres, y entre él mismo y su hermano, si todos reciben una porción igual de cada cosa. En el juego, Paul fue al principio el barco más grande, pero después Richard tomó este papel. Otra condición necesaria para que haya paz, parece ser que los padres no tengan relaciones sexuales, ni que se den entre sí más afecto o gratificación sexual de la que dan a sus hijos. (El *Nelson* que apenas toca al *Rodney* mientras los barcos de Richard y Paul hacen lo mismo) Ha resucitado además a los bebés de mamá, y esto significa que así no tiene enemigos. Por eso se siente tan feliz. *M.K.* parece representar ahora al papá bueno que se une con mamá para quererle a él, y también a la niñera que se lleva bien con mamá.

Richard dice que, hasta cierto punto, prefiere ser el menor, pues esto significa que va a vivir más que Paul. Una adivinadora le dijo una vez que tiene una línea de vida muy larga y que vivirla hasta los ochenta años. Pide entonces la mano de *M.K.*, pero se queda preocupado al ver que su línea de vida no es tan larga, aunque luego decide que es lo suficiente como para que llegue a los setenta y quizás a los ochenta... Echa una ojeada al dibujo de la sesión anterior (dibujo 16) y dice que no le gusta el círculo garabateado. Había borrado, tras dibujarla, la cabeza que está al lado de éste, y ahora dice que es la de Hitler.

M.K. le pregunta por la luna que está en el ángulo del papel.

Richard contesta que le gusta la luna, y al decirlo vuelve a dibujarla en diversas fases hasta terminar con un círculo pintado de negro. Después hace la línea negra que pasa por el medio del círculo garabateado y, dando vuelta a la hoja, hace una señal del otro lado, como si el lápiz hubiera atravesado el papel. Aunque aprieta con fuerza el lápiz, evita romper la hoja.

M.K. interpreta que no le gusta el círculo de la mitad de la página porque lo dibujó ayer en un momento en que estaba muy enfadado con ella y le tenía miedo. Representa a la pelota, a la "bruta malvada", cerca de la cual está la cabeza de Hitler, a la que tachó inmediatamente de hacerla. Sin embargo, en el centro del círculo ha dibujado una línea negra pequeña que expresa el sentimiento de que *M.K.* y mamá contienen al Hitler-papá negro dentro de sí. El día anterior primero garabateó el círculo; después hizo la cabeza de Hitler y luego las fases de la luna. *M.K.* le recuerda este orden y le sugiere que el cuarto de luna que está cerca de la luna llena representa el pene de su padre situado cerca del pecho de su madre y de su vientre; ahora acaba de terminar otra serie de fases de la luna con un círculo negro, y lo ha hecho porque cree que el Hitler-papá está ensuciando a mamá tal como él lo haría de estar enfadado con ella y odiarla.

Richard niega vivamente que pueda odiar, ennegrecer e insultar a *M.K.* o a su mamá, y señala que en la parte inferior del dibujo ha escrito, con letras grandes, que *M.K.* es muy dulce.

M.K. le recuerda que tras escribir la palabra "muy" hizo una pausa, y que quizás esto se daba a que haya querido escribir algo desagradable en su lugar, aunque al final decidiera quedar en buenos términos con ella; además le tiene demasiado miedo como para atreverse a insultarla.

Richard ahora se muestra de acuerdo. Durante la formulación de estas últimas interpretaciones ha estado haciendo ruidos imitando al gallo y a la gallina, al principio con tono muy pacífico. Pero ahora los sonidos se hacen cada vez más enojados y angustiosos.

M.K. le pregunta lo que les pasa ahora a estos animales.

Richard, sin un momento de duda, responde que esta vez es al gallo al que han retorcido el cuello y no a la gallina.

M.K. interpreta que piensa que mamá también se vuelve peligrosa durante las relaciones sexuales con papá, dañándole o cortándole el pene, con lo cual acaba de demostrar cuánto duda de que *M.K.* sea realmente dulce[11].

Richard dice que ahora el gallo y la gallina se están mordiendo... Recuerda una pesadilla que tuvo la noche anterior y la relata: *Le hacen tres operaciones. No tiene miedo o, mejor dicho, mucho miedo, porque aunque le dan éter, no lo huele.*

M.K. le pide que le diga lo que piensa sobre el número tres.

Richard contesta: "Papá, mamá y Paul"

M.K. le pregunta si sabe de qué clase de operaciones se trata.

Richard con gran convicción, responde: "De la garganta".

M.K. le indica que esto quiere decir que le han operado de la garganta tres veces, a lo que Richard contesta que no sabe por qué.

M.K. le recuerda, entonces, que en la vida real le han operado tres veces: una en el pene, otra en la garganta y otra en la boca (los dientes), pero que en el sueño las tres se las hacen en la garganta.

Richard se muestra interesado en esta asociación inconsciente y añade que cuando le operaron del pene tenía tres años.

M.K. interpreta que estos días está muy preocupado por el dolor de garganta de su madre. Que cree que no sólo a él, sino que también a su mamá le ha cortado el pene el Hitler-papá. Además siente que él, Richard, se ha comido a todo el mundo (tal como se vio en el material de días atrás) y por lo tanto piensa que los "tres", papá, mamá y Paul, están operados dentro de él[12].

Le dice además que aunque ha dicho que en el sueño no tenía mucho miedo, se trata no obstante de algo que le ha causado temor, y por eso lo

---

[11] Es notable observar cómo esta expresión tan clara de las dudas que tiene Richard respecto a la madre peligrosa, ha salido a la luz tras la interpretación de un material, en el cual la desconfianza y el enojo hacia mí y hacha su madre estaba aún inconsciente.

[12] Otra conclusión a la que podemos llegar es que la operación de garganta puede haber significado también, para él, que se le sacaba de adentro la gente a la que había devorado.

ha llamado pesadilla. De todas maneras parece haberse sentido más seguro al no oler el éter.

Richard empieza a dibujar (dibujo 17). Al pintarlo de colores, canta con voz siniestra el himno alemán. Después, cuando rellena las dos secciones puntiagudas de arriba con el color negro, dice que es papá. Tras esto canta el himno inglés de una manera viva y colorea algunas secciones de rojo, diciendo que le representan a él. Al pintar las partes celestes canta el himno griego, agregando que se trata de mamá y *M.K.* Comenta también que las partes violetas son Paul y canta entonces el himno belga. Mientras dibuja hace varios comentarios: en un momento, dice que él, Richard, se está metiendo rápidamente en un país antes de que papá llegue; más tarde, que "Paul acaba de cortar a papá y de sacarlo del país de mamá", y a continuación expresa: "Ahora yo arrebato a éste".

M.K. pregunta dónde está situado todo el imperio y Richard le contesta que en Europa. *M.K.* entonces le interpreta que Grecia es la mamá invadida y dañada ya que en esos días se está peleando en Creta, y que también representa a *M.K.* Pero que además, también Richard "arrebata" como lo hace Hitler. Los tres hombres, papá, Paul y Richard, arrebatan y devoran a mamá y la dañan con sus genitales, por lo cual está herida por dentro y esto es lo que hace que tenga miedo de la enfermedad que padece.

Richard se opone a *M.K.* cuando ésta le dice que él es como Hitler.

M.K. entonces se refiere a un material anterior, en el cual él devoraba a mamá, pero le señala que este deseo coexiste con el deseo contrario de protegerla del papá malo y de la parte mala de sí mismo.

Tras esto Richard indica que él -el rojo-, está situado a ambos lados de la mamá celeste.

M.K. le recuerda que él mismo dijo antes, al dibujar el celeste, que este color representaba a mamá y a ella.

Richard contesta que también Paul protege a mamá de papá. Luego hace el dibujo 18, cantando únicamente, al hacerlo, el himno noruego y comentando que las partes celestes ahora son *M.K.* Se trata de un imperio más pequeño y no tiene idea de dónde está situado.

M.K. interpreta: (a) que representa a Europa, la cual es a su vez el interior de mamá invadido y robado pero protegido; (b) que el imperio totalmente desconocido representa su propio interior, mientras que el himno nacional noruego indica que es todavía pequeño. Asocia esto además con el gran miedo que le tiene a la invasión y que expresó ya la sesión anterior, y también con el temor a que le maten y con la pesadilla, en la cual las operaciones significan que le cortan cl órgano genital y que le invade una familia peligrosa. El celeste ahora representa a *M.K.* en vez de a mamá, porque ella es la niñera buena (la mamá buena) que le protege junto con

Paul. Las partes marrones en cambio son su materia fecal. Siente que toda la batalla contra mamá se hace dentro de él, pues piensa que ha incorporado a todos los miembros de la familia, tanto en su parte protectora como en su parte hostil.

Cuando termina la hora, Richard dice que volverá a traer sus zapatillas. Mete la flota en una caja de cartón que enseña a *M.K.*, y que tiene escrita la palabra "caramelos" y comenta que le gustaría que estuviera llena de dulces en vez de contener la flota.

M.K. interpreta que también desearía que toda su familia interna, incluso los bebés hostiles y los padres que se pelean, fueran buenos y dulces[13].

SESION NUMERO VEINTISIETE (Miércoles)

Richard está asustado y preocupado. Está lloviendo, cosa que siempre le deprime, y mientras pone su impermeable a secar expresa el desagrado que le causa la lluvia. Después menciona las palabras "rata ahogada", pero en seguida saca la flota y no quiere decir lo que ellas significan. (Esta manera de murmurar algunas palabras para luego cambiar rápidamente de tema, había llegado a significar para entonces que no podía evitar expresar algo importante que al mismo tiempo quería negar.)

M.K. le llama la atención sobre lo que esta conducta denota, y le recuerda lo que sintió cuando el *Hood* fue volado (sesión veinticinco). Los marineros le llamaban: "Richard, Richard, Richard", y también entonces murmuró como lo ha hecho ahora.

Richard replica que ya lo sabe. Los marineros le llamaban para que los salvara, pero aun en el caso de haber estado allí, sólo podría haber salvado a unos cuantos. Y quién sabe si aun esto hubiera sido posible... Todo este tiempo está "en guardia" contra los niños de afuera; menciona que se ha encontrado con algunos al venir, y que les ha tenido miedo.

M.K. interpreta que desea atacar a los bebés del cuerpo de su mamá y hacerla volar con "lo grande" y le recuerda el círculo negro que dibujó ayer y la parte marrón del imperio que le representaba a él. Los marineros, pues, representan a los bebés de dentro de mamá, a quienes le gustaría

---

[13] Richard había mencionado dos veces que la guerra iba mejor. Los aliados andaban tras el acorazado *Bismarck* y podían llegar a destruirlo, mientras que Creta aun se estaba defendiendo. Este mejoramiento de la situación exterior disminuye hasta cierto punto la ansiedad que siente. También se encuentra mas seguro, al comprobar que su madre está explícitamente de acuerdo con el anál isis. (El comentario sobre el hecho de que sería tonto huir de mi). Pero la causa principal por la que ha disminuido la ansiedad se debe, creo, al análisis de la sesión anterior. Esto se puede ver en la forma con que puede expresar la angustia en forma consciente, en la mejor comprensión que tiene de sí mismo, y en la urgencia creciente con la que quiere reparar. Está mas triste, pero al mismo tiempo tiene mas esperanza y confianza.

ahogar con orina. Pero al mismo tiempo desea salvarlos y duda de poder hacerlo, por no poder controlar el odio que siente (nota 1). También teme a estos niños atacados que se pueden vengar de él; *M.K.* le recuerda la invitación a comer que le hicieron los peces (sesión veintidós). En aquella oportunidad dijo que necesitaba el impermeable porque estaba metido en el agua; no se fiaba de los peces, y temió ahogarse como los bebés. El deseo de salvarlos y resucitarlos se debe al temor de lo que ellos le pueden hacer a él. La expresión *"rata* ahogada", sin embargo, demuestra que siente que se merece esto por ser malo.

Richard está jugando con los barcos mientras *M.K.* habla: el submarino *Salmon,* que es él, ha atacado al *Rodney* (el cual ahora representa al *Bismarck)* y lo ha hecho volar.

M.K. le llama la atención sobre lo que está haciendo, y le indica que el *Rodney* -ahora el *Bismarck-* que acaba de ser volado, siempre ha representado a su mamá (nota II). También le recuerda lo que sintió cuando hundieron al *Hood;* en aquella oportunidad ella le interpretó que había relacionado el incidente con el *Emden,* hundido del dibujo 8, que representaba a mamá muerta, atacada y devorada por sus hijos, las estrellas de mar.

Richard se opone a la interpretación de que sea él quien hace volar y hundir a su mamá, y dice que es el papá malo el que lo ha hecho.

M.K. contesta que, en efecto, él cree que el papá vagabundo y Hitler pueden matar a mamá, pero que al hacer volar al Bismarck (Rodney) era él quien estaba atacando a la mamá mala. Esta se ha hecho mala porque Richard no sólo la quiere, sino que además la odia, porque contiene al papá malo y a los bebés peligrosos y vengativos que volverían al atacarlos él. Sin embargo, cuando hundió al *Emden-*mamá, sintió que no sólo hundía a la mamá mala, sino también a la mamá buena, devorada y muerta por los bebés ávidos que le representan a él.

Richard sigue jugando con la flota, reproduciendo el hundimiento del *Bismarck* según la descripción hecha en los periódicos. El barco vuela por el aire, gira y finalmente se queda de costado, terminado. Menciona además el desastre del *Thetis,* y habla durante un buen rato y con mucho sentimiento de lo espantoso que es que los hombres hayan muerto adentro sofocados.

M.K. asocia esto con las interpretaciones anteriores sobre los bebés que se mueren dentro de mamá, sin poder nunca nacer.

Richard dice entonces: "Los muertos no pueden volver a atacarnos, ¿verdad?

M.K. le interpreta el miedo que tiene de que la mamá y los bebés dañados, y muertos, se venguen de él, y le indica que es a estos fantasmas a quienes teme. También siente que los bebés que no han nacido y que vuelven del mundo de los muertos son los niños hostiles de la calle, los cuales han nacido, después de todo, pero convertidos en enemigos suyos.

Richard sigue jugando con la flota y hace varios arreglos. Mientras *M.K.* le habla de los niños muertos y hostiles, coloca todos los barcos pequeños en fila y deja separado uno mayor, que dice que es él.

M.K. interpreta que son los niños enemigos, que están formados en contra de él.

Richard dice que ha tenido sueños desagradables, pero que se le han olvidado... Luego pregunta a *M.K.* por la casa donde ella vive. Le han dicho que también vive otra persona allí. ¿Comen los dos juntos, o tienen diferentes cuartos de estar? Y mientras pregunta esto, lleva al *Rodney* solo hasta el otro extremo de la mesa.

M.K. interpreta que el *Rodney,* así separado, la representa a ella que está sola, y le indica que le preocupa que de noche se pueda sentir sola en sus habitaciones; por eso desearía que alguien la acompañara.. Sin embargo, al separar al *Rodney* demuestra que desea al mismo tiempo lo contrario.

Richard, mientras escucha, hace que el *Nelson,* y después los barcos pequeños, sigan al *Rodney.*

M.K. interpreta que acaba de devolver los hijos no sólo a su mamá, sino también a ella, pues el *Rodney* también está en representación suya.

Richard dice que, en efecto, han venido a visitarla su hijo y otros miembros de la familia, y le formula más preguntas sobre el hijo de *M.K.*, queriendo saber si ella le habla de Richard. También quiere saber si entre los dos hablan en austríaco...

M.K. se refiere a lo que anteriormente ya le ha dicho sobre este tema, y además le interpreta que si piensa que ella se comunica con su hijo en austríaco, es para no pensar en la lengua alemana, porque esta lengua le hace tomar conciencia de que no se fía de ellos por ser extranjeros y quizás hasta espías. Más aun: teme no sólo que *M.K.* le delate ante su hijo, sino además que mamá se alíe con Paul y papá en su ausencia.

Richard se opone a esta interpretación, pero sin mucha convicción. Y luego habla de la quinta columna, diciendo que espera que no haya muchos miembros de la misma; ¿qué le parece a ella?

M.K. contesta que, en efecto, todos desean lo mismo.

Richard le pregunta entonces, desconfiadamente, qué es lo que ella desea, que haya muchos o que no los haya.

M.K. le interpreta que acaba de poner en evidencia hasta qué punto desconfía de ella y de su hijo y los considera extranjeros y espías en potencia. Los dos representan para él, además, al papá y a la mamá desconocidos, que tienen secretos; no puede tampoco estar seguro de si su madre contiene o no al papá-Hitler adentro. A menudo, cuando no está con sus padres, desconfía de ellos, y piensa que mamá le puede delatar a papá. También a veces le parece Paul un espía del que no se puede fiar. Todo lo cual está asociado con el deseo que él mismo tiene de espiar a Paul y a sus padres y con no sentirse por ello digno de confianza.

Richard está de acuerdo con que él a veces espía y Paul también, pero dice que nunca sospecharía que su madre lo hiciera. De pronto, y con gran determinación, dice que quiere contar algo a *M.K.* que le preocupa mucho: tiene miedo de que la cocinera o Bessie le envenenen, por portarse él horriblemente con ellas o ser mal educado tan a menudo. Esto hace que de vez en cuando examine bien la comida para ver sí tiene veneno; en esas ocasiones mira dentro de las botellas de la cocina para ver qué contienen, pues pueden estar llenas de veneno que la cocinera puede mezclar con su comida. A veces piensa también que Bessie, la muchacha, es una espía alemana. Por eso, ocasionalmente, mira por el ojo de la cerradura para averiguar si las dos hablan en alemán entre ellas. (Tanto una como otra son inglesas y no saben. ni una palabra de alemán, cosa que pude averiguar más adelante.) Es evidente que Richard se está forzando a sí mismo para contar todo esto, y lo hace con aspecto torturado y preocupado. Se levanta, se aleja de *M.K.* al hablar, yéndose hacia la ventana, y cada vez que la ansiedad aumenta parece quedar exhausto. Dice que estos temores le hacen sentirse muy infeliz y pregunta si *M.K.* le puede ayudar a vencerlos (nota III).

M.K. contesta que el trabajo con ella puede ayudarle, pero que él además está tratando de preservar a la mamá celeste que le ayuda, para que le proteja de los padres malos y de la parte mala de sí mismo.

Richard, llegado este momento, parece incapaz de decir ya nada más. Está todo el tiempo mirando por la ventana para ver si pasa algún niño. Luego sale corriendo al jardín, señala algunas flores silvestres que crecen en la hierba y se pregunta que quién puede haberlas estropeado, pues están "horribles" (cosa que, en realidad, no es verdad). Vuelve al cuarto, y dice: "Por favor, vamos a jugar". Primero hace que el submarino *Salmon* dispare contra el *Rodney,* el cual otra vez representa al *Bismarck.* Pero de repente todo se confunde, pues el *Salmon,* que debería de disponer contra un destructor alemán, dispara por equivocación contra el *Rodney,* que ahora es británico. Richard comenta, entonces, que al mando de él está el "más tonto de los comandantes", pues ¿cómo, si no, ha podido cometer tal error?

M.K. interpreta que no sólo desconfía de la cocinera y de Bessie sino también de sus padres, y esto a causa de que quiere hacerlos volar con "lo grande" y envenenarlos con orina, sustancias ambas que siente que se vuelven venenosas cada vez que los odia. Por esta razón espera que ellos le hagan lo mismo a él. La botella que trata de examinar es, además, el pene de su padre y el pecho de su madre, relacionándose también todos estos temores con el miedo que le tiene a la lluvia, ya que ésta, cuando cae del cielo, representa a sus padres que orinan sobre él como él quisiera hacerlo cada vez que tiene celos de ellos o les tiene rabia por acostarse juntos. Acaba de decir, además, que teme que la cocinera y Bessie se venguen de él por ser él mismo desagradable con ellas; pero también ha admitido otras veces que a menudo siente que se pone difícil con sus padres, y que deja exhausta a su mamá con sus discusiones. Sabe, además, que quiere espiarlos, y por ello teme que ellos le espíen a él. Pero el temor más grande y la culpa mayor la siente porque inconscientemente desea atacarlos con materia fecal y con orina y además devorarlos y matarlos. Por todo esto, el "comandante tonto" del *Salmon* representa a una parte de sí mismo, a la cual culpa por haber atacado a sus padres (su propio barco) convirtiéndolos así en enemigos suyos, y causándose a sí mismo, de esta manera, tanta persecución externa e interna.

En cierta medida Richard se ha ido calmando hacia el final de la hora. Está aliviado, además, porque ha dejado de llover; pero aunque un poco menos tenso, está todavía preocupado y triste. Sólo en este momento menciona que su madre sigue todavía enferma e incluso un poco peor. *M.K.* le indica entonces que esto contribuye también a que haya tenido los temores que ha expresado durante la sesión. Antes de marcharse, Richard pone juntas dos sillas, como hace con frecuencia, y dice que él y *M.K.* (las sillas) son amigos.

Notas de la sesión número veintisiete.

1. Esta desesperanza es parte inherente de la depresión y se vivencia por primera vez en la posición depresiva. Como el niño siente que sus impulsos destructivos más tempranos son omnipotentes, en cierto sentido cree que son irreparables. De modo que cuando en cualquier etapa posterior vuelve a revivirlos, guardan aún parte del carácter omnipotente que les adjudicara en la primera infancia. Además, la sensación de que los impulsos destructivos no pueden ser suficientemente controlados, aumenta esta reviviscencia de las ansiedades primarias.

II. El juego con la flota, los dibujos y los juguetes, junto con las asociaciones hechas con cada una de estas actividades, expresan a veces el mismo material, corroborándose de esta manera entre sí sus significados. En otras ocasiones, cada actividad saca a luz contenidos nuevos que le permiten tomar conciencia de diferentes aspectos de sus fantasías y de sus situaciones emocionales. En este informe no siempre puedo mostrar con bastante detalle la manera como los contenidos inconscientes, expresados por ejemplo, mediante el juego de la flota, quedan ampliados y corroborados por otros medios de expresión; repetidamente ocurrió, en efecto, que "cansado" de jugar con los juguetes, por ejemplo, o habiendo protestado por alguna interpretación hecha al juego, Richard iniciara cualquier otro tipo de actividad, la cual terminaba por confirmar mis interpretaciones. Una de las características del análisis de niños, es que las diversas actividades que éstos hacen, permiten al analista ver cómo se establece una interacción entre las resistencias y la creciente toma de conciencia de si mismo, y además de observar la gran necesidad que tiene el inconsciente de expresarse.

III. A pesar de las resistencias que surgían inevitablemente, Richard trató, desde el comienzo de su análisis, de revelar totalmente sus pensamientos y sus ansiedades. Sin embargo, no fue capaz de contarme ciertas angustias *conscientes,* tales como el temor a ser envenenado, hasta no haber analizado cierta cantidad de contenidos inconscientes, relacionados en particular con persecuciones internas e impulsos destructivos, y aun entonces no sin bastante dificultad. Podemos suponer que Richard se sentía particularmente mal respecto del miedo a ser envenenado, por sentir que tal miedo era irracional y anormal, y por ello trataba de mantenerlo en secreto. Esto está asociado con algo que observamos en general y es que, aun los paranoicos más severos, a menudo consiguen ocultar a la gente del ambiente en el que viven la fuerza de sus angustias persecutorias, y pueden llegar a un extremo tal que, de cometer suicidio o un asesinato, esta acción toma de sorpresa aun a la gente que está más cerca de ellos.

SESION NUMERO VEINTIOCHO (Jueves)

Richard pide a *M.K.* que le saque la flota del bolsillo del abrigo, porque él está tratando de ver sí hay niños en la calle y no quiere perder nada de vista. Algunos niños, en efecto, van camino del colegio, y la niña pelirroja corre delante de todos. Richard dice: "Ahí va mi enemiga, corriendo para salvar su vida", y añade que los demás la están persiguiendo. Si pudiera, él también la perseguiría.

M.K. interpreta que siente que está amenazando a la niña y que quiere matarla, y que luego atribuye a los demás niños el deseo de perseguiría y de hacerlo. (Se trata de la niña que le preguntó si era italiano; véase sesión diez.) Además le dice que le teme y la odia, porque lo representa a él mismo, que teme a los extranjeros y a los espías; y éstos, en la ultima sesión, resultaron ser envenenadores además. En este sentido, también él se siente extranjero y teme ser venenoso.

Richard está de acuerdo con que teme a los extranjeros y a los espías, pero afirma rotundamente que no teme a *M.K.* En este momento va
a asegurarse de que la puerta esté bien cerrada.

M.K. interpreta que se está asegurando de que no puedan entrar
niños ni espías.

Richard dice que Paul llega hoy y que por esto mamá se irá a casa
también hoy o mañana. Pero agrega que no le importa, pues viene a
quedarse con él su antigua niñera, a la que quiere mucho. Al decir esto,
ordena casi toda la flota en un lado y coloca un crucero y cuatro
destructores en el otro, todos en posición de combate.

M.K. interpreta las dudas que siente a causa de que su madre se
vaya. La flota de guerra representa a sus padres, a Paul y a las
muchachas, todos unidos contra él[14].

Richard indica entonces que él tampoco está sólo, y que tiene quien
le ayuda.

M.K. interpreta que los cuatro destructores -sus ayudantes-
representan a la antigua niñera o a *M.K.*, a sus canarios y al perro. A
veces siente que mamá o la cocinera están de su lado, y de la misma
manera, al principio de la sesión, sintió que *M.K.* podía ser una aliada de
confianza que le ayudaría contra cualquiera que quisiera irrumpir en el
cuarto. Los celos que tiene de Paul y la rabia contra él han aumentado por
el temor de que éste se alíe con sus padres en contra suya. Le hace
recordar, además, que a menudo Paul le hace rabiar y esto no sólo en el
pasado, sino actualmente; en esos momentos, la niñera se pone de su
lado. Como ahora viene a quedarse con él, siente que es su aliada.

Richard invierte la situación de la flota. Ahora el crucero representa
a Paul y todos los demás barcos están contra él. En ese mismo momento
coge las llaves y pregunta que si saliera y cerrara la puerta se quedaría
afuera sin poder entrar.

M.K. interpreta que este deseo de saber si ella le dejaría fuera del
consultorio expresa un temor antiguo suyo: que le echen de su casa.
También puede estar deseando encerrar a *M.K.* en el cuarto.

Richard se ríe ante esta sugestión y conviene en que sería bueno
encerrarla, pues así se tendría que quedar adentro hasta que él volviera el
próximo día.

M.K. interpreta que desea que ella no vea a John ni a sus demás
pacientes, y que quiere asegurarse de que le estará esperando a él. (Con
esto Richard se muestra vivamente de acuerdo.) También querría encerrar
a mamá en el hotel para que no pudiera ir a querer a Paul y a papá.

---

[14] Esto constituye un ejemplo de un fenómeno que se pued e observar a menudo, y que es los celos y la
soledad se encuentran reforzados por temores persecutorios.

Richard vuelve a la flota. El submarino *Salmon* está ahora solo y ataca al *Rodney*. Tras esto lleva a cabo acciones similares a las que hizo al hundir el *Bismarck*. El *Rodney* es hundido, y a esta acción sigue una gran batalla en la cual entran otros barcos. Al final comenta que han quedado en el camino varios restos de ellos y que deben ser sacados de allí.

M.K. le pregunta dónde van a ser llevados.

Richard responde que a los cementerios, para ser enterrados y para que así estén seguros. Mientras el *Rodney* se hunde, emite sonidos de "gallos y gallinas", y la gallina grita cada vez en forma más desesperada. Richard comenta que le están cortando el cuello, y que el gallo la está matando. De pronto corre las cortinas y pide a *M.K.* que le ayude a oscurecer la habitación. Está muy excitado y mira a la flota, la cual, según dice, no se puede ahora distinguir. No se puede ver qué es lo que está pasando. Pregunta a *M.K.* si está llorando, repitiendo la pregunta un poco más tarde. Después hace otra vez el sonido del "gallo y la gallina", cada vez con más desesperación (nota 1).

M.K. interpreta que quizá se siente aterrorizado por las noches, esperando que mamá llore al ser dañada o muerta por el papá vagabundo. Pero que por lo que ha dicho y acaba de mostrar, se ve que no sólo teme que papá mate a mamá, sino también hacerlo él mismo. Ha mostrado, en efecto, los celos y el miedo que siente al ir mamá a juntarse con papá y con Paul, mientras que el *Salmon,* que es él mismo, acaba de hacer volar al *Rodney.*

Richard dice, entonces, con tono vacilante, que el *Rodney* es británico. Después se corrige y dice: "No; quise decir alemán. No..., no sé...".

M.K. le indica que él (el *Salmon*) acaba de hacer volar al *Rodney* que es británico, es decir a la madre amada, porque la odia cada vez que tiene celos y duda de ella.

Richard dice que la batalla del Cabo Matapán ha debido de ser terrible. Como nadie podía ver lo que hacía, los italianos se empezaron a atacar entre sí.

M.K. interpreta entonces que por la noche le asusta mucho que papá pueda destruir a mamá, y que él mismo pueda atacarla. Le hace recordar la manera en que reprodujo la catástrofe del *Hood,* cuando "lo grande" representaba explosivos. En aquella ocasión, volar el barco que representaba a su madre, implicó que "también destruía a los bebés" (sesión veinticinco), pues los marineros le pedían ayuda gritando Richard y papá. Ahora desea que los muertos sean enterrados y colocados, por lo tanto, en un lugar seguro, lo cual expresa el temor de que los bebés muertos vuelvan a atacarle, representados por los niños de la calle o por fantasmas (ver sesión anterior).

Richard está totalmente de acuerdo con que los marineros son los niños.

M.K. sigue interpretando que al oscurecer la habitación ha querido mostrarle a ella cómo se siente cuando de noche tiene miedo. Como entonces no puede ver lo que realmente les pasa a sus padres, tampoco puede saber sí sus deseos agresivos se han cumplido o no. Además, no sabe sí está atacando a la madre amada o a la odiada, si con mamá está el papá bueno o el malo, ni, en definitiva, quién mata o ataca a quién. [Confusión]. Todo este temor e incertidumbre los ha expresado al mencionar la batalla de Matapán, que representa la situación de hace un momento en la oscuridad, cuando no supo decir si *M.K.* lloraba o no; también al no saber cuál era el barco destruido, si el *Rodney* o el *Bismarck,* ha mostrado el mismo problema.

Mientras *M.K.* interpreta esto, Richard enciende la luz y manifiesta un gran placer al ver el cuarto iluminado. Comenta que ahora está todo muy lindo, mientras que antes estaba horrible. Luego apaga otra vez y dice que antes solía sentirse aterrado por las noches. La niñera debía sentarse al lado de su cama hasta que se dormía, pero él solía despertarse lleno de terror y gritando hasta que alguien viniera. Esto le ocurría alrededor de cuatro o cinco años atrás. Añade que ahora no le pasa, pero no parece muy convencido de lo que está diciendo (nota II).

M.K. interpreta que se ha sentido muy aliviado al encender la luz. Los antiguos temores, que ahora está volviendo a vivir, son menos fuertes que antes porque *M.K.* está con él y porque puede encender la luz cuando quiere y hablar con ella de su miedo.

Esto quiere decir que *M.K.* representa ahora a la niñera o a su mamá en sus mejores momentos, tal como quisiera que fueran de noche, cuando está solo. No ha experimentado únicamente miedo en el pasado; el miedo sigue vivo, tal como lo ha demostrado al jugar y hablar.

Richard menciona entonces que su mamá está hoy mejor que ayer.

M.K. interpreta que ayer sintió que la garganta enferma de su madre significaba que ella también estaba envenenada, ya que mucho del contenido de la sesión se refirió al temor de ser envenenado y de ser él mismo venenoso.

Richard está de acuerdo con esto, más añade inmediatamente: "Pero envenenado por Bessie".

M.K. le recuerda que antes le contó que había estado cuidando a su madre, pero que no le dijo de qué manera.

Richard se muestra muy vacilante. Después dice que fue a la farmacia a comprarle algo que debía aspirar por la nariz, y añade: posiblemente alguna sustancia venenosa.

M.K. le pregunta si se trataba de una botella. Richard contesta que sí.

M.K. entonces le interpreta que, como se siente venenoso cada vez que está enfadado y tiene celos, cree que no puede ayudar a su madre ni aun cuando desearía hacerlo. En su imaginación, la botella que compró en la farmacia se ha convertido en veneno.

Richard se pone muy inquieto, camina de arriba abajo y dice que no quiere oír esto. Le enferma lo que *M.K.* le dice.

M.K. interpreta que acaba de usar la palabra "enferma" porque siente que las palabras de *M.K.* son ahora lo mismo que la comida venenosa que le meten adentro las muchachas -en realidad mamá- como castigo por envenenarlas él, y por haber envenenado también a *M.K.* en la sesión anterior.

Richard, tras una pausa, logra tranquilizarse. Abre entonces las cortinas, y pregunta a *M.K.* si no le produce dolor que sus pacientes piensen cosas tan agradables y se las digan.

M.K. interpreta que teme herirla igual que teme herir a mamá, no sólo mediante sus palabras, sino también mediante ataques inconscientes contra ella. Añade que su trabajo consiste precisamente en averiguar lo que los pacientes piensan y sienten.

Richard dice entonces que el día anterior pensó que era una bruta malvada, y no sólo cuando ella le hablaba de su deseo de ser venenoso. Se preguntó entonces lo que haría ella si él le tirara cosas o la atacara de cualquier otra manera. Quisiera saber si John ha tratado alguna vez de llegar a hacerle daño realmente.

M.K. le contesta que no permitirla que él ni ningún otro paciente la atacaran físicamente (aquí Richard se pone contento y más tranquilo), y le sugiere que teme ser llevado por sus sentimientos agresivos; como teme que éstos sean muy peligrosos, se está preguntando cómo ella podría defenderse. Siempre ha tenido miedo, como se ha visto ya en el análisis, de que su madre no pueda defenderse de los ataques del vagabundo-papá o del Hitler-padre. El deseo de atacar físicamente a *M.K.* se ha hecho más consciente, en el momento en que daba puntapiés a la pelota y la llamaba "bruta malvada".

Richard hace otra vez los sonidos del "gallo y la gallina"; al principio parecen desesperados, pero después imitan un sonido alegre de gárgaras. Explica que ahora la gallina está muy contenta; acaba de poner un huevo y va a tener un bebé. Por eso ha llorado al principio. Comenta que la vecina de al lado, la Sra. A, tiene dos gallinas y esperaba que tuvieran trece pollitos, pero sólo han nacido dos.

M.K. le pregunta por qué le parece que ha podido pasar esto.

Richard contesta, con dificultad, que no lo sabe. Piensa que los huevos deben de haber estado mal. Luego se arrodilla en la mesa, cosa que no suele hacer, y empieza a jugar con la flota. El *Rodney* es una vez más atacado por un destructor. En este momento se da cuenta de que se ha ensuciado las rodillas al arrodillarse y va a lavarse al lavabo, comentando después que el agua ha quedado horrible.

M.K. interpreta que siente que el agua de la canilla ha quedado horrible por haberla ensuciado él con las rodillas, y le señala que todo esto ha seguido al hundimiento del *Rodney* (mamá). En su imaginación, siente que está envenenando a su madre con la orina y con "lo grande", mientras que las rodillas representan su trasero. Estar de rodillas también significa pedir perdón por los ataques que ha hecho a *M.K.* En el incidente de las gallinas que sólo han tenido dos pollitos a pesar de que se esperaba que tuvieran más, estos animalitos representan a mamá, la cual siente que hubiera tenido muchos más niños de no haberlos él envenenado. También piensa que es él quien ha envenenado los huevos, estropeándolos.

Richard vacía el agua sucia y empieza a jugar en el lavabo, llenándolo de agua y vaciándolo mientras habla de inundaciones.

M.K. interpreta que teme a la lluvia y la odia, en parte porque representa la orina venenosa de su padre que todo lo inunda.

Richard se va afuera a ver cómo corre el agua del desaguadero y después vuelve a entrar y llena de nuevo el lavabo. Está más tranquilo, y dice que ahora el agua parece muy linda y que hasta se podría meter dentro un pez de color.

M.K. interpreta que tiene menos miedo de envenenar e inundar a mamá, y que se siente capaz de limpiarla y de arreglar los daños causados, dándole a ella y a *M.K.* un pez de color, que representa a un bebé.

Richard está mucho menos preocupado al irse. Va parte del camino con *M.K.* y antes de llegar a una esquina de la calle grita: "Bang, bang".

Cuando *M.K.* le pregunta a quién está disparando, le responde que del otro lado de la esquina hay enemigos, y que pueden estar en cualquier parte; por ello, sigue disparando en todas las direcciones.

Notas de la sesión número veintiocho.

1. El juego de Richard era a veces tan variado y las actividades se seguían unas a otras tan de prisa, que por lo general sólo podía yo elegir una parte del material para interpretárselo. Por la misma razón, casi nunca pude terminar de interpretar sus dibujos, cosa que también nos es familiar

en el análisis de los sueños. Cuando la actividad lúdica del niño está en su momento más rico -cosa que ocurre a menudo tras hacer interpretaciones que logran disminuir la ansiedad-, la abundancia de asociaciones que se dan simultáneamente se expresa con la misma rapidez con que se van sucediendo. Los pacientes adultos se quejan a menudo de estar pensando al mismo tiempo muchas cosas, de las cuales se ven forzados a seleccionar sólo unas cuantas para poder ponerlas en palabras. Esto significa a veces que están vivenciando además, simultáneamente, una cantidad de emociones contradictorias. Repetidamente he expresado la opinión de que uno de los rasgos que tiene la complejidad de los procesos mentales más tempranos, consiste en que muchos de ellos operan al mismo tiempo. Esto nos enfrenta con ciertos problemas que requieren una mayor aclaración en el futuro.

II. Como el análisis ha movilizado las primeras ansiedades nocturnas de Richard (las cuales también podrían haberse expresado mediante un *pavor nocturnus),* éste vuelve a recordar que cuando era pequeño su niñera debía sentarse a su lado hasta que se durmiera, cosa que no había olvidado pero que tampoco había mencionado hasta ese momento. Resulta de interés ver cómo este recuerdo entra en el contexto de esta sesión particular, en la cual está otra vez vivenciando ansiedades, deseos e impulsos muy tempranos. Todo esto nos lleva además a ver el problema de los recuerdos nuevos que van surgiendo con el análisis. Su mayor valor reside, a mi parecer, en todas las posibilidades que ellos ofrecen al analista, para explorar las experiencias y las emociones sobre las que se construye cada uno de ellos. Si esto no se hace, la aparición de recuerdos durante el análisis pierde importancia. La exploración de los estratos profundos de la mente lleva a vivenciar otra vez, en forma muy vívida, situaciones internas y externas que podríamos denominar recuerdos de sentimientos. Tal revivencia puede darse tras haber llevado a cabo el análisis de recuerdos actuales, o inversamente, puede darse que sean los recuerdos concretos los que surjan como resultado de la revivencia de emociones tempranas. El concepto de recuerdo encubridor, de Freud, implica en sí que si queremos llegar a su significado más completo, debemos descubrir las emociones, experiencias y situaciones que se encuentran detrás de los mismos.

SESION NUMERO VEINTINUEVE (Viernes)

M.K. y Richard se encuentran en la calle. Por lo general, cuando esto ocurre, el niño suele correr hacia ella, pero esta vez no lo hace, limitándose a decir: "Aquí estamos". En el cuarto de juegos quiere, antes que nada, ver si tanto él como *M.K.* han llegado puntualmente. Luego se queda en silencio, tras lo cual dice que no ha traído la flota. *M.K.* le pregunta si se le ha olvidado.

Richard contesta que no, pero que no ha tenido ganas de traerla. (Está claramente dispuesto a no cooperar.)

M.K., tras una pausa, le pregunta en qué está pensando.

Richard al principio contesta: "En nada", pero después dice que pensó en algo que no le quiere decir. Da vueltas por el cuarto, explorándolo y mirando por todas partes; luego se va a la cocina y abre la canilla. Coloca el tapón bajo el chorro que cae y derrama agua en dirección a *M.K.*, poniendo un dedo debajo.

M.K. interpreta que hacer eso es como si estuviera orinando y le sugiere que quizá no quiera hablar con ella, porque siente que sería como salpicaría con orina.

Richard dice que el agua parece estar sucia y repite que ha pensado en algo que no quiere contarle, y es que no quiere decirle nada que le lleva a ella, a su vez, a hablarle de más cosas desagradables sobre veneno. No quiere enterarse de tales pensamientos[15].

M.K. interpreta que en la ultima sesión comentó que el agua del lavabo parecía horrorosa tras haberse él lavado las rodillas. El lavabo es ella, llena de orina venenosa tras haberla él ensuciado, y que por ello ahora teme que no puedan salir de ella más que palabras llenas de veneno. Lo mismo le pasa con mamá cada vez que desconfía de sus palabras y las teme, pues tanto ella como *M.K.* representan, además, todo lo que le va pasando a él mismo por la mente, pensamientos desagradables e inquietantes que prefiere ignorar.

Richard sale del cuarto y pide a *M.K.* que destape el lavabo para ver por dónde se va el agua del desagüe.

M.K., transcurrido un rato, le pregunta si su madre se ha ido ya.

Richard, muy enfadado y poniéndose colorado, contesta que si; que se ha ido con Paul. Al hablar rechina los dientes y hace un sonido parecido a un gruñido. Dice que se siente rebelde y que se irá de casa de *M.K.* cuando le dé la gana. Trabajar con ella es demasiado desagradable y nadie le va a impedir marcharse cuando quiera. Tras esto se sienta a dibujar (dibujo 19). Al cabo de un rato añade: "No me quiero ir en este momento". Comienza su obra haciendo la forma de estrella de mar que hace siempre

---

[15] El miedo que me tiene a mi, disminuye con las interpretaciones transferenciales, las cuales relacionan sus temores actuales con las ansiedades y relaciones mas tempranas. Pero creo que el temor de hacerme daño con su agresión también disminuyó debido al trabajo analítico ya hecho. Es evidente que tanto la agresión como la resistencia se manifiestan de manera mucho mas descubierta en esta parte del análisis. Al mismo tiempo Richard está mas capacitado para expresar pensamientos conscientes, que hasta ahora ha estado ocultando.

(a). Después escribe: "Paul es asqueroso, yah, yah, yah" [16], y explica que "yah", en alemán, significa "si", y que Paul es un alemán asqueroso. Otra vez está muy enojado y colorado, y abre y cierra la boca, pero, sin duda, exagera y dramatiza demasiado sus sentimientos. Tras haber expresado el odio que siente hacia Paul, dice de repente: "Pero también le quiero; es bueno". Mientras habla está dibujando (b) una forma mitad pez y mitad culebra, a la cual pinta de negro. Hace la línea divisoria (c) y dibuja la figura (d). Mientras pinta de verde la cara y el cuerpo, aclara que es su mamá que está enferma y que por eso está de color verde. Al pintar de negro vigorosamente las piernas y los pies, hace los sonidos de "gallo y gallina", cada vez más y más furioso. Comenta que las piernas están negras por haber estado pisoteando al papá negro. Tras esto pinta de rojo el cuerpo que estaba verde, y, apretando mucho el lápiz, escribe a su lado: "Mamá dulce". Al hacerlo tiene una expresión divertida e irónica, y resulta bien evidente que sabe que lo que acaba de escribir es una mentira.

M.K. le pregunta qué está pasando ahora entre el gallo y la gallina.

Richard contesta: "Ella le ha matado", añadiendo tras una pausa: "porque es muy mala". Entretanto ha escrito (e): "M.K. es una bruta", pero inmediatamente, con ansiedad y rabia, lo tacha.

M.K. interpreta que siente que tanto la mamá dulce como la M.K. bruta son malas. Cree que su mamá es peligrosa y sospecha que mata y devora a papá, tras lo cual se enferma y se vuelve verde. Y si después su cuerpo se pone rojo, es porque Richard piensa que contiene el pulpo-papá rojo que se la come por dentro. También pisotea a papá, lo devora y se pone negra, porque Richard piensa que está furiosa orinando y defecando tal como lo hace él. Por todo esto es por lo que teme que M.K. y mamá le envenenen. [Ansiedad persecutoria y proyección.]

Richard ha seguido dibujando (a). Dice que sólo hay dos personas peleándose por el imperio: el papá negro y él mismo. Los dos desean quedarse con las partes de la costa (señala las partes exteriores) Luego, tras indicar las

---

[16] En el dibujo he tachado el nombre real y he puesto puntos por encima. También he marcado el dibujo con las letras (a), (b), (c) y (d).

secciones negras de arriba dice que el genital de papá es muy gracioso, tan puntiagudo como es. El, Richard es inteligente y rápidamente arrebata casi todos los trozos de la costa mientras que mamá se queda sólo con algo en el centro; entonces después de decir esto, le da un poquito de costa añadiendo que de todas maneras él se queda con la mayor parte.

M.K. interpreta que las partes rojas de costa que le representan a él, son un genital más grande y más poderoso que el de papá el cual es gracioso y puntiagudo. Pero el color rojo era antes el pulpo papá y también el genital de éste comido por Richard. Por lo tanto, el rojo es ahora su órgano sexual, el cual, cómo pensó de chico, le cortaron al operarle. También el rojo puede estar simbolizando a su pene cuando está excitado y juega con él. En realidad él sabe bien que su pene es menor que el de su padre, y esto se ve en las dos secciones pequeñas del ángulo inferior derecho de la estrella de mar. Parece que, además, le está dando a su madre un pene tras decir que ella sólo tiene algunas partes del centro, lo que significa que pene no tiene. Inconscientemente parece haber decidido que tenga uno, después de todo.

Richard no protesta ante esta interpretación. Aunque no ha admitido haber visto el órgano sexual de ninguna mujer ni de ninguna niña, parece estar bien al tanto de la diferencia que hay entre los órganos sexuales femeninos y masculinos.

M.K. sigue interpretando que Richard no sólo está furioso con Paul y celoso de él, y por esta razón le ha excluido del imperio (esto significa echarle de casa), sino que además está sobre todo celoso de papá, y furioso con él. El imperio que ha dibujado hoy representa el interior de Richard, donde siente que ha incorporado a una mamá enferma, envenenada y enfadada, con un papá malo o muerto. *M.K.* le recuerda, a este respecto, que el día anterior los cadáveres que debían ser enterrados estaban relacionados con el temor a que los muertos volvieran a la tierra. El haber estado moviendo las mandíbulas antes de dibujar y durante la ejecución de esta tarea, demuestra que se ha comido a su familia en plena rabia.

Richard garabatea en el cuaderno con movimientos rápidos vehementes mientras *M.K.* habla. En el medio dibuja una figura humana y varias letras que rápidamente tacha.

M.K. interpreta que quiere atacarla a ella y a su mamá con "lo grande".

Richard entonces hace puntos en el papel, lo arruga y lo tira, muy enojado y angustiado.

M.K. interpreta que está tirando a ella y a mamá, las cuales están ennegrecidas, dañadas y, por lo tanto, enfadadas; y que además está tratando de sacarlas fuera de su cuerpo.

Richard dibuja en otra hoja, pero en seguida da un salto y quiere irse afuera. Pidiéndole a *M.K.* que salga con él, añade: "Vamos a salir de este sitio espantoso".

M.K. interpreta que el sitio espantoso es su interior, y que cree que es espantoso por estar lleno de gente muerta y enojada y de veneno, tanto suyo como de ellos. Si desea sacarla a ella también fuera del cuarto, es porque quiere traer a su lado a la mamá buena y protectora, salvarla y tenerla consigo en el mundo exterior.

Richard admira el campo, las colinas y el sol. Pide a *M.K.* que no le haga interpretaciones en el jardín, pues la gente les podría oír, pero no la detiene cuando ésta, en voz baja, le dice que no quiere oír sus interpretaciones porque simbolizan las cosas malas, las cuales contrastan con la *M.K.* externa y buena, y con el hermoso paisaje.

Richard trata de sacar las malas hierbas que crecen en los canteros, pero se detiene cuando *M.K.* le pide que no lo haga. Ha llegado a sacar, sin embargo, una planta, la cual no sabe si se trata de una hierba mala o de una flor. Entonces coge algunas piedras que hay entre las flores y las tira con rabia contra la pared.

M.K. interpreta que está explorando el interior de ella y el de su mamá y sacando de adentro a los bebés. (En este momento se oyen las voces de una mujer y de varios niños.)

Richard dice: "Son niños malos".

M.K. interpreta que los ataques que hace al interior de su madre se deben, en parte, a los celos que siente, y en parte, al miedo de que contenga bebés-estrellas malos, es decir, peligrosos, que la devoran; los saca, por lo tanto, para protegerla. Le recuerda que esto mismo lo ha expresado ya en sus dibujos.

Richard sigue tirando piedras a la pared y dice: "Este es el pecho de mamá".

M.K. le recuerda que ya la salpicó a ella con agua, y que antes de hacerlo había dejado correr el agua por sobre la tapa redonda que representa su pecho. Esto significa que siente que está orinando y envenenando el pecho, tal como cree que lo hizo de bebé, todo lo cual está relacionado con el miedo que tiene de que la cocinera, que representa a mamá, se vengue a su vez de él envenenándole la comida. Por esto sospecha que cualquier comida está llena de veneno. En este momento, los ataques al pecho se deben a la furia y a los celos que le provocan los bebés que mamá puede todavía tener, a los cuales, de nacer, tendría que alimentar. Lo mismo siente hacia *M.K.* cuando piensa que ve a John y a otros pacientes, siendo su enojo tanto mayor cada vez que piensa que está por irse a Londres a ver a éstos y a su familia.

Richard repite una y otra vez la admiración que siente por el paisaje. Se sienta con *M.K.* en el escalón de la puerta, en este momento sintiéndose bastante pacifico, y dice que quisiera escalar una de las montañas más altas. ¿Cuánto tiempo tomaría el hacerlo? ¿Podría *M.K.* hacerlo también? Esta pregunta la formula varias veces mientras encuentra un palo, el cual hinca profundamente en la tierra, muy cerca de los canteros de flores, mientras dice que lo está metiendo en el pecho de mamá. Luego lo saca otra vez, busca un poco de tierra y rellena con ella el agujero que ha dejado.

M.K. interpreta que el palo representa sus dientes y su pene, y que está atacando el pecho mordiéndolo y metiéndole dentro el pene.

Richard dice una vez más que quiere subir a la montaña con ella.

M.K. interpreta que desearía tener un pene de persona mayor. Las ganas de subir a la montaña, expresan el deseo de tener con ella (que representa a mamá) una relación sexual de adultos que no sea peligrosa ni hecha a mordiscos, sino con amor. Este deseo está asociado con la admiración que siente por el campo y las montañas. Mediante esta relación sexual externa "buena", quiere además reparar todo el daño hecho a su madre, y en primer lugar a su pecho.

Antes de volver a entrar en la casa, Richard trata de ver si la puerta del costado puede dejarse abierta de manera de poder él entrar en el cuarto de juegos las veces que llega antes de *M.K.*[17]

M.K. interpreta que desearía poder tener siempre acceso al pecho y a su madre, pues así no se sentiría frustrado y con ganas de destruir a éste ni su cuerpo entero. (Todo este intervalo en el jardín y en la escalera ha durado de quince a veinte minutos.)

Richard se sienta en la mesa y mira los dibujos; *M.K.* le interroga sobre lo que significa el último.

Richard dice que los dos aviones de arriba han chocado. El es el más pequeño, el británico, mientras que el otro es mamá. Aquí mira a *M.K.* asustado y dice que si sucediera esto, los dos morirían. Se pregunta, entonces, si el avión grande británico que está en el otro lado es Paul.

En ese momento termina la sesión. Al salir con *M.K.*, cosa que se ha convertido ya en parte de la situación analítica, exclama con alivio:. "Ahora hemos terminado". En el camino, mirando su gorra, dice que le queda tan pequeña que la tiene que estirar, cosa que hace con las dos manos. Luego cuenta a *M.K.* que se van a encontrar con la niñera y le pregunta si de ocurrir esto hablará con ella, pues la niñera le ha dicho que tiene muchas ganas de conocerla. En este momento, en efecto, aparece la niñera y

---

[17] Como ya he señalado antes, sólo podía entrar a la hora debida, al llegar yo con la llave.

PSIKOLIBRO

Richard se queda muy contento al ver que las dos mujeres cambian entre sí unas palabras.

(Tras esta sesión hay una interrupción de varios días, a causa de que Richard se resfría después de la sesión veintinueve y tiene que permanecer en la cama. Durante su enfermedad expresa el deseo de ir a ver a *M.K..*, pero la niñera no se lo permite y decide llevarlo a su casa en un auto.).

SESION NUMERO TREINTA (Jueves)

Richard parece angustiado cuando se encuentra con *M.K.* Le cuenta con detalles su enfermedad: tuvo laringitis y muy poca fiebre, pero le hicieron quedarse en cama, sintiéndose muy triste al no poder salir con su padre y con Paul en un tiempo tan hermoso[18]. Comenta que Paul es muy bueno y que ayer lo pasaron muy bien juntos, pescando. Luego describe cómo se echa el anzuelo. Aunque había muchos pececitos no pescaron ninguno, pero cuando papá fue con Paul sacaron un salmón muy grande; sin embargo como no tenían permiso para pescar salmones, tuvieron que romper el hilo. Era un pescado estupendo, y Richard se pregunta si habrá logrado deshacerse del anzuelo o si se habrá muerto con él clavado en la garganta. Cuando él fue a pescar con Paul hizo muy buen tiempo y todo resultó muy agradable. Le dijo a su hermano que hubiera sido muy lindo que "Melanie" estuviera con ellos, pues podría haber ido en auto. Al llegar a este punto pregunta a *M.K.* si le importa que la llame Melanie.

M.K. le contesta que no le importa. En cuanto al deseo de que hubiera estado con él, le recuerda que ya un fin de semana anterior había deseado que entrara en su jardín sintiendo que era como si ella "estuviera por allí" (sesión siete). Todo esto significaba para él tener una buena mamá adentro, que siempre está con él. Esta vez ha querido compartir a *M.K.* con Paul, y esto significa, también, querer repartir entre los dos a la mamá buena.

---

[18] La madre de Richard me dijo que su hijo había estado muy preocupado, pensando que yo me enfadaría por no haber él vuelto y que quiso que ella le asegurara que no sería así.

20

Richard hasta este momento apenas ha mirado a *M.K.* o al cuarto, lo cual es extraño en él. Pregunta a *M.K.* qué suele hacer siempre a esta hora (ha venido esta vez por la tarde, pues no volvió de su casa hasta esta mañana).

M.K. le contesta que él sabe que tiene otros pacientes, y que mientras él estuvo afuera quizá se haya preguntado con quién estaría ella durante las horas que le corresponden. Por esto se siente celoso; pero, además, está preocupado por lo que a ella le puede haber ocurrido, ya que antes de irse la última sesión expresó mucha agresión.

Richard le pregunta entonces si no le importa que él le diga cosas malas. ¿Le importaría que dijera también malas palabras?

M.K. le repite que tiene libertad para decir todo lo que piensa y para usar las palabras que se le ocurran.

Richard habla entonces de una película, en la cual un oficial alemán dice que Alemania es "un país horrible y sangriento"*. Al decirlo mira ansiosamente a *M.K.* Resulta evidente que le gusta usar estas palabras, pero que al mismo tiempo está aterrorizado por ello, pues sabe que sus padres se opondrían. Mientras habla de la película, empieza a dibujar (dibujo 20) y al mismo tiempo vigila cuidadosamente la calle. Por ella pasan algunos niños; también hay unos hombres parados, y Richard dice que son "hombres malos"; cuando ve a una mujer con un niño en brazos comenta: "Gente sucia". Sin embargo, al ver cómo el bebé se apoya en el hombro de su madre, añade: "El bebé no está tan sucio". Habla todo el tiempo en susurros para que la gente no le oiga y le ataque. Al referirse a los hombres malos, mueve el brazo y dice: "Bang-bang". Y tras usar la palabra "sangriento" pregunta a *M.K.* cuáles son las cosas que no se le permite hacer. Cuando ésta le contesta que ya le dijo en una oportunidad que no le permitiría atacarla a ella físicamente, parece tranquilizarse un poco...

Luego habla otra vez de cuando se fue a pescar con Paul y de que se puso muy enojado cuando no le permitieron salir con éste y con papá. Sintió entonces que odiaba a los dos, que deseaba que no pescaran nada y que el anzuelo se les clavara a ambos en la garganta. A su madre le contó algo de esto. Ahora, al hablar, está rojo de ira; abre y cierra la boca, rechina los dientes y cada vez se va poniendo más abiertamente agresivo con *M.K.*

---

* *Bloody*, sangriento en inglés, es considerada una mala palabra en este idioma.

aunque al mismo tiempo está asustado de ella. Le dice que es una bruta, y le pregunta si no le duele que se lo diga. Vigila constantemente a la gente de la calle y se esconde cuando pasa el grupo de niños al que más teme, del cual forma parte la niña pelirroja. Tratando de controlar la rabia, el odio y el miedo que tiene a *M.K.*, dice que pensó que quizás ella estuviera enfadada por no poder haber él venido de vuelta. ¿Se enfadó realmente? ¿Está ahora enojada? ¿Cómo es cuando se enoja? Debe ser terrible entonces, como Hitler. Y para ejemplificar el aspecto de *M.K.*, pero sin mirar a ésta, se pone a hacer muecas, abriendo y cerrando las mandíbulas y rechinando los dientes. Aunque sin duda alguna está dramatizando las cosas, llega realmente a temblar cuando dice que *M.K.* se parece a Hitler. Evitando mirarla, se separa de ella y dice que le gustaría escaparse, y marcharse a su casa en autobús. ¿Qué haría en ese caso *M.K.*?, ¿le dejaría ir?

M.K. le recuerda que ya una vez le dijo que no le detendría. Le interpreta, además, que en este momento se quiere ir porque está asustado también de los padres-Hitler terroríficos, que ahora son el señor K. con *M.K.* dentro de él.

Richard vuelve a su dibujo y explica que todo empezó con el negro que es papá. Hay sólo cuatro personas. Paul, es Bélgica; Noruega no está; mamá es Grecia, Richard es británico y papá alemán.

Menciona entonces la pérdida de Creta y expresa la preocupación que siente por la marcha de la guerra; pero en seguida cambia de tema[19].

M.K. interpreta que tiene mucho miedo de la guerra, cosa que contribuye a la preocupación que tiene porque ella o mamá están dañadas y por su propio interior[20]. A causa de este miedo que siente por lo de Creta y por la mamá mala, está tratando de separar a la mamá-Hitler mala (*M.K.*) de la buena, la Grecia dañada. Por esto dice que sólo hay cuatro personas en el dibujo del imperio, con lo cual quiere significar que *M.K.* no se encuentra entre ellas.

Richard mirando otra vez el dibujo, comenta que Paul le está ayudando a separar a papá de mamá; pero entonces se da cuenta de que un poco de papá ha entrado dentro de ella y también de que un pedacito de éste ha entrado en su propio país. Se sorprende ante este descubrimiento; ve además que una porción de sí mismo ha penetrado dentro de Paul. [Identificación mutua proyectiva.] Dice entonces que esto es lindo; que los dos se están dando un beso. A medida que se va dando cuenta de que todos tienen pedacitos de color que penetran en el territorio de los demás,

[19]Tras la caída de Creta, la madre me contó que Richard le dijo que si Gran Bretaña perdía la guerra, él se suicidaría. Antes jamás había usado esta expresión con ella y a mi nada me dijo del asunto.

[20]Como ya he dicho antes, los temores que se derivan de fuentes externas incrementan también la angustia derivada de los peligros internos; y viceversa.

se va poniendo más deprimido y desesperanzado, y termina por preguntar en forma pensativa y apologética, si le dolería a *M.K.* que le dijera que él no ve que el trabajo que hace con ella le haga verdaderamente ningún efecto. ¿Ya a ayudarle realmente?, ¿cuándo?

M.K. le dice que está desesperado porque no cree que ella, aunque sea buena y le ayude, pueda juntar otra vez todos los pedazos cortados y mezclados de la gente que tiene adentro; así como tampoco puede ayudar a Gran Bretaña a salir de la precaria situación en que se encuentra.

Mientras *M.K.* habla, Richard va a buscar la escoba y empieza a barrer el suelo.

M.K. sigue interpretando que también duda que pueda limpiar y curar su interior, el cual siente que está lleno de pedacitos de gente; y refiriéndose al dibujo, le dice que con él ha expresado que su órgano genital ha penetrado en Paul y que le está haciendo el amor. Todos, el papá malo, Paul y Richard mismo, están haciendo además el amor a mamá, metiendo dentro de ella sus penes; pero también se están comiendo unos a otros, de manera que están todos hechos pedacitos. Ya antes ha mostrado que cree que mamá contiene en su cuerpo el genital-pulpo de papá, el cual la devora por dentro.

Richard corre a la cocina y llama a *M.K.* para mostrarle que ha encontrado una araña en el sumidero. Entonces la ahoga con evidente placer, y después sigue dibujando.

M.K. continúa su interpretación; le dice que al principio de la sesión trató de no enfadarse, hablando del buen tiempo, de lo bueno que es Paul, y de lo agradable que era todo, refiriéndose a *M.K.* con tono amistoso. Pero a medida que le iba contando que no pudo ir de pesca con su hermano y con su padre, se fue poniendo más y más furioso, abriendo y cerrando la boca y rechinando los dientes. Entonces expresó deseos de muerte contra Paul y su padre, diciendo que querría que se les atragantara algo malo en la garganta. Todo esto es causa de que ahora teme tener dentro de sí a gente mala, enojada, peleadora y sucia, que se devoran entre sí.

Richard exclama de pronto: "Tengo un dolor en la barriga". *M.K.* le pregunta dónde lo tiene.

Richard contesta: "Justo donde se siente la comida".

M.K. interpreta que siente como sí tuviera dentro de sí a la gente asustadora y peligrosa.

Richard dice que quiere irse; está harto del psicoanálisis.

M.K. le señala que ha usado la expresión "harto"[21] porque así se siente en este momento, como si se hubiera realmente comido a todo el

---

[21] Es bien sabido, naturalmente, que en el análisis hay p restar mucha atención a las palabras con las que los pacientes expresan sus sentimientos. La experiencia me ha enseñado que esto hay que aplicarlo

mundo, y como si *M.K.* le estuviera alimentando con palabras que le asustan. Esto está asociado, además, con la sospecha de que le mete adentro comida horrible (veneno), con que el señor K. y ella son extranjeros y con que, al no haberla visto desde hace varios días, en su imaginación ella se ha ido volviendo cada vez peor. Además la odia por haberle ella frustrado: aunque es él en realidad quien no ha venido estos días a causa de su enfermedad, siente sin embargo como si fuera ella quien le hubiera dejado sin nada (nota 1). El día antes de la interrupción del análisis expresó un odio muy grande contra Paul y mamá. Sintió entonces que mamá lo frustraba al preferir a Paul, y de la misma manera ahora sospecha que *M.K.* ha visto a otra persona en las horas en que él debiera de haber venido; de manera que *M.K.* es como mamá, la cual prefiere a Paul y a papá en vez de a él. También teme, por otra parte, que Paul y papá la dañen a ella, cosa que siente muy a menudo cuando no ve a mamá y a papá. Le hace recordar, en efecto, los ruidos del gallo y la gallina que ocurrían cuando mataban a esta última (sesión veintiocho).

Richard corrige a M K. diciéndole que era papá el muerto por mamá.

M.K. interpreta que por las noches duda sobre el resultado de la pelea entre sus padres. Como siente además que ha incorporado dentro de sí a estos padres que se pelean, sus dudas se hacen aún mayores, pues no puede saber qué es lo que le pasa por dentro. El país "horrible y sangriento" es su propio interior. Además todos los temores han aumentado y siente que cada persona que contiene se hace cada vez más peligrosa, sucia y venenosa, porque él mismo está cada vez más furioso y asustado. Por todo eso sus ataques se hacen peores, y también es ésta la causa por la que teme cada vez más a los niños de la calle.

Richard contesta que esos niños están sucios de verdad y que huelen a "lo grande". En varias ocasiones interrumpe a *M.K.* y protesta cuando ésta le dice que el país "horrible y sangriento" es su interior; pero al mismo tiempo va pintando con rojo algunos países, cantando el "Dios salve al rey" mientras lo hace.

M.K. interpreta que está protegiendo al rey y a la reina que representan a papá y mamá.

Richard contesta que si, que los está protegiendo contra cualquier ataque que se pueda producir.

---

también a expresiones familiares tales como las de "estar harto". El incluir en la interpretación una referencia a la expresión usada, por mas familiar que ésta sea, depende de todo el contexto, y en particular de la situación de ansiedad específica dominante. Véase, por ejemplo, cómo en la sesión veintiocho Richard dice que está "enfermo" de lo que le digo.

M.K. interpreta que los protege en realidad de los ataques que él mismo les hace, pues siente que los está devorando; por lo tanto, el rojo representa su propio interior "sangriento".

Richard menciona, entonces, que la cocinera y Bessie dicen a menudo "cosas vulgares" y añade medio humorísticamente, que cuando lo hacen él se pone muy arrogante, como si fuera Lord Haw-Haw*. (Al contar esto, hace muecas como las que hizo al mostrar cómo es el Hitler-M.K. También camina de un lado a otro haciendo el paso de ganso.)

M.K. interpreta que cree que ella es vulgar porque en su interpretación ha usado la palabrota que él mismo dijo antes. También le dice que para él Lord Haw-Haw y Hitler constituyen la misma persona, cosa que está demostrando al caminar con paso de ganso; pero como siente que tiene dentro de sí a los padres -Hitler odiados, se convierte él a su vez en su imaginación en Hitler o en Lord Haw-Haw.

Hacia el final de la hora se produce una interrupción. Unas cuantas niñas exploradoras de las que también usan la casa quieren entrar. *M.K.* las echa sin ninguna dificultad, pero Richard se queda aterrado, y cuando sale con ella al finalizar la sesión, no la mira y camina en silencio a su lado.

Nota de la sesión número treinta.

1. Este tipo de acusación, hecha ante cualquier frustración, se deriva de la época en que el niño era bebé, y sólo se deb e a que el bebé fuera realmente frustrado por su madre algunas veces, sino también a que los niños muy pequeños sienten que todas las cosas buenas les sondadas por el pecho bueno, mientras que todo lo malo (tal como el malestar interior), les es producido por el pecho malo.

I. En este constante intento de evitar situaciones conflictivas internas y externas constituye defensas fundamentales y es uno de los rasgos característicos de la vida mental. En particular, es característica de los niños pequeños, los cuales luchan constantemente por conseguir estabilidad y una buena relación con el mundo externo. Richard muy pocas veces, o quizá nunca, había vivenciado momentos de estabilidad emocional de cierta duración, cosa que influyó sobre todo su desarrollo. En mi articulo "El complejo de Edipo a la luz de las ansiedades tempranas" (1945) y en el capítulo 4 de *El psicoanálisis de niños,* me he referido ya a las tentativas que se hacen para poder llegar a una solución de compromiso.

---

* Lord Haw-Haw: se trata de un ciudadano británico al servicio de Alemania, que durante la guerra hablaba por radio a las tropas inglesas, tratando de desmoralizarlas y de que se entregaran a Hitler. El mote le fue puesto debido al acento aristocrático exagerado que usaba al hablar.

II. Aunque en esta sesión las defensas maníacas ocupan el papel preponderante, Richard, no obstante, está más preparado para enfrentar la ansiedad que siente. La actitud maníaca se ve en el caminar de arriba abajo haciendo tanto ruido que a veces apaga mi voz. Además, en no mencionar la guerra ni hacer ninguna alusión a la invasión de Creta. Pero, por otra parte, ha podido ir al cine, y el dibujo sobre el imperio invadido por fuerzas enemigas guarda una estrecha relación con la guerra. Por sobre todo esto, además, toma conciencia de algo que él mismo se interpreta: de que el dibujo del imperio representa una estrella de mar voraz, con muchos dientes, es decir, que es él mismo. También logra expresar sus conflictos y la angustia que siente hacia el padre malo, de una manera mucho más clara. Esta combinación de técnicas de negación y de defensas maníacas, que operan simultáneamente con una mayor capacidad de autoconocimiento y de enfrentar diversas angustias, constituye una característica de las etapas por las que se pasa durante el tratamiento analítico (o en el curso del desarrollo), en las cuales se van produciendo modificaciones en el sistema de defensas. La negación, en este caso, se refiere a ciertos aspectos (sobre todo a la situación externa de la guerra), pero, en cambio, Richard vivencia su realidad interior mejor que hasta ahora.

SESION NUMERO TREINTA Y UNO (Viernes)

Richard mira cuidadosamente por todo el cuarto. Se pregunta si las niñas exploradoras habrán cambiado algo cuando entraron en el momento de salir él y *M.K.* el día anterior. Piensa que, en efecto, han cambiado de sitio algunas cosas: algunas de las fotos están en otro lugar del que tenían, y hay un banquito nuevo. Pero descubre con alivio que la tarjeta del pequeño petirrojo sigue en su sitio.

M.K. interpreta que el día anterior tuvo miedo de que las niñas le fueran hostiles -los bebés intrusos-, pero que acaba de descubrir, con alivio, que no le han quitado su órgano genital, representado por la tarjeta del petirrojo.

Richard se sienta y empieza a dibujar. A diferencia del día anterior, en cuya oportunidad apenas habla dirigido la mirada a *M.K.* o al cuarto, esta vez la enfrenta directamente. Estornuda y dice, sonriendo, que se le ha salido un globo, el cual está muy contento de escaparse de dentro de él. Empieza a hacer otro dibujo de un imperio (no reproducido aquí) y pregunta a *M.K.* si anoche ha ido al cine. Desearía que lo hubiera hecho. El fue y lo pasó muy bien y le hubiese gustado que también ella hubiera estado allí. Le pide luego que le saque los colores que representan a papá, mamá, Paul y a sí mismo; separa a un lado los juguetes y dice que no le gustan. Empieza entonces a colorear el dibujo, comentando que cada persona tiene un país propio y que aunque papá es negro, es muy bueno y no hay pelea. (El cambio de humor respecto a la sesión pasada es muy llamativo; está hoy mucho menos tenso o angustiado.)

M.K. interpreta que, en contraste con el dibujo de la sesión pasada, en la cual todos estaban hechos pedacitos, esta vez cada uno tiene su país y nadie ha metido una parte suya dentro del territorio del otro. También le marca que el miedo que tuvo ayer sobre los pedacitos comidos de su familia, era tan grande debido a la angustia que sintió cuando estaba enfermo y le escocía la garganta, y además, a la preocupación que su propia madre tenía por su resfrío.

Richard escucha atentamente y mira a *M.K.* mientras ésta habla. Dice que, en efecto, le dolió algo la barriga y también la garganta mientras estuvo resfriado.

M.K. le recuerda que cuando ella le interpretó la sensación de que se había comido a toda la familia hostil, y en particular a Paul y a papá, él sintió también dolor de barriga. El dolor de garganta puede, además, tener algo que ver con el deseo que tuvo de que el anzuelo se les clavara en este mismo sitio a su papá y a su hermano.

Richard protesta; no quiere que *M.K.* le diga cosas tan desagradables y quiere marcharse. (Sin embargo no está muy angustiado al decir esto y no deja de dibujar.) Pregunta después a *M.K.* si no le puede ayudar a no temer tanto a los niños y comenta que papá en realidad es bueno, no sólo en el dibujo, sino de verdad. Es el papá mejor que se puede tener y él le quiere mucho. De repente, al comenzar el dibujo 21, recuerda que ha tenido un sueño desagradable. *El H.M.S. Nelson es hundido, de la misma manera como se hundió el Bismarck.* (Se pone muy triste al contar esto.) Debe de haber sido una batalla naval cerca de Creta. Habíamos perdido unos cuantos cruceros y nuestra armada era mucho menos fuerte... Hace una larga pausa...

M.K. interpreta que Richard está en realidad muy preocupado por la guerra y teme que pronto haya más batallas y hasta más derrotas. Añade que recientemente, a medida que se ha ido sintiendo más y más preocupado por la guerra, ha ido hablando cada vez menos de ella.

Richard dice que, en efecto, está muy preocupado y no le gusta pensar en el tema. (Resulta evidente que teme que los aliados pierdan, pero se siente incapaz de mencionarlo.)

M.K. le pregunta quién piensa que puede haber hundido al *Nelson* en el sueño.

Richard contesta que no lo sabe, y presenta una fuerte resistencia.

21

M.K. interpreta entonces que en todos los dibujos el *Nelson* ha representado a su padre, al cual, como acaba de decir, quiere mucho. Sin embargo, cada vez que tiene celos de él le odia. En esas oportunidades papá se transforma en el Hitler negro; pero él se siente culpable, porque en medio de su enojo y de su odio ataca también al papá bueno y amado. [Ataques al objeto amado, unidos a ansiedad depresiva y culpa.] También se siente culpable, porque con sus celos y odio él mismo le ennegrece y le convierte en un papá malo. Además, a veces ha deseado que papá sea como Hitler con mamá. *M.K.* asocia el comentario sobre el globo que estaba contento de salir de dentro de él, con la sensación que tiene de que el papá bueno debería ser rescatado y sacado fuera de su interior por encontrarse en peligro de ser destruido en las luchas internas. El estar resfriado ha contribuido también a la sensación que tiene de que dentro de si mismo pasan cosas horrorosas; temor éste que se ve en el sueño, en el cual el *Nelson* hundido simboliza a su padre muerto dentro de él. Se siente responsable por el hundimiento de este barco y por ello aumenta además el miedo que tiene a la guerra y a una posible derrota.

Richard pide a *M.K.* que le ayude a correr las cortinas y a oscurecer el cuarto. Enciende la estufa eléctrica y una vez más comenta que hay algo que se mueve dentro de ella (véase sesión nueve). Dice: "Es un fantasma". Entonces se asusta, se queda preocupado y vuelve a abrir las cortinas, pidiendo una vez más a *M.K.* que le ayude a hacerlo. Se ha puesto inquieto, y aunque no termina el dibujo que estaba haciendo, dice que el pececito bebé está pidiendo ayuda.

M.K. le pregunta quién le está atacando; ¿es el *Salmon?*

Richard no contesta. Está muy angustiado y manifiesta que quiere mirar el reloj de *M.K.* y que ésta ponga la alarma.

M.K. asocia el fantasma con el miedo que tiene de su padre, de su madre y de *M.K.* muertos. Le recuerda que, anteriormente, apagar la estufa eléctrica significaba atacar a los bebés y al papá que están en el cuerpo de mamá, lo cual implicaba también matarla a ella, mientras que encendería equivalía a resucitarla. Además, el fantasma de dentro del fuego era el padre y los bebés muertos, que volvían para atacarle. Pero también son sus enemigos los niños "dañados", fantasmas, es decir, los niños de la calle. Como además odia también a su padre y tiene celos de él porque puede meter su órgano sexual en el cuerpo de mamá y hacer que nazcan bebés en ella, todo esto le hace después temer haber matado a su padre y a los bebés, por celos. El deseo repentino que siente de poner en marcha la alarma, no es sólo para que ésta sirva de advertencia, sino también para cerciorarse de que el reloj, que simboliza a *M.K.* y a su madre, vive todavía. Acaba de demostrar que también tiene celos de *M.K.*, al preguntarle si ve pacientes los domingos, día en que generalmente él no está en "X"[1].

Richard dice que el cuarto de juegos es horrible, que no lo puede soportar más y que tiene que irse. Trata otra vez de ver si puede volver a entrar en la casa abriendo la puerta lateral, se deleita de nuevo con el paisaje, pero cuando mira los canteros de flores, indica a *M.K.* que hay en ellos una huella, hecha seguramente el día anterior por una de las niñas exploradoras.

M.K. interpreta que teme que los niños malos fuercen la entrada de la casa, lo cual simboliza el cuerpo de ella y el de su madre, y que la dañen. Siente también, que si se le dejara la puerta abierta, no necesitaría él

---

[1] No tengo anotado en qué momento me preguntó esto, pero debe de haber sido en relación con el hecho de que, excepcionalmente, se quedara a pasar el fin de semana en "X", y que entonces decidiera yo verle también el domingo.

tampoco penetrar en la casa por la fuerza, ni atacar el interior de su mamá, sino que podría protegerla. Le recuerda a este respecto el miedo que tenía de que las estrellas -bebés peligrosas y el pulpo-papá atacaran el cuerpo de mamá, temor que incrementa el deseo que tiene de penetrar dentro de ella para protegerla.

Richard se ha puesto a levantar piedras del suelo, y encuentra un pedacito de botella rota. Se indigna mucho, lo tira y dice que no debiera estar allí... Vuelve a casa y mira los juguetes, y de entre ellos elige la "casa de barrios bajos" (a la cual describió en su juego, diciendo que era una estación con casas pobres detrás). También coge una figurita rota (que representa a un hombre con el brazo roto), lo aprieta con la mano y le rompe el otro brazo. Entonces pregunta a *M.K.* si está enfadada con él.

M.K. interpreta que espera que ella se enfade (habiendo llegado el día anterior a verla aterradora) de llegar él a hacer daño a sus bebés y a su marido. También teme que su madre le odie, si llega él a atacar a su padre, a Paul o a sus bebés.

Richard pregunta entonces si su nieto habla en austríaco o en inglés.

M.K. le recuerda que ya en ocasiones anteriores le preguntó esto y cuestiones similares, pero que las contestaciones que ella le da no parecen tranquilizarle. No sólo desconfía de su hijo y de su nieto, sino también de los bebés y del papá "extranjeros" que hay dentro de su mamá; y cuanto más desconfía de ellos, más desea atacarlos. Además no consigue averiguar nada a su respecto. Señalándole el dibujo 21 *M.K.* sugiere que como la estrella-bebé está muy cerca de la planta, esto puede significar que es muy voraz y por ello muy peligrosa para mamá. Este bebé voraz lo ha representado a él frecuentemente, y por ello se siente muy culpable.

Richard no quiere al principio mirar el dibujo, pero tras esta interpretación se interesa por él. Se muestra de acuerdo con lo que le acaban de decir, y mirando a *M.K.* en forma suplicante (casi con lágrimas en los ojos), le pregunta si quiere hacer algo por él. Está muy pensativo.

M.K. le pregunta qué quiere que haga.

Richard (evidentemente sin saber qué es lo que quiere) lo piensa, y después le pide que le coloree el dibujo y se lo termine.

M.K. le pregunta por los colores que quiere que use.

Richard sugiere primero que use los que ella desee, pero en seguida la empieza a dirigir. Las chimeneas del Rodney deben ser celestes y el cuerpo y la bandera, rojos. De repente coge él el dibujo y pinta vigorosamente de negro la chimenea del *Salmon*, pone de rojo el cuerpo y colorea también el pez. Al hacerlo está mucho más vivaz y feliz[2]. Dice que el pez es *M.K.* y

---

[2] Ver sesión número quince.

luego, señalándole el vestido que lleva puesto, indica que, en efecto, el dibujo de la tela tiene un poco de verde.

M.K. interpreta que ella, el pez, también tiene algunos de los colores que representan a mamá, a Paul y a él mismo; que le está resucitando, dándole bebés mientras le pide ayuda para poderlo hacer. Quiere arreglarle los pechos -el celeste simboliza a la mamá buena que alimenta-, porque teme haber sido muy ávido y haberlos destruido (1a estrella al lado de la planta que también le representa a él). También el padre muerto, el *Nelson* hundido, debe de ser resucitado; el cuerpo del barco lleno de color rojo simboliza tanto el genital de su padre como a éste entero (nota 1). A pesar de esto, en cuanto siente que sus padres han resucitado y están juntos, el *Salmon* se enfada y se pone celoso, y con la chimenea negra ("lo grande"), él ataca al barco que los representa mientras tienen relaciones sexuales. Le indica además *M.K.*, que el pez-bebé se ha transformado en ella, quien también representa a mamá. [Reversión.]

Richard ha estado dibujando durante la formulación de estas in-terpretaciones. Cuando *M.K.* se levanta al finalizar la hora, lamenta que la sesión haya terminado. Al abandonar la casa, mira hacia atrás y dice afectuosamente: "El viejo cuarto de juegos está bastante lindo, ¿verdad?". Camino de la esquina, de repente le dice a *M.K.* (evidentemente queriendo aprovechar cada minuto que pasa con ella), que a los dos años le picó una avispa que él había cazado creyendo que era una mosca. Lo hizo en la palma de la mano y luego murió[3].

En esta sesión, en general, Richard ha estado más tranquilo, con menos tensión y ansiedad. Ha escuchado más atentamente las in-terpretaciones, sintiéndose al finalizar la hora más triste y menos perseguido, tanto respecto a la gente que pasaba por la calle como con respecto a *M.K.*

Nota de la sesión número treinta y uno.

1. Es impresionante ver el cambio que se produce en Richard tras la interpretación de los ataques que quiere llevar a cabo contra el padre y los bebés de dentro de su madre; de una actitud de angustia, indiferencia y desesperanza, pasa a otra de vivacidad y de actividad. Cuando le señalo que la estrella que en el dibujo está cerca de la planta, expresa la culpa que siente por su avidez (cosa que hemos visto que ocurre siempre en el material anterior), la angustia desaparece lo suficiente como para dar lugar al interés y al deseo de reparar. Es evidente, que al pedirme que le ayude no sabe qué es lo que desea, pero el sentido inconsciente del impulso de reparar y volver a dar la vida (posición depresiva), y el deseo de que yo le

---

[3] No sé si recordaba esto realmente o si fue algo que le dijeron después.

ayude a realizarlo, se pone de manifiesto, con toda claridad, en la actividad que lleva a cabo a continuación: el coloreado del dibujo. Esto constituye un ejemplo más de lo que la experiencia me ha demostrado: que es esencial interpretar los contenidos angustiosos que están actuando en forma más aguda, y que tales interpretaciones producen el resultado visto en este caso. El contraste entre la depresión y la desesperanza de Richard por los muertos contenidos en el cuerpo de su madre y por lo tanto en él mismo también, y el advenimiento de la vivacidad y la esperanza tras la interpretación de esta angustia, es muy llamativo, pero es un fenómeno que he podido observar una y otra vez. Este cambio de actitud también se pone de manifiesto en el hecho de que, al principio de la sesión, el cuarto le parece tan asustador que tiene que salir de él por ser un lugar muy espantoso, mientras que al finalizar la hora se refiere a él con gran afecto.

SESION NUMERO TREINTA Y DOS (Sábado)

Richard está muy contento cuando se encuentra con *M.K.* en la esquina y en el cuarto de juegos se muestra amistoso y tranquilo. Enchufa la estufa eléctrica y comenta que el cuarto está acogedor y que es bonito. Cierra las ventanas y dice que adentro está lindo, pero que afuera está feo (aunque no hay sol, el tiempo en realidad no es malo). Luego se sienta y mira a *M.K.* de manera expectante.

M.K. interpreta que el cuarto, que en un momento dado ayer le pareció tan terrible, se fue mejorando en el transcurso de la sesión, y que hoy todavía le parece agradable, pues se ha puesto acogedor y cálido, es decir, que está vivo. Esto le parece que es así, cuando siente que puede resucitar a los bebés muertos, a sus padres y a *M.K.*, cosa que expresó al colorear el dibujo 21. El pez representaba en él a *M.K.*, a mamá y a los bebés, y todos, tal como él escribió en el papel, pedían ayuda. También le recuerda que ese mismo día, en un momento en que se sentía muy triste y asustado, se puso muy contento al pensar en las gallinas de la señora de A. que habían tenido pollitos[4], porque también estos animalitos simbolizaban a los bebés que a él le gustaría dar a su madre.

Richard está de acuerdo con todo esto; dice que, en efecto, le gustaría mucho poder dar bebés a su mamá, y añade que ésta tiene cinco hijos: Paul, él, Bobby y los dos canarios, los cuales son varones.

M.K. interpreta que como Bobby y los canarios le pertenecen a él, siente como si con ellos le hubiera dado a mamá tres hijos.

---

[4] No tengo notas sobre cuándo exactamente dijera esto, pero estoy casi segura de que lo hizo en la primera parte de la sesión treinta y una.

Richard está de acuerdo con esto, pero se angustia. Dice que los canarios se pelean mucho y que está seguro de que si uno de ellos tuviera mujer, el otro tendría celos y entonces se pelearían todavía más.

M.K. interpreta que él también tiene celos porque mamá es la mujer de papá y que se lleva mejor con Paul que con su padre, pues éste, como él, carece también de mujer. Pero siente al mismo tiempo que ni Paul ni él son buenos hijos, pues se pelean mucho. También se refiere a los celos que tiene de los otros pacientes y de su marido.

Richard, con tono vacilante, dice que le gusta perseguir a las gallinas; no lo hace cuando están por nacer pollitos, pues ello sería cruel, pero sí en otras oportunidades. Sin embargo, ahora lo hace menos que antes. Añade que no va a hacerlo nunca más y escribe: "No perseguiré más a las gallinas", pegando después el papel en la pared. Descubre entonces, que en vez de escribir: "firmado, Richard", ha escrito "chamuscado, Richard"[*] .

M.K. le indica que esta equivocación significa que no sólo la quiere perseguir, sino también quemar, y que aunque trata de no hacerlo mientras está incubando a los pollitos, es entonces cuando realmente quiere hacerlo, porque las gallinas representan a mamá a punto de tener bebés. La palabra "chamuscar" significa, además, preparar el animal para llevarlo a la mesa, lo cual quiere decir que la equivocación significa que desea también comerse a su madre con los bebés adentro. La resolución de nunca más perseguir a las gallinas indica lo culpable que se siente, no sólo por estos animales, sino también por su madre y sus bebés.

Richard ha escuchado tranquilo y con interés, y ahora empieza a dibujar (dibujo 22)[5]. Al hacerlo comenta: "Estoy contento", y después agrega: "Papá es bueno", pero se corrige y dice que no lo es. Pero no importa, añade, porque mamá se va a llevar a casi todos los países. Tiene muchos en el centro y una buena parte en la costa. A él le gustaría acercarse a mamá, pero papá ha ocupado ya varios países cerca de ella. Sin embargo, consigue, después de todo, algunos que están pegados a ella. Resulta que Paul sólo tiene un país cerca de mamá y en ese momento descubre, además, que en el ángulo inferior izquierdo todavía queda uno vacante (una sección sin colorear). Dice entonces que papá piensa quedarse con él, pero Richard lo ocupa rápidamente[6]. Luego vuelve a repetir que está contento y que está deseando irse a su casa el domingo.

---

[*] Juego de palabras. En vez de escribir *"Signed,* Richard", escribe *"Singed,* Richard".

[5] Aquí, una vez mas, he tachado los nombres de su hermano y de él mismo.

[6] Como señalé al principio, Richard dibujaba y coloreaba estos imperios sin ningún plan deliberado, de manera que a veces él mismo se sorprendía al ver cómo resultaban.

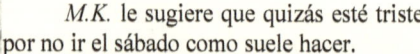

M.K. le sugiere que quizás esté triste por no ir el sábado como suele hacer.

Richard contesta que, en efecto, lo siente un poco, pero que de todas maneras aún le queda la mayor parte del domingo para estar en casa, tras venir a la sesión por la mañana.

M.K. le indica que si está contento de volver a casa, ello se debe en parte a que Paul ya se ha ido. En el dibujo de hoy, Richard tiene la mayor parte de mamá, luego viene papá y finalmente Paul es el quien menos tiene; con ello está expresando la alegría que siente porque su hermano ya se ha ido. También le interpreta que él tiene una sección puntiaguda que penetra en el territorio de Paul y le recuerda el dibujo 20, acerca del cual dijo que todos tenían pedacitos metidos dentro de los otros y que Paul y él se estaban besando. Hoy puede estar sintiendo, que como le ha quitado su mamá a Paul, debe de hacer el amor a éste para compensarle por su pérdida (nota 1).

Richard hace varias preguntas. ¿Va a atender también a John el domingo? ¿Lo ve quizá todos los domingos? Y si es así, ¿por qué no a él?

M.K. le dice que su madre quiere que vaya a casa los domingos y que aunque él también lo desea esto no le impide tener celos y sentirse despojado al pensar que los otros puedan estar recibiendo de ella lo que también él podría recibir.

Richard empieza a preguntar compulsivamente por los pacientes de *M.K.* ¿No le puede decir por lo menos si hay mujeres entre ellos o si él es el menor de los niños? Al cabo de un rato, pregunta de pronto si el Sr. K. se ha muerto.

M.K. contesta que ya le ha preguntado estas cosas muchas veces y que sabe que, en efecto, el Sr. K. está muerto. Como tiene celos de Paul por ser éste mayor, más inteligente y, según él cree, más querido y admirado por mamá, así como también por papá, el cual tiene más cantidad de mamá que él, su mayor consuelo es sentirse el menor, y por lo tanto, ser el bebé de su madre. Ahora quiere confirmar esto mismo con respecto a ella, preguntándole si él es el único niño que atiende y asegurándose de que el Sr. K. ha muerto.

Un poco más tarde, Richard quiere mirar todos los dibujos. (Al finalizar la sesión anterior le ha pedido a *M.K.* muy particularmente que los traiga *todos,* a pesar de que esto es lo que hace siempre.) Los mira a todos y señala que uno de ellos (descrito en la sesión veintitrés, y no reproducido aquí), es "todo dientes", y entonces lo separa con desagrado. Después mira para ver si todos tienen la fecha, y dice que le gustan.

M.K. interpreta que a pesar de que algunos dibujos, como el que es "todo dientes", no le gustan, le gustan a pesar de todo porque representan. un regalo que él le hace a ella, como si fueran "lo grande" o bebés. El hecho de que *M.K.* les ponga la fecha y los guarde le prueba que los valora.

Richard contesta que *M.K.* ya no es muy joven -tiene cincuenta y nueve años-, pero que aun puede tener bebés. Y volviéndose otra vez hacia los dibujos pregunta si se requiere mucha experiencia y estudio para ser psicoanalista.

M.K. interpreta que quizá quiera él serlo.

Richard contesta con tono de duda que quizá. Pero no; prefiere que *M.K.* le psicoanalice a él.

M.K. interpreta que ser psicoanalista significa ser adulto, potente y creador, y ser capaz de tener bebés con ella; pero que duda tener la suficiente capacidad como para hacerlo. Ser psicoanalizado por *M.K.* significa en cambio que ésta le ayude a hacer dibujos que simbolizan a los bebés.

Tras una pausa, *M.K.* pregunta a Richard si ha soñado algo (nota II). Richard contesta en seguida que ha tenido un sueño, pero que se ha olvidado de él. De repente se acuerda de algunas partes: *Hay mucha agua que hierve -no, no hierve-, pero que cae como las cataratas del Niágara, rompiendo las cañerías. El está en su cuarto del hotel. Hay además un hombrecillo allí, parecido a Charles, un primo mayor de su madre que no le gusta. Pero también está Peter, su primo que sí le agrada.* Aunque no asocia nada con el sueño, dice repetidas veces que no le asustó, y que era bastante divertido ver cómo se precipitaba el agua.

M. .K. interpreta, que si estuviera en un cuarto que realmente se inundara con agua hirviente de las cañerías reventadas, sería una situación aterradora. Sugiere, por lo tanto, que está tratando de evitar sentir miedo, viéndolo todo como si fuera divertido; por esta misma razón se había olvidado del sueño y le fue difícil contarlo. Le pregunta luego qué hacía Charles.

Richard contesta que nada, que simplemente estaba allí sentado; y repite que es una persona desagradable.

M.K. sugiere que Charles puede estar representando a su padre, el cual se convertiría en alguien desagradable si se enterase de que la

PSIKOLIBRO

inundación se debía a Richard. Le recuerda a este respecto, que últimamente su orina representaba una inundación que temía que pudiera resultar peligrosa para ella y para su mamá. Hoy es la primera vez que ha sugerido que su orina pueda estar hirviendo, pero quizás haya sentido esto antes, de bebé. También se refiere *M.K.* a la enfermedad de hace unos días, y a lo incómodo que se sintió entonces por dentro. Las cañerías reventadas pueden representar de alguna manera lo que siente que le pasa por dentro cuando su propia orina le inunda (nota III).

Richard está mirando unos dibujos y en particular el 21, pero lo separa rápidamente.

M.K. le recuerda, entonces, que el día anterior había dicho que el pez era un bebé que pedía auxilio, pero que luego se rectificó diciendo que la representaba a ella. Le sugiere que el *Salmon* -Richard-, también puede estar pidiendo ayuda a *M.K.* Como pintó con mucho vigor de negro la chimenea del *Salmon* (mamá y *M.K.*) le sugiere que puede estar aterrorizado al pensar que, con "lo grande", que para él es algo muy peligroso, puede haber dañado no sólo al papá malo, sino también a mamá. Dispararía su cosa "grande" negra por el trasero de mamá. Además la estrella-bebé está cerca de la planta, la cual, en la sesión 12, representaba el pecho y el órgano genital de su madre, y teme que la devore. Por eso pide ayuda a *M.K.*: para que el trabajo que realiza con ella le ayude a controlar su avidez y los ataques peligrosos que quiere llevar a cabo contra su madre (nota IV). Repetidamente le ha pedido además que le ayude a no tener miedo de los niños, y en la sesión anterior le rogó que hiciera algo por él; aunque luego no supo decirle qué era lo que quería de ella. Por fin resultó que quería que le ayudara a preservar, restaurar y resucitar a ella misma, a mamá y a los bebés.

Richard muestra que está de acuerdo con todo corazón y dice que, en efecto, quiere que le ayude a no ser destructivo para poder así mantener viva a mamá... Un poco después, tras mirar el collar de *M.K.*, lo toca levemente, con el deseo evidente de tocar el pecho, y dice que las cuentas que tiene son bonitas. Mamá también tiene un collar con cuentas así...

Cuando termina la sesión se quiere quedar más tiempo, deseo que se ve en la manera lenta en que recoge sus cosas Antes de salir mira cuidadosamente para ver si todas las ventanas están cerradas, si la puerta del jardín también lo está y, ya afuera, quiere asegurarse una vez más de que no hay ninguna ventana abierta.

M.K. interpreta, cuando aún están en el cuarto, que desea mantener intacta la habitación, que la representa a ella y a mamá. Tocar las cuentas del collar, que son parecidas a las de su madre y el que le guste, expresa el deseo de mantener seguro y en buen estado el pecho de mamá, y asegurarse él de que todavía está allí. También quiere mantener el cuarto libre de todo intruso, lo cual significa mantenerlas a ella y a mamá libres del papá intruso y peligroso, de Paul y de si mismo.

Durante la sesión, Richard ha dibujado un pez acompañado de dos estrellas, que nadan a buena distancia de la planta. Sobre la línea divisoria, un avión británico revolotea próximo al *Salmon.* Este dibujo parece expresar que toda la familia está en paz, pero no he encontrado en mis notas ninguna referencia a él.

Las vivencias de Richard han sido en esta ocasión muy diferentes de las de las últimas sesiones. Ha estado mucho más tranquilo y feliz, menos triste y relativamente menos perseguido. Aunque ha mirado varias veces hacia los transeúntes de la calle, lo ha hecho muchas menos veces que últimamente; pero resulta evidente, sin embargo, que ha estado todo el tiempo tratando de evitar decir cualquier cosa que pudiera traerle de nuevo ansiedad o tristeza, cosa que se ve, además, por la cantidad de veces que ha repetido que estaba contento.

Notas de la sesión número treinta y dos.

I. El deseo de robarle la madre al padre y el correspondiente sentimiento de comprensión hacia éste, que en ese caso quedaría solo y abandonado, constituye un fuerte estímulo hacia la homosexualidad (véase *El Psicoanálisis de niños,* capítulo 12).

II. Tanto en los análisis de niños como en los de adultos, pregunto a veces al paciente si ha soñado, pregunta ésta que en la mayoría de los casos provoca la narración de un sueño. No es fácil definir qué es lo que me sugiere, en un momento dado de la sesión analítica, que el paciente puede haber soñado algo que no ha mencionado; pero si tomamos el ejemplo de Richard podemos ver, en efecto, que estaba guardando material inconsciente, a pesar de cooperar conmigo al mismo tiempo en otro nivel. Creo que una situación así indica, a menudo, que el paciente está tratando de evitar un conflicto que el sueño revelaría. Sin embargo, no suelo en general pedir que se me cuenten los sueños, salvo en circunstancias como la descrita, y trato por el contrario de evitar dar al paciente la impresión de que los sueños sean más importantes que el resto del material. A pesar de esto, no puede ser una mera coincidencia el que la mayoría de mis pacientes sueñen con frecuencia, y me describan los sueños sin que yo tenga que pedírselos.

III. Este es un ejemplo del tipo de material que me llevó a concluir que los bebés se sienten perseguidos cuando sienten cualquier tipo de incomodidad física, así como también a ver que la raíz de la hipocondría se encuentra en la primera infancia.

IV. En mi libro *Envidia y gratitud (1957)* he señalado que el deseo que tiene el bebé de poseer el pecho inacabable y siempre presente -al cual me he referido frecuentemente en el pasado-, contiene un elemento muy importante agregado al deseo de tener alimento: el pecho debe hacer desaparecer o controlar los impulsos destructivos del bebé, y de esta manera proteger el objeto bueno y poner a salvo al niño de toda ansiedad persecutoria. Esto significa en realidad que el bebé, desde una edad muy temprana, siente la necesidad de un superyó que le ayude y le proteja (véase mi articulo "Sobre el desarrollo del funcionamiento mental", 1958).

SESION NUMERO TREINTA Y TRES (Domingo)

Richard está de muy buen humor y dice que está muy contento de estar con *M.K.* el domingo. Es evidente que para él supone gozar de un privilegio especial... Al cabo de un rato dice que los domingos por la mañana todo está muy tranquilo en "X": como si fuera una tumba; pero que se alegra de que no haya niños por ahí. Está al acecho de la gente mayor que pasa por la calle, y dice que siente que haya tan pocos transeúntes. Comenta que al despertarse hoy se sintió muy feliz a pesar de no estar en su casa siendo domingo, y que pensó que el trabajo con *M.K.* le hace bien después de todo, pues se siente mucho más valiente. Todo esto lo dice con convicción, añadiendo además que le gustaría contarle cómo se peleaba con los demás niños cuando estaba en su casa. Esta mañana, como se siente más valiente, ha decidido que cuando termine la guerra y se vayan otra vez a vivir a "Z", no tendrá miedo de pelearse con su enemigo Oliver. (Ha mencionado a este niño en la sesión veinte; en otra ocasión le contó a *M.K.*. que la madre de Oliver se había muerto hacia un mes.)

M.K. interpreta que siente un gran alivio al pensar que será capaz de pelear en vez de tener que pretender que es amigo de Oliver, por miedo a que éste le ataque.

Richard está del todo de acuerdo con esto y añade que también ha decidido pelearse con Jimmy, un niño de ocho años de su pandilla, el cual le dijo a Oliver algo acerca de él haciéndose así traidor. Mientras habla, Richard ha cogido el lápiz que antes había colocado a su lado junto al cuaderno y se lo mete en la boca, mordiéndolo tan fuerte que le deja una marca. Lo sigue mordiendo y dice que cuando termine la guerra piensa llevar preso a Oliver. En el jardín de su casa hay un rincón no cultivado, que tiene arbustos y muchas abejas y avispas. Aunque no es un sitio inmundo, sin duda no es un lugar limpio. Allí podría tener preso a Oliver, bien guardado para que no pueda escapar; mientras las abejas y las avispas le pican constantemente.

M.K. le indica que mientras habla está mordiendo el lápiz con mucha fuerza, lo cual significa estar mordiéndole el pene a Oliver y comiéndoselo. La prisión donde le va a meter no es sólo el jardín, sino también el interior de su cuerpo, el cual piensa que es un lugar horrible. El mismo tiene mucho miedo de las avispas y de las abejas, las que representan ahora "lo grande" peligroso y también su parte destructiva que contiene al papá-Hitler malo. Aunque siente que no puede proteger a la mamá buena contra estas cosas peligrosas que hay en él, sin embargo, la sensación que tiene actualmente de contener mayor cantidad de mamá buena y de *M.K.* debido al análisis que nota que le ayuda, le da más seguridad y le hace sentir que puede luchar mejor contra sus enemigos internos y externos.

Richard describe entonces lo que llama una pelea "menor" contra Oliver y su pandilla, en la cual él y Jimmy salieron victoriosos. Luego añade, dándose importancia, que en aquella ocasión casi le rompió los huesos a Oliver, que se apedrearon y que Oliver "se llevó una buena". Le hubiera gustado matarle, aunque en realidad no; pero le tiene mucho odio. En otra pelea que tuvieron, le dieron a él en la nariz con un pedazo de vidrio; pero sólo le dolió un poco y siguió luchando a pesar de ello; hubiera seguido haciéndolo aunque hubiera tenido el brazo en cabestrillo. Pero su madre salió al jardín y echó a los otros niños. (No me cabe duda de que Richard quedara aliviado cuando su madre salió, pues es seguro que se debió de sentir aterrado al verse el tajo de la nariz.) Al hablar, ha ido haciendo otro imperio, y mientras *M.K.* se refiere a la protección de su madre, sin darse cuenta coloca los lápices azul y rojo juntos, con las puntas hacia adelante. También menciona, mientras dibuja, que mamá tiene ahora muchos países y Paul también.

M.K. le indica entonces, que en el dibujo él rodea casi del todo a su madre; y que mientras hablaba, sin darse cuenta, pintó de negro la sección inferior, lo cual se debe a que por más que no le guste que papá toque a mamá, cree que el genital de éste está dentro de ella, mientras que su propio pene está dentro del de Paul. Sin embargo, al rodear él (las partes rojas) casi por completo a mamá (las secciones celestes), expresa la esperanza de poderla proteger contra el papá malo y darle bebés. Esta mayor esperanza que ahora siente de poder arreglar a mamá, lo cual también implica convertirse él en hombre, incrementa el deseo que tiene de pelear y también la capacidad para hacerlo. *M.K.* se refiere luego al miedo que tiene de que su órgano sexual quede dañado, y que ha expresado con la narración de cuando quedó con la nariz herida y el brazo incapacitado. Le recuerda tam-bién lo que sintió a partir de la operación que le hicieron, que todavía le dura, pero le indica también que acaba de expresar la esperanza de que el pene no le haya quedado tan dañado después de todo, como para no poder usarlo para atacar a los enemigos que representan al Hitler-papá malo.

Cuando *M.K.* menciona la circuncisión, Richard le dice que a partir de entonces odió al médico que se la hizo.

M.K. interpreta que ya en otra oportunidad pudieron ver cómo el doctor representa al papá malo; ahora bien, si Richard teme que este papá le ataque en el pene, es porque él mismo, cuando tiene celos de él y de Paul, desea atacar los penes de ellos. En esta misma sesión, al hablar con rabia de sus enemigos, mordió el lápiz con mucha fuerza, acto que expresa un ataque a sus genitales y que significa además atacar a Paul y a papá en persona.

Richard mira a *M.K.* con interés y le pregunta si cree que eso pueda ser la causa por la que tanto odia a Oliver. Cuenta que aunque este niño le ha invitado frecuentemente a tomar el té a su casa, él nunca quiso ir. Sin embargo, cuando no se pelean, está en buenos términos con él y no le demuestra que le odia ni que planea pelearse.

M.K. le indica que, al parecer, la relación que guarda con Oliver se parece mucho a la que mantiene con Paul, hacia el cual a veces siente amistad mientras que en otras ocasiones siente hostilidad, todo lo cual hace que nunca pueda fiarse de él como aliado. Richard sabe que él mismo es de muy poco fiar, pues a menudo disimula la hostilidad que siente hacia Paul.

Richard contesta tristemente que le gusta Paul, pero que siempre se pelea con él... Después se refiere a Jimmy, el cual le ha contado a Oliver que él está planeando secretamente atacarle; después de este incidente tiene más miedo que nunca a Oliver. Quiere matar a Jimmy, además, por traidor. Tras una pausa agrega que, en cambio, le gustan los dos hermanitos de Jimmy, que son unos bebés muy ricos.

M.K. le hace ver la mezcla de sentimientos que tiene hacia los bebés. Le gustan mucho, pero teme al mismo tiempo que sean como las ratas, las abejas y las avispas; esto se debe a que teme haberlos atacado dentro de mamá en un momento de celos.

Richard repite una vez más que al evantarsel esta. mañana se sintió alegre y esperanzado, y que decidió pelearse con Oliver abiertamente, pensando que quizá le pudiera vencer. Esta idea le hizo sentirse más feliz y le hizo también pensar que el trabajo con *M.K.* le está ayudando mucho.

M.K. se refiere entonces al dibujo del imperio y le interpreta que éste significa que tiene dentro de sí a una mamá buena celeste, la cual le ayuda a arreglar su órgano genital, y así él puede a su vez darle bebés, resucitarla y protegerla contra el papá-Hitler malo.

Richard se levanta, mira por todo el cuarto y dice que no ha soñado nada. Se dirige a la cocina y mira en la pila de lavar, para ver si hay en ella alguna araña.

M.K. le recuerda el miedo que tiene a los pulpos y le sugiere que quizá le pase lo mismo con las arañas; en uno de sus dibujos (el n° 6), el pulpo tiene una cara humana, roja de rabia, y representa a papá (véase sesión quince). De manera que la araña que hace poco ahogó, y que teme que quizá todavía esté allí, también representa a su padre.

Richard entonces le pide a *M.K.* que suelte el agua cuando él esté afuera; quiere saber por dónde corre este Niágara.

M.K. le recuerda el sueño que tuvo últimamente. Ahora no quiere volver a soñar, porque aquel sueño fue muy asustador aunque él no se dio cuenta de ello. Relaciona la pila de lavar, que en su imaginación contiene aún a la araña (y que representa el genital comido de papá) con el sueño, en el cual, como antes le sugirió, su interior desbordaba y él y mamá se encontraban en peligro debido a las cañerías rotas; en el mismo sueño aparecía también Charles, que tanto le desagrada (sesión treinta y dos). Todo esto ahora también representa el peligro en que ella se encuentra por causa del Sr. K. (la araña), el cual Richard no puede creer que haya muerto.

Richard está dibujando aviones con cañones durante esa interpretación de *M.K.* Comenta que el cañón es mamá y el avión británico, él. El avión alemán abatido es papá... Después sale al jardín y le muestra a *M.K.* unas flores que le gustan; pero de repente les tira piedras aunque sin llegar a tocarlas.

M.K. le indica que parece estar tratando de ver el daño que puede haber hecho ya, o hacer en el futuro a los bebés de mamá, a quienes quiere y odia al mismo tiempo.

Richard repite otra vez que le gusta que haya tan poca gente en la calle, pero que no le gusta que esté demasiado tranquilo. Refiriéndose al viaje que va a hacer a su casa esa tarde, dice que le gustaría que el autobús estuviera vacío, para estar solo en él. Pero se pregunta luego si en ese caso el autobús haría el viaje.

M.K. interpreta que le gustaría tener a mamá para él solo y también estar solo dentro de ella; y que papá, representado por el conductor, estuviera de acuerdo con este arreglo. Pero las dudas que tiene sobre si en tal caso el autobús haría el viaje, implican que se está preguntando si su mamá podría seguir viviendo en caso de no tener más bebés. Al principio de la sesión dijo que "X" estaba muy silencioso, como una tumba, porque había muy poca gente en la calle. "X", lo mismo que el autobús, representa los cuerpos de mamá y de *M.K.* llenos de bebés muertos; lo cual a su vez simboliza la muerte de mamá y de todo el mundo. También duda de que el conductor, papá, le permita quedarse con mamá para él solo.

Richard se divierte mucho con la idea de que quiera tener a mamá para él solo y que papá, de ser él el conductor, se quede fuera de ella (el asiento del conductor) a pesar de ser justamente él quien le lleve a verla. Hacia el final de la sesión le pide a *M.K.* que ponga las fechas a los dibujos hechos hoy y comenta que 1941 parece 1991.

M.K. interpreta que desea que tanto él como *M.K.* -y en particular *M.K.*- vivan hasta entonces, pues tiene mucho miedo de que ella y mamá se mueran.

En los dos últimos días, el humor de Richard ha cambiado. Está menos triste, han disminuido las defensas maníacas y las de negación, y siente mayor confianza y esperanza. También responde más a las interpretaciones.

Unos días más tarde, su madre viene a hablar con *M.K.* Le da cuenta del progreso de su hijo y comenta que ha notado un cambio llamativo en él a partir de esta sesión del domingo. Aunque en casa está muy agresivo, parece mucho más amistoso y menos tenso y es más fácil estar con él. Esta información es independiente de la que el propio Richard suministró cuando dijo que se sentía mejor, pues a su madre no le dijo nada.

SESION NUMERO TREINTA Y CUATRO (Lunes)

Richard le dice a M.K. que le ha traído un regalo, y con aire muy contento le entrega un frasco. Dice que es crema para la cara; pero cuando M.K. lo abre, salta desde adentro un muñeco verde de resorte. Richard ha estado mirando todo con atención y parece desilusionado al ver que M.K. no se asusta, pero en seguida le pregunta si le importa que le haya gastado una broma. Manipula el juguete, admira los fuertes resortes que tiene y dice que es muy vivaz, y que cuando salta fuera de la caja parece que va a morder a alguien. (Es evidente que a él le gusta mucho.) Cuenta que puso seis peniques en una máquina automática llena de trucos y de juguetes, dentro de la cual había una grúa con forma de garra. Con la mano ilustra lo que dice y muestra cómo la grúa bajó, agarró el frasco, lo levantó y éste salió. Como de costumbre, la descripción que hace es muy dramática. Pensó que la garra se llevaría la caja, pero no la levantó y se la entregó a él. Tras contar esto marcha por el cuarto de arriba abajo, pisoteando con fuerza. Dice que los soldados aliados están entrando en Siria, lo cual es bueno. También está contento de que la R.A.F. haya bombardeado tantos objetivos. Se sienta y dibuja la estrella de mar de siempre (dibujo 23). Al hacer el contorno, y antes de darle color, anuncia que no tiene nada que ver con imperios, y que es sólo un diseño.

23

M.K. le indica, cuando termina de pintarlo, que ha introducido en él dos colores nuevos: el naranja y el verde.

Richard insiste al principio en que no representan a nadie y que no tiene ninguna razón particular para usar colores nuevos, pero al cabo de un rato dice que el verde es la cocinera y el naranja Bessie. La cocinera usa un delantal verde. Luego hace una pausa, tras la cual dice que no ha tenido ningún sueño. Al terminar el dibujo se lo da a M.K. y dice: "Esta estrella de mar-bebé es para ti".

M.K. asocia el muñeco de resortes con la manera como quizá se toca el órgano genital [masturbación], pues el muñeco puede estar representando a su pene. Le sugiere que quizá se lo toque y juegue con él.

Richard se pone colorado, sin levantar la vista. Al cabo de un rato contesta: "A veces lo hago".

M.K. le recuerda que tras describir la manera como consiguió el muñeco, habló de los soldados que entraban en Siria, y él mismo empezó a marchar y a pisotear el suelo. Quizás al tocarse el pene piensa las mismas cosas. Siria puede ser el interior de mamá, de M.K. o de las muchachas, donde él quisiera marchar con su pene. Pero dentro de mamá puede encontrar el pene de papá y éste puede agarrar y morder el suyo; es decir, que teme que el papá peligroso de dentro de mamá le dañe su órgano sexual. M.K. también le sugiere que el dibujo representa los órganos genitales de mamá y de ella misma, dentro de los cuales quiere penetrar profundamente y donde los tres hombres, papá, Paul y él, se pelean entre sí. Si ha usado hoy colores nuevos diciendo que no tiene ningún significado y que el dibujo no es un imperio, es porque tiene miedo de la pelea que se lleva a cabo dentro de mamá y de M.K. y no quiere por lo tanto enterarse de nada sobre ella. Añade además M.K., que el verde del dibujo no sólo simboliza a la cocinera, sino también al muñeco de resortes que es de color verde y que representa a su pene.

Richard se ha angustiado mucho durante la formulación de estas interpretaciones y se queda muy inquieto. Se pone de pie, marcha de arriba abajo y se detiene cerca de la ventana más alejada de donde está M.K. Protesta diciendo que no quiere oír nada de lo que ésta le dice, pues no ve cómo tales cosas puedan ayudarle.

M.K. le interpreta que las palabras que ella le dice representan para él ataques hechos contra su órgano sexual. En esta sesión está reviviendo los temores que tuvo cuando le hicieron la circuncisión. Ha sentido como si la garra que le iba a quitar el muñeco fuera la mano del médico; temía que éste le fuera a quitar el pene; y le recuerda que éste también representaba al papá-Hitler malo. Si Richard quiere meter su genital dentro de mamá y allí morder el pene de papá y pelearse con él (igual que el muñeco, el cual parece que va a morder cuando salta de la caja), es lógico que se aterre pensando que tanto papá como mamá puedan atacarle a él. Hace poco, sintió también que M.K. era tan terrible como Hitler, al interpretarle ahora, se había convertido en la mamá-Hitler-bruta que lo estaba atacando.

Richard mete de pronto la mano en la cartera de M.K., revuelve todo pero no saca nada de adentro. Después se va corriendo a la cocina, abre del todo el grifo del agua y se queda viendo cómo ésta se va; mientras comenta: "El está atacando".

M.K. le pregunta quién ataca a
quién. Richard no contesta.

M.K. le sugiere que es el pene de papá el que ataca -los soldados británicos que atacan a Siria-, y que la pila de lavar representa el interior y los genitales de M.K. y de mamá, dentro de los cuales está penetrando. El grifo del agua ahora es pues el poderoso pene de su padre que ataca violentamente el interior de mamá, y Richard también querría hacer lo mismo, pues le gustaría tener un pene así de poderoso. Esto lo demostró al marchar como los soldados en Siria.

Richard se va afuera y pide a M.K. que vacíe la pila para ver dónde se va el agua.

M.K. le sugiere, que como siente que el pene de su papá y el fluido que contiene son peligrosos, quiere una y otra vez verlo salir de la cañería, que representa el interior de mamá. Le recuerda a este respecto el sueño sobre el Niágara (de la sesión treinta y dos).

Richard sale afuera, se sienta en los escalones y pide a M.K. que se siente a su lado. Recoge unas piedras y hace hoyos en la tierra con los dedos.

M.K. le sugiere que está investigando cómo es ella por dentro y que al mismo tiempo está usando la mano como si fuera una garra -el pene peligroso-. También ha querido averiguar lo que hay en su cartera, tratando de encontrar en ella el genital del Sr. K.

Richard interroga sobre lo que diría ella si él le pusiera a escondidas un erizo o un ratón en la cama.

M.K. interpreta que el erizo es el genital malo de papá, el cual cada vez que él se enfada porque papá y mamá están juntos en la cama, desearía que mordiera y dañara a mamá. Esta rabia le lleva luego a temer que mamá contenga dentro de si al pulpo, el genital peligroso y mordedor de papá.

Pasado un rato, Richard vuelve al cuarto y empieza a garabatear. Primero usa para hacerlo el verde y el naranja, y después los demás colores; garabatea de una manera cada vez más furiosa. Dice que la cocinera (el verde) se está peleando con Bessie (el naranja) y que los demás miembros de la familia han entrado también en la lucha. Tras esto se levanta, y marcha de arriba abajo haciendo el paso de ganso y el saludo de Hitler. Después mira por todo el cuarto, da una patada a los banquitos, los pisotea, los levanta y los tira. A continuación coloca a tres de ellos uno encima del otro, se enfada cuando se caen y pide a M.K. que lo haga ella. Trata él mismo de hacerlo otra vez, y se refiere a la torre del Palacio de Cristal, que tuvo que ser dinamitada porque se había hecho peligrosa.

M.K. vuelve a interpretarle que desea agarrar los penes de papá y de Paul mordiéndolos, pues siente que los necesita para convertir su propio pene en uno tan poderoso y agresivo como el de su padre. Por esto se enfadó tanto cuando le fracasaron los intentos de poner a los tres banquitos encimados. Cuando se cayeron, le hicieron recordar su pene dañado, que teme haber perdido particularmente tras la operación. También parece sentir esta misma angustia cuando se frota su genital y juega con él. Al pedirle a ella que recoja los banquitos, quiere con esto significar que desea que le ayude a arreglar su órgano sexual. La torre que debe ser dinamitada es en cambio el genital grande de su papá, al que admira pero sin embargo quiere destruir por rabia y por celos, y además porque le teme. La dinamita representa "lo grande", peligroso y explosivo.

Richard está jugando con una pelota; ésta rueda bajo la estantería y vuelve otra vez a salir y él comenta que parece que se pierde pero que vuelve otra vez. Después pide a M.K. que juegue con él a la pelota.

M.K. interpreta, que tiene la esperanza de volver a recuperar el pene que teme haber perdido en la operación y con la masturbación. Si esto fuera así, podría quizá tener relaciones sexuales con ella o con mamá, deseo éste que acaba de expresar pidiéndole que juegue con él a la pelota.

Hacia el principio de la sesión, cuando M.K. interpretó a Richard el deseo de castrar a su padre y el miedo a ser castrado por él, éste protestó enérgicamente. Dijo entonces, con gran énfasis, que su padre es muy bueno y que a menudo juega con él. El domingo pasado, por ejemplo, el padre pretendía ser un espía alemán mientras que Richard, que era policía, le perseguía en bicicleta. Papá se escondió, pero como es natural Richard lo encontró al final.

M.K. le interpretó entonces que en este juego había estado expresando, entre otras cosas, la sospecha de que su padre fuera peligroso y un papá-Hitler. Como el juego no resultó ser divertido y su padre muy bueno por jugar con él, le sirvió como prueba de que papá no era peligroso después de todo ni el papá-Hitler, e hizo que su goce al jugar fuera aun mayor.

Las notas de esta sesión son más cortas de lo que acostumbran serlo, la fuerte resistencia que surgió se expresó en largos silencios y en muchos detalles del comportamiento del niño, como ser el recorrer la habitación, mirar por la ventana y coger cosas para luego volverlas a dejar, detalles estos difíciles de anotar minuciosamente (nota 1). Hasta cierto punto, esta dificultad también se aplica a los datos tomados de otras sesiones y a ella se debe el que a veces las asociaciones de Richard parezcan ser menos que las interpretaciones dadas por mi.

Notas de la sesión número treinta y cuatro.

I. Durante esta sesión, Richard ha expresado una angustia muy aguda y una fuerte resistencia. Se opuso particularmente a mis interpretaciones sobre el deseo de castrar a su padre y a Paul y el temor de ser a su vez castrado por ellos. (Estas interpretaciones siempre provocan una gran resistencia, tanto en los niños como en los hombres.) La sesión constituye un ejemplo de algo que nos es familiar en el trabajo psicoanalítico y es que a medida que se va obteniendo algún alivio de la ansiedad, otras situaciones angustiosas vienen a colocarse en primer plano. En las sesiones precedentes, en efecto, había disminuido la angustia de Richard por los peligros internos (perseguidores internos, el peligro de ser envenenado). De esta manera quedó liberada parcialmente la represión de sus deseos genitales y heterosexuales, apareciendo más en un primer plano el sentimiento de potencia y la agresión contra el padre y sus sustitutos. Este progreso se expresó en la convicción del niño de que el análisis le estaba ayudando y de que sería capaz de pelearse abiertamente con sus enemigos. Ligado a esto, surgen entonces en esta sesión con plena fuerza el miedo a la castración (también relacionado con la masturbación), y también otras ansiedades características del incremento de los deseos
genitales heterosexuales, tales como la angustia provocada por el interior del cuerpo de la madre y en particular por la posibilidad de tener que librar una pelea contra el pene del padre dentro de la vagina. En relación con esto

---

quiero llamar la atención sobre el hecho de que la emergencia de los deseos sexuales hacia la madre, el temor a la castración que sigue a ésta y la ansiedad causada por la masturbación, se dieron como secuencia al análisis de una persecución interna muy intensa. En sesiones anteriores había ya emergido cierto material referente a la angustia de castración, pero este temor sólo se dio en forma más completa y aguda, y relacionada con la masturbación, tras haber analizado hasta un determinado punto las situaciones internas de ansiedad. En general, he podido ver que en muchos casos la impotencia de los hombres sólo se puede reducir tras el aminora-miento de alguna ansiedad persecutoria y que todo progreso en este sentido marcha a la par del análisis exitoso de temores persecutorios e hipocondríacos, particularmente referidos a persecuciones internas.

SESION NUMERO TREINTA Y CINCO (Martes)

Richard parece amistoso, pero está reservado y angustiado. Le dice a *M.K.* que ha vuelto a traer la flota, y la coloca sobre la mesa. El barco de guerra alemán *Prinz Eugen* (mencionado en las noticias esos días pues la flota británica lo estaba persiguiendo), es representado por un destructor al que los demás barcos rodean, representando a los barcos ingleses. Al principio Richard quiere hundir al *Prinz Eugen,* pero luego se apiada del barco "valiente y solitario" y hace que los ingleses lo tomen prisionero, de manera que el alemán navega "vencido pero orgulloso" entre dos destructores británicos, hasta llegar a un puerto inglés.

M.K. se refiere al material de la sesión anterior (la garra que le quitaba el muñeco de resortes; la mano del médico haciéndole la circuncisión, y los banquitos que se cayeron), e interpreta que el *Prinz Eugen* es él mientras que los barcos ingleses son papá y Paul que le pueden atacar y dañar o cortarle el órgano sexual. Asocia esto con la sensación que tuvo cuando le circuncidaron, cuando pensó que cientos o miles de personas estaban allí presentes. En aquel momento pudo haber temido morirse, y quizá se sintió aliviado al volver en sí y ver que todavía estaba vivo y que su familia, que durante la operación le había parecido que eran enemigos que ponían en peligro su vida, ya no era peligrosa. (El *Prinz Eugen* llevado prisionero en vez de ser hundido.) Sin embargo, al volver en si tras la operación, lo primero que sintió fue que le habían cortado el pene. Además de todo esto teme tanto las pérdidas reales de la Armada y la posibilidad de que Inglaterra sea vencida, que no quiere ni acordarse de la guerra, y por eso no ha traído la flota desde hace varios días, ni casi puede mencionar la palabra Creta.

Richard se opone vivamente a la mayoría de estas interpretaciones. En relación a sus miedos durante la operación y a la posibilidad de perder el pene, contesta que lo que M.. K. dice es horrible y que no quiere hablar de ello; niega también haber podido jamás pensar que Inglaterra pueda ser vencida, y repite que ello nunca puede ocurrir. Está de acuerdo, sin embargo, con que le preocupan mucho lo de Creta y las pérdidas navales.

M.K. interpreta que el puerto británico donde entra el *Prinz Eugen* es el genital de mamá y que teme que su pene quede preso dentro de ella y que pueda ser visto y atacado por papá y Paul que tanto lo asustan (los dos destructores que le escoltan).

En ese momento Richard se levanta, se separa de *M.K.* y mira por la ventana pidiéndole que la deje abierta. Le pregunta si ha ido al cine la tarde anterior. Dieron una película de asesinatos, pero buena. Dice luego que quiere salir, coge las llaves y medio en broma, dice que va a dejarla encerrada adentro (cosa que no es posible pues se trata de una cerradura Yale). Intenta hacerlo, pero inmediatamente pide a *M.K.* que salga afuera. Es evidente que está contento al ver que ella ha seguido sin perturbarse y con aire amistoso. Dice que de todas maneras podría haber salido por la otra puerta. Vuelve entonces al cuarto y sigue jugando con la flota.

M.K. explica que se separó de ella y hasta llegó a salir del cuarto en el momento en que ella le interpretaba que temía que su pene fuera atacado y hecho prisionero. En ese momento, esta situación de peligro se le hizo tan real como si todavía estuvieran operándole y *M.K.* se convirtió en la mamá traidora que no le protegió del papá-médico peligroso. También se asustó mucho en el momento en que *M.K.* le explicaba que el *Prinz Eugen* (él) quería penetrar dentro de mamá y de *M.K.* (el puerto británico) entre papá y Paul (los destructores ingleses), porque temió que estos dos hombres le atacaran dentro de mamá, que su pene quedara allí preso y que se lo robaran. El cuarto de juegos se llegó a convertir, pues, tanto en el sitio donde le operaron como en el interior de *M.K.* donde su órgano genital podía ser atacado. Además, contra lo que suele hacer, ha pedido a *M.K.* que deje hoy las ventanas abiertas y no está al acecho de la gente de la calle; esto se debe a que desde el comienzo de la sesión teme quedar preso con *M.K.* y dentro de ella. Ya la sesión anterior temió esto vivamente, y por lo tanto son el cuarto y *M.K.* quienes son hoy peligrosos y no los de afuera, los cuales, por el contrarío, podrían ayudarle si las ventanas estuvieran abiertas (nota 1). Ayer habló además de dinamitar la torre grande que representa el órgano sexual de papá; debido a ello hoy teme que su propio órgano sexual sea atacado por su padre, dentro de mamá.

Richard protesta otra vez vivamente por estas interpretaciones, con aire dolido y asustado; pero sigue jugando con la flota. Hablando en susurros, dice mientras saca el *Nelson* del puerto: "Aquí va el Nelson sin protección", y añade con voz más clara: "No, sólo va de patrulla".

M.K. interpreta que el *Nelson* sin protección es su padre cuando no está bien, o cuando es amigo suyo y tiene paciencia con él. Siente que en los momentos en que papá está sin protección -lo cual también significa que no sospecha nada malo-, él podría atacarle y castrarlo. Le recuerda además que tuvo mucha pena por el *Nelson* hundido y que se sintió culpable cuando soñó con él (sesión vein tiuna) porque quiere a su padre. A causa de los deseos que tiene de atacarle, y temiendo que realmente le llegue a dañar, por así desearlo, se siente culpable cada vez que le ve enfermo, envejecido o quedándose calvo.

Richard coloca los dos lápices largos juntos, formando con ellos lo que llama las "puertas del puerto". La abertura dejada por los lápices es tan estrecha, que los barcos sólo pueden pasar de uno en uno. Primero sale el *Rodney* y después el *Nelson;* pero cuando Richard se da cuenta de que el *Nelson* toca algo de *Rodney,* lo separa un poco. Siguen después dos destructores, los cuales, junto con el *Nelson,* se colocan alrededor del *Rodney* pero sin llegarlo a tocar.

M.K. interpreta que ha establecido la paz, haciendo que papá, Paul y él mismo, rodeen a mamá; pero que no quiere que nadie se acerque a ella, lo cual significa que nadie debe tener con ella relaciones sexuales. Cuando el *Nelson* (papá) la tocó al principio, él inmediatamente lo retiró.

Richard hace varios movimientos con la flota. Un destructor, con un submarino a cada lado, pasa a través de la puerta y en ese mismo momento Richard se ríe, acordándose de una película en la que varios cerdos trataban de entrar en la pocilga al mismo tiempo.

M.K. le recuerda que antes le interpretó que el *Prinz Eugen ,* que entraba en el puerto escoltado por dos destructores, significaba que él, Paul y papá se metían juntos dentro del órgano genital de mamá; ahora los tres están representados por los cerdos, porque cree que las relaciones sexuales son algo cochino, ávido y sucio.

Richard indica entonces que papá (el *Nelson)* está más alejado y que no es uno de los tres barcos que quieren pasar por la puerta.

M.K. sugiere que si bien papá es el *Nelson,* su pene puede estar representado por el destructor mientras que los submarinos son su órgano sexual y el de Paul. Además, como otras veces, los dos lápices que forman la puerta son también sus padres.

Richard describe entonces, divertido, la manera como una vez asustó a un gallo y a una gallina cuyas cabezas estaban juntas dentro del gallinero mientras que los cuerpos habían quedado afuera. Al asustarlos él, les temblaban las barrigas.

M.K. interpreta que el gallo y la gallina con las cabezas juntas representan a sus padres durante las relaciones sexuales, momento éste en que él quiere asustarles y molestarles. Le recuerda el ruido de gallos y gallinas que relacionaba con la pelota de fútbol (sesión veinticuatro), y le sugiere que quizás haya visto a sus padres juntos en una sola cama, lo cual confirmaría que cuando están juntos hacen cosas sexuales.

Richard contesta que a veces duerme en el cuarto de sus padres, pero sostiene que tienen camas separadas y que nunca duermen en una sola, de manera que no pueden hacer juntos tales cosas. Menciona que una vez cuando durmió con papá en el mismo cuarto, aunque no en la misma cama, soñó un sueño espantoso acerca de grandes cuervos que volaban sobre él y chocaban contra el planeta Júpiter.

M.K. interpreta que quizá piensa que sus padres se meten en la misma cama y tienen relaciones sexuales, pero que odia tanto pensar en esto que se aferra al conocimiento de que duermen en camas separadas.

Mientras *M.K.* habla, Richard proyecta con las manos sombras sobre la mesa, en la cual da el sol. Hace lo que él dice que es un pico de pato, después la gorra de un hombre y luego algo como la cabeza de un pato, pero el cuerpo es sólo una forma oscura y confusa.

Explica que quizá se trate de dos patos que están juntos, y en ese ins-tante se muestra muy inseguro. Entonces hace un unicornio y exclama. "¡Qué inteligente puede ser una mano!".

M.K. interpreta que el juego de estas sombras tan variadas y lo inseguro que se siente ante ellas, y en particular ante la de los dos patos juntos, expresan lo que siente ante las relaciones sexuales de sus padres. Quizá los haya visto juntos en una sola cama con la luz apagada y no haya podido saber con seguridad lo que estaba pasando; quizá se ha imaginado simplemente lo que juntos pueden hacer. La "mano inteligente" se refiere a la masturbación, la cual le da la sensación de ser poderoso (el unicornio), de poder destruir a sus padres o separarlos; y tras esto resucitarlos una vez más y volverlos a dejar juntar.

Richard vuelve a jugar con la flota. De pronto, con gran sentimiento y lágrimas en los ojos, dice: "Estoy haciendo mi parte por el país". En efecto, ha ahorrado quince chelines y los ha puesto en la Caja Nacional de Ahorros; además ha estado cavando la parte que le corresponde a él en el jardín y cuando salga de casa de *M.K.* va a comprar semillas de verduras, para plantarlas en cuanto llegue a casa.

M.K. interpreta que hacer su parte no es sólo ayudar al país, sino también, aunque su pene es aún pequeño, mantener a su madre con vida dándole bebés. Siente que su pene puede crecer y dar hijos a su madre (sembrar las semillas).

Richard parece muy contento, pero queda aliviado cuando se termina la sesión. Entonces coloca la mesa y las sillas contra la pared, cuidadosamente.

M.K. interpreta que esto significa también dejar en orden el cuarto de juego, el cual le representa a ella, y hacer su parte por ella también. Después le informa que su viaje a Londres, que durará nueve días, empezará la semana entrante.

Richard pregunta entonces si son sus vacaciones.

M.K. le contesta que sí[7]. En este momento no parece Richard estar preocupado por la noticia.

En esta sesión no hay señales de defensas maníacas. La ansiedad se manifiesta con fuerza, pero en forma mucho más directa y también las resistencias se expresan de manera fuerte y abierta. Como suele pasar a menudo cuando está en resistencia, la atención de Richard vaga, pero parece sin embargo oír todo lo que *M.K.* le va diciendo y manifiesta repetidamente su desacuerdo. Esta mayor capacidad para vivenciar y expresar agresión, se había ya puesto de manifiesto en la sesión treinta y tres, en la cual Richard se sintió muy aliviado porque pensó que podría pelearse con su enemigo Oliver. En esta hora, esto mismo se vuelve a manifestar en la forma en que declara abiertamente su desacuerdo con las interpretaciones recibidas. Al mismo tiempo es capaz de prestar a éstas una mayor atención, aunque evidentemente le resultan dolorosas (nota II).

Notas de la sesión número treinta y cinco.

I. Esto constituye el ejemplo de una situación de ansiedad centrada particularmente en una situación interna. Como puede verse por mis interpretaciones, interno significa aquí, tanto el cuarto en el que está Richard encerrado conmigo, como mi interior. Podría ir aun más allá y afirmar que también se encuentran reactivadas ansiedades sobre su propio interior, en el cual se llevan a cabo todas estas peleas que tan claramente surgieron en las sesiones precedentes. Contrastando con esto, ha disminuido en cambio el miedo a las persecuciones por parte de los de afuera -transeúntes, etc.-. Este movimiento de lo externo a lo interno, nos sirve de guía para descubrir si la ansiedad interna ha ocupado el lugar predominante.

II. En esta sesión he interpretado una cantidad de contenidos de angustia. A veces se expresan dudas sobre la habilidad del niño y del adulto para comprender interpretaciones aparentemente tan complicadas. La

---

[7] Ya hacía tiempo que quería yo dar a Richard detalles sobre la interrupción del análisis, para darle así el tiempo suficiente de elaborar la ansiedad que debía de ocasionarle. Sin embargo, como había estado tan angustiado t oda la semana anterior, no encontré una oportunidad favorable para decírselo. Tras esta sesión en la que la angustia disminuyó notablemente, y dándome cuenta de que ya no podía postergar por mas tiempo el hablar de ello, le informé de la fecha en que me proponía marcharme.

experiencia me ha demostrado que hay ocasiones, y no poco frecuentes, en las que es esencial juntar las interpretaciones diferentes que provocan angustia, para poder así manejar la ansiedad acumulada que operan en el momento. Richard estaba en un estado tal de ansiedad, que en un momento de la sesión tuvo que abandonar la habitación. Tras las interpretaciones en que yo ligué varios contenidos (en particular los relacionados con el genital de su madre), protestó vivamente con aire dolido y asustado, pero pudo luego continuar con el juego de la flota, el cual produjo otro material que confirmó aún más mis interpretaciones. La disminución de la ansiedad que aquí se manifestó, también pudo verse en el cambio de actitud del niño, ya que tras esta interpretación particular entró en sus asociaciones un elemento de humor. Al finalizar la sesión la angustia había quedado evidentemente muy aliviada.

SESION NUMERO TREINTA Y SEIS (Miércoles)

Richard está pensativo pero amistoso. Le enseña a *M.K.* su gorra nueva y le pregunta si le gusta. En una ocasión anterior, había ya comentado que la vieja le quedaba pequeña y que la visera estaba rota. También pregunta qué piensa de su "mezcla": su chaqueta, sus pantalones grises y su corbata. A su madre no le parece demasiado buena.

M.K. interpreta que la visera rota de la gorra representa su órgano genital dañado, el cual él espera que mejore y que crezca, pero que se está preguntando cómo le que daría tener un pene de persona mayor al resto de sí mismo, de toda su persona; de ahí la pregunta sobre la "mezcla". Quiere que *M.K.*, que representa a una mamá buena, le tranquilice sobre su crecimiento, lo que implica que le permita convertirse en adulto y tener deseos sexuales; en cambio siente que su madre no se fía de él.

Richard replica que al hablar pensó que *M.K.* le explicaría justamente lo que acaba de explicarle.

M.K. le pregunta si cree que la explicación es correcta.

Richard contesta con convicción: "¡Oh, sí!" y luego, turbado pero evidentemente decidido a hablar, añade que anoche su pene estaba muy colorado y que esto le molestó.

M.K. le pregunta si él hizo algo para que se le pusiera rojo.

Richard contesta que se lo rascó, pero que a menudo se pone así aunque no lo haga.

M.K. interpreta que ya en uno de los primeros dibujos (14) el rojo le representaba a él en el imperio. Sugiere que el rojo simboliza también, por lo tanto, a su órgano sexual herido, roto, y dañado por la masturbación. Está preocupado, y no sólo molesto, de que esto sea asi. Luego le pregunta por lo que piensa cuando se toca o se rasca el pene.

Richard no contesta a esto, pero tampoco niega que se haya estado masturbando... Después pasa a hablar muy contento de las hazañas que ha hecho la R.A.F. el día anterior. También se refiere, divertido, al comentario de Mussolini, que ha dicho que siente en los huesos que Inglaterra va a perder... Saca la flota del bolsillo y manejándola con sumo cuidado coloca el *Nelson* y el *Rodney* y a un destructor entre los dos. Inmediatamente detrás los sigue un destructor grande, tras el cual coloca tres barcos más. El crucero mayor está a la izquierda del *Rodney,* a poca distancia, seguido por tres destructores. Entonces Richard dice que su mamá ha arreglado las cosas de manera que cuando ella se vaya de vacaciones también ellos harán lo mismo en casa y que volverán a "X" el mismo día que lo haga *M.K.* Luego agrega que la flota está de viaje; no, se corrige, está de patrulla.

M.K. sugiere que quizá represente a la familia que se va de vacaciones.

Richard está de acuerdo con esto e indica en seguida a quién representa cada barco. Papá y mamá, con él en el medio, son seguidos por Paul, los dos canarios y Bobby. Después, señalando al crucero mayor dice que es *M.K.* seguida de sus hijos y de su nieto. Este nieto es el menor de los submarinos, y está cuidado por dos destructores, los hijos de *M.K.,* colocados uno a cada lado.

M.K. le pregunta si las dos familias van juntas.

Richard se alegra mucho con esta idea y dice que sí, que sería muy lindo. Entonces se pone a contar lo que va a hacer durante las vacaciones (tratando evidentemente de poner énfasis en la parte agradable para negar así el miedo que tiene a la separación de *M.K.*). Al cabo de un rato dice que la familia de *M.K.* y la suya se están separando y Paul también, y explica que éste se va porque ya no le gusta más el viaje, pero se corrige y dice que es porque se le ha terminado la licencia. Mientras tanto da vuelta al reloj y se ríe como lo hizo en otras ocasiones en que la parte de detrás del mismo simbolizaba el trasero de *M.K.* (sesión siete). De repente, coloca su gorra sobre el reloj.

M.K. le recuerda que el reloj la ha representado a ella a menudo, y le interpreta que al poner su gorra sobre él está expresando el deseo de quedarse con ella y tener relaciones sexuales. Después le interpreta la última parte del juego de la flota: al principio deseó mucho que las dos familias se fueran juntas de vacaciones, pero más tarde las separó porque piensa que se pelearía con sus hijos y los atacaría, especialmente a su nieto. Por esto debe ser éste protegido. Al final ha separado también a *M.K.* con toda su familia parar ponerlos fuera de peligro.

Richard vuelve a ordenar la flota: coloca en líneas, uno tras otros, al *Rodney* y a un gran destructor que toca al primero; detrás hay un espacio y luego vienen cinco destructores pequeños, todos tocándose también. Más lejos, está el *Nelson* solo, mientras que en el borde de la mesa, colocados uno al lado del otro, hay dos pares de submarinos y otro más.

M.K. sugiere que se trata de mamá seguida por él que la está tocando, lo cual también significa que está teniendo con ellas relaciones sexuales.

Richard sugiere a su vez que los cinco pequeños son sus hijos.

M.K. interpreta entonces que el destructor grande, que le representa a él, significa que desea tener un órgano genital de persona mayor, que pueda hacer bebés. Sin embargo, en ese caso tendría que pelearse con su padre o mantenerle alejado. Le pregunta después a quién representa el otro grupo.

Richard contesta que los dos destructores que están uno al lado del otro, son él y Paul, los dos del mismo tamaño, pues cuando estuvo solo con mamá (el destructor grande al lado del Rodney), creció. Añade que uno de los dos pares de submarinos son los canarios, el otro la cocinera y Bessie, y el submarino que está solo, Bobby.

M.K. comenta que ahora solamente papá y Bobby están solos.

Richard dice con sentimiento: "Pobre papá", y se muestra de acuerdo con la interpretación. Coloca entonces a Bobby cerca de su padre y en seguida hace que el Rodney y los demás se unan a ellos. Comenta que mamá ha vuelto y que el Nelson está muy sorprendido de ello pero muy contento. Pone al Rodney y al Nelson muy cerca uno del otro, pero en seguida hace otros arreglos, explicando que ahora son papá y Paul quienes están juntos y que mamá y él están solos.

M.K. interpreta que desea vivamente unir a sus padres, pero que los celos y el temor le obligan una y otra vez a separarlos. Sugiere que las diversas maneras de colocar los barcos de la flota expresan el deseo de pelearse con papá, y de tener relaciones sexuales con mamá o con su hermano; y que todas estas posibilidades, que va indicando con su juego, pasan además por la cabeza cuando se masturba. En este juego, los canarios y Bobby también representan los órganos genitales suyos, los de su papá y los de Paul, tal como lo indicó el día anterior cuando algunos de los barcos simbolizaban los genitales.

Richard escucha esta interpretación, pero se queda en silencio.

M.K. le dice que cuando hace un rato ella le preguntó en qué pensaba al masturbarse, él no le contestó con palabras, pero que se lo mostró durante el juego.

Richard ha dejado de jugar y está muy pensativo. Mira a *M.K.* en los ojos con mucho afecto y dice cálidamente que hay algo muy lindo en ellos, y que le gustan. Añade que tienen puntitos marrones. Tras una pausa continúa: "Te tengo cariño"... Después vuelve al juego de la flota. El Rodney, el destructor y los navíos pequeños salen a navegar. Indica que la parte de la mesa que queda en sombra es muy diferente de la otra, donde brilla el sol (donde el Rodney y su grupo de barcos están en ese momento). Entonces mueve al Rodney un poco, lo pone fuera del sol, lo toca y lo vuelve a llevar a la parte soleada.

M.K. pregunta por qué ha vuelto otra vez.

Richard contesta que no le sienta demasiado bien estar fuera del sol. Al cabo de un rato el *Rodney* y su grupo de barcos vuelve otra vez a la sombra. Antes de hacerlo, sin embargo, Richard toca el mástil del *Rodney* y le pide a *M.K.* que también lo haga, pues está tan "caliente como un atizador al rojo".

M.K. sugiere que esto significa que alguien ha puesto un atizador al rojo dentro de mamá.

Richard contesta que ha sido el sol.

M.K. interpreta que el *sol* también puede ser el hijo[*] y que está expresando la duda que tiene sobre si su pene es peligroso o no. Si lo metiera dentro de mamá o de ella, piensa que quizá le daría algo bueno, pero teme también que sería darles algo tan peligroso como un atizador al rojo. Esto lo expresó también al quemar hierba en la estufa eléctrica[8]. *M.K.* asocia todo ello con el pene rojo que mencionara antes y le sugiere que teme que se le esté quemando o que esté dañado.

Al irse, Richard pregunta cuánto suele durar el análisis de los demás niños. El suyo sólo va a durar tres meses, ¿no?

M.K. le pregunta por qué cree que van a ser tres meses; pero Richard no contesta[9]. Le dice entonces que todavía no es seguro si va a durar tres o cuatro, pues no puede aún decidir la fecha de su partida, pero tiene la esperanza de poderlo continuar más adelante.

En la calle, Richard camina en silencio, pensando. Pregunta si *M.K.* se va a quedar en Londres y si va allí cada dos meses.

M.K. le contesta que va a Londres, pero a un suburbio.

Richard se queda muy angustiado, evidentemente preocupado por el peligro al que se expone *M.K.* y por el fin prematuro de su análisis.

En esta ocasión Richard ha tenido menos angustia y ha colaborado bien en la tarea analítica respondiendo bien y a veces con mucho afecto.

---

[*] Juego de palabras. *Sun* y *son*, que significan sol e hijo, se pronuncian de la misma manera en inglés.

[8] No tengo ninguna referencia a esto en mis notas.

[9] En realidad esto seguramente se lo había dicho ya su madre, a quien yo había ya informado de que me veía obligada a suspender el análisis al cabo de tres o cuatro meses. El hecho de que Richard no contestara a mi pregunta, se debe especialmente al miedo, tan característico del período de latencia, de que no concordara la información dada por su madre con la suministrada por mí.

No ha estado nada maníaco. Es significativo, además, que al principio de la hora haya pedido que no se abriera la ventana porque hacía frío, demostrando durante toda la sesión que ha disminuido la angustia que le causaba estar solo con *M.K.*, que para él era como estar encerrado con ella.

SESION NUMERO TREINTA Y SIETE (Jueves)

Richard parece estar de humor amistoso y no muy angustiado. Dice que no ha traído la flota, pues quiere que descanse. Ha pasado un día muy feliz con tres soldados polacos que están viviendo en el hotel, con los cuales ha dado por la tarde un largo paseo. Le han invitado a que vaya a visitarlos a Varsovia. Comenta que dos de ellos no saben lo que les ha pasado a sus familias, uno tiene un hijo de cuatro años; todo es muy triste. También le han contado sus experiencias en Varsovia durante los bombardeos. Está muy apenado por ellos y habla largamente del tema. Dos de los soldados se han ido ya de "X", pero el otro se va a quedar y ha prometido enseñarle a jugar al croquet a la manera polaca. Después habla de los planes que tiene para las vacaciones y dice que está deseando que lleguen.

M.K. le dice que esto le parece que es verdad sólo en parte, y le recuerda que al finalizar la sesión anterior se quedó preocupado por que ella se fuera a Londres.

Richard contesta que, en efecto, no le gusta pensar que va a estar en Londres, pero vuelve rápidamente al tema de sus vacaciones y a comentar cuánto desea que lleguen.

M.K. le indica entonces que está tratando de no pensar en lo que él siente, que es una mamá dañada, a la cual no puede salvar (*M.K.* en Londres), y le recuerda la vez en que jugó a enterrar a la mamá de juguete herida para en seguida resucitarla, llevándole vendas y alimentos en el tren (sesión veinticinco). También le dice que está muy preocupado por tener que suspender el análisis, pues siente que para entonces no estará terminado aún.

Cuando Richard empezó a hablar, comenzó al mismo tiempo un dibujo (número 24)[10]. Lo llama otra vez un imperio y dice que va a introducir otra persona más, queriendo con ello indicar que va a usar un color nuevo al lado de los habituales.

---

[10] He tachado dos nombres en este dibujo.

24

M.K. le pregunta quién es la otra persona.

Richard contesta que va a ser el color verde, en representación de Bobby, pero finalmente decide no hacerlo. Cuando termina de colorear el dibujo, cuenta a ver cuántos países tiene cada persona, y descubre que es él quien los tiene a casi todos[11]. Por esta razón, dice que le corresponde hacer la línea de debajo en su propio color. Mirando luego su obra, comenta que mamá sólo tiene tres países, pero que son buenos, pues dos de ellos tienen costa. Paul tiene cuatro, papá ocho y él once, e incluye las pequeñas subdivisiones como si fueran países separados. Cuando todavía está dibujando, habla de la guerra, comentando que está contento con la R.A.F., la cual una vez más ha bombardeado Brest, y desearía que atacaran al crucero alemán *Prinz Eugen.* Tras preguntarse cómo les iría a los aliados en Siria, se dirige al mapa, cosa que no ha hecho desde hace varias sesiones, y marcha por el cuarto de arriba abajo.

M.K. le interpreta que el imperio ha representado muchas veces el interior de su madre y el órgano sexual de ella y de *M.K.*, y que la marcha, el bombardeo, y los soldados vencedores, representan su genital poderoso que logra controlar al de papá y al de Paul dentro del cuerpo de mamá. Todo esto parece demostrar que tiene la esperanza de que su pene esté en buen estado después de todo, y que podrá crecer y proteger a mamá del papá peligroso y de Paul (nota 1). Le sugiere además que Bobby, al que pensaba al principio incluir en el imperio, representa también su pene, pero el temor de que se hiciera demasiado dominador y después demasiado destructor, le hizo decidir dejarle fuera (nota II).

Mientras *M.K.* interpreta, Richard se angustia y empieza a bostezar. Aunque al principio se opone vivamente a esta última parte de la interpretación, en seguida se vuelve a poner vivaz y la confirma. Señala, en efecto, que está protegiendo a mamá, ya que uno de sus países, el más

---

[11] He repetido ya antes, que Richard no dibujaba de una manera predeterminada y que sus dibujos expresaban vivamente sus pensamientos y sentimientos inconscientes. En este caso, aunque deliberadamente decidió no "meter" a Bobby (el verde), sin embargo una buena parte del dibujo fue hecha sin ningún plan previo. Esto se pudo ver en la sorpresa con que se dio cuenta de la cantidad de países que poseía cada persona.

grande, está situado entre los de ella. De esta manera puede defenderla del papá malo que está bastante cerca. De repente, mirando directamente a *M.K.* le dice: "Estás muy linda".

M.K. interpreta que su país, que es el más grande, está situado entre dos secciones de mamá y que tanto él como la línea roja -su propio color- simbolizan a su pene dentro de ella. Ha pensado de pronto que *M.K.* está linda; y lo ha hecho en este determinado momento, porque siente que ella le está aliviando el miedo de tener el pene dañado. Esto significa que lo está arreglando en la realidad, que le permite tenerlo y que no le castiga por desear tener relaciones sexuales con ella y con mamá. Por eso siente que es la mamá buena.

Richard contesta que tiene cuatro órganos sexuales más en el dibujo, tras lo cual cuenta los de papá y Paul, y dice que en caso de pelea ganaría él.

M.K. interpreta que también teme que si su pene se peleara dentro de mamá con los de Paul y papá, la dañaría a ella -Varsovia bombardeada y destruida, y Siria, que tanto le preocupa. En cambio, cuando se pone tan contento porque la R.A.F. ha bombardeado a Brest con éxito, es porque se alía con el papá malo que ataca los pechos de mamá (sesión siete) y la hiere de esta manera. Francia representa a su madre.

Richard contesta que odiaría hacer eso. Mira la estufa eléctrica, comenta que tiene la barra rota y empieza a encenderla y a apagarla repetidas veces.

M.K. le recuerda que el día anterior quemó hierba con esa barra. Se refiere al "atizador al rojo" -el mástil del *Rodney* puesto al rojo por el sol-, que representaba el temor que tiene de herir el interior de mamá y de *M.K.* con su pene caliente, y le dice que teme que su pene queme a causa de la orina que contiene. También tiene miedo de que la orina destruya su propio aparato genital, siendo ésta una de las causas por las cuales siempre toma el color rojo en los dibujos.

Richard se ha puesto inquieto; se dirige al mapa para ver cuánta cantidad de Francia está ocupada y cuánta no. Luego vuelve a preguntarse por los aliados que están en Siria y finalmente se va afuera, pidiendo a *M.K.* que también salga, como suele hacerlo. Mira en derredor suyo y dice que no le gusta ver el cielo cubierto; salta varias veces desde arriba de los escalones, que son bastante altos, mientras dice que es divertido, y comenta que está deseando empezar a jugar al croquet con el soldado polaco.

M.K. interpreta que el soldado representa al papá bueno que le va a ayudar a ser potente, que le enseña (croquet) y que le trata como a un igual, lo cual significa ayudarle a serlo en cuestiones sexuales (poder tener relaciones con mamá y darle hijos). El placer que encuentra al saltar, tiene el mismo sentido.

Richard empieza a correr por el camino del jardín. De pronto pide a *M.K.* que vuelva rápidamente a entrar con él en el cuarto, pues ha visto una avispa (en realidad no está asustado, sino dramatizando).

M.K. le sigue al interior de la habitación e interpreta que el camino simboliza su interior y su órgano genital, mientras que recorrerlo corriendo y saltar de los escalones quiere decir tener con ella relaciones sexuales. La avispa peligrosa es el papá hostil y Paul, los dos dentro de mamá, o bien el hijo de *M.K.* o el señor K. dentro de ella.

Richard juega con los banquitos, pone unos encima de otros haciendo una torre. Dice que una vez más ha hecho una gran torre, y la manera como lo expresa indica claramente que se refiere a la torre que debía de ser dinamitada (sesión treinta y cuatro). Luego los arroja todos al suelo, y dice: "¡Pobre papá; su genital se está derrumbando!". En este momento se da cuenta de que un hombre pasa por la calle, y dice que es malo y que puede hacerle daño. Se queda mirándole pasar, escondiéndose tras las cortinas hasta que desaparece de la vista.

M.K. interpreta que, aunque sentiría pena por papá si le atacara el órgano sexual, también teme que papá se convierta en atacante y le dañe el suyo [Mezcla de ansiedad depresiva y persecutoria]. Por eso se ha asustado de pronto del hombre "malo" y ha tenido además tanto miedo de los niños en las sesiones anteriores. Estos no sólo representan a papá, a Paul y a los bebés atacados, sino también al pene atacado de papá.

Richard ha vuelto a la mesa y mira el dibujo; hace recordar a *M.K.* que le ponga la fecha y dice que la próxima sesión le gustaría mirarlos a todos juntos. Después señala una sección azul que no tiene costa porque se la ha quitado con una línea, y pregunta si sabe *M.K.* lo que representa. Pero en seguida se contesta él mismo que es el pecho de mamá, y menciona por segunda vez que una señora del hotel le ha dado caramelos de regaliz y que es muy buena. Ahora tiene un aspecto contento y muy amistoso; rodea levemente con el brazo el hombro de *M.K.*, y apoyando la cabeza contra ella, le dice: "Te quiero mucho".

M.K. interpreta que existe una conexión entre ella, que le ayuda y le protege, y el pecho de mamá que le da de comer: los caramelos de regaliz de la señora. Además, al cooperar con ella y pedirle que le cuide los dibujos, está tratando de devolverle las cosas que ella le ha dado. En particular siente que *M.K.* es buena y le alimenta con su pecho bueno, porque el trabajo que hace con ella le hace temer menos por su genital.

Richard dice que a él le parece lo mismo. Corre entonces a la cocina y abre el grifo; colocando el dedo dentro del mismo larga un chorro de agua y escucha el ruido que éste hace, mientras comenta que es el pene de papá que parece estar muy enfadado. Después, poniendo el dedo de otra manera, lanza un chorro distinto y dice que ahora es él, y que también está enfadado.

M.K. interpreta que está mostrando cómo su genital y el de papá se pelean dentro de ella (el grifo) y que espera que papá o el señor K. se enfaden con él si mete su pene dentro de mamá o de *M.K.*

Richard se va afuera y pide a *M.K.* que saque el tapón del lavabo para ver salir el agua. Después encuentra un pedacito de carbón y lo aplasta con el pie.

M.K. interpreta que está destruyendo el pene negro de su padre. Richard busca la escoba, barre el suelo y dice que le gustaría limpiar todo el lugar.

M.K. le sugiere que siente que si destruyera el pene de papá dentro de mamá, también la ensuciaría y dañaría a ella, y desearía entonces arreglarla otra vez.

Richard vuelve a jugar con el grifo, dice que tiene sed y bebe de él. Después le pregunta a *M.K.* si sabe qué es lo que está bebiendo, y sin esperar su respuesta dice: "lo chico".

M.K. interpreta que está tratando de ver cuánto quema "lo chico" (1a orina) de él o de papá, y si está o no mezclada con "lo grande".

Richard vuelve al cuarto, se sienta a la mesa, mira el reloj de *M.K.* y lo manipula. Descubre que no está colocado derecho dentro de su marco, y lo arregla. Después lo da vuelta, y como de costumbre al hacer esto, se ríe mientras le mira la parte de atrás y dice: "Es gracioso". Tras esto, con tono un tanto preocupado, pregunta de qué están hechas las manecillas, pues son muy verdes (son luminosas). También descubre que se trata de un reloj extranjero (suizo).

M.K. interpreta que las preguntas que se está haciendo sobre el reloj extranjero y las manecillas verdes, se refieren al interior de ella, el cual supone que contiene al señor K. hostil y al Hitler-papá. Teme que este último posea un pene venenoso con dinamita que pueda dañar a mamá, temor que está asociado al que siente por *M.K.*, quien se va a Londres y a los peligros de esta ciudad.

Richard cierra el reloj con el mismo cuidado con el que cierra siempre la puerta del cuarto de juego.

M.K. interpreta que esto expresa el deseo de mantenerla a ella fuera de peligro, sin que nadie se meta en su interior.

Sólo una vez en toda la sesión ha mirado Richard por la ventana para ver a los transeúntes, y fue cuando vio al hombre "malo" y se sintió

---

perseguido por él. En general, este "estar en guardia" contra posibles enemigos de la calle ha disminuido considerablemente.

Notas de la sesión número treinta y siete.

I. En las últimas sesiones ha aumentado la esperanza de Richard de poder crecer. Esto constituye un punto importante del análisis de los niños neuróticos y también del de los adultos. Si adquieren la esperanza de poder crecer, en efecto, disminuye la sensación de impotencia que tienen al compararse con los adultos, lo cual les alivia la ansiedad y la sensación de ser inferiores e inútiles. En el adulto neurótico también vemos que el sentimiento inconsciente de seguir siendo un niño en comparación con las demás personas, juega un papel importante en los casos de impotencia, tanto en un sentido más específico como en otro más general, y puede alternar con la sensación de ser muy viejo, como si nada existiera entre los dos extremos.

II. En esta etapa del análisis, el papel desempeñado por los deseos genitales y heterosexuales se puso mucho más en primer plano. No dudo de que tales deseos hayan existido desde la primera infancia, pero el temor a la castración y la desesperanza ante la posibilidad de ser potente, llevaron a Richard a una fuerte represión, que impidió hasta la expresión inconsciente de todo interés por sus genitales y por los deseos heterosexuales . Al aumentar la esperanza, pudieron encontrar expresión los deseos genitales y el deseo de ser potente. Creo, sin embargo, que el análisis de las ansiedades relacionadas con los peligros internos -entre otros el peligro a que el pene peligroso de su padre exponía al interior de su madre y a sí mismo dentro de ella-, contribuyó mucho a que se llevara a cabo esta evolución.

SESION NUMERO TREINTA Y OCHO (Viernes)

M.K. no puede abrir la puerta del cuarto de juegos, pues la cerradura se ha roto, de manera que se lleva a Richard a su casa.

Richard está triste por esto. En el camino dice que si John tiene su sesión tras la de él, él quiere irse en cuanto *M.K.* se lo diga, para no quedarse también con su hora.

M.K. le dice que puede tener su hora completa porque no espera a John inmediatamente después.

Richard habla muy poco en el camino, aunque una o dos veces comenta que las niñas exploradoras deben de haber hecho algo a la puerta.

M.K. dice que lamenta lo que ha ocurrido, pero que mañana todo estará arreglado.

Richard dice con énfasis que es una pena y que sería bueno si mañana estuviera, en efecto, todo arreglado. Cuando llegan a los cuartos de
M.K., Richard coloca la flota sobre la mesa.

No parece muy angustiado, sino más bien triste y pensativo.
Cuando *M.K.* le pregunta en qué está pensando, contesta que le preocupa
que se vaya a Londres, pues teme que la bombardeen.

M.K. contesta que la parte de Londres donde va a estar no es
particularmente peligrosa (pero evidentemente este reaseguramiento no
se produce ningún efecto). Sigue interpretando que también teme que su
mamá sea bombardeada por el papá-Hitler y le sugiere que el temor a
este bombardeo puede haber tenido su origen mucho antes de que
empezara la guerra, cuando él era pequeño.

Richard, que evidentemente se siente incómodo, pregunta
susurrando si alguien les puede oír. Quiere saber dónde está el "señor
viejo gruñón" (se refiere al otro pensionista de quien le ha hablado John).

M.K. le dice que no está en casa y le interpreta que para él representa
a papá. y que teme y sospecha que descubra que él le quiere atacar. Le
recuerda que también el día anterior temió que el hombre "malo" de la calle
le atacara, justamente tras haber roto él la gran torre-pene de papá.

Richard pregunta si *M.K.* ha ido a la peluquería y si le han puesto en
la cabeza esa horrible cosa con forma de sombrero (se refiere al secador).

M.K. interpreta que esa cosa horrible es también el pene-Hitler
peligroso que bombardea.

Richard pregunta entonces dónde está su dormitorio, pues quiere
verlo.

M.K. le lleva arriba y se lo enseña (nota 1). El niño lo recorre, dice
que es lindo, echa una mirada a una o dos fotografías que hay en él y
también mira el cuarto de baño. Dos veces pregunta si le importa que
desee ver esta parte de su alojamiento.

M.K. interpreta que teme estarse entrometiendo en su habitación
privada, lo cual también significa averiguar cosas del señor K. y de sus
relaciones sexuales (ahora el inquilino "gruñón"), así como también mirar
en su interior; y que todo esto está relacionado con la curiosidad que
tiene por saber lo que sus padres hacen juntos.

De vuelta en el cuarto de estar, Richard se pone a jugar con la flota.
Arregla, formando dos grupos, los destructores y los submarinos, de
manera tal que el barco de guerra pueda pasar a través de ellos. Primero
sale el *Nelson* a inspeccionar los barcos y Richard admira la manera
inteligente como el *Nelson* da la vuelta: después aparece el *Rodney,* el
cual hace lo mismo.

M.K. interpreta que papá (el señor viejo y el señor K.), está inspeccionando a sus hijos para ver si son buenos y no demasiado agresivos, celosos, o exigentes con mamá. La planchada que ha hecho representa el órgano genital de ésta, por el cual puede entrar y salir el genital inteligente, es decir, potente, de papá. Dentro de él, los hijos, que son Richard, Paul y el hijo de *M.K.*, deben de estar tranquilos y no pelearse con él. Le recuerda entonces las peleas entre los distintos órganos sexuales que organizó ayer, tras las cuales se sintió apenado por papá y deseó arreglarle el pene roto.

Richard coloca dos lápices juntos con las puntas una contra otra para formar la entrada del puerto. Después coloca un destructor pequeño a lo largo de uno de los lápices, muy cerca de éste, pero pronto decide que no debe de estar allí y lo vuelve a poner en el grupo de los destructores.

M.K. interpreta que, a pesar de desear mantener la paz familiar, va corriendo hacia mamá porque quiere hacer el amor, mas siente luego que no debe hacerlo para no tener que pelearse después con papá y Paul y no terminar en un "desastre".

Richard mueve entonces un destructor grande y lo coloca al lado del *Nelson,* tras lo cual los dos se van de patrulla.

M.K. interpreta que en vez de estar haciendo el amor a mamá ahora se lo está haciendo a papá, pues el destructor le representa a él yéndose hacia su padre, el *Nelson.* Ha puesto sus órganos sexuales juntos, en parte porque tiene miedo y se siente culpable si hace el amor a mamá. [Huida de la heterosexualidad hacia la homosexualidad.]

Richard sigue haciendo operaciones con la flota y pregunta a *M.K.* si conoce a un niño imbécil que apenas puede andar y que hace ruidos como si fuera un animal. Piensa que es espantoso, pero siente pena por él.

M.K. interpreta que cuando se masturba y se excita, teme hacerse daño en el pene y volverse tonto como este niño.

Richard cambia rápidamente la distribución de los barcos. Ahora pone al *Nelson* en un extremo de la mesa, diciendo que el almirante ha subido al *Prince of Wales* para inspeccionar la flota. Mueve al *Rodney* hasta colocarlo en el lado opuesto, pues todavía no lo necesita, y el *Nelson,* que ahora es el *Prince of Wales,* como es el barco del almirante, pasa a través de los grupos de destructores y submarinos que están colocados como antes alrededor de la mesa, y luego se aleja. Después, el *Rodney,* que ahora está dirigido por otro almirante, viene y hace los mismos movimientos.

M.K. interpreta que él es uno de los dos almirantes y su padre el otro, lo cual significa que los dos poseen por turno el pene potente y a mamá, evitando de esta manera toda pelea, daño o destrucción.

Richard dice que el segundo almirante es el hermano de Wavell, pero luego decide que no puede ser pues no tienen el mismo apellido, a pesar de ser los dos escoceses.

M.K. interpreta que su error significa que también Paul debería repartirse el comando con él, y asi todo el mundo estaría satisfecho (nota II).

Richard se refiere una vez más al viaje de *M.K.* a Londres. Todo el tiempo ha estado muy serio y pensativo, pero no demasiado tenso, y con *M.K.* se muestra muy amistoso y afectuoso. Le dice que no le gusta nada que se vaya y le pide que le prometa una cosa: que si oye las sirenas de alarma se meta inmediatamente en un refugio.

M.K. le promete que así lo hará.

Con esto Richard parece contentarse y le pregunta si va a vivir con su hijo y si le puede dar la dirección de su casa, pues le quiere escribir.

M.K. está de acuerdo con esto y le dice que también ella le mandará una tarjeta.

Richard entonces dice que si ella se muriera él iría al entierro; tras esto le pide, muy serio y como si hubiera tomado una decisión importante, que le diga a su madre quién podría seguir con él el trabajo en caso de morirse ella.

M.K. contesta que le dejará el nombre de otro psicoanalista y le interpreta que ir a su entierro también significa seguir con el trabajo. (En este momento Richard la interrumpe para decir que le parece que éste es bueno y que le está ayudando.) Significa además incorporarla a ella dentro de sí, en representación de mamá muerta, y mantenerla viva dentro de él. El deseo de continuar el análisis, el cual piensa que le ayuda, es lo mismo que tener dentro a la mamá buena y celeste. Le recuerda a este respecto cuánto se alegra cada vez que ve en sus dibujos que la mamá-celeste es la que tiene más países, pues esto significa que la mamá buena y su pecho se extienden dentro de él.

Richard pide todos sus dibujos y los empieza a mirar. Señalando a uno de ellos comenta que hace ya un mes entero que lo ha hecho.

M.K. le interpreta que desea que dentro de otro mes todavía estén juntos, lo cual significa que ella estará viva aún.

Richard mira el dibujo 8, el cual, según dice, no está terminado (no tiene color). Decide terminarlo ahora y pide a *M.K.* que escriba del revés que fue terminado hoy. Le dicta entonces la fecha, pero al hacerlo se equivoca, y dice que es dos días más tarde de lo que realmente es.

M.K. interpreta que desearía que estuviera con él dentro de dos días, pues ahora ya sólo falta uno antes del fin de semana.

Richard está ansioso por terminar de colorear el dibujo, pues falta poco para la terminación de la hora, de modo que sigue trabajando. Empieza con las estrellas de mar y dice que tres de los bebés han cobrado ya vida, mientras que las demás aún son de gelatina. Repetidas veces pregunta si aún tiene tiempo para seguir. Al pintar el cielo comenta que tiene un color azul bonito.

M.K. interpreta que desea que tanto ella como él tengan buen tiempo mientras ella está ausente (con esto se muestra de acuerdo), pues el mal tiempo, y en particular la lluvia, representa el genital malo de papá, mientras que el sol y el cielo azul simbolizan a la mamá cálida, viva y feliz.

Richard pregunta ahora si aún puede hacer otro dibujo, pero entonces se da cuenta de que se ha terminado la hora. Pregunta a *M.K.* si le va a acompañar hasta la puerta del jardín, y echando un vistazo a su alrededor comenta que el campo está hoy precioso[12].

Notas de la sesión número treinta y ocho.

I. El haber accedido al pedido de Richard de ver mi dormitorio, constituye un punto discutible desde el punto de vista técnico. Sin embargo, a menudo me he dado cuenta de que cuando los niños vienen a casa y desean conocer otras habitaciones, a veces resulta de utilidad permitírselo por una vez. No les permito sin embargo una mayor inspección de la casa. En este punto, me parece que el análisis de los niños difiere del de los adultos. Lo mismo ocurre, como ya dije antes, en cuanto a contestar, hasta cierto punto, algunas de las preguntas a las cuales no se respondería tratándose de pacientes adultos. Tenemos que tener en cuenta que la curiosidad del niño se expresa de una manera mucho más impetuosa, y que también esperan que se les diga de una manera mucho más natural, si, por ejemplo, el analista tiene marido o hijos y que se les permita conocer su casa.

II. Yo me atrevería a sugerir que estos distintos detalles del juego de Richard, como el de hacer el amor a mamá, ser atacado por papá y después compartir todo con él y con su hermano, constituyen los contenidos de sus fantasías masturbatorias. Lo demuestra el pensar inmediatamente después en el niño imbécil y en el miedo a perder su salud mental a causa de la

---

[12] La noche anterior, la madre de Richard me había dicho por teléfono que le parecía que su hijo había mejorado mucho. Estaba mas despreocupado, mas contento, menos cansador y claramente menos asustado de los niños. Cinco días antes me había ya comunicado que estaba mejor, pero desde entonces le parecía que había mejorado todavía mas. También me mencionó que Richard le había dicho que si ahora fuera al colegio le podría decir al profesor que tiene miedo de los niños; y que tras oír una conversación en la cual se hablaba de las dificultades que habría tras la guerra a causa de la mentalidad germánica, el niño intervino en ella preguntando si Hitler no podía ser psicoanalizado para asi mejorarle.

masturbación. El miedo a enloquecerse constituye un temor muy generalizado en el varón, particularmente durante la adolescencia.

SESION NUMERO TREINTA Y NUEVE (Sábado)

Richard está serio y callado, pero amistoso. Muy aliviado al ver que la cerradura del cuarto de juego ha sido arreglada, dice con mucho sentimiento: "Me alegro mucho de que estemos aquí de vuelta". Resulta evidente que ha echado mucho de menos la habitación durante la sesión anterior. (La tarde anterior, tal como se lo había prometido, *M.K.* le telefoneó al hotel para decirle que otra vez se podían volver a encontrar delante del cuarto de juegos, pues la cerradura estaba ya arreglada. Richard le pidió entonces sus señas de Londres y el número de teléfono, ante lo cual *M.K.* prometió traérselos diciéndole además que se había olvidado uno de sus destructores y que también se lo llevaría.)

Richard pregunta en seguida si *M.K.* le ha traído las señas y su destructor. Cuando *M.K.* se las da, las lee y las vuelve a leer con mucho interés. Dice que no ha traído la flota por estar ya guardada, pero mirando el destructor mientras lo mueve lentamente, dice con voz baja y triste: "Es el único destructor británico que nos queda; el resto de la flota ha sido hundido".

M. K. le pregunta dónde ha sido hundida.

Richard contesta que cerca de Creta.

M.K. interpreta que acaba de expresar en forma más abierta la pena que siente por las pérdidas aliadas en Creta, cosa que antes trataba de evitar por resultarle demasiado doloroso. Ahora, a pesar de su tristeza, tiene mayor esperanza de que *M.K.* sobreviva, y esto, sobre todo, porque siente dentro de sí con mayor seguridad a la mamá celeste. Ayer pensó que habían perdido el cuarto de juegos, pero hoy lo han vuelto a recobrar y además tiene otra vez la flota completa.

Richard se queda silencioso y triste. Mueve el destructor de arriba abajo y dice que éste tiene que salir solo a pesar de que se acercan unos destructores alemanes. Quizá le venzan, pero tiene que tratar de salir.

M.K. interpreta que el destructor pequeño le representa a él que tiene que enfrentar solo a sus enemigos, porque ella, que representa a la madre buena, le deja solo. Al mismo tiempo, el haber olvidado ayer el barco en su cuarto, significa que una parte de si, incluyendo su órgano sexual, se quedará con ella, dentro de ella, para protegerla en Londres contra Hitler. El apremio que tiene por salvar a mamá del vagabundo-papá, aun corriendo el peligro de ser matado al hacerlo, es algo que demostró ya desde el principio (primer sesión) (nota I).

Richard ha empezado a dibujar (dibujo 25) en forma desatenta y mucho más lentamente que de costumbre. Mientras lo hace mira de frente a *M.K.* (cosa que en general ha evitado en toda esta sesión) y le dice muy suplicante: "¿Debes realmente irte? ¿Por qué?".

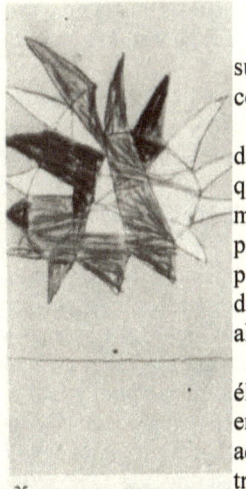

M.K. le contesta que quiere ver a sus hijos y además hacer algún trabajo con otros pacientes.

Richard contesta que sabe que no debería ser tan egoísta, pero que desearía que no se fuera. Después pregunta si hay muchos analistas, y cuánta gente se psicoanaliza. ¿Millones? ¿Es su hijo psicoanalista también? El piensa que se debería analizar mucha gente, pues es algo muy útil.

M.K. interpreta que le gustaría ser él analista para poder reemplazarla a ella en caso de que muriera, y de esa manera, además, mantenerla viva a través de su trabajo.

Richard pregunta si le ha dicho a su madre quién podría continuar trabajando con él en caso de morir ella.

M.K. le contesta que sí.

Richard vuelve a repetir que el trabajo le ayuda mucho y que ya no tiene miedo de salir solo. Hoy venía una niña andando justo detrás de él y también se encontró con un niño, y no le importó nada. Le sorprendió ver qué poco le importaba. Mientras dice esto coge una muñequita muy pequeña (una de las que representaba a los niños en sus juegos), y la hace andar. Después coge el lápiz rojo y lo mueve alrededor de la muñeca haciéndole también caminar. El lápiz se acerca a la niña, la pincha, y la arroja de la mesa.

M.K. interpreta que esto es lo que querría hacer con la niña, y que pincharía es tener con ella una relación sexual agresiva.

Richard recoge la figurita y repite lo de antes, pero en forma más violenta. También la pisa, pero al hacerlo cuida de que se quede en el hueco formado por el tacón, de manera que no la daña. Dice sin embargo que acaba de poner sobre ella su gran bota negra, y que está aplastada.

M.K. repite que la gran bota negra es la bota de Hitler, y le recuerda que ya otras veces ha marchado por la habitación haciendo el paso de ganso. Esto demuestra que siente que los deseos sexuales que tiene hacía las niñas son como si fueran de Hitler, y que el papá-Hitler de sus dibujos, en el que piensa, le representa también a él. Pero si sus deseos sexuales son peligrosos, teme que también lo sean para *M.K.* y para mamá, ya que la niña representa a las dos y a los órganos genitales de ambas (nota II).

Richard enciende el fuego a pesar de que es un día muy caluroso, y mira los barrotes mientras se ponen al rojo. Una vez más quema en ellos unos pedacitos de hierba y unas hojas.

M.K. interpreta que acaba de mostrar que piensa que su órgano sexual se pondría al rojo, se haría peligroso y quemaría, si diera rienda suelta a sus deseos sexuales. Le recuerda que también lo ha vivido como si fuera devorador.

Richard contesta que antes había llamado *Vampire* al destructor que dejó en casa de *M.K.*

M.K. interpreta que la flota británica ha tenido recientemente muchas pérdidas y que si él ha dejado la suya en casa es para protegerla. Aunque dejó un destructor en los cuartos de *M.K.*, lo cual significa quedarse con ella para protegerla cuando fuera a Londres, también ha expresado con ello el deseo que tiene de ser un vampiro, y esto es porque su ida le hace revivir lo que sentía de bebé cuando mamá le quitaba el pecho, aumentando entonces su deseo de chupárselo hasta dejarlo seco y de comérselo. Todo esto contribuye al miedo de que *M.K.* se muera y a que se sienta culpable por ello.

Richard contesta entonces que *Vampire* es el nombre verdadero de un destructor.

M.K. le indica que ha usado este nombre para su destructor porque teme perderla a causa de su avidez.

Richard pregunta entonces si los vampiros se parecen a los murciélagos. Después corre a la cocina, abre el grifo y forma con el dedo un chorro de agua que dirige a veces en dirección a *M.K.*, cosa por la cual se disculpa. Encuentra una araña muy pequeña en la pila de lavar, la coge cuando está casi ahogada y la vuelve a tirar a la pila. Se ve claramente que goza al hacer esto y que se está burlando de la araña, pero cuando ve que ésta finalmente ha muerto, la recoge y parece deprimirse. Dice: "Pequeña tonta", y la deja en la pila otra vez.

M.K. interpreta que el grifo que echa el chorro es su pene que ahoga a los bebés de *M.K.* y de mamá (la arañita). Quiere atacar a los hijos y a los demás pacientes a quienes ella va a ver, porque está celoso de ellos.

Richard vuelve a la habitación y hace un dibujo, colocando el destructor sobre el papel y marcando su contorno varias veces. Cuando lo termina y pone un nombre a cada barco, al lado de tres de ellos escribe:

"Hundido cerca de Creta", de modo que sólo dos de ellos, entre los cuales está el *Vampire,* quedan sin hundir.

M.K. interpreta que quiere ahogar a sus hijos, dejándole sólo uno y a sí mismo, de manera que quede como su mamá, con dos.

Richard dice que los dos destructores van en direcciones contrarias.

M.K. le pregunta por qué es esto así. ¿Acaso se han peleado?

Richard vuelve a preguntar si realmente tiene *M.K.* que irse.

M.K. interpreta que los dos destructores que van en direcciones opuestas son ella y él que se separan.

Richard mira otra vez el dibujo 25 y declara, algo sorprendido, que mamá ha dejado un poco de ella dentro de él.

M.K. interpreta que está atribuyéndole a su madre un pene -el pedacito que ha metido dentro de él-, y que *M.K.* en Londres y atacada por Hitler se convierte en la mamá que tiene el pene-Hitler y lo usa convirtiéndose así en una figura dañada y al mismo tiempo mala (nota III).

Richard señala entonces que mamá tiene bastantes países, aunque él tiene más.

M.K. interpreta que desea que su mamá (y ella) quede viva dentro de él, y se extienda allí. Esto implica que entonces no la va a chupar hasta secarla, no la va a devorar ni va a convertirse él en el destructor vampiro para esta mamá interna. También es ésta una de las causas por las que ha guardado la flota y no la ha traído: la flota representa también a *M.K.*

Richard se pone más silencioso hacia el final de la hora y muy triste. Antes de marcharse, cierra cuidadosamente todas las puertas, mira a ver si las ventanas están bien cerradas y exclama con gran sentimiento: "Adiós, cuarto viejo; descansa, ten una buena vacación, te veré dentro de diez días". Desde la calle se da vuelta para mirarlo. Antes le había ya preguntado a *M.K.* si iba al pueblo. Ahora, afuera, dice que en realidad va a estar afuera diez días, y no nueve.

M.K. le contesta que hoy se han visto y que se verán otra vez dentro de diez días más, de modo que sólo quedan nueve en medio.

Richard ha tenido todo el tiempo en la mano las señas de *M.K.*; ahora le dice que se sabe de memoria el número de teléfono y que no lo va a olvidar. Al despedirse agrega: "Deseo que lo pases bien". Al irse no la mira como suele hacerlo, ni le dice adiós con la mano desde el otro lado de la calle, marchándose sin darse vuelta.

Notas de la sesión número treinta y nueve.

I. Forma parte de mi técnica el no interpretar un acto sintomático hecho al finalizar la sesión anterior o al principio de la actual, sin esperar antes a ver el sentido completo que tiene dentro del contexto del material presentado en la sesión actual o quizás en una posterior.

II. He mencionado ya que la represión de los deseos genitales de Richard y del interés por su órgano sexual, había sido ya levantada hasta cierto punto en las sesiones más recientes. Este levantamiento de la represión también incluye una mayor expresión de las relaciones con los objetos parciales y en particular con el pecho. Junto con una fuerte curiosidad antes reprimida sobre las relaciones sexuales de sus padres, pasan ahora a ocupar un primer plano las fantasías relacionadas con éstas, lo cual implica que también han quedado menos inhibidas las fantasías masturbatorias ligadas a los deseos genitales y el acto de la masturbación en sí. Aunque esto constituye en cierta medida una regresión a. un estadío de desarrollo más temprano, en el cual los objetos parciales -los genitales masculinos o femeninos y el pecho - tienen un papel importante. Pero para el niño es esencial poder vivir plenamente esa relación con los objetos parciales, así como también las fantasías y deseos sexuales que implica, para poder alcanzar después una relación satisfactoria con el objeto total. Es un hecho ya conocido que en el análisis se debe de conseguir que el paciente reviva sus relaciones y emociones más tempranas, pero aquí quiero subrayar que la experiencia total de las relaciones con los objetos parciales (vividas en estadíos en que estas relaciones son normalmente parciales) constituyen el fundamento necesario para que se pueda llevar a cabo el desarrollo gradual de las relaciones con los objetos totales.

III. En esta sesión he interpretado que Richard sentía que ponía dentro de mí una parte de sí mismo (el destructor *Vampire),* pero que esta parte no sólo era mala, sino también buena, pues me iba a proteger en Londres. De la misma manera diría que la sección de mamá que tiene forma de pene en el dibujo 25, quiere además de ser un pene (posiblemente el de Hitler) ser también un pecho bueno y protector. Esto se hizo bien claro en la siguiente asociación del niño.

SESION NUMERO CUARENTA[13] *(Martes)*

Richard llega quince minutos tarde, sintiéndose muy tímido y angustiado y no comenta nada sobre su tardanza. Dice que se ha dejado la flota en casa. Tras una pausa, pregunta a *M.K.* cómo está, pero no la mira y ni siquiera mira el cuarto. Le da las gracias por la tarjeta que le mandó y le

[13] Parte del material de las sesiones que siguieron a la interrupción del análisis de Richard lo he utilizado ya en mi trabajo "El complejo de Edipo a la luz de las ansiedades tempranas" (1945), particularmente los dibujos y el juego de la flota, así como también parte de sus anotaciones y de mis interpretaciones.

pregunta si se rió al leer en la que él le mandó a ella, que no tenía ganas de volver a "X" Tras esto se hace un largo silencio...

M.K. interpreta que este comentario y toda su actitud demuestran que tanto ella como "X" y el cuarto de juego se han convertido en su imaginación en algo malo, porque a ella la han bombardeado en Londres.

Richard empieza ahora a hacer preguntas: ¿Ha visto mucho del Londres "destruido"? ¿Ha habido algún bombardeo mientras ella estaba allí?

M.K. contesta: "Sí".

Richard parece por un momento contento con esta contestación, sin duda porque dudó de que *M.K.* le dijera la verdad, y replica al punto: "Ya lo sabía". Después pregunta si también hubo alguna tormenta y dice que a él le asustan mucho (cosa que *M.K.* ya sabe). Comenta que le gustaron sus vacaciones y que no quería volver. Pensó que "X" era "la pocilga *X"* y también una pesadilla (nota 1).

M.K. interpreta que el temor que tiene a la mamá sucia y dañada con un papá-Hitler adentro, está ahora centrado en "X" y en ella, y que el deseo de mantenerse alejado de ambos significa alejarse corriendo de sus temores. Esta es también la razón por la que ha llegado tarde.

Richard explica ahora que al llegar fue primero con su madre al hotel[14] y pregunta si *M.K.* está enfadada con él por haber llegado tarde; tras esto vuelve a repetir que se ha dejado la flota en casa.

M.K. interpreta que no desea volver a trabajar con ella, porque ella se ha convertido en una "pocilga", en la mamá sucia, mientras que dentro de sí, en un sitio seguro, guarda el trabajo bueno y a la *M.K.* buena, representados por la flota que se ha dejado en casa.

Richard pregunta si *M.K.* le ha traído los dibujos y por un momento parece contento de que así sea.

M.K. interpreta que los dibujos -y la flota- representan el análisis útil y la buena relación con la *M.K.* buena y con la mamá buena.

Richard mira descuidadamente los dibujos, los deja y se queda un rato en silencio... Después va a la cocina y dice que la pila está limpia pero que le desagrada el olor de una botella de tinta que hay allí. Parece triste y angustiado. Cuando va afuera se queja por las ortigas que han crecido en las rendijas de los escalones y muestra a *M.K.*, con un leve estremecimiento, algunos hongos que dice son peligrosos. Pisotea tanto los hongos como las ortigas, comentando que ahora le van a oler los zapatos a esas cosas sucias y venenosas. Entonces vuelve al cuarto de juegos, se dirige al armario, saca un libro de dentro de él y comentando que es el que

---

[14] Por lo general, el primer día de la semana venía al cuarto de juegos directamente desde el autobús que lo traía de su casa.

quiere mirar se pone a leer y a mirar las ilustraciones. Al cabo de un rato le enseña a *M.K.* una lámina que dice que es "horrible", la cual representa a un hombrecito luchando contra un "horrible monstruo".

M.K. interpreta que sus silencios y su lectura expresan el deseo que tiene de escapar al miedo que le producen el genital-papá venenoso y peligroso y los bebés muertos que hay dentro de mamá (los hongos y las ortigas que ha aplastado con el pie). El cuarto de juego, el jardín y ella misma, se han convertido para él en malos y venenosos. Quiere también averiguar cosas sobre el interior de ella en el libro, lo cual le parece menos asustador que mirar el cuarto de juegos.

Richard hace entonces el dibujo 26. Al dibujar las secciones rojas dice: "Estos son los rusos, pues son rojos; -no, soy yo".

26

M.K. interpreta que sospecha de los rusos como ya ha dicho a menudo, a pesar de que ahora se han convertido en aliados, de manera que como al principio habló de ellos y ahora dice que es él el rojo, esto quiere decir que también sospecha de sí mismo...

Richard pregunta si le dejará quedarse un poco más ya que ha llegado tarde, y queda desilusionado cuando *M.K.* le contesta que no puede.

Durante toda la sesión está desatento, y no mira ni a *M.K.* ni al cuarto. Parece la representación de la infelicidad. Es evidente que le es muy difícil escuchar las interpretaciones y que está muy contento de irse al finalizar la hora, aunque un poco antes haya expresado desilusión porque *M.K.* no le dé más tiempo (nota II). Está contento, sin embargo, de acompañarla hasta el pueblo, cosa de la que se ha asegurado ya antes.

Notas de la sesión número cuarenta.

I. Llegados a este punto, la resistencia de Richard alcanza un nivel culminante. Puede verse cómo la interpretación de las ansiedades profundas que se habían movilizado por el hecho de que la analista le hubiera dejado en un momento en que los sentimientos de pérdida y de desconfianza eran muy fuertes, trajo como resultado que se operara una disminución de los mismos en unas cuantas sesiones, y que se posibilitara la plena cooperación del niño en la tarea. Creo que esto constituye una parte fundamental del procedimiento analítico. Con ello no quiero decir que en todas las sesiones en las que se interpretan situaciones de profunda ansiedad y sentimientos dolorosos se consiga necesariamente reducir la resistencia; aunque el material y las interpretaciones a las que nos referimos en este libro muestran que esto ocurre repetidas veces, hay algunas sesiones, sin embargo, en las que la acumulación de ansiedades internas y externas lo hacen imposible. A pesar de esto, aun en estos casos las interpretaciones de las ansiedades profundas facilitan la tarea de las sesiones posteriores.

El analista no suele sorprenderse al ver como una y otra vez surge la resistencia ante algunas interpretaciones, a pesar de que en sesiones anteriores ésta haya disminuido considerablemente. Sabemos que el proceso de elaboración -que Freud consideró de tan fundamental importancia para el análisis -, hace que sea necesario volver a tomar repetidas veces el mismo material, tomando en consideración los detalles nuevos que se van dando y que llevan a la posibilidad de analizar más plenamente toda la situación emocional. Llama la atención ver cómo las interpretaciones que provocan más dolor, tales como las que se refieren a impulsos destructivos dirigidos contra el objeto amado, aun -como se verá en las próximas sesiones- las referidas a ansiedades derivadas de peligros internos y de persecuciones por parte de objetos muertos o dañados, logran, sin embargo, producir un gran alivio. En el caso de Richard, este tipo de sesión terminaba siempre en el establecimiento de un mayor senti-miento de esperanza y de seguridad.

Como resultado del procedimiento analítico, al enfrentarse con estas ansiedades internas y externas, el yo puede ya no sólo considerarlas, sino también lograr una mayor esperanza de manejarse con ellas. Uno de los factores que producen esta manifestación es el surgimiento del amor, el cual antes había sido disociado con los impulsos destructivos y las ansiedades persecutorias, no pudiendo por lo tanto hacerse sentir.

Quiero llamar la atención sobre el hecho de que el método antes descrito permite que el paciente vaya vivenciando al mismo tiempo resistencias y cierta cooperación. Esta doble actitud es el resultado de los procesos de disociación, que hacen que en la misma sesión operen diferentes partes del yo y emociones opuestas. Si bien Richard en ciertas ocasiones en que se sentía vencido por la ansiedad y en que la resistencia alcanzaba un punto máximo quería abandonar el cuarto, nunca llegó en realidad a irse más temprano de lo que le correspondía; de igual manera mencionó muchas veces que no había querido venir a la sesión, pero vino siempre. Lo que sí hizo una cantidad de veces fue no traer su flota, lo cual expresaba, por lo general, que sentía que había dejado una buena parte de sí y de sus objetos en casa. El análisis de esta disociación daba como resultado que en la próxima sesión volviera a traer la flota, y que diera un paso más adelante en el camino hacia la integración. Cuanto más autoconocimiento se tiene de las capas más profundas de la mente, más aumenta la confianza en el analista y en el proceder psicoanalítico, cosa que se manifiesta a menudo en que el paciente transforma inmediatamente la transferencia negativa en positiva.

Esto me lleva a considerar otro punto. En la época en que constituía un principio establecido del psicoanálisis que las ansiedades psicóticas no debían de ser interpretadas para no caer en el peligro de producir una psicosis, yo descubrí que el progreso del análisis consistía justamente en interpretar la ansiedad que fuera más aguda, tuviera ésta o no un carácter psicótico. De esta manera pude ir penetrando en las capas más profundas de la psique y disminuir las ansiedades de raíz, y en relación con los objetos primarios. Este método, que desarrollé en primer lugar al psicoanalizar a los niños, ha influido también fundamentalmente en mi técnica para con los adultos. Además ha llevado a derivaciones importantes, particularmente respecto al análisis de pacientes psicóticos, tarea ésta que algunos colegas están llevando a cabo con resultados promisorios.

II. No suelo, por regla general, alargar las sesiones de los niños ni las de los adultos más que en los casos en que éstas no hayan comenzado a tiempo por culpa mía. Pueden naturalmente darse razones por las cuales, en circunstancias muy excepcionales, prolongue yo una sesión, pero en general mantengo un horario fijo para evitar cualquier perturbación del análisis, ya que los pacientes tratan de sacar ventajas del analista que les permite quedarse más tiempo. Otra de las razones que me impulsan a mantenerme firme en este punto, es la desorganización de los horarios a que llevaría cualquier modificación, y las dificultades que ésta produciría en los demás pacientes .

SESION NUMERO CUARENTA Y UNO (Miércoles)

Richard llega a horario, pero ha tenido que venir corriendo, pues salió tarde del hotel. Dice inmediatamente que tiene la flota consigo después de todo, y que debe de haber entendido mal lo que le contesto su madre cuando él le preguntó si la habían vuelto a traer a "X". Mamá le preguntó si *M.K.* estaba enfadada ayer por haber él llegado tarde. Una vez más desea saber si le va a permitir quedarse más tiempo hoy, para compensar la tardanza de ayer.

M.K. le contesta que no puede hacerlo a causa de los demás horarios.

Richard pregunta entonces si es a causa de otro paciente, si ahora sólo atiende a hombres y si él es el más joven de todos, aún de los de Londres; ¿cómo viajó?, ¿en primera clase?, ¿estuvo cómoda?, ¿comió en el tren? Vuelve a preguntar, además, si en Londres hubo alguna tormenta de truenos. (En la sesión anterior comentó que les tiene miedo.) ¿Fueron todos a despedirla a la estación? (Se refiere a su familia.)

M.K. contesta brevemente a algunas de estas preguntas e interpreta que tiene mucha curiosidad por conocer detalles de su estada en Londres; y que también desea saber si ha tenido una peligrosa relación sexual, representada por las tormentas y los bombardeos. Al mismo tiempo quiere estar seguro de que sus hijos han ido a despedirla -es decir, que la quieren-, lo cual le ayuda a no pensar en ella como si fuera una "pocilga" y una "bruta", es decir, la mamá dañada, manchada y peligrosa.

Richard contesta que se alegra de haber vuelto a "X", aunque sigue sin gustarle el lugar... Saca la flota y enciende la estufa, pidiendo a *M.K.* que se lo permita aunque no hace ningún frío. Luego mueve los barcos descuidadamente, haciendo que el destructor *Vampire* choque contra el *Rodney.*

M.K. le pregunta si el *Vampire* es él mismo.

Richard contesta que sí, e inmediatamente después reorganiza la flota. Coloca los barcos *Rodney y Nelson* uno al lado del otro y después, en fila y a lo largo, algunos otros barcos que representan a Paul, a sí mismo, y a sus canarios, ordenados según dice de acuerdo a su edad. Explica que a Bobby se lo regalaron después de los canarios y que uno de éstos llegó antes que el otro, de manera que hay que ordenarlos de acuerdo con este orden.

M.K. interpreta que desea que haya paz y orden en la familia que se está ateniendo a la autoridad de Paul y de papá para frenar sus celos y su odio. Con esto quiere lograr que no haya Hitler-papá y que mamá no quede convertida en "pocilga", pues el papá malo no la dañaría ni la bombardearía de haber orden, y el genital de Richard tampoco sería atacado por él.

PSIKOLIBRO

Richard rompe el orden de la flota. Se ha quedado indeciso, desatento y preocupado como si no pudiera escuchar las interpretaciones, aunque al mismo tiempo trata de contentar a *M.K.* y de colaborar con ella. Manosea los barcos un rato... Luego, tras una pausa, cuenta una conversación que tuvo con su madre durante la ausencia de *M.K.* Le dijo a ésta que le preocupa mucho llegar a tener bebés más adelante y le preguntó si le dolería mucho tenerlos. Su madre le contesto que los hombres no tienen bebés, que es la mujer la que los tiene y padece de dolores cuando nacen. (Esta no es la primera vez que le ha explicado esto. Véase la sesión veintiuno: nota 1.) También le dijo que el hombre introduce su órgano sexual dentro del de la mujer, a lo cual él respondió que eso no le iba a gustar pues le daba miedo, y que todo el asunto le preocupaba mucho. Mamá le contesto entonces que hacer esto no le dolía al hombre. También le dijo a su madre que a *M.K.* no le podía preguntar estas cosas con tanta facilidad como a ella, pues aunque es muy buena, no es su madre. Comenta ahora cuánto quiere a ésta. Dice que él es "el pollito de mamá" y que "los pollitos corren detrás de sus mamás". A lo cual agrega: "Pero claro, los pollitos tienen que arreglárselas sin ellas, porque las gallinas ya no se preocupan más por los pollitos ni les importa lo que les pasa". Mientras hace el relato de toda esta conversación, Richard parece estar muy preocupado.

M.K. interpreta que tuvo miedo de que ella se muriera y necesitara alguien que la reemplazara; por esta razón trató de trabajar con su mamá tomándola como sustituta. Ahora piensa en ella considerándola la mamá buena que le ayuda, la mamá-pecho celeste, mientras que *M.K.* se ha convertido en la mamá bombardeada, envenenada, muerta o peligrosa. [Disociación de la figura materna en madre pecho y madre genital.] Interpreta además el temor que tiene de las relaciones sexuales en relación con el material anterior, en que la pocilga "X" estaba asociada con el interior sucio, manchado y envenenado de su madre. Le recuerda los hongos "venenosos"; el disgusto que experimentó al ver las ortigas en las ranuras de los escalones, el temor que tuvo hasta de mirar el cuarto de juegos y el "monstruo horrible" que representaba al pene-Hitler peligroso de dentro de mamá. Todo esto está además asociado con lo que pasó antes de la interrupción del análisis: la torre-pene grande que había que dinamitar, la lucha contra los banquitos que representaban al pene de papá y a los bebés dentro de mamá, y el miedo a que su pene fuera dañado por el papá peligroso de dentro de su madre, miedos estos que quedaron asociados a *M.K.* y a la habitación durante las vacaciones. Ha dicho hace un rato que él es el pollito de mamá; cuando *M.K.* se fue sintió como si su mamá buena se hubiera transformado en una mamá mala que le abandonaba, igual que hacen las gallinas con sus pollitos. Esta situación repite una vez más las frustraciones que pasó de bebé, cada vez que no sacaba mucha leche del pecho; en aquellas oportunidades odiaba a mamá, tras lo cual sentía que ella quedaba dañada por su odio. Lo mismo siente ahora hacia *M.K.*

Mientras *M.K.* hace esta última interpretación, Richard la mira de frente por primera vez desde su vuelta, le sonríe y sus ojos cobran más brillo (nota II). Busca luego el mismo libro de la sesión anterior y señala algunas ilustraciones, en particular la del "monstruo horrible", contra el cual debía de luchar el hombrecito. Dice que el monstruo tiene un aspecto espantoso pero que su carne puede ser deliciosa para comer.

M.K. interpreta que la carne del monstruo que se quería comer representa el pene atractivo de papá. El deseo de chuparlo y comérselo como se comía el pecho de mamá le hace sentir que lo tiene dentro de sí, pero luego se transforma en el pene monstruo que se pelea con él internamente. Se refiere también al sueño de los peces (sesión veintidós) en el cual se colocó en una situación de gran peligro al no querer comerse el pulpo, el cual antes (dibujo 6) había representado el pene atacado, maltratado y por lo tanto peligroso de su padre.

Richard corre entonces a la cocina, echa un vistazo, trata de abrir el horno pero en seguida lo deja. Se ha puesto muy distraído. Bosteza, dice repetidas veces que quiere dormir, y comenta que anoche no pudo hacerlo hasta tarde.

M.K. interpreta que mirar dentro del horno significa mirar dentro de sí mismo para ver si tiene al monstruo adentro. Tiene tanto sueño porque quiere alejarse de pensamientos que le asustan y le preocupan, y que están relacionados con la interpretación que acaba de hacerle.

Richard ha empezado a dibujar (dibujo 27), y mientras lo hace, pregunta a *M.K.* varias cosas: ¿le vendió ayer cigarrillos el señor Evans? ¿Le importa si le cuenta algo malo sobre él? ¿Es amigo suyo? (Sin duda el día anterior ha visto a *M.K.* entrar en la cigarrería.) Dice entonces que no cree que el señor Evans tenga derecho a negarse a venderle caramelos como lo hace a veces [*] ; mientras los tenga en la tienda debe dejar que Richard los compre. Pero de todas maneras no importa mucho, porque mamá siempre se las arregla de manera de conseguir algunos. De repente, Richard indica una sección roja y larga "que va a través de todo el imperio de mamá". E inmediatamente trata de retractarse diciendo: "No es el imperio de mamá, es sólo un imperio donde todos nosotros tenemos algún país".

---

[*] Durante la guerra los caramelos estaban racionados en Inglaterra.

M.K. interpreta que tiene miedo de darse cuenta de que quiso decir que el imperio es de mamá, pues esto significa que la sección roja le está agujereando el interior.

Richard mira otra vez el dibujo y comenta que la sección roja parece "un órgano genital".

M.K. interpreta que siente que con un pene tan largo podría sacar todas las cosas buenas que mamá recibe de papá. Esto lo ha expresado también al referirse al resentimiento que siente ante los cigarrillos que *M.K.* recibe del Sr. Evans y los caramelos que obtiene mamá de él. Todas estas cosas simbolizan el pene bueno, la carne deliciosa que siente que mamá contiene; pero teme dañarla y robarla, y por eso no quiere darse cuenta de que el genital largo y rojo atraviesa "todo el imperio de mamá" (nota III). También expresó esta misma situación cuando el *Vampire* chocó contra el *Rodney* (mamá al principio de la sesión) y todo está asociado con el temor de perder a *M.K.*, pues en caso de sacar de dentro de ella (y de mamá) el pene *bueno,* ella se quedaría con el monstruo (el pene-Hitler) en su interior, el cual la destruiría.

Richard parece más vivaz e interesado tras esta interpretación. Mira otra vez el dibujo y dice que la sección roja a la que ha llamado órgano genital divide en dos al imperio. En el Oeste están los países que pertenecen a todo el mundo; la parte del este no contiene nada de mamá; sólo es de él mismo, de papá y de Paul. En el Oeste, Richard y mamá tienen dos países cada uno, y él está situado entre mamá, Paul y papá.

M.K. le indica que su genital, la sección roja y larga, domina todo el imperio y penetra dentro de mamá de arriba hasta abajo. La división del imperio también expresa el deseo de mantener al papá peligroso alejado de su madre y de protegerla contra él. Pero significa además, que mamá está también dividida en una mamá mala, el este, llena de órganos sexuales masculinos, y en una mamá buena y pacífica. En la última sesión se refirió ya a estos dos aspectos de su madre, en momentos en que la madre buena estaba representada por su mamá real, mientras que ella era la "pocilga", que él pensaba estaba dañada y muriéndose en Londres, y que representaba a la mamá mala.

Richard contesta a la interpretación sobre el dibujo, diciendo que la mamá del Oeste se está preparando para luchar contra la gente del Este, para volver a conquistar sus países de allí.

M.K. interpreta que desea que mamá gane la batalla contra el papá y la mamá malos, tanto en su propio interior como en el de ella. Pero como duda que pueda realmente ganar, esto hizo que tuviera mucho miedo de que tanto mamá como *M.K.* se murieran durante el viaje a Londres de la primera.

Richard, que se está preparando para marcharse, se pone el abrigo muy lentamente, poniendo claramente en evidencia que se quiere quedar más tiempo. Pide a *M.K.* que deje encendida la estufa hasta el mismo momento de salir por la puerta, cuando él mismo la apagaría, y dice que es porque todo parece mucho más vivo cuando está encendida.

M.K. interpreta que el miedo a la muerte (de mamá, de ella y de él mismo) hacen que desee mantener el cuarto de juegos vivo el mayor tiempo posible.

Durante esta sesión Richard sólo ha prestado atención a los transeúntes dos veces. Su temor persecutorio ha disminuido, quedando en un lugar preeminente la ansiedad depresiva.

Notas de la sesión número cuarenta y uno.

I. Resulta interesante ver cómo la angustia por lo que me pueda pasar en Londres incrementa la represión de Richard. Aunque ya había surgido en el análisis el conocimiento inconsciente de las relaciones sexuales y las fantasías sobre las mismas que tenía el niño, y todo esto había sido interpretado, y aceptado por él, ahora parece como si todo el trabajo se hubiera perdido. (Me refiero, por ejemplo, al juego con la pelota de fútbol, en el que la madre moría como resultado de la relación sexual, y al material sobre el "gallo y la gallina", en el cual moría a veces la madre y a veces el padre.)

II. La respuesta de Richard a esta interpretación demuestra que, aunque larga y complicada, cumplió con la necesidad del niño de establecer una relación entre diversos aspectos de sí mismo. Esta necesidad inconsciente se deriva de la urgencia que tiene la psique por llegar a la síntesis.

III. Este punto constituye un ejemplo de algo que afirmo en *El psicoanálisis de niños* (capítulo XII), y es que los impulsos y fantasías que tienen las personas de ambos sexos de atacar el cuerpo de la madre y robarle sus contenidos, contribuye en gran medida a despertar sentimientos de culpa hacia ésta y a perturbar las relaciones con las mujeres en general. Un aspecto de la homosexualidad que ha sido subrayado en conexión con la promiscuidad, es el deseo de apoderarse del pene del hombre que está dentro de la mujer. Este deseo se deriva de la más temprana relación de avidez que se establece con el pecho de la madre y con su cuerpo, el cual, según la fantasía del niño, contiene el pene además de los bebés.

SESION NUMERO CUARENTA Y DOS (Jueves)

Richard establece desde el principio de esta sesión un contacto muy íntimo con *M.K.* Dice que va a hacer unos dibujos, por lo menos cinco... Después cuenta que ahora vive en el hotel un niño de su misma edad, que le tiene preocupado. No le deja en paz, quiere jugar con él y es insolente. Mamá le dijo algo que le obligó a marcharse.

M.K. le pregunta en qué sentido es insolente.

Richard no parece poder explicarlo. Mientras tanto, ha estado mirando algunos dibujos, y en particular el 27. Empieza a dibujar el dibujo número 28 y le pregunta a *M.K.* si puede aconsejarle qué hacer con este niño que tanto le preocupa.

28

M.K. interpreta que ha estado mirando el dibujo 27 mientras le hablaba de él, y que la pelea que hay en el dibujo entre papá, él y Paul dentro de mamá, fue lo que le hizo recordar la pelea entre él y el niño. El hotel representa el interior de mamá, mientras que el niño es el órgano genital hostil de papá que le ataca.

Durante la formulación de la interpretación, Richard se mete uno de los lápices en la boca y empieza a chuparlo y a morderlo. Dice que le gusta chuparlo.

M.K. interpreta que no sólo quiere chuparlo (representa el pene de papá y de Paul), sino también arrancarlo de un mordisco y comérselo, y que una vez hecho esto siente que dentro de él el pene bueno se convierte en un pulpo, en el pene malo y peligroso. Esto a su vez le hace sentir un deseo más agudo todavía de comer la deliciosa carne del monstruo, que es el pene bueno (nota 1). Pero si bien ésta es deliciosa mientras él se la come, el monstruo dentro de él le parece que es un enemigo. El día anterior también usó la sección larga y roja (el gran órgano genital) que le había sacado a papá y que metió dentro de mamá y de *M.K.*, para sacarle a ésta el pene bueno y las demás cosas buenas que contenía. Los caramelos que el Sr. Evans da a mamá y los cigarrillos que da a *M.K.* también representaban a ese pene bueno del que se quiere apoderar. Le señala el dibujo 26 del cual no ha dicho nada, y sugiere que ella, la mamá-pocilga, dañada y muerta, está representada en él en el lado de la izquierda, pues en este lado casi no hay nada de mamá. Pero al colorear las secciones rojas habló de los rusos (los rojos), y resultó después que también se trataba de él. El es, pues, el destructivo -el vampiro- que roba a mamá todas las cosas buenas que tiene, y que al mismo tiempo, junto con el papá-Hitler malo y el Paul peligroso, penetra dentro de ella, la ensucia y la destruye. Pero en el lado derecho del dibujo está la madre celeste llena de países y sola con él; así estuvo con su mamá verdadera cuando *M.K.* - que entonces era la mamá dañada y manchada- se fue a Londres. [Disociación de la figura materna en una buena y una mala.]

Richard aparentemente no presta ninguna atención a esta in-terpretación, y sigue haciendo el dibujo 28. Cuenta que ha visto un cisne con cuatro cisnecitos muy "ricos". Cuando termina su obra no hace ningún comentario y empieza otro (el 29). Primero dibuja los dos barcos y después el pez grande y algunos de los pequeños que están a su alrededor; a medida que trabaja se va poniendo cada vez más anhelante y ávido y termina por llenar todo el espacio con pececitos bebés. Después le indica a *M.K.* que uno de los bebés está cubierto por una de las aletas de mamá pez y dice: "Es el bebé más pequeño".

M.K. interpreta que el dibujo parece indicar que el pez bebé está siendo alimentado por su madre. Luego le pregunta si él mismo está entre los pececitos.

Richard contesta que no, que no sabe dónde está. Dice que la estrella de mar que está entre las plantas es una persona mayor, mientras que la más pequeña es una persona regular: Paul hace ya tiempo. Tras esto descubre con sorpresa que ha llamado *Rodney* al barco, y dice: "Pero si ésta es mamá".

M.K. le pregunta que quién es el *Sunfish*.

Richard dice que no lo sabe, pero

29

indica que su periscopio está "clavado dentro del *Rodney*".

M.K. interpreta que el *Sunfish* puede estar representando a papá, igual que la estrella de mar mayor que se encuentra entre las plantas. Pero el *Sunfish* también le representa a él cuando le quita el pene a su padre y se convierte en adulto. Si fuera adulto podría darle bebés a su mamá, y estos son los cinco dibujos que dijo que haría al comenzar la sesión. El cisne y los cuatro cisnecitos "ricos" también son los bebitos que quiere darle a ella (*M.K.*). En este dibujo, pues, se ha convertido en el padre, el *Sunfish*, que es el barco más grande, aun más que el *Rodney-mamá.* Pero al mismo tiempo tiene pena de papá y quiere repararle colocando a la estrella - "persona mayor"-papá entre las plantas, y convirtiéndole así en un niño bien gratificado [Reversión.] (nota II).

Richard dice que el avión de arriba es británico y que está de patrulla. No sabe a quién representa.

M.K. le sugiere que puede ser papá, mirándole en el preciso momento en que él quiere tener una relación sexual con mamá -el periscopio que penetra en el *Rodney*. Pero el temor de que papá le observe también se debe a las ganas que él tiene de mirar a su padre cuando él tiene relaciones con mamá.

Richard coge los lápices rojo y azul y los pone de pie uno al lado del otro, sobre la mesa. Después hace que el negro marche hacia ellos, pero el rojo lo echa afuera, mientras el azul echa al violeta.

M.K. interpreta que está expresando la desconfianza que siente hacia el papá hostil. El rojo le representa a él y el azul a mamá y entre los dos están echando a papá y a Paul.

Richard se queda soñador y pensativo.

M.K. le pregunta en qué está pensando.

Richard contesta que en que quiere ver un ferrocarril modelo que se va a exhibir en la fiesta de la escuela, a la que va a asistir esa tarde con su mamá.

M.K. interpreta que el modelo de ferrocarril es el genital potente y admirado de papá. Mientras estaba en silencio y pensativo estuvo chupando el lápiz amarillo, lo cual significa que incorporaba el pene admirado dentro de si...

Richard se levanta y se dirige al jardín y dice que quiere escalar montañas... Mira las nubes del cielo y se pregunta si no se estará formando una tormenta peligrosa. En tales ocasiones se siente triste por las montañas, que lo pasan muy mal cuando la tormenta rompe sobre ellas.

M. K interpreta que el deseo de escalar montañas expresa el deseo de tener relaciones sexuales con su madre (nota III), pero que inmediatamente después se asusta del papá malo que le atacaría y le castigaría de llegar a hacerlo (1a tormenta sobre la montaña). Le recuerda, además, que antes le preguntó si hubo alguna tormenta mientras ella estuvo en Londres, pregunta que se relaciona con el temor de que Hitler tirara bombas sobre ella...

Richard vuelve a entrar en la casa y sugiere que se pongan a jugar con la flota, pero sin trabajar. Le da un barco a *M.K.* y coge él uno para sí. *M.K.* va en viaje de placer en su barco, y él lo hace en el suyo. Al principio se separa de ella, pero pronto coloca su barco muy cerca.

M.K. le indica que siempre que los barcos se han tocado, esto ha significado que tenían relaciones sexuales. Al separar su barco del de ella ha querido evitar esto, pero en seguida ha vuelto hacia ella. Quiere, pues, tener una relación sexual con ella; pero desea aun más asegurarse de que en el futuro va a ser potente. Los cinco dibujos que dijo quería darle le representan a él (el cisne), dándole a ella, o mejor dicho a mamá, cuatro niños (los cisnecitos). También son éstos los bebés que le ha dado a la mamá pez del dibujo. Ahora quiere que *M.K.* juegue con él pero que no le haga interpretaciones, y esto expresa el deseo de ser amado por ella tal como lo es por mamá, y además el deseo de no enterarse de lo que a menudo ha llamado "esos pensamientos desagradables".

Antes de irse Richard dice otra vez que quiere desenchufar él la estufa, y justo en el momento de salir[1].

Nota de la sesión número cuarenta y dos.

I. El deseo de incorporar un pene bueno constituye un fuerte impulso que lleva hacia la homosexualidad. El pene bueno sirve para contrarrestar al pene interno perseguidor; pero si las ansiedades motivadas por estos perseguidores internos son muy fuertes, el interior es vivido como un sitio malo en el cual nada puede mantenerse en buen estado. Entonces la necesidad obsesiva de contrarrestarlas persiste y queda como uno de los factores de la homosexualidad (véase El *psicoanálisis de niños,* capítulo XII).

II. La inversión constituye un importante mecanismo de la vida mental. El niño pequeño que se siente frustrado, privado de algo, con envidia o celoso, expresa su odio y su envidia invirtiendo omnipotentemente toda la situación, de manera tal que él se convierte en adulto y sus padres son los abandonados. En esta sesión, Richard usa este mecanismo de una manera diferente. Se coloca él en el lugar de su padre; pero para evitar destruirle, lo convierte en niño, y aun más, en un niño gratificado. Este tipo de inversión está más influida que la otra por sentimientos de amor.

---

[1] Ese mismo día recibí una carta de la madre de Richard, en la que me decía que había notado una gran mejoría en el niño, la cual se mantuvo durante todas las vacaciones y se hizo bien manifiesta tanto para su padre como para ella.

III. El deseo de tener relaciones sexuales, combinado con celos y odio sentidos hacia el padre -es decir, la manifestación completa del complejo de Edipo-, no implica realmente que un niño de esta edad desee realmente llevar a cabo un acto sexual, a menos que sea seducido por un adulto. Tanto a los niños como a las niñas, tal situación les provocaría una gran angustia. El deseo consiste, más bien, en no tener que reprimir demasiado las fantasías de poder tener dichas relaciones, lo cual queda asociado con la esperanza de que esta gratificación pueda cumplirse en el futuro.

SESION NUMERO CUARENTA Y TRES (Viernes)

Richard encuentra a *M.K.* frente al cuarto de jugar. Cuando entran, pide inmediatamente los dibujos y se pone a mirar el 27, que es el que hizo el día anterior. Luego coloca la flota en orden de batalla y se refiere a ella orgullosamente llamándola la "gran flota"... Está muy contento porque la R.A.F. ha "destruido" una vez más a Alemania y también comenta que Rusia parece marchar bien. Coloca en una línea, en el centro, a los destructores; a estos les siguen los submarinos, mientras que los cruceros *Nelson* y *Rodney* quedan a derecha e izquierda de los primeros. Mira entonces a *M.K.* y le dice que la quiere mucho y que le gustan mucho sus ojos.

M.K. interpreta que una vez más ella representa a la mamá buena, porque ya no tiene tanto miedo como le tenía los últimos días a su interior dañado y horrible, a la mamá "pocilga" (nota 1). También se refiere a lo que dijo ayer sobre el dibujo 27.

Richard mira éste, con gran interés, a pesar de que el día anterior pareció no escuchar la interpretación que *M.K.* le hiciera sobre el mismo. Indica que en el lado de la izquierda la gente es en realidad bastante igual, y que en el derecho hay una gran cantidad de mamá-celeste. Richard la está rodeando, pero también penetra en ella un poco de Paul. Después indica que en el medio está llena del papá-Hitler peligroso y de sí mismo (quien, como *M.K.* le hace recordar, representa también a los rusos sospechosos).

M.K. le interpreta que la "gran flota" es él mismo, que contiene y controla dentro de si a toda la familia. Ahora ha separado a sus padres, con lo cual no puede haber entre ellos ni relaciones sexuales ni peleas. Se supone que al estar colocados a su derecha e izquierda, deben de protegerle a él y guardarle, pero también están bajo su comando. Le recuerda que el día anterior, al chupar y morder el lápiz, y con otros medios, expresó que sentía que se había comido el pene de papá, que era la carne deliciosa del monstruo. Pero esto implica, además, que puede incorporar a sus padres y a toda su familia de una manera menos asustadora, cosa que acaba de hacer en su juego al mantenerlos a todos bajo su control.

Richard reorganiza la flota formando una larga fila, y coloca el barco más pequeño al frente. Se arrodilla, cierra a medías los ojos y con mucho cuidado controla la fila de barcos para asegurarse de que está bien derecha.

M.K. le recuerda que le dijo a su mamá que le preocupaban mucho las relaciones sexuales y que no quería tenerlas nunca. Una de las razones por las cuales dijo esto, es porque teme no ser capaz de ello por ser su pene demasiado pequeño y no suficientemente derecho y fuerte (nota II). Ahora toda la flota representa a su pene, el cual está formado por el de papá, por el de Paul y por otra gente -los demás barcos-, y todos están bajo su mandato. Cuando mira tan atentamente su flota, es porque está investigando cómo es su propio interior y averiguando si las personas que ha incorporado dentro de si le ayudan en realidad y dan fortaleza a su pene o por el contrario le dañan y le persiguen.

Richard empieza a hacer el dibujo 30. Mientras lo hace comenta que sus enemigos, y en particular la niña pelirroja, están pasando por delante de la casa en ese momento, y se refiere a ellos llamándolos "esos pedazos de insolencia". Los mira desde detrás de la cortina, pero no parece estar asustado y en seguida vuelve a su dibujo. Cuenta entonces a *M.K.* que la ayudante gorda de la tienda del Sr. Evans le ha vendido muchos caramelos, pero le ha pedido lo guarde en secreto. Al colorear las partes azules, empieza a cantar el himno nacional y explica que mamá es la reina y él es el rey. Al terminar el dibujo lo mira y comenta que hay mucho de mamá y mucho de él y que los dos "pueden realmente vencer a papá". Indica, en efecto, que hay poco del papá alemán (el negro). Al hacer las partes violetas canta los himnos noruego y belga y dice: "El está bien".

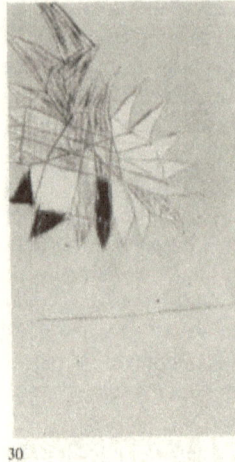

30

M.K. interpreta que al ser rey se ha convertido en el marido de mamá, mientras que Paul, el violeta, "está bien", pero se ha convertido en bebé. Hay cuatro bebés en el dibujo, pues las secciones son mucho más pequeñas de lo que lo son en general, lo que guarda correspondencia con el dibujo del día anterior, en el cual rodeó a la mamá pez de pececitos después de haber hablado de los cuatro cisnecitos que había visto y de querer darle a ella cinco dibujos. En el dibujo de hoy mamá también tiene bebés buenos que él le ha dado, y esto sólo puede hacerlo convirtiendo a su padre y a su hermano en niños. A pesar de esto el órgano sexual de papá está representado en la parte inferior del dibujo, pues siente que haga lo que haga, no puede nunca excluirlo del interior de mamá.

Richard sigue cantando otros himnos nacionales y melodías de grandes compositores, y pregunta a *M.K.* cuáles de ellas conoce. Comenta además que su mamá toca el piano, y que él solía tomar lecciones de música, pero que. ahora las ha dejado a pesar de que le iba muy bien con ellas. La flota que tanto le gusta es un regalo que le hizo su madre por pasar un examen de música.

M.K. interpreta que quizás haya dejado la música por sentir que nunca podría competir con los grandes compositores -el padre ideal-. Pero que quiere a la flota de una manera especial por habérsela dado su madre en premio a tocar el piano. Ahora la flota constituye una parte importante de su trabajo con ella, y como los dibujos, significa darle algo, lo cual es también ser potente y darle hijos.

Richard empieza otra vez a cantar; parece feliz y tiene los ojos húmedos... Sale al jardín a mirar las montañas, y como lo hace tan a menudo admira el paisaje. Hay sol, lo cual siempre influye mucho en su estado. Cuando vuelve a entrar en la casa se pone otra vez a cantar melodías, pero se interrumpe para decirle a *M.K.* que en el hotel hay un cachorrito muy rico, un scotch terrier de cuatro meses; comenta que es muy gracioso, pues trata de agarrarse su propia cola dando vueltas y vueltas sobre si mismo.

M.K. interpreta que las melodías que siente que comparte con ella (con mamá), también representan a bebés buenos que él contiene y que puede producir; y que la armonía significa que las personas que ha incorporado dentro de sí están en paz y contentas todas juntas. En el dibujo en que él es rey y mamá reina, los dos tienen lindos bebés, mientras que sólo hay un poquito del "negro malo". Por esto es por lo que también siente más confianza en la guerra y menos preocupación por Rusia como aliada.

En el transcurso de esta sesión, una vieja con aire abandonado que pasa por la calle llama la atención del niño. Comenta que es horrible y que "escupe una cosa amarilla espantosa", pero aparte de esto no presta ninguna atención a los transeúntes.

Cuando se prepara para marcharse, Richard está todavía cantando. Pone el brazo levemente alrededor de los hombros de *M.K.* y dice: "Me siento muy feliz y te quiero mucho".

Notas de la sesión número cuarenta y tres.

I. Desde el punto de vista técnico, es importante hacer notar que en la transferencia, el cambio que hace Richard pasando de un objeto muy dañado y malo a uno bueno se produjo tras la interpretación constante de las ansiedades del niño. Tras mi viaje a Londres, Richard no podía ni mirarme, como ya he señalado, y todo el material demuestra lo dañada y mala que me había vuelto para él. El origen de esta ansiedad se remonta a los primeros sentimientos agresivos sentidos contra sus padres y a los temores, de ellos resultantes, de haberlos dañado irreparablemente. Según mi experiencia, ésta es la única manera de disminuir la ansiedad de raíz y de ayudar al paciente a ganar confianza en sí mismo y en sus objetos. Todo ensayo de establecer una transferencia positiva, olvidándose el analista de la negativa, fracasa, creo yo, pues no se llega a obtener así resultados permanentes ni duraderos.

II. Al analizar a los niños, encontramos que se encuentran en actividad deseos y sensaciones genitales; pero es importante, al mismo tiempo, considerar el miedo que tienen de ser impotentes en el futuro, temor que se desarrolla en muchas direcciones y que inhibe la sublimación. Los niños menos neuróticos tienen una mayor confianza en sí mismos, y por ello pueden darse cuenta de que al crecer se convertirán en hombres y mujeres. En cambio, los pacientes neuróticos -y aun más los psicóticos-, no tienen este sentimiento lo suficientemente arraigado, y estas primeras dudas sobre su fertilidad y potencia persisten aun después de haberse hecho mayores. Todo esto puede luego contribuir a la impotencia o a una potencia restringida en el caso de los hombres, y a la frigidez e incluso la esterilidad en el de las mujeres. El temor del niño a ser impotente y de la niña a no poder tener bebés, está conectado íntimamente con ansiedades respecto al interior del cuerpo. El que el niño sienta que ha incorporado una serie de objetos buenos que le dan confianza en si mismo y le alienten en sus actividades, o que por el contrario se sienta perseguido desde adentro, y lleno de objetos tan resentidos y envidiosos de él como él se siente hacia ellos, ejerce una influencia decisiva en el desarrollo de su genitalidad y de la sublimación.

SESION NUMERO CUARENTA Y CUATRO (Sábado)

La madre de Richard sale al encuentro de *M.K.* y le comunica que su hijo está en la cama con dolor de garganta y un poco de fiebre. Añade que últimamente ha estado más preocupado que de costumbre por las enfermedades físicas. *M.K.* contesta que como hace buen tiempo no le va a hacer daño venir y que ella lo esperará.

Richard tiene un aspecto angustiado y pálido cuando llega. Le ha pedido a su madre que le acompañe hasta la puerta y le ha hecho prometer que le vendrá a buscar. Dice: "De todas maneras he traído la flota". La coloca sobre la mesa y se queda en silencio. Está totalmente distinto de lo que estaba el día anterior: distraído y deprimido, trata de evitar mirar a *M.K.* Le cuenta que no quería levantarse de la cama: habría preferido quedarse en ella y leer y leer, y que *M.K.* le hubiera ido a ver allí.

M.K. le pregunta cómo se encuentra ahora.

Richard contesta que siente la garganta caliente, pero que no le duele. Añade que siente que tiene veneno detrás de la nariz, y al decirlo lo hace con aire abatido y angustiado.

M.K. le pregunta de dónde ha venido el veneno.

Richard contesta, vacilando, que cree que la cocinera y Bessie le están envenenando. Vuelve a repetir que aunque la garganta no le duele, la tiene caliente y roja. Al decir esto coge uno de los destructores más grandes, se arrodilla y lo mira de la misma manera como lo hizo el día anterior con la fila de barcos... Luego mueve los barcos de un lado para otro de manera distraída e incierta.

M.K. interpreta que está mirando el barco igual que ayer, lo cual parece demostrar que teme que su pene no esté derecho después de todo - que esté dañado-. Su garganta caliente y roja puede estar asociada al temor de dañarse el pene cuando se lo frota. Ultimamente, y en particular en la sesión anterior, sintió un deseo sexual más fuerte que en otras ocasiones, y ganas de darles bebés a su mamá y a ella, y ahora tiene mucho miedo de ello.

Richard pregunta si no le irá a contagiar su resfrío.

M.K. interpreta que teme infectarla y envenenarla no sólo por el resfrío, sino porque ahora siente que su pene es tan venenoso como los hongos venenosos que hace poco destruyó.

Richard dice una vez más que le hubiese gustado que *M.K.* viniera a verle a su habitación.

M.K. le recuerda que a su vuelta de Londres él le dijo que querría ser el pollito de mamá, lo cual en realidad significa ser abrazado y cuidado como si fuera un bebé. Ayer sintió muchas ganas de ser un hombre con ella y con su madre y de dar bebés a ambas. Asustado de este deseo, se ha enfermado, tratando de transformarse en un bebé; por eso quiere que le atiendan mientras está en la cama. Además no quiere oír nada de sus deseos genitales y por eso no quiere trabajar, pero sí que ella le vaya a ver a la cama y le cuide como lo hace mamá (nota 1).

Richard se ha puesto a jugar con la flota. Retira al *Nelson* y al cabo de un rato hace lo mismo con el *Rodney,* tras lo cual se encuentran los dos y se tocan. Después los retira aun más lejos, hasta dejarlos detrás de la cartera de *M.K.* y dice que están escondidos.

M.K. pregunta por qué se esconden. Como Richard no contesta, le sugiere que posiblemente cuando papá y mamá se van a la cama y tienen relaciones sexuales, se tienen que esconder de sus hijos. También le sugiere que como él siente que quiere atacar a sus padres cuando están juntos en la cama, teme que papá le ataque a él si se va a la cama con mamá.

Richard contesta que estos días está durmiendo realmente en la misma habitación que mamá, y que le gusta mucho hacerlo [2].

Trae entonces el *Nelson* de vuelta y hace que inspeccione la flota; después el *Rodney* hace lo mismo; pero mantiene a los dos separados. De repente el destructor al que ha examinado tan atentamente un poco antes, es volado, y comenta que se trata del *Prinz Eugen,* atacado por los ingleses.

M.K. interpreta que el *Prinz Eugen* le representaba antes a él peleando solo y a su órgano sexual, el cual seria destruido de enterarse papá que desea tener relaciones sexuales con su madre; si papá encontrara su pene dentro de mamá, el genital de éste se pelearía con el suyo; pero más miedo aun tiene de la venganza de papá a causa de los ataques que Richard quiere hacerle. Antes mostró en su juego, cómo se escondían sus padres esperando que él los atacara.

Richard se levanta con intención de ir afuera, pero no lo hace cuando ve a dos hombres hablando del otro lado de la calle. Se esconde entonces detrás de la puerta mirándolos, y comenta que los está espiando y que ellos a él también. Vuelve después a la mesa y empieza a dibujar (dibujo 31). Lo

---

[2] Yo había aconsejado a la madre de Richard que no hiciera esto, pero me contestó que por circunstancias debidas a la guerra no pudo conseguir dos habitaciones.

primero que hace es apoderarse del lápiz negro y del violeta diciendo: "Estos son papá y Paul malos".

M.K. interpreta que los dos hombres y los dos lápices representan a papá y a Paul, que le dan miedo, pues piensa que le van a atacar por dormir ahora solo con mamá y por sospechar que desea tener relaciones sexuales con ella y que incluso llega a tenerlas. También representan al Sr. K. y al hijo de M.K. de quienes tanto sospecha. Ha dicho hace un rato que les está espiando, y por esa causa cree que ellos también le espían a él. Cada vez que tiene celos y curiosidad por las relaciones sexuales de sus padres, supone que papá y aun Paul le observan o que adivinan sus pensamientos, lo cual le hace sentir que son sospechosos ellos dos y mamá también. Si sospecha que sus padres se unen en contra de él, es porque él a su vez los espía y quiere perturbarles cuando tienen relaciones sexuales. En este momento también cree que el "señor viejo y gruñón" y John están viendo la relación que tiene con M.K., pues él mismo tiene una aguda curiosidad por conocer cómo son las relaciones que ellos guardan con ella...

Richard tararea el himno nacional inglés mientras colorea algunas secciones del dibujo con rojo y azul, tras lo cual entona otra cosa. Cuando M.K. le pregunta qué es, contesta que es una canción sobre "Mi amada", y que está pensando en mamá. Después le muestra a M.K. que en el dibujo, mamá y él han hecho un círculo en torno al pequeño Paul, pero que papá también está cerca de mamá y Paul la está tocando y hasta atravesando a Richard. Al decir esto se mete el lápiz amarillo en la boca y primero lo chupa, pero de pronto lo empuja más adentro hasta que le llega casi a la garganta.

M.K. interpreta que teme haberse comido los penes peligrosos de papá y Paul, y que ahora éstos le espíen, le combatan y le envenenen desde su interior. Al principio de la sesión dijo que tenía la sensación de tener veneno tras la nariz y que podría ser que Bessie o la cocinera le quisieran envenenar; pero resulta ahora que quienes teme que le ataquen son los padres hostiles que le están espiando (los padres-Hitler; ella y su marido

extranjero), o bien papá y Paul quienes pueden pelearse entre ellos o
juntarse en contra de él. El monstruo de la carne deliciosa se transformó
antes en un enemigo peligroso que está en su interior; por eso se aferra
cuanto puede a la creencia de que papá tiene también un pene bueno que
él puede incorporar para que le ayude. Y por esto también quiere creer
que mamá siempre es buena y que le va a proteger de todos los peligros
de afuera y de adentro. [Idealización como corolario a la persecución.]
Otra cosa que teme es que el dolor de garganta le impida analizarse; es
decir, que sus enemigos internos le separen de *M.K.*, quien a menudo
representa para él a la mamá buena.

Richard se mete muy profundamente el dedo en la boca y tiene el
aspecto de estar extremadamente asustado. Dice que está buscando
gérmenes, pues está seguro de tener alguno.

M.K. interpreta que los gérmenes también son germanos -enemigos-
que le están envenenando. Le recuerda la "garganta roja y caliente", que
significa que está luchando con enemigos venenosos dentro de él.

Richard se levanta, anda un poco, tropieza con un banquito y le da
un puntapié fuerte y luego mira a *M.K.* en forma intencionada (como
indicándole que comprende bien lo que está haciendo).

M.K. interpreta que le gustaría dar un puntapié al pene hostil de su
papá, para sacárselo de adentro.

Richard dice que siente que "los mocos se le están metiendo en el
estómago", y añade que le preocupa mucho pensar que pueda vomitar en
el cuarto de juegos, pero no sabe el porqué de tanta preocupación.

M.K. interpreta que necesita vomitar para expulsar a los padres que
se pelean dentro de él y además todas las cosas malas que le acaba de
interpretar. Pero que entonces teme dañarla y ensuciarla a ella con todo
este veneno, pues de ser esto así ya no le quedaría ninguna mamá buena.

Richard se pone a dibujar (dibujo 32) y dice que se trata del mismo
imperio que hay en el dibujo 31. Después empieza a hacer otro,
colocando al *Nelson* sobre el papel y sombreándolo.

M.K. interpreta que quiere conocer exactamente cómo es su papá
interno y su genital, porque siente mucha incertidumbre sobre lo que le
pasa por dentro. Copiar el *Nelson* también significa que desea poseer el
órgano sexual de su padre.

Richard pregunta si puede llevarse este dibujo a casa, pero después
decide llevarse dos hojas en blanco para dibujar allí.

M.K. interpreta que las dos hojas de papel son también sus pechos y
que se los lleva para que lo protejan de sus enemigos externos e internos.

Hacia el final de la sesión Richard empieza a tararear más fuerte y se
pone mucho más vivaz. Su cara ha recobrado su color natural y tiene los

ojos más brillantes. Dice que se siente un poco mejor y que podrá venir el día siguiente.

Nota de la sesión número cuarenta y cuatro.

I. A menudo he podido descubrir en los adultos un profundo anhelo de ser niños y de ser cuidados, que se encontraba reprimido desde muy temprano. La falta de satisfacción con el pecho de la madre, el miedo a los impulsos destructivos sentidos hacia ésta y la culpa y la depresión que resultan de ellos, incrementan a veces el deseo normal de crecer y pueden incluso llevar a una independencia precoz. Cuando en el análisis este deseo reprimido de ser bebé o niño pequeño vuelve a hacer su aparición, lo hace a menudo en relación con una intensa voracidad y con la necesidad de tener el analista (que representa a la madre) constantemente a mano; también significa que siempre esté internamente a su disposición. La independencia prematura suele ir acompañada de un profundo sentimiento depresivo y de pérdida, porque no se ha llegado a hacer suficiente uso de algo que al adulto le parece irremplazable.

SESION NUMERO CUARENTA Y CINCO (Domingo)

M.K. se encuentra con Richard en la calle. Está muy cambiado: tiene más color, no parece preocupado y está hablador y vivaz. Dice que se siente mucho mejor y que la garganta ya no le duele más (nota 1). En el cuarto de juegos le cuenta que al levantarse por la mañana tuvo mucha hambre, llegando hasta a sentirse enfermo de hambre. Tenía el estómago totalmente estrecho y pequeño, metido para adentro, mientras que los huesos grandes del estómago le salían para afuera. Después de desayunar se sintió perfectamente bien. Describe entonces con gran detalle lo delicioso que estaba el trigo hilado que comió y la manera como lo masticó.

M.K. interpreta que los huesos grandes de su estómago representan a los enemigos que se ha comido, y en particular al padre malo -el pulpo y el monstruo -. También le recuerda el miedo que tiene de que los padres malos y Paul le espíen y le envenenen; por lo tanto, el estómago delgado y débil representa su interior sin protección, débil, y lleno de perseguidores. En cambio la comida buena que luego lo fortaleció representa a la mamá celeste buena, que le protege y restaura. Le recuerda también que hace unos días comparó el trigo hilado con los nidos de los pájaros y que entonces ella le interpretó que representaba a la mamá buena y a su pecho[3].

---

[3] Ese comentario, como muchas otras asociaciones, no fue anotado por mi.

P S í K o L í B R o

Richard ha estado dando vueltas por el cuarto y sonríe contento. Comenta que hoy la habitación no "huele" tanto como ayer y que le parece mucho más bonita. Ayer olía mucho y era horrorosa. Dice que no ha traído la flota y que quiere dibujar...

Comenta además que mamá se portó muy bien ayer; le compró dos libros y le regaló unas pinturas. Tras esto mira a *M.K.* y le pregunta de qué están hechos el vestido y el abrigo que tiene puestos, pues desde cierta distancia parece como si fueran de plata. Le parecen muy bellos, igual que los zapatos que lleva. ¿Hace poco que se hizo peinar? ¿O se acaba de lavar la cabeza? ¿Por qué tiene el cabello muy diferente hoy, como si fuera de plata?

M.K. interpreta que parece sentir como si su mundo interior hubiera mejorado, y que por lo tanto el mundo externo, y en particular su madre y ella y la ropa que llevan le parecen también muy bellos. Le recuerda que el día anterior sintió cosas muy diferentes hacia ella y el cuarto de juegos, el cual había representado entonces a *M.K.* y a su propio interior llenos de la mamá sucia, envenenada y venenosa. Por ello evitó entonces mirarla a ella o a la habitación; porque las dos se habían convertido en la "horrible" vieja que escupía "la sustancia asquerosa amarilla" (sesión cuarenta y tres) a la cual estuvo mirando desde la ventana el día antes de enfermarse de la garganta, y que representaba a la *M.K.* sucia, envenenada y dañada. Hoy parece que al tomar conciencia del miedo que tiene a sus enemigos, y en particular a los internos que le pueden envenenar, les ha perdido un poco el miedo, y por ello encuentra que están mucho mejor las cosas y la gente de afuera. Sin embargo, aun en los momentos en que se sentía tan asustado de todos estos peligros internos, trataba de aferrarse a su mamá verdadera que era la mamá celeste, mientras que *M.K.* en cambio se había transformado en alguien muy malo. [Disociación de la madre en buena y mala.]

Richard dice que el día anterior le pareció que el cuarto estaba muerto. Empieza a dibujar al azar y comenta que ha hecho los números 1, 2, 3, 4, 5 y 6, todos unidos. Después hace el dibujo 33, y colorea antes que nada la parte celeste, comentando que él, mamá, papá y Paul están todos juntos y en paz. Al terminar, dice que casi todo el dibujo les pertenece a mamá y a él; hay sólo un poco de Paul y de papá en el medio y no hacen ningún daño.

33

M.K. interpreta que en la parte inferior del dibujo las personas no se están metiendo unas dentro de otras. En otras ocasiones, en cambio, las partes penetrantes simbolizan a menudo órganos sexuales peligrosos, que se metían unos dentro de otros (nota II), de manera que el arregló que acaba de hacer ahora indica que no hay lucha entre los hombres de la familia. Además, en el dibujo no ha hecho a papá negro como lo hace habitualmente, y tanto él como Paul son pequeños, lo cual quiere decir que son bebés y que ahora Richard y mamá son los padres; de la misma manera hace poco (dibujo 30), él y mamá eran el rey y la reina, y papá y Paul los bebés. En el dibujo actual, además, el órgano sexual grande y rojo de Richard está encima de todo lo demás, de manera que siente que la paz se consigue cambiando lugares con su padre [Inversión]. Cada vez que teme a papá o a Paul -porque quiere atacarles-, siente que mamá también queda en peligro. Ahora la mantiene fuera de este peligro convirtiendo a papá y a Paul en bebés y evitando pelearse con ellos. *M.K.* también le indica que el dibujo tiene una forma oblonga.

Richard responde sin dudar: "Es un pulpo"

M.K. le recuerda entonces el miedo que expresó la sesión anterior y le sugiere que entre ayer y hoy siente que su interior ha mejorado; pero que sin embargo todavía teme contener dentro de sí mismo al pulpo, lo cual le convierte a su vez a él en este animal[4], ya que el dibujo representa no sólo el interior de mamá, sino también su propio interior. Además le señala que mientras ella interpretaba él estaba chupando el lápiz amarillo que tantas veces ha representado el pene de papá, el cual, aun en los momentos en que le parece algo deseable, como cuando pensó que era la "carne deliciosa" del monstruo, tiene la tendencia a transformarse en pulpo en cuanto forma parte de su pro pio interior. La ansiedad ha disminuido, pero existe todavía, y trata de manejarla separando la parte buena de mamá de la mala. Por ello, el día anterior la parte izquierda del dibujo 31 era celeste, mientras que en el lado derecho seguía la batalla. En el dibujo de hoy no hay una división tan

---

[4] Este es otro ejemplo de la gran variedad de situaciones inconscientes, algunas de ellas completamente contradictorias, que se vivencian a veces en forma simultánea.

neta y los órganos sexuales no se meten unos dentro de otros, pero tiene todavía miedo al pulpo que siente dentro de sí.

Richard mira ahora con interés los dibujos 31 y 32. Señala que en el 32 Paul es pequeño y tiene metido un pedacito dentro de Richard, per¿ éste a su vez tiene un pedacito largo dentro de papá y papá está muy cerca de mamá.

M.K. interpreta que en el lado de la derecha de este dibujo él es pequeño y está rodeado de papá y mamá; de la misma manera está rodeado Paul en el lado izquierdo, tal como él lo acaba de indicar.

Richard entonces, señalando el dibujo 31, agrega: "Se parece a un pájaro, y a uno muy horrible". El celeste de arriba es una corona, el pedacito violeta el ojo, y el pico está "abierto del todo". Al decir esto se mete una vez más el lápiz en la boca y lo muerde.

M.K. le llama la atención sobre lo que está haciendo con el lápiz y le interpreta que la corona celeste representa la corona de la mamá celeste que hace pocos días era una reina; por eso al dibujar estaba cantando el himno nacional. A pesar de todo, este trozo forma parte de un pájaro horrible que tiene el pico muy abierto, y representa el otro aspecto de mamá. Pero, además, el pico representa también, en parte, a él y a Paul y a los órganos sexuales de ambos, cosa que demuestra por los colores que ha elegido: el rojo y el violeta. Cuando su pene penetra y agujerea, siente como si también mordiera y comiera. Y todo esto cree luego que forma parte de la mamá-pájaro horrible, la cual por lo tanto se convierte en algo tan voraz y peligroso como siente que es él.

Richard repite varias veces que el pájaro tiene un aspecto horrible y tras volver a echar una mirada al dibujo 32, comenta que éste también se parece a un pájaro, pero sin cabeza. La parte negra de abajo es "lo grande" que se desprende de él, y también es "horrible".

M.K. interpreta que el dibujo 32 representa a su interior mutilado y a él con el pene cortado. Así sintió ayer que era su interior, cuando tenía el resfrío. Le hace recordar, además, que en la sesión anterior dijo que los dos imperios eran él mismo, lo cual significa que el dibujo 32 le representa a él tras haber devorado al pájaro "horrible", y por esto siente que ahora se parece a él. En su fantasía se ha comido a su madre, siendo ésta una persona destructiva y devoradora; mientras que al comerse el trigo hilado, que según él se parecía al nido de un pájaro, sintió que incorporaba dentro de sí a la mamá buena que le protege del papá malo interior (los huesos del estómago). Esto demuestra que las veces que se siente más asustado experimenta que la mamá mala interna se hace más poderosa; pero sin embargo también cree en la mamá buena que tiene adentro. También piensa que la mamá-pájaro horrible ha hecho una alianza con el papá-monstruo, y que estos padres unidos tan asustadores le atacan desde adentro y le comen, mientras que desde afuera también le atacan y le cortan el pene (nota III).

Richard ha empezado a hacer otro dibujo. Sobre la línea divisoria hay un barco con una gran bandera británica y dos chimeneas cuyos humos se juntan; luego escribe: "Convoy Atlántico" en la parte superior. Por debajo de la línea hay un pez, tres estrellas de mar y un submarino alemán que dispara un torpedo. En la parte inferior de la hoja dibuja las dos plantas que acostumbra dibujar. Se saca el lápiz que una vez más se habla puesto en la boca, y con él trata de señalar la dirección en que va el torpedo, pero al hacerlo acerca tanto el lápiz a *M.K.* que casi le toca en la región genital. Explica entonces que el pez es un tonto por no salirse del camino del torpedo, ya que éste le puede hacer daño. Las estrellas están tratando de interceptar el torpedo. El convoy lleva mercadería.

M.K. interpreta que el submarino parece ser él, enemigo de los dos padres; pero como éstos son al mismo tiempo quienes le dan las cosas buenas (la mercadería), se siente culpable. Al atacar al papá malo, trata de olvidarse de que papá también es bueno con él.

Richard afirma con vigor que, en la realidad, papá es muy bueno y amable.

M.K. interpreta que cuando ataca a sus padres mentalmente cada vez que éstos tienen relaciones sexuales, teme dañar al mismo tiempo a la mamá buena y que, como consecuencia, teme también que el cuarto y *M.K.* estén muertos.

El pez-mamá "tonto", significa que mamá no deberla de haberse acostado con papá, para no exponerse así a la rabia y el odio que él siente. "Lo grande", horrible y negro que cae del pájaro mutilado (dibujo 32), representa a sus torpedos. Y las estrellas de mar que tratan de interceptarlos, son papá, Paul y Richard buenos que tratan de proteger a mamá.

Al dibujar el convoy torpedeado por el submarino alemán, Richard pregunta a *M.K.* si no se cansa de su trabajo.

M.K. interpreta que le pregunta esto en el momento en que está bombardeando el convoy que trae la mercadería, lo cual significa que siente como si la ayuda que ella le está prestando al analizarle fuera como la ayuda, el amor y la leche que le dieron de bebé. Siente haber dejado exhausta y atacada a mamá, y ahora teme cansaría a ella, y también dejarla exhausta y llegar a atacarla en la realidad. Al hablar del torpedo que bombardea el convoy llegó en efecto a tocarla con el lápiz.

Richard sigue dibujando tras estas interpretaciones y parece estar de acuerdo con ellas. Después mira el último dibujo, lo pone de lado y dice que no va a terminarlo (con ello quiere decir que no le va a dar color). Sale de la habitación para ver pasar un avión y comenta que no es de combate, pero no sabe qué otra cosa puede ser; va a volar por sobre las montañas...

Luego muestra a *M.K.* el sitio donde pisoteó los "hongos venenosos" hace algunos días, arranca unas hierbas malas y dice que quiere contarle un sueño muy triste que tuvo, durante el cual él también se sintió muy triste. Luego vuelve al cuarto y empieza a dibujar una casa, diciendo que es la casa de "Z" que tuvieron que dejar al comenzar la guerra. La sombra de la derecha es la de Oliver, y en la parte inferior (indicado por unas pocas líneas), está el rosedal y otras partes del jardín. Hace un punto en el muro para indicar dónde cayó la bomba, mientras que un cuadradito que dibuja cerca es el invernadero que quedó destruido. Saliendo del rosedal hacia la izquierda, dibuja un sendero. En el primer piso de la casa está el dormitorio de sus padres, y a la izquierda de éste, el suyo. En la planta baja se encuentra un cuarto de estar que se usa poco, y a la derecha la sala, que usan mucho. Comenta que las habitaciones que más le gustan son la sala y su cuarto, y pone círculos en las ventanas de las dos.

Su cuarto le gusta mucho porque en él tiene un tren eléctrico al que echa mucho de menos, y el que hubiera querido traer a su casa actual (en "Y"). Lo describe entonces, dando muchos detalles y con gran sentimiento y cariño, diciendo que la locomotora es aerodinámica y que tiene una buena cantidad de vagones de carga y de pasajeros.

Cuida mucho este tren y se enfadó mucho una vez que se estropeó. En aquella ocasión dejó de funcionar el control automático porque papá dejó enchufada la electricidad; y también quedaron dañados la locomotora y el tender.

M.K. interpreta que el tren de carga y el convoy al que torpedeaban en el último dibujo, representan ambos a los padres buenos, y le sugiere que también los demás vagones del tren pueden representar a la familia, con papá a la cabeza (la locomotora); todos los recuerdos agradables del pasado están asociados a este tren y a su casa. Tras esto, le pide que le relate el sueño.

Richard no está nada dispuesto a contarlo y sólo dice: "Estábamos de vuelta en la casa vieja"

M.K. le pregunta a quién se refiere al decir "estábamos".

Richard contesta que a él y a su mamá y que también estaba una tía; tras una pausa, dice que mamá le ha dicho que ni aun después de la guerra van a volver a la casa antigua, pues ella prefiere vivir en el campo; esto lo pone muy triste, pues él quiere mucho su casa, su cuarto, la sala, el tren -toda ella-. Le contesto a mamá que si ella no volvía él iría solo a vivir allí.

M.K. interpreta que la casa que ahora está sin protección y desierta, representa a mamá, de noche, sola y sin protección contra el papá-vagabundo, así como también a *M.K.* cuando fue a Londres y quedó expuesta a las bombas de Hitler. Al irse solo a la casa vieja quiere dejar en el campo a la mamá sana, y quedarse él a proteger a la mamá dañada. Pero en el juego de la flota, también ha indicado, repetidas veces, que le preocupa pensar que papá quedaría abandonado si él le quitara a mamá. Y ahora que duerme en la misma habitación que ella y que papá está solo, siente que éste está abandonado y solo y que Richard debería de unirse a él en la casa vieja.

Al interpretar *M.K.* el deseo de proteger a la mamá dañada, Richard se pone a mirar los primeros dibujos. Escoge el número 14 y echando a *M.K.* una mirada de comprensión, comenta: "Este es el peor de todos".

M.K. le recuerda que ese dibujo representaba a su interior dañado y lleno de sangre, el cual contiene además a la mamá también llena de sangre y herida.

Tras esta interpretación, Richard sale afuera para mirar las montañas. Un poco antes, le había pedido a *M.K.* que escuchara el trino de los pájaros añadiendo en un susurro y con los ojos húmedos; "¡Qué belleza!; ¡cómo me gustan!".

M.K. interpreta que los pájaros y su canto representan a los bebés buenos, a su interior bueno y a un mundo exterior amistoso.

En otro momento de la sesión, mientras *M.K.* le habla de sus ataques, Richard garabatea en una hoja y hace puntos en ella con gran violencia, y a continuación le pregunta si le importa que garabatee.

M.K. interpreta que los puntos y los garabatos representan bombas y materia fecal.

Entonces Richard dibuja en la misma hoja una figura pequeña, la garabatea por encima, hace puntos y hace que es Hitler y que lo está bombardeando y matando.

M.K. le indica entonces, que cuando ataca al Hitler-papá, teme dañar también al papá bueno, a la mamá buena y ahora a ella, y que por esto es por lo que le ha preguntado si le importa que haga garabatos...

Richard ha estado tirando los banquitos de un lado a otro; levanta dos de ellos, los tira al suelo y dice: "Son bombas". Después recoge uno que tiene la parte superior de piel y que le gusta mucho, lo acaricia y lo abraza.

M.K. interpreta que la parte de piel parece simbolizar el genital deseado de papá, el cual tiene pelos alrededor y que sentiría mucho haberlo destruido, aunque al mismo tiempo desea bombardearlo.

Richard contesta que ya sabía que papá tiene pelo debajo de los brazos, pero no sabía que también lo tenía en el órgano sexual. Echando una mirada a *M.K.* añade que, como es natural, las madres si lo saben pues ven a sus hijos.

M.K. interpreta que tiene celos de la relación que ella tiene con su marido, y que está por ello tratando de negar que tanto ella como su mamá tengan algo que ver con los órganos sexuales de sus maridos. Si bien quiere separar a la mamá celeste del papá-vagabundo porque éste es peligroso, también lo quiere hacer porque tiene celos.

En esta sesión Richard ha vuelto a prestar mucha más atención a los transeúntes, y en especial a los niños; mientras dibujaba le pidió a *M.K.* que le fuera diciendo quién pasaba por la calle. Este mayor interés por la gente guarda relación con el material de la sesión, centrado en situaciones externas. Esto también se refleja en el sentimiento por la pérdida de su casa y todo lo que ella implica en cuanto a sus experiencias más tempranas. En la sesión anterior, en cambio, le habían preocupado especialmente las situaciones internas, y en particular el veneno que sentía tener tras la nariz, las figuras malas y la ansiedad hipocondríaca.

Una vez en la calle, Richard comenta que está muy contento porque hay sol, y que también sus zapatos brillan como el sol -pero no, no tanto como él, aunque brillan de todas maneras. Resulta evidente que aunque las ansiedades persecutorias han disminuido y han tomado mayor fuerza las de carácter depresivo, durante esta sesión ha hecho también uso de defensas maníacas.

Notas de la sesión número cuarenta y cinco.

I. La mejoría que va experimentando Richard no sólo consiste en una disminución de la ansiedad hipocondríaca, sino también en la desaparición de un síntoma físico real. Si tenemos en cuenta que desde su primera infancia este niño ha sufrido de constantes resfríos, resulta de interés ver cómo contribuyen a ello los factores psíquicos. Parece bien probable suponer que sin análisis hubiera llegado a tener en este momento dolor de garganta, y esto nos lleva a consideraciones de carácter más general. De acuerdo a mi experiencia, la hipocondría, que en el caso de Richard era muy intensa, no consiste necesariamente en la preocupación por síntomas que en realidad no existen, sino que puede desarrollarse a partir de síntomas físicos reales que el sujeto exagera, y cuyo significado distorsiona. Se plantea aquí el problema de si tales síntomas se deben entonces o no, en su mayor parte, a la angustia hipocondríaca. Esto implicaría que existe una co-nexión entre los síntomas histéricos y la hipocondría, cosa que ya he

---

sugerido varias veces (véase *El psicoanálisis de niños* y "Algunas conclusiones teóricas sobre la vida emocional del bebé", *1952*).

II. Los cambios producidos en el material de Richard muestran que está adquiriendo una mayor capacidad para integrar su yo y para hacer la síntesis de los objetos, lo cual se debe a la disminución de la ansiedad relacionada con los peligros internos. Sin embargo, el proceso de integración en si provoca nuevas ansiedades, cosa que ocurre, por ejemplo, cuando el enfermo siente que su parte destructiva puede poner en peligro otras partes de su personalidad y además al objeto, el cual puede ser destruido, o (por proyección) transformado en objeto malo. En el caso de Richard por ejemplo, cuando éste llegó a cierto grado de integración, el pájaro con corona que simbolizaba a la madre (dibujo 31) se convirtió en un objeto horrible y devorador que dejaba caer materia fecal. A medida que aumenta la confianza en los impulsos amorosos -proceso que va de la mano con la disminución de la ansiedad persecutoria referida a peligros internos-, la integración va provocando menos ansiedades. Además, el progreso de la integración y de la síntesis implica que ciertas partes del objeto y del yo se unen de una manera constructiva, mientras que ciertas partes del objeto y del yo se unen de una manera constructiva, mientras que, por el contrario, el proceso fracasa si se trata con demasiada urgencia de disminuir la disociación, y se unen de una manera tan caótica que incremente la confusión. (Véanse mis artículos "Contribuciones a la psicogénesis de los estados maníaco-depresivos", 1935, y "Notas sobre algunos mecanismos esquizoides", 1946; además, el articulo de H. Rosenfeld: "Nota sobre la psicopatología de los estados confusionales en esquizofrenias crónicas".[*]) Un intento más eficaz de síntesis y de integración es el expresado en la parte inferior del dibujo 33, donde los objetos internos de Richard están reunidos de una manera pacífica, tras haber disminuido la violencia de los mecanismos de identificación proyectiva. Por esto es por lo que en este dibujo las secciones de color (que le representan a él y a su familia), ya no penetran unas dentro de las otras. La mayor capacidad para integrarse y sintetizarse, va unida a una disminución de la ansiedad, y en particular a una reducción del temor a los perseguidores internos, a los cuales ve ahora Richard con menos capacidad para envenenarle, asi como él mismo se siente menos capaz de envenenarles a ellos.

Resulta significativo ver cómo, por primera vez en su análisis, Richard vivencia y llega a expresar el cariño que tiene a su hogar y habla de recuerdos buenos muy tempranos, situación ésta que se da después de haber disminuido por el trabajo analítico la ansiedad que sentía ante los

---

[*] Versión castellana en *Estados psicóticos*, Buenos Aires, Hormé, 1974

peligros internos. La disminución de esta ansiedad le permite vivenciar con mayor fuerza la ansiedad depresiva y la culpa, lo cual a su vez le hace tener más confianza en sí mismo y en el mundo externo, y le permite estar más esperanzado. Debemos recordar, además, que en aquel entonces vivíamos en un estado constante de peligro verdadero, y que estas modificaciones favorables se dieron en el niño a pesar de circunstancias externas asustadoras. A menudo me he referido a la interacción que se opera entre los factores externos y la ansiedad por los procesos internos. En Richard vemos, en este aspecto, cómo tales ansiedades aumentaban cada vez que había malas noticias de la guerra; pero, sin embargo, en este contexto, quiero llamar la atención sobre un aspecto de la interacción. Esta sesión, en efecto, constituye un ejemplo de algo que ya he afirmado, y es que los temores a las situaciones externas quedan intensificados por las ansiedades que tienen su origen en los primeros estadíos del desarrollo, lo cual hace que la ansiedad provocada por los peligros reales pueda ser también disminuida mediante el análisis.

En otros trabajos me he referido ya a las observaciones que he hecho sobre este punto y he puesto en discusión el concepto de Freud sobre la ansiedad objetiva y la ansiedad neurótica (véase mi articulo "Sobre la teoría de la ansiedad y la culpa", 1948).

III. El material de los días anteriores expresaba la ansiedad que sentía Richard ante la integración, mientras que en esta sesión esta ansiedad ha disminuido. El cambio operado de un día a otro indica una fluctuación entre el fracaso y el éxito de la integración, la cual es la que prepara el terreno para la adquisición de una capacidad más estable de integrarse.

SESION NÚMERO CUARENTA Y SEIS (Lunes)

Richard presenta un aspecto muy diferente del que tenía el día anterior. Está vivaz pero también sobreexcitado y sus ojos tienen mucho brillo. Habló constantemente y en forma incoherente, haciendo muchas preguntas y sin esperar respuesta; no tiene sosiego y ni descansa ni deja de mirar de manera perseguida a los transeúntes que pasan por la calle; aparentemente es incapaz de escuchar ninguna interpretación. Cuando *M.K.* interpreta no contesta. Se encuentra en un estado de evidente y fuerte excitación maníaca y también agresivo de una manera mucho más directa de lo que lo ha estado por mucho tiempo, aun en contra de *M.K.* Dice inmediatamente de llegar que ha traído la flota y que está planeando una gran batalla. Los japoneses, los alemanes y los italianos van a combatir todos contra los ingleses (de pronto queda preocupado). Le pregunta a *M.K.*

lo que piensa sobre la marcha de la guerra, pero luego sigue hablando sin esperar que ésta conteste. Dice que se siente muy bien y que no le pasa nada. Le ha escrito a su amigo Jimmy, que es la segunda persona de importancia de su pandilla (Richard es el primero), sobre los planes que tiene para luchar contra Oliver. Saca la flota. Los británicos son más fuertes que todos los demás juntos y están estacionados detrás de unas rocas, representadas por la cartera y el reloj de *M.K.* De repente aparecen los italianos, pero en seguida se escapan. Los otros enemigos empiezan a luchar, pero todos los destructores, uno tras otro, son volados. Mientras los va separando, comenta: "están muertos". Un destructor pequeño británico dispara contra un barco de guerra alemán y al principio parece que lo va a hundir; pero luego Richard decide que se ha entregado y lo trae de vuelta. De tanto en tanto, mientras juega, va de un salto a la ventana para mirar a los niños. Golpea sobre el cristal para llamarles la atención y les hace muecas, luego se esconde rápidamente tras las cortinas. Lo mismo hace con un perro y comenta que una muchacha joven que pasa parece tonta. Está particularmente interesado en todos los hombres que pasan. Mira a *M.K.*, admira el color de su pelo, lo toca rápidamente y también el vestido que lleva, para ver de qué está hecho. Después habla de una vieja "rara" que ha pasado frente a la casa. Al empezar a jugar con la flota hace, como de costumbre, el ruido de las máquinas, algo así como chug-chug. De pronto se interrumpe y dice: "¿Qué es esto? Ahora lo tengo en el oído"... Tras hundir toda la flota del enemigo se siente de pronto "cansado" de jugar y deja la flota de lado.

Saca entonces los lápices y se mete el amarillo en la boca, mordiéndolo con fuerza. Después, cosa que no suele hacer, se lo mete en la nariz y en el oído, mete también un dedo en la nariz y hace varios tipos de sonidos. En un momento determinado dice que el ruido que está haciendo se parece al del torbellino de *El mago de Oz*, que hizo volar por los aires a Dorothy, una niña simpática; pero ésta no murió a causa de ello. Entretanto pregunta a *M.K.* si le gusta la camisa celeste y la corbata que lleva puestas, pero no parece esperar ninguna respuesta. Saca el pañuelo para sonarse la nariz, aunque no lo necesita, pero lo mira y dice: "Mi pañuelo mocoso".

M.K. interpreta que quiere que admire en forma particular su camisa y su corbata, que representan también a su cuerpo y a su pene, porque siente que está mocoso, y que tiene realmente veneno dentro de sí; con él piensa atacar a sus padres internos, los cuales a su vez se vengarán de él con ataques venenosos. Le señala también que al morder el lápiz amarillo siente que ha atacado e incorporado el pene hostil de papá y que los ruidos que hace suenan dentro de él, pues ha dicho que oye el chug-chug dentro de su oído. En su fantasía, siente que también la batalla de la flota está ocurriendo dentro de él y que tales batalles no sólo le van a dañar a él sino también a la mamá buena interna, de la misma manera como el torbellino hizo volar a la simpática Dorothy. Esto quiere decir que él es el mago que ha organizado todas estas batallas.

Richard está haciendo muecas y mordiendo el lápiz violentamente, y pregunta a *M.K.* si le importa que lo rompa o lo muerda de un lado a otro. Sin esperar respuesta, le pregunta si quiere a su hijo... Luego se pone a garabatear su nombre de manera casi ilegible por toda una hoja de papel, tras lo cual cubre los nombres con más garabatos.

M.K. interpreta que en el juego con la flota el pequeño destructor que lucha contra el barco de guerra enemigo es él, luchando contra su madre. (Richard se ha levantado y corre de un lado a otro, sin escuchar nada y haciendo ruidos.)

M.K. sugiere que la mamá-pez "tonta" que en el dibujo del día anterior se puso en camino del torpedo y que representa a *M.K.* que se expone a sus ataques, hoy está representada por la muchacha "tonta" que pasó por la calle. Últimamente está expresando su agresividad de manera más abierta y hoy ha comentado que ha escrito a Jimmy los planes que tiene para atacar a Oliver. Desea ser capaz de tener una pelea abierta y externa. La sesión en que decidió atacar a Oliver (treinta y tres), dijo que se sentía muy contento y que no le gustaba fingir amistad cuando en realidad odiaba a su enemigo; pero, sin embargo, ha expresado ahora el odio mediante ataques secretos y con "lo grande" (el garabateo que esconde su nombre y la batalla de la flota que siente se lleva a cabo internamente, y está representada por el chug-chug de su oído). Los celos que siente de sus padres y ahora de *M.K.* y su marido o su hijo, le provocan odio una y otra vez, y como siente que los ha incorporado a todos dentro de sí, no puede evitar pensar que la batalla continúa internamente y no sólo en el exterior.

Richard está sorbiendo con la nariz y tragando.

M.K. le recuerda que hace unos días dijo que los mocos se le metían en el estómago; ahora siente que está atacando a los padres enemigos que están dentro de su estómago, con mocos venenosos, los cuales también representan orina y materia fecal venenosa. Por eso espera que ellos le hagan lo mismo a él. Esta batalla interna le hace sentir que tiene dentro de si a gente muerta, de la cual no puede separarse, como hace con la flota, preocupándole en particular la mamá dañada o muerta de su interior, que está representada por el pez "tonto" o por Dorothy de *El mago de Oz*, a quien lleva volando el torbellino de su material fecal interior.

Mientras *M.K.* interpreta, Richard ha empezado a dibujar un barco de guerra, sobre el cual escribe *Rodney;* debajo hace un crucero más pequeño y más abajo aun, un submarino. Los dibuja colocando sobre el papel a los

PSIKOLIBRO

barcos de la flota y trazando luego el contorno de los mismos. Comenta que
el crucero está "cortando el agua". En otra hoja escribe su nombre muchas
veces, pero esta vez no hace garabatos encima. En otra página dibuja tres
aviones alemanes de diferentes tamaños y debajo de éstos a uno británico
muy grande y a otro más pequeño. Tacha luego los dos más grandes, que
son alemanes, y luego al más pequeño de los británicos, tras lo cual escribe
el resultado de la batalla: "Caídos: dos aviones alemanes y uno británico"...
Se va afuera y pisotea unas ortigas, comentando que sería bueno si lloviera
más porque todo está muy seco; sería bueno para las plantas. Tras esto
vuelve a entrar en la casa, coge un palo que ha encontrado en un rincón y se
lo tira a *M.K.*, pero sin llegaría a tocar. Contrariamente a lo que suele hacer,
no se excusa ni le pregunta si le importa lo que ha hecho, y aunque dice que
va a romper el palo, no lo hace. Después habla de romper la ventana y de
tirar el palo afuera, da patadas a los bancos y pregunta a *M.K.* cuánto tiempo
lleva viviendo en Inglaterra. Le cuenta que ha conocido a un amigo de ella,
el cual resulta ser John, con quien ha estado hablando sobre su análisis.
Pregunta también si su nieto es inglés, y una vez más no espera la
respuesta... Mientras golpea los banquitos con el palo, murmura los nombres
del hijo y del nieto de *M.K.*, pero en seguida dice en voz alta que está
pegando a Hitler porque le quiere matar. Varias veces, al ver pasar por la
calle a un viejo, pregunta si es el señor gruñón (se refiere al que vive en la
misma casa que *M.K.*)... y si éste es malo como ella, y esta vez sí espera que
M.K. le conteste.

    M.K. se refiere entonces a los últimos dibujos, interpretando que el
primero parece representarle a él atacando a sus padres con el submarino
que hay debajo de los barcos; por otra parte ha dibujado con mucha
exactitud la forma de estos barcos. Esto significa lo mismo que haber escrito
su nombre con toda claridad en la otra página, en vez de esconderlo con
garabatos, como lo hizo en el primer dibujo de la sesión. Está, pues, tratando
de llevar a cabo un ataque en forma abierta; pero cada vez que lo intenta éste
se convierte luego en uno secreto y escondido.

    Richard hace entonces el dibujo de un imperio (34) y lo colorea,
indicando que papá y Paul son en él muy pequeños.

Bibliotecas de Psicoanálisis   Página 30

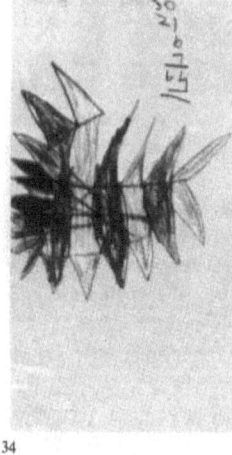

M.K. interpreta que en este dibujo él y mamá son una vez más los padres, mientras que Paul y papá son los hijos. Al invertir de esta manera la situación familiar, está tratando de evitar destruir a sus padres por celos; además, si ocupa el lugar de papá, posee el pene bueno capaz de crear bebés: la lluvia necesaria para que las plantas crezcan.

Richard mira el dibujo de los aviones, pero no comenta nada sobre él.

M.K. interpreta entonces que sospecha que la mamá enemiga se une con el papá malo, así como también que M.K. se junta con su hijo extranjero y con su nieto, a quienes ha estado pegando (los bancos) mientras decía que iba a matar a Hitler. Aunque ha hecho lo posible por mantenerla a ella en el papel de mamá buena, admirándole el pelo y el vestido, ha expresado en seguida disgusto ante la vieja de la calle. "Vieja" parece también significar estar cerca de la muerte, pues tuvo mucho miedo de que M.K. se muriera en Londres y de que mamá lo hiciera también dentro de él cuando estuvo enfermo.

Richard empieza otra vez a dar puntapiés a los banquitos... Coge el que tiene piel, lo acaricia, se lo pone contra la mejilla y pide a M.K. que toque la parte con piel.

M.K. interpreta que, como tiene celos, odia a su padre, y entonces le ataca el órgano sexual y quiere destruírselo, todo lo cual convierte a éste, en su fantasía, en enemigo. Pero al mismo tiempo quiere a papá, y la lluvia que hace crecer las plantas es ahora orina buena de éste que da bebés a mamá y vida al propio Richard. Incluso llega a sentirse triste si mamá se separa de su padre, pues desea que ésta le quiera igual que desea que M.K. acaricie el banco al que él dio una patada y que en otras sesiones (cuarenta y cinco) representó el órgano sexual de papá.

Richard dice ahora[5] que en el dibujo que representa la batalla de aviones, los dos alemanes abatidos representan a papá y a Paul, mientras que el avión alemán pequeño que sigue "vivo" es él mismo. El avión

---

[5] Quiero llamar la atención sobre el hecho de que aunque Richard no puede al principio dar ninguna asociación sobre el dibujo de los aviones, si puede hacerlo una vez que le interpreto el conflicto de amor y odio que tiene con su padre, el cual consiste en querer reemplazar a éste en la relación que mantiene con la madre, y le lleva a desear que ésta rechace a su marido, y al mismo tiempo, lo contrario: que le ame.

británico grande es mamá, mientras el pequeño de la misma nacionalidad, abatido, es él.

M.K. interpreta que tiene miedo de su propia muerte y de que su pene quede destruido en castigo por haber matado a papá y a Paul; pero al mismo tiempo siente que sigue aún con vida su parte mala: el pequeño avión alemán (y en la sesión número doce, el submarino).

Richard va afuera, cerrando la puerta tras si, de manera que no puede volver a entrar. Llama entonces a *M.K.* para que le abra y cuando ésta lo hace, dice con alivio: "Por lo menos tenía la flota conmigo".

M.K. interpreta que la flota representa a la gente buena interna; la familia buena, representada anteriormente por el tren. También le sugiere que el haberse cerrado la puerta para no poder entrar, expresa que inconscientemente siente que le deberían echar de casa, o que le van a echar, a causa de sus deseos asesinos.

Richard se ha tranquilizado, y hacia el final de la sesión -en particular tras la interpretación de *M.K.* del último dibujo - se queda silencioso y triste. Antes de irse, al ver pasar por la calle a un viejo, vuelve a preguntar si se trata del señor gruñón, tras lo cual pregunta, preocupado y con ansiedad, si este inquilino de la casa de *M.K.* la trata realmente mal. Esta vez espera que ella le conteste. Parece aliviado cuando *M.K.* le contesta que no, que el inquilino no es malo. Justo antes de marcharse, Richard comenta que hoy no ha tenido ninguna gana de escuchar sus explicaciones.

Aunque *M.K.* se separa de él en la esquina, pues hoy no va al pueblo, el niño no tiene miedo de irse solo; sin embargo, durante la sesión, el miedo a los enemigos externos se manifestó con mayor fuerza y a la par que una mayor confianza de poder luchar contra ellos (nota 1).

Nota de la sesión número cuarenta y seis

I. Esta sesión, que contrasta llamativamente con la anterior, nos demuestra que los sentimientos expresados por el niño en aquélla, tales como el amor a sus padres, y la capacidad para luchar abiertamente contra el agresor, son todavía muy poco estables. También es verdad que estas sensaciones surgieron a la par que una buena cantidad de defensas maníacas, utilizadas contra la depresión. En la sesión de hoy trata de externalizar las situaciones peligrosas internas y los sentimientos de hostilidad, pero sin éxito, pues una y otra vez vuelve a recurrir a los ataques secretos y aparecen ansiedades internas. Debemos, sin embargo, tener en consideración que estas ansiedades aumentan a causa del miedo que Richard tiene a que le deje y a que me exponga yo a lo que él siente que es mi ruina.

PSIKOLIBRO

SESION NÚMERO CUARENTA Y SIETE *(Martes)*

Richard está mucho más tranquilo, y tiene un aspecto contento. Dice que no ha traído la flota. Luego se Va a beber agua directamente del grifo, y pregunta a *M.K.* si le importa que lo haga; pero sin esperar la respuesta bebe una vez más. Tras esto le pregunta si le importaría si se bebiera toda el agua que hay, y si hoy ha visto a John.

M.K. interpreta que le pide permiso para beber, no por temor a dejar exhausto todo el suministro de agua, sino por miedo a dejarla a ella exhausta de toda fuerza y con ello robar a sus demás pacientes, y en particular a John. Está vivenciando otra vez el miedo que tenía de bebé de dejar exhausta a su madre y de haberla chupado hasta dejarla seca, privando así de ella a los bebitos que podrían nacer aún. El grifo también representa el pene bueno de papá, lo cual quiere decir que también teme robarle a *M.K.* el pene bueno que él cree que contiene dentro de sí. Le recuerda que en una sesión anterior (la cuarenta y uno) trató de averiguar si el señor Evans le había vendido cigarrillos, y comentó que su madre consiguió caramelos de él; y que la sesión anterior a esa preguntó si *M.K.* tenía caramelos para él[6].

Richard dice que quiere dibujar y añade que está muy contento. La razón de ello es que hoy se siente mucho mejor, tanto que está perfectamente bien; y además porque hay sol, las noticias de la guerra son buenas, no lleva calcetines y tiene las piernas al desnudo, y el niño desagradable del hotel se va mañana[7]. Repite que no ha traído la flota porque hoy es diferente..., y luego hace el dibujo 35. Primero hace el barco, que al principio quiere ser un submarino inglés, pero luego lo convierte en alemán, añadiendo una cruz a la bandera británica. Por debajo hace garabatos y explica que está bombardeando al submarino, y que la figurita que está tras éste es Hitler, al cual también está bombardeando. Más abajo aun hay otro Hitler "invisible" al que también bombardea, el cual se encuentra escondido detrás de los garabatos. Señala el sitio donde tiene la cara *(a)*, la barriga *(b)*, y las piernas *(c)*[8] y comenta que al dibujar no se dio cuenta de que estos garabatos fueran Hitler, pero ahora sí. En el ángulo inferior del dibujo hace el número 4 de dos maneras diferentes y manifiesta que le parece que el que está escrito con una sola línea es el mejor.

---

[6] No tengo ninguna referencia a esto en las notas de la sesión anterior.
[7] La madre de Richard me dijo por teléfono que en la actualidad su hijo estaba muy desagradable.
[8] Más tarde marqué el dibujo con las letras (a), (b) y (c).

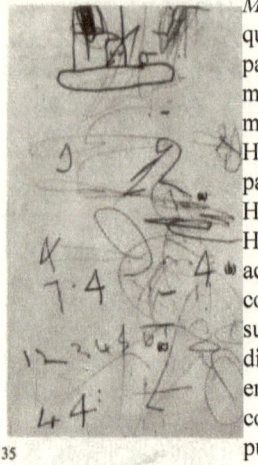

35

M.K. interpreta que una vez más siente que sus garabatos son bombas, y que ahora parece atacar más abiertamente con su materia fecal. Estos ataques, además, están más claramente dirigidos contra el papá-Hitler malo, y de esa manera no daña al papá y a la mamá que son buenos. El Hitler "invisib le" también significa el Hitler malo dentro de él.Richard está de acuerdo con estas interpretaciones y dice con convicción: "Es verdad".*M.K.* le sugiere que al sentirse menos resfriado ha disminuido el miedo que tenía de ser envenenado y de envenenar. Tiene más confianza en *M.K.* y en mamá y siente que puede protegerlas, tanto fuera como dentro de sí. El niño desagradable que se va del hotel no sólo le resulta molesto, sino que además representa al papá-Hitler y a la parte peligrosa de sí mismo, que es la parte del submarino alemán que está bombardeando (sesión doce) y que desea expeler fuera de sí Todo esto se junta con la sensación de poder luchar mejor contra sus enemigos externos y de poder proteger así mejor a ella y a la mamá buena. También le reconfortan mucho las noticias buenas de la guerra, mientras que el sol, como de costumbre, puede representar para él a la mamá buena, cálida y viva, unida a papá. Esto está representado por el 4 dibujado en una sola línea, mientras que el 4 hecho con trazos separados y el Hitler malo invisible representan a los padres desmembrados.Richard se va afuera y, tras mirar a su alrededor, pisotea unas ortigas, diciendo que no querría tocarlas. Señala una grande y frondosa y dice que tiene un aspecto horrible; la pisotea y comenta que por lo menos por un tiempo se quedará agachada.*M.K.* interpreta que las ortigas representan al papá-pulpo, lo cual significa que, aunque está más esperanzado que antes, duda poder exterminar del todo al pene malo de papá que está dentro de él y de mamá, y desprenderse de los sentimientos malos que él mismo siente.Richard empieza a sacar hierbas malas de entre las plantas, y comenta que debería hacerlo con más frecuencia, pero luego vuelve a la casa. Busca el libro que le interesó anteriormente y se pone a mirar la lámina del hombrecito que dispara contra el monstruo. Indica a *M.K.* que le está apuntando exactamente a los ojos y que el monstruo tiene un "aire altivo". Hay algo de orgulloso en él y "su carne es deliciosa". Una vez más se mete en la boca el lápiz amarillo, lo muerde y al mismo tiempo mira el dibujo de la pelea de aviones que hizo la sesión anterior. Dice que en él mamá es un gigante.*M.K.* le indica que el monstruo también es gigante.Richard contesta que si, pero que mamá es un monstruo -gigante bueno.*M.K.* interpreta que mamá contiene ahora a un papá-monstruo bueno y no al papá-Hitler-pulpo malo. Le recuerda la admiración que sintió ya por la gran torre (sesión siete) que ahora es para él algo como el monstruo orgulloso y altivo; todo lo cual expresa la admiración que siente por el genital de su padre.Richard empieza a hacer el dibujo 36. Mientras dibuja se levanta varias veces para mirar a los transeúntes, quedándose una de las veces a mirar con interés a dos hombres que van en un carro de carbón. Comenta que aunque están muy sucios, no tienen la culpa de ello; no lo pueden remediar y lo siente por ellos. Al hacer el dibujo vuelve a repetir que se siente feliz. Mira los otros y comenta que el número 34 es muy diferente de los demás; la parte extrema de la derecha del imperio se parece a la cola de un pez, y hay tanto de sí mismo en él como de mamá. Además hay dos países muy pequeños, que son papá y Paul._*M.K.* vuelve entonces a interpretar que ha convertido a papá y a Paul en bebés y que él y mamá, que ahora contienen el monstruo - papá bueno, son los padres. De esta manera siente que ha arreglado el interior de su madre y que protege a papá y a Paul. Mamá los contiene a todos ellos, ya que es el pez de la cola. El día anterior, cuando sacudió los banquitos con un palo, murmuraba al hacerlo los nombres del hijo y del nieto de *M.K.* y después dijo en voz alta que estaba pegando a Hitler; esto significaba que le estaba pegando para sacarlo fuera de ella y de mamá.Richard admite ahora con toda facilidad que esto es verdad.M. K interpreta que teme destruir al Hitler malo que está dentro de mamá porque al hacerlo puede dañarla a ella y a la gente buena que tiene adentro, existiendo el mismo peligro en caso de atacar al Hitler de *M.K.*, pues puede destruir también a su hijo y a su nieto...Richard señala entonces, como ya lo ha hecho en otras ocasiones, un banquito que es el que más odia: pouf suave y aplastado, al cual vuelve a dar un puntapié.*M.K.* sugiere que con ello está expresando el odio que le tiene al papá dañado con el pene herido o destruido, el cual teme se vengue de él por haber sido dañado.Richard entonces se refiere al dibujo 36, y dice que en el centro todos tienen países de un tamaño aproximadamente igual. *M.K.* interpreta que parece que esto le gusta, igual que le gustó hacer el dibujo, porque está tratando de dar a cada uno una parte igual de mamá; de esta manera, si todos tienen el mismo derecho a ella, no se pelearán. Además hay menos cantidad de papá-negro, aunque, de todas maneras ya no se siente tan mal ante el negro como solía sentirse. Esto lo demostró hoy cuando se compadeció de los carboneros. También hay varios bebés en el dibujo, representados por las secciones pequeñas, la mayoría de las cuales son celestes, a pesar de que también las hay de los colores de papá y de Paul y que una es de su propio color, el rojo. De esta manera está admitiendo que él todavía no es adulto. Toda esta distribución del interior de su madre y de su propio interior, constituye para él la fuente de la felicidad y la esperanza que siente hoy. Ayer sintió sobre todo, tanto en pensamientos como en sus dibujos, muchas ganas de pelear, y hasta llegó a pensar que sólo podría controlar a su hijo, a su nieto, a papá y a Paul, que siente tener dentro de sí, envenenándolos. Por esta razón esperaba que ellos también le persiguieran y envenenaran a su vez. Sintió que aun si los transformaba en bebés como en el dibujo 34, ellos le atacarían. En cambio, en el dibujo de hoy, expresa la esperanza de que pueda haber menos odio y menos lucha, y, por lo tanto, menos miedo, y de que tanto mamá como ella estén dentro de él más seguras. Situación ésta a la cual contribuye, por otra parte, el tratar de dar a los bebés una mayor cantidad de mamá.Richard decide entonces dibujar una ciudad, y hace el dibujo 37. Dice que quisiera "construirla" bien, pero que dibuja muy mal. Debe tener dos vías de ferrocarril para evitar que haya accidentes. Las dos vías se juntan hacia la izquierda, tal como lo hacen en la estación de "X". Después dibuja unas casas y la calle a la cual llama Calle Albert, comentando que Albert es un nombre que le gusta, porque le recuerda a Alfred, un amigo mayor de Paul que está en el ejército, que es muy simpático y que además de ser amigo de Paul también lo es de él. En el ángulo superior izquierdo de la hoja escribe "Buffer" (muelle) y comenta que los muelles son necesarios. Hay también un paso a nivel, una curva muy peligrosa para los trenes y hacia la derecha, un desviadero. _M.K._ le señala que el significado de este dibujo es similar al del número 36, que trata de expresar igualdad y acuerdo entre él, papá y Paul, en cuanto a la repartición del cariño de mamá. Esto está expresado por las dos vías que se dividen al salir de la estación, que es mamá, mientras que los muelles son para evitar los choques. El patio de abastecimiento, igual que antes del convoy, es para que todos se puedan alimentar. Alfred representa para él un hermano mejor que Paul, el cual no compite con él. Pero a pesar de todo esto, existe tam-bién la curva peligrosa, que simboliza los peligros que hay dentro de mamá, derivados especialmente de la lucha entre papá, Paul y él. El deseo de "construir" bien la ciudad y la pesadumbre por no dibujar bien, expresan el deseo de reconstruir a la mamá dañada y de darle bebés, así como también de arreglar su propio interior y hacerlo menos peligroso.Al hacer el dibujo que se acaba de describir, Richard está muy absorto y contento, y una vez más dice que se siente feliz. Aunque ya no está resfriado no cesa de sorber con la nariz, pero dice que ya no tiene muchos mocos._M.K._ interpreta que todavía le preocupa el peligro de tener veneno por dentro, pues los mocos representan una sustancia venenosa, y que al sorber está tratando de ver si todavía la tiene o no.Richard dice que quiere hacer un dibujo de su casa actual. Empieza la casa y luego hace una línea que representa un camino que da a la del vecino, el cual tiene pollos; pero comenta que no tiene bastante sitio para dibujaría. Después explica cómo es el camino que lleva a la estación y la posición de ésta. Empieza otra vez desde el otro extremo e indica el camino que recorre su padre para ir a la estación. Este camino queda más largo, pues añade en el medio una línea vertical, tras la cual lo continúa en la misma dirección que llevaba el camino original. Hace luego dos rayitas, una de las cuales representa a un cerdo y la otra a un burro, animales cerca de los cuales debe pasar papá en su camino. Después mira los lápices que *M.K.* ha traído hace unos días (porque la mayoría de los viejos estaban ya gastados) y a los cuales prestó entonces poca atención. Pregunta si los puede "convertir en lápices", significando con esto si les puede sacar la punta. Se pone muy contento cuando ve que puede afilarlos sin romper ninguno y al ver las buenas puntas que ha conseguido.Con una de ellas toca la mano de *M.K.* con mucho cuidado, para demostrarle lo puntiaguda que es, y luego decide sacar la punta también al lápiz verde viejo que hasta ahora siempre ha representado a mamá, comentando que él también debe de tener una punta buena. Tras esto compara a unos con otros poniéndolos sobre la mesa, y luego, cogiéndolos a todos juntos en las manos, los mueve en el aire diciendo: "Con éstos podría matar a Hitler".*M.K.* interpreta que en su mente está restaurando los órganos genitales de papá, Paul, su hijo y su nieto y que ahora son todos iguales, pues hasta mamá (que también representa a *M.K.* y es el lápiz verde) tiene ahora un pene. Por ello no hay ahora razón para que tengan celos ni envidia. Últimamente ha estado haciendo grandes esfuerzos en sus dibujos (lo cual significa que también en sus sentimientos), por evitar que haya competencia y desastre, tratando de ser justo con todos. De esta manera siente que puede unirse a todos estos hombres buenos -los lápices nuevos afilados-, para atacar todos juntos al papá-Hitler malo.Cuando *M.K.* empieza a guardar los lápices, Richard le pide que tenga mucho cuidado para no romperles la punta. Mira repetidas veces al mapa y comenta que espera que Rusia aguante y que la R.A.F. tenga éxito al bombardear a Alemania. Al final de la sesión explica por qué está tan contento de no llevar calcetines: quiere que se le quemen bien las piernas, porque el sol es muy bueno para ellas. Se quita entonces las sandalias, diciendo que tiene dentro de ellas algunas ramitas que se quiere sacar y le enseña a *M.K.* un pequeño callo que tiene en un dedo.*M.K.* se refiere entonces al día anterior, en el que encontró un palo y lo usó para golpear con él a los banquitos que representaban a los parientes de *M.K.* y al Hitler interno; y le interpreta que quiere deshacerse del palo que representa a su pene malo, el que ataca a la gente buena.Antes de irse, Richard encuentra en el suelo unas cuantas hojas; entonces busca la escoba y las barre, diciendo: "Pobre cuarto viejo; esto le va a hacer bien".Aunque a través de la sesión puede discernirse aún un tinte maníaco, éste es mucho menor que el del día anterior. Richard está además menos alerta ante los transeúntes. Aunque no está excesivamente charlatán, expresa sin dificultad sus sentimientos y puede escuchar e incorporar las interpretaciones que se le hacen. Ha dicho repetidamente en esta sesión que se siente feliz, y no cabe duda de que realmente está aliviado y contento a pesar del elemento maníaco.

SESION NÚMERO CUARENTA Y OCHO (Miércoles)

Richard llega unos minutos tarde, pero M.K. ve por la ventana que no viene corriendo. Parece bastante tranquilo y, contra lo que ha hecho en otras ocasiones, no pide disculpas por su tardanza. Dice que ha traído la flota, tras lo cual la pone en formación: primero coloca dos buques de guerra, y detrás de éstos todos los demás.

Cuenta que ha soñado toda la noche, y que los sueños han sido muy desagradables; no quiere hablar de ellos, pues, de todas maneras, sólo recuerda una parte que no era desagradable. Pregunta a M.K. si ha visto pasar a los niños malos justo antes de llegar él, y en particular si ha visto la niña pelirroja, o si se los ha encontrado en el camino. ¿Cómo se han portado con ella? Se pone a mirar al señor Smith (el ferretero) que está del otro lado de la calle hablando con un hombre que poda un seto, y a quien Richard ha llamado en alguna ocasión "el oso". Comenta que el señor Smith es bueno y "dulce", y se va a beber agua del grifo. Cuando vuelve se da cuenta de que el señor Smith sigue en el mismo sitio y dice que le gustaría que se fuera de allí, pues mientras esté él no va a poder hacer nada. De cuando en cuando dice "Váyase, señor Smith..., váyase a trabajar", y pide a M.K. que repita tres veces "Váyase, señor Smith", pues eso le hará marcharse. M.K. repite tres veces las palabras que Richard le indica, y luego, a pedido de éste, seis y después tres veces más. Cuando el señor

Smith se va por fin -bastante tiempo después-, Richard atribuye este hecho a los poderes mágicos de ella. Le mira alejarse y observa también al viejo con quien estaba antes hablando, comentando que en realidad los dos hombres parecen bastante agradables. Es evidente que le preocupa saber por qué ha podido estar tan turbado por la presencia del Sr. Smith. Durante todo el episodio ha estado además moviendo los barcos de un lado a otro. El *Nelson* ha ido primeramente a un extremo de la mesa, donde pronto le ha seguido el *Rodney*, quedándose allí los dos solos hasta que el resto de la flota los sigue. Richard dice que están simplemente esperando a que aparezca cualquier enemigo.

M.K. interpreta que decir "Váyase, señor Smith" mientras colocaba al *Nelson* en el extremo de la mesa, significa que desea que su padre esté muy lejos. El día anterior, al dibujar el camino de la estación por el cual va papá para ir a la oficina, lo hizo más largo de lo que tenía pensado hacerlo porque quería que su padre estuviera más lejos de él. Le sugiere, además, que el cerdo y el burro de la sesión anterior representaban a los dos hijos malos -él y Paul-, que quieren sacarse a su padre de encima y que éste se muera, para quedarse ellos con mamá. Cada vez que siente hostilidad hacia su padre, éste se convierte en su imaginación en un enemigo.

Richard se va afuera, pisotea unas ortigas y mira a su alrededor, pero vuelve en seguida a entrar en la habitación donde empieza a dibujar. De pronto dice: "¿Cuándo estás tú en casa? Me gustaría ir a verte alguna vez, no para trabajar, sino de visita".

M.K. interpreta que desea tenerla de amiga y no de analista, porque piensa que de esta manera podría librarse de la sospecha y el temor que siente hacia ella y hacia mamá, a quien quiere conservar en forma de mamá-celeste. Le menciona que recientemente la vio muy bella, y que pensó que su vestido era de plata (sesión cuarenta y cinco), pero que en seguida mencionó a la horrible vieja de la calle. Está pues tratando de no pensar en ella como si fuera la madre "malvada y bruta" que se une al papá-Hitler y que le abandona a él. Por eso quiere que *M.K.* esté de su lado y que con su magia se libere del Sr. Smith, que representa a papá.

Richard contesta que pensó que le diría esto, y cuando *M.K.* le pregunta que por qué, y que si él también lo había ya pensado, contesta que sí, que así es. Después le pregunta si podrá visitarla cuando terminen de trabajar juntos.

M.K. contesta que sería posible.

Richard entonces le empieza a hacer preguntas sobre sus otros pacientes: ¿tiene muchos en Londres? También le pregunta si tras la sesión va a ir al pueblo y si de camino va a entrar en el almacén de comestibles. No le gusta verla entrar allí.

M.K. le pregunta por qué.

Richard responde que cuando va allí camina con él un trecho muy pequeño, porque es la tienda que queda más cerca. Le pregunta luego si consiguió que el Sr. Evans le diera el día anterior cigarrillos Player's, pues la vio entrar en su tienda y pensó que así sería. Ello le hizo sentir indignación: el Sr. Evans es un tramposo y un perro sucio, pues ayer le dijo a su mamá que no tenía esta marca de cigarrillos y a menudo le dice que no los tiene de ninguna clase. El administrador del hotel también es un malo que se mete en todo.

M.K. le pregunta por qué es malo.

Richard dice primero: "Es malo en general", pero luego se queja de algo que pasó el día anterior: el administrador le dijo que no cortara las rosas del jardín del hotel, pero él lo hizo de todos modos.

M.K. interpreta entonces que el Sr. Smith, el Sr. Evans y el administrador, representan todos al Sr. K. y a papá y que está enfadado con ellos por dos razones: porque papá no le da el pene bueno que él desearía chupar y porque se lo da en cambio a mamá, ahora representada por ella. Cuando se queja de que el Sr. Evans no le quiere vender cigarrillos a su madre, los cuales también representan el pene de papá, y en cambio piensa que sí se los da a ella, entonces mamá se convierte en él mismo frustrado. Al mismo tiempo, Richard quiere que mamá sea para él solo, y por lo tanto desea que su papá se vaya o se muera. De igual manera desearía que *M.K.* no tuviera otros pacientes, ni hijo, ni nieto. A pesar de todo esto siente pena por su padre, pues le quiere al mismo tiempo que le odia; entonces se siente culpable ante él y ante mamá, y por eso quiere que estén juntos los dos. En el juego de la flota hizo que el *Rodney* siguiera al *Nelson* y después que los niños siguieran a ambos. Todos estaban juntos y se llevaban bien sintiéndose sólo enemigos del papá-Hitler. Dijo además que la flota estaba esperando que aparecieran sus enemigos; uno de éstos es él mismo cuando se siente celoso y hostil y quiere atacar a sus padres y perturbar la paz familiar.

Richard dice que no se fía nada del Sr. K., pues éste peleó en la última guerra en contra de los ingleses; pero sí se fía de *M.K.* Pregunta a ésta entonces una vez más si le gusta el trabajo que hace y por qué le parece que esta habitación se presta más que otras para trabajar con niños. ¿Es porque es más tranquila?

M.K. le contesta que ya le ha explicado que necesita un cuarto de jugar.

Richard contesta: "Ah, es en vez de un cuarto de jugar", y pregunta si lo ha tomado en alquiler y si tiene que pagar por él. También quiere averiguar el nombre de un paciente que ha conocido (que no es John) y se pregunta de qué pueden tener miedo los pacientes adultos. No será de los demás niños, ¿no? A lo mejor los mayores tienen miedo de las otras personas mayores, y las mujeres de las demás mujeres. De esta manera las cosas deben de ser peor todavía, ya que en el mundo hay más gente adulta a la que se puede temer, que niños. Reconoce que sabe que *M.K.* no le puede contestar nada sobre sus pacientes, pero dice que no puede remediar el preguntarle (nota 1). Se queda un rato silencioso y muy pensativo, y después comenta que le gustaría saber qué es realmente el psicoanálisis, el cual le parece algo como un secreto. Le gustaría llegar "al fondo" del asunto.

M.K. interpreta que si bien es verdad que le interesaría saber todo lo concerniente al psicoanálisis, también le gustaría conocer todos los secretos que se refieren a ella. Le gustaría poder entrar en su habitación cuando estuviera con un paciente adulto y ver qué hace con él. Este mismo deseo lo tiene con respecto a la habitación de sus padres; llegar "al fondo" es conocer los secretos que éstos puedan tener, y algo así como conocer cómo son sus órganos sexuales. Una de las cosas que más le preocupan es la desconfianza que a menudo le tiene a su madre, y ahora a ella, mientras que su mayor deseo sería poder mantener a mamá bajo la forma de la mamá celeste, buena y digna de confianza. Esto lo repite con *M.K.* cuando trata de verla de plata y bella, pero no puede menos que sospechar de ella, sin embargo, por haber estado el Sr. K. en el lado enemigo durante la Primera Guerra Mundial. Cuando sus padres están solos, sospecha que pueden tener relaciones sexuales, y como esto le hace sentir celoso y le da miedo, los ataca con la imaginación. Entonces piensa que se unen en contra de él y de esa manera mamá también se transforma en una enemiga, extranjera y espía. Le recuerda a este respecto, que cuando le operaron también sintió como si su madre hubiera complotado contra él, unida al médico malo.

Richard se va afuera, y mirando a *M.K.* le pregunta de qué color tenía el pelo cuando era joven. ¿Negro? Porque ahora es claro, rubio, -¿o es blanco?

M.K. interpreta que no quiere darse cuenta de que es blanco porque esto significa para él que es vieja y tiene miedo de que se vaya a morir.

Richard contesta que el negro también le hace recordar a la muerte, y mientras dice esto se pone a pisotear las ortigas.

De vuelta en la habitación, *M.K.* le recuerda el sueño que dijo que había tenido, y le pregunta si le gustaría contárselo. Richard lo hace, aunque con una evidente resistencia: El se *encuentra en un tribunal de justicia, pero no sabe de qué se lo está acusando. Mira al juez, el cual le parece bastante bueno, y no dice nada. Se va al cine, que parece formar parte del tribunal, y entonces todos los edificios de la corte de justicia se desmoronan. Le parece que se ha convertido en un gigante, y con su enorme zapato negro empieza a dar patadas a los edificios derrumbados, lo cual hace que éstos se vuelvan a reconstruir. De manera que, en realidad, los arregla.*

Mientras cuenta el sueño, se pone a dibujar (38).

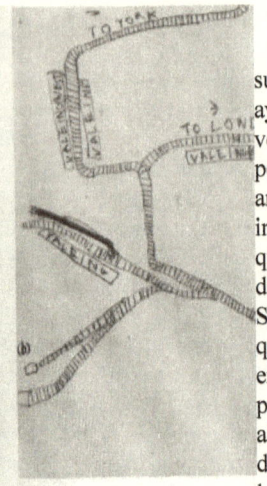

M.K. interpreta que el juez del sueño tiene algo que ver con haber sido ayer acusado de cortar rosas, lo cual a su vez representa robar el pene de papá y el pecho de mamá. Le recuerda que el día anterior se fue a beber del grifo inmediatamente después de haber dicho que el Sr. Smith era "dulce". También ha dicho ahora que el juez era bueno y que el Sr. Smith también, y en una ocasión dijo que el administrador del hotel también lo era. Todo esto se aplica a su padre quien, a pesar de todo, se convierte a veces en alguien que le da mucho miedo, ya que desea robarle su órgano genital y quitarle la posesión que tiene de mamá. Le sugiere, que aunque en el sueño no sabe de qué se le acusa, le están acusando realmente de haber destruido los edificios de la corte de justicia, la que representa a sus padres a quienes siente haber atacado y a quienes sin embargo quiere restaurar. El sentir que es un gigante significa que contiene a la mamá gigante y al padre monstruo, y por ello se siente inmensamente poderoso y destructivo [Omnipotencia del pensamiento]. En la sesión anterior, al referirse a la mamá gigante y al monstruo, dijo que teniendo en la mano todos los lápices afilados (significaba tener dentro de si a los padres poderosos) podía pelearse con Hitler. Dar patadas con el zapato negro y grande indica llevar a cabo la destrucción de la cual es acusado, cosa que no admite en el sueño; pero el zapato-Hitler de color negro indica de por si que no sólo ha restaurado los edificios, sino que también lo ha usado para destruir a éstos y a sus padres.

Sin contestar a esta interpretación, Richard señala a *M.K.* el dibujo 38 y le indica que en él la gente está viajando en diversas direcciones y que ella se va en tren a Londres.

M.K. le pregunta entonces quién es el que viaja en la dirección opuesta *(a)*.

Richard contesta que es el Sr. K. Este se encuentra en el cruce con ella; luego se separan, y el Sr. K. sigue su viaje, sollozando.

M.K. le recuerda entonces lo que pasó al principio de la sesión, cuando le dijo al Sr. Smith que se fuera y él no lo hizo. Entonces tuvo ella que decírselo, tras lo cual si se fue, o al menos, fue esto lo que él creyó. Ahora está echando de igual manera al Sr. K. Esto quiere decir también que es mamá quien echa a papá. Le pregunta después que quién viaja en la otra dirección *(b)*.

Richard contesta que él mismo, que va a su casa de "Z".

M.K. interpreta que teme el final del análisis, cosa que demuestra en el dibujo al hacerla a ella irse a Londres.

Richard entonces, muy preocupado, le pregunta: "No te vas todavía, ¿no?"

M.K. le contesta que todavía no, pero que si lo hará dentro de poco menos de dos meses; le recuerda que él ya sabe esto.

Richard, con voz baja y deprimida, dice que quizás él también tenga que ir a Londres.

M.K. interpreta que está preocupado por la interrupción del análisis a causa de las dificultades que tiene actualmente. Le preocupa su futuro. Las preguntas que ha hecho sobre los miedos de los adultos, y lo que dijo de que son peores que los que padecen los niños, constituyen una prueba de su preocupación. Hace tiempo mencionó que temía ser tonto. Pero también teme que la mamá buena le abandone, se muera o se haga mala por haber él sido destructor y peligroso. Ahora teme lo mismo ante la ida de *M.K.*

En medio de esta interpretación, Richard interrumpe de repente para decir que sabe cuáles son los honorarios que *M.K.* le cobra, pues su madre se lo ha dicho.

M.K. interpreta que se siente dolido porque ella le cobra el tratamiento, pues esto significa que no es la mamá buena que le alimenta y le ayuda por amor.

Richard contesta que quiere pagarle porque ella necesita dinero. *M.K.* contesta que eso también es verdad, pero que tener que pagarle hace que no se fíe de ella, y ésta es una de las razones por las cuales quiere ir a verla como amigo, de visita.

Entonces Richard pregunta, como ya lo ha hecho tantas otras veces, si va a ir esa tarde al cine. Parece que nunca va. El en cambio va a ir con su mamá.

M.K. interpreta que le gustaría que fuera con ellos; Richard está de acuerdo en seguida. También le dice que siente que si ella no va al cine es porque él la está privando de hacerlo.

Mientras se lleva a cabo esta conversación, Richard decide alterar los viajes del dibujo 38. En el arreglo original el Sr. K. y *M.K.* venían juntos de "X" y se separaban en el empalme. *M.K.* no podía encontrarse entonces con Richard, pues éste viajaba solo desde "X" a su casa. Ahora en cambio, *M.K.* vuelve de Londres, pasa por el empalme y sigue de largo hasta llegar a otro donde se encuentra con Richard, el cual vuelve de "Z". Tras el encuentro, los dos juntos siguen hasta *"X"*, y allí *M.K.* se encuentra con el

Sr. K. que está ya de vuelta. El nombre "Valeing" aparece en varios sitios, y Richard explica que finalmente "están todos en el mismo distrito".

Hacia el final de la sesión, mira los lápices y pregunta que donde ha comprado *M.K.* los nuevos y cuánto le han costado.

M.K. interpreta que desea que gaste dinero en él, pues también le preguntó antes cuánto pagaba de renta por la habitación; todo esto lo hace porque le gustaría pensar que ella no está ávida del dinero que su madre le da por el tratamiento y que, por el contrario, también gasta dinero en él.

Al terminar la sesión Richard mira por la ventana y ve que su madre le está esperando. Como *M.K.* está todavía recogiendo las cosas, le pregunta si no prefiere irse en seguida con ella sin esperarla, pero Richard se niega a ello decididamente. Dice que la quiere ayudar a recoger y que también la quiere esperar. Una vez afuera, al encontrarse con su madre, le dice: "Me siento como una persona nueva o como un país nuevo. Ahora soy como un americano" (nota II).

En el transcurso de esta sesión, Richard ha mirado la calle con mucha más atención. Se ha sentido más perseguido y bastante alterado, pero en general ha respondido bien a las interpretaciones, excepto a la referente al sueño:

Nota: Encuentro en mis notas cierto material que no se dónde colocar, aunque estoy segura de que pertenece a esta sesión. Según él, en un momento determinado interpreto a Richard que desea atacar a su mamá y sacarle los bebés que tiene adentro, a lo cual el niño responde que esa mañana se comió a un niño, pues encontró en el huevo la parte que se convierte en pollito. Añade que debe de haber hecho esto cientos de veces sin darse cuenta, pero que esta mañana no pudo seguir comiéndose el huevo después porque no le gustó.

Notas de la sesión número cuarenta y ocho

I. Cuando se produce un silencio durante la sesión, tanto en los análisis de niños como en los de adultos, el analista tiene que decidir el sentido que debe atribuirle de acuerdo a como capta la situación. Muchos pacientes tienen dificultad para empezar a hablar, y en esos casos creo que resulta conveniente darles tiempo para que venzan esta dificultad. Pero si el silencio se prolonga, digamos, a unos quince o veinte minutos, considero que está mal no tratar de interpretar las razones que puedan haberlo provocado, las cuales pueden encontrarse en el material de la sesión anterior. Otros silencios, en cambio, expresan contento: el placer de estar con el analista y tranquilamente tendido en el diván; en estos casos creo que el silencio debe ser aceptado sin interrumpirlo con interpretaciones. A menudo he podido encontrar una confirmación de lo que digo, cuando el paciente empieza otra vez a hablar y me dice que le ha gustado estar tranquilo, sintiéndose en un contacto silencioso conmigo, a quien siente haber internalizado.

El silencio de Richard en este punto de la sesión, es sin duda de naturaleza reflexiva: constituye un intento de descubrir algo por sí mismo, y por esto no hice nada por interrumpirlo.

II. He señalado ya que la intensidad con la que Richard vivenció las situaciones internas de peligro (los perseguidores envenenadores internos y el deseo suyo de envenenarlos a ellos), y el análisis que hice de estas ansiedades (sesión cuarenta y cuatro), fue seguido de un cambio de actitud llevada a cabo en la sesión cuarenta y cinco, en la cual concentró todos sus intereses y sentimientos en el mundo exterior, surgiendo luego recuerdos del pasado. En la sesión que acabamos de ver, no sólo están externalizadas la agresividad y la hostilidad, sino que además se encuentran dirigidas hacia lo que él siente que es un objeto verdaderamente malo del mundo exterior: Hitler. Anteriormente, sus sentimientos sobre el padre bueno y malo fluctuaban tan rápidamente, que le era imposible mantener ninguna de estas relaciones por mucho tiempo, por lo cual nunca sabía bien a cuál de los dos padres estaba realmente atacando. La lucha contra los enemigos externos - es decir la agresión abierta ya expresada al pensar pelearse con su enemigo Oliver y el bando enemigo-, le trajo como resultado que temiera a éstos de una manera persecutoria, cosa que luego trató de contrarrestar con defensas maníacas. A pesar de ello, el hecho de que las fluctuaciones entre lo que se cree malo y bueno dentro de él y de los otros, sean menos rápidas, va ligado a una mayor síntesis entre los aspectos buenos y malos del analista y de su madre por una parte, y del padre bueno y malo por la otra. Estos procesos de externalización y síntesis de los objetos incluyen además una mayor integración del yo y una capacidad mayor para distinguir las diferentes partes de si mismo y de sus objetos. Los pasos dados hacia esta integración y síntesis remueven no obstante nuevas ansiedades, aunque al mismo tiempo traen alivio. Esto lo demuestra Richard cuando en el dibujo de los aviones (sesión cuarenta y seis), él es tanto el avión alemán como el británico, lo cual implica que tiene un mayor autoconocimiento inconsciente, que le hace percibir en forma simultánea sus impulsos destructivos y amorosos.

SESION NÚMERO CUARENTA Y NUEVE (Jueves)

Richard llega otra vez unos minutos tarde, pero no hace ningún comentario sobre ello. Dice que tiene un resfrío horrible que le ha vuelto otra vez (al parecer, el único síntoma que tiene es una tos leve). También se queja de que le duelen las piernas y de que las tiene acalambradas. Luego se dirige al grifo a beber agua y cuenta lo que hizo en el cine la tarde anterior. La película era muy triste y le hizo llorar. Todo ocurría en Alemania. Un profesor viejo y muy bueno -una "criatura vieja y frágil"-, moría en un campo de concentración y su mujer sólo le podía ver de vez en cuando. Mientras habla, Richard saca la flota y empieza a mover los barcos.

M.K. pregunta entonces sino va a venir pronto su padre a *"X"*. (Hace algún tiempo Richard había mencionado una fecha.)

Richard contesta que el día siguiente.

M.K. asocia entonces la tristeza por el viejo profesor abandonado, con el material del día anterior, en el cual estuvo diciendo "Váyase, váyase a trabajar" al Sr. Smith cuando le vio parado en la calle. Además, al describir el dibujo que había hecho, dijo que el Sr. K. se quedaba sollozando cuando *M.K.* le echaba; y todo esto está relacionado con que papá venga de vacaciones a "X" y con que él quiera echarle de vuelta a "Y" para que trabaje y esté solo allí. Si quiere en forma tan particular que se vaya otra vez su padre, es porque tiene celos de que venga a compartir con mamá su habitación.

Richard está de acuerdo con esto, pero añade que no van a dormir en la misma cama. Las camas no están colocadas una al lado de la otra en esa habitación. Y al decir esto separa al *Rodney;* el *Nelson* sigue y los dos barcos se tocan por la popa.

M.K. le indica que una vez más ha expresado el deseo de que sus padres no tengan relaciones sexuales, pero que en realidad cree que sí las tendrán, tal como lo acaba de indicar haciendo que los dos barcos se toquen. Esta es una de las razones por las que quiere que su padre se vaya. Pero al mismo tiempo, siente mucha lástima por su padre solo y abandonado, el cual está representado por el Sr. K. que solloza; por esto, al final de su explicación del dibujo juntó otra vez a éste con *M.K.* y ahora acaba de unir al *Rodney* y al *Nelson,* pues cree que debe de permitirles tener relaciones sexuales. Hace poco tiempo indicó que sentía que se había comido a su padre al morder el lápiz amarillo, al desear comer la carne deliciosa del monstruo y al oír el chug-chug del barco que representaba a éste dentro de su oído (sesión cuarenta y seis). Luego, cuando le odia, siente que su interior se convierte en una prisión y en un campo de concentración, en el cual puede torturar y atacar a su papá, y separarle de mamá. Siente además que le combate con los mocos, con "lo grande" y "lo chico", y que le está matando, y después teme perder también al papá bueno y querido.

Al llorar por el viejo profesor de la película, se sentía también triste por el papá dañado y moribundo que tiene adentro, así como por el padre exterior, abandonado por *M.K.* y por mamá. De hecho sabe muy bien que el Sr. K. ha muerto y tiene mucha pena por esto, y también le preocupa pensar que mamá se quedaría sola y abandonada en caso de morirse papá.

Richard mueve los barcos de un lado para otro, y dice que ha encontrado un nombre nuevo para uno de ellos: el *Cossack.*

M.K. le indica que en general no habla de la guerra en Rusia porque se siente inseguro y preocupado por ella, pero que ahora, siendo cosaco, trata de ayudar a la Rusia atacada que representa a mamá.

Richard mueve al *Cossack* y le hace irse solo, lejos de los demás barcos. Habla entonces del *Glow-worm,* el cual se ha batido valientemente pero que ha terminado cortado por la mitad. Hace que el *Cossack* viaje por toda la mesa y que luego entre en un fiordo noruego formado por la cartera de *M.K.* y por el sobre que contiene sus dibujos. Este fiordo es el mismo en el que ha estado el *Altmarck.* También los barcos alemanes entran en el fiordo, y tras esto otros barcos ingleses se unen al *Cossack* y siguen varias batallas, en las cuales los británicos salen victoriosos. Fuera del fiordo, el *Nelson* se une al *Cossack* y libran nuevos combates. El *Rodney* es ahora el *Bismarck,* el cual es atacado repetidas veces desde ambos lados, por el *Cossack* y el *Nelson.* Sin embargo, a pesar de que el *Bismarck* se encuentra en gran peligro, no llega a ser hundido. A veces un barco del mismo tamaño u otro mayor, se unen al *Cossack.* Y mientras juega, Richard dice que tiene ganas de que su padre venga (no se ha mostrado en desacuerdo con *M.K.* cuando ésta le dijo que deseaba que se fuera lejos), porque va a ir con él de pesca.

M.K. interpreta que está expresando en su juego un conflicto y se refiere a lo que dijo al principio de la sesión: que si odiara a su padre y quisiera que su madre fuera para sí solamente, esto conduciría a un desastre. El papá bueno se quedaría entonces solo y abandonado, o si no, los dos padres se convertirían en enemigos y le cortarían a él por la mitad - el *Glow -worm* representa al propio niño. Para evitar todo esto, siente que debería irse de su casa, y por ello, cuando el *Nelson* y el *Rodney* se tocaron, lo primero que hizo fue mandar al *Cossack* lejos y solo. Pero luego, Richard (el *Cossack)* se unió a su padre *(Nelson)* y juntos los dos atacaron a mamá, convertida ahora en el *Bismarck* enemigo (pues piensa que de ser atacada, se convertiría en efecto en una enemiga). También siente lástima por ella, sin embargo; en los juegos que hace con la flota nunca la hunde, pues de hacerlo se sentiría muy culpable. Ir de pesca con su papá significa también unirse a él, pero cuando piensa que esto fracasa, se alía con Paul (el *Cossack* que en un momento dado se une a un destructor un poco mayor), para juntos los dos poder atacar a mamá o a los dos padres juntos.

Bibliotecas de Psicoanálisis   Página 47

Richard ha empezado a dibujar... Habla otra vez de la película que ha visto la tarde anterior, en la cual había también algo sobre Austria. Después menciona a una señora que conoce, cuyo marido es austríaco, pero no añade ningún comentario hostil. Pregunta a *M.K.* si le importa que no le gusten los alemanes, pues ella debe de quererlos. Al preguntar esto, está dibujando unas vías de ferrocarril con mucho cuidado, tal como lo hizo en el dibujo 38. Dice que no puede salir ningún tren y que no puede ocurrir nada hasta que no coloque los durmientes.

M.K. interpreta que desearía que tanto él como sus padres durmieran por la noche; de esta manera no dañarla a ninguno de ellos ni tampoco a *M.K.* y no pasaría nada malo. En el juego de la flota ha indicado lo culpable que se siente con ellos. Le recuerda además el sueño de la noche anterior, en el cual él estaba preso y a punto de ser juzgado.

Richard responde ahora bien a las interpretaciones de *M.K.* Dice que en el sueño también le estaban juzgando por haber roto una ventana y añade que no sabia cómo arreglar los edificios -esto pasó simplemente al bajar su enorme pie, convirtiéndose en gigante.

M.K. le recuerda que hace unos días rompió una ventana del cuarto de juegos.

A esto Richard contesta que él no la rompió, sino una de las niñas exploradoras que usan el cuarto. (Esto es verdad, pero Richard se quedó muy turbado cuando él y *M.K.* descubrieron la ventana rota.)

M.K. interpreta que aunque no fue él quien la rompiera parece haber sentido que sí había sido el culpable, y esto a causa de los deseos agresivos que vivencia en la habitación.

Richard se refiere al dibujo que está haciendo. Dice que "todos nosotros" -el Sr. K. y *M.K.*, papá y mamá, él, los pájaros y Bobby-, están viajando juntos. También viaja con ellos el vecino de la casa de al lado, que tiene pollos.

M.K. le sugiere que este vecino, al que ha descrito diciendo que es ya una persona mayor, y ella misma, representan a su abuela. Richard la quería mucho y piensa que ha revivido al relacionarse con *M.K.*

Richard cuenta que todos vienen de una ciudad donde vivían antes y que viajan hacia Londres, donde van a vivir todos juntos. Más adelante volverán a "Z".

M.K. interpreta que desearía que su tratamiento pudiera continuar y que le gustaría seguir a *M.K.* a Londres, pero yendo con su familia.

Richard está de acuerdo, y añade que *M.K.* nunca ha estado en su ciudad de origen y que le gustaría que fuera para conocerla.

M.K. interpreta que desearía unir y restaurar a la familia, pues se imagina que les ha hecho mucho daño. Este daño, y también el deseo de repararlo, se refiere también a ella, a quien siente que contiene dentro de si.

Durante esta sesión Richard ha estado mucho menos perseguido. Apenas ha hecho caso de los transeúntes, pero en cambio han aumentado sus temores de tipo hipocondríaco. Le ha preocupado la garganta y ha carraspeado a menudo, aunque ha tosido poco. Aparte de esto, no ha estado ni extremadamente preocupado ni exaltado, y ha cooperado muy bien en la tarea.

SESION NÚMERO CINCUENTA (Viernes)

Richard está muy vivaz y parece contento. Ha llegado unos minutos demasiado temprano y estaba esperando cuando llega *M.K.* Dice que no ha traído la flota pues ésta tiene que descansar un poco, y que no ha soñado. Está muy deseoso de dibujar, cosa que empieza a hacer en seguida. Como suele hacer al principio de cada sesión, pregunta a *M.K.* si sabe de algún bombardeo hecho por la R.A.F. Le enseña que en el dib ujo que está haciendo, la estación se llama "Roseman". Igual que en el dibujo 38, hay en este varias líneas de ferrocarril dibujadas de la misma manera, las cuales llevan a distintas ciudades; pero todas deben necesariamente pasar por la estación "Roseman". Una de las ciudades es la de su hogar original. En cuanto haya terminado de hacer los durmientes (representados por líneas verticales), dice, podrán empezar a venir los trenes. En ese momento ve al Sr. Smith que pasa por la calle; entonces va a la ventana y le saluda con la mano, saludo que el Sr. Smith le devuelve. Habla de lo "bueno" que es, y pregunta si ya han pasado "esas niñas"; en ese mismo momento las ve venir y se queda mirándolas pasar... Comenta después que su padre llega esta tarde, cosa de la cual se alegra, pues está deseando que llegue. Va a ir con su mamá a esperarle a la estación; todo va a ser "muy divertido".

M.K. interpreta que la estación "Roseman" representa al papá bueno de pene atractivo: la rosa*. Ir a pescar y las palabras "muy divertido", también significan que desearía tener una relación sexual con él y que su órgano genital se ha hecho otra vez algo deseable. El papá-Roseman es el opuesto del papá-pulpo y del administrador del hotel que le prohibió cortar la rosa del jardín.

Richard dice que cree que si se comiera un pulpo de seguro tendría luego una indigestión, pero que ahora se encuentra muy bien, pues se le ha ido el resfrío (se le fue en realidad tras la sesión de ayer, pues después de

---

* *Roseman* , literalmente traducido significa hombre -rosa

separarse de *M.K.* apenas volvió a toser). Cree también que anoche terminó ya para siempre con el pulpo. Cogió un cuchillo y... no: simplemente tiró al pulpo por la ventana y éste se murió. En realidad en esto no pensó anoche, sino que se le acaba de ocurrir en este momento.

M.K. le pregunta dónde estaba el pulpo cuando él lo cogió.

Richard dice que en la cama, debajo de las sábanas, y que él debe de haber estado acostado encima de su estómago. Entonces metió la mano por debajo de la sábana, atravesó el corazón del animal con un cuchillo y lo tiró por la ventana... Mientras cuenta esto está muy ocupado dibujando los durmientes y luego, refiriéndose a la estación y a los trenes, dice: "Es muy "complicado". Explica que acaba de llegar un tren, mientras que otro de carga se está alejando. Imita el ruido que hace el tren, se refiere a él llamándole "el viejo y tonto tren de carga" y va diciendo: ahora está aquí, luego aquí, etc., y señalando su ruta en el dibujo. Poco a poco, el ruido que el tren hace va cambiando de tono y se hace cada vez más agudo, hasta terminar en un franco siseo de ira.

M.K. interpreta que aunque está deseando que su padre llegue, también desea que no venga. El "viejo y tonto tren de carga" representa a papá que se va poniendo más enfadado a medida que Richard le va mandando a las diferentes ciudades del dibujo. Por eso el tren sisea de manera tan enojada.

Richard encuentra esta interpretación divertida, y se ríe de ella.

M.K. le indica entonces, que cuando dijo que él estaba acostado sobre el estómago del pulpo, quiso decir con ello que el papá-pulpo se encontraba dentro de su propio estómago, y que quería matarle y echarle fuera de sí mismo. El comentario de que "es muy complicado", se refiere no tanto al dibujo como a sus propios sentimientos: al amor por su padre y al placer de verle; al deseo de poseer su pene y al miedo del pulpo malo en el interior de mamá, de *M.K.* y de sí mismo; a los celos que siente porque desearía que mamá fuera para él solo, y al miedo de que papá se enfade si él le echa. Además le recuerda que odia tener que dejar sitio a papá en el dormitorio de mamá; nunca ha tenido a su mamá para él solo tanto como la ha tenido recientemente, y no le gusta que le priven de ello.

Richard está de acuerdo, pero vuelve a repetir que está deseando que llegue su padre y que él tiene un cuarto muy lindo al lado del de ellos. Mientras habla, unos niños que están en la calle empiezan a imitar el ladrido de un perro. Richard entonces imita el de Bobby y dice: "Si le pudieras ver cuando caza conejos". Añade que sin embargo nunca se los come; sólo los persigue para divertirse.

M.K. interpreta que ahora parece tener más confianza que antes en su capacidad de amar y que teme menos sus deseos agresivos y que el odio que siente llegue de verdad a producir efecto. Al decir que Bobby, que tantas veces le ha representado a él, nunca llega a comerse los conejos a pesar de que le divierte perseguirlos, significa que en realidad él, Richard, no devoraría nunca a papá [Disminución del pensamiento omnipotente]. Se le ha ido el resfrío porque tiene menos miedo de las batallas interiores, y por esto mismo han mejorado también las relaciones que mantiene con su familia. También esto lo ha llevado a dejar la flota en casa, pues como se siente mejor y está más feliz, quiere evitar toda pelea. De la misma manera quiere evitar toda angustia y por eso ha dicho que no ha soñado.

Richard hace otro dibujo de trenes. Está contento con el nombre "Roseman"; mira repetidas veces los dos dibujos y también los anteriores en los que hay trenes y estaciones, y hace comentarios sobre los nombres que ha usado en ellos. Dice que el nombre "Valeing" (dibujo 38) quiere decir realmente *whale* (ballena); en cuanto al segundo dibujo, cuya estación tiene el nombre de "Halmsville", esto es porque significa ham (jamón), que es algo que le gusta comer. Está muy interesado al descubrir la manera como ha expresado contenidos inconscientes (nota 1).

M.K. le recuerda que "ham" también es el gran empalme alemán Hamm, que tantas veces ha sido bombardeado y del cual ya ha hablado en otras ocasiones.

Richard asiente, y señalando el dibujo indica dónde están los depósitos de mercancías de dicho empalme.

M.K. interpreta que comer jamón significa incorporar cosas buenas, las cuales sin embargo, se convierten dentro de él en algo muy peligroso, ya que el jamón es un alimento bueno, pero también simboliza el sitio que más se está bombardeando actualmente. El pene bueno y el pecho bueno pueden mezclarse con otros malos. Hace dos días (dibujo 38), comentó que había muchos "Valeings" "en el mismo distrito", lo cual hace pensar que siente que el papá-ballena está extendido por todas partes dentro de él. También teme que el monstruo peligroso de su interior le convierta a él, Richard, en alguien muy peligroso. En un sueño reciente (sesión cuarenta y ocho), se convertía en un gigante con las botas grandes de Hitler, y podía restaurar todo con mucha potencia; pero podía también destruirlo todo. Por esto tiene tan mezcladas en su mente la capacidad de reparar y la de destruir.

Richard ha empezado a hacer el dibujo de un imperio y al llenar la parte roja de arriba, le dice a *M.K.* que mamá estuvo regañona con él por la mañana.

M.K. le pregunta por qué.

Richard contesta que porque él estuvo bastante desagradable, cosa que hace a menudo. Estuvo toda la mañana rezongando, sin hacer lo que se le pedía, discutiendo todo y sin detenerse hasta no conseguir lo que quería.

M.K. le pregunta qué era lo que quería esta mañana.

Richard contesta primero que no quiso levantarse; después admite que en realidad no sabia qué era lo que deseaba. ¿Quiere que le diga lo que acaba de pensar ahora? Y cuando *M.K.* le Contesta que sí, Richard dice que le gustaría romper las ventanas y tirar todas las cosas.

M.K. indica que al decir esto ha empezado a pintar las partes del dibujo, en el cual él está encima de todos y tiene el órgano genital más grande, mientras que de su papá hay muy poco. Le sugiere por ello, que a pesar de que está deseando que éste llegue, quiere romperlo todo por la misma causa. Desea ocupar su lugar y estar por sobre todos en la familia...

Richard dice entonces, con voz baja y triste, que hace dos días encontró en el jardín del hotel a un gatito. Se puso a jugar con él e iba a llevarlo a la estación de policía, cuando alguien le dijo que sabia de quién era, de modo que lo llevó allí. Ayer volvió a verlo en esa casa, detrás de la ventana.

M.K. le sugiere que está muy triste por no haberse podido quedar con él.

Richard dice que así es, pero que no podía hacerlo. De todas maneras, añade, los gatitos rompen todo, son destructivos y causan molestias... Empieza a contar entonces el número de países que tiene cada uno en el imperio que acaba de hacer. Una vez más, quien tiene más países tiene el derecho de trazar la línea de debajo en su color; descubre que él tiene 23, mamá 19, papá 4 y Paul 8.

M.K. interpreta que le gustaría que le nacieran bebés dentro de su cuerpo. En el dibujo, después de tratar de mantener la paz con todos, ha expresado el deseo de tener más de todo que nadie: el pene mayor, y la mayor cantidad de bebés; siente pena por no poder tener niños y porque estos pertenecen realmente a su mamá, así como también por saber que no debe robárselos sino que debe devolvérselos, igual que ha hecho con el gatito. El deseo de romper las ventanas no es sólo para tirar cosas afuera, sino también para poder entrar en el sitio donde está el gato -que es en realidad el cuerpo de mamá que cree que contiene bebés. Este animalito también le representa a él mismo cuando se pone destructor y molesto.

Richard mira algunos dibujos anteriores, cuenta el número de países que mamá tiene en ellos y escribe la cifra. Sabe por *M.K.* que a la salida ella sólo va a ir hasta la esquina y dice que lo siente, pero no tiene miedo ni le preocupa marcharse solo. En el camino le cuenta que va a ir con su madre a tomar un café a casa del señor Evans. Este tiene el café mejor y aunque a menudo está de mal humor, parece que le quiere, pues a menudo le vende caramelos.

En esta sesión Richard ha estado en buena forma, tanto mental como físicamente. No se ha sentido perseguido, y sólo ha prestado atención a los transeúntes dos veces, aparte de la vez que miró pasar al Sr. Smith y a las niñas. Una de estas ocasiones fue para mirar a una vieja y a un viejo. Los temores de tipo hipocondríaco están en receso, y no está maníaco, sino realmente mucho más contento. Aunque habla con toda libertad, también está bien dispuesto a escuchar y a aceptar las interpretaciones, y aunque en general en esta sesión ha estado amigable y equilibrado, se han presentado con mucha claridad sentimientos y deseos conflictivos con sus correspondientes ansiedades y defensas, que el niño ha podido reconocer y admitir plenamente (nota II).

Notas de la sesión número cincuenta.

I. En esencia, este sentimiento es idéntico al que vivenció cuando se convenció de la existencia del inconsciente a través de sus dibujos y de sus juegos. (Véanse en particular las sesiones doce y dieciséis.) He podido ver tanto en los niños como en los adultos, que la gratificación que produce vivenciar y reconocer una parte de la mente que hasta entonces había permanecido desconocida, parecer ser de naturaleza tanto intelectual como emocional. Una de las causas por las que el paciente se siente gratificado, es por el alivio que siente tras la interpretación que le da una comprensión del proceso inconsciente. En lo fundamental, el que el análisis dé algo al paciente que éste siente que le ayuda y enriquece, hace que éste vuelva a vivenciar la experiencia más temprana de ser querido y alimentado. El sentimiento de enriquecimiento está ligado a la integración del yo y a la síntesis del objeto. Desde los primeros estadíos del desarrollo existe un anhelo de integración, y una función importante que cumple la interpretación -cosa que constituye, en última instancia, el fin al que apunta el análisis -, es la de ayudar a que esta integración se lleve a cabo. El deseo de integrarse y de conocerse a sí mismo, es un factor que ayuda al paciente a tolerar el dolor y la pena que le provocan las ansiedades y los conflictos durante el análisis, y que incluso le permite tolerar las ansiedades persecutorias movilizadas por las interpretaciones, las cuales, hasta cierto punto, convierten al analista en una figura persecutoria. He podido observar repetidas veces que algunos pacientes, tanto adultos como niños, no sólo sienten satisfacción sino también diversión, al descubrir con el analista algunos aspectos de sus personalidades, que en general sienten que son malos o poco honestos. De acuerdo con mi experiencia, se trata en estos casos de gente que tiene sentido del humor y se me ocurre pensar que una de las raíces de éste es justamente la capacidad de experimentar satisfacción al encontrar dentro de uno mismo algo que antes estaba reprimido.

II. Esto nos lleva a la conclusión de que la disminución de los temores a los peligros internos que se ve en esta sesión y en la anterior (como resultado del análisis hecho en las precedentes), permitió a Richard poder expresar y vivenciar más claramente su angustia y sus conflictos. Al mismo tiempo, el tomar conciencia de sus ansiedades y de sus conflictos, y el poder entenderlos profundamente, le produjo alivio, le hizo sentirse más seguro de sí mismo y de los demás, y trajo como resultado final un equilibrio mejor.

SESION NÚMERO CINCUENTA Y UNO (Sábado)

Richard está esperando en la esquina a *M.K.* cuando ésta llega, y lo primero que le dice es que se ha torcido el tobillo al bajar a desayunar esa mañana. En el cuarto de juegos comenta que hoy va a ir de pesca con papá. Describe con detalle todos los planes que han hecho y dice que espera poder pescar una trucha. Todavía no han conseguido permiso para pescar salmones. Papá ha traído la caña de Paul además de la suya. Luego agrega que ha traído un gran cuaderno de dibujo para seguir dibujando en casa; es el doble de grande del que le ha dado *M.K.* y le ha costado barato. Se pregunta si a ella le pueden haber cobrado de más por el que le compró. En casa ha estado dibujando líneas de ferrocarril y está deseando seguir con ellas en seguida. Sin embargo, quiere primero averiguar cuántos países tiene cada uno en los primeros dibujos de los imperios. Separa entonces dos de éstos, diciendo que no representan a la familia, ya que en ellos ha usado además otros colores.

Cada vez que descubre que mamá no sale mal en la cuenta, se pone muy contento, sin duda sintiéndose culpable de que en la mayoría de los casos él tenga en realidad más países que ella. Tras haber estudiado de esta manera algunos dibujos, abandona la tarea. Comenta que ha hecho una gran cantidad de ellos y que el cuaderno está casi terminado, y tras esto hace el dibujo 39. Mientras trabaja, le cuenta a *M.K.*, sonriendo, algo que pasó anoche en la habitación de sus padres. Un ratón se comió dos galletas, pero su madre tuvo demasiado miedo como para levantarse y hacer algo al respecto; cree que también su padre sintió miedo del ratón. El animalito también se subió por la caña de pescar de papá. Todo esto lo cuenta divertido, sin duda sintiéndose muy superior. Si él hubiera estado allí, habría cogido la zapatilla de su padre y lo hubiera echado. Esto lo dramatiza al contarlo, actuando la parte de sus padres y la suya. Añade luego que él es "Larry el Cordero" (un personaje muy conocido de una audición radial para niños)... Lo primero que dibuja es la estación "Lundi" y la primera vía que lleva a la estación "Valeing". Inmediatamente dice que "Lundi" le hace recordar a lunático y asocia con esto a un hombre "loco" que andaba por "X" sin trabajar. Tenía el pelo rojizo, pero estaba casi calvo. Después, dibuja vías que llevan a "Roseman" y a otros lugares, y dice que la línea Lundi-Valeing no tiene ningún desviadero. Un tren viene bramando desde "Lundi" hasta "Valeing", y en él se encuentra *M.K.* que se va de viaje a cazar ballenas. Como él también quiere cazarlas, se va con ella.

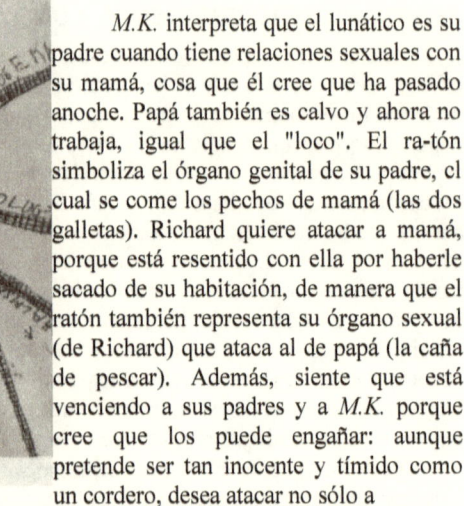

M.K. interpreta que el lunático es su padre cuando tiene relaciones sexuales con su mamá, cosa que él cree que ha pasado anoche. Papá también es calvo y ahora no trabaja, igual que el "loco". El ra-tón simboliza el órgano genital de su padre, el cual se come los pechos de mamá (las dos galletas). Richard quiere atacar a mamá, porque está resentido con ella por haberle sacado de su habitación, de manera que el ratón también representa su órgano sexual (de Richard) que ataca al de papá (la caña de pescar). Además, siente que está venciendo a sus padres y a M.K. porque cree que los puede engañar: aunque pretende ser tan inocente y tímido como un cordero, desea atacar no sólo a mamá, sino también a M.K. que le va a abandonar para irse a cuidar a otra gente en Londres. M.K. representa así a mamá cuando ésta se va con papá o con Paul. Debe de estar, pues, resentido con ella porque le va a privar de su análisis, de manera que tiene una queja más que hacerle. Por ello tiene que irse a "Lundi" -Londres-, para que el papá-Hitler malo y lunático la maltrate. Dijo antes que la vía Lundi-Valeing no tenía apartadero: esto quiere decir que en ella no hay sitio para que nadie meta su órgano sexual -es decir, para que él meta el suyo-, pues el papá malo se queda con todo el interior de mamá. El tren que viene rugiendo representa a M.K. y a mamá aterrorizadas, que tratan de escaparse del Hitler-papá lunático. Por otra parte, Richard desea protegerlas y para ello se mete en el mismo tren que M.K. y así ayuda a ésta a cazar la ballena mala -el órgano sexual Hitler-. Siente igualmente que debe interponerse entre el lunático-papá y mamá para proteger a ésta, pero como tiene miedo prefiere fingir que es un cordero; de todas maneras, no hay sitio para que se meta entre los dos (no hay aparta-dero). M.K. le recuerda también lo que sentía hacia el vagabundo que iba a secuestrar y a dañar a mamá, y le dice que se siente triunfante y culpable, a la vez, porque anoche deseó que papá dañara a mamá durante las relaciones sexuales que tuvo con ella, aunque al mismo tiempo sentía que debería de ir a salvarla... (nota 1).

Richard rellena las vías del tren con durmientes, y repite que no puede pasar ningún tren hasta que éstos no estén dibujados, pues la vía no es segura.

M.K. interpreta que siente que sus padres están en peligro, porque él los quiere atacar. Por esto sólo están seguros cuando él duerme: él es el durmiente. Pero también siente que debe atacarles sólo cuando ellos duermen a su vez, para no correr peligro él tampoco (el ratón le representa a él); en cambio, cuando están despiertos, pretende ser una oveja.

Richard dice entonces que está deseando que llegue la batalla. *M.K.* le pregunta a qué batalla se refiere.

Richard contesta que quiso decir la pesca, pues va a luchar contra los peces como si éstos fueran ballenas. Va a ponerles una carnada, introducirles la mosca en la garganta y entonces ellos se darán de nariz contra las piedras hasta morir y luego ser comidos.

M.K. interpreta el deseo que tiene de chupar y comerse el pene atractivo de papá (el "Roseman", la trucha, el salmón), pero siente que, como al mismo tiempo odia este pene y lo va a combatir como si fuera una ballena, dentro de él se puede llegar a convertir en ballena, en un enemigo como el pulpo. Le señala que una vez más está mordiendo el lápiz amarillo.

Richard indica a *M.K.* que en el dibujo, el camino de "Roseman" lleva a York, que suena como pork (cerdo) y que en medio está el camino para "Hamsville", que es jamón.

M.K. interpreta que todas las cosas agradables están colocadas en uno de los lados del dibujo, lo cual quiere decir que en una parte de su mente siente que papá y su pene son buenos; en cambio con la otra, piensa que son muy peligrosos para mamá y muy destructivos. Siente igualmente que dentro de si mismo se encuentra tanto el pene bueno como los padres que se están peleando.

Richard se ha metido otra vez el lápiz en la boca y lo empieza a chupar. Dice que quiere preguntar algo a *M.K.*, y que le gustaría que le contestara. ¿Tienen los psicoanalistas que obedecer a la regla de nunca enfadarse o impacientarse? ¿Dañaría esto el trabajo? Y se queda mirándola de manera interrogativa.

M.K. interpreta que ella representa a mamá y que por ello teme que se ponga hostil con él, por el deseo que tiene de robarle el pene bueno de papá y devorarlo. Pero que al mismo tiempo tiene la esperanza de que no sea realmente como mamá, pues siente que no debería enfadarse para poder entonces él expresarse con libertad; ella es psicoanalista, además, y está trabajando con él para descubrir las cosas que piensa y ayudarle. No obstante, en este momento tuvo miedo de que se enfadara a pesar de todo como lo hace su mamá, por haberles él privado a las dos del órgano sexual "Roseman", dejándolas en cambio con el genital lunático.

P S I K O L I B R O

Richard ha vuelto otra vez a sus dibujos. Señala a uno de un imperio (el 2) en el que todas las secciones son muy pequeñas y dice que no cuenta pues se trata de un niño.

M.K. interpreta que en este dibujo son todos iguales, y niños. Con esto quiere decir que no puede pasar en él nada malo, pero en realidad tiene dudas de que los niños sean verdaderamente inofensivos.

Richard se pone a mirar el dibujo 21, profundamente interesado en él. Dice: "Mira; aquí ella está diciendo: 'auxilio, auxilio', y aquí -y señala a la estrella de mar -. 'La voy a ir a ayudar' (nota II). Tú pusiste el color a este dibujo, ¿te acuerdas? (Aquella vez, en efecto, Richard pidió a *M.K.* que lo coloreara y ella lo fue haciendo de acuerdo con sus indicaciones.)

M.K. interpreta que este dibujo las representa a mamá y a ella, pidiendo ayuda contra el papá negro lunático. Ahora Richard siente que está acudiendo en su auxilio, y está especialmente contento por haber descubierto esto durante la sesión de hoy, porque en ella ha surgido en forma violenta el temor de haber abandonado a mamá en manos del papá peligroso. Ha dicho varias veces, además, que *M.K.* le está ayudando con su trabajo, cosa que significa que representa también a la mamá buena que ayuda, y esto le hace sentir tanto más culpable por dejarla en manos del papá lunático y por atacarla.

Richard mira con interés el dibujo de los aviones hechos en la sesión cuarenta y seis. Dice que en él, mamá (que es el avión al que llamó "gigante" en la sesión cuarenta y siete), sale ilesa y Bobby también, pero luego añade: "No, soy yo"... Después dice que los aviones abatidos son papá y la cocinera.

M.K. interpreta que a veces sospecha que la cocinera quiere envenenarle (sesión veintisiete), y que por lo tanto, el papá y la cocinera abatidos simbolizan al papá y a la mamá envenenadores, mientras que la mamá buena y él sobreviven.

Richard se pone otra vez a dibujar trenes. Las vías representan ahora a los trenes mismos. Acompaña el dibujo con ruidos que éstos hacen al andar; aunque van en todas las direcciones, ninguno sale de "Lundi" en dirección a "Valeing".

M.K. le señala este hecho y le sugiere que expresa el miedo que tiene a la relación sexual peligrosa y lunática de sus padres y el deseo de detenerla. También antes dijo que quería acompañarla a ella a "Valeing" para ayudarla a pescar ballenas.

Richard vuelve al dibujo 39 y dibuja una conexión nueva; el tren sale ahora de "Lundi" para dirigirse a "Roseman", y al hacerlo emite sonidos "orgullosos" y silbantes.

M.K. le indica que ahora ella y mamá están enfadadas y quieren quitarle a Richard el papá bueno, "Roseman". Le sugiere además que la preocupación que tiene porque mamá no tenga bastantes países en los dibujos de los imperios, expresa el deseo de devolverle sus bebés, ya que siente que él se los ha robado junto con el genital Roseman, que le podría dar otro más. El nuevo cuaderno que ha traído y que ha comparado con el que ella le dio, que es más pequeño, pensando que él ha hecho al comprarlo un negocio mejor, significa también que le ha despojado de sus bebés y del pene bueno.

Richard sujeta el dibujo 39 de costado, de manera que "Lundi" y "Valeing" quedan en la parte superior, y dice que es una serpiente y que por eso silban algunos de los trenes.

M.K. pone entonces el dibujo en su posición original y le pregunta si no cree que así se parece a un pulpo.

Richard asiente con mucho énfasis y dice que *M.K.* es muy inteligente por haberse dado cuenta de ello (nota III).

Al finalizar la sesión comenta que hoy es el cumpleaños de su constructor de imperios, cuyo nombre de pila es Cecil. ¿Puede ella decir quién es?

M.K. contesta que Cecil Rhodes.

Richard se queda muy contento con la contestación, pero añade, un poco dudoso, que también lleva su nombre una isla italiana.

M.K. interpreta entonces que quiere que tanto mamá como ella sean leales con el papá bueno, quien primero destruyó la familia y ahora la mantiene unida, y que él también querría serle leal. Pero duda de poderse o no fiar de ellas, cosa que demuestra al referirse a la isla italiana, que es un lugar enemigo. Esto quiere decir que la sospecha que tiene de *M.K.* por ser extranjera, y el miedo a ella -la isla italiana-, se extienda también a mamá. Teme que ésta le sea hostil o, si no, si le quiere a él más que a nadie, que le sea entonces desleal a papá, y se convierta en enemiga suya.

Notas de la sesión número cincuenta y uno.

I. El sentimiento de culpa por haber expuesto a la madre (mediante deseos sádicos), a una relación sexual con el padre peligroso, pudo verse ya en la primera sesión (y en otras oportunidades después), cuando habló del temor de que un vagabundo la raptara. He podido comprobar a menudo, tanto en los análisis de niños como en los de adultos, que los sentimientos de culpa ante esta fantasía específica, se encuentran en la base de muchas autoacusaciones hechas posteriormente, por haber abandonado o por no haber protegido a la madre en otras situaciones o incluso por haberla dañado. Esto constituye un ejemplo de la importancia que tiene el sentimiento de culpa derivado de fantasías sádicas infantiles muy tempranas, y prueba lo urgentemente necesario que es llegar a analizar aquellos primeros estratos y disminuir así la sensación de culpabilidad en su raíz.

II. Este profundo interés que Richard muestra por el material anterior, el cual comenta ahora con mayor autoconocimiento y convicción, creo que constituye el resultado del progreso de la "elaboración". A menudo he podido comprobar que el paciente, llegado a cierta etapa de su análisis, se refiere a material anterior que evidentemente fue aceptado antes sólo parcialmente, y lo liga al actual; esto demuestra que se ha hecho un progreso en la profundidad con que puede conocerse a sí mismo, en la comprensión y en la integración de su personalidad.

III. El material de las sesiones más recientes, y en especial el de ésta y la anterior, sirve para ilustrar algunos procesos fundamentales tomados desde un ángulo particular. Una de mis teorías (véase en particular "Algunas conclusiones teóricas sobre la vida emocional del bebé", *1952*) es que en la más temprana infancia, el método que el niño muy pequeño utiliza para mantenerse dentro de una relativa estabilidad es el de hacer una disociación entre el amor y el odio, y correspondientemente, entre los objetos malos y buenos, o incluso, en cierta medida, entre unos idealizados y otros muy peligrosos. En mi libro *Envidia y gratitud* (1957) he sostenido, con particular énfasis, que estos primeros procesos de disociación tienen una enorme importancia. Si el amor y el odio y los objetos buenos y malos pueden disociarse con éxito (lo cual significa que no sea tan profundamente como para que la integración quede inhibida, pero si lo suficientemente como para contrarrestar la ansiedad del lactante), entonces quedan establecidas las bases para que la capacidad de distinguir entre lo bueno y lo malo pueda ir progresando. Esto permite al niño, durante la posición depresiva, que vaya sintetizando en alguna medida los diversos aspectos del objeto. He sugerido, también, que la capacidad para llevar a cabo debidamente esta disociación primaria, depende en gran medida de que la ansiedad persecutoria inicial no sea excesiva, lo cual a su vez depende en parte de factores internos, y en parte de factores externos.

Volviendo al ejemplo anterior, vemos que en la sesión cincuenta pude mostrar a Richard lo asociados que estaban en su mente la rosa, que es el pene deseado del padre (el cual tiene también, sin duda, el significado de un pecho) y la ballena padre, que es el pene perseguidor. En la sesión cuarenta y ocho, refiriéndose al dibujo 38, Richard dice que los "Valeing" están todos "en el mismo distrito", lo cual significa que la ballena está en todas partes dentro de él. En el otro lado del dibujo, se encuentran los objetos asustadores y odiados

-"Lundi", "Valeing"-, y el tren que los une representa las relaciones sexuales peligrosas de los padres. Las dos partes del dibujo se encuentran unidas por una sola línea.

Creo que la división entre los objetos buenos y malos que se expresa en esta sesión, con sólo un vínculo entre sí, nos indica un paso que Richard no pudo llegar a hacer en forma suficiente en su primera infancia. Quiero además mencionar aquí lo importante que es el proceso de externalización, proceso éste que se ve claramente en el material de las últimas sesiones, en las cuales llega a poder vivenciar fuertes emociones y ansiedades por los objetos internos malos, traerlas más a campo abierto y dirigirlas contra gente que realmente cree que es mala (Oliver y Hitler). Esto indica que está tratando de manejar las ansiedades persecutorias de una forma más adecuada.

En la nota hecha a la sesión cuarenta y cinco indiqué ya cómo el niño iba teniendo más éxito al tratar de sintetizar los diversos aspectos de sus objetos, cosa que se veía en la manera como había disminuido la violencia de la identificación proyectiva. (En el dibujo 25, en efecto, los objetos internos y externos no se atraviesan los unos a los otros, sino que están arreglados de manera pacífica.) Esta disminución de la identificación proyectiva, implica a su vez la disminución de la fuerza de los mecanismos y defensas paranoides y esquizoides, y la adquisición de una mayor capacidad para elaborar la posición depresiva. Esta mayor capacidad, ligada al progreso hecho en la integración del yo y en la síntesis de los objetos, parece ser la consecuencia de que los procesos tempranos de disociación se hayan llevado a cabo con mayor éxito, cosa que está expresada en la última sesión. A pesar de todo, sin embargo, esta etapa sólo ha tenido hasta ahora un éxito parcial, pues al decirme Richard que el lado "malo" (Lundi-Valeing) tiene la forma de una serpiente -con lo cual expresa que siente que aquí se encuentra el pene malo, en forma de ser-piente, del padre-, se está mostrando totalmente de acuerdo conmigo, en que los dos lados juntos tienen la forma de un pulpo. Es decir, que le ha fracasado el intento de separar del todo a la madre buena de la mala, al padre bueno del malo, y a los dos padres entre sí. El pulpo, que es el padre malo, se ha mezclado con el padre bueno del otro lado del dibujo y predomina sobre éste.

Los comentarios que hago en esta nota y en tantas otras, sobre los cambios que se van operando en Richard y las razones que llevan a ellos, indican pasos que tienen interés desde un punto de vista técnico y teórico, aunque algunos de ellos no puedan ser probados. Lo que me propongo es ir mostrando las fluctuaciones debidas a la tarea analítica, sin querer con esto decir que necesariamente indiquen que se haya llevado a cabo un progreso duradero. La razón por la cual algunas de estas modificaciones no duran mucho tiempo, se debe a que, según lo indiqué ya en el prefacio, el análisis de este niño fue demasiado corto. Como ya sabemos, la repetición constante de las diversas experiencias vivenciadas en la tarea analítica, es decir, la elaboración completa de los contenidos (Freud), constituye la condición necesaria para que se llegue a resultados estables.

SESION NÚM ERO CINCUENTA Y DOS (Domingo)

Richard se ha acercado más que de costumbre a la casa de *M.K.* para esperarla. En seguida le da un pedazo de salmón que su padre ha pescado, comentando que "insistió" para que tuviera ella un pedazo lindo. Parece encantado al dárselo. Le cuenta además que él no pescó nada, pero que su papá pescó varios peces, además de un gran salmón[1]. Richard sólo una vez en su vida pescó un pez, dice (pero sin embargo no parece estar desilusionado sino orgulloso de su padre e identificado con su habilidad). En seguida empieza a dibujar, y al hacerlo se refiere a las noticias sobre la guerra. Se alegra de que la R.A.F. esté haciendo bombardeos y también de que parece que los rusos no hacen mal las cosas. Se dirige al mapa para buscar dos ciudades rusas mencionadas en los comunicados de guerra. Luego dice que va a dibujar vías de ferrocarril, pero que esta vez no van a tener durmientes. Empieza por hacerlas trazando sólo una o dos líneas, pero al empezar a hacer andar los trenes, añade otras nuevas mientras que el lápiz se convierte en el tren. Este sale de la estación de "Tima" corriendo muy de prisa, y en algunos sitios hace ruidos muy fuertes; en otros, en cambio, va en silencio.

M.K. le pregunta el porqué de esto.

Richard contesta que le están persiguiendo y que se queda en silencio en los lugares donde el enemigo le puede oír. Dice que "Tima" le recuerda el nombre de un sitio que los aliados han conquistado en Abisinia, y que también le recuerda a Tim, un niño que conocía y que le gustaba, pero que se volvía muy cansador cuando se ponía muy salvaje. Era un "verdadero terror", pero simpático. Mientras habla del enemigo que persigue al tren, hace puntos en la hoja, al tiempo que dice: "Ahora que está aquí, ahora aquí, ahora aquí".

M.K. le pregunta si es un enemigo el que le persigue. Richard contesta que no, que son muchos.

M K. interpreta que Tim, el simpático "terror", representa su propio lado agradable, igual que Bobby. También representa, como el tren, a su

---

[1] El padre de Richard había ya obtenido para entonces una licencia para pescar salmones.

P S ! K Ø L ! B R Ø

órgano sexual, el cual se mete dentro de los de ella y de mamá. Por esto le están persiguiendo papá y su genital.

Richard dice entonces que su papá es un mago y que por eso puede hacer que haya muchos de él.

M.K. interpreta que puede haber creído que papá deja su pene dentro de mamá cada vez que tiene relaciones sexuales con ella, lo que le hace sentir que ella está llena de penes que se convierten en enemigos del suyo. Le recuerda que ya anteriormente expresó en sus dibujos y en sus juegos, que dentro de ella y de mamá se llevan a cabo peleas entre los órganos sexuales de papá, de Paul y de él mismo. Añade que el tren se está portando como él se porta cuando tiene miedo de los niños, pues aunque a veces les provoca, otras se queda en silencio para no llamar la atención sobre sí.

También suele hacerse el simpático y el inocente como hizo ayer, cuando era "Larry el cordero", y como hoy, en que es un "verdadero terror", pero simpático. En la sesión anterior, los durmientes significaban que se sentía a salvo cuando sus padres dormían y cuando no les podía pasar nada malo estando él también durmiendo. Hoy no hay durmientes, porque parece sentir que ninguno de ellos está seguro de noche.

Mientras *M.K.* habla, Richard va haciendo que el tren corra cada vez más de prisa, repitiendo que le están persiguiendo.

En los sitios por donde pasa, va haciendo círculos, mientras dice en forma muy dramática: "Ahora está aquí, ahora aquí, de prisa, de prisa". Expresa así todas las emociones de ser perseguido y también el placer de una aventura emocionante. Al final el tren se salva, y para entonces el dibujo de las vías entrecruzadas parece un laberinto desde el cual el tren tiene que encontrar el camino de salida.

M.K. interpreta que acaba de expresar el miedo de que papá y el pene de éste le ataquen a él y a su órgano sexual dentro de mamá. El interior de ésta es un laberinto y él y su pene deben de salir de él lo más pronto posible. Le recuerda que ayer se torció el tobillo tras la llegada de su padre, lo cual puede haber expresado ya parte de su miedo, representando su pierna, en ese caso, el genital dañado (nota I).

Richard, entonces, señalando la tarjeta que está clavada en la pared delante de él, dice: "El pecho del petirrojo es completamente rojo".

M.K. interpreta que este comentario sirve para confirmar su interpretación. El petirrojo que sangra representa, en efecto, su órgano sexual dañado y sangrando, al que quizá no pueda sacar a tiempo de su interior o del de mamá en el caso de pelearse dentro de ella con el pene de papá.

Al terminar el dibujo, Richard lo llena todo de garabatos.

M.K. interpreta entonces que de bebé quería atacar a los dos padres con "lo grande" y que ahora, cada vez que se siente en inferioridad de condiciones para pelearse con papá, que es su rival dentro de mamá, vuelve a estos ataques contra los dos, bombardeándolos con "lo grande". [Regresión.]

Richard hace otro dibujo (40). En el lado derecho pone un barco pequeño al que llama el crucero *Prinz Eugen,* y al cual están bombardeando dentro del puerto. En el izquierdo, también dentro del puerto, está en *Gneisenau* que es mucho mayor. Las bombas, dibujadas con forma redonda, caen entre los dos barcos. Richard está muy serio y pensativo. Dice que el *Prinz Eugen* es un barco precioso y que es una lástima bombardearlo. Mientras habla, dibuja el *Scharnhorst* que está fuera del puerto y más allá del alcance de las bombas.

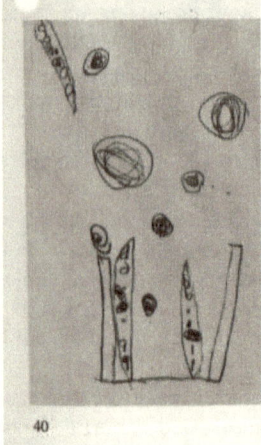

40

M.K. interpreta el pesar y la pena que siente por la destrucción del genital de papá al que tanto admira -el *Prinz Eugen*-y lo culpable que se siente por estar bombardeándolo y destruyéndolo, lleno de celos y de rabia. También tiene miedo de dañar a mamá si ataca al papá que está dentro de ella. En el dibujo las bombas caen entre el *Prinz Eugen* -el genital de papá-, y el *Gneisenau* -mamá-; pero como al mismo tiempo quiere salvarla de sus ataques, ha dibujado otro barco, el *Scharnhorst,* que está fuera del puerto y que simboliza a una mamá, que se encuentra a salvo y fuera del alcance de las bombas. Además, de esta manera, impide que sus padres tengan relaciones sexuales.

Cuando termina el dibujo Richard va afuera, y como de costumbre admira las montañas, emocionándose con su belleza. Dice que sobre ellas se ciernen nubes de tormenta... Vuelve a entrar después de esto, y continúa dibujando. Hasta ahora no se ha interesado por la gente que pasa por la calle, pero en este momento ve pasar a la niña pelirroja con otros niños y dice que van a la iglesia. No demuestra, sin embargo, ningún sentimiento hostil, ni de persecución. Todavía serio y pensativo, empieza otro dibujo (41). Señalando la parte inferior del mismo, explica que es la tierra, debajo de la cual hay dos gusanos. Las dos líneas verticales que atraviesan el suelo son los caminos por los que los gusanos salen a la superficie. Sobre esta línea, un cañón antiaéreo está tirando a unos aviones alemanes, pero no puede decir cuál va a ser el resultado de la batalla.

41

M.K. interpreta que los gusanos son sus padres, los cuales están seguros debajo de la tierra.

Richard confirma esto y dice que si, que ahí están bien seguros.

M.K. interpreta que él está representado en el dibujo por el cañón antiaéreo, el cual ataca a los aviones alemanes con su pene y con "lo grande". Sus padres, a quienes ha atacado mentalmente, se han convertido por esto en enemigos y por ello los representa, igual que otras veces, como si fueran aviones o barcos alemanes; pero justamente porque cree que son enemigos, tiene que seguir destruyéndolos. Al mismo tiempo, sin embargo, ama a sus padres, pues piensa que son buenos, y quiere protegerlos. Y como tiene sentimientos tan divididos hacia ellos, deja el resultado de la batalla sin decidir. Sugiere además *M.K.* que los gusanos no sólo representan a los padres, sino también a los bebés de dentro de su madre, a quienes también quiere proteger de sí mismo. Mamá tiene, en la vida real, dos hijos.

Richard pregunta a *M.K.* si le va a dar sesión otros domingos además del que viene (lo cual está ya decidido); como sus padres estarán todavía en "X" de vacaciones, lo podría hacer.

M.K. le dice que esto debe decidirlo él; hasta ahora, sólo han arreglado que venía el domingo próximo [2].

Richard, todavía serio y pensativo, empieza a hacer el dibujo 42. Cuando termina el avión alemán que está en el suelo y el rayo, guarda silencio, tras lo cual dice que querría preguntarle algo personal. ¿Le importa? El sabe ya que no le contestará si no desea hacerlo. ¿Va ella a la iglesia? ¿Van los psicoanalistas a la iglesia? Y en seguida, antes de que *M.K.* pueda contestarle, dice él mismo que no puede ir, pues está muy ocupado.

---

[2] Tal como lo demostró el material anterior, Richard trata otra vez de equilibrar sus lealtades, debidas esta vez a su padre y a su analista. Como durante la semana su madre vivía en "X" a causa del análisis, el niño sentía que debería quedarse con el padre por lo menos los domingos.

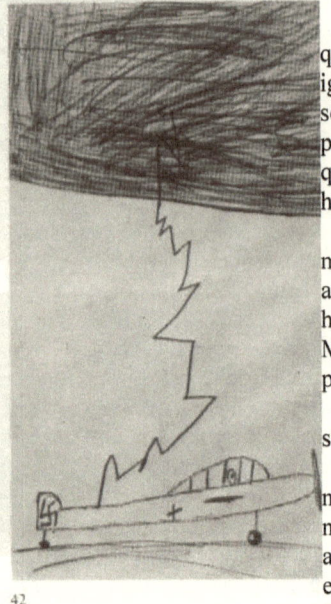

42

M.K. interpreta que teme que le conteste que no va a la iglesia, pues esto confirmaría las sospechas que tiene de ella. Le pregunta entonces si le parece que está mal no ir. ¿Suele él hacerlo con su mamá?

Richard dice que está mal no ir; que a dios no le gusta. El va a veces y su madre solía también hacerlo en "Z", pero en "Y" no va. Mientras habla, ha empezado a pintar de negro el cielo.

M.K. le pregunta entonces si teme que dios le castigue.

Richard, con cara de estar muy angustiado, se levanta mientras M.K. le interpreta y se aleja. Sin duda tiene miedo de estar demasiado cerca de ella. Coge una cuerda que encuentra en un rincón y la tira lejos de sí, de manera tal que se mueve como retorciéndose. Entonces cambia de humor, y poniéndose muy vivaz tira repetidas veces la cuerda con gran placer, gozando de su habilidad que va en aumento. Dice que es una serpiente. Varias veces al tirarla se la coloca entre las piernas, y decide que se trata de una representación y que M K. es el público. El mismo va a ser el que anuncia los números y en seguida anuncia que un chico joven va a hacer pruebas con una cuerda. Pide a M.K. que aplauda cada vez que él aparezca y que haga comentarios de aprecio. M.K. hace lo que le dice, y representa al público cambiando con vecinos imaginarios frases como: "¿Verdad que es muy bueno?" "¡Qué chico más inteligente!" Richard está muy contento y sigue así un rato, tras el cual dice que ahora va a anunciar a M.K. quien va a hacer las mismas pruebas que el joven.

M.K. tira la cuerda varias veces, y después interpreta que la cuerda que se ha colocado entre las piernas, representa el pene que le ha quitado a su padre y que ahora posee él. Cuando ella tira la cuerda, en cambio, representa a mamá, la cual él siente que también debería poseer un pene poderoso para ser los dos iguales. El juego con la cuerda, y el que los dos jueguen con ella, representa también el deseo de que tuvieran relaciones sexuales los dos, y es este deseo el que le ha asustado tanto, que teme que le castigue dios, el cual representa a papá. *M.K.* sugiere, además, que la cuerda que serpentea y que él ha dicho que es una serpiente, se parece al rayo del dibujo 42, que a su vez representa al genital poderoso y destructivo de dios, el cual simboliza una vez más a papá.

Richard vuelve a repetir que la cuerda se parece a una serpiente pero se muestra de acuerdo con que también se parece al rayo del dibujo. La deja otra vez en el rincón donde la había encontrado y dice: "Debe de haber estado ahí hace bastante tiempo".

M.K. interpreta que volver a poner la cuerda donde la encontró y comentar que debe de haber estado allí desde hace bastante tiempo, significa que sólo se la ha pedido prestada a papá.

Richard sigue entonces ennegreciendo el cielo de su dibujo 42 y añade en algunos trazos al avión *nazi.* Explica que el cielo está lleno de nubes y que los rayos le caen encima. Una vez más se siente angustiado y tiene un aspecto dolido, como si estuviera luchando contra sus sentimientos. Se levanta entonces, mira varias cosas que hay en la habitación, y camina de un lado a otro.

M.K. interpreta que está tratando de escapar a sentimientos muy dolorosos.

Richard hace un evidente esfuerzo por escuchar, pero le cuesta hacerlo, y mientras tanto coge cosas de los estantes y se mueve inquieto por la habitación.

M.K. le indica que duda seriamente del psicoanálisis, al cual considera algo muy malo. Como *M.K.* discute con él cosas que no le parecen correctas, pues le han enseñado que son malas, siente como si ella le estuviera tentando y permitiéndole vivenciar deseos sexuales dirigidos hacia su madre y hacia ella misma. Tales deseos le parecen tanto más peligrosos, cuanto que están relacionados con odios, celos y deseos destructivos, dirigidos hacia sus padres, a los cuales, por otra parte, quiere mucho. El siempre ha tratado de huir de tales sentimientos de hostilidad, pues siente que son "malos", tratando, en cambio, de sentir sólo amor. En cambio *M.K.,* cuando teme que le está haciendo caer en la tentación representa a mamá, que también le tienta al permitirle dormir en la misma habitación que ella. Sospecha, además, que cada vez que le da cariño, su mamá es desleal con papá y que le alienta en sus sentimientos malos y hostiles. Aunque de todas maneras él no hubiera ido a la iglesia, siente que *M.K.* no debiera haberle dado esta sesión en domingo, pues los dos *deberían* de haber ido a la iglesia, lo cual significa, además, que papá tendría así la cantidad de atención y de amor que le corresponde.

Richard interrumpe en este momento, para decir con convicción que el análisis es algo útil.

M.K. interpreta que es por esta causa, y porque representa a la mamá buena que le ayuda, por lo que le resulta tan doloroso sospechar que ella sea al mismo tiempo la mamá incorrecta y tentadora. Tiene además miedo de que el papá poderoso -dios- la castigue a ella también. El rayo destruye el avión nazi, castigo al mismo tiempo a esta madre traidora y desleal y a ella. Cuando temió que la tormenta rompiera sobre las montañas (sesión cuarenta y dos), temía que atacara a la mamá bella y amada. Esto fue lo que hizo que quisiera separarse de ella cuando le preguntó si tenía miedo de que dios le castigara.

Richard se tranquiliza hacia el final de la sesión; antes de irse dice que quiere mirar otra vez el pedazo de salmón que ha traído a *M.K.* y se siente satisfecho de que sea un trozo grande y bueno. Añade que sabe que *M.K.* va a ir ahora a buscar los periódicos del domingo, de manera que irá un trecho más largo del camino con él. Cuando *M.K.* cierra la puerta, comenta que al cuarto de juegos le va a venir bien un descanso. Desde la calle se da vuelta para mirarlo y dice: "Está lindo y va a descansar". En el camino, ve a su padre venir desde lejos y se pone contento de que él y *M.K.* se vean por fin. También pregunta a ésta si le va a dar un pedazo del salmón al "viejo gruñón". *M.K.* contesta que va a dar un poco a toda la gente que vive en la casa, con lo cual Richard se queda muy contento.

Nota de la sesión número cincuenta y dos.

I. Deliberadamente no hice ningún comentario al hecho de que Richard se torciera el tobillo (véase sesión anterior) inmediatamente después de la llegada de su padre, porque prefiero esperar a interpretar tales actos simbólicos dentro del contexto del material.

SESION NÚMERO CINCUENTA Y TRES (Lunes)

Richard se encuentra con *M.K.* en la esquina. Tiene un aire muy preocupado y le pregunta inmediatamente si conoce o puede averiguar el nombre de la niña pelirroja... En el cuarto de juegos le cuenta la expedición de pesca que ha hecho esa mañana con su padre, en la cual pescó una cría de salmón. Sabía que estaba prohibido pescar salmones bebés, pero no reconoció lo que era hasta después de haberlo matado. Como tres señoras que se hallaban muy lejos le estaban mirando, lo volvió a tirar al agua haciendo como si todavía viviese. Papá también pescó una trucha pequeña y le preguntó a su hijo si la mataba o no, a lo cual éste contesto: "No, el bebé no". Pero para entonces papá ya la había matado. Papá no se enfadó porque hubiera matado al pequeño salmón pero le dijo que le podían meter en la cárcel por haberlo hecho. Mientras habla, Richard está organizando la flota, la cual hace tiempo que no traía, y comenta que ha tenido un buen descanso.

M.K. interpreta que una de las razones por las cuales le preocupó la sesión del domingo, es porque siente que ella, y no sólo el cuarto de juegos, debería descansar. Después se refiere a la cría de salmón y le recuerda los "cientos de bebés" -los huevos fértiles -, que dijo que "debe haberse comido" (sesión cuarenta y ocho). En aquella ocasión ella le interpretó que esto significaba sacarle los bebés a mamá, matarlos y comérselos. Lo mismo se aplica ahora a la cría de salmón.

Richard cuenta entonces alegremente que ha recibido una carta de su vecino, el cual le dice que tiene cuatro pollos más y un gatito nuevo. Está muy contento por esto.

M.K. interpreta que esto le conforta, porque quiere decir que mamá tiene bebés dentro de ella después de todo y ello indica o que él no los ha destruido o que pueden crecer otra vez. También teme haber robado sus hijos a *M.K.* y haberlos destruido como a los de su mamá. Si quiere robar a su mamá los bebés, es porque quiere él mis mo tenerlos, pero además los destruye mentalmente porque tiene celos de ellos. Por esto teme tanto a los niños de la calle: representan a los bebés de mamá a quienes ha atacado, pero quienes de todas maneras han nacido y ahora son enemigos suyos. Hoy ha tratado de averiguar antes que nada el nombre de la niña pelirroja, porque ella representa a los enemigos desconocidos de dentro de mamá y - como siente que se los ha comido-, también dentro de sí mismo. Conocer su nombre significa conocer algo de estos enemigos desconocidos.

Richard señala de repente a un destructor y dice: "Este es el destructor más grande"

M.K. interpreta que siente que él es más destructor que nadie.

Richard compara entonces el destructor con los otros y descubre lo que ya conscientemente sabía: que en realidad todos tienen el mismo tamaño. Arregla toda la flota en un lado de la mesa y deja del otro lado sólo un destructor escondido por la cartera y el reloj de *M.K.* Después describe la situación en términos dramáticos, con palabras parecidas a las que siguen: "La flota alemana está en el puerto de Brest" - brilla el sol - hace un tiempo magnifico - todo es agradable y pacifico - el enemigo parece encontrarse lejos - poco sospechan ellos que se está preparando para caer sobre ellos". En este momento parece tener gran simpatía por la flota alemana, pero hace sin embargo que el destructor que estaba escondido salga para bombardearlos. En seguida cambia la formación. Sin duda ha vencido el temor de atacar solo al poderoso enemigo, ya que el destructor le representa sin duda a él. Mueve varios de los destructores y un barco de guerra, y lo pasa al lado británico, de manera que ahora hay en total seis barcos ingleses y empieza la batalla. El resultado de la misma parece dudoso, pues se van hundiendo barcos de los dos lados.

M.K. interpreta que el destructor es él mismo -el destructor mayor- y que primero quería atacar solo al enemigo. Este enemigo representa a toda su familia, hostil, que le ataca por dentro. Pero luego, asustado, quiere unirse a la familia "buena" e ir contra los enemigos externos que son los alemanes. Los seis barcos representan a sus padres, a Paul, a sí mismo, a la cocinera y a Bessie.

Richard sigue jugando con -la flota y menciona otra vez los recientes ataques de la R.A.F. y la esperanza que tiene puesta en la lucha de Rusia. En esta sesión está otra vez muy preocupado por los transeúntes. De repente corre hacia la ventana al ver pasar por la calle a tres mujeres juntas. Dice "estas tres mujeres tontas", y golpea el cristal para llamarles la atención, pero se esconde rápidamente detrás de la cortina como para que tengan que adivinar de dónde ha venido el ruido.

M.K. interpreta que las "mujeres tontas" representan a las que cree que lo estaban mirando cuando mató el salmón bebé.

Richard se queda muy sorprendido ante esta interpretación y dice: "Es que realmente *son* las mujeres que me vieron", y en seguida añade que no, pero que por un momento pensó que si lo eran.

M.K. interpreta que las tres mujeres que le miraban representan a mamá, la niñera y la cocinera, que se juntan contra él por estar destruyendo los bebés de la primera.

Richard protesta y dice que no era la niñera, sino mamá con la cocinera y con Bessie.

M.K. le recuerda que a veces sospecha que las muchachas le quieren envenenar, pero que también sospecha que mamá pueda atacarle -el pájaro horroroso con corona que le soltaba "lo grande" encima (sesión cuarenta y cinco, dibujo 31)-, si descubre el daño que ha hecho o que piensa hacer a sus bebés. Una vez pensó que las muchachas estaban hablando en alemán entre si (sesión veintisiete), a pesar de que sabía que no conocían de este idioma ni una sola palabra; por lo tanto, las muchachas la representan también a ella, quien cree que es un enemigo que trama algo contra él, unida a las dos mujeres hostiles. Le recuerda con respecto a esto, lo difícil que le resulta llamar a su lengua de origen alemán, y prefiere decir que es austríaco, a pesar de saber que en Austria es alemán lo que se habla.

Richard está mirando a un hombre que está en la calle, y le llama tonto y malo; también insulta con los mismos términos, a un grupo de hombres, mujeres y niños que pasan. Golpea los cristales de la ventana una vez más y se comporta luego como lo hizo anteriormente. Se ha puesto muy ruidoso; da fuertes pisotadas, habla en voz muy fuerte y canta a gritos. Finalmente pregunta a *M.K.* si le detendría en caso de quererse marchar antes de finalizar la sesión.

M.K. le contesta como lo hizo ya antes, que no, pero que primero trataría de explicarle que tiene miedo de ella, y el porqué de este miedo. Se ha asustado de los hombres, mujeres y niños que pasan por la calle, porque representan a toda su familia, incluyéndola a ella, y siente que los ha atacado a todos. También le interpreta que al hacer tanto ruido, trata de no oír lo que ella le dice porque al convertirse en miembro de la familia enemiga, siente que cualquier cosa que le diga es un ataque a él.

Richard dice que no tenía ninguna gana de venir a la sesión. Unas dos horas antes de hacerlo pensó que estaba ya harto de todo esto y que no quería verla más. (A pesar de lo cual ha llegado puntualmente.)

M.K. interpreta que hoy tiene un miedo particular a mamá, a quien ella está representando, por los ataques que ha llevado a cabo contra sus bebés (la cría del salmón). El día anterior, *M.K.* representaba a la mamá que le tentaba para que robara el pene de papá y para que ocupara el lugar de papá para con ella; por eso temía que papá -dios- se convirtiera en enemigo suyo. Hoy siente que toda la familia -la cual para él es todo el mundo-, está en contra de él. Incluso el cuarto de juegos se ha transformado en la *M.K.* enemiga con bebés hostiles dentro de ella. Esta es una de las razones que lo impulsan a salir corriendo. También puede haber hecho tanto ruido para que desde afuera le ayuden en su lucha contra ella.

Richard ha estado todo este tiempo escribiendo varias letras y garabatos, sobre los cuales vuelve otra vez a garabatear, y de los cuales lo
único reconocible es un cañón antiaéreo que dispara hacia arriba en
dirección a un círculo que tiene un punto en el medio (dibujo 43). Dice
que no sabe a quién está tirando. Luego
garabatea con el lápiz marrón el
dibujo hecho la sesión anterior, en
el cual estaba él, que era un tren
perseguido   por   enemigos.
Garabatea también otra hoja y dice
que son cañones, pero que ahora no
es tán disparando.

43

M.K. interpreta que el dibujo
en el que el cañón antiaéreo está
disparando, significa que él está
atacando con "lo grande" el pecho de
mamá y el de ella, representados por
el círculo con el punto en el medio, y
que lo hace porque quiere tener más
de éste. Eso está asociado con los
celos que tiene de los bebés, los
cuales se amamantarían del pecho de
su madre (nota 1) y también del de
M.K., ya que va a irse a cuidar a otros
pacientes y a su nieto a Londres. Los
garabatos de la misma
página representan el cuerpo de mamá, el interior del cual contiene el
pene de papá y a los bebés. Por esto teme estar atacando a toda la familia
y a su vez ser él atacado por ella. El ruido que hace, los puntapiés y el
canto, también expresan ataques hechos con "lo grande", que van
dirigidos contra ella; por esto ahora le teme y quiere marcharse corriendo.

Richard sigue gritando y pisoteando con fuerza, pero en cierta
medida ha escuchado la interpretación final. Es difícil sin embargo saber
cuánto ha oído e incorporado, pero en cierta medida se calma un poco y
hace el dibujo 44, explicando mientras dibuja que se trata de una mamá
pez y de muchos, muchos bebés. Dice que el pececito que está más cerca
de la aleta de la madre, es el menor.

M.K. le señala entonces, que este pececito está amamantándose en el
pecho de su madre, y que ésa es una de las razones por las que tiene celos

de él y por la que atacó tanto al bebé como al pecho, en el dibujo del cañón antiaéreo que disparaba contra el círculo.

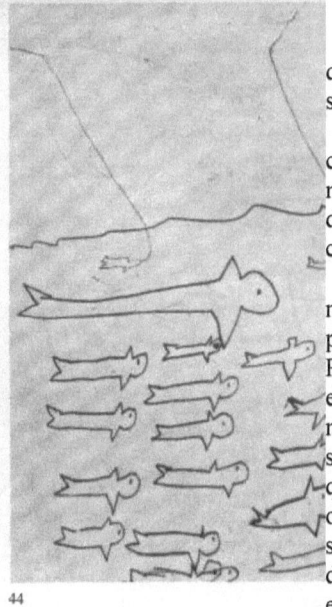

44

Richard protesta, diciendo que los peces no tienen pecho, sino aletas (nota II).

M.K. le indica que el pez, como otras veces, representa a mamá y que él desea alimentarse de sus pechos e impedir que cualquier otro bebé se lo quite.

Richard se ha calmado mucho y siente un evidente placer al dibujar más pececitos. Parece dudar sobre cuál de ellos es el menor; al dibujar el que está más abajo de todos, comenta que se trata de un bebé gracioso y que es el menor... pero no; hay otro aun más divertido, dice, y señala el segundo de la columna de la derecha. Luego decide, sin embargo, que el menor es el primero de la columna de este mismo lado, pues aunque no es el más pequeño es el que está más cerca de la mamá pez. Dice que alguien está pescando y tirando un anzuelo artificial, tratando de pescar al bebé... Tras esto, se queda en silencio.

M.K. le pregunta quién le parece que está tratando de pescarlo.

Richard contesta inmediatamente que es él; pero no: es papá; fue él quien pescó la truchita.

M.K. le interpreta que se siente muy culpable por haber matado al salmón pequeño; al hablar dibujó una línea más de pescar, lo cual demuestra que tanto él como papá están destruyendo a los bebés.

Richard contesta con sentimiento que la mamá pez no hace caso del anzuelo, pero que el bebé va a ir a picarlo.

M.K. interpreta que siente que tanto él como papá son peligrosos; pues usan sus órganos sexuales para pescar a mamá y destruir a los bebés que hay dentro de ella. Esto contribuye a que piense que las relaciones sexuales son peligrosas. Le recuerda que estando ella en Londres habló con su madre sobre la manera como se hacen los niños, comentando entonces que "ese asunto de los bebés" le tenía preocupado (sesión cuarenta y uno), y preguntando si causaba dolor a la mujer. Siente que el pene se usa para robar a mamá y comerse en secreto los bebés que tiene adentro. Además, el día anterior mostró lo asustado que estaba pensando que si tenía relaciones sexuales con *M.K.* o con ella, dios le castigaría en representación del papá poderoso. Por esto, tras haber compartido el pene poderoso con su padre - la cuerda- y haberla usado con ella, quiso devolvérselo, colocándola en el lugar de donde la había sacado.

Richard dice que las mujeres tienen órganos sexuales diferentes de los de los hombres, ¿no es así?

M.K. interpreta que quizá desea que mamá tuviera un pene, porque teme que el de ella le haya sido robado y tiene miedo de que a él le pase lo mismo.

Richard continúa garabateando en otra hoja de papel. Empieza a hacer puntos y pregunta a *M.K.* si entiende el alfabeto morse.

M.K. interpreta que teme que sean descubiertos los ataques secretos de "lo grande" que ha dirigido contra mamá y contra ella, y que por esto es por lo que ha preguntado si entiende lo que está haciendo. Al mismo tiempo desea que sí descubra su secreto, pues de esta manera éste sería menos peligroso.

Al terminar de garabatear Richard canta el "Britana domina las olas". *M.K.* interpreta que quiere proteger a sus padres de su propia destructividad y que también ha demostrado, en el dibujo 44, que le preocupa que el bebé muerda el anzuelo. El mismo quiere ser el bebé de mamá, y por ello no puede decir quién es el bebé menor, si Paul o él mismo.

Richard hace el dibujo de un imperio (45), pidiendo antes a *M.K.* que saque todos los lápices de colores de su cartera, y refiriéndose al rojo en términos de "yo". Cuando termina de usarlo lo deja caer cerca del pie de *M.K.* y después le dice a ésta que le ha puesto el pie encima.

45

M.K. interpreta que se siente tan culpable por haber atacado a ella y a sus hijos, y por desear devorar a éstos y destruirlos, que ahora espera que ella se vengue de él, aplastándolo. Ha dicho, en efecto, que el lápiz rojo es él mismo, pero además, representa a su pene. [Proyección].

Richard está hablando sobre ataques efectuados contra ciudades y barcos alemanes, demostrando que siente una viva simpatía con ella, cosa que también se vio en las últimas sesiones. Pregunta a *M.K.* si conoce alguna de las ciudades bombardeadas la noche anterior, y si le parece que Berlín y Munich son ciudades bonitas, a lo cual *M.K.* contesta que sí.

Ante esta contestación Richard parece muy conmovido... Termina el dibujo 45, el cual ocupa la última hoja del cuaderno.

M.K. le indica que en este dibujo él está por encima de los demás, y que además tiene más que nadie. Mamá le sigue, y tras ella viene Paul -el violeta-, que es mucho más pequeño que Richard, mientras que papá -el negro-, situado en la parte de abajo, es más pequeño aún.

Richard pide entonces que le permita llevarse a su casa el cartón de la tapa del cuaderno, para entregarlo a la recolección que se hace de restos útiles para construir material de guerra; es un paso más hacia la victoria. Después agrega con voz triste, que se necesita aún dar muchos pasos más para llegar a la victoria; cientos y cientos de ellos. Es como ir subiendo una montaña de cristal, de la cual uno se va resbalando hacia atrás. Creta, por ejemplo, fue uno de esos pasos hacia atrás[3].

Notas de la sesión número cincuenta y tres.

I. El deseo de Richard de tener bebés, ya indicado en el deseo de guardarse el gatito, se ha hecho mucho más fuerte. Aunque no le interpreto esto, llego a la conclusión, sin embargo, de que los celos que siente hacia los bebés amamantados por su madre, constituyen sólo uno de los

---

[3] No tengo ninguna nota sobre la terminación de esta sesión, pero no me cabe duda de haber interpretado este último comentario tan triste refiriéndolo al análisis, el cual vive como si fuera una lucha constante y sin éxito contra sus impulsos destructivos.

elementos que intervienen en su fuerte hostilidad. El otro elemento es la envidia ante la capacidad que tiene ésta de amamantar; es decir, la envidia de su pecho.

II. Al mirar ahora retrospectivamente este material, me llama la atención el que Richard, que en general sigue muy de cerca mis interpretaciones sobre el valor simbólico de su material, haya dicho que los peces no tienen pecho. En este momento llego a la conclusión de que la envidia al pecho de su madre lo induce a negar que los haya jamás tenido. Esto demuestra hasta qué punto tienen importancia los ataques al pecho a los que me referí un poco más atrás.

SESION NÚMERO CINCUENTA Y CUATRO (Martes)

Richard llega temprano a la sesión, y espera a *M.K.* frente a la casa. Le pregunta en seguida si le ha traído un cuaderno nuevo, pero se queda desilusionado al ver que no es de la misma marca que el anterior. ¿Es que no pudo conseguirlo igual al otro? *M.K.* le contesta que lo siente mucho, pero que es el único que había en la tienda, y Richard lamenta que no haya tenido otro en reserva. Este es amarillento y le hace recordar a estar enfermo. Está triste porque el viejo cuaderno se ha terminado, pero se da ánimo a sí mismo diciendo: "No importa; este nuevo se convertirá pronto en un buen compañero". Dice que no ha traído la flota y añade: "La flota no quería ver el cuaderno nuevo". Enseña a *M.K.* (por primera vez) una marca rosa que tiene en un dedo, que es más pequeña que la punta de un alfiler, y también un punto descolorido de una de las uñas, y comenta que los ha tenido desde que nació. Después hace el dibujo 46, y mientras trabaja cuenta con detalles una película que fue a ver la tarde anterior, que era muy divertida. ¿Por qué no fue ella? Es una pena que se la haya perdido... .La R.A.F. ha vuelto a trabajar bien... Hoy tenía ganas de venir y al mismo tiempo de no venir, pero de diferente manera que ayer. En general tenía ganas de venir. Tres cuarto de gana de venir y un cuarto de no hacerlo.

Mientras dice todo esto, termina su dibujo, y explica que en él ha sido hundido un submarino alemán. Describe con algún sentimiento la destrucción que le causó el avión: la bandera quedó deshecha, el periscopio hecho pedazos y el cañón destrozado. El pez (que es lo primero que dibujó tras el submarino hundido) está apenado por lo que ha pasado. Después añade las estrellas de mar. Hay una línea en mitad de la hoja, y sobre ella hay otro submarino alemán aún sin hundir, mientras que el hundido, el pez y las estrellas, están por debajo.

M.K. interpreta que el submarino representa una vez más a papá y en particular a su pene; el avión es su parte destructiva, mientras que el pez es otra parte de su persona, la cual está entristecida por la destrucción que ha causado. Repetidas veces ha demostrado ya -en particular con referencia al *Prinz Eugen*- (sesión cincuenta y dos), que se siente muy culpable por destruir el órgano genital de su padre.

Richard dice entonces que las dos estrellas más grandes que están cerca del submarino son papá y mamá; la menor es Paul.

M.K. interpreta que papá, mamá y Paul están vivos, y que todos están apesadumbrados por la destructividad de Richard (el avión).

Richard mira a *M.K.* y le dice que le gusta la chaqueta que lleva puesta. No es roja como creía antes, sino violeta, su color favorito. Se fija también en el vestido (lunares blancos) y, tras tocarlo levemente, comenta que se parece a la vía láctea; también le hace recordar a los focos proyectores... Se dirige al grifo y bebe directamente de él.

M.K. interpreta que desea mantenerlas a ella y a mamá fuera de todo peligro. Siente que no debe dejarla exhausta chupándole el pecho hasta vaciarlo (el cuaderno terminado representa su pecho). El color violeta, que siempre ha representado a Paul, ahora representa también al papá bueno; los dos deben ser protegidos también, junto con mamá. Para poder cuidar a ésta, no debe privarla de nada: ni chuparle el pene bueno de papá, ni robarle los bebés, y por esto debe de luchar contra su propia voracidad. Los dibujos hechos en el cuaderno blanco simbolizan la relación buena que tiene con ella y con su madre, las cuales le dan alimento y cariño; esto le hace sentir a él, a su vez, el deseo de devolverles a las dos bebés y sentimientos amistosos, y por esto el día anterior hizo que el pez tuviera muchos hijos. El cuaderno blanco es el pecho bueno, la leche buena: la vía láctea de su vestido. En cambio, las páginas amarillentas que le hacen recordar a alguien enfermo, le hacen sentir que ha ensuciado este pecho. De bebé estaba a menudo enfermo (vomitaba) y entonces sentía que la leche y el pecho bueno y blando se convertían en algo malo dentro de él; en el pecho "malo" de mamá.

Richard entonces le recuerda a *M.K.* que también ha dicho que su vestido se parece a los reflectores, y añade: "Tú buscas cosas como ellos, ¿verdad?".

M.K. interpreta que quiere decir con esto que le está buscando sus pensamientos; pero también puede haber sentido que sus padres, y en especial su madre, pueden llegar a descubrir el odio y los celos que él siente, y el deseo de bombardearlos con "lo grande".

Richard menciona entonces una fiesta del día anterior en la que encontró a *M.K.* y en la cual le dijo que ya se había bebido dos botellas de limonada[4]. Ahora piensa que no era limonada, sino otra cosa. Cuando *M.K.* le pregunta qué cosa era, muestra cierta resistencia, pero al fin dice que era "lo chico". Tras esto corre a la cocina, bebe del grifo, mira dentro de una jarra, la huele, se vuelve luego hacia una botella de tinta y la huele también.

M.K. interpreta entonces que el grifo, que a menudo ha representado el pecho de mamá, puede haberse convertido en su imaginación en "lo chico" o en "lo grande" -la tinta-, debido a que cada vez que tiene rabia o se siente desilusionado, tiene ganas de orinar o defecar en su pecho o dentro de la mamadera que lo representa. De esta manera ha llegado a creer que el pecho de mamá, y la mamadera que le dieron de chico en vez de pecho, se han convertido en algo venenoso. También siente que la cocinera puede envenenarlo con algo que saca de una botella en la cocina (sesión veintisiete), representando en ese momento a la mamá "mala" con el pecho "malo". Le recuerda, además, que la sesión anterior el cañón antiaéreo del dibujo 44 estaba disparando contra un círculo que ella le sugirió simboliza-ba su pecho.

Richard, con aire triste, anuncia entonces que va a escribir una composición, y escribe lo siguiente:

Lo que voy a ser cuando sea mayor.

Lo que voy a ser cuando sea mayor es esto. Antes que nada, como dice mamá, después de la guerra los jóvenes deberían de tener 6 meses de entrenamiento en el ejército, la armada y la fuerza aérea. Mamá dice que deberé hacer este entrenamiento si el gobierno está de acuerdo. Quiero hacer 6 meses en la Real Fuerza Aérea. Después de eso voy a ser científico o maquinista de tren. Espero que así sea. *Fin.*

Richard no hace comentarios sobre el deseo de ser científico. Aunque se muestra amistoso, tiene muchas resistencias en este momento.

---

[4] Tomé la decisión de ir a esta fiesta a la que concurría toda la gente de "X", pues de no hacerlo Richard hubiera sentido que evitaba verle y además que yo misma me privaba de ella. En su transcurso cambié unas palabras con él y con su madre, y fue entonces cuando el niño me contó que ya se había bebido dos botellas de limonada.

M.K. le señala que está triste y que se siente culpable por el deseo que tiene de atacarla a ella, a su hijo, a sus padres y a Paul. Le gustaría mucho ser un niño bueno y obediente, y poder hacer las cosas que sus padres le ordenen (el Gobierno), escapándose así de los pensamientos y deseos que siente, que son malos y peligrosos.

Richard está de acuerdo con esto, pero antes de que *M.K.* pueda seguir interpretándole por qué quiere hacerse científico, se produce una interrupción: llama a la puerta un hombre que transporta una hoja de vidrio, para reemplazar el de la ventana que está roto.

M.K. se dirige a la puerta y le pregunta si le es posible venir más tarde, cosa a la cual el hombre accede en forma muy amistosa.

Richard se levanta, pálido y angustiado. Parece muy aliviado cuando el hombre se va, y dice con gran sentimiento: "¡Qué perturbación más grande fue esa!" Después va a la ventana y sigue al hombre con la mirada, comentando como consigo mismo: "En realidad es un hombre bastante simpático".

M.K. interpreta que ha sentido como si el hombre fuera el papá intruso, el cual puede llegar a descubrir el deseo que él tiene de tener relaciones sexuales con ella, quien representa a mamá, y que por eso le puede castigar de la misma manera como temió que lo hiciera dios. También le recuerda un sueño que tuvo, en el cual era juzgado en una corte de justicia por el vidrio roto (sesión cuarenta y ocho). El juez, según dijo entonces, era también bastante simpático, pero sin embargo tuvo miedo de él.

Richard empieza a dibujar (47), y en una pausa que hace se mete todo el pulgar en la boca, cosa que repite unos momentos más tarde.

47

M.K. le llama la atención sobre ello e interpreta que siente que el hombre no sólo se ha metido como un intruso dentro del cuarto de ella y de mamá, sino también en su interior. Le recuerda además, que el papá bueno, el "Roseman", se convertía en enemigo -en ballena- cada vez que lo sentía dentro de sí mismo.

Richard explica el dibujo que está haciendo. Dice que se trata del embajador chino[5] que sale de Alemania en un avión alemán... Pregunta a *M.K.* si ha visto pasar al doctor Smith, deseando que no haya sido así... y sigue diciendo que el rayo cae sobre el avión y también sobre el embajador justo en el momento en que éste está por entrar.

M.K. interpreta que el embajador amarillo es tan malo porque el amarillo significa para él lo "enfermo" que contiene y vomita: el papá malo y la mamá mala, y además "lo grande" y "lo chico" que siente que son materias peligrosas y traicioneras. Se refiere también al rayo del dibujo 42, donde éste representaba a dios que lo estaba castigando.

Richard está de acuerdo, y dice que dios está castigando al embajador porque aunque parece un hombre bueno, en realidad es un pillo.

M.K. interpreta que esto mismo se aplica al hombre que trajo el cristal, el cual parecía simpático pero representaba a un intruso y a un juez.

Richard señala el círculo que tiene el avión en el fuselaje y dice que es él mismo que está ya metido dentro del avión.

M.K. interpreta que el avión alemán la representa a ella y a su cuerpo. En su fantasía, Richard se ha metido dentro de ella [Identificación proyectiva]; allí le encuentran, y es luego castigado por el señor K.

Richard dice entonces que va a hacer que el rayo caiga sobre el hombre malo, porque él ahora se ha convertido en dios. Coge la cuerda, se la ata a la cintura pasándola por entre las piernas y hace con ella los mismos gestos que hizo dos días antes.

M.K. interpreta que se ha convertido en alguien poderoso y parecido a dios, porque acaba de quedarse con la poderosa arma que dios tiene: el

---

[5] A pesar de estar muy al tanto de la guerra, Richard no hace aquí ninguna distinción entre los chinos y los japoneses, lo cual creo que se debe a que en este momento sospecha de cualquier cosa de color amarillo: el cuaderno.

rayo. Pero esto a su vez significa estar robándole a papá su órgano genital, por lo cual tiene miedo de que papá se lo dañe ahora. Al enseñarle las marcas que tiene en la uña y en el dedo ha querido significar que teme que su órgano sexual esté dañado, y esto porque no tiene confianza en papá, quien, como dijo antes, es bueno, pero se puede llegar a convertir en un hombre poderoso que le castigue de llegar él a atacarle[6]. Como papá está viviendo estos días en "X", su miedo es aun mayor.

Richard está desatento y con aire triste. No parece escuchar lo que *M.K.* le dice. Coge el libro que tiene la lámina del monstruo, mira las ilustraciones y se pone a leer uno de los cuentos que contiene.

M.K. interpreta que no desea saber nada de estos pensamientos tan dolorosos, pero que en cambio sí querría encontrar en el libro alguna información sobre las relaciones que en la realidad mantienen sus padres entre sí y con él.

Richard señala la lámina del monstruo y, estremeciéndose un poco, dice que el hombrecillo que dispara su arco contra el animal le está apuntando a los ojos. (Al decir esto se cubre parcialmente los ojos con la mano.) Después, refiriéndose al cuento que ha estado leyendo, dice que debe ser horrible estar dentro de su esqueleto. (En el cuento el hombre, tras matar al monstruo, se mete dentro de él con un compañero para esconderse de sus enemigos, y se queja del poco aire que hay adentro.) Sale entonces al jardín, da una vuelta y vuelve a entrar.

M.K. interpreta que el monstruo representa el cuarto de juegos dentro del cual se siente preso, y que ella se ha combinado con el señor K., que es extranjero, y está representado por el embajador chino. Siente que si penetrara dentro de mamá cuando ésta está unida con el papá malo y matara a éste dentro de ella, quedaría encerrado allí sin poder volver a salir, y sin poder tampoco respirar. Todo esto constituye la expresión de las sospechas y temores que tiene con respecto a ella y a su madre, cada vez que piensa que contienen en sí al papá malo; es también lo que hace que el cuarto de juegos mismo se convierta a veces en un sitio peligroso.

Richard dice con fuerza que le está diciendo cosas muy desagradables[7].

Aquí finaliza la sesión, y aunque Richard, como de costumbre, pone en su sitio la mesa con ambas sillas a cada lado, parece muy contento de poderse marchar. Al hacerlo, implora a *M.K.* que vaya al cine. Cuando ésta le pregunta por qué, contesta que debería descansar y cambiar de ambiente. Que le parece que siempre está trabajando.

---

[6] Véase la nota 85.

[7] He señalado ya, repetidas veces, que Richard tenía mucho menos dificultad para reconocer que sospechaba de su padre que de su madre, a la cual se aferraba tratando de conservarla como objeto bueno.

PSIKOLIBRO

Una vez afuera se muestra muy amistoso, y triste al ver que *M.K.* no va al pueblo hoy (nota I).

Nota de la sesión número cincuenta y cuatro.

Es digna de tener en cuenta la creciente simpatía que Richard siente para con el enemigo atacado, cosa que puede verse en esta sesión y en las anteriores. El amor y el odio se han juntado más, tal como ya lo he señalado. La madre sospechosa y la madre celeste, así como también el padre bueno y el malo, van camino de una síntesis mayor. Se puede ver repetidas veces en el material, que Richard ha tomado conciencia de su hostilidad y de que los aviones y barcos alemanes representan a los padres odiados y enemigos. Al mismo tiempo, a medida que va vivenciando sentimientos de culpa ante este conocimiento de sí mismo sobre el cual ya he llamado la atención, y a la par que se va acercando más a la integración y a la síntesis, puede también vivenciar mayor tolerancia ante el objeto malo y mayor simpatía ante el enemigo real, cambio emocional que tiene una impor-tancia muy grande. Esta síntesis va acompañada de sentimientos depresivos más fuertes, llegando a veces a producir una gran desesperanza y tristeza. La experiencia me ha demostrado que sólo si se logra vivenciar la culpa y la depresión hasta cierto punto, sin tener que defenderse el sujeto de ellas mediante regresiones a la posición esquizo-paranoide (con los fuertes procesos de disociación que ésta implica), se puede seguir adelante hacia la obtención de una mayor integración del yo y síntesis del objeto. A medida que esto ocurre el odio se va mitigando con el amor y puede canalizarse de manera más adecuada, pudiendo dirigirse contra lo que parece que es dañino y malo para el objeto bueno. Cuando el odio sirve de esta manera para proteger al objeto bueno, aumenta la capacidad de sublimar y la con-fianza que el sujeto tiene en su capacidad amatoria, mientras que, por el contrario, disminuye el sentimiento de culpa y la ansiedad persecutoria. Estas transformaciones, a su vez, permiten establecer mejores relaciones de objeto y prestan un campo de acción mayor a la sublimación.

SESION NÚMERO CINCUENTA Y CINCO (Miércoles)

Richard llega muy angustiado e inmediatamente le cuenta a *M.K.* dos cosas: le ha vuelto el resfrío que tenía, y ha traído otra vez la flota... Da una vuelta por el cuarto y descubre con alegría que el vidrio roto de la ventana ha sido reemplazado por otro, y que la habitación no ha sufrido ninguna alteración.

M.K. interpreta que se siente aliviado al descubrir que el papá intruso, representado ayer por el hombre del vidrio, no le ha hecho en realidad nada malo a ella -el cuarto de juego-, lo cual quiere decir a su vez que tampoco mamá está dañada.

Richard pone la flota en orden de batalla, indicando a *M.K.* que los cinco destructores son completamente iguales y que también son idénticos los cinco barcos menores.

M.K. le recuerda que hace poco tiempo pensó que uno de los cinco destructores era "el mayor", y que esto fue tras haberle ella interpretado que se sentía culpable por haber destruido el salmón bebé y los bebés de mamá.

Richard se da cuenta de que *M.K.* le ha traído un cuaderno nuevo de la misma clase del que usó la primera vez. Queda encantado con este descubrimiento y le pregunta dónde lo ha encontrado, a lo que ella responde que lo tenía entre sus cosas después de todo. Richard dice "Bien", y pregunta si también ha traído el cuaderno amarillo. Cuando *M.K.* le contesta que no, vuelve a sentirse muy satisfecho.

M.K. entonces vuelve a repetirle que no le gusta el cuaderno amarillo porque le recuerda el estar enfermo, y se refiere al sentido del dibujo 47 y a las asociaciones que hizo con él en la sesión anterior.

Richard escucha atentamente esta interpretación, aunque al principio dice que se trata de un dibujo horrible y que prefiere no mirarlo.

M.K. interpreta que el pillo que aparenta ser bueno (el embajador chino, el juez del sueño, el señor Smith y el hombre con el panel de vidrio) y del que desconfía tanto que cree que le va a herir un rayo, lo representa a él mismo, ya que secretamente se ha metido dentro del avión enemigo al cual también va a alcanzar un rayo. Dijo anteriormente que el rayo era el castigo de dios por *aparentar* el hombre ser bueno, siendo en realidad un pillo, y resulta que él mismo, al describir la manera en que pensaba meterse en el cuarto de sus padres cuando ocurrió el incidente del ratón (sesión cincuenta y uno) se llamó a sí mismo "Larry el cordero". De hecho sólo pretende ser un cordero, ya que el ratón le representa a él cuando desea atacar el órgano genital de papá -la caña de pescar- y comerse las dos galle-tas (los pechos). Por todo esto, también él va a ser atacado y herido por papá-dios. El avión alemán en que se mete secretamente la representa a ella, de quien también sospecha creyéndola desleal, ya que le interpreta los deseos sexuales que siente hacia ella y hacia mamá. Como mamá duerme en la misma habitación que papá, y Richard se ve forzado ahora a dormir solo, Richard piensa que es mala y hasta una espía, y que se alía con papá en contra de él. En es-tos momentos tiene ganas de que tanto ella como mamá sean destruidas -el rayo que cae sobre el avión-, pero este deseo hace a su vez que se odie mucho a si mismo y que tampoco se tenga confianza, pues se siente tan culpable que desea ser castigado, cosa que espera que así suceda.

PSIKOLIBRO

Richard se queda muy avergonzado y turbado al mencionar *M.K.* que se siente falto de sinceridad; el "pillo" que pretende ser el inocente "Larry el cordero", cuando en realidad siente mucha hostilidad hacia sus padres. Contesta: "Pero yo soy un niño inocente", mas al cabo de un rato admite: "Quizá tengas razón"

M.K. añade que la sesión anterior sintió tanto dolor al tener que reconocer las dudas que tiene sobre sí mismo, sobre ella y sobre mamá y tanto miedo de ser atacado por ambos padres, que apenas pudo escuchar lo que ella le decía.

Richard mira entonces a *M.K.* un momento y le dice en voz baja que la oye cuando parece que no lo está haciendo.

M.K. le pregunta si también la oye cuando la interrumpe constantemente, hace ruidos o se pone a leer, tal como lo hizo el día anterior.

Richard contesta que en esas ocasiones no lo hace tan bien, pero que de todas maneras oye casi todo lo que ella le va diciendo.

M.K. le señala entonces, que si hoy ha traído la flota es porque desea trabajar con ella y porque siente que este juguete, que tantas veces ha representado el lado bueno suyo y de su familia, le ayuda en el trabajo.

Richard dice que a él también le parece así. Ha empezado ya a hacer la formación, colocando al *Rodney* y al *Nelson* juntos, y un poco más lejos, a un crucero y un destructor. Retira luego al *Rodney* un poco, y después hace una pausa.

M.K. sugiere que está tratando de evitar sentir celos y conflictos, para así poder mejorar la relación que tiene con papá y mamá. El crucero y el destructor le representan a Paul y a él cuando son amigos, pero no puede remediar sentirse celoso y angustiado cada vez que sus padres -el *Rodney* y el *Nelson* - están muy juntos. Por esto desea que mamá -el *Rodney*- se vaya, pues de esta manera papá, Paul y él pueden tener una relación amistosa entre sí.

Richard hace que el *Nelson* se una al *Rodney*. Los dos navegan alrededor de la cartera de *M.K.* y se estacionan detrás de la misma. Señala esto y dice: "Mira dónde se esconden papá y mamá". Pero en seguida se contradice y comenta que se están preparando para entrar en batalla; se les unen entonces algunos otros barcos: un crucero y unos cuantos destructores que estaban en el otro extremo de la mesa.

M.K. le pregunta quiénes son los destructores.

Richard contesta que Paul, él y algunos de los demás niños, que van a ayudar a sus padres en la lucha contra los enemigos; el crucero es *M.K.* Le recuerda que ya en otras ocasiones ha sido ella un crucero que se unía a la familia.

M.K. le pregunta entonces si otras veces se ha encontrado ella entre la flota, aunque no se lo haya mencionado.

Richard contesta que cree que sí, pero que entonces no sabe de qué lado estaba.

M.K. interpreta que las dudas tan dolorosas que tiene sobre mamá y sobre ella, hacen que no quiera enterarse de que pueda estar entre los enemigos.

Richard le pregunta entonces qué periódico es el que lee y le dice los que su mamá lee, deseando que ella lea los mismos... Mientras mueve otro crucero (no el que representa a *M.K.*) lo pone en el lado enemigo y dice: "Esta es *M.K.*", y después: "No, ahí está", y señala otro grupo que no es alemán. Al cabo de un rato, refiriéndose a los alemanes, añade: "Esta es la mamá mala con los niños malos"[8]. Señala luego a un destructor y a un submarino y dice que son italianos. Después adelanta el crucero británico *M.K.* (mientras tararea el "Britania, gobierna los mares") y hace que dispare contra los dos italianos y contra un destructor alemán.

M.K. interpreta que odia mucho a la niña pelirroja porque una vez le preguntó si él era italiano.

Richard contesta que le gustaría realmente hacerla explotar tanto a ella como a sus amigos.

M.K. le interpreta otra vez que si se quedó tan resentido por esta pregunta, es porque siente que es un traidor para con sus padres -los ingleses-. Aunque en el juego de la flota ha hecho que ella dispare y haga volar a los niños malos y a la mamá mala y que lo proteja a él contra sus enemigos, tiene serias dudas sobre la confianza que ella le merece; esto lo ha demostrado al decir que hay una *M.K.* alemana y otra británica, pues no sabe en cuál de los dos lados está realmente. *M.K.* reconoce además, que como Inglaterra está realmente en guerra contra Alemania, le debe resultar especialmente desagradable saber que ella es austríaca, lo cual para él significa ser alemana, y que le resultaría todo mucho mejor si fuera inglesa como su madre. Por esto le gustaría que leyera los mismos periódicos que ella. Pero además de esto, la *M.K.* de la cual sospecha también representa a la mamá sospechosa y en la cual no se puede confiar.

Richard está de acuerdo con todo esto, pero pregunta otra vez a *M.K.* si no le duele oírle hablar de sus sospechas, y si de verdad no le duele que le llame "bruta malvada".

M.K. interpreta que cuando él la llamó "bruta malvada" (sesión veintitrés), la estaba odiando realmente, ya que ella representaba entonces a

---

[8] Esta es la primera vez que, explícitamente, usa la expresión "la mamá mala", con lo cual reconoce conscientemente las dudas que tiene respecto a su madre, y demuestra que ha aceptado las interpretaciones de *M.K.*

PSIKOLIBRO

mamá combinada con el papá malo y en esos momentos temió destruir con su odio y sus deseos hostiles tanto a ella como a mamá. [Omnipotencia del pensamiento.] Cuando llega a poner su hostilidad en palabras, la situación se hace aun más peligrosa.

Richard entonces pregunta, como suele hacerlo hacia el final de las sesiones, cuánto trecho del camino va a ir *M.K.* caminando con él y si hoy es el día en que va a la tienda de comestibles.

M.K. le contesta que primero tiene que ir al Banco, y Richard vuelve a preguntar si la puede esperar hasta que salga, y si en caso de que alguien le ataque mientras la espera, puede entrar en el Banco para que ella le proteja contra su enemigo.

M.K. interpreta que le gustaría que ella hiciera lo que hizo al jugar con la flota: atacar a los italianos. También desearía que le protegiera contra el papá y la mamá malos que se unen contra él, siendo ésta quizás una de las razones por las cuales hoy el crucero *M.K.* ha participado directamente en el juego de la flota. Representa a su niñera, que le protege contra los padres malos.

Richard dice que no le importa que vaya al Banco donde sólo va una vez por semana, pero que en cambio le molesta mucho que vaya tan a menudo a la tienda de comestibles.

M.K. interpreta que el tendero parece una vez más representar al señor K: y a papá, quienes les dan cosas buenas a ella y a mamá. Entonces siente celos, ya que él, en cambio, no puede obtener estas cosas buenas (el pene) de su padre y además porque no quiere que papá ame a mamá. Le recuerda a este respecto los celos que sintió por los cigarrillos que compró una vez al señor Evans (sesión cuarenta y uno).

Richard coge el cuaderno nuevo y lo mira con placer. Sin hacer ningún comentario, hace el dibujo 48[9]. Luego coge el calendario y se pone a mirar las láminas; al ponerlo otra vez en el estante, se cuida de que un retrato del rey y de la reina quede encima de los demás y lo acaricia con ternura.

---

[9] Aparentemente no he dado ninguna interpretación de este dibujo, pero me gustaría ahora decir algo sobre el mismo. Llama la atención la manera en que el rojo -Richard- domina todo el cuadro. Dos partes de él están enlazadas con el negro: el padre. Cerca está el viole ta: Paul; pero, además, está en relación con dos secciones celestes: mamá. En esta sesión ha expresado conscientemente la desconfianza que le tiene a su madre, ya que hay una *M.K.* alemana y otra británica y no sabe en qué lado realmente está. Sin duda existe una relación íntima entre esta desconfianza y la pequeña cantidad de celeste que aparece en el dibujo.

M.K. interpreta que al mirar hoy el calendario y ayer el libro, está expresando en parte, el deseo que tiene de obtener información sobre lo que sus padres hacen.

Entonces Richard, con tono suplicante, pregunta a *M.K.*: "¿Cuáles *son* tus secretos?"

M.K. interpreta que desearía saber lo que hace mamá con papá en la cama cada minuto de la noche, así como también lo que ella hace. Y sin embargo, al mismo tiempo, quiere que papá y mamá sean felices y que estén juntos -la lámina querida en que el rey y la reina están juntos-.

Un poco antes, durante la sesión, en un momento en que *M.K.* estaba interpretando el desagrado que Richard sentía ante el cuaderno amarillo, Richard empezó a sorber con la nariz, y preguntó si le importaba que lo hiciera.

M.K. interpretó entonces que el día anterior, después de venir el obrero y mientras él estaba dibujando el embajador chino, se metió de pronto todo el pulgar en la boca, sugiriéndole entonces ella que sentía que el papá peligroso y su pene le habían invadido. Ahora el sorber significa meter mocos en el estómago y al mismo tiempo luchar contra "lo grande" y "lo chico" que constituyen enemigos internos. Esta batalla interior estaba antes relacionada con su resfrío y hoy le dijo al llegar que una vez más le había vuelto éste.

Una vez en la calle, Richard comenta que siente que tiene un resfrío "caliente y al rojo" dentro de él, pero no parece sentir dolor ni que le pase nada malo.

SESION NÚMERO CINCUENTA Y SEIS *(Jueves)*

Richard va a encontrar a *M.K.* mucho más cerca de donde ella vive, que lo que suele hacerlo. (Por lo general cuando llega temprano, la espera frente a la puerta del cuarto de juegos o sale a encontrarla en la esquina, lo que significa caminar con ella uno o dos minutos.) Está muy excitado, pues le trae una carta de su madre en la cual ésta le pide dos cambios de horario, con el fin de que pueda estar más tiempo en casa con su hermano, que viene con licencia la semana entrante. También le pregunta qué ha decidido sobre las horas de los domingos a partir del mes próximo, pues para entonces su padre ya se habrá vuelto a casa. Cuando oye que *M.K.* le puede hacer los cambios de hora y que no le atenderá los demás domingos a partir del próximo, se queda encantado[10]. Resulta evidente que esta decisión le trae mucho alivio; entonces pone levemente el brazo sobre los hombros de *M.K.* y le dice que la quiere mucho. De pronto se acuerda de que se ha dejado la flota en casa, aunque pensó traerla. (Por lo general, cuando no la trae tiene razones definidas para ello o dice simplemente que no tuvo ganas de hacerlo.) Al levantar la cabeza, se da cuenta de que el Sr. Smith viene por la misma calle en que ellos van y de que, de no estar él con *M.K.*, éste se hubiera encontrado solo con ella. Comenta esto en forma casual, diciendo: "Ahí está el Sr. Smith", pero en seguida se pone a hablar de los cambios a hacer en el horario [11].

Una vez en el cuarto de juegos, *M.K.* se refiere a lo que Richard dijo en el camino sobre sus encuentros con el Sr. Smith y le sugiere que el ir a encontrarla puede haber sido para averiguar si se encuentra a veces con él, camino del cuarto de juegos. Muchas veces, como, por ejemplo, en la sesión anterior, ha expresado que tiene celos de que ella entre en la tienda de comestibles y en la del Sr. Evans.

Richard mira a *M.K.* en forma interrogadora y le pregunta si el Sr. Evans la quiere mucho y si le "da" muchos caramelos.

M.K. interpreta que tiene celos de cualquier hombre con quien pueda encontrarse o a quien haya conocido en el pasado. En efecto, a pesar de que sabe que el Sr. K. ha muerto, sigue todavía teniendo celos de él, y cuando se refiere a él como si todavía viviera, ello no se debe tan sólo a que siente que *M.K.* todavía lo tiene dentro de sí, sino también a que representa a todos los hombres con los cuales ella puede tener relaciones sexuales en la actualidad. También en este respecto sospecha mucho de mamá.

Richard se sienta a la mesa y pide él cuaderno y los lápices, y entonces *M.K.* se da cuenta de que se ha dejado el cuaderno en casa. Le pide disculpas por ello, y Richard, tratando de controlar sus sentimientos, dice que entonces va a dibujar en el otro lado de los dibujos viejos. Primero hace tres banderas, una al lado de la otra: la svástica, la bandera británica. y la

---

[10] Al principio dejé que Richard tomara la decisión que quisiese respecto a este punto, pero esto no resultó una solución satisfactoria, pues el niño n o pudo llegar a decidirse solo.

[11] El sitio donde Richard me encuentra en esta sesión es la esquina de la casa donde yo vivo, situada en una calle paralela a la del cuarto de juegos. Richard ya había antes comentado que esta calle era muy usada para ir a la parte comercial del pueblo.

Unos días antes, al ver que el señor Smith no pasaba por delante del cuarto de juegos, me preguntó si no me lo había ya encontrado antes de verle a él, y murmuró que no le gustaba que me encontrara con él estando yo sola. Por esta razón, a pesar de no querer imponerse sobre mí, me va a encontrar hoy mas cerca de mi alojamiento.

italiana, tras lo cual canta el himno nacional. Después dibuja unas cuantas notas musicales y entona la melodía resultante; luego escribe: 3 más 2 igual a 5, pero no asocia nada con ello. En otra hoja empieza a hacer garabatos y puntos con movimientos rápidos y enojados; entre ellos escribe su nombre, el cual cubre luego con más garabatos todavía. Se hacen bien evidentes en este momento, tanto por su expresión facial como por sus movimientos, la pena y la rabia que antes trató de controlar. Está muy cambiado -con la cara blanca y expresión de sufrimiento - y se ve claramente cómo la rabia que siente porque *M.K.* no le haya traído el cuaderno va unida a una gran pena.

M.K. interpreta que siente que por no haberle ella traído el papel, la mamá buena se ha convertido en este momento en la mamá hostil y mala, la cual además se alía con el papá malo, ahora representado por el Sr. Smith. Esto se puede ver en el dibujo de las banderas, donde la británica, que le representa a él, está metida entre la alemana *y* la italiana, que son banderas enemigas. También cree que *M.K.* y mamá se han convertido en enemigas a causa de que cada vez que se siente frustrado y no obtiene bastante leche, amor y atención de mamá, la mancha secretamente con orina y materia fecal. Por esto espera que a su vez ella le frustre, para castigarle [12]. También sugiere *M.K.* que cada vez que tiene celos de los hombres con los cuales tiene relaciones -el Sr. Smith, el tendero, el Sr. Evans-, trata de creer que éstos son simpáticos, aunque al mismo tiempo sospecha que no son sinceros, sino unos "pillos", tanto para con ella como para con él. La *M.K.* "buena" y la mamá "celeste" también le parece que son dulces, pero tampoco puede fiarse de ellas, ya que en cuanto le rehusan su amor y su bondad -ahora el cuaderno -, se convierten en enemigas.

Richard, que ha estado garabateando furiosamente, habla por un momento como "Larry el cordero", pero en seguida vuelve a hacer sonidos de enojo. En tanto, se ha puesto a afilar todos los lápices y rápidamente, echando una mirada a *M.K.* para ver si ésta se da cuenta, muerde el lápiz verde que tantas veces ha representado a su mamá (y al cual hasta ahora nunca había mordido o dañado); mete también el extremo que tiene goma dentro del sacapuntas y de esta manera lo estropea... Después hace garabatos sobre el dibujo 43, que representa a un cañón antiaéreo que dispara contra un objeto redondo, el cual, según le interpretó *M.K.* en otra ocasión, es el pecho de su madre.

M.K. interpreta que al morder el lápiz y al usar el sacapuntas en forma secreta para meter en él el lado de la goma, está expresando la sensación que tiene de haber mordido o destruido secretamente el pecho de mamá, y

---

[12] Joan Riviere *(Int. Journal of Psycho-Anal.,* vol. VIII) ha sugerido que existe una relación entre la carencia y el superyó materno. Véase también el trabajo de Ernest Jones: "Early Development of Female Sexuality", *ibíd.*

también de habérselo ensuciado. Cada vez que se siente frustrado vuelve a vivenciar lo mismo; pero además siente que toda desilusión o privación que tiene que padecer, es a su vez un castigo por haber atacado o destruido el pecho. Todo esto acaba ahora de expresarlo con respecto a *M.K.*, pues el lápiz la representa a ella además de a mamá; por esto ha tenido tanto cuidado de que no viera lo que estaba haciendo.

Richard se va afuera y ve que en el jardín de enfrente hay un hombre (el cual a esa distancia no puede de ninguna manera oír lo que se está diciendo), pero comenta con ansiedad: "Nos está mirando, no hables"; y después, en un susurro: "Por favor, di «vete»". *M.K.* lo dice, pero como naturalmente el hombre no se va, Richard vuelve al cuarto de juegos, aunque aun dentro de él se pone a andar de puntillas. En un estante encuentra un tejo; lo tira contra los banquitos y después hacia el techo, tras lo cual dice en voz muy baja: "Pobre cosa vieja". Cuando el tejo rueda hacia el armario (el mismo que una vez Richard cerró para que no se perdiera en él la pelota), lo coge rápidamente.

M.K. le señala que la "pobre cosa vieja" representa a su pecho y a su órgano sexual, empujados violentamente contra los genitales de varios hombres (los banquitos): el Sr. Smith, el Sr. Evans y el tendero, de los cuales tiene celos. De esta manera quiere castigar y maltratar a sus padres, pues sospecha de ambos; pero luego se compadece de ellos (nota 1).

Richard escribe algo que luego lee con tono de desafío: "El lunes vuelvo a mi casa a ver a Paul. Ha ha ha ha, ho, ho ho ho, ho ho ho ho, haw haw haw haw".

M.K. interpreta que quiere demostrarle que se alegra de dejarla y marcharse con Paul, pues se ha sentido frustrado por ella (por no traerle el cuaderno) y con celos, pues cree que prefiere al Sr. Smith o al Sr. Evans en vez de a él. Pero además quiere demostrarle que no le importa nada, que se siente triunfante y que la está castigando, abandonándola. Estos mismos sentimientos puede haberlos tenido cada vez que se aliaba con Paul en contra de la niñera, la cual representaba a mamá. Acaba además de escribir "haw haw haw haw", lo cual quiere decir que él es como "Lord Haw-Haw", de quien ha hablado ya varias veces, diciendo que es el peor traidor que ha tenido país alguno. Cuando se vuelve contra sus padres atacándolos en secreto con mordiscos y con bombardeos, siente que es como él.

Richard se va a la ventana y se pone a mirar hacia afuera. En voz muy baja dice: "¿Por qué no me das dos horas cada día?" (nota II).

M.K. le pregunta si quiere decir que le vea diariamente dos veces. Richard contesta: "No; dos horas por vez.

M.K. interpreta que le ha perturbado mucho ver que no le ha traído su cuaderno, pues éste simboliza la buena relación que tiene con ella: el pecho blanco, que ayer asoció con la Vía Láctea. De bebé sintió que no sacaba bastante leche del pecho de mamá, y puede haberse sentido enfadado y desilusionado al dársele la mamadera, que no le gustaba y sospechaba que era mala. Ahora esta situación se repite con ella, pues cree que le ha dado el cuaderno amarillo para quedarse ella con el blanco. En realidad hoy no le ha dado ninguno de los dos.

Richard se pone a hacer el dibujo 49, lenta y cuidadosamente, comentando mientras dibuja que se trata de algo muy diferente. Al terminar dice que es un águila, y señalando las partes más claras del medio, agrega que son la cara y el pico del animal. Entonces se levanta él la chaqueta por sobre las orejas dejándose sólo parte de la cara al descubierto, y dice que eso es lo que el águila está haciendo.

49

M.K. interpreta que el águila dentro de la chaqueta le representa a él dentro de ella (y de mamá); ha penetrado en su interior, dañándoselo y devorándolo. El águila negra también representa el órgano genital devorador de papá, que destruye y ennegrece a mamá, pero al mismo tiempo también es el interior de Richard, dentro del cual han entrado mamá y ella. Le recuerda a este respecto la reina con la corona celeste, que resultó luego ser un pájaro devorador, con un gran pico y "lo grande" muy horrible que le caía (sesión cuarenta y cinco). Siente que contiene dentro de sí a este pájaro devorador ahora repre-sentado por el águila; y si es tan negro, es porque siente que sus garabatos simbolizan "lo grande" con lo cual ha ennegrecido a esta mamá-pájaro, ennegreciéndole ella después a él por dentro con la misma materia (nota III).

Richard va a buscar el calendario, mira las láminas y admira los paisajes, y en particular, como ya lo ha hecho otras veces, uno donde hay unos narcisos.

M.K. interpreta que mirando este hermoso paisaje está tratando de consolarse, pues siente que su interior es malo, peligroso y sucio, igual que el de mamá.

Richard pregunta entonces si *M.K.* fue anoche al cine, y si no fue, qué hizo.

M.K. le recuerda que el día anterior al examinar el calendario, le rogó que le contara los secretos que tenía, y hoy le ha demostrado hasta qué punto sospecha que tiene relaciones sexuales con varios hombres .

Hacia el fin de la sesión Richard sube a una estantería ancha que hay, abre una caja de primeros auxilios que se encuentra en ella, la examina, sacude el estante que queda sobre él y se pregunta si se le puede caer encima... Después dice que ha estado en la tienda donde venden pescado frito y que ha comido papas fritas, pero no pescado, pues habría odiado hacerlo en un sitio que está tan sucio como una pesadilla, y lleno de niños horribles y sucios también; algo realmente asqueroso[13]. La niña pelirroja no estaba, pero sí el niño imbécil, que es una criatura horrible. Si la ley no se opusiera a ello, él lo mataría.

M.K. interpreta que al entrar en esa tienda, donde antes no se hubiera atrevido a ir, está demostrando que ahora tiene menos miedo de los niños, y que, además, ello constituye una prueba de lo mucho que desea conocer el interior del cuerpo de mamá para saber cómo es en realidad, ya que él se lo imagina lleno de niños sucios y venenosos, a quienes él ha ensuciado y bombardeado. Le recuerda en este respecto la casa de barrios bajos de sus juegos, la cual también estaba llena de enfermedades y de niños sucios (sesión dieciséis).

Al salir con *M.K.*, Richard parece sorprenderse y disgustarse cuando descubre que ésta se va a su casa, a pesar de que durante la sesión comentara que ya sabía que los jueves no iba al pueblo, sino directamente a casa. Esta frustración puede también haber contribuido a que fuera a buscarla tan cerca de su casa al venir, pues es poco usual que lo haga.

La madre de Richard le contó a *M.K.* por teléfono, más adelante, que esa tarde Richard estuvo muy triste y preocupado. Tras comunicárselo a su mamá se fue a la cama, cosa que en general sólo hace cuando se siente enfermo. Desde la llegada de su padre estaba muy difícil, irritado y de mal humor, pero esa tarde en particular pareció notablemente deprimido y desdichado.

---

[13] Estos comentarios, llenos de desprecio hacia los niños pobres y sucios, los hacía Richard con mucha frecuencia, y en la actualidad están particularmente dirigidos contra los niños evacuados en la zona. Su madre me había dicho ya que su hijo despreciaba a la gente de posición social inferior, como , por ejemplo, al personal de servicio, a pesar de que en su casa no se hacía este tipo de comentario.

PSIKOLIBRO

Notas de la sesión número cincuenta y seis.

I. En las últimas sesiones las ansiedades paranoides y depresivas se van dando en una alternancia más rápida. Richard está mucho más cerca de vivenciar la posición depresiva, cosa que se ve en la mayor simpatía que siente hacia el enemigo, y a la cual ya me he referido en una nota anterior. Repetidas veces he señalado que la posición depresiva implica también cierta ansiedad persecutoria, pero que se caracteriza por una preponderancia de la depresión y de sentimientos de culpa, y también por la tendencia a hacer reparación.

II. No cabe duda de que ha surgido, en forma muy urgente, el anhelo por una lactancia de pecho satisfactoria. (Como mencioné antes, el amamantamiento de Richard fue muy insatisfactorio y corto.) La importancia fundamental que tiene la relación con el pecho de la madre se había ya manifestado con toda fuerza en las sesiones anteriores. En la número cincuenta y cuatro, la profunda desilusión y la ansiedad provocadas por el cuaderno amarillento, demuestran el anhelo, nunca vencido, por un pecho bueno de madre (el cuaderno blanco, la Vía Láctea de mi vestido). Sin embargo, el block blanco significa al mismo tiempo que Richard siente que puede tener confianza en una madre que le merece fe, y que al traer yo el papel indebido, me mostré indigna de ella y haciéndole volver a vivenciar las dudas que tuvo de muy chiquito. En la sesión cincuenta y seis, Richard me pregunta por primera vez que por qué no le doy sesiones consecutivas. Resulta evidente que en ese momento particular ha surgido el deseo de una situación de amamantamiento satisfactoria, en la que ambos pechos le puedan dar toda la gratificación posible. Esto no constituye solamente, sin embargo, una regresión a la época de la lactancia; el niño está preocupado, además, porque en la situación actual siente que no puede fiarse de mi. Hablando en términos generales, podemos decir que tales elementos de situaciones actuales están siempre en operancia en diferentes grados, actuando en forma simultánea con la regresión; e implican que, a pesar de la regresión, las partes del yo más desarrolladas siguen activas en cierta medida.

Es justamente con esta parte no regresiva del yo con la que establecemos contacto mediante las interpretaciones, y es además la que permite que éstas produzcan efecto. En el caso de Richard, se ve cómo desconfía de mí, en primer lugar, por haberle dado el cuaderno amarillo y después por no haberle traído ninguno de los dos. Esto refuerza el sentimiento que tiene de no poder fiarse de mí, ya que le voy a dejar, y sirve además para confirmar las sospechas que también tiene de su madre. El análisis de estos sentimientos de la situación actual hace posible, por otra parte, analizar las primeras insatisfacciones y dudas vivenciadas de bebé.

La sesión cincuenta y seis, en la cual olvidé traerle el cuaderno blanco nuevo, empieza con que Richard tiene celos del señor Smith, y se pone en evidencia hasta qué punto sospecha que yo me encuentro con él en su ausencia. La relación ambivalente con el pecho que ahora vuelve a vivenciar, le lleva a tener celos de todo hombre que tenga relación conmigo, cosa que ahora expresa abiertamente, en forma incrementada y paranoide. He llegado a la conclusión de que los celos más tempranos que se tienen del padre, y la primera sensación de desconfianza ante el mismo, se basan en la creencia que tiene el bebé de que cada vez que no puede gozar del pecho o que se ve frustrado por el mismo, esto se debe a que otra persona -el padre- se ha apoderado de él (véase "Algunas conclusiones teóricas sobre la vida emocional del bebé", 1952; las conclusiones a las que llego aquí están también prefiguradas en mi *"Psicoanálisis de niños"*, capítulo 8). Este punto de vista tiene importancia, pues nos muestra las características que tiene el complejo de Edipo en sus formas más tempranas a causa de la gran influencia que ejercen las sospechas y celos.

También he sostenido en otras oportunidades que la paranoia se basa en la desconfianza y el odio sentidos hacia el pene internalizado del padre (véase respecto de esto, mis comentarios sobre "El hombre de los lobos" en *El psicoanálisis de niños,* capítulo 9). Investigaciones posteriores me han llevado a asociar estos sentimientos dirigidos hacia el pene paterno, con la relación tenida con el pecho de la madre, ya que la desconfianza y el odio hacia ésta se transfieren posteriormente al padre. Todos estos factores me parecen de importancia para comprender la paranoia.

Es bien conocida la relación que existe entre la paranoia y la homosexualidad. El elemento positivo de la homosexualidad (recordemos aquí las conclusiones a que llega Freud en su trabajo sobre Leonardo da Vinci), se encuentra, como ya he manifestado, en que se transfiere al pene el amor sentido hacia el pecho, produciéndose entonces una ecuación entre los dos objetos parciales. El elemento hostil de la homosexualidad, el cual en cierto grado siempre va unido a sentimientos paranoides mayores o menores, se deriva de los factores a que me he referido antes: la sospecha que provoca el padre intruso (el pene) y la necesidad de apaciguarlo. Existe por lo tanto una fuerte conexión entre los celos paranoides tal como se manifiestan en esta sesión, y la vuelta hacia el hombre con el fin de apaciguarle. Como es natural, también intervienen otros elementos en la homosexualidad, a alguno de los cuales me he referido ya en notas precedentes y en otros trabajos míos.

Como puede verse en diversas oportunidades, Richard tiene celos del señor Smith, pero al mismo tiempo siente atracción hacia él, razón por la cual envidia mucho los cigarrillos y los caramelos que éste me da. El elemento homosexual se hace también evidente en estas sesiones en relación con su padre por estar éste viviendo en "x"; e influye, además, mucho en ello, las tentativas que hace Richard de manejar sus celos y las sospechas paranoides de la situación edípica.

III. He aquí un ejemplo de identificación proyectiva a la que sigue de inmediato -e incluso en forma simultánea- la internalización del objeto. El miedo a éste, atacado mediante la identificación proyectiva hostil (como, por ejemplo, mediante materia fecal vertida sobre él), incrementa a su vez la sensación de que también el objeto va a penetrar en el sujeto. Es de importancia en los análisis establecer una distinción entre el temor a ser penetrado por el objeto con el cual se ha llevado a cabo una identificación proyectiva, y el proceso de introyectar un objeto hostil. En el primer caso el yo es víctima del objeto intruso, mientras que en el caso de la introyección, es el yo quien pone en marcha el proceso, aunque éste le lleve luego a vivenciar ansiedades persecutorias.

SESION NÚMERO CINCUENTA Y SIETE (Viernes)

Una vez más Richard sale a encontrar a *M.K.* cerca de su casa. Sabe muy bien que no debe hacerlo, a pesar de que *M.K.* no se lo haya prohibido expresamente. Inmediatamente de verla, le enseña la flota que lleva en la mano (Por primera vez no la tiene metida en el bolsillo), ansioso por que la vea en seguida. Está muy amistoso y hablador, evidentemente tratando de entretenerla y de apaciguarla. Muy pronto pregunta si ya se ha encontrado con el Sr. Smith, pero aunque *M.K.* le contesta que no, su respuesta no parece quitarle las dudas, pues se pone a mirar a su alrededor tratando de verlo. En seguida de llegar al cuarto de juegos se da cuenta de que el Sr. Smith pasa en ese momento por la calle, y esto le hace sentir alivio, pero vuelve a quedarse preocupado al ver que se detiene ea el jardín de la casa de enfrente para hablar con un viejo a quien en una oportunidad puso el mote de "el oso". Pregunta entonces si podrá oír lo que *M.K.* y él se están diciendo, y se pone a hablar en voz baja.

M.K. interpreta que ha ido a buscarla cerca de su casa, no sólo para averiguar si se encuentra con el Sr. Smith y ver lo que hacen juntos, sino también porque quisiera llegar hasta su dormitorio y saber si se acuesta con el "viejo gruñón".

En este momento Richard interrumpe la interpretación para preguntar si la R.A.F. ha llevado a cabo algún bombardeo.

M.K. añade entonces que le gustaría ver lo que ella hace día y noche, cosa que también querría hacer con mamá, y esto no sólo por tener celos, sino además porque las relaciones sexuales son para él ataques peligrosos como los bombardeos de la R.A.F., que pueden matar a mamá igual que el vagabundo o de la misma manera en que Hitler podría haberla matado a ella cuándo fue a Londres.

Richard, a pesar de sentirse turbado, dice que en efecto siempre sigue a su mamá de cerca para saber lo que está haciendo, y le pregunta dónde ha estado y, en particular, de quién son las cartas que recibe. Tras esto añade: "Y ella también me está mirando a mí todo el tiempo: -no, no es verdad".

M.K. interpreta que su curiosidad se hace mayor, por cuanto también querría saber lo que pasa en el interior de su madre. Tiene miedo de que el papá-"pillo" (y el Richard-"pillo"), que parece simpático pero es un traidor, la esté dañando y bombardeando, con lo cual mamá puede quedar convertida en una pescadería envenenada y de "pesadilla". Como él siempre la está vigilando, supone además que ella también lo hace [Proyección], aunque luego se da cuenta de que esto no es cierto; por eso en seguida dijo "No, no es verdad". Richard se dirige al grifo, bebe agua de él y dice que es muy desagradable oír estas cosas y que preferiría que *M.K.* no le hablara de ello... Entonces saca la flota y pregunta si *M.K.* querría hacer algo por él.

M.K. le pregunta qué es lo que quiere.

Richard contesta que desea que le ayude a oscurecer la habitación completamente. Con ayuda de *M.K.* lo hace muy cuidadosamente, diciendo que quiere que quede tan oscuro que ni él mismo pueda ver la flota; de no ser así no vale, pues no puede llevar a cabo un ataque nocturno. Por el tacto verifica qué barco es el *Nelson*. (En otra ocasión le mostró ya a *M.K.* que hay una pequeña diferencia entre el *Nelson* y el *Rodney,* pues a pesar de que son idénticos, el *Rodney* está un poco "dañado", y no es por eso tan puntiagudo.)

M.K. interpreta una vez más que teme que los órganos genitales de ella, de su mamá y de todas las mujeres, estén dañados, debido a que el pene se les haya roto o les haya sido cortado. En dibujos anteriores, y en especial en el número 3, ya mostró esta preocupación, y hace poco volvió a referirse a la diferencia de sexos (sesión cincuenta y tres).

Richard mueve el *Nelson* hacia afuera haciendo ruidos bastante fuertes, y comenta en forma dramática: "Ahí va, sin saber si le van a atacar en la noche". (Como de costumbre, llama "él" al *Nelson* y "ella" al *Rodney.)* Tras esto saca un destructor y hace que le vayan siguiendo algunos otros.

M.K. le pregunta quién va a atacar al *Nelson* por la noche.

Richard contesta inmediatamente: "Yo" y pregunta a *M.K.* si no puede oír a los fantasmas que atacan al *Nelson* , mientras hace sonidos bastante poco usuales.

M.K. interpreta que le gustaría atacar a su papá en la oscuridad como un fantasma, pues de tal manera ése no se daría cuenta de quién lo está atacando. También puede temer que uno de los dos muera en la pelea, tras lo cual los dos se convertirían en fantasmas...

Un poco antes, Richard ha comentado que se siente preocupado porque ha llegado al hotel un niño nuevo "horrible". La gente cree que es simpático -y quizás lo sea-, pero Richard sabe que el niño le va a sugerir que juegue con él y después le va a estar también vigilando. ¿O será quizá que es él quien está constantemente mirando a los demás niños y vigilándoles? Mientras habla, enciende y apaga la luz varias veces, y al final decide correr las cortinas. También mira por la ventana para ver si el Sr. Smith sigue enfrente, pero comenta con alivio que ya se ha ido.

M.K. interpreta que el juego de la flota representa lo que él siente por la noche cuando quiere atacar a papá y a mamá, pero tiene terror de hacerlo. Teme que si los atacara, sus bombas -la R.A.F.- caerían sobre los padres malos y hostiles, pero también dañarían o destruirían a los buenos. Al principiar la sesión se preguntó si el Sr. Smith les podría oír hablar, y empezó a hablar en susurros; esto se relaciona con el deseo constante que tiene de espiar a sus padres, fijarse en cada movimiento qué hacen, conocer los pensamientos ocultos que puedan tener y atacarlos en secreto. Pero como en su imaginación siente que se ha comido a ambos -las papas fritas de la tienda, el salmón, la ballena, y ahora el águila negra-, también siente que los padres peligrosos están dentro de él, y que pueden observarle por dentro, conociendo todos sus movimientos y todo lo que está pensando. Esto es lo que hace que tenga tanto miedo de que el niño "horrible" del hotel le mire, o de que le oigan el Sr. Smith o el otro hombre (a pesar de encontrarse ambos del otro lado de la calle, sin posibilidad real de hacerlo).

Richard escucha a *M.K.* con mucha atención, en especial cuando ésta se refiere a la persecución que teme de parte de los hombres y de los niños. Haciendo sin duda un esfuerzo por entender bien, pregunta por qué siempre tiene esto en la mente y siente que son verdaderas (reales) todas las cosas sobre las que ella le está hablando. Luego sale afuera y se queda mirando a su alrededor, pero aunque hace un tiempo espléndido, se queda serio y silencioso. Tira una piedra a un gato del jardín de al lado, porque cree que el animal está estropeando las verduras, y luego vuelve a entrar en la habitación. En ella da una vuelta de inspección, contento al verificar que las niñas exploradoras que han estado el día anterior no han cambiado nada de sitio... Después decide barrer el cuarto, y en especial la parte del suelo que queda debajo de la estufa eléctrica. Más tarde se dirige a la cocina y limpia el fogón, quitando el hollín que tiene, y le pide a *M.K.* que vuelva a colocar

---

el hacha que se encontraba sobre él, para que nadie pueda darse cuenta de que la ha tocado.

M.K. interpreta que está temeroso de que los bebés malos que se encuentran dentro de ella (y de mamá) la ensucien y la envenenen, y que igualmente teme a "lo grande" que cree que él y papá le han metido adentro. El gato que iba a estropear las verduras le representa a él mismo cuando quiere perturbar el crecimiento de los bebés buenos; mientras que si se alegra de que las niñas exploradoras no hayan desarreglado el cuarto, ello se debe a que tiene la esperanza de que ni él ni los bebés hagan daño a su madre después de todo, o que él pueda después arreglarla. Esto lo ha demostrado al limpiar el cuarto y el fogón.

Richard coge un libro, lee algo de él, y se pone a mirar las láminas. Cuando ve en una a un niño que está jugando con un gatito se le ilumina la cara. Otra ilustración que mira con interés, muestra un gato que se encuentra delante de un muro alto.

M.K. interpreta que su contento ante la primera lámina se debe a que representa al bebé bueno que le gustaría dar a mamá, o tener él.

Richard está tan pensativo que parece no darse cuenta de que *M.K.* le está hablando. De pronto levanta la vista como si se despertara de un sueño, se queda mirando su cara sin hacer aparentemente ningún caso de lo que le está diciendo, y le dice con gran sentimiento: "Estás muy linda. Tienes una cara bonita. Te quiero mucho".

M.K. interpreta que cada vez que se siente angustiado por lo que puede estar pasando en su interior o en el de mamá, parece sentir no sólo que las dos quedan destruidas, sino también que quedan enojadas y convertidas en la "bruta malvada". Cuando su interpretación le hizo darse cuenta de que no sólo las teme sino que al mismo tiempo desea que tengan bebés buenos y pensamientos amistosos, pudo mirarla realmente y descubrir que tiene el aspecto de la mamá buena (es decir no dañada) que le ayuda, y que es linda.

Como de costumbre, Richard pregunta a *M.K.* si va a ir al pueblo y si va a entrar en la tienda de comestibles. Cuando *M.K.* le contesta que va a la zapatería se queda muy satisfecho, a pesar de que queda más cerca que la tienda de comestibles, y hace que vaya a estar menos tiempo con ella. Pero como en la zapatería todas las empleadas son mujeres, esto puede haberle hecho sentir más seguro (nota 1).

Nota de la sesión número cincuenta y siete.

I. El incremento del elemento paranoide que se puede percibir en los celos que siente Richard del señor Smith y de los demás hombres relacionados conmigo, se debe sin duda a la presencia de su padre en "X".

El análisis del complejo de Edipo contribuyó a que surgieran en toda su plenitud los celos de su padre hasta entonces reprimidos, así como también las fantasías sobre las relaciones sexuales de los padres. Esto parece estar en contradicción con la observación hecha anteriormente, de que la posición depresiva se encuentra ahora en primer plano. Sin embargo, creo poder afirmar que al mismo tiempo se hicieron más accesibles al análisis los sentimientos paranoides y celos del padre y el conflicto entre el amor y el odio, poniéndose además en mayor evidencia otros sentimientos contradictorios referentes a los dos padres juntos, tales como la culpa por el deseo de desplazar al papá y la compasión por él mismo. Además, si bien Richard siente los celos de una manera más aguda, toma al mismo tiempo, sin embargo, mayor conciencia del carácter paranoide que tiene, cosa que se pone de manifiesto cuando de vez en cuando él mismo se queda extrañado ante las sospechas que siente.

SESION NÚMERO CINCUENTA Y OCHO (Sábado)

Richard encuentra a *M.K.* en la esquina más cercana al cuarto de juegos. Parece estar muy preocupado. Pregunta en primer lugar si todavía está en pie el cambio de horario que le hizo, para poder ir a su casa durante la licencia de su hermano. Y después dice que tiene noticias muy afligentes. Pero aunque está ya por dárselas, decide no hacerlo hasta no estar dentro de la casa, pues cree que así es mejor. Pregunta si *M.K.* ha visto al Sr. Smith, pero entonces se da cuenta de que éste está en ese momento pasando por la calle. Entonces cambia con él un saludo extremadamente amistoso y se queda observando la manera en que *M.K.* lo hace. En el cuarto de juegos, saca la flota y da al fin la noticia: ha vuelto a tener dolor de oídos y el médico le ha dicho que tiene los dos de color rosa por dentro aunque el de la derecha "es naturalmente el que está peor de los dos". No contesta a *M.K.* cuando ésta le pregunta por qué es "naturalmente el peor", limitándose a agregar que es el que le duele más. En realidad en este momento no le duele nada, pero está muy preocupado pensando que quizá necesite que se le haga otra operación. Esto le aflije a menudo. Durante todo este tiempo ha permanecido al lado de la ventana mirando la calle, y ahora dice con alivio evidente. "El Sr. Smith se ha ido". (Este se había quedado una vez más a charlar un rato con el hombre de la casa de enfrente.)

M.K. le indica entonces que el Sr. Smith (que representa al Sr. K. y a papá), constituye para él una fuente constante de persecución.

Richard se queda muy confundido y dice que en realidad es un hombre muy simpático, y menciona que el Sr. Evans le "dio" ayer unos caramelos y le alaba mucho por ello.

Cuando *M.K.* le pregunta si se los vendió, Richard dice que sí, pero cambia de conversación rápidamente, tratando sin duda de no tomar conciencia de que el Sr. Evans en realidad recibe dinero por los caramelos que le da. De repente se pone muy furioso con él y dice que a pesar de recibir la orden de mandarles unas fresas no se las mandó. Es un tramposo, y además el domingo anterior, cuando la gente hacía cola para comprar el periódico, le mandó al final de la misma, cosa que le dio ganas de asesinarle. (También estuvo *M.K.* en la cola en esa oportunidad y Richard se sintió muy humillado cuando se dio cuenta de que ésta vio el incidente. El día después, le preguntó si ella había estado allí, a pesar de que sabía perfectamente que así era, y procuró entonces controlar la rabia que sentía. *M.K.* le interpretó eso...). Un poco más tarde ve pasar a dos niños por la calle y dice que los conoce. Uno de ellos es de "Z". Comenta que son bastante simpáticos y añade que no le están observando, pues ellos no sienten como él la necesidad de estar todo el tiempo vigilando a los demás niños. Mientras habla ha empezado a formar la flota. Se mete el *Nelson* en la boca, intenta poner el mástil entre los dientes, cosa que no suele hacer, y después, durante un tiempo, persigue a un moscardón, llamándole "Sr. Moscardón". Al principio quiere matarlo, pero después decide que el Sr. Moscardón quiere salir de la cárcel y entonces lo coge con los dedos y lo deja escapar.

M.K. interpreta que, como en otras oportunidades, el mástil del *Nelson* representa el pene de papá y ahora, el del Sr. Smith. El Señor Moscardón tiene el mismo sentido. Quiere destruir a papá y a su órgano sexual a los cuales siente que ha incorporado dentro de sí, cosa que acaba de demostrar al morder el mástil. Pero el moscardón también representa a su padre, y siente compasión por él. Por esta razón lo ha soltado, y además porque desea deshacerse de ese genital que tanto ha deseado y que ha incorporado dentro de sí, pues al mismo tiempo le tiene desconfianza y le teme. Constantemente, en efecto, espera que se vengue por sentir hostilidad hacia él. Si "el Sr. Moscardón" quedara preso en su interior, ¿qué pensaría que le pasaría por dentro?

Richard sigue formando la flota. Saca dos destructores, y forma un grupo con submarinos y otro con dos cruceros. Los barcos de cada grupo están colocados uno al lado de otro, con un espacio pequeño entre cada grupo. Explica que los cruceros son él mismo y *M.K.* Al cabo de un rato hace que el *Nelson* salga, que vaya alrededor de toda la mesa, y se esconda tras unas escolleras formadas por la cartera y la cesta de *M.K.*[14] En seguida le sigue el *Rodney*, el cual trata de encontrar al *Nelson;* éste a su vez trata de

---

[14] Como tantas otras veces, mi cartera y mi cesta representan un lugar de escondite bien seguro.

volver al lado del *Rodney,* pero no lo encuentra, pues da la vuelta por el otro lado. Entonces Richard dice "pobre *Nelson* solitario". Ahora el *Rodney* está escondido tras la escollera, y el *Nelson* penetra en el puerto. En tanto, Richard coloca un submarino entre el crucero-Richard y crucero-- *M.K.* y dice que es Bobby. En seguida hace que el *Nelson* se dirija hacia los cruceros Richard y *M.K.* y emite fuertes sonidos.

M.K. le pregunta si el *Nelson* está enfadado.

Richard dice que sí, y que le está preguntando a Richard qué es lo que está haciendo ahí con *M.K.* Pero cuando el *Nelson* se coloca al lado del crucero -Richard, quedándose muy cerca de él, el ruido cesa.

M.K. interpreta que al principio de la sesión quería que papá y mamá estuvieran juntos y felices, y que para ello la eligió a ella y no a mamá, igual que de niño se iba con su niñera. Pero después no logró mantener a sus padres juntos, pues en el juego sacó a papá, quien se quedó solo. Entonces, una vez más, trató de que mamá le siguiera, intentando volver a unirlos, aunque con temor de no poder hacerlos felices, y entonces no se pudieron encontrar. Bobby, interpuesto entre los cruceros *M.K.* y Richard, representa su pene que se coloca dentro de *M.K.* Y por esto es por lo que papá está tan furioso y ha venido a meterse. También *M.K.* y la niñera representan a mamá, y por lo tanto teme que papá, representado ahora por el Sr. Smith, se interponga entre ellos y le dañe el pene. El temor a que le operen del oído moviliza otra vez el miedo que tuvo al médico odiado (sesión seis) y al papá malo que creyó le atacaba y destruía su órgano genital. Por otra parte, cuando se une a papá, es para que éste no le sea tan hostil, pero también porque siente pena por él, pues es el "solitario *Nelson* ". Ahora el papá-*Nelson* y el crucero-Richard, que están tan juntos, han unido sus órganos sexuales.

Richard se opone vivamente a esta interpretación, diciendo que no puede desear tales cosas, y que no le gustaría en absoluto hacer eso con su órgano sexual.

M.K. le interpreta entonces, que el deseo que siente hacia papá y mamá se encuentra encubierto por muchos temores. Uno de ellos es que papá, abandonado, le amenace y sea peligroso; y otro, que cree que su pene no es lo suficientemente grande y bueno como para dárselo a mamá, y además, que una vez dentro de ella, puede ser dañado o no pueda volverlo a sacar. A pesar de todos estos miedos, desea poder acostarse con ella e introducirle el pene; pero para poder ocupar el lugar de papá tendría que hacer que éste se quedara solo, o matarle. También tiene un deseo escondido, que es el de "hacer el amor" con papá -ahora el Sr. Smith-, cosa que demostró al colo car el *Nelson* y el crucero-Richard tan cerca uno de otro.

Mientras *M.K.* habla, Richard separa al *Nelson,* y el *Rodney* aparece de detrás de la escollera. Aunque tiene espacio suficiente como para moverse sin dificultad, el *Rodney,* al girar, toca con la popa las popas del *Nelson y* del crucero -Richard, tras lo cual se coloca al lado de este último. Comenta entonces que mamá (el *Rodney)* también le está diciendo algo sobre lo que está haciendo con *M.K.*; después quita rápidamente el submarino-Bobby que todavía se encuentra situado entre los cruceros de *M.K.* y Richard y dice: "Ahora ya no está más el genital ahí...". Y de repente se altera el orden de todo. Acuesta todos los barcos sobre uno de sus lados y los coloca en un montón, dejando sólo a un destructor en posición levantada y separado del resto. Comenta que se trata del *Vampire,* que es el único que ha quedado en pie de toda la flota británica. Luego vuelve a formar la flota rápidamente, pero ahora se trata de la alemana. El *Nelson* queda convertido en el *Tirpitz,* que sale a navegar; y el *Vampire,* que estaba escondido tras la escollera, sale a atacarle, mientras los demás barcos se unen al *Tirpitz.* La batalla no llega a decidirse. Richard pregunta entonces a *M.K.* si tiene un cuchillo, y ésta le da una navaja. Con ella raspa el mástil del *Vampire,* diciendo que le está sacando los pedacitos malos que tiene. La navaja queda luego convertida en una base americana donde pueden anclar los barcos de todas las nacionalidades. Comenta que los Estados Unidos no están en guerra -pero si- si lo están. Cruceros japoneses y rusos empiezan a entrar en el puerto alternativamente, y el *Vampire,* que ahora es también alemán, entra también y se dan varias batallas. Al parecer los rusos ya no están del lado de los ingleses, sino que se han unido al Japón y a Alemania. Al final, parte de la flota se hace americana, y puede finalmente ayudar al *Vampire* (que otra vez es británico) y al resto de la flota inglesa. Aquí termina el juego, y Richard se va corriendo al grifo, bebe de él, y llena la pila de lavar.

M.K. interpreta que se ha muerto la Armada británica, que representa a toda su familia. El *Vampire* es él, como lo ha sido ya otras veces, pues además hace un día o dos se describió a sí mismo llamándose "el destructor mayor" (sesión cincuenta y tres). Siente que se ha comido a todos y que los ha incorporado dentro de sí y por esta causa el *Nelson* se transforma de repente en el *Tirpitz* alemán. Como entonces se queda solo, se siente abandonado y sin aliados. Siente además que ha atacado, traicionado y abandonado a todos los miembros de su familia; y como piensa que los contiene a todos dentro de él, siente no sólo que están furiosos y que le atacan por dentro, sino también su infelicidad, la cual le hace sentirse a él a su vez más desdichado y solo. Al final del juego tuvo la esperanza de poder volver a resucitar a los padres buenos con la ayuda de la flota americana, cosa que lo llevó a beber del grifo y llenar la pila de lavar ya que ésta representa a su interior, y el agua a la leche buena de la buena mamá.

Richard se queda mirando la estufa eléctrica que está apagada, y pregunta si se puede quemar con ella, y si tiene electricidad adentro cuando está apagada. La toca con angustia, la enciende y se queda mirando cómo se va poniendo roja. Pero pronto la vuelve a apagar, diciendo que se está poniendo demasiado colorada.

M.K. interpreta que existe una relación entre esto y la sensación que tiene de que sus "oídos por dentro" están muy rosados.

Richard dice que le gustaría sacar los carbones rojos del fuego (son de imitación). Se ha ido poniendo cada vez más enojado y ahora añade que le gustaría también arrancar la barra rota del fuego, tras lo cual pregunta a *M.K.* que si se lo permitiría de ser de ella la estufa.

M.K. le contesta que aun así no le gustaría que se la rompiera.

Richard le pregunta entonces si podría romperle la mesa, de estar ésta en su casa.

M.K. le contesta que no le permitiría que se la rompiera del todo, pero que no le importaría que la arañara o le hiciera marcas; le daría en cambio pedazos de madera y otras cosas para que los pudiera cortar. Después interpreta estas preguntas, diciendo que expresan las ganas y el temor que tiene de destruirla a ella cuando contiene al Sr. K., ya que la barra de la estufa representa el genital masculino dentro de su cuerpo. Esto también se aplica a sus padres. Por todo ello, a pesar de estar tan enfadado, quiere que ella frene la violencia que él siente, pues alguien debe evitar que destruya a sus padres y que ataque a su propio genital. Al cortar los pedacitos del *Vampire,* mostró lo que siente que ha hecho con su pene: cortar de él los pedacitos que cree que son malos y peligrosos. Además, se siente lleno de gente que le persigue por dentro y con penes malos dentro del suyo, de los cuales se quiere deshacer, igual que quiere librarse del Sr. Smith y del Sr. Moscardón. Cuando preguntó si se podría quemar con la estufa eléctrica a pesar de estar ésta apagada, lo hizo porque se siente muy inseguro pensando que su interior está ardiendo. La oreja rosada y el dolor de oídos representan el pene de papá que arde dentro de él, y que le puede quemar, en venganza por haberle él atacado el pene quemándoselo.

Richard va otra vez a beber agua; en el camino encuentra uno de los tejos: lo coge, lo muerde con fuerza y dice que tiene mal sabor. En cambio, al beber del grifo, comenta que *esto* sí que es bueno. Antes de salir de la cocina, vuelve a llenar la pila, y pide a *M.K.* que suelte el tapón, mientras él se va afuera a mirar con gran interés cómo se vacía el agua.

En esta sesión Richard no ha pedido el cuaderno, sin duda como respuesta a *M.K.* por no haberlo traído el día anterior (nota 1). Se ha sentido menos perseguido tanto por los transeúntes como por las figuras internas. En el momento en que al actuar toda la flota resultó destruida, quedando sólo en pie el barco-Richard, la depresión era evidente, pero no persistió al poder encontrar una solución mejor. Por esto, la impresión que da en esta sesión, en general, no es de desesperanza (nota II).

Notas de la sesión número cincuenta y ocho.

I. Aunque creo que Richard tiene miedo de que haya dejado otra vez el cuaderno en casa, tengo la impresión de que conscientemente no se le ha ocurrido en absoluto preguntármelo; es decir, que ha llegado a reprimir el interés por el cuaderno por temor a ser desilusionado. El proceso que se encuentra por debajo de esta actitud, parece ser el de alejarse del objeto deseado y negar su importancia para evitar odiar y destruir a la persona mala, cosa que le hubiera llevado luego a sentirse culpable y deprimido. Esta defensa maníaca, sin embargo, sólo tiene un éxito parcial, pues el odio y el resentimiento le llevan a hundir a toda la flota británica, es decir, a toda la familia, tras lo cual siente culpabilidad, soledad y desesperanza. La frustración ocasionada por el pecho, le lleva también a un incremento del deseo homosexual, expresado en la vuelta hacia el pene del padre (que pone de manifiesto al tomar el *Nelson* entre los dientes).

Sin embargo, como ya dije antes, a pesar de estar profundamente deprimido por momentos, en esta sesión no da Richard una impresión general de total desesperanza. No me cabe duda de que esto se debe a que el análisis, y en particular las últimas sesiones, han tenido el efecto de disminuir las ansiedades depresivas y persecutorias haciéndole posible vivenciar cierta esperanza. Una vez más yo me he convertido para él en la madre buena y amante, y él puede incorporar mis interpretaciones que le sirven de ayuda, proceso éste que simboliza al tomar el agua buena del grifo.

El proceso de desviar el sentimiento de culpa y la depresión de su punto central, que es la relación con el objeto primario y único constituido por el pecho de la madre y por la madre en sí, y de vivenciar, en cambio, estas emociones en relación con otras conexiones, constituye un fenómeno frecuente que puede ser considerado como una transacción, como un éxito parcial de la defensa maníaca en su lucha contra la posición depresiva. Muchos pacientes padecen de un sentimiento generalizado de culpa y depresión, o bien de culpas que surgen de situaciones en si triviales; pero la vivencia de culpabilidad que se da en la situación transferencial encuentra a veces grandes dificultades, porque entonces el paciente vuelve a vivenciar todas las emociones ligadas al objeto original.

II. En este momento del análisis, ciertos rasgos se han hecho ya rutinarios. Por ejemplo, al principiar la sesión, Richard pregunta si la R.A.F. ha hecho algún bombardeo aéreo. Como él escucha siempre los noticiarios de la guerra, es evidente que conoce la respuesta a su pregunta, pero quiere que yo se lo confirme.

La pregunta implica, además, el deseo de saber si yo he pasado una buena noche, pues, como puede verse en la sesión cincuenta y siete, los bombardeos de la R.A.F. se refieren también a los peligros a que su madre y yo quedamos expuestas cuando tenemos relaciones sexuales malas.

Beber agua del grifo justo después de empezar la sesión, y antes de empezar a jugar, se ha convertido también en una rutina regular. De esta manera empieza Richard la hora, asegurándose de que va a conseguir algo bueno del análisis. También suele preguntar si he ido al cine o qué es lo que he hecho la noche anterior, y esta pregunta tiene dos sentidos: en primer lugar denota que teme privarme a mi de ir al cine; pero, además, que sospecha que yo he estado con el "viejo gruñón" o con el señor Smith, pues los celos que siente han llegado a un punto culminante en el cual el complejo de Edipo se hace evidente en todo su vigor.

SESIÓN NÚMERO CINCUENTA Y NUEVE (Domingo)

Richard vuelve a encontrarse con *M.K.* cerca de su casa. Como tiene plena conciencia de que al hacer esto se está aprovechando de ella, trata de manejar su turbación mostrándose muy vivaz y ocurrente. Le pregunta si se ha preguntado acaso quién puede ser el que viene a encontrarla: ¿quizás el Sr. K.? Después le cuenta que todo va muy bien, que ya no tiene dolor de oído y que se siente muy bien; además tiene puesto el traje nuevo. Cuando *M.K.* va en busca de la llave del cuarto de jugar, Richard la espera afuera, y al volver a encontrarla le pregunta a quién ha visto, si sólo a la anciana (en cuya casa se encuentran las llaves) o si además a alguien que estuviera con ella. Mientras anda por la calle está alerta, mirando todo lo que pasa y a toda la gente que encuentran. A menudo se vuelve hacia atrás, pero aun cuando no lo hace parece como si advirtiera lo que está pasando a sus espaldas. Comenta que hoy, por ser domingo, no se encontrarán con el Sr. Smith, e indica el camino que éste sigue para ir por las mañanas de su casa a su ocupación. Dice que hoy no hay mucha gente en la calle, pero que de todas maneras ya no tiene tanto miedo de encontrarse con la gente. Sin embargo, añade, en un murmullo, que no conviene estar demasiado desprevenido. Al llegar al cuarto de juegos dice que no ha traído la flota, porque no ha querido. Bebe del grifo y pide el cuaderno, pero después cambia de parecer y pide la cesta entera (en la cual *M.K.* lleva sus juguetes, el cuaderno y los lápices). Cuando la tiene, mira adentro con mucho interés y saca las cosas. En primer lugar mira el columpio, y se angustia porque dice que no está bien, ya que uno de los lados está un poco suelto. En seguida lo vuelve a meter en el cesto al cual empuja hacia un lado, comentando que es la mamá dañada, y se pone a dibujar (dibujo 50). El dibujo es otra vez de líneas ferroviarias; los trenes salen de la estación "Roseman" y se dirigen a "Halrnsville". Ha vuelto a escribir la palabra como "Halmsville"; al señalárselo *M.K.*, dice que si, que es "Kamsville" lo que ha querido escribir, y no logra darse cuenta al principio de que lo que realmente ha escrito es Ralmsville. Al fin se da cuenta de la equivocación, se sorprende de ella y la corrige, pero sin hacer ninguna asociación con "Halm". La depresión que siente y la incapacidad para cooperar con *M.K.* van en aumento. Mientras mueve el lápiz por las vías del tren, dice que los trenes se dirigen de "Roseman" a "Hamsville", pero que también hay trenes que van desde "Valeing" hasta "Lug". Mientras habla se mete repetidas veces el lápiz amarillo en la boca.

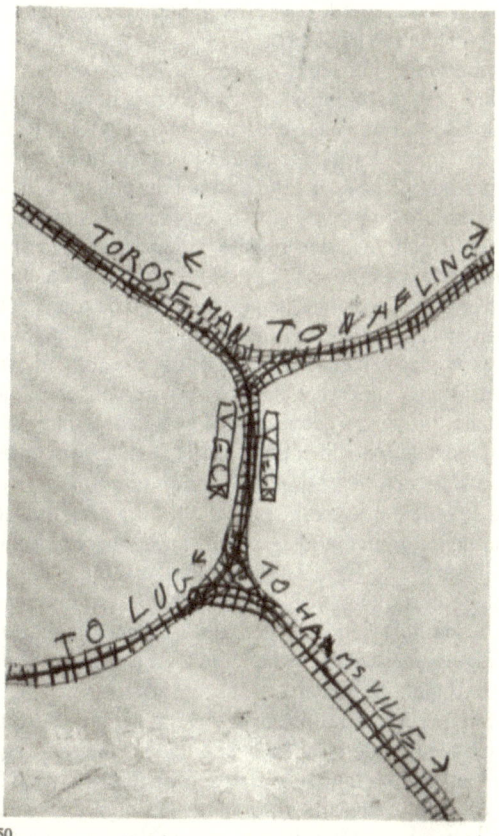

50

M.K. interpreta que el dibujo representa el peligro de que el pene "Roseman" se convierta en ballena, porque las dos vías de tren se juntan a pesar de que ha tratado de negarlo, haciendo que los trenes vayan de "Roseman" a "Halmsville". La razón por la cual niega esto es el temor que siente acerca de sus oídos -"Lug"- pues tiene miedo de que deban ser operados. Las ballenas -el órgano sexual malo de papá-, se le están metiendo por los oídos.

En este momento Richard enciende la estufa eléctrica y se queda mirando los barrotes mientras se van poniendo al rojo.

M.K. entonces le interpreta que los barrotes simbolizan a sus oídos, que se ponen rojos por dentro.

PSIKOLIBRO

Richard está de acuerdo con esto, y entonces apaga el fuego y dice que ahora se ponen otra vez blancos.

M.K. interpreta que teme que en la lucha contra el papá malo interior - la ballena-, los oídos no se le vuelvan a poner blancos otra vez. Los oídos representan además su órgano sexual, y el miedo que siente ante otra posible operación está relacionado con el susto que experimentó cuando le operaron el pene. El día anterior le preguntó si le permitiría arrancar el barrote roto si la estufa fuese suya, y entonces el barrote simbolizó el pene peligroso de su padre. Además, cuando apaga el fuego teme estar matando a todo lo que hay dentro de ella y de él. Le recuerda, en efecto, que en otras ocasiones, apagar el fuego ha representado detener la vida de dentro de mamá y de ella, y que cuando le contó el sueño del auto negro con las chapas de matrícula (sesión nueve), el cual simbolizaba a mamá muerta y llena a su vez de bebés muertos, esto también estaba asociado con el en-cender y apagar el fuego, constituyendo una alternación entre la vida y la muerte dentro de mamá.

Richard dice con expresión muy triste que no puede oír estas palabras, y que se quiere ir afuera. Una vez allí mira a su alrededor, pero no hace ninguno de los comentarios que acostumbra hacer; después comenta que es una lástima que haya tantas hierbas malas en el jardín, al que debería cuidarse más... Otra vez en la habitación, escribe repetidas veces su nombre en una hoja de papel, pero sin garabatear encima como suele hacerlo, y después pregunta si le haría daño al analista o al paciente, que el primero se enfadara de verdad.

M.K. interpreta que no puede creer que sea verdad que ella no se enfade, porque siente que él le ha hecho daño. Quiere arreglar el jardín sacando de él las hierbas malas, lo cual significa arrancar los bebés malos y el órgano sexual. Apagar el fuego también significa parcialmente lo mismo; pero teme que eso implique al mismo tiempo la muerte de mamá. Al escribir su nombre sin taparlo con garabatos, está confesando más abiertamente que, de ponerse enojado o celoso, seria muy peligroso tanto para ella como para mamá.

Richard dice que de nada le ayudaría esto, y cuando M K. le pregunta si se refiere al trabajo con ella, contesta que si; que sabe que le es de utilidad, pero que sin embargo siente que no le puede ayudar.

M.K. le pregunta entonces si ello se debe a que dentro de poco ella le va a dejar.

Richard asiente y dice que le preocupa que *M.K.* se vaya. ¿Pueden realmente ayudarle unas semanas más de análisis y hacer algo por él?

M.K. contesta que unas semanas pueden tener algún valor.

Richard se queda menos triste y hace el dibujo 51, pero antes formula algunas preguntas: ¿Dónde estuvo *M.K.* anoche? ¿En casa? En qué idioma habla con el Sr. K., ¿en austríaco o en alemán? ¿Luchó el Sr. K. en la última guerra en contra de los ingleses? ¿Estaban Hungría y Austria del lado de Alemania? ¿Usaba el Sr. K. cuello y corbata del tipo que él usa ahora, o de tipo más anticuado? ¿Cómo se llamaba de nombre? (Tiene todo el tiempo un aspecto muy angustiado y perseguido.)

M.K. interpreta que se siente muy angustiado por lo que le pasa a ella de noche, y más aun ahora que se va a marchar por mucho tiempo. Teme que se convierta en la mamá perversa y bruta que, en su imaginación, está llena del papá bruto y perverso. Esto le hace sentir más curiosidad aun por el Sr. K. quien representa a papá y a su pene, pues quiere saber si es venenoso, si está caliente o al rojo, si es una ballena que devora (es decir, si es peligroso para mamá), o si por el contrario, es el "Roseman" bueno. Estos temores también recaen sobre el interior de mamá y de si' mismo, y le recuerda, en este aspecto, el águila (dibujo 49) que representaba a la mamá negra, envenenada y venenosa, la cual contenía al papá fantasma.

Richard echa una mirada a su dibujo y se separa de él encogiéndose, y diciendo que es horrible. Entonces traza la forma elíptica que está en la parte más clara.

M.K. interpreta que ahora los padres malos devorados y devoradores están representados por una boca abierta -

Un poco antes, Richard preguntó a *M.K.* si el martes le podía recibir un poco más tarde de lo convenido, para poder así volver a en tren en vez de en autobús, pues viajar de esta manera es desagradable y cansador[15].

M K. contesta que siente mucho no poder hacerlo, pero que de todas maneras telefoneará a su madre, pues quizá pueda hacer otro arreglo para que no tenga que viajar en autobús.

Al oír esto Richard palidece y se le llenan los ojos de lágrimas. Aunque se tranquiliza un poco cuando *M.K.* le sugiere el posible arreglo con su madre, es evidente que la frustración le ha dejado muy deprimido.

M.K. interpreta que cada vez que ella no puede hacer lo que él desea, se transforma inmediatamente de mamá buena, en mamá-Hitler, la cual le puede abandonar dejándole en manos de sus enemigos (nota 1).

Richard sigue con el dibujo 51, y pregunta a *M.K.* si puede ver qué es, añadiendo que se trata de un zepelín que arroja bombas por el medio. Las bombas arrojadas por el *Nelson* ascienden a su vez a derecha e izquierda, y un avión británico también lo bombardea. A la derecha del avión hay una bomba. Al terminar esta parte del dibujo traza una línea por debajo del *Nelson,* y dice que por debajo no hay nada más que un pez. En este momento está extremadamente deprimido.

M.K. le pregunta a quién representa el pez. Richard contesta que es él mismo.

M.K. interpreta que el zepelín representa al Sr. K. y a ella acerca de quienes ha estado haciendo muchas preguntas, y que son los padres malos o sospechosos que destruyen a los padres buenos, ingleses, pero quienes a su vez son matados por él que está encima de ellos, representado por el avión británico Pero siente que si mata a los padres malos va por fuerza a matar a los buenos, pues se está dando cuenta, cada vez más, de que los padres buenos y los malos son en realidad las mismas personas. En esta sesión ha vuelto a expresar que la quiere a ella porque lo está ayudando.

---

[15] Richard tenía planeado volver a "Y" el lunes con sus padres, y viajar de vuelta a "X" solo, el martes.

PSIKOLIBRO

Pero al mismo tiempo ella representa a la mamá-espía, que habla con papá (el Sr. K.) en idioma enemigo, de manera que, al final, siente que ha matado a todos y que está completamente solo en el mundo: el pez situado debajo de la línea.

Richard agrega rápidamente otro pez, algunas estrellas de mar y unas plantas.

M.K. le pregunta quién es el segundo pez.

Richard contesta que Paul, y después de mirar otra vez el dibujo agrega que es ella, y escribe debajo su nombre. Dice además que las dos estrellas son sus pájaros, y la tercera Bobby. Después, rápidamente, escribe muchos números, empezando por el uno. Cuando *M.K.* le pregunta que para qué son, contesta que está rellenando la hoja.

M.K. sugiere que pueden estar representando a gente.

Richard, sin dudar un instante, dice entonces que son bebés. Después mira otra vez el dibujo 51 y comenta que es un cuadro triste.

M.K. interpreta que se siente lleno de desesperanza porque el dibujo sugiere que tanto su familia como ella y el mundo entero se pueden morir quedando él solo. El día anterior él era también el único destructor que quedaba de toda la flota británica. Pero simultáneamente está expresando la esperanza de no estar solo más tiempo, cosa que ha demostrado al dibujar el segundo pez (Paul al principio, y luego *M.K.*) que le viene a acompañar. También el día anterior imaginó que después de todo los Estados Unidos venían a ayudar a Gran Bretaña. Todo esto quiere decir que a pesar de sus temores, tiene la esperanza de que el análisis pueda ser continuado más adelante y que la mamá buena y él mismo puedan continuar con vida[16]. Richard se ha dirigido a la ventana varias veces para ver pasar a los transeúntes. Comenta que una mujer que pasa es rara y que tiene aspecto de italiana; y al pasar un grupo de niños, no corre a esconderse como de costumbre sino que dice: "No importa si me ven". Aun cuando pasa la niña pelirroja con sus amigos -que son enemigos especiales - se niega a separarse de la ventana, y en cambio pone una cara severa y saca la barbilla, en un evidente esfuerzo por enfrentarse con ellos. La depresión y la culpa han aumentado debido al hecho de que su padre se vuelve a casa el día siguiente. Y también tiene sentimientos conflictivos sobre las sesiones del domingo, porque aunque siente alivio por no tener sesión ese día y poder irse a su casa los fines de semana, el perder el análisis incrementa el sentimiento de pérdida y

---

[16] Este material me sugiere, además, otra interpretación, que, según parece, no le hice entonces. Para poder resucitar a mamá, se ve Richard obligado a darle muchos bebés (los números). Pero tiene mucho miedo de las relaciones sexuales (cosa que se ve otra vez con toda claridad en las últimas sesiones) y de ser atacado y castigado por su padre. Además, duda de poder jamás llegar a ser potente y tener un pene bueno y creador. Entre mis notas figura una en la que digo que en esta sesión he sigo incapaz de aliviar suficientemente la depresión que el niño siente.

de culpa que tiene. Durante la sesión pregunta a *M.K.* si el domingo va a ver a alguien más, y añade que desearía que no fuera así, ya que a él no lo va a atender. Tiene conciencia de que depende de él el tener o no la sesión.

Camino del pueblo observa muy especialmente todo lo que ve y a la gente que pasa. Pregunta a *M.K.* si va a ir a buscar el periódico dominical a la tienda del Sr. Evans (cosa que ya le ha preguntado en el transcurso de la sesión) y añade con una nota de triunfo en la voz, que hoy no puede ir a la tienda de comestibles. Sin embargo, hay un negocio que está abierto: la farmacia.

En un momento de la caminata, deja de fijarse en la gente y su tensión se relaja un poco: es en un momento en que ve al gatito que devolvió a sus dueños unos días antes. Entonces se le ilumina la cara, y pide a *M.K.* que se acerque a la valía donde está sentado, para verle. Le acaricia y pregunta si no le parece que es muy rico, tras lo cual se pone a hablar con el animalito, diciéndole que se vaya a su casa y que no se vuelva a perder. Es muy notable el cambio que se opera entonces en su expresión facial y en su actitud general, pues pasa de un estado depresivo, de persecución, sospecha y vigilancia, a uno de amor y de ternura.

Nota de la sesión número cincuenta y nueve.

1. Según la opinión de muchos psicoanalistas, la frustración es la causa de la ansiedad persecutoria y de la agresión. Si bien es verdad que una frustración excesiva tiende a incrementar la ansiedad persecutoria, quiero insistir aquí, como ya lo he hecho en otros sitios, que los niños, en quienes la ansiedad persecutoria es muy fuerte, son particularmente incapaces de soportar frustraciones, porque éstas, en su imaginación, convierten el objeto en uno persecutorio que se alía con los enemigos. Creo que esto está en relación con la proyección de los impulsos destructivos, que suponemos que operan desde el principio de la vida.

SESION NÚMERO SESENTA (Lunes)

Richard espera a *M.K.* en la esquina de la calle por la cual puede venir el Sr. Smith, evidentemente deseando vigilarle. Está menos excitado y perseguido que el día anterior, a pesar de estar por estallar una tormenta, a las que, como dije anteriormente, les tiene mucho miedo. Dice que ahora sólo le dan miedo los relámpagos y no los truenos, pero pronto deja de fingir. Le cuenta a *M.K.* que su madre ha arreglado las cosas de manera que pueda venir de vuelta a "X" en auto el día siguiente, de manera que no tenga que viajar solo en el autobús. En el cuarto de juegos, *M.K.* y Richard se encuentran con que han llegado varios paquetes y palos (para uso de las niñas explo radoras). Richard trata de ver lo que hay dentro de los paquetes, pero pronto abandona el intento, aunque antes de irse lo vuelve a hacer otra vez. Comenta que en uno de los sacos puede haber un oso.

M.K. le pregunta si se trata de un oso vivo.

Richard contesta que no, pero con aire dudoso.

M.K. le sugiere que si no está ni vivo ni muerto, quizá se trate de un oso fantasma.

Richard contesta ansiosamente que puede ser. Como acostumbra hacer, se va a beber del grifo y pregunta a *M.K.* si ha habido algún bombardeo de la R.A.F., tras lo cual le pregunta si puede hacer algo por él: levantarle del suelo el abrigo, que se le ha caído. Explica que tiene un calambre en la pierna y que le duele cuando se agacha.

M.K. levanta el abrigo, pero le interpreta que necesita que haga otras cosas por él aparte de analizarle, por la misma razón por la que bebe agua del grifo "bueno": las dos cosas le sirven para asegurarse de que ella, cuyo pecho representa el grifo, no está enfadada con él y no es la mamá-Hitler atacada y que ataca a su vez.

Cuando la tormenta se acerca mas, Richard le pide que oscurezca la habitación para no ver la lluvia ni los relámpagos y sentirse más seguro. Antes de que *M.K.* termine de oscurecer d cuarto (en cuya tarea no hace ningún intento de participar) se pone a cazar moscardones. En un ángulo de la ventana ve a dos que están juntos y comenta: "Aquí hay dos lascivos; los voy a echar".

M.K. le pregunta lo que quiere decir por "lascivos".

Richard contesta: "Oh, simplemente sucios y...". Tras esto enseña a *M.K.* que hay muchos más en la otra ventana, comentando que a veces hay cientos de ellos, con sus bebés.

M.K. interpreta que lascivos y sucios significa para él sexuales. Los dos lascivos, con sus bebés, representan a sus padres durante las relaciones sexuales, a quienes quiere echar porque tiene celos de ellos y los odia.

Richard se pone a cazar algunas moscas con los dedos, llamándolas Sr. y Sra. Moscardón, y también sucios. Tras esto dice con pena que ahora se van a mojar mucho afuera, aunque quizá puedan irse a su casa.

M.K. le pregunta dónde está su casa.

Tras una pausa Richard contesta tristemente: "Creo que en esta habitación". Enciende entonces la estufa, diciendo que tiene frío, aunque en realidad está todo muy cerrado. Llueve a cántaros y *M.K.* ha oscurecido el cuarto. Richard enciende la luz y dice: "Estamos muy cómodos aquí solos ¿verdad?", pero cada cinco minutos se pone a mirar hacia afuera desde detrás de las cortinas, y se refiere a la lluvia que cae a torrentes, llamándola también "lluvia sucia y asquerosa". Dice que los dos están en un peligro más grande que los demás, porque la casa está sola y no en el pueblo (la tormenta no es muy fuerte y está bastante lejos). Pregunta después si *M.K.* ha visto al Sr. Smith, aunque sabe que esto es imposible, ya que las cortinas están echadas y no puede habérselo encontrado en la calle antes de encontrarse con Richard. También le pregunta varias veces para qué son los paquetes y los palos, aunque sabe bien que ella no puede saber más que él del asunto. Sigue mirando a la calle con frecuencia, y le va dando noticias del estado del tiempo, diciendo que ahora llueve menos, el sol está saliendo y las montañas van a tener menos lluvia, cosa que parece ponerle contento.

M.K. interpreta que al mirar afuera, está tratando de controlar al tiempo y al Sr. Smith, los que representan al Sr. K. y a papá, que parecen estar siempre en su mente. Deshacerse de los truenos y de los relámpagos, significa poder controlar el pene poderoso de su padre. Le recuerda a este respecto el juego de la cuerda (sesión cincuenta y dos) y la manera como éste estaba asociado al rayo que le caía al embajador chino y a él mismo (dibujo 47). El deseo de echar a su padre no se debe únicamente a que quiera que mamá sea sólo para él (igual que *M.K.* respecto al Sr. Smith), sino también porque el temor de que la lluvia sucia dañe las montañas, significa que el órgano sexual venenoso de su padre es peligroso para mamá. Por esto se siente obligado a vigilar constantemente a sus padres y a mantenerlos separados. Pero al mismo tiempo siente pena por su padre, al que echa al frío y a la lluvia igual que a los moscardones, y hoy lo siente en forma muy particular, por haberse ido él esta mañana. Siente como si hubiera conseguido que mamá dijera "Vete" tal como le pidió a *M.K.* que se lo dijera al Sr. Smith hace unos días. Cree entonces que su padre se ha ido bajo órdenes suyas y teme que *M.K.* le castigue por ello, abandonándole. Además, cuando se deshace de los padres (el Sr. K. y la Sra. Moscardón a quienes echa de su hogar)[17] siente como si también estuviera destruyendo a los padres buenos. *M.K.* se refiere luego al dibujo 51, al que Richard ha llamado dibujo triste y le dice que al decir esto sintió que se quedaba solo en el mundo, de igual forma en que en el juego de la flota de hace dos días, el destructor-Richard era el único que quedaba de toda la armada británica.

Richard dice con énfasis que el juego de la flota nada tiene que ver con los dibujos.

M.K. interpreta entonces que a menudo se deja la flota en casa, diciendo que no quiere venir, porque parece sentir que si la separa de los demás juegos, logra de alguna manera mantener a su familia a salvo. Esta

---

[17] Los bebés moscardones a quienes acaba de echar, también representan a los "niños pobres y sucios" de los barrios bajos, ante quienes Richard se muestra tan despectivo y al mismo tiempo tan miedoso: en última instancia, representan además a los bebés destruidos y sin nacer de su madre.

queda a salvo en la flota, cuando siente que la está destruyendo de otras maneras. [Disociación].

Richard contesta que el *Nelson* del dibujo 51 no está destruido, pues las bombas del zepelín han caído afuera y no le han dañado. Sólo el zepelín ha quedado destruido, y representa al Sr. K. pero no a *M.K.*, ya que ella está con él debajo de la línea, representados los dos por los dos peces.

M.K. interpreta que al hacer el dibujo parece haber sentido que ella también estaba en el zepelín, y que era la mamá-espia, mientras que el *Nelson* con las dos chimeneas, representaba a los padres buenos, los cuales tienen que morir al mismo tiempo que los malos (el zepelín). En esta situación, sólo el avión que bombardea, y que es él, llega a sobrevivir. El primer pez que está por debajo de la línea, también es él, el cual una vez más queda como único sobreviviente; pero como tal situación le resulta inaguantable, ha dibujado el segundo pez, el cual la representa a ella, a la mamá buena. Las estrellas son los dos pájaros y Bobby; en realidad, Paul y sus padres. De esta manera, ha resucitado bajo la línea a toda la familia, insistiendo en que lo que pasa abajo no tiene nada que ver con lo de arriba. Esto quiere decir que mentalmente mantiene separadas la parte hostil de su persona, que hace los bombardeos y el desastre al que éstos llevan (la familia destruida) y la necesidad que siente, por otra parte, de amar y resucitar a la familia, representada en la pacífica escena de debajo de la raya.

Mientras *M.K.* está interpretando, Richard se pone a mirar los dibujos, aparentemente sin escucharla. Pero de repente la mira de frente y dice con voz tierna: "¿En qué estás pensando?".

M.K. contesta que está pensando en lo que acaba de decirle a él. Richard contesta que le gusta lo que acaba de decirle.

M.K. interpreta que al explicarle ella que quiere atacar a toda su familia, sintió que todo el mundo, incluso ella, era malo y enemigo, y por esto no quiso escuchar la interpretación; pero cuando ella le mostró que en la otra parte del dibujo, es decir, de su mente, resucita a todos, se convirtió en la mamá viva, que le ayuda y le alimenta. Esta es la parte de la interpretación que le ha gustado, porque le demuestra que reconoce los sentimientos buenos que también tiene.

Cuando ya casi no llueve, Richard se va afuera, mira a su alrededor y comenta que las montañas han soportado una tremenda cantidad de agua, y que lo siente por ellas; por otra parte puede que les haya venido bien, pues hay quienes creen que es necesario que llueva. Descubre después en la ventana una gran polilla y se asusta de ella. La ataca con la navaja, la hiere, la coloca sobre la mesa cuando todavía se está moviendo un poco, y se queda mirándola jubilosamente. Luego le sopla las alas para sacarles el polvito que tienen, pero al fin se esfuerza por no hacerlo más, sin duda sintiéndose culpable y asustado. Como de costumbre, dramatiza toda la situación, y en el momento en que está por rematar al animalito con su navaja dice: "Ahora el cuchillo se cierne sobre ella, y está por morir". Tras lo cual, la aplasta con el pie. Está muy excitado y sonrojado, mientras con voz triunfante habla de la muerte de la polilla y de su victoria. De pronto, al mirarla otra vez, dice que se parece bastante a un escarabajo, a los cuales teme. Se queda ahora inquieto y turbado.

M.K. interpreta que la polilla representa para él lo mismo que el "Sr. Moscardón", y que atacarla es lo mismo que atacar a papá y a su órgano sexual, al cual quisiera tratar como a la polilla. Por esto ahora se ha transformado en un escarabajo que le da miedo, pues teme que le trate a él de la misma manera en que él lo ha tratado. [Miedo a la venganza y a la persecución.]

Richard dice entonces: "Por favor, no lo llames escarabajo; me da miedo.

M.K. interpreta que esto se debe a que, en su imaginación, la polilla muerta se ha transformado en un escarabajo que le asusta más aun. Se ha convertido en un enemigo, al que siente además que se ha comido, pues mientras lo mataba, estaba apretando los dientes todo el tiempo. En ciertos momentos piensa que mata al papá odiado, y que éste se transforma en el papá-pulpo interno, al que odia; en cambio, en otras ocasiones, desea salvarlo, a él y a mamá, por esta razón dejó en libertad a los moscardones. Lo mismo ha ocurrido en el dibujo, donde al principio mató a los padres buenos y malos y a la *M.K.* mala, para luego resucitar a ella y a toda la familia.

Cuando la tormenta cesa del todo, Richard pide a *M.K.* que le ayude a correr las cortinas, y se queda gozando al ver cómo el sol rompe a través de las nubes; después corre afuera para ver cómo están las montañas y el jardín. Al volver a entrar busca a la polilla que está en el suelo, y se queda preocupado y lleno de sospechas al ver que ha desaparecido.

M.K. interpreta que siente que la polilla ha desaparecido dentro de él, convirtiéndose en un enemigo interior, aunque en realidad puede habérsele quedado pegada a la suela del zapato por haberla pisado al salir de la habitación.

Richard dice que seguramente éste es el caso, pero sigue preocupado y deprimido... Hace luego con gran placer el dibujo 52; como puede verse en él, hay dos líneas ferroviarias importantes; sobre una de ellas escribe "Longline", y sobre la otra, "Prinking". La línea de Prinking lleva por un lado a "Lug" y a "Valeing", y por el otro a "Brumbruk" y a "Roseman". Cuando *M.K.* le dice que la sesión ha terminado, Richard no tiene ganas de irse (nota 1). Recoge sus cosas con lentitud y comenta todavía que "Prinking" es un "rey orgullo so""

M.K. interpreta que quiere decir que papá está arreglado, pues Longline representa su órgano sexual poderoso, no dañado. Además, la segunda "n" de Longline se parece mucho a una "v", con lo que queda formada la palabra "Longlive" *.

Richard dice entonces que "Brumbruk" es marrón.

M.K. interpreta que el papá arreglado con la "longline"** va desde ballenas*** hasta un sitio marrón, lo cual expresa que teme que el papá "rey orgulloso" sea muy peligroso, pues se está disponiendo a atacar el sitio marrón que representa el trasero de mamá (tal como el reloj marrón representó tantas veces el trasero de *M.K.*).

Al irse, Richard pregunta a *M.K.* dónde va a ir primero. Cuando ésta le contesta que a la tienda de comestibles, le vuelve a preguntar si realmente tiene que ir allí otra vez. No le preocupa el padre del tendero, que es un hombre muy viejo, pero sí por el comerciante mismo, pues no cree que sea una persona bien.

M.K. interpreta que el tendero representa al papá peligroso y al Sr. K. y que cada vez que ella va a su tienda, los dos juntos se transforman en los padres moscardones, sucios y sexuales.

Notas de la sesión número sesenta.

I. Según mi experiencia, cuando el paciente deja de escuchar y la resistencia se hace muy fuerte, la única manera de conseguir que colabore es mediante la interpretación. En ese caso, en cuanto termino de interpretar el deseo que tiene Richard de resucitar a su familia (interpretación que se basa en el material que sigue a las interpretaciones precedentes sobre la destrucción de la familia y la pérdida que resulta de ello), se vuelve a

---

* *Longlive* quiere decir en inglés: vive mucho tiempo.

** *Longline* : línea larga, en inglés.

*** Valeine se parece a *whale* , que significa ballena en inglés.

restablecer la plena colaboración del niño. Como mencioné antes, el día anterior no pude llegar a penetrar bien en la depresión de Richard y esto se debió a que con mis interpretaciones no logré establecer una adecuada conexión entre sus impulsos destructivos y los reparatorios. A pesar de ello, dicha sesión parece haber producido cierto efecto, pues Richard comienza la de hoy con un estado de ánimo mucho mejor, y se siente desde el principio mucho más capaz de colaborar conmigo.

La importancia terapéutica que tiene el ir ligando los diversos aspectos de los impulsos y de las situaciones (en este caso de la destrucción y la reparación) nunca puede ser sobrevalorada. Uno de los fines principales que se propone el psicoanálisis, es, en efecto, dar al paciente la posibilidad de ir integrando las partes disociadas de su personalidad, de manera tal que quede mitigado el efecto de las diferentes fantasías que surgen con la disociación. Para que esta integración pueda llevarse a cabo, el analista debe seguir el material muy de cerca, dando en sus interpretaciones la importancia debida, tanto a los impulsos agresivos como a sus consecuencias. Pero al mismo tiempo, no debe descuidar ninguna indicación que aparezca en el material referente a la capacidad amatoria del paciente y al deseo de reparar que pueda tener. Lo cual, a su vez, tampoco significa tranquilizarle en cuanto a sus impulsos destructivos.

P S I K O L I B R O

SESION NÚMERO SESENTA Y UNO (Martes).

Richard encuentra a *M.K.* en la esquina, y le comunica que tiene muy malas noticias. En ese momento Paul, que le ha traído en auto, pasa en él por la calle y saluda a *M.K.* con la cabeza, mientras *M.K.* hace lo mismo. Richard se queda muy contento, diciendo que quería que viera a su hermano, pues en realidad es un muchacho muy bueno. Después sigue diciendo que ha pasado algo horrible, pero que no se lo va a contar hasta no estar dentro de la casa. Una vez adentro, espera hasta que los dos están sentados (introduciendo ya en esto un elemento de dramatización) y cuenta que esa mañana, temprano, encontró a su papá tendido en el suelo, enfermo y casi desmayado. Llamó entonces a mamá quien "entró corriendo en la habitación" seguida por Paul, y juntos lo llevaron al dormitorio y le metieron en la cama. Richard cuenta esto en forma dramática, gozando del papel que representa al poder relatarle un hecho tan importante, pero al mismo tiempo es evidente que está muy preocupado. Añade que espera que su padre se mejore. La descripción detallada que da de su padre mientras era atendido, muestra que en su imaginación, éste se ha convertido en bebé, mientras que él es un adulto que lo cuida[1]. Pregunta a *M.K.* lo que piensa de todo y se alegra cuando ésta le expresa su simpatía. Continúa diciendo que va a contar lo que ha pasado a todo el mundo del hotel, pero luego se corrige y agrega que no a todos, sino a algunas personas. A raíz de todo eso se tiene que quedar solo en "X" hasta el fin de semana, y es una suerte, comenta, que esté mucho mejor y menos asustado, y que pueda hacerlo. Explica que hay dos razones por las que su padre se ha enfermado: primero, a causa de "X", que es un sitio muy cerrado; segundo, porque ha trabajado demasiado, y ha tenido un invierno muy cansador. (Aquí otra vez parece genuinamente preocupado.) No le van a tener que operar, cosa que Richard temió que fuera necesario; y se alegra de ello, pues teme que no pudiera soportar la operación. Mientras habla, repite con énfasis que hizo lo que mejor pudo, pero que él solo no podía llevar a su padre a la cama, pues es muy pesado.

Tras relatar todos estos detalles se opera en Richard un gran cambio. Antes estaba emocionado, aunque bastante compuesto, y con una cara vivaz y expresiva. Ahora se queda inquieto, palidece, y cobra un aspecto angustiado y de perseguido. Trata de mirar dentro de los paquetes que dejaron el día anterior en el cuarto y da un puntapié a los palos... Después vuelve hacia la mesa y refiriéndose una vez más a la enfermedad de su padre, repite que es una suerte que no tenga que ser operado. Saca entonces de su bolsillo una navaja, y dice que como es de él, ya no necesita

---

[1] El material anterior ya nos mostró cómo, invirtiendo la relación padre-hijo, Richard lograba luchar contra sus celos y mantener intactos los sentimientos de amor y compasión hacia su padre.

pedírsela prestada a *M.K.*; la abre, y con ella empieza a raspar los palos. Después. se dirige a la ventana y, de espaldas a *M.K.*, se golpea los dientes con la navaja.

M.K. interpreta que el día anterior pensó en dos maneras de enfrentarse con el padre intruso: una fue echar fuera de la habitación al Sr. y a la Sra. Moscardón para dejarlos libres, aunque reconociera después que los había sacado de su hogar para echarles a la lluvia.

Aquí Richard interrumpe y pregunta cuál es la otra manera.

M.K. interpreta que fue lo que le hizo al moscardón, al que opero y luego mató en representación de su papá. Cuando hace un rato trató de cortar los palos con la navaja fue porque temía haber atacado a su padre, y como éste está ahora realmente enfermo, siente que es por su culpa [Deseo omnipotente.]

Por sentirse ahora culpable, desea castigarse, y por esta causa ha vuelto el cuchillo contra sí mismo, golpeándose los dientes con él. Tras esta interpretación Richard se tranquiliza y el color vuelve a sus mejillas. Está impresionado y tiene cara de haber comprendido. (Al parecer el autoconocimiento que acaba de adquirir se encuentra en un plano casi consciente.) Pero pronto se pone muy agresivo con la navaja. Raspa los palos y el marco de la ventana, trata de cortar la mesa y está ya por cortar los paquetes, cuando *M.K.* le pide que no lo haga. También se mete varias veces la hoja de la navaja en la boca, pero como *M.K.* le previene que puede llegar a hacerse daño, deja de hacerlo. Después da vueltas por la habitación con la navaja bien abierta y dirigida contra si mismo, de modo tal que de caerse, se dañaría. Una vez más *M.K.* le previene contra esto, y Richard termina por cerrarla (nota 1).

M.K. interpreta que siente que tiene dentro de sí al padre-polilla dañado, cortado en pedazos y muerto, sentimiento que ha aumentado al ver a su padre realmente enfermo y al temer que llegue a morirse. Quiere sacar de dentro de si a este padre peligroso, enfermo o muerto, y por ello vuelve el cuchillo contra sí mismo, lo cual implica además dañarse, o incluso llegar a matarse él mismo. El palo, que representa el gran órgano sexual de su padre, también siente que se encuentra dentro de él, y también a él está atacando. Y el intento de romper la mesa y de cortar la ventana tiene el mismo sentido. Como se siente muy culpable por tener tantos impulsos agresivos, se quiere luego castigar.

Richard está muy asustado y triste, y dice que le gustaría "no estar aquí".

M.K. interpreta que el "X que es tan cerrado" que ha enfermado a su padre, la representa a ella y al análisis. Ella se ha transformado ahora, en efecto, en la mamá dañada que contiene al papá también dañado, y por lo tanto, peligroso. Y se siente tan culpable que está tratando de culparla a ella (quien representa también a la mamá mala) de la enfermedad de papá.

Richard se pone a explorar la habitación. Se dirige a la cocina, abre las puertas del horno y saca de dentro un poco de hollín. Con un hacha que encuentra golpea la tabla de escurrir, aunque lo hace con bastante prudencia, y enseña a *M.K.* algunas marcas que ya estaban hechas de antes. Después golpea las cañerías del fogón con el hacha y dice que si esta casa fuera de él, lo rompería todo.

M.K. interpreta que tiene miedo de lo que hay en el interior de ella y de mamá, así como de su propio interior; siente que es el pene de papá, enorme y destruido, que ahora es particularmente peligroso, ya que teme que su padre se muera. De manera que piensa que no le queda más remedio que romperlo mientras está adentro, o sacárselo mediante una operación. Por eso ha estado cortando varias cosas con la navaja, y acaba de golpear la tabla de escurrir y la cañería con el hacha. Quizá también sienta que sólo mediante una operación se le pueda quitar la enfermedad a papá (nota II).

Richard limpia un poco el hollín que hay en el fogón. Explora dentro de uno de los paquetes, logrando meter en él la mano, pero no logra averiguar qué es lo que contiene. Vuelve a mencionar que se debe de tratar de un oso y pregunta si les importaría a los demás que él abriera realmente el paquete o lo cortara. Después barre el suelo, diciendo que quiere que esté en buenas condiciones para la demás gente que usa la habitación. Al encontrar una escobilla se pone a limpiar el inodoro y se queda muy contento al comprobar que tras ello queda mucho mejor. Mientras ejecuta afiebradamente esta actividad, sólo pregunta unas cuantas cosas, siendo la última si la R.A.F. ha hecho algún bombardeo.

M.K. interpreta que está tratando de usar otro método para poder enfrentarse con el miedo que tiene: piensa a este respecto que si logra desembarazar su interior, el de mamá y el de ella, de todo "lo grande" que contienen (el cual en este momento es para él lo mismo que el escarabajo, la polilla y el pene peligroso de su padre), quizá con ello todos se pongan bien. Esto implica, además, que también quiere desembarazar a su padre de lo que lo haya enfermado, que, según él, es "lo grande" que él ha puesto dentro de su cuerpo, y que representa bombas.

Richard sigue explorando la habitación, y encuentra en un armario varias cosas que hasta ahora nunca ha tocado. Entre ellas hay unas cajas que abre, sacando de ellas las cosas sueltas que contienen; pero, como de costumbre, tiene mucho cuidado en volverlo a colocar todo tal como estaba, sobre todo por miedo a las niñas exploradoras. Coge un libro y se pone a mirar las ilustraciones. Está considerablemente más tranquilo ahora.

Pregunta varias veces a *M.K.* si hoy va a ir al pueblo, y se pone contento cuando ésta le contesta que tiene que ir al correo.

M.K. le pregunta entonces por qué prefiere que vaya allí en vez de a la tienda de comestibles o a la del señor Smith.

Richard contesta que si va al correo debe caminar más tiempo con él. (Lo cual no es verdad, pues el correo queda más cerca del cuarto de juegos que las otras tiendas.)

M.K. le sugiere entonces que si prefiere que vaya al correo y a la zapatería es porque en estos sitios sólo hay mujeres, y que entonces no necesita asustarse tanto de los hombres "horribles" que son para él el señor K., el señor Smith, el señor Evans y el tendero.

Llama la atención en esta sesión, que Richard sólo haya tenido pena por la enfermedad de su padre al principio de la hora. Cuando menciona la manera en que éste fue metido en la cama y cuidado, se hace evidente que en su imaginación el padre se ha convertido en un bebé hacia el cual siente una gran compasión. Pero los sentimientos predominantes del resto de la sesión son de orden persecutorio, y se refieren a peligros internos, que amenazan tanto a él como a su madre (nota III). Puede verse también una gran urgencia por arreglar las cosas. El hecho de que los ataques que lleva a cabo son dirigidos contra perseguidores internos, a pesar de que en apariencia fueran hechos contra los objetos externos de la habitación, se hace evidente si consideramos que Richard no ha mirado a los transeúntes con la intensidad con que suele hacerlo. Más tarde, en la calle, sigue sin interesarse en niños ni en adultos, pero para entonces ha cambiado de humor. Se ha puesto serio y triste, y al despedirse de *M.K.* sigue todavía muy pensativo. Sin duda una vez más ha llegado al máximo la preocupación por su padre y la ansiedad que su enfermedad le provoca.

Notas de las sesión número sesenta y uno.

I. He indicado ya antes que el analista tiene a veces que impedir que el niño le haga daño; ahora quiero añadir que es igualmente importante evitar que se haga daño a sí mismo.

II. Uno de los móviles que da mayor ímpetu a la agresión, se deriva de la necesidad de salvar el objeto, arrancando o cortando de él lo malo que contiene. Este mecanismo es de gran importancia para comprender la delincuencia. Daré un ejemplo de ello: un niño de cuatro años, cuya madre estaba embarazada, sentía una enorme angustia por el embarazo de ésta. Aunque deseaba tener un hermanito, sentía al mismo tiempo muchos celos de él, y además temía que hubiera algo malo dentro de su mamá debido a que ésta se sentía a menudo mal. Varias veces llegó a cortar las sábanas de su cama, la tela de un biombo y hasta su propio pijama; y nada le podía impedir que hiciera esto, si no era poner las tijeras fuera del alcance de su mano. Resulta bien claro que estos ataques se dirigían en parte a él mismo, que contenía a la madre con el niño; pero en parte también se dirigían contra su madre, tratando con ello de salvarla del bebé malo y peligroso que estaba dentro de ella. En el caso de este niño, es bien evidente la asociación que hay entre sus actividades destructivas y el embarazo de su madre; pero también se da esta necesidad de cortar cosas en niños cuyas madres no están embarazadas. Y no me cabe duda de que a pesar de que también entren en las motivaciones que llevan a ello otras ansiedades, siempre está en operancia una necesidad muy intensa de mirar dentro del cuerpo de la madre y de sacar de él los bebés en potencia que contiene o el pene malo del padre.

III. En esta sesión he interpretado sobre todo los sentimientos de persecución de Richard, aunque preguntándome todo el tiempo si mis interpretaciones eran adecuadas, ya que sin duda también estaban presentes sentimientos de tristeza y de preocupación. El curso que sigue la sesión, el evidente alivio del niño al finalizarla, me sugieren, sin embargo, que mis interpretaciones han sido correctas. Además, el cambio que se opera en Richard al finalizar la sesión, cuando queda triste y pensativo, demuestra que esta parte de sus sentimientos ha podido ponerse en un primer plano, como consecuencia de la previa interpretación de las ansiedades persecutorias.

En varias oportunidades he sugerido que, a menudo, la ansiedad persecutoria queda reforzada cuando la depresión se hace intolerable. Este refuerzo significa, además, que los sentimientos de amor, compasión y culpa, se encuentran sofocados. Por otra parte, cuando la ansiedad persecutoria es muy intensa desde el nacimiento, la posición depresiva no puede llegar a elaborarse. Enfrentado entonces con una persecución tan intensa, el individuo es incapaz de manifestar o vivenciar el dolor producido por la depresión y la culpa. En nuestro trabajo clínico, empero, nos enfrentamos a veces con sentimientos de persecución que duran largos períodos de tiempo, y es esto lo que debe ser interpretado entonces. Nuestro conocimiento de que la culpa y la depresión también obran en cierta medida en todo individuo, aguza nuestra atención respecto de cualesquiera indicios de estas emociones, que pudieran aparecer en el curso ulterior del análisis. Inversamente, se dan casos de personalidades en las que, al principio, encontramos en especial sentimientos de depresión o las defensas erigidas contra éstos; y en estos casos debemos tener en cuenta que también están en operancia ansiedades persecutorias, que en el transcurso del análisis se irán poniendo en un primer plano.

La conclusión a que llegamos, pues, es que debemos dirigir nuestra atención a cualquier tipo de emoción que prevalezca en el momento, teniendo siempre en cuenta, sin embargo, que también se van a manifestar otros tipos de situaciones de ansiedad.

SESIÓN NÚMERO SESENTA Y DOS (Miércoles)

Richard se encuentra con *M.K.* frente al cuarto de jugar. Está serio y triste y no tan perseguido como el día anterior. Cuenta que su madre le ha llamado por teléfono, para decirle que su padre ha pasado una buena noche y que el doctor está contento con él, cosa que le ha alegrado mucho. Una vez adentro, dice que su mamá le ha dicho que arregle los horarios de manera de tener la sesión del viernes por la tarde, para así poder irse a casa el jueves por la noche y volver a tiempo para la sesión del viernes. Parece preocupado al hacer este pedido, y aunque *M.K.* en seguida se muestra de acuerdo, le pregunta dos veces cuándo va a saber si puede hacerle este cambio de horario.

M.K. le señala que el cambio *es* posible, pero que parece dudar de que algo que desea se pueda hacer realidad. A Richard se le ilumina el rostro cuando por fin se da cuenta de que *M.K.* está de acuerdo con que se vaya a su casa, y de que no se ha producido ninguna oposición entre ella y su madre.

Entonces se pone a investigar si las niñas exploradoras han cambiado de sitio alguna cosa, pues sabe que han usado la habitación el día anterior, y se pone contento al verificar que todo sigue igual. Después descubre, sin embargo, que han desaparecido los paquetes y los palos... Repite con gran sentimiento que se alegra mucho de que su padre esté mejor y le cuenta a *M.K.* algo que le pasó la noche anterior: Paul, que se quedó con él hasta después de cenar, dijo a la gente del hotel (según la versión de Richard) que "deberían portarse bien".

M.K. pregunta si con esto quiere decir que está contento de que Paul *se* haya quedado con él y haya sido amable.

Richard contesta con énfasis que su hermano fue muy bueno, y sigue contando que el niño que vive en el hotel ahora está muy bien y no le molesta para nada. También las camareras son muy amables. Cuando Paul se fue, se metió en la cama y se puso a leer para darse ánimo, pero luego se sintió muy solo y lloró hasta quedarse dormido. Pero no lloró mucho, pues se durmió en seguida. Tras decir esto, mira a *M.K.* y le dice: "Sé que sientes pena por mí", y después agrega que quiere pedirle algo, aunque sabe que ella no va a querer: tiene muchas ganas de ir a visitarla por las tardes, o de ser posible, de dormir en su casa y en su misma habitación. Y pregunta, dudoso, si esto también quiere decir que desea meter su órgano sexual dentro del de ella. Mientras lo dice, se mete los dos dedos meñiques en la boca (no ta 1).

M.K. interpreta que aunque a veces desea meter su órgano sexual dentro de mamá, tiene al mismo tiempo mucho miedo de hacerlo. Pero, de todas maneras, no es esto lo que sintió anoche cuando se encontraba solo y triste. En ese momento, su deseo era que ella le consolara en representación de mamá; quería meterse en su cama y que ella le quisiera y le mimara. También deseó entonces poder chupar de su pecho, pues los dos dedos meñiques que se mete en la boca representan los pezones. Hubiera querido ser otra vez un bebé y estar en sus brazos. *M.K.* le pregunta luego en qué se quedó pensando antes de dormirse.

Richard contesta que deseaba estar en su casa, y que pensó en papá, mamá, y también en la enfermera de papá. Parece una mujer muy buena, y le gustaría verla más... Empieza a dibujar (dibujo 53) y al mirar el dibujo *52* se divierte pensando que "Brumbruk" significa "marrón" * . También se fija en las ballenas del dibujo. Refiriéndose al dibujo número 53, dice que en la parte de la izquierda hay un patio donde docenas de trenes van a dormir

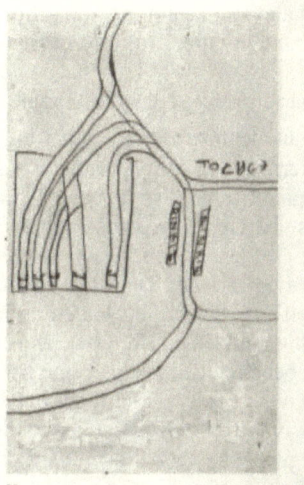

M.K. interpreta que le hubiera gustado ir a dormir con Paul con docenas de Paul, que fueran hermanos buenos-, para entonces juntar todos sus penes. Esto es también lo que puede haber deseado de pequeño, cada

---

* *Brown* significa marrón en inglés, y su pronunciación se asemaja a la de *Brum* de *Brumbruk*.

vez que se sentía solo y abandonado por mamá. Le señala, además, que para hacer este dibujo ha usado el lápiz marrón, cosa que no suele hacer, y que mientras ella le interpretaba, se lo metió en la boca. En este dibujo, las figuras que hay, y que están en el patio, indicadas por puntos dibujados en los extremos de los trenes, representan su materia fecal, su interior y el de mamá, el cual siente que ha incorporado dentro de sí. Comerse estas cosas marrones que saca de dentro de su mamá, también significa que se quiere comer las ballenas y el órgano genital de papá. Pero aunque quiere apropiarse del órgano sexual de éste, al que tanto admira (el "Longline", el rey, el "Roseman") también tiene miedo, y entonces se dirige al de Paul, el cual siente que es mejor y mas seguro.

Richard protesta y dice que si hoy ha usado el Lápiz marrón es porque es el más afilado de todos. Pero se queda dudoso ante esta explicación y añade: "...O por lo menos, es uno de los más afilados". Se refiere entonces a "Rinkie", que es la única palabra que hay en el dibujo aparte de "a Lug", y dice que significa pista de hielo [**] , y "kie" significa "llave", aunque lo haya escrito de una manera diferente[***] . Mientras da esta explicación, Richard se pone a jugar con el tejo, el cual ha levantado antes de sentarse a la mesa. Y anteriormente, en un momento en que *M.K.* le preguntó en qué pensaba cuando se sentía tan solo, dio al tejo, que es de goma, la forma de una "B" mayúscula. Tras esto habla otra vez de la enfermedad de su papá.

M.K. interpreta que desea tomar el pecho, el cual está representado por la letra "B"[****] , deseo que antes demostró al chuparse los dedos. Tiene muchas ganas de ver a la enfermera de papá, porque ésta le hace recordar a la niñera que él tuvo y a quien tanto quiso de bebé. Hace poco, en una ocasión en que su madre estaba en "Y", su niñera vino a X" a quedarse con él por unos días, y sintió entonces que todavía la echaba de menos. Además, su padre está ahora en la cama desvalido, mientras le cuida la enfermera, lo cual le convierte en su imaginación en un bebé: el bebé que siempre ha esperado que su mamá tenga. Por esto tiene celos de papá, como los hubiera tenido de un bebé recién nacido. Teme perder por su causa el amor de mamá y el de su niñera; además, el sentir que papá se ha convertido en bebé, le hace revivir a él mismo el deseo de serlo también [regresión]. Pero como esto no puede ocurrir de verdad, se dirige hacia Paul, para buscar en él compañía y cariño.

Richard está muy interesado en esto que *M.K.* le interpreta, y se muestra muy amistoso hacia ella, aunque se pone triste al oír la descripción

[**] Pista de hielo es *rink* en inglés.
[***] Llave, en inglés, se escribe *key*.
[****] Pecho es *breast* en inglés.

de su soledad. Cuando oye esta interpretación particular, se pone el tejo de goma en la cabeza y dice sonriendo: "Tengo una aureola en la cabeza", tras lo cual pone cara de inocente.

M.K. interpreta que parece que se siente como si fuera un santo. Le gusta sentir que ella tenga pena de él y está tratando de ganarse así su cariño. Representa para ello el papel de "Larry el cordero", y de niño inocente.

Richard se queda divertido al oír esta interpretación y comprobar que ha sido descubierto, y se muestra de acuerdo con ella.

M.K. le interpreta que papá representa además para él a su propio bebé. En realidad le gustan los bebés lindos, aunque tema o le den asco los sucios y los niños de los barrios bajos, quienes representan a los bebés dañados y por lo tanto peligrosos.

Richard responde a esta interpretación plenamente, pues dice que a su padre le están dando Alimento Benger, que es una comida para bebés. Luego se inquieta y se pone a mirar por la ventana. Ve entonces que el señor Smith pasa por la calle y le saluda sonriente. Sin duda el señor Smith le hace también un gesto amistoso, pues cuando vuelve a la mesa está contento, pero no hace ningún comentario sobre él ni pregunta a *M.K.* si se lo ha encontrado antes, lo que es extraño. Después se pone a buscar su navaja, dudando de si la ha traído o no, pero descubre que sí. La abre, ve la marca que tiene y dice recalcando: "Hecha en Alemania". En ese momento mira por la ventana y al ver pasar a un hombre comenta que es horrible,

M.K. le pregunta por qué.

Richard contesta que porque tiene una nariz grande y horrible. (En realidad no hay nada que llame la atención en él.) Se pone a dar vueltas por la habitación y hace un leve corte en un palo de madera, pero pronto vuelve a guardar la navaja. Levanta luego el palo y lo deja caer haciendo un ruido fuerte... Pregunta a *M.K.* si la R.A.F. ha llevado a cabo algún bombardeo, y cuando ésta contesta que no lo sabe, se molesta y le pregunta por qué no escucha el noticiario radial de las mañanas... Después se dirige a la cocina donde coge el hacha, golpea con ella la cañería del fogón, deja de hacerlo y vuelve a explorar el fogón por todos lados. Abre el horno, saca el hollín, martilla algunos caños para sacarles el hollín que tienen, abre el regulador de la chimenea y descubre la manera como el fogón se conecta con el tanque. Después saca agua del grifo, llena un cubo con agua y le pide a *M.K.* que lo vacíe. Todas estas actividades hacen que el suelo de la cocina se ensucie mucho, con lo que se queda muy preocupado, agradeciéndole a *M.K.* que lo limpie todo.

M.K. le pregunta si tiene miedo de las niñas exploradoras por haber ensuciado todo.

Richard dice que no, pero que no quiere que se pongan furiosas con ella.

M.K. interpreta que está buscando dentro de ella el órgano sexual grande de papá, que tanto le asusta, el cual está representado por la nariz grande del hombre de la calle, y la navaja alemana que tiene en el bolsillo; y que también quiere descubrir de qué tamaño es el que está dentro de él. Quiere romperlo y cortarse el cuerpo para sacarlo de dentro de si, y por esto ha atacado el palo de madera.

Pero otra vez, igual que ayer,. ha decidido luego limpiarse por dentro, cosa que ha expresado al limpiar el fogón. El fogón es además el interior de *M.K.*, y la navaja el señor K. que cree que está dentro de ella, lo cual le hace sentir que tiene en ella al papá enfermo y asustador. También ha tratado de limpiar el interior de papá y de sacarle la materia fecal mala que cree que le ha bombardeado (cuando siente que la R.A.F. le representa). Al decir que teme que la suciedad que ha hecho cause un conflicto entre las exploradoras y ella, es porque cree que su suciedad -su materia fecal- puede hacer lío entre la gente, y en especial entre sus padres.

Cuando todo está limpio, Richard coge el calendario, se pone a mirar sus láminas y admira algunos paisajes. Al encontrar una que representa una casita con techo marrón -toda la lámina tiene esta tonalidad-, dice que no le gusta, pasa de hoja rápidamente y se detiene a admirar otra. Aunque parece molesto cuando *M.K.* le pregunta la causa de su disgusto, contesta, sin embargo, con desgano, que no le gusta el techo. En cambio el cuadro que está admirando representa una escena de corderos y ovejas que se llama "Soledad' y que le emociona.

M.K. interpreta que se siente solo y que desea estar con sus padres; las ovejas le hacen recordar a su hogar.

Richard contesta que le gustaría, en efecto, estar de vuelta en su casa, pero que en realidad no se encuentra triste. Muchas de las láminas que pasa rápidamente son de color sepia.

M.K. vuelve a interpretar este hecho, diciendo que le disgusta su propia materia fecal, y que el techo marrón de la casita representa la casa de sus padres y sus cuerpos, los cuales siente que ha ensuciado y estropeado.

Richard entonces le enseña dos cuadros que están en marrón y que sí le gustan; el sol brilla en ellos y hace que una parte de la lámina parezca dorada.

M.K. le recuerda que muchas veces el sol ha representado para él a la mamá buena y cálida que le ayuda, y que ahora cree que puede llegar a arreglar "lo grande" y convertirlo en algo bueno. Una vez se refirió a sus zapatos diciendo que brillaban como el oro al sol.

Richard, que se está empezando a preparar para marcharse, echa una rápida mirada a los dibujos; refiriéndose al 49 dice, al tiempo que se estremece un poco: "El águila horrible nos está mirando a ti y a mí".

M.K. interpreta que el águila representa a papá y a mamá mezclados y ennegrecidos por la materia fecal; la boca, que está abierta, significa que le van a devorar. Estos padres malos están mirando para ver qué hacen y dicen él y ella, que es la mamá buena.

Pero en su imaginación piensa que también se los ha comido a ellos y que ahora le están observando tanto a él como a sus pensamientos desde adentro. En este momento, sin embargo, el águila representa, de una manera especial, al papá enfermo y dañado, unido a la mamá hostil[2].

Notas de la sesión número Sesenta y dos.

1. Conscientemente, los pensamientos sobre las relaciones sexuales han estado todo el tiempo fuertemente reprimidos, pero el material inconsciente da evidencia de su existencia. En la actualidad, los deseos y las situaciones orales se encuentran reforzadas por la regresión motivada por la enfermedad del padre. Esto ya lo he señalado claramente en la nota de la sesión cincuenta y seis. La ansiedad sentida por la rivalidad con este padre enfermo en la situación edípica, se hace por ello intolerable. El material anterior nos ha mostrado ya varias veces, la manera como en el juego de la flota Richard trata de renunciar a todo deseo genital y a la consecuente rivalidad con su padre, para poder así mantener la paz dentro de la familia. La enfermedad del padre incrementa esto y contribuye a que Richard haga una regresión hasta situarse en el nivel de un bebé También el padre, por su parte, se ha convertido a los ojos del niño en un lactante, pues tiene una enfermera que él mismo dice le interesa mucho, transformándose para él en el bebé que le quita el pecho de mamá. Por otra parte, cuanto más se acerca la fecha de mi ida más quedan reforzados sus deseos orales, y como su ansiedad está tan centrada en el acto sexual de los padres, pareciéndole la genitalidad muy peligrosa por ésta y otras razones, la regresión a la oralidad queda aún más reforzada. Resulta significativo, pues, ver cómo los celos que trata de evitar en un plano edípico, vuelve a aparecer en el plano oral.

Algunos de los factores que ya he mencionado, tales como el miedo de dañar el genital del padre en una situación de rivalidad, el temor a la venganza de éste, y la angustia ante el órgano sexual materno dañado y peligroso (por contener el pene destructivo del padre) suelen constituir generalmente la causa de la impotencia o de la reducción de la misma.

---

[2] No tengo ninguna nota referente a la respuesta de Richard ni a la manera en que se separa d e mí tras esta sesión.

Podría añadir, además, que el anhelo por un pecho alimenticio bueno, expresado en muchas sublimaciones, constituye un rasgo que persiste a través de toda la vida y que por lo tanto se re activa fácilmente cada vez que surgen ansiedades de origen interno o externo. Por ello tenemos que tener en cuenta, no sólo la regresión, sino también la influencia que ejercen los más tempranos deseos todavía no abandonados y que afectan a todo el desarrollo ulterior del individuo.

SESION NÚMERO SESENTA Y TRES (Jueves)

Richard se encuentra con *M.K.* unas casas más allá del cuarto de juegos. Está apoyado contra la verja de un jardín pretendiendo que no la ve, y haciendo muecas con los ojos medio cerrados. Con tono de broma dice que se estaba preguntando si le iba a reconocer, y que se estaba haciendo el "viejo tonto". Cuenta además que su madre le ha llamado por teléfono, y que va a ir con ella y con Paul a pasar el día a "Z" si es que su padre se pone lo suficientemente bien como para dejarle solo con la enfermera. De no ser así, no podrán hacerlo. Una vez en la habitación se sienta a la mesa y dice que no ha venido la flota porque no ha querido ni venir ni ver a *M.K.*

M.K. interpreta que parece tener sentimientos contradictorios hacia ella, quien en cierto sentido, le parece peligrosa. La flota representa a una parte de su mente además de a su familia, y quiere dejarla en un lugar seguro mientras él está con ella.

Richard acepta esta interpretación, pero dice enfáticamente que tenía muchas ganas de venir y que la quiere mucho. Comenta que ha pasado una noche completamente feliz y que ha dormido bien. La tarde anterior se fue al cine, donde vio una buena película y tuvo la suerte de conseguir su asiento favorito, que queda en el lado derecho de la parte más alta, de manera que domina los demás asientos. Tras decirle a *M.K.* el número que tiene, comenta que estuvo completamente solo en esa parte del cine. Había, como es natural, mucha gente en los asientos baratos; pero no le hubiera importado que la gente se sentara cerca de él con tal de estar en su asiento. Había también algunos niños que cree se quedaron mirándole, pero él no les hizo ningún caso y no le volvieron a mirar. Después se fue otra vez al hotel, donde leyó un rato antes de irse a dormir; durmió bien y ahora se siente bien también.

M.K. interpreta que su asiento favorito del lado derecho se encuentra en la misma posición que la silla del cuarto de juegos donde se sienta con ella. Estar sentado con ella le da la sensación de estar seguro y protegido contra quienes puedan perseguirle, cosa que le ha dicho varias veces. Cuando ayer se consideró más seguro en su asiento del cine fue porque sintió que ella le estaba protegiendo, pues siente que la tiene dentro de sí de una manera más segura que antes. Esto también significa que tiene mayor confianza en la mamá buena interna. Le recuerda con respecto a esto el fin de semana en que sintió que ella estaba con él (sesión número siete) y le dice que anoche ya no era el águila horrible la que le observaba (sesión sesenta y dos), sino la mamá buena interior; por ello no se sintió solo a pesar de estar separado de su familia durante la noche. Además está orgulloso de poder estar solo sin sentirse triste, pues le demuestra que el análisis y ella le han ayudado; lo cual a su vez le hace sentir de nuevo que tiene dentro de si a la mamá buena.

Richard se queda mirando a *M.K.* en forma cálida y afectuosa, y le acaricia la manga mientras comenta que le gusta la chaqueta roja que tiene; le pregunta si todas las señoras del continente usan chaquetas tan lindas...
Después se da cuenta de que el señor Smith está pasando por la calle, aunque no estaba prestando atención a lo de afuera. El señor Smith parece tener prisa y Richard se queda muy desilusionado al no poder lograr que le mire, entonces golpea los cristales de la ventana y se siente aliviado cuando el señor Smith le sonríe después de todo.

M.K. interpreta que se hubiera quedado preocupado de no saludarle el señor Smith, porque teme que el papá bueno se transforme fácilmente en el papá malo. Y quiere tener amistad con los hombres que representan a su padre, porque cuando estaba apoyado en la verja siendo "un viejo tonto" le estaba haciendo burla a éste, y ahora se siente culpable y asustado.

Richard levanta uno de los extremos de un palo de madera muy pesado, de tal manera que podría haberse lastimado fácilmente si el palo se le hubiese caído.

M.K. interpreta que de esta manera está mostrando el miedo que le tiene al órgano sexual grande y vengativo de papá. Y que quiere además averiguar lo peligroso que es levantándolo en el aire, igual que antes quiso asegurarse de que el señor Smith seguía siendo su amigo. [Prueba de la realidad.]

Richard se va entonces a la cocina y empieza a explorar el fogón. No lo hace, sin embargo, con violencia como el día anterior, limitándose a explorarlo y a limpiarlo. Tras haber sacado agua de un tanque, al cual llama el "tanque-bebé", indica a *M.K.* que en la abertura del caño hay microbios, y dice que desearía poder sacarlos de allí. Llena entonces el cubo de agua, y al principio no lo deja muy lleno, de manera que él solo lo puede volcar; pero luego pide a *M.K.* que se lo vacíe mientras le dice: "odio tener que pedir a una dama que haga esto, pero ¿te importa hacerlo?" Cuando *M.K.* se lo vacía, encuentra un cepillo y limpia el fogón, sacando de él y de las cañerías una cantidad de hollín.

M.K. interpreta que desea sacar de su cuerpo a los bebés peligrosos - los microbios-, o más bien a los bebés enfermos, y hacerla sentir bien limpiando el órgano sexual manchado y enfermo del señor K., que a su vez puede mancharla y enfermarla a ella. De la misma manera está también tratando de curar a su padre.

Richard se ha manchado las manos y la chaqueta con el hollín, y con aire que expresa que no le molesta, dice que si uno se pone a limpiar debe por fuerza ensuciarse (nota 1).

M.K. le indica que al limpiar se ha quedado él con algo de la suciedad y de los microbios que cree que su mamá y ella tienen adentro, y que siente que les ha aliviado al quedarse él sucio en vez de ellas.

Richard vuelve a dirigirse al tanque, del cual saca varios cubos de agua.

M.K. le pide que no los llene demasiado, pues pesan mucho como para que ella los pueda vaciar.

Richard pregunta qué pasaría si dejara el grifo abierto, inundando el agua la casa hasta levantarla, y el río se la llevara flotando. Piensa que entonces el río tendría muy poca profundidad y que cientos de personas se quedarían sin agua.

M.K. interpreta que al pedirle ella que no llenara demasiado el cubo, le ha hecho sentir como si estuviera robándole el pecho bueno a mamá, y dejando sin él a los demás bebés. Al no poder sacar toda el agua que quiere, siente que el grifo deja de ser el pecho bueno, para transformarse en el pene malo de papá, el cual puede inundar, destruir y llevarse a mamá: la casa que flota por el río.

Richard vuelve a preguntarle algo que ya ha preguntado al principio de la sesión: si *M.K.* va a ir hoy al pueblo. Aunque sabe que los jueves John tiene su sesión de análisis poco después de la suya y que por esta razón *M.K.* se va derecho a su casa, le pregunta en forma suplicante: "¿Tienes realmente que ir a tu casa?"

M.K. interpreta que él sabe bien que John tiene ahora su sesión, pero que le gustaría que ella sólo le dedicara a él su tiempo. Esta puede haber sido la razón por la cual también, hace unos días (sesión cincuenta y seis), le pidió que le diera dos sesiones consecutivas. Además teme que por estar ella con John se vuelva a quedar sucia y dañada, y tales sentimientos incrementan a su vez los celos que siente de mamá, quien ahora está cuidando a papá y a Paul, pudiendo quedar manchada y dañada también por ellos.

Richard se pone entonces a cerrar la tapa del tanque; lo hace varias veces y con bastante violencia.

P S I K O L I B R O

M.K. le interpreta que está cerrando su pecho y su órgano sexual, para que los otros, y en especial John, no los puedan tener. Además, cuando siente celos, desea que tanto el señor K. como John golpeen con fuerza su pecho y su genital, hasta hacerle daño; y esto hace que se preocupe tanto por lo que le puede pasar a mamá durante las relaciones sexuales... Mientras *M.K.* habla, una de las tapas del tanque se separa y cae dentro de éste. *M.K.* lo saca, pero al hacerlo se mancha la mano y el brazo, y debe lavárselos.

Richard se seca las manos al mismo tiempo con el otro extremo de la toalla y comenta que se la están repartiendo entre los dos. También ayuda a *M.K.* a colocar otra vez la tapa, poniéndose evidentemente contento al ver como ésta hace estas cosas por él.

M.K. interpreta que desea compartir cosas con ella, lo cual significa tenerla, tanto externa como internamente, como una mamá buena.

Richard encuentra una pelotita, a la cual hace rodar por la habitación, de un extremo a otro. Hace lo mismo con otra que es un poco mayor, y luego hace chocar a las dos.

M.K. interpreta que parece sentir que su órgano sexual, aunque pequeño, puede meterse dentro del de ella (el cuarto), lo cual significa hacer algo por ella y asegurarse su amor. De esta manera siente que puede estar en mejores condiciones para compartirla con John (o con Paul en relación con mamá), pues la pelota más grande representa a John y a su hermano.

Richard saca entonces de la cartera de *M.K.* una pelota que es aún mayor, y se pone a jugar con ella como lo hizo con las otras.

M.K. interpreta que ahora está compartiendo a mamá tanto con Paul como con papá.

Antes de irse, Richard se mira la chaqueta, la cual está manchada de hollín. No parece preocuparse mucho, sin embargo, y comenta que aunque su mamá le va regañar por ello, no será demasiado malo lo que pase. Se separa de *M.K.* amigablemente, sin estar demasiado excitado o exaltado, pero tampoco perseguido ni deprimido. Ultimamente la fobia a los niños de la calle apenas se ha manifestado, y durante esta sesión casi no ha prestado ninguna atención a los transeúntes.

La madre habla con *M.K.* ese día y le cuenta que al enfermarse su padre, Richard se portó en forma razonable y útil, aunque, como de costumbre, dramatizara toda la situación. Aunque sabía que tendría que quedarse solo en el hotel de "X", y ésta es la primera vez que se queda solo de noche, comentó que aunque hubiera preferido quedarse en casa con su madre, se daba cuenta de que era mejor volver a "X" a analizarse. Estuvo muy decidido a hacerlo y, en opinión de la madre, el progreso que está haciendo se mantiene bien.

Bibliotecas de Psicoanálisis   Página 15

Nota de la sesión número sesenta y tres.

I. Me parece significativo el autoconocimiento que supone reconocer la necesidad de ensuciarse para poder limpiar algo. En efecto, en este momento todo el desarrollo de Richard indica que la idealización ha disminuido, que se ha efectuado un progreso en su integración y que, por lo tanto, puede admitir mejor que una persona puede ser buena sin ser perfecta. Esto implica que él mismo puede ser sucio hasta cierto limite y, sin embargo, ser útil a la vez, ayudar y tener valor. La mayor tolerancia sentida hacia los demás le lleva a una mayor tolerancia hacia sí mismo y, por lo tanto, a la disminución de los sentimientos de culpa. Por otra parte la disminución de las ansiedades depresivas y persecutorias, implica también una disminución de los rasgos obsesivos.

SESIÓN NÚMERO SESENTA Y CUATRO (Viernes)

Llueve a cántaros. Cuando Richard llega al cuarto de juegos, le echa una ojeada con evidente disgusto; a *M.K.* no la mira en absoluto. Le ofrece el periódico local de "Z" que ya ha mencionado en otra oportunidad y le pide con urgencia que lo lea, pues así podrá conocer realmente algo sobre "Z" y le podrá gustar... Luego se saca un chelín del bolsillo y le pregunta si se lo puede cambiar por doce peniques.

M.K. le contesta que no tiene cambio.

Entonces Richard se sienta a la mesa, manifiesta que desearía no estar aquí y hace un gesto, el cual dice que significa tocar el timbre.

M.K. le pregunta a quién está llamando.

Sin un momento de duda, Richard dice que es para que venga la mamá celeste y se vaya la mamá azul oscuro. Señala entonces el vestido de *M.K.* que es azul marino, y le dice que ella no es del todo negra a pesar de ser azul oscuro. Es algo intermedio. Después le cuenta el viaje que hizo a "Z" con mamá y con Paul; se desprende de su relato lo importante que es para él haber traído de su casa no sólo algunos utensilios domésticos que necesitaba su padre, sino también su tren mecánico, al que se refiere con gran sentimiento[3]. Tras esto hace el dibujo 54, que es, según él, el mapa de su tren. Uno de los cfrculos representa una silla, alrededor de la cual hay varias líneas que representan las vías. No explica lo que es el círculo que está encima. Se pone a imitar el ruido de la locomotora y habla con

---

[3] No se trata solamente de que ahora puede jugar con él; da la impresión, además, de que siente haber encontrado otra vez un objeto querido y perdido. Esto nos hace recordar las fuertes emociones que expresó al dibujar su tren eléctrico en la sesión cuarenta y cinco, en la cual habló también de su casa de "Z" y de recuerdos felices. La flota y los pájaros representan papeles semejantes, pues todos ellos están llenos de amor que en parte ha desplazado de la relación con sus padres y d e la vida hogareña.

entusiasmo sobre la fuerza y la velocidad del tren. Es evidente que está tratando de vencer su miedo y la depresión [Defensa maniaca.]

M.K. interpreta que está muy contento de tener consigo su tren, no sólo porque le gusta jugar con él, sino también porque le representa a sí mismo (el pequeño Richard que vive y que se amamanta del pecho de mamá, representado por los dos círculos). Necesita sentir esto tanto más cuanto que teme que su padre esté muy enfermo y se pueda morir, cosa que a su vez le hace sentir más miedo de su propia muerte (nota 1).

Richard dice con seriedad y tristeza: "Papá está muy enfermo". Tras esto se va corriendo a la cocina, se sube encima de un cajón, mira a través de la ventana, y descubre que los paquetes y palos eran una tienda de campaña. Entonces le dice a *M.K.* que venga a ver, pidiéndole que le dé la mano parar saltar del cajón.

M.K. interpreta que quiere que le dé la rnano y los peniques para de esta manera transformarla en la mamá buena. Así no teme a la mamá dañada y bombardeada, representada por la casa de "Z" o por la maná-águila muerta (sesión cincuenta y nueve) la cual ahora representa a mamá que contiene a papá enfermo.

Richard se pone a recorrer la habitación de arriba abajo, mientras grita, pisotea y hace el paso de ganso... Después vuelve a la mesa y con mucha prisa y aspecto de estar enfadado, preocupado y perseguido, llena dos hojas de papel con su firma y con garabatos.

M.K. interpreta que el pisotear, gritar y garabatear con rabia, expresan la sensación que tiene de haber bombardeado y ensuciado a papá con materia fecal y con orina, y de ser como Hitler (el paso de ganso). Tiene, pues, miedo de haber enfermado a papá, cosa que le preocupa mucho, y también de haber hecho dalio a marná que le contiene dentro de sí. Por esto no sólo se siente culpable, sino además temeroso de que los padres internos le ataquen (el águila dentro de si mismo).

Richard se hurga la nariz (cosa que no suele hacer) y pregunta a *M.K.* si en caso de hacer algo peligroso para si mismo algún niño paciente suyo, ella le detendria o no.

M.K. le pregunta qué sería ese algo.

Richard contesta: "Comerse los mocos".

M.K. interpreta que al parecer ya se los ha comido antes, y que teme que sean tan malos y peligrosos como "lo grande", y que puedan dañarle a él y a sus padres.

Richard, echándole entonces una mirada de alivio, dice que a veces se los ha comido, en efecto, e inmediatamente se va corriendo a la cocina. Allí se pone a mirar dentro del "tanque-bebé" y se da cuenta de que el agua contiene algo de hollín; entonces mete dentro el atizador y se pone a

PSIKOLIBRO

remover el agua mientras dice: "Así está el corazón de papá cuando está enfermo".

M.K. le indica que siente que ha atacado a su padre enfermándole, al hurgar dentro de él. Pero que ahora, al mover el atizador de arriba abajo, está también tratando de que su corazón siga latiendo sin detenerse, igual que cuando mueve su tren siente que se mantiene él vivo y su papá también.

Richard cierra el tanque tirando la tapa sobre él, y una vez más ésta se cae adentro salpicando agua que cae sobre el fogón. Mientras *M.K.* saca la tapa, Richard, que se ha pasado todo el tiempo mirando con ansiedad la lluvia que cae, se va corriendo a la puerta lateral, la abre y la mantiene abierta, permitiendo así que se moje la cortina.

M.K. le pide que cierre la puerta e interpreta que tiene miedo de que la lluvia sea la orina de su papá enfermo [4], la cual ahoga, inunda y envenena. Al perrnitr que la cortina se moje, está tratando de ver si realmente es tan peligrosa como él cree.

Richard se pone a corretear por el cuarto, que ha sido limpiado y ordenado por las niñas exploradoras, y descubre unas tarjetas postales ni¡evas colocadas en el biombo. Lee entonces en voz muy baja la inscripción de una de ellas. Se trata del pato Donald, que ha dejado en su casa a un pinguinito que ha adoptado, mientras él se va a buscarle alimento. Al volver, se encuentra con que el voraz bebé se ha comido a un pececito de color. Mientras lee, Richard se pone a chupar y a morder un lápiz rojo nuevo, y lo hace con tanta fuerza que se le cae la pintura roja de la punta. Entonces pregunta a *M.K.* si le importa que haya mordido el lápiz nuevo que le acaba de dar.

M.K. interpreta que tiene miedo de ser él el bebé voraz que se ha comido al pececito de color, el cual representa el genital "Roseman" bueno de papá -ahora el lápiz-, dejándoles a ella y a mamá con el papá y con el Sr. muerto o dañado.

Richard entonces dibuja dos giros postales; el primero es por una libra, va dirigido a si mismo y está firmado por el rey; mientras que el segundo está a nombre de *M.K.*, también lo firma el rey y es por el valor de once peniques.

M.K. interpreta que le está mostrando que también hay en él materia fecal buena (la orden postal dada por el rey, en representación de papá). Pero como a ella sólo le da once peniques, siente que le ha robado, ya que él tiene la libra, el pene bueno de papá y los bebés.

---

[4] Se ve aquí una buena cantidad de ansiedad persecutoria. La lluvia, como se ve en sesiones anteriores, constituye para él un castigo y una amenaza, pues representa la orina peligrosa y venenosa del padre; en una ocasión anterior signif icó también una amenaza de dios (sesión cincuenta y dos).

PSIKOLIBRO

Richard se inquieta. Se dirige a la ventana a mirar la lluvia, vuelve a recorrer la habitación y luego se pone a escribir su nombre en otras hojas que también llena de garabatos.

M.K. interpreta que ahora tiene miedo de no tener después de todo "lo grande" bueno -la libra- que querría darles a ella y a mamá en reemplazo del pene-pez de color. Siente en cambio que solamente tiene materia fecal mala -los garabatos- y por esto piensa que no puede devolver a mamá lo que le ha robado, ni ayudarla en momentos en que está preocupada por la enfermedad de papá.

Richard señala el lápiz rojo y dice: "Se ha vuelto completamente marrón por haberlo mordido yo".

En esta sesión vemos que Richard expresa la ansiedad persecutoria que siente, haciendo a ratos mucho ruido y poniéndose inquieto. Pero también se ve claramente que vivencia sentimientos depresivos más plenamente que en las sesiones inmediatas a la enfermedad de su padre, y que se da cuenta de lo realmente angustiante de la misma (nota II).

Nolas de la sesión NÚMERO sesenta y cuatro.

1. Hubiera sido apropiado añadir a esta interpretación algo que no fue dado en el contexto: que mantenerse Richard vivo (representado por el tren), implica también mantener con vida al padre interior. Este sentimiento está ligado a recuer dos infantiles de la primera infancia, que ahora vivencia el niño otra vez al volver a ver su hogar y que cobran nuevamente vigencia por el cariño y la preocupación que la enfermedad del padre le provocan, haciéndole desear renovar la vida familiar. Como puede verse en sesiones anteriores, la casa abandonada y bombardeada de "Z" también representa a su madre abandonada. Al volver a vivir el pasado y el amor a ella, Richard siente que puede deshacer o contrarrestar sus deseos destructivos y la identificación que ha hecho con el padre-Hitler. Es significativo que en este momento del análisis puedan darse más libremente y ser vivenciados con mayor plenitud los sentimientos amorosos que antes estaban ahogados por la ansiedad persecutoria.

Vemos además cómo, en el transcurso del análisis, no sólo vuelve Richard a vivenciar recuerdos muy tempranos, sino también emociones y ansiedades que ejercieron una gran influencia en todo su desarrolloy que ahora bar pasado a ocupar un primer plano. Me refiero en particular a aquellos recuerdos de sentimientos que se re-montan a la primera infancia y que a menudo están ocuhos tras recuerdos encubridores. Estos recuerdos encubridores resultan de importancia sólo si conseguimos en el análisis descubrir las situaciones emocionales más tempranas y profundas que se encuentran condensadas en ellos.

II. Según podemos ver por el material que sigue inmediatamente a la repentina enfermedad del padre y por la actitud de Richard hacia la misma, lo que predominó en primer lugar fue la ansiedad persecutoria. Sólo tras el análisis y la consecuente disminución de esta ansiedad, pudieron llegar hasta un primer plano los sentimientos depresivos y de culpa, y el deseo de reparar. Un ejemplo de esto es el haber podido quedar solo en el hotel, logro éste que estoy segura se debe al análisis, y que en este momento particular Richard vive como una ayuda que presta a su madre, y como una manera de proteger su tratamiento analítico. En mi trabajo "Contribución a la psicogénesis de los estados maníaco-depresivos" (1935), señalo el hecho de que los sentimientos persecutorios se refuerzan como un medio para evitar el dolor que causa la vivencia de la culpa, la responsabilidad y la depresión; y también sugiero que la incapacidad de elaborar la posición depresiva puede a veces llevar a una regresión hasta la posición paranoide. El dolor que vivencia Richard, y que ahora puede soportar mejor, es muy agudo. El sentimiento de culpa que tiene, está liga. do a que se siente incapaz de poder devolver a su madre el pene bueno y los bebés que según fantasea, le ha robado, así como también de deshacer el daño que siente ha hecho a su padre y a ella con sus celos y sus deseos de muerte omnipotentes. También teme no poder ayudarla en la preocupación que tiene por la enferrmedad de su marido. Pero no sólo están movilizadas ansiedades de todos los orígenes (orales, anales y uretrales), sino que también lo están otros conflictos de lealtades relacionados con diversas situaciones, como ser el sentimiento de deber hacia el padre, que se encuentra en contraposición con el deber hacia la madre, y el que debe a su analista, también en conflicto con la lealtad hacia su madre. Al mismo tiempo siente celos de su padre por la atención que ahora le están prestando (en especial la enfermera), y estos celos entran también en conflicto con el sentimiento de que su padre debe ser mantenido con vida. También se siente culpable por haberse quedado el padre sólo mientras él, su madre y Paul se van a pasar el día afuera. Se da cuenta ahora, y en forma bien consciente, de que la vida familiar peligraría en caso de morirse, y de que su madre se quedaría sola y abandonada; y odo ello le hace sentirse muy culpable de los celos y las hostilidades que ha tenido en el pasado y que, hasta cierto punto, siguen operando todavía en la actualidad.

SESION NÚMERO SESENTA Y CINCO (Sábado)

Richard viene con una maleta, porque después de la sesión tiene que irse a su casa en el autobús. Está serio, pero tiene un aspecto amistoso y decidido. Le dice a *M.K.* que es su día de despedida, pues abandona el hotel para siempre.

M.K. le pregunta si lo siente.

Richard dice que sí, pues la gente del hotel ha sido buena con él. El lunes va a ir a vivir con los Wilson (quienes, como mencioné antes, son amigos de la familia y viven en "X"); allí va a dormir tres veces por semana, mientras que las otras noches y los fines de semana lo hará en su casa...

Empieza a mirar por la habitación y le pide a *M.K.* que le ajuste los cordones de los zapatos de modo que la lazada le dure el día entero; *M.K.* lo hace. Se sienta entonces a la mesa y vuelve a hacer el gesto de llamar al timbre, comentando que llama para que entre ella, pues hoy es la mamá celeste y tiene puesta su linda chaqueta.

M.K. pregunta por qué la llama para que entre, estando ya allí.

Richard se sorprende ante esto y se queda pensativo. Contesta que *M.K.* tiene razón, y evidentemente él mismo no puede comprender por qué lo ha hecho.

M.K. entonces le interpreta que desea que ella sea la mamá buena, y que entre no sólo en la habitación, sino también dentro de él. El deseo de que le ajuste los cordones de los zapatos, expresa el deseo de mantenerla dentro de sí como mamá buena, todo el fin de semana que van a estar separados. Esta necesidad de que haga cosas por él como las hace su mamá, como por ejemplo, sacar la tapa del tanque, darle la mano cuando salta del cajón, darle cambio y atarle los cordones, significa que quiere que ella no sólo sea la analista cuya ayuda le hace sentir que representa a la mamá buena, sino además que llegue a reemplazar realmente a su madre, a la cual ahora ve menos que antes. Por otra parte, desea que haga por él todo lo que él necesita, porque teme que si no se convierta en la mamá mala, ya que así la vivió el día anterior. Lo mismo le ocurre con su mamá, de la cual quiere obtener toda la atención posible para asegurarse constan-temente de que todavía le quiere y de que no se ha transformado en la mamá dañada y hostil -el águila- que contiene al papá enfermo y dañado.

Richard está de acuerdo con que está pidiendo que su madre le preste más atención... Después sale al jardín con *M.K.*, cierra la puerta y dice que la ha dejado encerrada afuera.

M.K. interpreta que aunque ella está con él afuera, desearía dejarla encerrada dentro de él, representado ahora por la casa, y que necesita hacerlo porque se va a pasar afuera el fin de semana y porque ella a su vez pronto le va a dejar.

PSIKOLIBRO

Vueltos a la habitación, Richard pide el cuaderno y se da cuenta de que los dibujos están guardados en un sobre nuevo, cosa por la cual muestra pesar. Pregunta a *M.K.* qué le ha pasado al sobre viejo (nota 1).

M.K. le contesta que se quedó empapado con la lluvia del día anterior.

Richard dice que le gustaba el sobre viejo, y pregunta si lo ha quemado.

M.K. contesta que no; que lo ha guardado como sobrante para la guerra* (nota II).

Richard evidentemente deseaba que le contestara esto; se le ilumina la cara al oírlo y dice que le alegra ver lo patriota que es. Se pone luego a mirar a través de la ventana y al ver pasar a una niña que tiene el pelo bastante rizado, comenta que se parece al monstruo del libro. Una vez más está chupando y mordiendo el lápiz, y pregunta a *M.K.* si le importa que chupe el lápiz "de ella". Añade que sabe que hasta ahora nunca se ha enfadado, pero puede ser que a pesar de ello se llegue a enojar. Después se pregunta si le habrá gustado el periódico que le enseñó, y de repente, muy preocupado, dice que también quería dárselo a la camarera del hotel, y que siente no poder hacerlo, ya que también quiere que lo tenga *M.K.* Sin embargo, agrega que no importa, pues la camarera ya lo ha leído.

M.K. interpreta que quisiera satisfacer tanto a la camarera como a ella, y que de la misma manera, cuando era más chico, trataba de ser leal tanto a su niñera como a la mamá buena. La mamá monstruo es la mamá que contiene al papá malo, que ahora está además enfermo, y desea mantener a ésta separada de la mamá buena. Esto lo ha demostrado al separar a la *M.K.* "buena" de la mala, representada por la niña que acaba de pasar y que "se parece al monstruo". Asociando esto con la enfermedad de su padre, *M.K.* le sigue diciendo que tiene miedo y se siente culpable, porque siente que su madre tiene dentro de ella a un papá dañado y por lo tanto peligroso, y que ello se debe a haberle él robado el genital al papá bueno. (El pez de color, "Roseman", "Prinking" y "Longline" que también significa "long-live")[5]. Se ha referido, además, al lápiz rojo, preguntándole varias veces si le importa que lo chupe y lo estropee. Anteriormente, nunca se ha referido a los lápices como si fueran de ella, y si ahora lo hace, es porque siente que él es el responsable de que ella se quede llena de órganos

---

* Durante la guerra en Inglaterra se recogía todo el papel viejo, así como el aluminio usado, para ahorrar materia prima y convertirlos en material de guerra.

[5] Hasta cierto punto, esta interpretación es igual a la dada el día anterior, pero no estaba yo segura de cuánto de ella pude en aquella ocasión transmitirle. Además, como de costumbre, doy detalles nuevos en el nuevo contexto. Esta vez Richard escucha muy atentamente, pero resulta además evidente que en la ocasión anterior había incorporado mucho mas de lo que aparentemente parecía. Esto puede verse en que su actitud, desde el principio de la sesión, es muy diferente de la del día anterior.

sexuales peligrosos y malos, pues cree que ha chupado el genital bueno de su padre hasta quitárselo. Esto también se aplica a mamá. El lápiz rojo se ha convertido así en marrón, por haberlo chupado y mordido él. Y como le pertenece a ella, representa también su pecho y el de mamá, el cual teme haber mordido y ensuciado de la misma manera.

Richard se pone a explorar el cuarto. Un poco antes, ha mirado detenidamente la tienda de campaña que está afuera, comentando que ahora ya sabe lo que contienen los otros paquetes: otra tienda más. No hace, sin embargo, ningún comentario sobre el que la habitación haya sido limpiada y ordenada cuidadosamente.

M.K. le llama la atención sobre esto y le sugiere que quizá no le guste pensar que las niñas han limpiado el cuarto y la cocina, porque le hubiera gustado hacerlo a él.

Mientras *M.K.* le interpreta esto, Richard escribe otra orden postal, esta vez dirigida a nombre de su madre, y por la cantidad de diecinueve chelines y dos peniques.

M.K. interpreta que siente que así le está devolviendo a su mamá el pene bueno: la materia fecal buena; y además, no sólo ha dividido la libra que él recibiera antes del rey entre ella y su madre, sino que ha añadido más dinero aun. De esta manera está tratando de ser justo tanto con ella como con su madre, cosa que a menudo ha deseado hacer también dividiendo su afecto y su amor entre su mamá y la niñera, y entre su padre y su madre.

Richard se pone a garabatear; dice que se trata de escritura china (en realidad sus garabatos tienen cierta semejanza con los caracteres chinos) y que lo que ha escrito es una protesta hecha por el general Chiang Kai Shek, o dirigida a él; no sabe bien cuál de las dos cosas.

M.K. le pregunta de qué trata la protesta.

Richard contesta que tampoco lo sabe. Entonces dibuja una vía de tranvía en forma rara, que empieza y termina en la estación "Roseman", tras lo cual garabatea encima de todo, y repite una pregunta que ya ha formulado antes: si *M.K.* va a ir al pueblo después de la sesión. Luego marcha por todo el cuarto como lo hizo en la sesión anterior, con mucho ruido y haciendo el paso de ganso. Dibuja además una svástica que se extiende a través de toda la página, a la cual transforma luego en bandera británica y finalmente hace un gran avión, el cual dice, enfáticamente, que es inglés.

M.K. interpreta que lo del avión es igual a lo de la svástica que se convierte en bandera británica. El avión "británico", siente él en realidad que es un avión alemán por más que trate de ser inglés. Esto lo ha demostrado al hacer el paso de ganso, cosa que siente es un ataque contra el cuarto de juegos y contra ella, que representa a mamá. Pero al mismo tiempo desea protegerla.

Richard no hace ningún comentario sobre las hojas en que ha escrito su nombre y luego garabatos, pero sí dice que ha usado más hojas de cuaderno que el día anterior, y se pone a sacar más todavía.

M.K. interpreta que quiere sacar todo lo que pueda de ella, que está representada por el cuaderno, y esto debido a que el próximo día no estará con ella por ser domingo. Por esta misma causa se siente enojado y frustrado.

Richard contesta con énfasis, que sí que se quiere ir a su casa y que no desea quedarse en "X".

M.K. contesta que aunque es verdad que quiere irse a su casa y estar con su madre, sin embargo también quisiera quedarse con ella, y que está resentido por verse privado de su sesión de los domingos, pues tiene celos y rabia al pensar que otro se pueda quedar con ella. Le interpreta, además, que parece que siempre que se separa de ella, se queda con sospechas y temeroso de lo que pueda hacer mientras él no está.

Cuando *M.K.* le interpreta que quiere irse a su casa a ver a su madre, Richard contesta que esto es verdad, pero añade que además tiene muchas ganas de ver el tren que ha traído de "Z". Empieza a describir entonces con gran entusiasmo y riqueza de detalles, la enorme velocidad con que corre la locomotora. Dice además que es roja, mientras que los vagones de pasajeros son de color marrón (aquí mira a *M.K.* significativamente), pero también estos son bonitos. Mientras habla, se pone a dibujar (dibujo 55). La línea superior del triángulo y la que lleva al genital los añade más tarde. Explica que los dos lados del triángulo son huesos, pero antes de añadir lo demás, levanta el dibujo de repente y pone sus labios contra uno de los pechos. Después, tras haber añadido la línea que va al órgano genital, completa la cabeza añadiéndole el pelo.

M.K. interpreta que el no venir este domingo, le hace sentir como se sentía de bebé cuando le privaban del pecho de mamá y del biberón que lo reemplazaba. Todo esto lo está reviviendo ahora, además, porque su padre tiene una enfermera como si fuera un bebé. Tras esto le pregunta lo que significa el triángulo no terminado.

Richard contesta que es la V de la victoria.

M.K. interpreta que también hay una V pequeña sobre la pierna derecha del dibujo y pregunta a quién pertenece la victoria mayor.

Richard contesta que a él, y que en cambio papá tiene la victoria más pequeña.

M.K. interpreta entonces que el pelo de la cabeza, que ha dibujado después de haber hecho la línea que lleva al órgano sexual, representa el pelo que cubre a este órgano.

Richard se queda de pronto muy turbado con su dibujo, y se va corriendo a la cocina donde empieza a mirar todo. Examina el fogón y se da cuenta, con pena, de que los sitios que ayer mojó con agua están hoy oxidados. Como dije antes, no se refiere para nada al hecho de que las niñas hayan limpiado la cocina, pero resulta evidente que esto aumenta su pena aun más. Está preocupado y deprimido ahora, y comenta que esto es lo que ocurre por llenar a mamá de algo tan sucio. En seguida quiere saber lo que pueden él y *M.K.* hacer al respecto.

M.K. busca un cepillo y limpia el fogón, pero Richard no lo vuelve a mirar. Coge un rastrillo y se va corriendo al jardín, pidiéndole a *M.K.* que le siga. Se pone entonces a rastrillar la tierra que queda entre dos surcos de verduras y dice que quiere por lo menos rastrillar algunas hileras. Añade que la tierra es marrón, pero linda. Mientras realiza esta tarea tiene aspecto de satisfacción y apenas hace caso de los transeúntes; tampoco pide a *M.K.* que le hable en voz baja, cosa que suele hacer cuando están afuera. En general, en esta sesión ha prestado poca atención a la calle y no ha hecho ninguna pregunta sobre el Sr. Smith. Una sola vez, al ver pasar a un hombre, le hace muecas y mueve las mandíbulas como para morder, tras lo cual se vuelve a *M.K.* para decirle afectuosamente: "Esto no va para ti; sólo para él".

M.K. interpreta que el rastrillo simboliza el pene bueno de su padre y el suyo propio, el cual puede ser usado para limpiar y arreglar a mamá, lo cual a su vez significa permitirle que crezcan bebés dentro de ella: las verduras. Parece sentir ahora que "lo grande" que hay dentro de él no son sólo bombas, sino también algo bueno, ya que las órdenes postales, que representan también a "lo grande", constituyen regalos que le da a ella y a mamá.

Richard vuelve a entrar en la habitación y a hacer garabatos con él lápiz marrón; al hacerlos, rompe la punta de éste.

M.K. interpreta que al hacer garabatos con tanta fuerza que ha llegado a romper el lápiz, ha querido demostrar que teme que, finalmente, "lo grande" que tiene la esté ensuciando y destruyendo a ella. Asocia esto con el agua que pensó que había dañado el fogón, y que para él representa a su orina.

Richard junta entonces los extremos no afilados de los lápices verde y amarillo. El lado afilado del amarillo está roto, y con el extremo roto del marrón lo empuja con tanta fuerza, que el verde se sale de su sitio.

M.K. interpreta que lo que acaba de expresar es que su pene -el lápiz marrón- produce orina y "lo grande", y que además con él rompe el órgano sexual a papá, le enferma y causa mucha preocupación a mamá, cosas que lo hacen sentir muy culpable. Además, tiene miedo de hacerle un daño semejante a ella... Los ataques que siente que ha hecho a los órganos sexuales de mamá, de ella y papá, también los ha expresado por la manera en que ha mordido los lápices nuevos rojo y amarillo. Le preguntó en forma especial a *M.K.* entonces si le importaba que lo hiciera, pero morderlos significa, además, que siente que ha comido estos penes dañados, y por esto piensa ahora que la batalla continúa dentro de él y no sólo dentro de ella, como en el dibujo 55. A pesar de que dice que él ha sido quien ha ga-nado la victoria mayor, al representar a Hitler con el paso de ganso, está dando a entender, además, que es Hitler quien ha conseguido la mayor victoria y que ahora lo está controlando desde adentro.

En esta sesión Richard no ha hablado de su padre. Cuando *M.K.* se pone a guardar el material de juego, echa una ojeada a los dibujos, y dice pensativamente que hace mucho que no dibuja estrellas de mar.

M.K. le pregunta entonces si puede ahora decirle lo que pensó sobre la protesta china.

Richard, mirándola con cariño, le contesta: "Te amo". *M.K.* interpreta que el contestarle en chino (es decir, con materia fecal amarilla, enojada y secreta) se debió a que la odiaba por verse privado de la sesión del domingo. Pero al mismo tiempo, se sintió culpable de este odio y además la quiere, y esto hizo que no quisiera hablar sobre la protesta.

P S í K o L í ß R o

Richard se muestra conforme con esto.

Al abandonar juntos la casa, y mientras *M.K.* cierra la puerta, dice: "El viejo cuarto va a tener un descanso", y después, dándose vuelta hacia ella cuando ya están en la calle, agrega: "Adiós, vieja casa buena"... Aunque está serio, no está deprimido ni parece perseguido. Se asegura una vez más de que *M.K.* va hacia el pueblo y comenta que una señora que viaja siempre le ha dicho que no es desagradable venir a "X" en autobús. En un momento en que *M.K.* cambia un saludo con una Sra. a la que conoce, Richard se pone contento, comentando que tiene muchos amigos y que conoce a casi todo el mundo.

M.K. le contesta que, en efecto, ha conocido a bastantes personas en "X" [6].

Notas de la sesión número sesenta y cinco

I. El sobre viejo ha adquirido una gran importancia, porque está íntimamente asociado a la relación que Richard tiene con su analista, y porque, en cierto sentido, la representa a ésta. Estos sentimientos transferenciales tienen su raíz en lo apegado que está a sus primeros objetos, cosa que puede verse en el deseo de volver solo a la casa abandonada, la cual representa a la madre sola y abandonada y está asociada a todos sus recuerdos más antiguos. Este apego tan fuerte constituye una evidencia de la capacidad que tiene para querer y se encuentra muy reforzado por la ansiedad depresiva. Los sentimientos de culpa que Richard vivencia en forma tan intensa lo llevan a apegarse en exceso a su madre, e interfieren con la formación de nuevas amistades y en la búsqueda de nuevos intereses; todo esto, que constituye un factor vital en la perturbación de su desenvolvimiento, se está mitigando parcialmente en el curso del análisis.

II. He señalado repetidas veces que, a pesar de no desviarme en lo esencial de mi técnica, en este caso he contestado, sin embargo, a varias preguntas, prestando así a Richard cierto grado de apoyo. En esta sesión, no sólo le contesto, sino que llego a tranquilizarle en forma muy directa, y de una manera que en general no haría. Lo que me llevó a ello fue el que el niño no sólo temía inconscientemente el fin del análisis, sino que tenía además plena conciencia de la necesidad imperiosa que tenía de él. El saber yo por mi parte que posiblemente no tendría la oportunidad de reanudarlo,

---

[6] El comentario de que yo conozco a mucha gente, es una negación de un hecho bien conocido por él, y es que apenas tenía yo relaciones sociales en "X". La pregunta que tantas veces me hace sobe si he ido al cine, también tiene mucho que ver con el temor a que yo me sintiera sola. Este día en particular, esto está incrementado por el hecho de que teme abandonarme al no tener su sesión del domingo, lo cual le hace volver a vivir el fuerte conflicto de lealtades sentido ante su madre y su niñera, a la cual por otra parte va realmente a ir a visitar, camino de su casa.

Bibliotecas de Psicoanálisis   Página 27

hasta varios años después, y la circunstancia particular de que su padre se hubiera enfermado seriamente, ejercieron sin duda alguna cierta influencia sobre mis sentimientos contratransferenciales.

Cabe entonces preguntarse, hasta qué punto puede todo ello haber afectado la marcha del tratamiento. Esto es difícil de saber, ya que al mismo tiempo seguí analizando persistentemente la transferencia negativa y las sospechas que el niño tenía de mí y de sus padres. Pero quiero repetir, como una cuestión de principios, que aun en este caso hubiera resultado de mayor utilidad evitar esta actitud ocasional de apoyo. Esto queda ejemplificado en el comentario que hace Richard tras decir con placer que yo era patriota -es decir, un objeto muy bueno- el cual indica que en ese momento yo incrementé con mi contestación la transferencia positiva. El comentario de Richard se refirió a la niña de la calle, la cual, a pesar de tener un aspecto inocuo, se le apareció como si fuera un monstruo. Es decir, que la idealización de la analista -la *M.K.* patriota y no sospechosa ni extranjera como la veía antes-, no llegó a resolver las dudas que sentía hacia ella, y por ello se vio obligado a desviarlas y a transferirlas a la niña que en ese momento pasaba por allí. La única manera de llegar realmente a disminuir sus dudas, hubiera sido interpretándoselas. Por otra parte, el mismo hecho de que en vez de interpretar adecuadamente le diera yo un reaseguramiento sobre mi persona, cosa que él comprendió perfectamente que estaba fuera del procedimiento analítico, incrementó sus dudas en otro nivel, llevándole a dudar de mi honestidad y sinceridad. Una y otra vez nos damos cuenta de que los errores de esta naturaleza crean en los pacientes resentimientos y críticas inconscientes e incluso conscientes cuando se trata de adultos, y que ello ocurre a pesar de que al mismo tiempo deseen tanto ser amados y sentirse apoyados.

SESION NÚMERO SESENTA Y SEIS (Lunes)

Richard se muestra amigable y tiene un aspecto bastante feliz. Cuenta a *M.K.* que ha viajado bien en el autobús, y solo, pero se refiere también, enfadado, a otras ocasiones en las que estaba lleno y la cobradora ordenaba que quienes poseyeran sólo medio boleto se pusieran de pie; tenía así que ceder su asiento.

M.K. interpreta que como él quiere competir con papá por mamá, se pone muy enojado cuando le consideran sólo medio hombre. Le pregunta además si había otros niños en el autobús.

Richard dice que sí, pero que no le prestaron ninguna atención y él a ellos tampoco... Comenta luego que su padre está recuperándose bien.

M.K. interpreta que se siente orgulloso y feliz por poder ahora viajar solo, sin sentir que los demás niños le estén mirando o le puedan atacar.

Richard contesta que está deseando pasar la noche en casa de los Wilson, especialmente porque la Sra. de Wilson le ha prometido hacerle un regalo. Pregunta entonces si *M.K.* piensa ir al cine por la noche y añade suplicante: "Insisto en que vayas". Dice que ha leído la critica de la película, y que es muy linda, pues se trata de alguien divertido que cría a un bebé. Le ruega una vez más que vaya.

M.K. contesta que lo siente, pero que prefiere no ir.

Richard entonces dice que tiene una sorpresa para ella, tras lo cual abre lentamente una caja que tiene, y en forma dramática saca de adentro la flota, añadiendo que Paul ha encontrado el barco de guerra *Hood* en la casa de "Z" [7]. Pregunta a *M.K.* si se alegra de ver la flota y agrega que está seguro de que así es.

M.K. le sugiere que quizá le esté también diciendo que está seguro de que se alegra de volverle a ver a él.

Richard confirma esto con decisión... Después le muestra que el *Hood* es mucho mayor que el *Nelson* (es realmente el barco más grande de toda la flota), pero añade con tristeza que en la vida real el *Hood* ha sido hundido, aunque aquí puedan jugar a que no haya sido así. El pobre *Nelson,* que antes parecía tan grande, ahora parece muy pequeño.

M.K. interpreta que siente pena por papá que ha quedado convertido en un niño, y que ahora esa pena es tanto mayor, cuanto que en la vida real está enfermo e indefenso. Como esta inversión que se ha operado en todo le convierte a él en el *Hood,* no quiere admitir que este barco haya sido hundido. Al mismo tiempo, el *Hood* representa también a papá, y por esta razón siente que tampoco debe de ser hundido.

Richard se queda muy sorprendido por esto, pues le dijo realmente a su mamá que desde ahora él sería el padre de familia... Entonces mueve al *Nelson,* haciéndole dar la vuelta alrededor de la cartera de *M.K.* y del reloj, y luego lo deja allí escondido. Después sale a navegar el *Hood* y los dos barcos se encuentran tan al borde de la mesa, que a poco se caen de ella. El *Nelson* vuelve después a donde están los demás barcos y el *Hood* desaparece una vez más detrás de la cartera, quedándose allí un rato.

M.K. se refiere a la comparación que hizo entre el *Hood* y el *Nelson,* y le dice que cuando él era muy pequeño, su padre le parecía enorme y su órgano sexual también.

Richard se queda pensando en esto y pregunta si realmente es tan grande en su imaginación el pene de su padre. Sostiene que nunca se lo ha

---

[7] No tengo ninguna nota que me aclare si ya antes hizo alguna referencia a haber perdido un barco, o si no mencionó este hecho hasta esta sesión.

visto, pero dice que hace poco vio el de Paul y que realmente tenía pelos alrededor.

M.K. se refiere entonces a que ya alguna vez le sugirió que pudo haber tenido la ocasión de ver el pelo del pene de su padre o el de mamá o a la niñera, y que esto lo expresó en el dibujo 55, en el cual la pintó a ella: al hacerle el pelo, en efecto, hizo en el mismo una raya que llegaba hasta el órgano sexual. También le señala que por poco se ha producido un desastre entre el *Hood* y el *Nelson* -que son él y papá- tras lo cual llevó al *Hood* a un sitio seguro detrás de su cartera y su reloj, mientras que el *Nelson* volvía a unirse al resto de la familia.

Richard dice en voz baja: "Pobre papá".

M.K. interpreta el pesar que siente por la enfermedad de su padre; por ello, al decir que aunque el *Hood* ha sido hundido en el juego está otra vez de vuelta, ha querido expresar el deseo de que su padre se ponga fuerte y siga viviendo, para que continúe siendo el jefe de la familia.

Richard repite en voz baja y seria que está muy triste a causa de su padre, y añade: "Es para ayudarle a él por lo que vengo aquí y viajo solo".

M.K. le pregunta lo que quiere decir con esto.

Richard contesta tímidamente que el trabajo que hace con ella le ayuda a él, y que ello hace que su padre no tenga que preocuparse por su causa.

M.K. interpreta que quizá también quiera decir que si el trabajo con ella le ayudara a tener menos celos, entonces no lo odiaría, atacaría ni haría daño.

Richard está de acuerdo con que es esto lo que ha querido decir... En tanto, ha movido el *Hood,* llevándolo hasta donde están los demás barcos, y allá lo coloca en la posición central, con el *Rodney* a un lado y un crucero al otro. El destructor *Vampire* queda un poco más lejos.

M.K. interpreta que tiene la intención de volver a colocar a su padre en la posición de padre y marido, y de colocarse a sí mismo en el lugar del menor de la familia: el *Vampire.*

Richard muestra a *M.K.* un paquete de semillas rojizas que ha comprado en la tienda del Sr. Smith; dice que son las que más le gustan y que quiere tenerlas mucho tiempo.

M.K. le indica que acaba de chupar el lápiz; y que de la misma manera desearía chupar y comerse el pene de su padre; así sería muy poderoso y podría darles a ella y a mamá muchos bebés, haciéndoles sentir bien.

Richard hace entonces el dibujo 56[8]. Cuando escribe los nombres que hay en él, duda al llegar al *Hood* y murmura sin llegar a decidirse: "Papá-Richard", tras lo cual escribe su propio nombre.

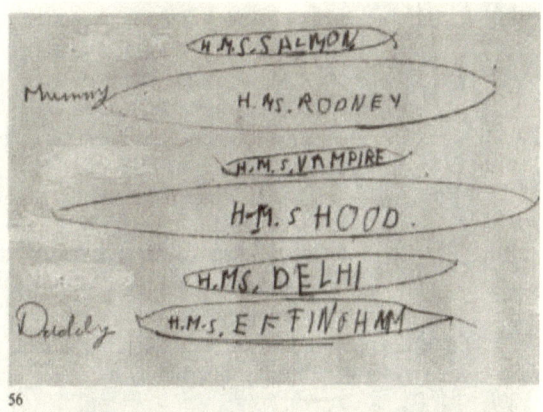

56

M.K. interpreta que siente un conflicto entre el deseo de ocupar el lugar de su padre y el de permitir que éste lo mantenga. Esto lo ha solucionado poniendo a su padre (que en el dibujo 56 está representado por el H.M.S. *Effingham*) lejos de mamá *(Rodney)* y haciendo que papá sea más grande que los barcos que generalmente le representan a él mismo (el *Vampire* y el *Salmon*) y a Paul (H.M.S. *Delhi*). Al ser él el *Vampire*, toma su posición verdadera de menor de la familia, pero además se coloca entre papá (ahora el *Hood*) y mamá *(Rodney),* con lo cual consigue separarlos. El *Salmon* representa además al Richard pequeño, que ahora está al lado de su madre. Al mismo tiempo, el *Vampire* representa como antes el genital, su propio genital, que le gustaría usar con mamá para hacerle el bebé que desea darle. Richard hace el dibujo 57, y comenta que el círculo es la silla en torno de la cual corre el tren. Ahora ha distribuido asi las cosas.

---

[8] Este dibujo está aquí reproducido, pero he tachado los nombres reales que Richard escribió al lado de los barcos.

M.K. interpreta que el tren le representa a él corriendo entre los dos pechos, los cuales están formados por las curvas de la vía del ferrocarril; también quiere decir ir y venir de ella a mamá.

Al oír esta interpretación, Richard señala los dos extremos de la vía y dice que hay dos órganos sexuales: uno pequeño (dentro de la curva) y otro grande.

M.K. interpreta que además de desear chupar su pecho y el de mamá, quiere colocar su órgano sexual cerca de ellas; el genital grande significa que papá tampoco queda excluido[9].

Richard mira a *M.K.* y le dice que la quiere mucho. Menciona además que su madre se refiera a ella llamándola "querida". En cambio él ha sido muy mal educado con la cocinera, a la que ha llamado "pedigüeña insolente". La cocinera quedó tan espantada que no pudo ni contestarle.

M.K. le pregunta por qué dijo eso.

Richard contesta que en realidad no lo sabe; tenía rabia y sintió que no la quería.

M.K. le recuerda que una vez le contó que la niñera se peleó con la cocinera antes de irse, y que desde entonces él la odiaba. Cuando mamá habla amistosamente de ella, siente como si hablara amigablemente con la niñera; mientras que la cocinera mala, en cambio, representa a su mamá, la cual se transformaba en mala cada vez que no se llevaba bien con la niñera. Por otra parte, ha mencionado a la cocinera mala y lo enojado que está con ella, justo después de decir que a *M.K.* la quiere mucho; sin embargo, como *M.K.* no hace todo lo que él le pide, esto quiere decir que la cocinera mala también la representa a ella.

Richard se va a la cocina y se pone a investigar el "tanque-bebé", comentando luego que el agua no está hoy tan sucia. Como de costumbre bebe agua del grifo; después coge un resorte de alambre que está sujeto a la tabla de escurrir, golpea con él la tabla, y pide a *M.K.* que haga lo mismo. De repente se pone a pelear con un hombre imaginario a quien sitúa detrás

---

[9] Echando una mirada retrospectiva, se me ocurre pensar que el órgano genital menor penetra dentro del pecho, mientras que el mayor, que representa el de su padre, aunque se acerca mucho a él, se queda afuera. También creo que los dos representan la boca; tanto la de él como la del padre.

de la puerta y le grita: "Vete, vete", tras lo cual cierra la puerta para que no pueda entrar[10].

M.K. le recuerda que una vez quiso que ella obligara a marcharse al Sr. Smith, diciéndole también "Vete" (sesión cuarenta y ocho); y que en otra ocasión hizo que le dijera lo mismo al "oso". Los dos hombres representan al papá perseguidor que puede irrumpir en la habitación en momentos en que él desea estar solo con ella (en realidad, con mamá) para poder quererla.

Durante toda la sesión, Richard ha tenido metido en la boca el lápiz amarillo; al decir "Vete" al hombre imaginario, lo sigue chupando aún.

M.K. le interpreta que desearía que su pecho (y la mamadera que la niñera le daba) fuera todo para él, sin que nadie le perturbe, y que querría poder echar afuera a su padre, del cual él sospechaba de niño que se quedaba con él. Como ahora papá tiene a la enfermera que le atiende sólo a él, siente que es como un bebé rival.

Richard vuelve a la mesa; allí saca el dinero que tiene, y separa el cambio que el Sr. Smith le dio tras comprarle las semillas. Le muestra a M.K. que los peniques son más grandes que las monedas de dos chelines, y comenta que a él le gustan los primeros. Después se coloca la máscara contra gases asfixiantes que lleva consigo cuando va de viaje, y dice que alguna gente hace mucho lío con ellas. A él en cambio le gusta la suya, y el olor a goma que tiene, pues está acostumbrado a él de tanto jugar con unos ladrillos de goma que posee.

M.K. interpreta que quiere mantener separados en el bolsillo (el cual simboliza su interior) los peniques que ha recibido del Sr. Smith, los cuales representan el órgano genital de papá; de esta manera no se pueden mezclar con las monedas de plata que simbolizan el pecho bueno de mamá. A pesar de que dice que le gustan los peniques, resulta evidente que no se fía de ellos. También dentro de sí mismo desea separar el pecho bueno de mamá, del pecho manchado y de "lo grande", representado por los peniques. La máscara de gases que pretende que le gusta, la usa en realidad para salvarse del veneno, el cual en su mente está asociado con el genital venenoso de papá.

Richard echa rápidamente el brazo sobre el hombro de M.K., cosa que repite un poco después, y le dice que la quiere mucho... [11] Le vuelve a

---

[10] Creo que la rabia contra la cocinera está reforzada por que al ver a la enfermera cuidando a su padre, se ha reactivado el cariño que él tenía a su niñera. Sin embargo menciona este incidente tras mi interpre tación de que el dibujo 57 significa que desea chupar el pecho y poner su órgano sexual cerca del mismo, lo cual puede deberse también a la rabia que siente hacia la mamá mala -la cocinera mala - por haberle dado tan poca leche de su pecho. El hombre imaginario a quien quiere dejar afuera representa entonces al padre, a quien acusa de estar quitándoselo para gozar él de su leche. Esta fantasía está estimulada por el hecho de que su padre esté siendo tratado como un bebé: es decir, por estar bajo el cuidado d e una enfermera.

suplicar además, que vaya al cine esa noche, pues le haría con ello sentirse muy feliz. El tono de voz con que habla es de lo más suplicante.

M.K. interpreta que si ella fuera al cine sentiría que se parece mucho más a su mamá y entonces no echaría tanto de menos a ésta. Si ella ocupara su sitio, podría además acariciarla y besarla.

Richard se va afuera, llamando a *M.K.* para que también salga. Aunque por un momento se ha sentido desilusionado al ver que *M.K.* no le dice que irá al cine, sigue amigable. Pero en cambio se pone a mirar a una gallina que está en la casa de al lado y le dice: "Gallina vieja y tonta"; y cuando vuelve a la habitación, ve a una vieja que pasa por la calle y se refiere a ella llamándola: "Vieja mala".

M.K. interpreta que tanto la gallina como la vieja representan a ella, y que está enfadado porque se siente frustrado al no querer acompañarle como él desearía que lo hiciera.

En esta sesión Richard ha mencionado que está contento en "X" y que no le importa mucho no estar en su casa. En realidad da la impresión de estar contento y salvo por la vieja a la que se refiere al terminar la sesión, apenas ha dirigido su atención hacia la calle mostrando poca evidencia de sentirse perseguido. Su madre me ha dicho que da mucha importancia al hecho de estar "colaborando" con ella al viajar solo y quedarse solo también en el hotel o en casa de sus amigos, cosas todas estas que le hubiera sido imposible hacer antes.

SESION NÚMERO SESENTA Y SIETE (Martes)

Aunque llega unos minutos tarde, Richard entra en la casa sin darse prisa, con aspecto deprimido y reservado. Deja en el suelo su maletín, pero no saca la flota de él, y se pone en cambio a recorrer la habitación, dando puntapiés a los banquitos y pisoteando uno o dos de ellos. No mira ni a *M.K.* ni al reloj. En general da la impresión de estar muy enfadado y de no saber bien qué hacer. Al descubrir una polilla igual a la que viera hace algunas sesiones, trata primero de cazarla, pero luego decide dejarla en paz. Varias veces se ata los cordones de los zapatos hasta dejarlos bien apretados... Después de un rato, pregunta por fin si llegó tarde, y con cuánto atraso.

M.K. le dice que con dos o tres minutos.

---

[11] Aunque Richard a veces me tocaba y me acariciaba, siempre lo hacía en forma rápida, resultando evidente que se estaba controlando. Sin duda, de no haberle yo insinuado mediante mi actitud, que tales caricias físicas estaban fuera de luga r en la situación analítica, me hubiera abrazado y besado mucho. Esto mismo se aplica a los demás niños a quienes he tenido en tratamiento, ante los cuales he podido por lo general mantener la actitud amistosa pero reservada, necesaria para poder analizar la situación transferencial (véase *El psicoanálisis de niños*, capítulo II).

Richard le pregunta si le puede dar esos dos minutos de más.

M.K. interpreta que los dos minutos parecen representar sus pechos, los cuales teme perder por dejarla esta noche para irse a su casa.

Richard se pone un poco más vivaz y dice: "Debes de ser muy inteligente para haber podido descubrir esto...". Luego se pone a mirar por la ventana, se sienta a la mesa y estira la mano, mientras con tono de súplica pide a *M.K.* que le alcance el cuaderno. Luego se pone a chupar el lápiz y llena un renglón con la palabra "helado". No deja espacio entre palabra y palabra, y a medida que escribe va diciendo cada vez con mayor intensidad: "Helado, helado, helado". Tras esto hace el dibujo 58. Al principio parece que va a dibujar algo parecido a la "protesta china" (sesión sesenta y cinco) y cuando *M.K.* le pregunta si es chino lo que escribe, él contesta que sí; pero luego decide que se trata de rayaduras hechas en el hielo, mientras que algunos de los puntos y las líneas más oscuras son las personas que están en la pista de patinaje; y son ellas quienes han hecho las rayaduras al patinar.

M.K. interpreta que el deseo de comer mucho helado* , va unido a la necesidad de comer de ella todo lo que pueda, y aun más. La pista de patinaje representa su interior y el de mamá, dentro de los cuales piensa que están la leche buena, los bebés y el órgano sexual bueno de papá. Pero piensa también que si entrara en ella para robarla, la rayaría y la dañaría (en ese momento Richard dibuja las dos líneas que encierra la pista de patinaje)[12]. De bebé, cada vez que se sentía insatisfecho, tenía deseos de arañar, morder y dañar el pecho, y ahora siente que le está haciendo lo mismo a ella, porque a pesar de ser él quien se va y la deja, siente no obstante que ella no le da todo lo que él desea. Por esto él mismo creyó al principio que su dibujo iba a ser una protesta china[13]. *M.K.* le interpreta, además, que el dejarla a ella para irse a casa, le hace sentir que ahora es ella el pecho bueno -mamá- mientras que otras veces representa a su niñera y entonces su propia madre es el pecho -madre. En la vida real, su mamá le dio de mamar muy poco tiempo, apenas unas semanas, y luego le tuvieron que dar el biberón, el cual probablemente se lo daba la niñera.

---

* Helado y hielo en inglés, se dicen de la misma manera.

[12]No tengo ninguna nota en que se vea la interpretación dada sobre estas dos líneas, pero creo que pueden haber significado el deseo de proteger el pecho, encerrándolo dentro de ellas.

[13]Es significativo el que la protesta china, que representaba la orina y la materia fecal amarilla y venenosa, fuera hecha el sábado; es decir, antes de la frustración causada por la falta de sesión del domingo.

Richard contesta inmediatamente: "¿Y qué hizo mamá después con sus pechos? ¿Se los dio a Paul?". Se queda pensando en esto y luego dice lentamente que Paul ya era bastante grande cuando él nació, de manera que no puede haber sido así. Se pone entonces a hacer preguntas, evidentemente impresionado e interesado en la información que *M.K.* le ha dado. ¿Cómo es que sabe lo de los pechos de su mamá? ¿Se lo ha dicho ella? ¿Cuándo? ¿Qué es exactamente lo que le ha contado? ¿Por qué no le dio mamá de mamar más?

M.K. le contesta que la primera vez que su mamá vino a hablar del tratamiento con ella, le hizo algunas preguntas sobre su primera infancia y sobre cómo había sido todo; su madre le contestó, entre otras cosas, que tuvo que dejarle de amamantar a las pocas semanas, y darle el biberón en cambio, porque se le terminó la leche (nota 1). Le interpreta, además, que lo primero que pensó él al saber que le habían dado poco tiempo el pecho, fue que mamá se lo había quitado para dárselo a Paul, y que de bebé puede incluso haber llegado a pensar que le estaban castigando y que por esta causa su madre se lo daba a otra persona, ya fuera a Paul o a papá. Esto debe de haberle hecho sentir mucha envidia y celos de papá y de Paul, y sospechar de ambos. Ahora, una vez más, le parece que su padre es un bebé por tener una enfermera que lo cuida, y siente verdaderos celos de él.

Richard contesta que tiene dos enfermeras (cosa que ya ha mencionado en otra ocasión).

M.K. interpreta que esto parece significar para él, que papá no sólo le ha quitado el pecho de mamá, sino también a la niñera.

Mientras *M.K.* habla, Richard se mete los dos pulgares en la boca y se pone a chuparlos con fuerza, cosa que no acostumbra hacer. Después cubre una cantidad de hojas con garabatos entre los que se puede leer su nombre. Mientras garabatea, corre repetidas veces a la ventana, se queda mirando a la gente que pasa, y en particular a los niños. Les hace muecas moviendo las mandíbulas, pero para hacerlo se esconde detrás de las cortinas. Además tiene que ir tres veces al cuarto de baño, cosa también poco frecuente, y que le turba. Explica que tiene ganas de hacer "lo chico" pero que no puede.

M.K. le indica que cuando desea tomar de su pecho (o más bien del de mamá), y guardárselo para él sólo, ataca al mismo tiempo en su fantasía a la gente de quien sospecha que se lo han quitado. Esta gente está ahora representada por los niños a los que acaba de hacer muecas, los que se han transformado para él en enemigos, porque siente que los ha atacado por haberle quitado el pecho y mamá. La forma en que los ataca es haciéndoles "lo chico" encima.

En este momento Richard se pone a preguntar a *M.K.* cosas sobre sus demás pacientes: la hora en que vienen a verla, si son todos hombres, quién viene después de él, etcétera.

M.K. interpreta que siente muchos celos y mucho miedo del Sr. K., del Sr. Smith y de sus hijos.

Entonces Richard hace el dibujo 59. La estación se llama "Blueing", que quiere decir, según él mismo explica, azul celeste; y al decirlo, señala a *M.K.*

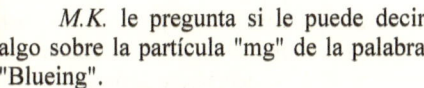

M.K. le pregunta si le puede decir algo sobre la partícula "mg" de la palabra "Blueing".

Richard dice que no.

M.K. sugiere que quizá sea *ink*.*

Richard entonces se sonríe y dice que es así; que ya lo sabía cuando ella se lo preguntó, pero que no se lo quiso decir.

M.K. interpreta que esto es porque él, que es el tren, desea mantener a la madre pecho celeste buena, separada de la tinta. Le recuerda que una vez pensó que la botella de tinta que encontró en la cocina olía mal. Cada vez que tiene rabia o se siente insatisfecho, desea ensuciar a la mamá a quien tanto quiere y a su pecho, con "lo grande" y con "lo chico", cosa que ahora le quiere hacer a ella... También siente que lo ha hecho de bebé, y que ha envenenado a mamá. Las otras dos vías del dibujo que van a "Lug" y a "Brumbruk" expresan el deseo de separar a la mamá celeste de "lo grande" que ensucia y daña, y esta es la causa por la cual no sabe bien cómo se escribe la palabra "Brumbruk". Las repetidas tentativas que ha hecho de

---

* *Ink* es tinta, en inglés.

orinar, también tienen como significado el deseo de ensuciarla a ella, en representación de mamá; pero ha tenido al mismo tiempo miedo de hacerlo.

Richard se pone a garabatear; como de costumbre, dice que no sabe qué es lo que está dibujando. Primero hace una forma ovalada que contiene dos círculos grandes y uno pequeño; los tres están unidos. Después dibuja dos círculos mal acabados fuera de la forma ovalada, y los cubre furiosamente con puntos. Tras esto, hace más puntos, esta vez dentro del óvalo, y al hacerlo le centellean los ojos, rechina los dientes y su cara adquiere expresión de ira.

M.K. le sugiere que los dos círculos representan a sus pechos, y antes, a los de mamá, a los cuales está atacando al morder y apretar los dientes; la violencia con que hace los puntos, también significa que está ensuciándolos y ennegreciéndolos con orina y materia fecal. La punta del lápiz con la cual ha hecho los puntos, representa sus dientes y sus uñas. Después le pregunta lo que significa la figura que está dentro del óvalo (los tres círculos juntos).

Richard sin dudar un instante, contesta que son huevos.

M.K. interpreta que los ataques contra su madre se dirigen al interior de su cuerpo, contra los bebés que contiene[14], pues los tres huevos juntos sugieren la forma de un bebé sin nacer. Los celos que tiene de estos bebés están asociados, además, a la creencia de que su madre puede haberlos amamantado a ellos por dentro, en lugar de amamantarle a él (nota II).

Richard dibuja en la misma página dos círculos más, y otra vez los cubre con puntos. Tras esto dice que hay dos pechos nuevos y al hacer un punto en medio de cada uno de ellos, añade: "Estas son las cosas que están encima de los pechos, y también han desaparecido". (No conoce la palabra "pezón".) Una vez más traza dos contornos y los vuelve a cubrir con puntos y garabatos, comentando que parecen frutillas. Después hace una cantidad de V grandes y repite que son la "V de la Victoria". Mientras traza los puntos, se refiere a los bombardeos que los alemanes han llevado a cabo contra Moscú. Luego arranca la hoja del cuaderno (que últimamente hace de manera muy violenta), mira las dos páginas siguientes y se queda muy preocupado al notar las agudas marcas que han quedado en ellas a causa de la violencia con que ha hecho los puntos (nota III).

M.K. interpreta que siente que él no es la "R.A.F. buena" que ataca con buenos propósitos, sino el Richard-Hitler que destruye a Moscú, la cual representa a la mamá dañada.

Mientas garabatea, y mientras *M.K.* le interpreta, Richard hace repetidas pausas para fijarse en la gente que pasa por la calle. Antes le ha preguntado a *M.K.* si ha visto al Sr. Smith. Luego sigue arrancando las

---

[14] En *El psicoanálisis de niños*, he establecido ciertas conexiones con estos ataques. Desgraciadamente el dibujo se ha perdido, de modo que no puede ser reproducido.

P S I K O L I B R O

hojas y haciendo garabatos, pero en forma menos violenta. En la última de estas páginas empieza cuidadosamente a hacer puntos en las marcas que hay hechas, pero pronto abandona esta tarea.

M.K. le sugiere que está tratando de esconder las marcas y posiblemente, también, de curarlas. Le indica, además, que al usar ahora muchas más hojas de las que antes usaba, para luego malgastarlas, está tratando de demostrarse a sí mismo que puede sacar de ella todo lo que quiere, y que ella le quiere a pesar de haberle atacado el pecho; también quiere pensar que el pecho en sí puede ser reemplazado por otro en caso de quedar destruido o exhausto -los círculos que añadió antes, y a los que llamó frutillas-.

Richard saca dinero de su bolsillo y dice que no tiene bastante para el autobús.

M.K. interpreta que desea recibir de ella un regalo que represente el pecho bueno. Quiere también asegurarse de que aun después de haberla atacado, tiene todavía dentro de ella los bebés y los pechos, y que le sigue queriendo.

Richard saca entonces de su bolsillo más dinero, y en la hoja que sigue marca el contorno de cuatro monedas: una de 2 chelines, una de 6 peniques, una de tres peniques y una de uno. Dice que el penique es el que el Sr. Smith le dio el día anterior cuando le compró las semillas de rabanito, y tras decirlo se lo mete en la boca y lo muerde un momento. Después saca de la maleta el paquete de semillas y se deleita con ellas, comentando que no le gustaría tener ninguna otra clase de semillas que no fueran de rabanitos, los cuales en el dibujo del paquete tienen un aspecto muy lindo. Sacude la bolsita, entonces, para demostrar que contiene "miles y millones" de ellas.

M.K. interpreta que los círculos con los pezones que ha dibujado, le parece que fueran frutillas, y representan, en primer lugar, el pecho bueno de mamá. El penique marrón parece no sólo ser el genital bueno de papá o del Sr. Smith, sino además estar lleno de "lo grande", y piensa que ensucia el pecho de mamá, tal como él quiere hacerlo cuando se enfada. De igual manera, los celos que tiene cada vez que ella se encuentra con el Sr. Smith (el cual representa al Sr. K.), se hacen también muy fuertes porque teme que éste la dañe y la ensucie; y si siempre quiere observar a sus padres con mucha atención, ello se debe, en parte, a que tiene miedo de sus relaciones sexuales. El deseo de tener rabanitos y los "millones" de semillas que contiene el paquete que le ha dado el Sr. Smith, también re presenta a los bebés que el pene bueno de papá debería darle (nota IV).

Richard se ha quedado tranquilo y sosegado, y cogiendo la goma de borrar de *M.K.* traza el contorno de la misma en una hoja de cuaderno y copia además la inscripción que tiene marcada. Después traza dos líneas horizontales que atraviesan el papel, y una vertical que deja el dibujo de la goma dividido por la mitad, tras lo cual comenta que son los barrotes de una prisión.

M.K. interpreta que en su imaginación se ha comido la goma, que representa el genital del Sr. K., o más bien el de papá, y que ahora lo tiene preso dentro de sí. Pero una vez dentro de él, se ha transformado, y de ser un órgano genital maravilloso (los rabanitos y las frutillas) como a él le gustaría que fuera, ha pasado a ser algo lleno de "lo grande", y peligroso.

Como duda tanto del órgano sexual de su padre, pues no sabe si es bueno o malo, quiere estar seguro de él, y por eso ha trazado su contorno y ha escrito la inscripción que lleva (nota V). Lo ha metido así en una cárcel dentro de él, para poderlo controlar internamente, pues cuando está fuera siente que es peligroso. [Introyección del objeto con el fin de controlarlo y evitar que haga daño].

Richard sugiere que se pongan a jugar a los ceros y cruces y elige para sí las cruces; pero arregla las cosas de tal manera que *M.K.* pueda siempre ganar. Al final, no ajustándose a las reglas del juego, consigue que los dos ganen.

M.K. interpreta que esto quiere decir que le está devolviendo a ella los pechos, el órgano genital o los bebés, representados por la "O" que le acaba de dar en el juego.

Richard hace entonces el dibujo 60, empezándolo por una línea ondeada que dice que representa la arena. La figura que hay debajo es *M.K.*, que está echada sobre la arena. El círculo grande con puntos es una mina de tierra, y el otro más pequeño que se encuentra justo sobre la línea ondulada, es la misma mina que se ha acercado mucho y que está explotando. Los garabatos que hay sobre ella muestran la manera como explota. Deja luego de lado el dibujo con aire muy preocupado y triste, pero inmediatamente empieza a dibujar otra vez (61), comentando que se trata de lindas frutillas que crecen en el jardín, perteneciente a *M.K.*

M.K. interpreta que tiene dudas sobre el órgano sexual rabanito y frutilla de papá; cree que el papá "pillo" está haciendo creer que su pene es bueno, pero él teme que tanto ella como mamá puedan explotar en cualquier momento en que estén en la cama (en el dibujo, en la arena). También él teme explotar, ya que siente que ha incorporado a ella y a mamá dentro de sí y también al órgano genital de papá. Y piensa además que también él mismo es un pillo que ha manchado el pezón de frutilla con su materia fecal y que ha hecho que papá ensucie y ataque a mamá con su órgano sexual. El día anterior separó por esto en su bolsillo el cambio (el penique) que recibió del Sr. Smith, pues representa el genital sospechoso: el pillo a quien ha incorporado; manteniéndolo así separado, trata de evitar que el pecho bueno sea destruido o atacado por el genital que hay dentro de él.

60

Richard está escuchando con mucha atención, y al mismo tiempo saca un juguete de la cesta de *M.K.* Es el columpio. Lo hace mover, contento de ver que está en buen estado. Es la primera vez después de varias semanas, que juega con los juguetes (nota VI). Con mucha cautela saca también el tren eléctrico, enganchados vagones y los hace mover, mostrándose otra vez muy contento.

M.K. interpreta que está tratando de ver si los pechos de ella y de mamá (los dos vagones) se encuentran en buen estado, y que también quiere tratar de ver si puede unir a papá y a mamá de una manera buena (de nuevo los vagones).

Richard arma entonces el tren de carga. Los dos trenes se encuentran y el que transporta carga tropieza y se cae, pero no en forma violenta (nota VII).

Al finalizar la sesión, Richard está mucho menos deprimido que al principio, aunque bastante serio. En la calle observa a la gente, pero no con atención, y se pregunta qué pasaría si toda la población de "X" se juntara sobre el Snowdon o en el interior de un autobús.

En el transcurso de la sesión preguntó una vez a *M.K.* si el martes estaría el autobús muy lleno. Como ahora es temprano aún para que salga el suyo, decide ir un rato al hotel, a visitar a la gente de allí. *M.K.* le pregunta si hay alguien en particular a quien quiere ver, pero él contesta que no, que quiere ver a todos. Se separa entonces de ella, amigablemente, aunque de una manera no demostrativa (nota VIII).

Notas de la sesión número sesenta y siete.

I. Yo había indicado a la madre de Richard tras la primera conversación que tuve con ella, que sería útil que en algún momento oportuno le dijera a su hijo que fue destetado muy pronto. Ella, sin embargo, no lo hizo, y como sólo tenía por delante unas pocas semanas más de análisis, pensé que sería oportuno introducir yo el tema. A menudo he podido ver que los detalles que suministran los padres sólo pueden ser utilizados en el análisis si aparecen en el material de las sesiones; pero como en este caso soy yo la que introduce directamente cierta información, me veo obligada a decirle con franqueza a mi paciente de dónde he conseguido los datos que ahora le presento. Como mencioné antes, este procedimiento debe ser usado con cautela y no demasiado a menudo, pues tiende a provocar sospechas y el temor de que se produzcan choques entre los padres y el analista. En realidad sólo debe de recurrirse a él cuando sea esencial para el trabajo analítico, pues es el material suministrado por el paciente el que debe servirnos de base para nuestra labor.

II. Tal como este ejemplo nos lo demuestra, los sentimientos de frustración se asocian no sólo con la sospecha de que el padre (y en este caso también el hermano) se queda con el pecho cuando el bebé se ve privado de él, sino que además también se alimentan del mismo los bebés imaginarios que la madre lleva dentro de sí, de los cuales el niño tiene celos en mayor o menor grado. En este caso, la envidia del pecho de su madre y de la capacidad de ésta para hacer bebés y alimentarlos, contribuye además a que Richard sienta tanta rabia y frustración (véase *Envidia y gratitud, 1957*).

III. Esto constituye un ejemplo de lo que es el recuerdo de los sentimientos. Vemos cómo se produce aquí la situación completa del destete, con todas las emociones y ansiedades que ello implica, la cual está estimulada además en la situación actual, por los celos que le provocan a Richard el bebl-padre y mi inminente partida.

IV. Esta rápida transición que lleva a Richard a desear recibir el pene del padre que da bebés, tras haber deseado tener el pecho de la madre, puede considerarse desde dos puntos de vista. Por un lado, el amor hacia el pecho queda transferido al pene del padre poniéndose el niño en una posición femenina; pero además, como el bebé siente que ha manchado y dañado por celos y odio el pecho de su madre, su órgano sexual y su cuerpo, esto también le estimula a transferir sus deseos hacia el pene, es decir, a dirigirse hacia la homosexualidad (véase *El psicoanálisis de niños*, capítulo XII).

V. La necesidad de hacer una reproducción exacta del objeto, está asociada a las dudas que tiene el niño sobre los acontecimientos y objetos internos, las cuales contribuyen además a la necesidad obsesiva de aferrarse a las descripciones exactas de las cosas, ya sea mediante la escritura, el dibujo u otros medios. Esta incertidumbre es causa de una gran ansiedad y confusión. Un ejemplo de ello me fue dado por una paciente adulta, la cual vivenció una gran sorpresa en un sueño, al ver un objeto de naturaleza muy indefinida, que estaba clavado entre las ruedas de su coche. Al asociar, sin embargo, pudo ver que el objeto representaba un pecho o un pene. En el sueño ella sentía que no quería mirarlo, pero al mismo tiempo sabía que estaba ahí desde hacía muchos años, y que era ya hora de mirarlo y de sacarlo de donde estaba. La sorpresa que sentía al poder ahora ver el objeto, pudo ser vivenciada claramente en el sueño, el sentido del cual, como lo demostraron sus ulteriores asociaciones, era que ahora podía mirar a sus objetos internos, cuyo contenido le habla provocado toda su vida una gran ansiedad, haciéndole desear simultáneamente tanto verlos como no verlos.

VI. Hacía muchas sesiones que Richard no jugaba con los juguetes, aunque usara otro tipo de material. (La última vez que tuvo algo que ver con ellos, fue en la sesión treinta y uno, en la que miró la casa de barrios bajos y la figura dañada de un hombre, al que le rompió otro pedazo, pero sin llegar a jugar con ellos. La oportunidad en que si jugó por última vez, fue en la sesión veintiuna, en la cual dio un material que se terminó de interpretar en la sesión veintidós.) Los juguetes, algunos de los cuales se hablan roto, expresaban concretamente el daño causado por su agresividad -el "desastre"- y estaban por ello asociados con ansiedades muy profundas referidas a estos impulsos agresivos. Es decir, que se habían convertido en los representantes de situaciones infantiles no modificables. Nos podemos preguntar por qué, en cambio, si se sentía capaz de continuar expresándose mediante otros medios, como, por ejemplo, con la flota, los dibujos, la narración de sus sueños y las asociaciones, y el material ocasional relacionado con los distintos objetos de la casa y del jardín. Mi opinión es que estos otros medios de expresión le permitían ejercer un control mayor. La flota, por ejemplo -que para él constituía un juguete muy querido-, nunca llegó a dañarse realmente, aunque en una ocasión encontrara que le había pasado algo al mástil de uno de los barcos. Nunca dejó la flota a mi cargo, aunque en otra ocasión se "olvidó" de uno de ellos, pero a menudo no la traía, dando entonces las razones por las cuales ella "no quería venir". Los dibujos, a los cuales de alguna manera él consideraba igual que los sueños, también sentía que hasta cierto punto los podía controlar, porque cuando terminaba uno, podía empezar a hacer otro. Este sentimiento de control se aplicaba igualmente a los demás medios de expresión que he enumerdo, y le daba más esperanza de poder iniciar con ellos una nueva relación con sus objetos, y mejorar el estado de los mismos. Por esto es muy significativo que volviera a los juguetes, en el momento en que, tanto consciente como inconscientemente, se estaba esforzando todo lo que podía, tanto por hacer progresos en el análisis, como por poner a prueba su fortaleza para enfrentarse con el dolor, y con la ansiedad depresiva y persecutoria. Podemos establecer un paralelo entre esto y la actitud de ciertos pacientes quienes, en una determinada etapa de su análisis, se vuelven a referir a sueños antiguos y completan los detalles de situaciones infantiles angustiosas, porque al estar más integrados y haber disminuido su angustia, se sienten más capaces de enfrentarse con situaciones que en etapas anteriores no podían manejar.

También resulta de interés ver cómo varía la escena donde el "desastre" ocurre: a veces el desorden se produce en la cocina, otras con los juguetes y otras con la flota. Estas variaciones implican también que los medios mediante los cuales se expresa el desastre, y el sitio donde tiene lugar, queda disociado cada vez que Richard representa la situación de ansiedad. Creo que el abandonar un objeto que está completamente destruido, no sólo significa que la ansiedad va a ser expresada en otro contexto y en otro marco, y que su peligrosidad va a ser puesta a prueba, sino también que con ello se hace posible restringir el desastre a un solo aspecto del objeto y del yo, pudiéndose preservar en cambio otros aspectos de los mismos. Desde el punto de vista de la transferencia dejar la flota en casa significa mantener a la familia verdadera en un lugar seguro, permitiendo que el desastre tenga lugar sólo con la familia sustituta a quien representa el analista. De esta manera Richard siente a veces que está salvando a su madre verdadera, mientras que en otras ocasiones cree que de haber venido la flota, ésta me hubiera atacado a mi, y por esta razón dice que no ha querido venir. De manera que la disociación en este caso consiste en separar la parte destructiva de su yo, de la parte que ama, con el fin de preservar así al analista, a la madre y a la familia. Esto demuestra que los mecanismos de disociación son de gran valor, siempre que no sean excesivos y que por lo tanto permitan que la integración se pueda volver a hacer una y otra vez y forman parte del funcionamiento mental normal. Hablando en términos generales, podemos decir que si el desastre que tanto se teme abarca a todo el mundo, tanto interno como externo, el sujeto siente desesperación, una profunda depresión y a veces tendencias suicidas. Desde un punto de vista técnico tiene mucha importancia interpretar todo esto, y no menospreciar el hecho de que aun los pacientes profundamente deprimidos, pueden estar vivenciando que en algún sitio existe todavía el objeto bueno, ya sea externa o internamente.

VII. Creo que podemos llegar a la conclusión de que Richard no puede mantener en pie la situación ideal de los padres juntos y felices. El tren de carga que choca con el eléctrico, vuelve a representarle a él perturbando las relaciones sexuales de los dos, y la gratificación que se provocan mutuamente; pero el hecho de que no arroje el tren en forma violenta, demuestra que se ha operado una disminución en la intensidad de sus sentimientos. El grado de intensidad de los impulsos tiene gran importancia para configurar la vía que va a seguir el complejo de Edipo. La modificación que aquí vemos puede ser considerada desde dos puntos de vista. Aunque hable de ello muy poco, Richard está en este momento bien consciente de la enfermedad y de la debilidad de su padre; y como esto le preocupa y le hace sentir culpable, mantiene bajo un control mayor los celos que siente por la relación de éste con su madre y los ataques que le quiere dirigir. Debemos, además, tener en cuenta que el análisis le ha dismi-nuido los celos, incrementando en él la necesidad de reparar, y el deseo de ver a sus padres juntos y felices, y esto tanto más cuanto que estaba muy preocupado por la enfermedad de su padre. Pero podemos también tomar en consideración la disminución de la agresión, la envidia y los celos, desde el punto de vista de los instintos de vida y muerte, y en este sentido se puede afirmar que Richard ha hecho un evidente progreso en cuanto a la capacidad de mitigar el odio por el amor, lo cual es expresión de una transformación ocurrida en la fusión de los dos instintos, en la cual ahora domina el de vida.

VIII. El día en que Richard se fue del hotel, al que se refirió llamándole "día de partida", tuvo también que esperar un rato largo antes de poder tomar el autobús, pero aunque estaba lloviendo, no se quedó a esperar en el hotel a pesar de estar éste muy cerca de la estación de salida. Creo que esta defensa consistente en abandonar al objeto perdido (o sea el hotel y la gente que allí vive), y que expresó al no volver más a él, está disminuida en la presente sesión, pues en ella vemos, en efecto, que se siente más capaz de encontrarse con la gente que ha perdido, ya que es así como vive cada separación. El mismo cambio de actitud puede también verse en el hecho de que vuelva a mirar los juguetes en la cesta, los que, evidentemente, representan a objetos de los cuales se siente muy inseguro. Todo esto, en mi opinión, está ligado a haber podido enfrentar su situación interior, y a que ha disminuido el temor de que sus objetos estén destruidos irreparablemente, todo lo cual se refleja en la relación con el mundo exterior (por ejemplo, al ir a ver a sus amigos del hotel).

SESION NÚMERO SESENTA Y OCHO (Miércoles)

Richard llega cansado y acalorado después del viaje. Se queja por el calor y por el autobús que estaba lleno, pero no da la impresión de haberse sentido perseguido por los demás viajeros. Medio en broma, le dice a *M.K.* que le quiere hacer un regalo, y le entrega el billete del autobús. Pronto le hace saber que está muy preocupado porque se acaba de enterar de que los arreglos que su madre hizo para que pasara el resto de la semana en *"X"*, pueden tener que cambiarse, ya que un miembro de la familia Wilson se ha puesto enfermo. Decide entonces telefonear a su madre para que arregle las cosas de otra manera, y tras esta decisión se siente algo aliviado. A pesar de ello el problema parece preocuparle durante toda la sesión, en cuyo trans -

curso se producen largos silencios en los que él cobra aspecto preocupado. Tras discutir este problema, dice a *M.K.* que la quiere mucho, y le pregunta a ella si le quiere a él.

M.K. le pregunta qué le parece.

Richard contesta que cree que si y que ella es muy buena. Después dice que su madre va a venir a verla para hacer otros arreglos con ella, puesto que *M.K.* se va ya dentro de un mes. Pregunta si es definitivo el que se vaya; aunque conoce la fecha de su partida desde hace ya varias semanas, al parecer sólo ahora ha tornado plena conciencia de ella.

M.K. le contesta que, en efecto, tiene realmente que irse dentro de un mes y le interpreta que la gran tristeza que sintió el sábado estaba relacionada con el temor que siente ante su inminente partida.

Richard está muy pálido y deprimido. Pide el cuaderno y dice que quiere dibujar su casa.

M.K. le pregunta si se trata de la casa en la que viven ahora.

Richard contesta enfáticamente que la única casa que tiene es la de "Z". Entonces dibuja un cuadrado que representa la casa y trata un contorno que simboliza su fuerte y el sendero del jardín. Se refiere largamente al fuerte, comentando que el estallido de la bomba que cayó en la vecindad destrozó el escalón que llevaba á él; pero agrega que ni Hitler le podrá detener cuando se proponga recuperarlo, pues le va a hacer un escalón nuevo y nadie le va a poder impe-dir volver a meterse adentro. Tras decir esto hace un garabato que va desde la casa al fuerte. Luego hace otro dibujo (número 60) y pregunta a *M.K.* si el Sr. Evans tiene frutillas.

M.K. le pregunta si quiere con esto saber si ella le ha comprado esa fruta.

Richard repite la pregunta, para ver si en efecto *M.K.* ha conseguido comprarlas. Dice que el Sr. Evans es bastante malo por no tener frutillas, pues en otros lados si se pueden comprar. Decide que tiene que comprar muchas más semillas de rabanitos, para que nunca se le terminen y le duren hasta el otoño y pregunta cuántas semanas faltan para que llegue esta estación: ¿cinco o seis?

M.K. interpreta que la decisión que ha tomado de volver a su casa y reconstruir su fuerte, significa que quiere arreglar su órgano sexual, el cual siente que está dañado, así como también cuidar a la mamá buena a pesar de que la ataque el papá-Hitler malo. Quiere dar bebés tanto a ella como a mamá, para que las dos sigan viviendo, pero para poder hacerlo necesita que el Sr. Evans, que representa a papá, le dé más y más semillas. También quiere que ella consiga frutillas buenas de este señor (el órgano sexual bueno), quien representa al Sr. K., aunque al mismo tiempo tiene celos de que las obtenga. En cuanto a la casa vieja, ésta representa a su abuela, la cual murió hace algunos años, entristeciéndole mucho. Ahora teme que ella, que también es abuela, se muera al separarse de él. La tristeza que siente por su marcha incrementa estos temores y por esto ha preguntado cuántas semanas faltan para el otoño, ya que ella se irá en esta estación. Para entonces, siente que deberá ya haber construido a su propia mamá buena y a ella misma, para tenerlas a las dos en forma segura dentro de él. Pero para poder mantenerlas con vida, siente que debe de darles todas las semillas: los bebés.

Richard dice que le gustaría comerse las dos frutillas del dibujo. Se queda mirándolo y dice que son los pechos de mamá, mientras que las hojas son los bebés que hay dentro de ella. Luego se pone a garabatear en dos hojas y menciona que en una de ellas está la "V de la Victoria

M.K. interpreta que siente que la victoria será suya, si logra controlar los deseos destructivos que siente, y quedarse con ella y con mamá sin pelearse. El día anterior (en el dibujo de la mina terrestre) dudaba de poder hacer esto, a causa de los fuertes ataques que había dirigido contra su pecho, su cuerpo y sus bebés.

Richard se pone a contar el dinero que tiene, saca la cuenta de lo que ha gastado y comenta que debería de quedarle más. Dice que le gustaría no tener que telefonear a su casa para no gastar dinero en ello. Luego coge un libro y se pone a mirar las láminas, sin hacer caso de *M.K.*, y manteniéndose inaccesible para ella. De repente, sin embargo, levanta la cabeza y le pregunta en qué está pensando. Le pide que le prometa que va a ir al cine, y le ruega que lo haga por él.

M.K. interpreta que tiene miedo de la forma en que ella va a pasar la noche y que quiere saber quién es el hombre que va a estar con ella.

Saber en qué está pensando quiere decir también conocer todos sus secretos, y lo que le pasa por dentro. Tiene celos de ella, pero además está aterrorizado, pensando que el hombre del que tiene celos puede ser malo y colocar dentro de su cuerpo un genital-mina peligroso. Por otra parte, también teme que por las noches se sienta sola.

Richard se pone a hacer preguntas. ¿Atiende a algún paciente de noche? ¿Qué es lo que hace en realidad a esas horas? ¿Por qué no va nunca al cine?

M.K. contesta que prefiere quedarse leyendo, o ir a dar un paseo si el tiempo es bueno.

Richard no parece creer que esto sea verdad. Sigue pasando las hojas del libro, pero pronto levanta otra vez la cabeza y le vuelve a preguntar en qué está pensando.

M.K. interpreta que está resentido por tener que contarle a ella sus secretos sin que ella le cuente a él los suyos. Seguramente tiene en este momento muchos secretos en la mente, que ha expresado mediante los garabatos que acaba de hacer, pero no quiere hablar de ellos.

Richard garabatea entonces otra página y dice que la "G" que hay en ella representa a dios.

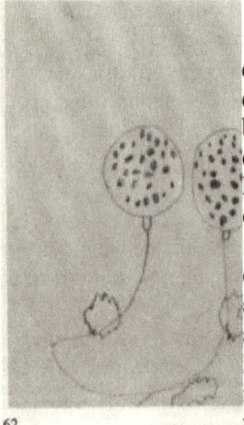

62

M.K. interpreta que tiene miedo de dios, como si éste fuera un papá estricto que le puede castigar por querer darles bebés a mamá y a ella, y también por querer evitar que papá se los dé a mamá. Por esto es también por lo que se siente culpable de que papá esté enfermo.

Richard escribe ahora su nombre claramente en otra hoja de papel, pidiéndole a *M.K.* que escriba el suyo debajo y que añada algunas palabras en austríaco (sigue llamando así al alemán). *M.K.* escribe su nombre y pone en alemán que hace buen tiempo. Richard le pide que le diga cómo se pronuncia, y lo repite varias veces. Al abandonar el cuarto de juegos comenta que se siente mucho menos cansado que cuando llegó. "Ha sido una gran ayuda", dice.

M.K. le pregunta qué es lo que le ha ayudado tanto.

Richard contesta que le parece que ha sido el estar sentado con ella. Como hace a menudo, se asegura de la hora en que tiene que venir la próxima vez, y luego (cosa también frecuente), dice con tono de estar prometiendo algo: "Aquí estaré".

PSIKOLIBRO

SESION NÚMERO SESENTA Y NUEVE (Jueves).

Richard va a buscar a *M.K.* mucho más cerca de su casa de lo que lo ha hecho nunca, comentando él mismo este hecho.

Por la calle observa cuidadosamente para ver si viene el Sr. Smith. En el cuarto de juegos está bastante serio, pero no parece especialmente preocupado y comenta que se ha hecho un nuevo arreglo sobre su estada en "X". Además, seguramente a *M.K.* le interesará saber que la flota está ahora guardada en otra caja más fuerte, pero que se la dejó en casa de los Wilson.

M.K. le pregunta por qué ha hecho eso.

Richard contesta que la flota no quería venir porque de hacerlo podría dañarla a ella... Se queda escuchando el ruido que hace un camión en la calle y comenta que parece un quejido.

M.K. le pregunta que a qué le recuerda.

Richard contesta que a un oso: al oso ruso, que es bueno; no -se corrige- al alemán. Se refiere entonces a que los rusos están haciendo las cosas bien, y esto lo pone muy contento.

M.K. le recuerda al oso que creyó que estaba en uno de los paquetes que aparecieron un día en la habitación y las dudas que tuvo sobre el oso-papá extranjero y peligroso que estaba dentro de ella, de mamá y de sí mismo. A menudo, además, ha mostrado que desconfía mucho de los rusos.

Richard pregunta si *M.K.* ha visto hoy al Sr. Smith, y se pone a mirar por la ventana; al ver un hombre que viene lejos exclama: "Ah, aquí viene". Cuando se acerca, resulta que no es él sino un hombre muy viejo y Richard le sigue mirando y dice con tono dudoso que parece ser un viejo bastante simpático.

M.K. interpreta que prefiere los viejos a los jóvenes, pues no le parecen tan peligrosos (nota 1). Le recuerda que le molesta en especial que ella entre en la tienda de comestibles, pero que una vez le dijo (sesión sesenta) que no le importa que hable con el padre del tendero.

Richard contesta que es verdad y pregunta a qué se puede deber.

M.K. interpreta que posiblemente el hombre más joven representa a su padre cuando estaba fuerte y bien, y cuando poseía un genital poderoso, que era al mismo tiempo una mina peligrosa.

Richard se pone a hablar de unas fotografías que ha visto de Hitler, Goebbels y otros nazis, y dice que Goebbels le disgusta aun más que Hitler por ser una rata tan grande. Pregunta luego a *M.K.* si alguna vez ha oído a

Hitler hablar por radio, y se pone a copiar sus gritos mientras hace muecas, grita "Heil" como si fuera la gente que escucha, y pisotea con fuerza.

M.K. interpreta que siente que el papá-Hitler, que es ruidoso y malo abiertamente, es en realidad menos peligroso porque no esconde su maldad. En cambio el padre malo y engañador (Goebbels, la rata), es peor, y representa al embajador chino, al "pillo", al sonriente Sr. Smith y aun al papá bueno a quien mamá y ella pueden querer a pesar de ser peligroso para ellas. Le recuerda además que siente él mismo que es un pillo (sesión cincuenta y cinco).

Richard interrumpe aquí a *M.K.*, para decirle que el Sr. Smith tiene además algo bueno, pues le vendió esas semillas de rabanitos tan lindas.

M.K. interpreta que también cree en el papá bueno y potente, que puede dar bebés a mamá e incluso compartir con él su potencia -las semillas-. Pero de todas maneras, duda mucho de la bondad de éste, cosa que ha demostrado muchas veces y que explica también la preocupación y los celos que siente cuando ella se encuentra con el Sr. Smith. Sospecha que siempre están juntos, a pesar de que hoy sabe que no pueden haberse encontrado, pues él mismo la estaba acompañando al pasar por las calles por las cuales él suele venir, y además le habría visto si pasaba por delante del cuarto de juegos.

Richard contesta que pueden haberse visto más cerca de su casa de donde él llegó.

M.K. señala que en este caso el Sr. Smith tendría que haber ido a buscarla. Sin embargo, cuando él llegó ella estaba sola, de manera que ¿cómo podría el Sr. Smith haberse dirigido luego a su tienda sin que él le hubiera visto? Le interpreta que el Sr. Smith representa para él al Sr. K., quien cree que está vivo todavía dentro de ella y de si mismo, ya que a su vez el Sr. K. representa a papá. Esta es otra de las causas por las que quiere que vaya al cine por las noches, pues estando en el cine no podría estar con él. El miedo que le tiene al Sr. K. muerto y malo que está dentro de ella es mayor ahora a causa de la enfermedad de su padre. Esta le causa ya de por sí mucha preocupación; pero además, en su imaginación, el papá enfermo se convierte en una especie de fantasma malo que vive dentro de mamá (nota II).

Casi al comenzar la sesión, Richard pidió el cuaderno. Lo hizo con el tono urgente y suplicante que ha adoptado desde hace poco, esperando, además, que *M.K.* se lo pusiera en la mano. Aparte de esto, en las últimas sesiones le pide siempre que le dé el lápiz amarillo que tiene metal en uno de sus extremos, el cual últimamente se mete en la boca no sólo en forma ocasional, sino para dejárselo adentro durante mucho tiempo. En la sesión de hoy no se lo saca ni siquiera para hablar, lo chupa como si fuera un bebé con un biberón... Pregunta si le queda otro cuaderno y sí es exactamente igual al que ahora está usando.

M.K. le dice que tiene otro, pero que no es igual a éste, aunque tampoco es amarillo. Interpreta que el deseo de tener una cantidad ilimitada de cuadernos de igual clase, expresa el deseo de que los pechos buenos de mamá, y ahora los de ella, se mantengan siempre igual y en buen estado, sin dañarse y sin terminarse nunca. Y por ello está chupando todo el tiempo el lápiz amarillo, que también simboliza el pecho de su madre (nota III).

Richard vuelve a hacer preguntas sobre los demás pacientes de *M.K.* Lo hace como siempre, de una manera obsesiva y sin esperar respuesta: ¿Son todos hombres, o también tiene a alguna mujer de paciente?; ¿qué edad tienen?, ¿cuántas veces vienen a verla?, etc. Pero lo que quiere saber especialmente, es si él es el paciente menor que tiene en "X" y el número de niños a quienes va a analizar cuándo esté en Londres.

M.K. interpreta que desearía ser su paciente favorito; aunque tiene muchos celos de papá y de Paul porque son adultos, también siente que ser el bebé y el menor tiene ciertas ventajas, pues se recibe más atención y afecto. Pero quizá también desea que ella tenga más niños de pacientes por la misma causa por la que desearía que mamá tuviera otros bebés: porque la mantendrían con vida y le darían placer. Además, porque son menos peligrosos que los hombres.

Richard se ha puesto a dibujar la estación de "Blueing", pero deja la tarea diciendo que no le ha salido bien, y garabatea encima de lo que ha hecho. Tras esto dibuja monedas en otra hoja y vuelve a expresar preocupación por la cantidad de dinero que le queda, tal como lo hizo el día anterior. Compara el tamaño y color de los peniques con el de los chelines... Después garabatea sobre un penique y le pregunta a *M.K.* si le importa que lo haya hecho.

M.K. interpreta que teme no tener bastante pecho bueno ni de "lo grande" bueno dentro de sí, y no poderles dar ni a ella ni a mamá bebés buenos. El miedo de haber ensuciado el penique se debe a que teme después de todo haber ensuciado el pecho bueno. "Blueing"* significa poner tinta en el pecho celeste (sesión sesenta y siete) y hacérselo, no sólo a ella y a mamá en el exterior, sino también al pecho interior. Al dejar de dibujar la estación dijo que no le salía bien, y esto se debió a que le preocupa pensar que no puede mantener fuera de peligro a mamá ni ahora a ella.

Richard pide a *M.K.* que salga al jardín con él, y una vez allí se pone a dar vueltas. El viejo que vive en la casa de enfrente (el oso) cambia unas

---

* *Blueing* se parece a *blue ink*, que significa tinta azul en inglés; además puede sonar a algo como "azular".

cuantas palabras con *M.K.* Cuando ésta le termina de contestar, Richard le pide que vuelva a entrar en la casa. Sin dar la impresión de estar asustado, pero con tono serio, dice que este señor no parece saber lo que es una sesión analítica, la cual no debe interrumpirse. Un poco más tarde vuelve a salir al jardín con *M.K.*, mira las montañas, y parece estar contento.

M.K. interpreta que cada vez que goza con el espectáculo de las montañas, expresa la sensación de que la mamá buena sigue aún viva, sin que le haya pasado nada malo.

Otra vez en la casa, Richard hace el dibujo 63. Primero hace las figuritas cuyos órganos sexuales se están tocando y tras eso traza unos pocos garabatos, algunos de los cuales representan su nombre[15]. Comenta que está poniendo su órgano sexual junto al de *M.K.* y escribe los nombres de ambos en la parte superior del dibujo. (El órgano de *M.K.*, que también es un pene, es mucho mayor que el suyo.)

M.K. le pregunta a qué le recuerda la letra inicial de su apodo, la cual sobresale tras la figura que la representa a ella.

Richard contesta que á una banana con un bultito en el medio.

M.K. interpreta que en el dibujo, el órgano sexual de él es menor que el de ella, pero que la forma de banana que se le mete a ella en al cabeza, también representa a su pene, y es grande. El bulto que ha mencionado representa algo que siente que tiene en el pene y que le parece que no está bien.

Richard está de acuerdo con que siente que algo no está bien.

M.K. se refiere entonces a su circuncisión e interpreta que ha metido su órgano sexual en la parte posterior de su cabeza. Le señala además que mientras ella le hacía esta interpretación, se puso a chupar al lápiz de una manera especialmente fuerte, lo cual quiere decir que siente deseos de chuparle el pecho y también el gran genital banana o frutilla de su papá: de esta manera piensa que podría tener el pene dentro de sí y usarlo con ella como sí fuera de él. Le recuerda que al principio de la sesión le dijo que el

---

[15] He tachado su nombre.

Sr. Smith tenía algo bueno, que eran las semillas de rabanitos... Tras esta interpretación, *M.K.* le pregunta qué piensa de otro de los contornos que ha trazado en la página.

Richard contesta que también se trata de una banana, pero con cola.

M.K. señala la O mayúscula dibujada en la parte inferior de la hoja y le recuerda que el día anterior representaba a dios.

Richard, con aspecto muy asustado, dice que esto que le está diciendo le da mucho miedo.

M.K. le pregunta si teme que dios lo castigue. Richard contesta que si.

M.K. interpreta que tiene miedo de un padre muy poderoso que lo sabe todo y lo ve todo, y que por lo tanto le puede castigar por las cosas que desea hacer con mamá y con ella. También teme ser castigado por querer robarle a papá, no sólo mamá, sino también su poderoso órgano sexual, tras lo cual papá quedaría enfermo y sin poderío alguno.

Richard dibuja entonces una cara, que dice es la del ratón Mickey. Pone su nombre en la parte superior de la hoja y dice que le representa a él. Después hace otra cara más, que es la de la ratona Minnie, la cual representa a *M.K.*

M.K. le indica que la cara de Minnie es muy gorda y le sugiere que puede estar también representando su vientre.

Richard se ríe y dice que así es.

M.K. interpreta que hay otra razón por la cual él cree que está gorda, y es porque cree que está llena de bebés: de todas las semillas que él ha recibido del Sr. Smith y metido dentro de ella.

Richard hace el dibujo 64, con aire de estar contento, y evidentemente gozando al usar una vez más los lápices de color. Resulta evidente que se ha resuelto el miedo que sintió al interpretársele que temía que dios le castigara. Indica a *M.K.* cual es la parte superior del dibujo y cuál la inferior diciéndole que las dos partes rojas son las de abajo.

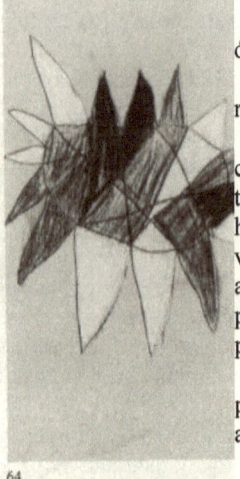

M.K. le sugiere que representan su órgano genital, y él se muestra de acuerdo.

M.K. le pregunta por lo que representan las partes celestes.

Richard parece dudar, pero dice que cree que representan a mamá y a ella. Al terminar este dibujo, pregunta de qué va a hablar con su madre cuando ésta venga a verla dentro de unos días. ¿De que el análisis va a ser continuado? ¿Qué va a pasar en el otoño? Al preguntar esto, parece estar muy preocupado.

M.K. le pregunta si lo que le preocupa es saber cómo se las va a arreglar sin análisis.

Richard confirma esto. Teme que le vuelvan a aparecer los miedos que antes tenía y ahora no.

M.K. le pregunta qué miedos son los que siente que han desaparecido.

Richard contesta que ahora tiene menos miedo de los niños. Tras una pausa añade que no sabe cuáles son los otros temores que ya no tiene, pero que se siente mucho mejor.

M.K. le pregunta si quiere decir con esto que está menos preocupado y que se siente más feliz.

Richard dice que si, y vuelve a preguntar por lo que va a hablar con su madre.

M.K. le pide que le diga por qué le preocupa tanto esta conversación.

Richard contesta, vacilante, que quiere saber si va a aconsejar a su madre que le mande a un colegio grande. Esto es algo que no podría soportar, pues aún tiene mucho miedo de los niños mayores, y siente que se enfermaría si tuviera que pasar miedo todo el tiempo (está ahora muy preocupado).

Vuelve a preguntar si es esto lo que va a aconsejar a su madre que haga.

M.K. le pregunta qué le gustaría que le dijera sobre el colegio.

Richard contesta que quiere que le diga que le ponga un tutor, y no un hombre, sino una mujer. Una vez tuvo un tutor horrible, y en otra oportunidad, en cambio, una maestra muy simpática.

M.K. le pregunta si le gustaría ir a un colegio pequeño.

Richard contesta que preferiría tener un tutor, pero que también podría ir a un colegio pequeño. Y luego, con una sonrisa melancólica y evidentemente tratando de ser franco con ella, dice que lo que realmente le gustaría seria ni siquiera tener tutor, y no tener que aprender nada.

M.K. le pide que diga qué le gustaría hacer en vez de aprender. Richard contesta: "En realidad, nada. Sólo leer un poco; los periódicos". (Todavía no lee casi ningún libro, excepto de vez en cuando, en la cama.) Y le pide a *M.K.* que le prometa no aconsejar a su madre que le mande al colegio grande.

M.K. le contesta que tampoco ella está en favor de este tipo de colegio, en vista del miedo que le tiene.

Richard, que durante esta conversación ha estado pálido por la ansiedad y la preocupación, se pone muy alegre y dice que se siente muy aliviado. Luego le pregunta a *M.K.* si cree que es mejor para él no ir al colegio grande.

M.K. vuelve a repetir que por el momento no cree que fuera conveniente que lo hiciera.

Richard pregunta si cree que un colegio pequeño sería mejor que tener un tutor.

M.K. contesta que probablemente su madre prefiera esto, pues de esta manera no estaría tanto tiempo solo y podría aprender en compañía de otros niños.

Richard sigue tratando de averiguar si también ella cree que es mejor para él ir al colegio.

M.K. contesta que sí, que así lo cree.

Entonces el niño, otra vez con aire preocupado, le pregunta que cuánto tiempo tendrá que asistir a él. ¿Dos años?

M.K. le sugiere que puede estar preocupado al pensar que algún día tendrá que ir a un colegio común.

Richard está de acuerdo con esto y dice que es verdad que debería ir a una escuela ordinaria. ¿Cree que podrá hacerlo dentro de uno o dos años?

M.K. le dice que el año próximo podrá darse cuenta de cómo le va. Quizá descubra entonces que le gusta estar con los niños más que antes. Ella tratará de volverle a analizar el próximo verano, si es que puede; pero de todas maneras, va a discutir con su madre la posibilidad de continuar el tratamiento alguna vez.

Richard se pone ahora a pedir detalles sobre el sitio de Londres donde va a ir a vivir, y otra vez está muy preocupado.

M.K. le contesta que va a vivir en las afueras de Londres y a trabajar en la ciudad; con esto Richard parece un poco más aliviado.

M.K. le pregunta entonces por qué no le contó antes todos estos pensamientos y preguntas y por qué cree que va a aconsejar a su madre que haga algo que él tanto teme. Interpreta que esto puede deberse a que ha empezado a sentir desconfianza de ella por el hecho de que va a hablar con su madre en su ausencia, lo cual la convierte en el padre malo, que trama algo con su madre en contra de él.

Richard se queda perplejo cuando *M.K.* se refiere a esta desconfianza y dice que en todo caso no se convertiría en el padre malo, sino en la "mamá bruta".

M.K. interpreta que como ella se va a ir y él teme que el papá-Hitler malo la bombardee, quedaría en este caso convertida en la malvada "mamá-bruta". Pero esta mamá resultó en una ocasión ser la madre que contiene al papá malo (sesión veintitrés).

Richard escribe entonces lo que quiere exactamente que *M.K.* le diga a su madre; es decir, que quiere un tutor. Pero a medida que transcurre la conversación altera esto y pone "escuela pequeña". La expresión facial que tiene durante la conversación demuestra que está dolorosamente consciente de la seriedad de sus inhibiciones y de lo que implican respecto a su futuro. Sin duda comparte de una manera adulta la preocupación que sus padres sienten por él.

Antes de abandonar la habitación, repite con gran alivio que se alegra de haber podido discutir todo esto con *M.K.* y que se siente mucho mejor tras haberlo hecho.

Notas de la sesión número sesenta y nueve.

I. Según mis notas, Richard nunca me había hablado del deseo de tener un abuelo. Tampoco sé si jamás tuvo algún contacto con alguno de los dos, los cuales en el momento de analizarse habían ya muerto; pero es posible que guardara algún recuerdo inconsciente de alguno de ellos y que deseara resucitarlo.

II. En mi opinión, uno de los elementos fundamentales que constituyen los celos paranoides, es que los celos más fuertes que se sienten se refieren al padre internalizado, quien aun después de ocurrida su muerte real, es vivido como si estuviera permanentemente dentro de la madre, e influyendo sobre ella para que se ponga en contra de su hijo.

III. En una nota anterior (nota VII, sesión sesenta y siete), he hablado ya sobre el cambio operado en la actitud fundamental de Richard. Es decir en el progreso hecho en cuanto a mitigar el odio mediante el amor; el hecho de que exprese tan vivamente el deseo de tener el pecho bueno para siempre, constituye un índice esencial de esta transformación. La esperanza de que el pecho no esté dañado y de poder guardarlo con relativa seguridad como un objeto interno, es, según he podido ver, condición necesaria para poder manejar con mayor éxito los impulsos destructivos y la ansiedad que ellos provocan.

SESION NÚMERO SETENTA (Viernes)

Richard encuentra a *M.K.* en la calle. Está escondido tras el poste de una puerta y cuando *M.K.* pasa, salta sobre ella. Se queda mirándola atentamente para ver si está asustada o enfadada, y parece tranquilizarse al comprobar que no le ha importado lo ocurrido. Refiriéndose a un ciclista que en ese momento pasa por la calle, dice que éste debe de haber pensado que ha saltado sobre ella para atacarla y hacerle daño. Una vez en el cuarto de juegos quiere saber si ya ha arreglado una entrevista con su madre, la cual espera que *M.K.* la llame para darle cita.

M.K. le dice que ya la ha llamado y que se van a encontrar el próximo lunes.

Richard parece aliviado al saber que la entrevista no se aplaza por más tiempo. Pide entonces su cuaderno y además el nuevo que *M.K.* le tiene preparado; aunque se queda desilusionado al ver que es diferente del anterior, y que el papel no es exactamente de la clase que a él le gusta, dice que lo prefiere al amarillento que le trajo en una ocasión anterior, y que desde entonces no usó más. De nuevo se pone a marcar el contorno de algunas monedas sobre el papel... y entre tanto está en silencio, preocupado y tenso.

M.K. se refiere a la sospecha que tuvo el día anterior, de que iba a aconsejar a su madre que después de todo lo mandara a un colegio grande, cosa que le parece sería muy cruel.

Richard está de acuerdo con que hacerlo sería cruel, ya que ella sabe mejor que nadie lo aterrorizado que está de los niños mayores. De pronto exclama: "¿Puedes hacer algo por mí? No trabajes en este momento. Prométeme primero que no le vas a sugerir a mamá que me mande a un colegio grande".

M.K. le recuerda que ya se lo prometió ayer, pero que no parece haberle tranquilizado en cuanto a las malas intenciones que cree que tiene.

Richard dice con tono suplicante: "Por favor, prométemelo otra vez". *M.K.* le vuelve a repetir que no le parece bien que lo manden a un colegio grande por ahora, y que esto ya se lo ha dicho antes. Por lo tanto, la desconfianza que tiene de ella, a pesar de que en otros sentidos piensa que le ayuda y que la quiere, debe de tener otro origen. Le repite entonces las interpretaciones que le hizo en otras oportunidades, referentes a la "mamá bruta" malvada, y al miedo constante que tiene del Sr. K. desconocido y peligroso, el cuál está dentro de ella, dañándola y obligándola a volverse en contra de él. Siente que como le va a abandonar para irse a Londres, va a ser dejado a merced de sus enemigos internos y de sus ansiedades; y es a éstos a quienes representan ahora los niños mayores y peligrosos del colegio.

Richard se va a beber agua del grifo, tras lo cual se mete el pulgar en la boca y se pone a chuparlo. Una vez más está atento a la gente que pasa por la calle, y grita: "Aquí viene el Sr. Smith". Corre a la ventana entonces y le hace una sonrisa; el Sr. Smith, viendo en primer lugar a *M.K.* que está sentada al lado de la mesa, le dirige primero a ella una sonrisa, y más tarde saluda a Richard que está de pie al lado de la ventana. Este se ha dado cuenta, naturalmente, de que el Sr. Smith ha saludado separadamente a *M.K.*, y le pregunta entonces por qué le ha dirigido una sonrisa particular a ella. ¿Es porque la conoce mucho? Al decir esto tiene un aspecto de mucha desconfianza (nota 1).

M.K. le contesta que ha ido a su tienda algunas veces, cosa que él ya sabe; pero que él no cree que esto sea todo, pues piensa que le va a visitar cada vez que ella está sola, y aun más, que se acuesta con ella por las noches y está siempre a su lado cuando él no está. El Sr. Smith representa al Sr. K., que se ha metido como un intruso dentro de ella, transformándola en la "mamá-bruta", lo cual quiere decir en enemiga.

Esto es también lo que siente que pasa con sus padres cuando sospecha de ellos, y no puede ver lo que están haciendo.

Cuando el Sr. Smith acaba de pasar, Richard pregunta, preocupado, qué habrá pensado que están haciendo los dos juntos. ¿Y qué pensarán las demás personas?

M.K. interpreta que como él tiene tanta curiosidad por saber lo que hacen sus padres, tiene miedo de que los demás, y su padre en particular, se queden mirándolo a él, sospechando que se mete dentro de mamá; por lo tanto teme que le quieran castigar. Se refiere también al dibujo 63, y dice que en él teme el castigo de dios. Tiene miedo de que dios-papá haya visto que tiene relaciones sexuales con ella, que representa a mamá.

Richard se pone a mirar el sobre dirigido a *M.K.* que contiene sus dibujos, y pregunta una vez más de quién es la letra. Está muy inquieto y se siente perseguido.

M.K. interpreta que a pesar de conocer a los amigos y parientes de su mamá más que a los de ella, tiene sin embargo mucha curiosidad por saber todo lo que su madre hace y piensa, así como de saber qué cartas recibe y todos sus secretos. Ya en otra ocasión admitió que la espía a veces. Esto se debe, en parte, a que no confía en su amor. Como él mismo la ama pero también la odia, piensa que a ella le pasa la misma cosa con él. Además sospecha que sus padres están todo el tiempo discutiendo sobre él, culpándole u odiándole, y este sentimiento se encuentra reforzado por la culpa que siente por haberlos atacado mentalmente. Ahora se está dando cuenta de que realmente desconfía de ella también y de que en su mente existe una *M.K.* "bruta y malvada"; pero le resulta mucho más doloroso todavía tomar conciencia de que a veces también siente que mamá es "bruta y malvada".

Richard se muestra de acuerdo con esto y dice que odiaría pensar así de su madre; pero también odia pensar lo mismo de ella, pues la quiere mucho... Se pone entonces a mirar un cuadro de la pared, el cual representa a Neptuno y a una mujer, separados los dos por un globo. Hace uno o dos días, comentó que Neptuno tenía un aspecto muy desagradable, y ahora, señalando el cuadro, pregunta si el Sr. K. era así. Tras esto añade en seguida que no; que no es el Sr. K., sino Neptuno... Como de costumbre, hace una serie de preguntas obsesivas, entre las cuales figura si *M.K.* conoce al Sr. Gwen, un tendero de "X". ¿Por qué no va a comprar a su tienda en vez de ir a la otra, ya que es tan simpático?

M.K. contesta que no le gusta el dueño de la tienda donde ella va a comprar, porque piensa que se trata de un hombre malo, y por ello no quiere que tenga nada que ver con él. Desearía en cambio que tuviera un hombre bueno que cuidara de ella, un buen marido, y le preocupa pensar que esto no es así. También tiene miedo de que se muera su padre, porque en ese caso tampoco su madre tendría quien cuidara de ella y lo echaría de menos. Como su padre está enfermo, se ha transformado para él en alguien dañado, robado y por lo tanto peligroso, y entonces tiene ganas de separarla a ella (que representa a mamá), de otros hombres igualmente sospechosos, como el tendero, tal como el "Neptuno desagradable", está separado de la mujer por un globo que representa el mundo entero.

Richard saca los dibujos del sobre y los desparrama por la mesa. De pronto pide la bolsa de los juguetes y muy cautelosamente, como si temiera que de ella saliera algo malo, empieza a sacarlos uno por uno. Pide a *M.K.* que le guarde todos los lápices pero que no toque los dibujos, su cartera ni el reloj. Pone juntas unas cuantas casitas y dice que es un pueblecito suizo, un lugar muy hospitalario.

M.K. le sugiere que siente que Suiza es un lugar más seguro que Inglaterra.

Richard contesta: "Pero la pobre está rodeada de enemigos"... Luego coloca un cubo de agua (con el que hasta entonces ha jugado muy poco) al lado del reloj y dice que es una enfermería. Otro cubo representa una clínica. Rápidamente, entonces, mete dentro de los dos cubos los pocos juguetes que están rotos y después vuelve del revés la bolsa para sacar de ella todo el polvo que pueda contener. Coloca los juguetes formando varios grupos y, tal como lo hacía antes, pone a un hombre y a una mujer en un camión, diciendo que son papá y mamá que están juntos. Los dos trenes empiezan a recorrer la mesa; construye una estación para ellos y mira cuidadosamente si hay en ella bastante espacio como para que puedan entrar los dos. Parecería que todo el tiempo temiera que haya una colisión. Otro de los grupos está integrado por un hombre y un niño, mientras que en otro hay varios niños solos y en otro unos adultos, formación que ya ha sido analizada en otras ocasiones. Señalando a una de las mujercítas hace un comentario sobre sus pechos, y después le muestra a *M.K.* que la otra mujer de juguete también tiene pecho (nota II). También llama pechos a los dos vagones del tren eléctrico. Luego junta a las dos mujeres y hace como que están hablando juntas, en un tono exageradamente dulce. Una de ellas dice: "Mi querida Henrietta, ¿cómo estás?...", etc. La otra le contesta "Mi querida Melanie...". Al llegar a este punto, dice sin embargo que no se trata de Henrietta, sino de ella y de mamá que están ya hablando en la entrevista que van a tener. Coloca entonces cerca de ellas la figura de un niño que antes estaba a cierta distancia de ambas, y dice que le representa a él, observando todo muy de cerca. Después añade un hombre al grupo y dice que se trata del Sr. Smith, quien también interviene en la discusión.

M.K. se refiere una vez más a las sospechas que tiene sobre lo que va a pasar en la conversación que tenga con su mamá, pues duda de la sinceridad de ambas. Aunque no va a haber ningún hombre presente, él piensa que va a estar presente el sospechoso Sr. Smith, el cual representa al Sr. K. y a papá. Las dos mujeres son la *M.K.* bruta que contiene al Sr. K.-Hitler, y la bruta mamá que contiene al papá malo. Por ello teme las dos sean también malas y hostiles con él.

Richard se va corriendo de pronto a la cocina y se pone a inspeccionar cuidadosamente el fogón. Levanta la tapa del "tanque-bebé", y se incomoda al ver que el agua no está limpia. Empieza entonces a sacarla con un cubo que *M.K.* vacía previamente en el retrete, y después de sacar más y más se queda muy preocupado al ver que haga lo que haga el agua del tanque no se limpia. Entonces levanta la cubierta del fogón y derrama un poco de agua dentro del mismo, tratando de averiguar por dónde corre. Luego abre el regulador de tiro de la chimenea que está en un caño y trata de sacar el hollín que hay en él y también el que se encuentra debajo de la cubierta.

También abre las puertas del horno y se alegra al encontrar adentro una taza de metal brillante que antes no había visto. La empieza a usar en primer lugar para sacar con ella el agua sucia del tanque, pero después decidiendo que no quiere ensuciarla, manifiesta que sólo la va a usar para poner en ella el agua limpia del grifo que hay en la pila de lavar. Empieza así a echar con ella agua dentro del tanque, pero al hacerlo derrama bastante en un costado. Continúa su tarea, sin embargo, mientras mira cómo *M.K.* va limpiando el agua que cae. Comenta que se alegra de que no sea el día en que vienen las niñas exploradoras, pues así no pueden ver la enorme suciedad que están haciendo. *M.K.*, sin embargo, le pide que no vuelque tanta agua, pues el suelo es difícil de limpiar[16]. Richard entonces llena el tanque como lo hiciera en otras ocasiones, y le pide que quite el tapón mientras él se va afuera para ver cómo sale el agua por la cañería de desagote. Después vuelve a entrar y sigue jugando con los juguetes.

M.K. interpreta que el miedo que tiene del Sr. Smith, del papá malo que hay dentro de mamá, y del Sr. K. malo que está dentro de ella, le hacen desear explorar todo su interior y el suyo propio. Al parecer, en este momento tiene un miedo especial a la orina sucia de papá -es decir, venenosa-, y quiere averiguar cómo puede salir de dentro de mamá. También desea mantener separada y limpia la leche buena del pecho de su madre, el cual está representado por la taza brillante y por el grifo.

Richard se pone a mover los trenes y a formar grupos de juguetes tan de prisa, que *M.K.* no puede seguir todos los detalles. Dice que el perro se ha unido a uno de los grupos y que quiere hacer algo "malo" e inmediatamente después ocurre el "desastre": hay un choque y todas las cosas se caen. Richard levanta del montón de juguetes caídos la menor de todas las casas y se la mete rápidamente en la boca por un momento, al tiempo que dice que es él mismo, que ha sobrevivido a la catástrofe; pero a pesar de decirlo, no parece convencido de que haya sido así.

M.K., como la sesión ha llegado casi a su fin, sólo tiene tiempo de interpretar que el perro, que representa al Richard voraz y mordedor y a su órgano sexual, parece ser el causante del "desastre", pues como él dijo antes, quería hacer algo "malo". El desastre ha consistido en que tanto sus padres como todo el mundo, incluso él mismo, se han muerto. El intento de sobrevivir él al levantar la casita, le ha fallado.

Richard se muestra conforme con esta interpretación. A última hora, cuando los juguetes están ya guardados en la bolsa y *M.K.* y él están a punto de salir, saca la pelota de la cartera de *M.K.* y la hace botar una o dos veces.

M.K. interpreta que la pelota lo representa a él y a su pene, así como también a los bebés de dentro del cuerpo de ella, y que al hacerla botar está expresando el deseo de que, después de todo, tanto ella como él puedan seguir viviendo, y en buen estado.

---

[16] Aun en un cuarto de juegos bien equipado, y que tenga linóleo en el suelo, es necesario a veces restringir la cantidad de agua con que juegan los niños, en el caso de que pierdan el control.

P S I K O L I B R O

La ansiedad que Richard siente en esta sesión guarda cierta relación con la fuerte lluvia que está cayendo. Tal como lo demostró el material anterior, la lluvia es para él orina venenosa que inunda, procedente del padre omnipotente, y está asociada al miedo que le tiene a dios, el cual lo va a castigar con rayos y truenos. Siempre que llueve se deprime. A pesar de esto, antes de la enfermedad del padre había empezado a ver la lluvia bajo una luz más favorable, y llegó a decir que ella permitía que las cosas crecieran. Este hecho, que desde luego conocía intelectualmente desde hacía mucho, no lo pudo llegar a reconocer emocionalmente sin embargo, hasta tanto la ansiedad inconsciente sobre la lluvia no fuera modificada, por lo menos parcialmente. Ahora, y en relación con la enfermedad de su padre, vuelve a aumentar el temor a la orina y a que su semen destruya a su madre. Como dije antes, Richard bebe del grifo todas las mañanas, pues representa para él algo bueno, en contraste con el agua sucia del tanque. Representa, en efecto, el grifo bueno, es decir, el pecho bueno, y también el buen pene y beber de él tiene como finalidad contrarrestar los temores paranoides de ser envenenado, que antes relacionaba con las muchachas que le iban a envenenar, y que representaban a los padres malos (sesión veintisiete). Probablemente también se propone con ello dar algo bueno a la madre internalizada, para así restaurarla y contrarrestar el que ella a su vez pueda ser envenenada. En un momento de esta sesión, Richard dice algo que *M.K.* interpreta relacionándolo con su pecho. Entonces, en ese mismo momento, levanta el niño los dos árboles y se los mete en la boca y *M.K.* le interpreta que desea mamar de los pechos de su madre, pues siente que al hacerlo tanto él como ella van a quedar bien otra vez.

Notas de la sesión número setenta.

I. Es interesante ver cómo la información que le di a Richard la sesión anterior no sirvió esencialmente para aliviar la desconfianza que siente. Dadas las circunstancias, había yo pensado que lo mejor que podía hacer era darle a conocer el punto de vista que expondría en la conversación que iba a tener con su madre. No me cabe duda de que de no haber procedido así, sus sospechas y su resentimiento hubieran adquirido características más agudas aun; pero, sin embargo, a pesar de lo que le dije, las sospechas casi alucinatorias que tiene y los celos, se siguen manteniendo. Esto sirve como ejemplo de algo que resulta bien familiar a quienes tratan a pacientes paranoicos, y es que las explicaciones y aseguramientos no sirven para disipar las ansiedades persecutorias, ni las sospechas alucinativas de que padecen estos enfermos.

Como he repetido ya en diversas oportunidades, Richard carece de seguridad interior, porque nunca ha podido incorporar firmemente a su madre como objeto bueno internalizado, y tiene por lo tanto la tendencia a temer que se convierta en una perseguidora, que se alía con el padre peligroso. La ansiedad persecutoria ha llegado además a un punto culminante, a causa de la enfermedad del padre, mientras que el miedo a su muerte parece convertirle en una figura mala persistente. A pesar de esto, y disociada de este aspecto, guarda sin embargo también la representación de una figura paterna buena. Los factores externos repercuten, pues, frecuentemente, en la situación interior, y las ansiedades persecutorias del niño y los mecanismos esquizoides a los que debe de recurrir no sólo están estimulados por ellos, sino que además se encuentran en este momento reforzados, para utilizarlos como una defensa contra la posibilidad de sentir compasión y depresión, sentimientos que hubieran traído a un primer plano y en forma total, los fuertes sentimientos de culpa que tiene.

II. Llama bastante la atención el que Richard haya indicado que las dos mujeres que no son sinceras -su madre y yo- tienen pechos, pues esto es algo que no ha comentado antes al referirse a los juguetes. Una de las cosas que este comentario me sugiere, es que debido al estado de ansiedad en que se encuentra por su próximo ingreso al colegio, ha prestado mayor atención a los pechos para intentar así tranquilzarse. Puede haber sentido, por ejemplo, que a pesar de sospechar que ni su madre ni yo somos sinceras y que estamos poniendo en peligro su seguridad personal, no podemos sin embargo ser tan malas, ya que las dos tenemos pechos. Me pregunto, a pesar de esto, si este pecho (que fue el primer objeto del cual no pudo fiarse), no hace, por el contrario, que las dos mujeres le parezcan aun más sospechosas, en cuyo caso, lo que ha querido decir es: "Míralas; no son sinceras; ahí están las dos, con sus pechos".

P S I K O L I B R O

SESION NÚMERO SETENTA Y UNO (Sábado)

Richard está esperando a *M.K.* en la esquina cuando ésta llega, y le cuenta que se ha encontrado con la niña pelirroja. La ha ignorado y ella tampoco le ha dirigido la palabra, pero está seguro de que se "ahogaba de rabia". No le ha tenido miedo, no, ninguno, comenta, y evidentemente está aliviado al ver que puede manejar mejor su ansiedad y sentirse más parecido a los demás niños. Richard ha traído su maletín, pues tras la sesión se va a su casa a pasar el fin de semana. Aunque tiene un aspecto deprimido, lo está mucho menos que el sábado anterior y no parece estar particularmente interesado en la gente que pasa por la calle. Una vez adentro saca dos monedas de media corona y se pone a jugar con ellas, haciéndolas girar sobre la mesa y alegrándose al ver cómo se mueven y el sonido que hacen. Mientras juega así con el dinero, pregunta a *M.K.* si piensa que el autobús estará muy lleno, ya que el tiempo es bastante malo, y al preguntar esto cobra un aspecto de mucha preocupación.

M.K. interpreta que las dos monedas representan sus pechos y que al jugar con ellas está haciendo lo que hacía, o quería hacer de bebé: jugar con los pechos de su madre. El hacerlos girar es para darles vida, pues al ser destetado temió que se hubieran ido por haberlos él atacado o habérselos comido. La pregunta hecha en este momento sobre si el autobús estará lleno, significa por su parte que teme que sus hijos y pacientes formen una muchedumbre alrededor del pecho y le ataquen a él por desear guardárselo para él solo. Le recuerda, a este respecto, el comentario que hizo (sesión sesenta y siete) sobre lo que pasaría si toda la población de "X" se agrupara en la cumbre de la montaña o en el autobús. Todo esto está además relacionado con la sensación que tiene de haber destruido a los bebés de mamá, los cuales han quedado por ello sin nacer, y a quienes a veces quisiera devolver a su madre.

Richard saca los juguetes de la cartera y se alegra al ver que *M.K.* ha agregado unos pocos muñequitos, iguales a los que representaban para él á los niños, y que además hay una cajita nueva, en la cual puede meter las figuras dañadas que el día anterior tenía tanto interés en mantener separadas del resto. Estos juguetes nuevos representan sin duda para él una señal de amor[1]. En este momento el Sr. Smith pasa por la calle y sonríe tanto a *M.K.* como a Richard, pues los dos están sentados a la mesa. Richard pregunta entonces si se verán los juguetes desde la calle, y comenta que no le gustaría que así fuera, porque teme parecer demasiado infantil. Va afuera

---

[1] En general no reemplacé los juguetes que se rompían, pero lo hice a intervalos regulares, después de los días festivos. Pero sí reemplacé lápices, pa pel y tizas, cuando se gastaban.

para ver cuánto se puede ver, y dice que sólo se ve a *M.K.* que está sentada.

M.K. interpreta que no quiere que se vean sus juguetes, no sólo para no parecer infantil sino también porque representan las cosas en las que piensa y todo lo que desea, y no quiere ser descubierto por el padre interno ni externo.

Richard coloca a todos los "niños" juntos -tanto los viejos como los nuevos-, formando dos filas. Primero coloca cerca de ellos la casa de la torre a la que llama "iglesia", y juega a que los niños van a ella. Pero en seguida lo piensa mejor (sin duda siente que tanto la iglesia como dios le traen conflictos), y reemplaza a la iglesia por otra casa, a la que antes ha llamado escuela. Dice entonces que los niños están en el campo de deportes que se encuentra fuera de la escuela, y pone vallas al mismo, a las que representa por lápices. Descubre que uno de los muñequitos más pequeños se ha despegado de su base y entonces trata de ver si puede ponerse de pie a pesar de todo; mas al comprobar que no, le pregunta a *M.K.* si se lo puede arreglar, a lo cual ella contesta que sí; entonces Richard lo mete en la caja que hace de hospital.

M.K. le pregunta si se encuentra él entre los niños de la escuela.
Richard contesta que no; que él es el niño que ha tenido que ir al hospital.

M.K. interpreta otra vez el miedo que tiene de ir al colegio y le dice que éste, con los niños malos y peligrosos, representa el hospital donde le hicieron la operación. Además querría quedarse con ella para que le ayude, lo cual significa que ella es también el hospital donde va a ser curado, pues como le ha traído juguetes nuevos siente que le quiere y que desea ayudarle. La figurita que tiene que ir al hospital hasta que ella la arregle, es pues él mismo, que seguirá enfermo hasta que vuelva a continuar el análisis; entonces siente que sí podrá ir al colegio.

Richard hace que los dos trenes den vueltas y más vueltas por la mesa, y que pasen por la escuela. Comenta que a los niños les gusta verlos pasar. En el primer vagón del tren de carga ha colocado, juntos, a dos animales, mientras que otro los mira desde el segundo vagón. Los dos que están juntos son mamá y Paul, dice, pero en seguida trata de corregirse diciendo que es papá y no su hermano. Finalmente se adhiere a la primera declaración. El animalito que está solo es él, y explica, divertido; que está vigilando todo el tiempo a su madre y a su hermano, para ver qué es lo que hacen... Pone en formación todo lo que *M.K.* ha traído consigo: su cartera, la bolsa de los juguetes, el reloj, los dibujos y el paraguas, pues no quiere quitar nada de la mesa (nota 1). Y a través de todas estas cosas, abre un camino por donde pueden pasar los trenes y aunque en general éstos dan vueltas alrededor de la mesa, siempre muy cerca del borde. En el extremo donde ha colocado la escuela y los niños, pone unas cuantas casas, la "iglesia" y la otra gente, comentando que se trata de un pueblo suizo que está al pie de las montañas. Forma entonces varios grupos, y actúa una variedad de escenas (nota II), de las cuales una de las más importantes de todo el juego la constituye el movimiento de los trenes que pasan por donde están los niños.

Estos consiguen no chocar por muy poco, y logran así evitar los "desastres" en que antes terminaban. Además, Richard menciona que sería peligroso que uno de los trenes alcanzara al otro, y se pregunta cuál de los dos llegará primero a la estación. Entonces, el hombre que el día anterior representaba al Sr. Smith, y que ahora está en el pueblo suizo, se pone primero al lado de un niño, y después se va con una mujer y con otra gente.

M.K. interpreta que el arreglo que ha hecho con los juguetes expresa no sólo la urgencia que siente por vigilar a Paul y a mamá, sino también, como en otras ocasiones, a sus padres; como papá está enfermo, sin embargo, está tratando de evitar sentir rivalidad y agresión hacia él, pero papá se ha convertido por el momento en uno de los niños (nota III). El tren de carga, que ahora representa a Richard, corre el peligro de chocar con el otro, que representa a Paul y a su padre. Y cuando los hace pasar por entre su cartera y su reloj, es porque quieren penetrar dentro de ella ya que estos objetos representan a menudo su interior. Está compitiendo, pues, tanto con Paul como con papá, ya que también ellos quieren penetrar en mamá; pero como teme chocar contra su padre que está débil y enfermo, se siente gratificado al poder evitar el choque. Interpreta, además, *M.K.*, que la figura grande a quien el día anterior llamó Sr. Smith, que se pone al lado del niño en el pueblo suizo, representa a papá que se une a él, aunque en seguida va a reunirse con mamá y el resto de la familia. De esta manera quiere Richard indicar el deseo que tiene de reparar a toda su familia tras haber separado a sus padres.

Richard señala entonces los dos árboles, los cuales están colocados entre el grupo del colegio y el pueblo suizo, y bastante cerca del borde de la mesa, aunque protegidos de los trenes por los dibujos, que se encuentran entre los dos. Cerca de ellos está el camión, cuyo techo queda en parte escondido bajo los dibujos. Comenta que los árboles son sus canarios y que el camión es Bobby, hurgando dentro de una conejera.

M.K. interpreta que los dos árboles también representaron el día anterior los dos pechos, los cuales quiere guardarse para él, metiéndolos en un lugar seguro. Bobby representa su órgano sexual que hurga dentro del de ella y también dentro de su mente, pues los dibujos simbolizan la relación que tiene con ella y con su interior. También está su pene persiguiendo a los penes del Sr. K. y de papá, que están en su interior y en el de mamá.

Richard hace entonces que otro hombre se una a una mujer, la cual según dice, es *M.K.*

M.K. interpreta que ayer quería que ella entrara en la tienda del comerciante "simpático" porque, como ella le sugirió entonces, siente que debería de tener un hombre bueno que la cuide, en representación de su marido.

Richard se queda muy sorprendido por esta interpretación. Se queda mirando a *M.K.* y a juzgar por la expresión de su cara, resulta evidente que lo que ésta le ha dicho es algo que ha pensado conscientemente. Después le pregunta si quería al Sr. K. y si se quedó muy triste y sola sin él. Al hacerlo, repite la palabra "sola" dos veces (nota IV). Sin esperar la respuesta, implora a *M.K.* que le conteste sin analizarlo, por lo menos *una* sola cosa que quiere saber, y es si se siente sola y triste. Le vuelve a preguntar si le importa que le haga preguntas así y luego, con cierta ansiedad, añade que le gustaría ser él su marido; tras una pausa agrega: "Cuando sea mayor".

M.K. interpreta el deseo que tiene de ser el marido de su mamá, deseo éste que ahora es más fuerte, por cuanto teme que mamá también se sienta sola y triste ahora que su marido está enfermo; y además porque se siente culpable, pues en su imaginación la ha privado del marido "bueno". Aun en el pasado puede haberse preguntado a menudo si mamá quería realmente a papá y si son verdaderamente felices juntos, pues no se fía mucho de las apariencias, o de lo que la gente dice sobre lo que siente. Ahora teme que, de morir su padre, tenga él que reemplazarlo y tratar de hacer que su madre sea feliz, y tiene mucho miedo por la gran responsabilidad que implica y por ser él aún un niño.

Richard sigue jugando y empieza a hablar sobre los viajes en tren. Dice que una mujer (representada por una figura de juguete) le cuenta a *M.K.* que quiere tomar el tren; entonces hace salir de la estación uno de los trenes, y comenta que la mujer lo ha perdido.

M.K. le pregunta a dónde se dirige el tren. Richard contesta que a Londres.

M.K. interpreta que la mujer es ella que quiere tomar el tren para ir a Londres, pero que lo pierde.

Richard dice con gran placer, que así es, y que cada vez que quiera irse, él se lo hará perder para que no pueda hacerlo. Al decir esto saca el segundo tren de la estación y comenta que también va a Londres.

M.K. le sugiere que en este tren está él con toda su familia, y que están siguiéndola a ella hasta Londres, porque teme no poder detenerla a pesar de todo. Hace unas cuantas sesiones comentó que tendría él que irse a esta ciudad para poder continuar su análisis.

Richard hace otra vez que uno de los trenes se dirija a Londres; el otro marcha en dirección opuesta hacia "Z" y no, como señala con énfasis, hacia su domicilio actual.

M.K. interpreta que si se fuera a Londres con ella, sentiría que está abandonando a su madre y a la casa de "Z", la cual también representa a la madre desierta y solitaria. Por esto debe volver de Londres y marcharse a "Z" . Le dice además que quisiera estar tanto con su mamá y con su familia como con ella, y que ya en otras oportunidades ha sentido este mismo conflicto de lealtades.

Richard hace otra vez que el tren eléctrico vaya hacia Londres y que el otro, que viene en dirección opuesta, se encuentre con él. Comenta entonces que va a ocurrir un "desastre", y esta vez no lo evita. Todas las cosas se caen, incluso los niños de la escuela y el pueblo suizo.

M.K. interpreta que acaba de mostrar en su juego que sabe que ella se irá a Londres sin que él lo pueda evitar. Aunque quisiera seguirla con su familia, siente que ello no será posible, y entonces, lleno de celos y de desesperación, ha provocado el "desastre". También su juego quiere decir que cuando ella se vaya a Londres va a ser destruida por las bombas y por el Sr. K. (Hitler, en la vida real). Tiene miedo de que esto ocurra y además se siente culpable, pensando que quizá pase a causa de los deseos agresivos que él tiene. El morir ella constituiría para él un desastre completo, ya que representa a su mamá, y le haría sentir que pierde a toda su familia, a todos los bebés, y hasta al, mundo entero. También sería su muerte un desastre interior para él, pues tanto mamá como ella, quedarían muertas en su interior.

Richard coge la figura de un niño y dice que es él, que ha quedado como único sobreviviente.

M.K. interpreta que aunque parece que al final él se salva, mostró antes que de morirse mamá todo el mundo moriría con ella, incluso él mismo.

Richard coge entonces otro de los niños que hay sobre la mesa, el cual tiene puesto un sombrero rojo y dice que es la niña pelirroja. Se mete este muñequito en la boca y se lo deja allí un momentito. Después lo saca y se va afuera a escupir, diciendo que "tiene un sabor horrible".

M.K. interpreta que mentalmente se acaba de comer a su enemigo, la niña de la cual antes comentó que se estaba ahogando de rabia, y esto quiere decir que ahora será ella quien le haga ahogar a él por dentro. En su imaginación siente que no sólo tiene dentro de sí a la mamá muerta y a *M.K.*, sino que también está perseguido internamente por los bebés de mamá a quienes se ha comido, cosa que acaba de demostrar al ponerse la niña pelirroja en la boca.

P S ı K o L ı B R o

Richard dice, con aire pensativo y. tono vacilante, que hacía mucho tiempo que no jugaba con los juguetes: unos dos meses. Un poco más tarde, comenta que la R.A.F. ha vuelto a atacar a Berlín, cosa que tampoco hacía desde hace dos meses.

M.K. interpreta que la destrucción de los juguetes representa también lo que la R.A.F. ha estado haciendo en Berlín. Pero Berlín representa a ella y a su mamá, la cual es mala por estar mezclada con el papá-Hitler, o por haberla él mismo atacado, lleno de celos, cuando estaba con papá.

Richard forma otro grupo de personas: se trata de dos mujeres, que representan a *M.K.* y a su madre. Imita entonces una conversación entre ambas, pero esta vez no con el tono afectado y exagerado del día anterior, sino con uno amistoso y normal. Dos niños se acercan a ella: uno es él que va a unirse con su mamá, y el otro es el nieto de *M.K.* Tras esto, se une también al grupo el hombrecito que el día anterior representó al Sr. Smith, y dice que es el Sr. K., que ahora está vivo. Los niños del colegio siguen todos en un montón; pero Richard forma otra vez los trenes y coloca a algunos de ellos en los dos vagones del tren de carga.

M.K. interpreta que está tratando de arreglar las cosas, y de hacer vivir otra vez a los niños de dentro de mamá y de ella, a los cuales ha colocado en el tren de carga. El Sr. K., que vive otra vez, representa a papá, el cual siente que no debe morir o que debe de resucitar en caso de hacerlo.

Richard pregunta con tono incierto si se puede llevar a su casa algunos de los "niños".

M.K. repite lo que le dijo, respecto de los dibujos: que cree que los juguetes deben quedarse con ella, para tenerlos todos juntos cada vez que venga. Interpreta, además, que llevarse los niños a su casa significa obtener permiso de ella y de mamá para repartirse con ellas a los bebés que cree que tienen dentro de sus cuerpos (nota V).

En un momento determinado, mientras sigue jugando, Richard señala a un muñequito que está roto y dice con un susurro: "Ese soy yo". Se trata del mismo muñeco al que varias veces ha llamado el "niño imbécil" pues representa al niño verdaderamente imbécil que hay en el pueblo.

M.K. le recuerda entonces (como ya lo ha hecho en otras oportunidades)el miedo que tiene de ser un tonto, y le dice que está profundamente preocupado por la dificultad que tiene para aprender e ir al colegio , pues teme no poder desempeñarse en la vida. Ser el "imbécil", sin embargo, no sólo significa ser tonto, sino también contener dentro de sí a gente mala, a la cual ha destruido con sus sentimientos asesinos.

Richard tararea pedacitos de música de diversos compositores, cosa que muy pocas veces hace. Tras ello se pone triste, y comenta que mamá está enfadada con él porque ya no toca más el piano. El mismo parece sentir esto como una pérdida, pues añade que pasó un examen bastante bien, lo cual debe querer decir que tocaba bien. Se queda entonces confuso, comentando que le gusta mucho la música y que, sin embargo, no quiere tocar el piano.

M.K. interpreta que la música y la armonía representaron en otras oportunidades las voces de bebés buenos y vivos, que se sentían felices al estar todos juntos. Pero como duda de su propia bondad y de tener armonía dentro de sí, no puede ahora producir música.

En esta sesión Richard ha estado muy interesado en sus juguetes, y ha jugado con deleite y placer con los que, por lo general, juegan los niños de mucha menos edad. Aparte de quedarse mirando al señor Smith un momento, sólo se ha dirigido una vez a la ventana, para mirar a una mujer que pasaba con su hijo. No se ha metido el lápiz en la boca, y el dedo se lo ha introducido sólo una vez y por un momento muy corto. La falta de interés en la gente de afuera y el no succionar durante la sesión están relacionados con haber podido expresar plenamente fantasías y emociones relacionadas con su vida interior. Parece contento y tranquilo cuando se va (nota VI).

M.K. va a tener la entrevista con su madre antes de la sesión siguiente.

Notas de la sesión número setenta y uno.

I. Desde el punto de vista de la transferencia y de las interpretaciones transferenciales, es significativo ver cómo los objetos pertenecientes a la analista juegan un papel importante en las sesiones. Todo el cuarto de juegos, como lo he señalado ya varias veces, tiene una íntima conexión con la situación transferencial y por ello Richard a veces lo odia y a veces lo ama. Pero las cosas que pertenecen a la analista -en este caso, la cartera, el reloj, el paraguas, etc.- adquieren un significado emocional más alto, cosa que también ocurre con otros objetos del cuarto, la mesa donde juega y dibuja, y las sillas donde los dos nos sentamos. He mencionado ya que antes de marcharse, Richard coloca regularmente las sillas una al lado de la otra, y las dos bien arrimadas a la mesa; en una ocasión llegó a decir que así estaríamos juntos él y yo hasta la próxima sesión, refiriéndose sin duda a que nos encontraríamos en una relación pacífica.

II. Estos hechos simultáneos, representan sus experiencias reales pasadas y presentes, así como también los hechos de su fantasía, y expresan, además, el rápido cambiar de sus emociones. Ya he señalado que a veces no me era posible seguir todos los detalles del material que Richard iba dándome, y menos aun interpretarlos, cosa que también me ocurría con los dibujos, garabatos, etc. Estos, de ser interpretados exhaustivamente, hubieran llevado horas enteras de análisis, y me hubiera visto obligada en ese caso a dejar de lado el material de actualidad. En mi opinión, cuando el analista se enfrenta con una tal riqueza de material -al analizar a un niño o a un adulto-, su finalidad principal es seleccionar lo que considera que son las emociones y fantasías primordiales, así como también las situaciones de ansiedad más agudas y las respectivas defensas erigidas contra ellas. En otras palabras: debe dejarse guiar por la situación transferencial e interpretar de acuerdo con ella.

III. Parece aquí que, como ya hemos visto antes, el padre no queda simplemente destruido, sino que es además convertido en uno de los niños. La ambivalencia de la situación se ve en el hecho de que el tren de mercancías da placer a los niños, a quienes les gusta verlo pasar. Recordemos que en la sesión anterior, los dos árboles que Richard se puso a chupar representaban a los pechos, y que los celos del papá-bebé a quien cuidan las enfermeras, se habían convertido en la causa de un aspecto determinado de rivalidad.

Esto le hace vivir, en forma progresiva, las sospechas que tenía de muy pequeño de haber sido privado del pecho por habérselo llevado su padre: en efecto, cuando hace que dos de los vagones del tren de mercancía (con el cual representa el pecho) pasen por delante de los niños que se encuentran dentro del patio de recreo que está cerrado, éstos (y también el padre, que se ha convertido en uno de ellos) se quedan sin acceso a él. Creo que esta fantasía particular llevó a Richard a sentir un gran agravio muy tempranamente, pues creyó que si no podía tener acceso al pecho era porque su padre estaba gozando de él, lo cual le trajo, además, el consiguiente deseo de vengarse.

IV. La soledad y el miedo a la misma forman parte importante de los sentimientos depresivos de Richard. Esto me lo dijo ya en la primera sesión, al expresar que cuando se iba a la cama se sentía solo y abandonado. Como consecuencia de ello, el niño siente una gran simpatía hacia la gente solitaria; en este momento particular en que está profundamente preocupado y angustiado a causa de la posible muerte de su padre, la simpatía se dirige hacia la madre, quien quedaría sola, de llegar ello a ocurrir. En la transferencia, esto lo expresa en la ansiedad que siente hacia mi propia soledad, tema sobre el cual resulta fácil ver que ha pensado mucho, en forma consciente. En algunos de sus dibujos, por ejemplo, el señor K., al cual había antes echado, debe una vez más reunirse conmigo, e incluso el "viejo gruñón", que teme que me moleste en general, debe hacerme también compañía. Al analizar pacientes adultos, he podido ver que la simpatía sentida hacia una mujer solitaria o enferma, puede representar un papel importante en la elección de compañera.

V. La necesidad de compartir a los niños buenos con la madre, surge también aquí como un medio para contrarrestar el peligro de los bebés "pelirrojos", enemigos y devorados, que le pueden atacar y devorar internamente. Además, si su madre le permite tener algunos de sus bebés, puede evitar el deseo de comérselos, y no sentirse lleno de envidia y de avidez; en otras palabras: el compartirlos con ella hace que disminuya la rivalidad destructiva que siente con su madre y todas sus consecuencias malas, y puede en cambio traer paz a su mundo interior (los bebés interiores en armonía con él mismo y con sus padres internos), estableciendo dentro de si amigos internos en vez de objetos muertos y peligrosos.

VI. Es sorprendente el que una sesión en la cual se da una reactivación de ansiedades internas y externas tan fuertes, termine con que el paciente se sienta en un estado de ánimo de contento y de paz. En contradicción con el punto de vista psicoanalítico antiguo, de que la interpretación de ansiedades psicóticas puede resultar peligrosa, la experiencia me enseña, desde hace años, que analizando profundamente este tipo de ansiedades, llegando hasta sus raíces, podemos ayudar más a nuestros pacientes. Existen varias razones para ello, pero aquí sólo puedo señalar una que me parece de una significación particular, y es que el análisis de estas ansiedades tan profundas, permite al paciente enfrentar su realidad psíquica y encontrar una forma de expresión para ella. Es así como puede Richard, en esta sesión, vivenciar y expresar la ansiedad que siente ante sus enemigos internos, muertos y perseguidores, y también los sentimientos de culpa que tiene, por pensar que es él mismo quien los ha convertido en gente tan peligrosa mediante sus propios sentimientos criminales. Debemos recordar también que en esta sesión, además de enfrentarse con estas ansiedades y de poder expresarlas, se opera en el niño una disminución de la violencia de sus impulsos destructivos. La manera cautelosa y ansiosa con que saca los juguetes de la bolsa y con la que decide que las figuritas rotas deben ir al hospital (mientras al mismo tiempo me pide a mí que le arregle el muñeco que lo representa), demuestran la manera como operan la esperanza y la urgencia de reparar, a la par que sus ansiedades. Cuando ocurre el "desastre", éste es menos incontrolado que en las ocasiones anteriores, y él va colocando con cuidado algunos de los juguetes, preocupándose por no romper nada ni dejarlo caer. En un momento determinado llega, incluso, a parecer que el pueblo suizo o los árboles puedan llegar a quedar en pie. Por lo general, además, tras estas violentas catástrofes, guarda una figura o un objeto, diciendo que es un sobreviviente, lo cual sin duda significa que la sensación de muerte universal, en la cual está incluida la propia, le resulta intolerable, y que por lo tanto -a pesar de que la creencia de poder sobrevivir se tambalea- trata de

P S I K O L I B R O

resucitar él. En otros momentos en que la ansiedad es menos severa, man-tiene también la esperanza de sobrevivir él, e incluye además algunos de sus objetos internos.

En esta sesión resucita también a una persona: el niño. Pero lo hace únicamente cuando yo le interpreto que no ha quedado ningún sobreviviente. Creo que ello se debe a que puede enfrentarse mejor con el peligro de la muerte, porque siente menos odio y desesperación y, en cambio, más esperanza.

La disociación excesiva de los impulsos destructivos, incluyendo en ellos la envidia, los celos y sus consecuencias, está relacionada con la sensación de que son tan poderosos -omnipotentes-, que amenazan al objeto y al yo con una destrucción completa. Ello también lleva a la disociación de los sentimientos de amor y de confianza sentidos hacia el objeto bueno y hacia el yo bueno. Sólo después de enfrentarse con sentimientos de odio y de esta manera ir juntándolos gradualmente con las otras partes del yo, pueden llegar éstos a convertirse en algo menos abrumador. El enfrentamiento con la realidad psíquica reactiva los aspectos buenos, y posibilita la emergencia a un primer plano de la capacidad de reparación y de los sentimientos de esperanza. En esta sesión, por ejemplo, la esperanza está expresada en el muñequito de juguete que debe quedarse en el hospital hasta que yo lo pueda arreglar; esto significa que algún día volveré para continuar el análisis y ayudarle todavía más. Cuando los impulsos destructivos y sus consecuencias se colocan más cerca de la capacidad de amar que ha sido resucitada, quedando mitigados por ella, se hacen menos abrumadores y se abre la posibilidad de reparar; en otras palabras: se lleva a cabo el proceso de integración que tan fundamental importancia tiene.

Una vez que estos procesos internos tienen lugar, la adaptación a la realidad externa queda mejorada y las ansiedades externas dejan de ser tan abrumadoras. Por ello puede Richard expresar más claramente que en sesiones anteriores el miedo que tiene de que su padre muera, y de la soledad que ello implicaría para su madre, pudiendo además expresar plenamente su pena ante mi supuesta soledad e infelicidad. Por otra parte, puede también soportar mejor la idea de la terminación de su análisis.

SESION NÚMERO SETENTA Y DOS (Martes)

Antes de entrar en el cuarto de juegos, Richard dice que le mencionó a su madre, antes del encuentro de *M.K.* con ella, lo que ésta le había dicho sobre su futura escolaridad, y sobre que no estaba a favor de que fuera a un colegio grande. Después de la entrevista que tuvieron las dos, su madre le contó que también habían tratado el tema de la continuación del análisis, el cual creía que alguna vez podría ser continuado, y le dijo que, en caso de no poder hacerse antes, ella podría ir con él a Londres después de la guerra. Es evidente que Richard ha referido a su madre el punto de vista de *M.K.* por desconfiar de las dos, y para asegurarse de que no hubiera ninguna diferencia de opinión entre ambas. Además también ha querido que supiera que él ha discutido el asunto con su analista antes que ella... Una vez en el cuarto, saca en seguida los juguetes y coloca un muñequito en una silla. Después saca el columpio y se alegra al ver que *M.K.* ha vuelto a pegar la figurita que se le había despegado el día anterior y que él había colocado en la caja "hospital" junto con el otro muñequito dañado. En esa oportunidad dijo que el niñito estaba partido por la mitad, cuando en realidad la figura consiste solamente en la mitad superior de un niño pegada al columpio. Mueve entonces a éste, comentando que la niña se está divirtiendo mucho al columpiarse, pero en seguida pide a *M.K.* que coloque todo del otro lado de la mesa. También pone allí el "hospital", la bolsa de los juguetes, la cartera y el reloj, para que formen parte de una escena que está preparando, y una vez más deja sólo un poco de espacio libre, como para que los trenes puedan dar vueltas. En el otro extremo de la mesa más cercano a él, construye la estación, que consiste en dos casas situadas de tal manera que los trenes pueden apenas pasar entre ambas. En la estación, o mejor dicho, al lado de cada casa, coloca a dos muñequitos que siempre han representado a los niños, formando grupos que se enfrentan, y comenta que están allí porque a los niños les gusta mirar los trenes. En el lugar más cercano de la estación, coloca el muñequito que en la sesión anterior dijo que tenía que ir al hospital y que le representa a él mismo. *M.K.* lo ha arreglado, pegándolo a una base que originariamente pertenecía a un muñeco mayor, por no tener otra. Este hecho, y el que *M.K.* lo haya arreglado, complace mucho a Richard. Forma luego otros grupos de personas a los que pone al lado de una calle que está cercada por peniques: su madre y *M.K.* se encuentran allí representadas por las mismas muñequitas usadas en la sesión anterior, y las hace saludarse de manera amistosa pero sin afectación. La figura masculina que anteriormente ha representado al señor Smith, queda un poco más lejos, mientras que la otra mujer se queda al lado de ellas. El perro también está presente, entre otros muñecos; los dos árboles se hallan a un lado del camino, un poco separados uno de otro, y el tractor y el camión de carbón están listos "para salir". Los únicos movimientos que lleva a cabo, sin embargo, los hace con los trenes. Cuando el tren eléctrico se detiene en la estación, coloca a los niños cerca de él y dice que está cargado de leche y que a todo el mundo le toca un poco.

M.K. le recuerda entonces que en la sesión anterior los vagones del tren eléctrico representaban los pechos de mamá y de ella.

Richard hace andar el tren alrededor de la mesa y una vez más lo lleva a la estación, diciendo que ahora va a dar a los niños el pecho, para que lo puedan chupar. Sigue haciendo entrar en la estación el tren eléctrico y el de carga alternativamente, recibiendo también los niños leche de este último. Pero cuando está colocando a los niños cerca de los vagones del tren eléctrico, cambia de parecer y los pone, en cambio, cerca de la locomotora.

M.K. interpreta que la locomotora representa el órgano genital de su padre, el cual también debe de alimentar a los bebés como lo hace el pecho de mamá.

Al cabo de un rato, tras haber hecho que los trenes pasen alternativamente varias veces alrededor de la mesa y a través de la estación, Richard los hace andar uno tras otro, y tan cerca uno de otro que por poco chocan.

En este momento interrumpe el juego, se dirige a la cocina a mirar dentro del "tanque-bebé", y una vez más saca agua con el cubo pidiéndole a *M.K.* que se lo vacíe. Mira luego con mucha atención cómo el agua va disminuyendo en el tanque.

M.K. repite una interpretación anterior, refiriéndose al peligro de que el genital-papá se junte con el pecho de mamá: los dos trenes que por poco chocan. Relaciona esta ansiedad con la conversación entre las mujeres de juguete -mamá y ella-, y le recuerda que ha colocado más lejos al señor Smith, a pesar de que uno o dos días antes había tomado parte en la conversación. Esto lo ha hecho para tratar de mantener alejado de las dos mujeres al padre-Hitler malo de dentro de *M.K.* y al papá malo de dentro de mamá, y conseguir así que la conversación tome el giro favorable que él desea: que no le manden con los chicos mayores y los hermanos hostiles, que están en la escuela grande.

Richard se pone a tirar pedacitos de papel dentro del tanque y mira a ver qué les pasa.

M.K. le sugiere que los pedacitos de papel representan bebés y que quiere averiguar lo que les ha pasado a los de mamá que no han nacido, y quién los ha destruido: si él mismo con sus bombardeos o papá con su órgano genital, tan peligroso para el interior de mamá.

Richard empieza a hacer una investigación del fogón y del tanque, similar a la llevada a cabo en ocasiones recientes, y tras ello vuelve a la habitación a continuar con su juego. Subrepticiamente ha sacado de la silla al hombre que estaba sentado en ella, y cuando *M.K.* le pregunta dónde está, contesta que lo ha puesto en la caja, pues ya no le hace falta.

M.K. sugiere entonces que el hombre de la silla representa a papá, quien no se puede mover debido a su enfermedad; y que si lo ha puesto de lado es porque acordarse de su enfermedad le hace sentirse triste y culpable.

Richard está de acuerdo con esto, pero añade que su padre va mejorando, a pesar de estar todavía muy débil; al decir esto tiene un aspecto triste y preocupado. Pide entonces a *M.K.* que le alcance el columpio que está en el otro extremo de la mesa, pues la niña que está en él se debe de sentir abandonada estando tan sola. Luego hace andar otra vez a los trenes, los cuales se detienen en la estación para alimentar a los niños. En una ocasión, comenta que el eléctrico (los pechos) se ha quedado en ella demasiado tiempo y que el maquinista del otro tren está impaciente por tener que esperar fuera de la estación. Cuando finalmente la atraviesa con su tren, no se detiene a alimentar a los niños de tan enfadado que está.

M.K. le pregunta qué es lo que está haciendo la gente de los grupos.

Richard contesta que ella y mamá todavía están hablando y que por eso permanecen juntas.

M.K. le pregunta quién es la mujer a la que ha colocado cerca de ellas.

Richard contesta: "¡Oh, una mujer cualquiera!"

M.K. le sugiere entonces que esta mujer puede estar representando a su niñera y que le hubiera gustado de pequeño que su madre se llevara bien con ella, aunque tenía celos si hablaban juntas demasiado tiempo. De la misma manera, puede ahora desear que ella y mamá sean amigas y, sin embargo, sentir celos por esto mismo.

Richard se muestra de acuerdo con esta interpretación.

M.K. entonces le señala que el Sr. Smith, quien también representa al Sr. K., ha sido, en cambio, puesto de lado, para que no tome partido contra él; y que esto significa que le hubiera gustado sacar al padre-Hitler de adentro de mamá y de ella, porque teme que el tener a éste dentro de sí, convierte a mamá en una enemiga. Antes le preguntó si había visto hoy al "viejo gruñón", y esta pregunta tiene el mismo sentido en relación con ella. Le sugiere que todavía desconfía del resultado de su conversación con su madre.

Richard pregunta entonces a quién representaban los árboles, y sonriendo, añade: "¿Qué piensas sobre ellos?".

M.K. le señala que en este momento le gustaría ocupar su sitio y ser el analista; pero que también quiere tener los bebés de mamá y ocupar el lugar que ésta ocupa en la relación con papá.

Richard protesta, diciendo que no le gustaría ser mujer.

P S I K O L I B R O

M.K. interpreta que sin duda tiene miedo de ser mujer, porque de ser así perdería su órgano genital y no podría ya ser un hombre; pero que, de todas maneras, siente muchos deseos de obtener bebés de su padre, tal como lo hace la madre; las semillas de rabanitos que le pusieron tan contento, representaban el genital de papá bueno que le metía bebés dentro del cuerpo. Además le gustaría también poder alimentar a estos bebés, cosa que ha demostrado en el juego de los trenes, cuyos vagones representaban los pechos que alimentan. De todas estas maneras está expresando el deseo que tiene de compartir los bebés con su madre, y evitar así sentirse impulsado a atacarla y a robárselos, o atacar y dañar a los bebés. Esto significaría, además no tener necesidad de temer a los niños, como, por ejemplo, a la niña pelirroja, mientras representan a los hijos de mamá. El interior de la estación y los trenes que la circundan representan el interior de su madre y de ella. La niñita pequeña del columpio, a la que le pidió que colocara en el extremo opuesto de la mesa, es el bebé más pequeño, que está aún por nacer: una hermana que no quisiera tener allí dentro, pero a quien, sin embargo, ha traído de vuelta, al sentir que, después de todo, le gustaría que naciera. Cuando le pidió que pusiera el columpio lejos, expresó con ello el deseo de salvar a esta hermanita, todavía no nacida, de sus propios ataques.

Richard hace que los trenes corran entre sí cada vez más carreras. Ya no se paran en la estación, y al venir en direcciones opuestas, casi chocan el uno contra el otro varias veces, hasta que finalmente lo hacen de verdad dentro de la misma. Los niños caen unos sobre otros, y Richard tira todo por tierra. El tren eléctrico queda como sobreviviente, y entonces lo hace correr locamente por toda la mesa, aparentemente sin control alguno. En un susurro dice: "Ahora éste soy yo", y señala al tren eléctrico, llamándole "vencedor".

M.K. interpreta que él y el Sr. K., representado por el "viejo gruñón", se están peleando dentro de su genital, llevando la destrucción y la muerte a todos. De la misma manera espera siempre que la pelea que él tiene con papá dentro de mamá, destruya a ésta y a sus bebés, y finalmente termine por destruir a papá y a si mismo.

Richard, por vez primera desde que empezó la sesión, se pone a mirar la calle. Es el fin de la hora y *M.K.* empieza a guardar los juguetes en su bolso. El niño comenta que la calle está muy concurrida, y pregunta si toda la gente que hay viene a verla a ella para que los alimente.

M.K. le recuerda que una vez preguntó qué pasaría si toda la población de "X" se amontonara sobre una montaña o se metiera dentro de un autobús; le sugiere que en este momento, la montaña y el autobús la representan a ella, que debe de alimentarlos a todos, y que teme que quede exhausta; además siente celos al pensar que alguien pueda acercarse a ella.

Richard mira a *M.K.* de una manera que demuestra que está de acuerdo. Y añade que su madre también vuelve a casa en el autobús.

M.K. interpreta que en su imaginación, también su madre es una niña que quiere ser alimentada por ella, y que él desearía que así ocurriera. Por esto ha dejado que las dos muñecas hablen tanto tiempo, aunque a la vez también siente celos de cualquier contacto que tengan las dos.

Al principio de la sesión, Richard preguntó a *M.K.* por el vestido que tenía puesto cuando vio a su mamá, evidentemente deseando que ésta le haya visto con la chaqueta que a él le gusta; es decir, de la mejor manera posible. Pero también teme que si *M.K.* se ha cambiado de ropa antes de verle a él, esto pueda significar que haya sido mala al ver a su madre (es decir, que no le haya dicho lo que él quería que le dijera) y que tras ello se haya vuelto a convertir, para analizarlo a él, en la *M.K.* buena con la chaqueta bonita.

Un poco después de la sesión, *M.K.* se encuentra con Richard y su madre que se dirigen a la parada del autobús. La madre comentó después que el niño la reconoció desde lejos y que dijo que tenía puesta la chaqueta roja que más le gustaba. Añadió además que su hijo le había preguntado con muchos detalles por la ropa que tenía puesta cuando las dos se encontraron.

SESION NÚMERO SETENTA Y TRES (Martes)

Richard está esperando frente a la casa. Una vez en la habitación, se sienta inmediatamente y empieza a jugar. Tiene un aspecto amistoso pero tranquilo y, contra lo que suele hacer, no va a beber agua del grifo al iniciarse la hora. Mira la cartera de *M.K.* (que es la que trae todos los días) y le pregunta sí fue su marido quien se la regaló. (Es de cocodrilo.)

M.K. interpreta que desea que sea un regalo del Sr. K., pues ello demostraría que, aunque el cocodrilo es evidentemente un animal peligroso, el señor K. es también un "cocodrilo bueno" que le da algo que dura; es decir, un genital durable y bueno.

Richard arma una estación de la misma manera que el día anterior, pero lo hace en otro sitio más alejado de *M.K.* También forma varios grupos de personas a los cuales coloca entre la estación y ella. A lo largo de la estación arma una larga fila de muñequitos, que consta de una mujer, el hombre que representa al señor Smith, todos los niños, los árboles, algunos animales, el tractor, el camión de carbón, y al final de todos, el perro. Dice que los dos primeros son papá y mamá y que la familia entera se va hacia

"Z". En uno de los grupos que se encuentra más cercano a *M.K.* hay dos mujeres que se miran y que son las mismas que representaron a ésta y a su madre el día anterior. Una vez más, Richard hace que se hablen, pero ahora lo hace otra vez de manera afectada y exageradamente amistosa. Un poco alejado de ellas, y evidentemente sin formar parte del grupo, está la mujer a la cual el día anterior *M.K.* llamó la niñera.

M.K. le recuerda que en una ocasión anterior le interpretó que la niñera, a la que quiere tanto como a su madre, no está en su mismo plano social, y que esto le pone frente a un conflicto de lealtades.

Richard hace entonces que la niñera se una a mamá ya *M.K.*, pero en seguida hace que *M.K.* se aleje del lado de su madre, explicando que mamá le acaba de decir algo descortés, hiriéndola en sus sentimientos, y que por esto se va sola. Entonces añade: "Esta es la mamá mala". De repente coge un muñequito que a menudo lo ha representado a él, lo saca de la fila de la gente que está esperando para salir de viaje y lo pone al lado de *M.K.*, mientras dice: "Me voy contigo".

M.K. le pregunta adónde se van; ¿a

Londres? Richard contesta que cree que si.

M.K. le interpreta otra vez la dificultad que tiene a causa de la relación existente entre su mamá y la niñera, y se refiere al momento del juego en que mamá hiere sus sentimientos. *M.K.* representa en ese momento a la niñera, y él se acaba de poner de su lado, en contra de la "mamá mala" y del resto de la familia. Parece, por lo tanto, que puede haber oído alguna vez a su madre herir a la niñera, o haber temido que lo hiciera y que ésta se pudiera sentir sola por no pertenecer a la familia.

Richard protesta vivamente contra esto, diciendo que la niñera comía en la mesa con todos. No recuerda nunca, además, que su madre le haya dicho o hecho nada poco amable; pero parece estar de acuerdo, sin embargo, con haber tenido conciencia del conflicto que *M.K.* le acaba de interpretar... (nota 1). Hace entonces que el tren eléctrico salga de la estación y comenta que *M.K.* y él están adentro; tras lo cual todo el grupo formado por los padres y los niños empieza a correr detrás, para traerle a él de vuelta. Después hace que sea el tren de carga el que les persiga, diciendo que toda la familia se encuentra adentro. En realidad no ha colocado a las figuritas en su interior, de manera que la carrera entre él y *M.K.* por un lado y la familia que le persigue por el otro, está representada ahora solamente por los dos trenes. Esta carrera se convierte un poco más adelante en otra entre él y su padre, pues empieza a llamar papá al tren de mercancías, mientras que el eléctrico es él mismo que sigue con *M.K.* En un momento determinado el tren en que están los dos por poco atropella a la familia;

pero inmediatamente separa con mucho cuidado a los muñecos, de manera de dejar suficiente espacio libre como para que el tren pueda pasar.

M.K. interpreta que la *M.K.* y la mamá externas, están ahora representadas por las estaciones a través de las cuales deben pasar los trenes; aquéllas también representan a los órganos genitales de ambas; y su padre (el tren), le persigue y le ataca tanto en el exterior como dentro del genital de mamá. También le interpreta algo que él mismo dijo en una oportunidad anterior (sesión sesenta y cinco): que desea escaparse con ella y ser su marido. Asocia esto con el deseo que también tiene de fugarse con su madre, para tenerla sólo para él, aunque entonces teme que papá y Paul y hasta los bebés que todavía no han nacido, al quedar privados de ella le persigan. Otra razón por la cual quiere huir con *M.K.* es el deseo de continuar con el análisis, el cual siente que es algo esencial para él.

Richard continúa con su juego. Repetidas veces parece que los trenes van a chocar, pero después decide que hay otra vía y que por lo tanto se puede evitar el choque. Este tema se desarrolla durante un largo rato, con algunas variaciones... Una de las veces, al comenzar a jugar, Richard tiene en la mano la sillita y el hombrecito de juguete que suele sentar en ella, y se queda sin duda pensando si debe colocarlo o no sobre la mesa; pero al fin decide volver a meter ambos en la caja. (Vemos así cómo frena y controla la vivencia y expresión de dolor que siente por la enfermedad de su padre, tal como lo hace con todas las emociones y conflictos.) Algunas veces, mientras juega, se dirige a la ventana para ver pasar a la gente. En una oportunidad pasan una mujer y dos niñas, y entonces comenta que una de éstas es mala y enemiga suya, pues le ha mirado (probablemente alguna vez que la haya visto en la calle, en una oportunidad anterior). También menciona que se ha encontrado con la niña pelirroja, pero que se ignoraron mutuamente. Pregunta a *M.K.* si conoce a un muchacho que acaba de pasar... Cuando termina el juego, lo hace moviendo el tren eléctrico cada vez más de prisa y en forma de zigzag, cosa que acompaña con fuertes sonidos sibilantes. Finalmente hace que choque contra el otro y se produce el desastre general. Como al principiar a jugar ha colocado la "iglesia" cerca de la cartera de *M.K.*, un poco más alejada, ésta queda en pie; también se salvan el padre enfermo (el muñequito de la silla) y la gente que está en el hospital, pues se encuentran metidos en la caja y no han intervenido en el juego... Richard coge el columpio con la niña que está en él sentada, y lo hamaca un rato. También coge el tren eléctrico, que es otro de los sobrevivientes, lo mira en forma inquieta y declara que se parece a una ballena que mueve la cola, tras lo cual le separa el vagón que tiene enganchado y lo deja en la mesa. En el momento en que el tren eléctrico hacía caer al de mercancía, dijo en voz baja y con tristeza: "¿Y si papá realmente se muriera?".

M.K. interpreta que el tren es él mismo que viaja con ella, quien representa a su vez a la mamá buena que tiene dentro de sí; pero además, también contiene dentro de él a la ballena (el órgano genital peligroso de papá), la cual le impulsa a hacer cosas malas, como destruir a sus padres y a sus bebés, a pesar de que al mismo tiempo trate de controlar a papá ballena. Interpreta también *M.K.* la tristeza y la culpabilidad que siente por la enfermedad de su padre y el temor a la muerte del mismo, y relaciona todo esto con el odio, los celos y el deseo de atacarle que siente al mismo tiempo. Esta situación la acaba de expresar con el tren eléctrico que le representa a él, el cual ha atropellado al de carga que es su padre, según él mismo ha dicho. Al mismo tiempo, ha tratado de salvar a éste, al colocar tanto a él como la "iglesia" (que representa a dios), en un lugar seguro y lejos del "desastre". Le menciona también que durante el juego ha estado compitiendo con su padre, y deseando ser el marido de *M.K.* (y el de mamá)[2].

Richard deja de jugar, se dirige a la cocina y saca un cubo de agua del "tanque-bebé", comentando que está más limpia y que la suciedad del tanque debe de estar disminuyendo. Al hacer esta operación no tarda tanto como lo ha hecho en ocasiones anteriores, y parece estar menos tenso; tampoco llena el cubo tanto como otras veces. Al final, bebe agua del grifo.

M.K. interpreta que ahora tiene más confianza de que tanto el interior de mamá como el de ella, y los bebés que ambas contienen, puedan ser restaurados, y también de que su padre se recobre de la enfermedad que padece. Además parece menos angustiado por pensar que sea él quien haya envenenado el "tanque-bebé". Aunque sobre la mesa ha tenido lugar el "desastre", la última cosa que ha hecho ha sido hamacar al niño en el columpio, lo cual expresa la esperanza de que el niño que hay en el interior de su madre siga estando vivo y a salvo, y de que el órgano genital de su padre pueda todavía moverse.

Richard se va afuera, pide a *M.K.* que salga con él y se queda mirando las montañas tristemente.

M.K. le pregunta si le resulta difícil separarse de su madre[3]. Richard contesta que sólo va a poder verla los fines de semana. Hace luego una pausa, y añade que está *muy* triste. Tras esto salta los escalones que dan al jardín, tratando al hacerlo de no tocar las verduras; pero aunque hace unos

---

[2] El día anterior había aparecido en forma bien clara de identificación femenina, la cual fue consecuentemente analizada. Es interesante ver cómo en la sesión siguiente surge con fuerza la posición masculina, que ocupa ahor a el primer plano.

[3] Se llegó finalmente al arreglo de que Richard se quedaría durante la semana con los Wilson y que sólo iría a su casa los fines de semana.

días lo ha logrado, esta vez no puede. De repente, al ver que pasa una mujer por la calle, vuelve a entrar en la habitación, se dirige a la ventana para mirarla y comenta que parece "orgullosa". Luego sale una vez más afuera y continúa la conversación con *M.K.*, pero lo hace de mala gana. Hace comentarios acerca de llevar su yate a la piscina. Unos días antes le había dicho que le iban a enseñar a nadar en la piscina y que tenía muchas ganas de aprender; pero ahora explica que su madre no quiere que nade en agua dulce, que él tampoco lo desea y que prefiere jugar con su yate (cosa que evidentemente no es verdad).

M.K. interpreta que parece estar resentido por la prohibición de su madre.

Richard repite que no le interesa nadar. Una vez más se dirige a la habitación y a la ventana para mirar a una cobradora de autobús a quien conoce, y dice que es muy bonita. Comenta, enfadado, que siempre está diciendo: "Que den el asiento los que tienen medio boleto", pero vuelve a repetir que es muy linda. Entonces mira el reloj y se pone contento al ver que todavía le quedan diez minutos de sesión, a pesar de lo cual pregunta a *M.K.* si no puede terminar la sesión inmediatamente. (Es muy poco común que exprese el deseo de irse de una manera tan directa.)

M.K. le contesta que puede marcharse si así lo desea, pero le interpreta que lo quiere hacer porque teme admitir que, en realidad, está muy enfadado con ella, en representación de mamá, por haberle prohibido ir a nadar. Para él es lo mismo que el que le recuerden que sólo es un "medio boleto", es decir, un niño. El enfado con su madre incrementa el disgusto que siente hacia la linda cobradora del autobús, y también está relacionado con haber sentido que la mujer que pasó antes tenía un aspecto orgulloso, es decir, de superioridad y de desprecio para con él. El que no le dejen ir a nadar, significa además para él que su pene no es como el de una persona mayor, y que él mismo es débil y sin valor.

Richard parece no tener ganas de marcharse ahora. De repente mira dentro de un armario, descubre en él varias pelotas, saca la que tiene *M.K.* en su bolsa y la tira con violencia contra el armario.

M.K. interpreta que está atacando a su madre con furia, ya que el armario la representa a ella, mientras demuestra al mismo tiempo que sí tiene un órgano sexual fuerte (la pelota).

Richard murmura algo sobre una bala de cañón y luego pide a *M.K.* que juegue con él. Dispone que cada uno tenga dos pelotas y que las haga rodar de manera que ambas se encuentren. A veces él tiene la pelota grande, mientras que otras es *M.K.* quien la tiene. Luego toma dos del mismo tamaño y se refiere a ellas diciendo que son pelotas mellizas. Tiene una actitud muy amistosa y está muy interesado en el juego.

M.K. interpreta que el que ella juegue con él significa que es la mamá buena que le ayuda a que se le pase la rabia contra la mamá mala. De no pasársele el enojo, teme dispararle con un cañón. Además, en el juego ella y él se han convertido en iguales: los dos tienen pechos que son las pelotas mellizas, y los dos tienen un pene: la pelota grande. También tienen los dos bebés, representados también por las pelotas gemelas. Por todo esto ahora ya no existe causa alguna para estar furioso ni para que ninguno tenga celos del otro (nota II).

Al finalizar la sesión Richard pone otra vez las pelotas dentro del armario y ayuda a *M.K.* a guardar los juguetes. Los mira cuando ya están en la bolsa y dice con aire preocupado: "Ahora papá, mamá y los niños están acostados todos juntos". El tono de su voz y la expresión facial que tiene indican que con esto quiere decir: "¿Qué les va a pasar dentro de la bolsa?"

M.K. interpreta que la bolsa es su interior que contiene a sus padres y los hijos de éstos, los cuales han sido destruidos por él o se están peleando entre sí, y que le preocupa pensar lo que puede ocurrir allí dentro. También le preocupa pensar lo que les puede pasar por la noche a sus padres en casa, cuando él no los ve, o a ella cuando él no está allí.

Justo antes de salir, Richard dice de repente que sí le gustaría nadar; una vez en la calle vuelve a mirar las montañas y comenta que el campo está muy bonito. En un momento determinado, cuando ya ha salido *M.K.* cierra la puerta, de manera que parece que la ha dejado afuera. *M.K.* interpreta esto, relacionándolo otra vez con el enfado porque su madre no le deja ir a nadar y le dice que desearía echarle de la casa por esta razón.

Resulta evidente, en esta sesión, que la ansiedad persecutoria ha disminuido y que Richard puede expresar su ira en forma más abierta. En un momento ha preguntado si *M.K.* ha visto al Sr. Smith; pero sólo lo ha hecho una vez, al referirse ella a un muñequito al que suele llamar papá, y decirle que también simboliza al Sr. Smith. En otras ocasiones, como se ha podido ver ya, hacía esta pregunta muchas veces y en forma obsesiva, deseoso de saber si había pasado por la calle y en qué momento, y si *M.K.* se había encontrado con él, etc. La preocupación por este tema ha disminuido recientemente, y por ello Richard siente ahora menos deseos de encontrarse con *M.K.* en el camino de su casa, pues no siente una necesidad tan urgente de saber si los dos se encuentran o el tipo de relación que mantienen. Tiene por otra parte, un mayor conocimiento de los conflictos que le producen las relaciones entre la niñera y su madre, y de los complejos sentimientos que su padre le provoca; y si bien está triste y preocupado, al mismo tiempo demuestra sentirse más esperanzado. No ha podido, sin embargo, evitar el "desastre".

Notas de la sesión número setenta y tres.

I. Como suele ocurrir (y esto se refiere en general a todos los niños en edad de latencia) las interpretaciones hechas sobre fantasías destructivas y sádicas de la primera infancia dirigidas contra los padres, aunque son dolorosas y a veces muy asustadoras, producen en Richard menos dolor que la toma de conciencia de situaciones y relaciones actuales. Esto se aplica en particular al conflicto de lealtades creado entre la madre y la niñera, entre su madre y yo y finalmente entre los dos padres. En esta sesión vemos claramente que vivencia y comprende este conflicto con mayor claridad. Se ve también cómo se va dando más cuenta de la desconfianza que tiene de su madre y del hecho de que la madre "celeste" y la "bruta" sean en su mente una única y sola persona.

II. Quiero llamar la atención sobre el hecho de que la interpretación que le hago sobre el enfado y la crítica que le provoca la actitud de su madre, que el niño quiere negar, trae, como consecuencia la elaboración de este enojo. Además, le permite revivir la imagen de la madre buena: el juego conmigo. Muchas veces se ha puesto en duda la conveniencia de traer a luz el criticismo latente ante las actitudes maternas actuales. Ya en 1927 ("Simposium sobre análisis infantil") combatí este punto de vista, y las experiencias posteriores, tanto mías como de mis colegas, han demostrado el beneficio que trae el permitir al paciente, sea éste niño o adulto, vivenciar las críticas reprimidas referentes a sus padres, y las fantasías correspondientes.

SESION NÚMERO SETENTA Y CUATRO (Miércoles)

Richard va una vez más a encontrar a. *M.K.* camino del cuarto de juegos, a pesar de que últimamente la ha esperado frente a él. Le dice que ha tratado así de estar con ella lo antes posible y que está muy contento de verla. Tiene un aspecto muy deprimido y triste, pero cuando *M.K.* le pregunta si le ha pasado algo, dice que no, aparentemente decidido a no quejarse[4]. En el camino resopla como si fuera un tren y dice que los dos van en este vehículo.

M.K. le pregunta adónde se dirigen.

Richard contesta que a Londres. En un momento en que *M.K.* se hace a un lado, Richard le pide que no se salga de la vía, pues de hacerlo dejaría de estar con él en el tren. En cuanto llegan a la habitación empieza a

---

[4] A causa de la enfermedad de su marido, la madre de Richard hizo un arreglo para que éste se quede en casa de los Wilson. Richard, que en algunos sentidos es tratado como un hijo único por ser su hermano mucho mayor que él, ya que estaba habituado a obtener mucha atención en su casa, encuentra mucha dificultad en adaptarse a un círculo familiar en el cual no se le hace tanto caso.

jugar con los juguetes, pero está muy pensativo y silencioso, dando la impresión de estar callándose algo que le preocupa.

M.K. le sugiere entonces que quizá no le guste vivir en casa de los Wilson, pero haya decidido no quejarse, y le pregunta si esto se debe a que teme que ella lo cuente después, o a que piense que no le va a gustar oír hablar mal de ellos.

Sin dudarlo un instante, Richard responde: "Las dos cosas", y luego explica que hay varias cosas que le molestan, entre ellas, que le hagan terminar la comida cuando ésta no le gusta. Dice también, deseoso sin duda de ser justo, que en cierta manera los Wilson son buenos; pero no hay duda de que está triste y controlando sus críticas. De repente, con mucho sentimiento, declara que le gustaría poder vivir con ella. Sería muy agradable hacerlo, ¿por qué entonces no puede? Y ruega a *M.K.* que se lo permita.

M.K. le pregunta cuándo se le ha ocurrido la idea.

Richard contesta que ha estado pensando en ella todo el tiempo.

M.K. le dice que no es posible que viva con ella mientras trabajan juntos.

Mientras hablan, Richard arregla la estación, colocándola esta vez cerca de *M.K.* y de sí mismo. (En la última sesión la puso lo más lejos de ella que le fue posible.) Después pone el tren eléctrico en la misma y lo deja allí. Construye una segunda estación, cosa que no es usual, la que sitúa en la misma posición que la del día anterior (es decir, en el otro extremo de la mesa) y entre las dos coloca varios grupos de juguetes, escondidos parcialmente en la segunda estación de la mirada de *M.K.* Esta está reservada para el tren de carga y Richard explica además que una de las muñequitas es su niñera, que está hablando con... aquí va a decir "mamá", pero en vez de ello dice "la mujer mal educada". Otro grupo consiste en tres niños que están hablando entre sí; un poco más lejos hay dos más, y más alejado aun hay uno solo. El muñeco que representa al "Sr. Smith" también está solo, mientras que en otro grupo hablan mamá y *M.K.* Durante este juego, la actividad principal se lleva a cabo con los trenes, y las figuras permanecen quietas.

M.K. le pregunta quiénes son los tres niños.

Richard contesta que son él mismo, John y un amigo de éste.

M.K. le pregunta quiénes son los otros dos niños, y el que está solo.

Richard muestra aquí alguna resistencia y dice que no lo sabe.

Pregunta a *M.K.* si puede reconocer cuál de los niños de juguete es él mismo y se pone muy contento cuando ella le señala a un muñequito que le representa muy a menudo.

M.K. interpreta que el tren eléctrico, que está muy cerca de ella y todo el tiempo dentro de la estación, le representa a él viviendo en su casa, sin quererse separar de ella. Richard esta de acuerdo con esto.

Interpreta además que la estación representa su cama y su órgano sexual, y que si se quiere quedar a vivir con ella es también porque quiere introducir su órgano sexual dentro del suyo.

Mientras *M.K.* habla, Richard hace correr el tren de carga y atravesar la otra estación por vías diferentes a las que ocupa el tren eléctrico, el cual también ha empezado a moverse. (Esto ocurre tras la interpretación de que el tren le representa a él, que no quiere separarse de ella.)

M.K. interpreta que quiere que ella sea sólo para él, en vez de mamá; entonces papá, el tren de carga, puede tener su estación propia (mamá), y Richard no tiene que pelearse con él (nota 1).

Richard pregunta si puede sacarle una foto.

M.K. interpreta que no sólo le gustaría tener una foto como recuerdo, sino que además querría metérsela a ella dentro de sí para mantenerla en un sitio seguro. Esto es también lo que le quiso decir camino del cuarto de juegos cuando le pidió que se quedara cerca de él en el tren, y también en otras oportunidades en que ha querido viajar con ella.

Richard sigue haciendo mover los trenes por vías diferentes, pero pronto los vuelve a juntar. El de carga sigue entonces al eléctrico y luego es el eléctrico el que sigue al de carga. En un momento determinado chocan, cosa que da lugar a una pelea entre los dos; cuando ésta llega a su fin; dos de los vagones del tren de carga se encuentran colocados encima de los demás.

M.K. interpreta que si el tren fuera una persona, Richard le habría roto los miembros del cuerpo.

Richard se ríe y se muestra de acuerdo.

M.K. le sugiere entonces que el tren de carga puede representar ahora al Sr. Wilson.

Richard sigue haciendo mover los trenes por vías diferentes, pero finalmente todo se cae, y él se dirige a la ventana para ver pasar a la gente. Está muy inquieto y se siente muy perseguido. Pregunta a *M.K.* si el Sr. K. quiere que ella sea psicoanalista (habla en tiempo presente) y cuánto tiempo hace que lo es. ¿Empezó a serlo cuando ya estaba casada?

M.K. interpreta que cree que al Sr. K. (el cual siente que todavía esta vivo) no le gusta que ella esté con él, ni que hable con él ni con otros de cosas tales como los órganos sexuales. Siente que el Sr. K. tiene celos y puede enfadarse y atacarle. De la misma manera cree que el Sr. Smith se queda mirándolos para averiguar lo que están haciendo juntos. Acaba de demostrar que el tren de carga, que ahora representa al Sr. Wilson y que a su vez simboliza al papá malo y al Sr. K., ataca al tren eléctrico que es él mismo, por querer huir con ella.

Richard dice que cree en efecto que el Sr. K. se podría enfadar. Entonces corre a la cocina e inspecciona el "tanque-bebé". Saca un cubo de agua y se queda mirando cómo *M.K.* lo vacía en la lavatorio; después se dirige a la ventana a mirar a la gente y vuelve a preguntar a *M.K.* quién es un joven que acaba de pasar, como esperando que ella lo sepa sin duda alguna. Luego le pide que vaya afuera con él, pero él vuelve a entrar cerrando la puerta tras de sí, de manera que *M.K.* se queda afuera. Muy pronto, sin embargo, la hace pasar.

M.K. interpreta que al creer que ella conoce a todos los hombres que pasan por la calle, está demostrando que teme al Sr. K., enfadado y celoso, y que además desconfía de ella, pues teme que esté aliada con el Sr. K., el Sr. Wilson, el Sr. Smith y en última instancia, con papá. También representa ella a la mamá que contiene al papá malo y que queda bajo la influencia de éste y se pone en contra de Richard. Por esta causa desconfía de todos los hombres y los relación con ella.

Richard se pone a recoger las pelotas y las tira violentamente desde un extremo de la habitación y a través de la puerta, hacia el pequeño corredor que da a la cocina, apuntando de manera tal que se van rodando por éste hasta llegar al cuarto de baño que está al lado. Al empezar este juego dice que son balas de cañón. Más tarde las tira desde el lado opuesto a donde está *M.K.*, en dirección a ella. Una de las pelotas toca su cartera, que cuelga de la silla, y Richard se disculpa por ello, pero pregunta si habrá querido inconscientemente golpearlas a las dos.

M.K. le contesta que cree, en efecto, que es esto lo que ha querido hacer, y añade que tanto la cartera, como el corredor, y la puerta a través de la cual tira las pelotas, representan su órgano genital y su trasero. Quiere en forma particular atacar con su genital y con "lo grande" (las bolas de cañón) a su interior, porque siente que ella tiene dentro de sí a todos los hombres malos (y en este momento siente que todos los hombres son malos), los cuales representan a papá dentro de mamá. Le recuerda que piensa que este papá "malo" de dentro de mamá convierte a ésta y a ella misma en la "bruta malvada", causa por la que, cuando está enfadado y tiene desconfianza, quiere sacarse a las dos fuera de sí, a pesar de haberlas antes incorporado.

En el transcurso de esta sesión *M.K.* descubre que Richard está muy dolorido con John por no haberle éste llevado a ver a un amigo; entonces le interpreta que los dos muñequitos que ha separado de los demás, representan a John y a su amigo, mientras que el que está solo es él, que se siente solo por haber sido excluido. Interpreta que si bien odia mucho a los niños, de los cuales se quiere separar, al mismo tiempo, sin embargo, está muy ansioso por llevarse bien con ellos, y anhela que le quieran, causándole mucho dolor no llevarse bien con los demás.

El deseo de hacerse amigos y la tristeza ante el fracaso en este campo (que en otra ocasión le ha llevado a expresar el temor a convertirse en un "tonto"), se ponen en esta sesión más plenamente en un primer plano, sobre todo en relación con su hermano, y con los niños de su edad. Esto explica por qué se muestra especialmente resistente cuando *M.K.* le pregunta quiénes son los niños que están separados y quién es el que está solo.

Nota de la sesión número setenta y cuatro.

I. El construir dos estaciones dándole una a su padre (el tren de carga) y dejando la otra cerca de sí y de *M.K.*, constituye también algo característico de la preadolescencia; el intento de separarse de la madre y de encontrar un sustituto de la misma. De esta manera, queda disminuida la peligrosa rivalidad que tiene con el padre. Este proceso de separación es de gran importancia para el desenvolvimiento normal del niño, pues permite al hombre liberarse en cierta medida de la dependencia materna.

SESION NÚMERO SETENTA Y CINCO (Jueves).

Richard está esperando frente a la habitación de juegos. Antes de entrar en la casa señala las montañas y cuenta a *M.K.* que la tarde anterior ha subido a ellas. Tardó una hora en hacerlo y llegó cansado. En el cuarto sigue hablando de ello con un tono de tranquila satisfacción, pero sin darse importancia. Y añade: "Pero no fue ni la mitad de lo difícil de lo que fue subir al Snowdon".

M.K. le recuerda otro intento de escalamiento que le mencionó hace un tiempo, y que ocurrió antes de iniciar el análisis, y le pregunta si aquella vez también fue más difícil la hazaña que la de ayer.

Richard dice que no, que fue mucho más fácil; y que en realidad en aquella ocasión sólo subió un corto trecho, pues otro niño le estaba persiguiendo... [5] Luego se refiere otra vez a las dificultades que tiene en casa de los Wilson, pero en esta ocasión lo hace espontáneamente y con libertad. No le gusta mucho el Sr. Wilson y se siente particularmente herido al ver que John no se muestra con él muy amistoso. No cree que el problema sea que John no le quiera, sino más bien que él desearía que le quisiera más de lo que lo quiere. Comenta además, que se da cuenta de la

---

[5] Esta admisión contrasta con la tendencia que tiene Richard a darse importancia. La madre me había ya dicho que su hijo era muy presumido; en el hotel, por ejemplo, cuando su padre pescó el salmón, dijo a la gente que era él quién lo había pescado, y a veces se portaba como si lo supiera todo. Este darse importancia está en el análisis muy controlado, pues conmigo está dispuesto a ser veraz.

tendencia que él mismo tiene a ser provocativo, pues le gusta molestar y hacer bromas a los demás niños, aunque no puede soportar que éstos le hagan lo mismo a él.

Ahora siente que tiene más enemigos entre las niñas del pueblo que entre los niños. Una le ha llamado "tonto". ¿Puede ella curar a los niños "tontos"? Aunque se quedó muy triste el día anterior cuando John se fue a ver a su amigo sin llevarle a él, después salió él solo, trepó la montaña, y se sintió bien otra vez, y ahora ya no se siente infeliz.

M.K. interpreta que hoy no parece tener tanto miedo de comunicarle la opinión que el Sr. Wilson le merece, probablemente por temer menos que a ella le disgusten sus críticas. En la sesión anterior, en cambio, puede haber sentido que el Sr. Wilson, a quien ella conoce, representaba al Sr. K., y que si él le criticaba ella se hubiera sentido resentida. Le recuerda que tras hablar de lo infeliz que se sentía en casa de los Wilson, se fue a explorar el fogón y usó en sus juegos las balas de cañón, y que entonces ella le interpretó que sus temores y su desconfianza se referían a la relación existente entre sus padres, que se unían contra él.

Richard no se muestra en desacuerdo con esto, pero dice enfáticamente que su papá es bueno, y que nunca deja de llevarse bien ni con él, ni con los demás miembros de la familia.

M.K. le recuerda entonces al "papá-vagabundo" que puede atacar a mamá, y el hecho de que él mismo desea que lo haga cada vez que está enfadado y tiene celos. Al mismo tiempo quiere protegerla contra cualquier daño que le pueda acontecer. Ahora el Sr. Wilson representa al papá malo.

Richard no contesta a esto; en cambio anuncia que ha llegado la flota. No está seguro de que la flota haya querido venir, pero él le ha obligado a ello. Le falta uno de los barcos, pero tiene la esperanza de volver a encontrarlo. Pide entonces a *M.K.* que saque todos los juguetes de la bolsa y él la ayuda a hacerlo. Coge en la mano al hombre que está sentado y lo mira, pero luego lo vuelve a guardar.

M.K. interpreta que una vez más desea mantener a su padre (la figurita sentada) fuera de todo peligro, metiéndole en la bolsa. Además no quiere verlo para no pensar en él y no preocuparse por su enfermedad.

Richard construye una ciudad marinera del lado de la mesa en que se sienta *M.K.*, y una vía de ferrocarril que corre a lo largo de la costa (nota 1). Esta está indicada por los lápices, mientras que la ciudad está construida por todos los juguetes menos el columpio, al cual sitúa fuera de ella. Una vez más forma varios grupos de personas. La mujer "mal educada" está en uno de ellos con cuatro niños (dos pares de "mellizos", cuya ropa es del mismo color) y más tarde añade un par más. Su madre y *M.K.* están otra vez juntas, y un poco más lejos se encuentra la niñera, aunque al cabo de un rato coloca también a ésta con ellas. Su padre (el muñeco Sr. Smith), está un poco de lado. También forma varios grupos de niños (uno de tres niños, otro de dos, y otro donde hay varias niñas), y señala que el perro, el tractor y el camión de carbón se encuentran también en la costa. Coloca a tres animales de manera que tengan las cabezas juntas, y se miren entre sí, y comenta que se trata de papá, mamá y él mismo.

M.K. le indica que los tres están muy juntos, con el fin de poder mirarse bien y no causarse celos.

Richard coloca los trenes. El de carga sigue al eléctrico. Tras esto coloca a la flota y dice que todo el pueblo le está admirando. El *Hood* sale a navegar; el *Rodney* y el *Nelson* le siguen, y los tres van de un lado para otro. A veces el *Rodney* se pone cerca del *Hood* y a veces cerca del *Nelson;* tras ellos siguen los destructores. Richard dice que el *Nelson* es el papá bueno.

M.K. interpreta que parece sentir que el gran *Hood* (el cual en la vida real ha sido por entonces hundido) es papá, que ha muerto y se ha convertido en fantasma. Y ahora tiene miedo de este papá-fantasma "malo" que está dentro de ella, o más bien, de mamá.

Richard se queda mirando la pacífica escena de la mesa y tras repetir que todos están mirando la flota, declara de repente que ahora se trata de una ciudad alemana y que la flota la va a atacar. Comenta que los juguetes han sido hechos en Alemania (cosa que es verdad) y le pregunta a *M.K.* de qué nacionalidad era su padre, añadiendo en seguida: "Austríaco ¿verdad?", como asustado ante la posibilidad de que le conteste que alemán. Luego le pregunta si realmente no le importa que se refiera a su nacionalidad, y como lo ha hecho ya en otras ocasiones, dice que no puede creer que no se sienta herida al decir él cosas semejantes. El bombardeo empieza y toda la ciudad cae. Mientras esto ocurre, Richard coloca al columpio con el niño adentro en la escena del desastre, donde también sucumbe. El único que sobrevive es el muñequito que le representa a él.

Entonces declara que la flota es ahora alemana y que sólo queda un destructor inglés, el cual la ataca y la destruye, barco por barco. Al final, el único sobreviviente es el destructor británico, que es él mismo... Tras esto pide a *M.K.* que guarde los juguetes.

M.K. interpreta que desea deshacerse de la gente dañada o muerta. También le dice que como para él ser "alemán" significa ser malo y enemigo, no puede creer que ella no se sienta herida cuando él le dice que no es inglesa.

Richard contesta que también le pregunta a menudo a su madre si le hiere los sentimientos con las cosas que le dice.

M.K. interpreta que el miedo que tiene de herir es muy grande, porque todo el tiempo siente que la paz no puede durar, y que va a atacar a ella y a su mamá con sus cañones, los cuales representan su órgano genital, su orina y "lo grande"; también siente que las va a matar o a dañar junto con todos los bebés que contienen. A la mujer "mal educada" que previamente era la mamá "mala" le ha dado seis hijos (los tres pares de mellizos), y lo ha hecho para compensarla por los bebés dañados, y porque cree que son sus ataques los que le han hecho enfadar y ser grosera; ahora quiere convertirla otra vez en la mamá buena. En cuanto a la flota que no quería venir, ello se debe a que teme atacar con ella a la *M.K.* enemiga y a la mamá enemiga; pero como al mismo tiempo quiere también expresar las cosas que siente y trabajar con ella sobre esto, la ha traído finalmente.

Al principio ha representado a los ingleses, y era la familia buena la que sobrevivía mientras que la familia mala -la ciudad alemana- quedaba destruida. Pero todo el juego muestra lo inseguro que se siente de estos padres buenos, ya que se transforman con mucha facilidad, en su imaginación, en los padres malos que le atacan. Esto se debe a que en cuanto él a su vez siente enfado y celos, o se ve privado de algo, los empieza a atacar a ellos mentalmente. Por este motivo no puede haber paz, pues como se convierten tan fácilmente en los padres malos, tiene que seguir destruyéndoles constantemente, por temor a que, si no, ellos le ataquen a él. Lo mismo ocurre con los bebés que cree contienen ella y mamá, y por ello, cualquier niña que le mire o le diga algo, se transforma en seguida en su mente en un enemigo; siente entonces que tiene que estar siempre poniéndoles a prueba mediante provocaciones, haciéndoles muecas o diciéndoles cosas desagradables, tal como le ha contado varias veces que hace. Al no querer John llevarle con él a ver a su amigo, sintió que era por ser él un "tonto", lo cual significa para él ser malo y destructivo. En realidad le gustaría tener de amigos a su hermano, a los otros niños y a John; pero les tiene miedo, porque en su imaginación todos representan a los bebés atacados y dañados.

Richard señala a los niños de juguete, y dice que, en efecto, le gustan, y que también le gustan los bebés porque son inofensivos. Parece estar impresionado por la interpretación de *M.K.* respecto a que le gustaría haber conocido al amigo de John y estar en compañía de otros niños si pudiera no tenerles miedo. Está desconcertado, pues está acostumbrado a sentir muy vivamente que desea que los niños le dejen en paz y no tener nada que ver con ellos...

En un determinado momento en que está jugando con los juguetes, se dirige a la cocina, y sacando un cubo de agua del "tanque-bebé", dice: "Vamos a ordeñar la vaca". Añade que *M.K.* es la lechera y él el lechero.

Cuando *M.K.* vacía el balde, dice que es una suerte que no se haya derramado nada, ya que ese día las niñas exploradoras van a usar la habitación. Se queda luego escuchando el ruido de las cañerías, que es bastante fuerte, y dice sonriendo: "La vaca dice: quiero ser ordeñada". Luego indica con satisfacción, que tanto el tanque como el agua están casi limpios Se dirige afuera y pide a *M.K.* que salga con él. En los escalones da unos saltos, comentando que puede caerse de espaldas sobre las verduras. Al saltar hacia abajo toca la cara de *M.K.*, y aunque lo hace muy ligeramente, se queda muy preocupado por ello.

M.K. interpreta que siente que caerse de espaldas sobre las verduras, es como atacar con "lo grande" a los bebés, los cuales también desean ser alimentados por la vaca (mamá y ella). Pero él quiere quedarse con toda la leche de su madre, con lo cual puede matar de hambre y dañar a los bebés. Cuando anteriormente el agua del tanque estaba sucia, sentía que era por su culpa y que él había enfermado a estos niñitos.

Richard señala entonces los vegetales y dice: "Nos alimentan". Después, mirando a las montañas dice, con anhelo, que le gustaría poder ver las que se encuentran por detrás de ellas, y añade que sólo se puede ver la parte inferior de las mismas, pues la superior está oculta... Mientras jugaba con la flota, se dirigió repetidas veces a la ventana, particularmente para ver pasar a los niños. Entonces los miró con atención y no de la manera usual, perseguida y hostil; más bien como queriendo averiguar cómo son en realidad. En una oportunidad, al pasar una niña, dice que le gusta, pues parece ser buena y bonita.

Al salir, se separa de *M.K.* en la esquina. Como ahora vive con los Wilson, no tiene que ir al pueblo; pero antes de irse le pregunta si va a ir a casa del Sr. Evans. Cuando ella le contesta que sí hace un sonido de desaprobación, pero no parece en realidad estar muy preocupado. En esta sesión, por otra parte, no ha preguntado nada sobre el Sr. Smith.

Nota de la sesión número setenta y cinco.

I. Richard no ha jugado en forma simultánea con la flota y con juguetes desde la sesión veintiuna. He señalado ya en una nota anterior, que a veces, al cambiar el medio de expresión, usa esta disociación para poder preservar a la familia buena y la parte buena de su personalidad. Ahora, aunque podemos ver cuán rápidamente queda perturbada la confianza que tiene depositada en sus objetos buenos, aun a esta altura de su análisis, el hecho de poder juntar dos importantes instrumentos con los que representa a su inconsciente (los juguetes y la flota), demuestra que se ha hecho un progreso en la integración de su personalidad. Si bien es verdad que al principio del tratamiento usó los dos medios de expresión en forma simultánea, más adelante dejó de lado los juguetes, pues éstos llegaron a representar a todos los objetos dañados y hostiles. En esta sesión, como las ansiedades persecutorias y depresivas han sido analizadas hasta cierto punto, el uso de la flota y de los juguetes al mismo tiempo se lleva a cabo sobre una base diferente.

SESION NÚMERO SETENTA Y SEIS (Viernes).

Richard llega unos minutos tarde, cosa poco usual en él, y con un aspecto muy deprimido. Resulta evidente que se siente desgraciado y que algo le pasa; pero cuando *M.K.* le pregunta si esto es verdad, no le contesta. Se sienta y dice que no ha traído la flota. De repente, descubre que *M.K.* tiene en su canasta de compras un paquete para llevar al correo [6]. De inmediato lo coge, mira las señas que hay en él escritas y se da cuenta de que está dirigido a su nieto. Sujetándoselo contra la nariz, dice que parece contener fruta, pues huele como a naranjas ¿no? *M.K.* contesta que sí y Richard quiere saber entonces dónde las ha conseguid o.

M.K. contesta que el día anterior el frutero repartió dos naranjas a cada uno de sus clientes [*].

Richard se pone pálido de envidia y de furia, pero dice que no le gustan las naranjas.

M.K. le recuerda que tampoco le gusta la leche y le interpreta que ahora le disgustaría la idea de que su madre le diera el pecho, o de que la niñera le diera el biberón, pero que de todas maneras, todavía siente la misma rabia y la misma frustración que sentía de bebé, cuando quería el pecho o el biberón y no se lo daban. En la actualidad tiene envidia de la gente que consigue cualquier cosa que represente el biberón o el pecho. En este momento, son las naranjas las que representan su pecho y su leche, además de representar el amor que siente por su nieto. Esto significa también que tanto ella ahora como en el pasado mamá, pueden dar cariño y su atención a otro bebé que no sea él.

Richard tiene todavía un aspecto abatido y turbado. Dice que le gustaría tener una red para pescar, pero que apenas le queda dinero para comprársela, pues se lo ha gastado casi todo. (Recibe una cantidad bastante grande de dinero, pero se lo gasta en seguida.) ¿Dónde puede ahora encontrar más?

---

[6] Por lo general, trato de evitar llevar cosas al consultorio que no pertenezcan al análisis, pero ese día me fue imposible ir al correo mas temprano. El estímulo hacia la envidia, los celos y la persecución que constituyó el haber llevado el paquete, demuestra que hacerlo fue un error técnico.

[*] Durante la guerra la fruta estaba racionada en Inglaterra, y era difícil conseguirla

M.K. interpreta que desea que ella le dé la red o el dinero, pero que es para reasegurarse de que tanto ella como mamá le quieren a pesar de tener celos y querer quitarle la leche a los bebés.

Richard saca los juguetes de la bolsa; primero coge el tren eléctrico, lo manipula, separa dos de los vagones y los vuelve a enganchar. Después pregunta a *M.K.* si sabe que en "Z" cayeron la noche anterior unas bombas... -no; pasó un tornado-, y que dos casas quedaron derrumbadas por el suelo. Una de ellas es dónde vive Oliver, y la otra, la de Jimmy. (Oliver es por lo general enemigo suyo, mientras que Jimmy, que en una época era su amigo, luego se convirtió en "traidor".) Al hablar, le vuelve el color a la cara y el brillo a la mirada (cuando está deprimido se le pone muy opaca). Su expresión también contiene algo de satisfacción o de diversión. En seguida dice, sin embargo, que se trata de un cuento; el tornado lo ha visto en una película.

M.K. le pregunta si las casas de Oliver y Jimmy no están cerca de la suya.

Richard contesta que Oliver vive en la casa de al lado, y parece comprender inmediatamente lo que esto significa. Entonces coloca el tren eléctrico entre dos casas (a las que generalmente llama estaciones), coge a éstas, les da la vuelta, se mete los dedos meñiques en la boca y los vuelve a sacar. Presenta un aspecto de gran desasosiego y de desesperación.

M.K. interpreta que las dos casas representan a sus pechos y el chuparse los dedos, el deseo de quedarse con ella.

Richard parece una vez más sentirse muy desgraciado y vuelve a preguntar a *M.K.* por qué no se lo lleva con ella, rogándole que le deje vivir en su casa.

M.K. le pregunta que en qué parte de su vivienda dormiría. Richard contesta: "Contigo, en tu cama".

M.K. interpreta que como siente que no le deja vivir con ella ni le da las naranjas ni le quiere, se ha convertido para él en aliada del Sr. Wilson, al que ahora él siente como papá malo. Esto hace a su vez que experimente más necesidad todavía de que le tranquilice y le ame.

Richard expresa entonces sentimientos de disgusto y de enfado hacia el Sr. Wilson. La queja mayor es que los Wilson son muy estrictos en el racionamiento de los dulces, cosa que le parece intolerable. (En su propia casa no se le restringe mucho.) También parece estar muy desilusionado de John, que evidentemente no quiere molestarse por él.

M.K. interpreta que todo ello le resulta tanto más desilusionante cuanto que ahora siente que le gustaría hacerse de amigos y no puede. Le hace perder la esperanza de poder llevarse bien con los demás niños, lo que por otra parte le hace sentirse diferente de los demás: -un "tonto"-.

Richard contesta que estas palabras son muy desagradables y que no las quiere escuchar, pero luego pregunta a *M.K.* apasionadamente si no puede impedir que los niños del pueblo le digan cosas tan malas. La noche anterior, estando en el cine, un niño le llamó "chiflado"... Desde hace un rato está al lado de la ventana viendo pasar a la gente. A todos los niños que pasan los califica de "horribles" y se refiere a ellos diciendo que son enemigos suyos. Está inquieto; da un salto, se va hacia la ventana, se sienta otra vez, y es evidente que se siente muy perseguido. En un determinado momento pone el tren en marcha, en dirección a *M.K.*; luego lo hace andar en dirección opuesta, y le hace dar vueltas y más vueltas alrededor de la bolsa que contiene los juguetes. Tras ello se dirige a la cocina, saca algunos baldes de agua y se detiene únicamente cuando *M.K.* le pide que no saque más.

M.K. interpreta que quiere usar toda el agua que hay, que simboliza la leche de su pecho, para que sus hijos no puedan sacar nada. Ese día, como él bien sabe, las niñas exploradoras van a usar el cuarto de juegos, y ahora representan a sus hijos y a su nieto. Por esto es por lo que desea vaciar toda el agua.

Richard se muestra inmediatamente de acuerdo con esto.

M.K. interpreta que le gusta sacar los baldes de agua, porque como ella le ayuda a vaciarlos, siente que es un signo de cariño y de atención. Además, también desea ser el protegido, pues tiene miedo de que papá y Paul le persigan. En este sentido, ella representa a la niñera, que tantas cosas ha hecho por él y que a veces le ha defendido de Paul.

Richard vuelve a dirigirse a la habitación, pero juega muy poco. Sólo coge los dos trenes, los compara uno con otro, los hace correr y finalmente hace que el eléctrico eche por tierra al de carga.

M.K. interpreta que el sentimiento que tiene de persecución y de depresión está relacionado con su ida, con los celos de su nieto, de sus hijos y de los pacientes a los que verá cuando esté en Londres. Esto lo ha expresado en el deseo que tiene de rugir como un tornado y tirar por tierra la casa de sus padres. Quiere también hacer lo mismo con la casa donde ella vive así como con sus hijos, pues está muy enfadado porque ella se va y le deja. Por todo esto, el miedo que tiene de perderla para siempre es muy grande. También se debe a esta rabia y a la envidia que tiene de su nieto por causa de las naranjas, el que todos los niños de la calle se hayan convertido hoy en enemigos mucho peores. Arrasar la casa de sus padres y la de *M.K.* hasta dejarlas a las dos por el suelo, implica además destruir a todos los bebés por nacer, y ahora todos los niños desconocidos de la calle representan a éstos, a su hermano, y a los hijos de ella, a los que siente que ha atacado y a los que sigue atacando aún.

Richard suplica a *M.K.* que no se vaya a Londres. ¿Tiene realmente que hacerlo? No debería marcharse. El quiere ir con ella, pero ¿dónde vivir allí? ¿Podría vivir en su casa? No; en realidad no le gustaría ir a Londres. ¿Cuándo piensa ella volver?

M.K. le contesta que tiene la intención de quedarse allí y de no volver, pero que espera poder arreglar las cosas para que más adelante pueda continuar con su análisis; tanto ella como su madre van a hacer lo posible[7].

Richard le pregunta entonces si va a seguir manteniendo su casa de "X". No la pensará vender ¿no?

M.K. interpreta que aunque él bien sabe que sólo tiene en ella unas habitaciones alquiladas, pues ha visto a la dueña de casa y conoce al otro inquilino que allí vive, sin embargo piensa que la casa le pertenece a ella y en este momento parece estar convencido de que la va a seguir teniendo. La casa representa ahora a la que sus padres tienen en "Z", a la que él está muy apegado, y a donde quiere volver, aunque sea solo, en caso de que sus padres la vendan, como tienen intención de hacerlo.

Richard entonces vuelve a preguntar, con urgencia, si podrá él ir a Londres durante el invierno que se avecina.

M.K. contesta que no cree que su madre pueda hacer este arreglo ahora, pero que quizá lo haga más adelante. Interpreta que si tiene tanto anhelo por conservarla a ella, no es sólo porque cree vivamente que necesita el trabajo que hacen juntos, sino también porque ella le ayuda y representa para él a la mamá celeste. Siente que ella le da leche buena y cariño, y que de esta manera lo protege contra sus enemigos internos y contra su propia rabia, así como también contra todos los niños hostiles que hay y contra el papá malo.

Richard coge otra vez el paquete, lo huele, y pregunta cuántos años tiene el nieto de *M.K.* (Esto lo ha preguntado muy a menudo y conoce la respuesta.) Después mira el sobre que contiene sus dibujos (el cual está dirigido a *M.K.*), pregunta quién ha escrito las señas en él y sugiere que quizás haya sido su hijo. Esta es también una pregunta que ha formulado en oportunidades anteriores, cuando se le contesto que había sido un amigo. Quiere saber una vez más si el amigo es hombre o mujer y cómo se llama[8].

M.K. repite el nombre.

Richard piensa al punto en un barco hundido, pero luego se acuerda de que no hay ningún barco británico con ese nombre. ¿Quizá se llame así

---

[7] Por entonces había yo llegado a la conclusión de que no podría volver a "X" el próximo verano para continuar el análisis de Richard. No me cabe duda de haber explicado esto al niño para que no se hiciera ningun a ilusión pero no guardo ninguna nota sobre cuándo lo hice.

[8] Esto constituye un ejemplo del cuidadosamente que el analista debe recordar cada detalle que introduce en la habitación de juegos y, por lo tanto, en el análisis.

algún barco alemán? (El nombre mencionado por *M.K.* es inglés.) Tras esto empieza a mencionar los barcos italianos que llevan el nombre de ciudades de Italia, y pregunta si acaso este país no estuvo del lado de los aliados en la última guerra. Mientras habla empieza a dibujar (dibujo 65),[9] y pregunta a *M.K.* si se alegró cuando Gran Bretaña ganó la última guerra y Austria per-dió.

65

M.K. le pregunta qué pensaría de ella si se hubiera alegrado de que su país hubiera perdido.

Richard contesta que no le gustaría nada; pero ahora *si* se alegraría cuando Inglaterra ganara ¿no? Y mirando a *M.K.* le ruega que conteste a su pregunta dejando de lado el trabajo, y que le diga que desea que Gran Bretaña gane.

M.K. le contesta que él sabe muy bien que así es, y que también sabe que Hitler es un enemigo de su país natal, del cual ha tomado posesión por la fuerza.

Richard contesta que Hitler ha nacido en Austria.

M.K. contesta que en su imaginación, esto hace que le pertenezca a ella, de igual manera como el papá malo pertenece a mamá. Cuando papá y mamá están juntos por la noche, sospecha que hacen cosas con sus órganos sexuales que le hacen pensar que papá es "malo": -el papá-Hitler"-, el "vagabundo". Esto también convierte a mamá en la mamá "mala", en la "bruta malvada" que se alía con el papá "malo" en contra de él. Las sospechas que tiene de su madre, hacen que desee estar recibiendo de ella todo el tiempo dulces y amor, y es por ello por lo que no puede soportar que se le niegue ninguna cosa.

Richard termina su dibujo y lo esconde rápidamente entre los demás, pero *M.K.* lo saca del sobre y le sugiere que lo vean juntos. Richard asiente de mala gana, pero dice que no quiere saber lo que significa. A pesar de ello, empieza a explicarlo: Oliver, su enemigo, está dirigiendo a una división *panzer* en contra de él, que está representado por el hombrecito de la derecha. Este hombrecito-Richard está protegido por una muralla, y arroja a su vez una bomba contra los tanques de la división *panzer*.

---

[9] En el dibujo he tachado el nombre verdadero de Oliver.

M.K. le señala que en el dibujo él es muy pequeño, y que quedaría impotente y sin protección de tenerse que enfrentar con toda una división.

Richard dice que la muralla le protege y además que tiene una bomba para tirar; pero con un aspecto muy angustiado cuenta los tanques que ha dibujado y ve que son nueve.

M.K. interpreta que él sabe bien que se habla mucho del peligro de que se haga una invasión a Gran Bretaña, y que esto le angustia mucho. Su enemigo Oliver representa al peligroso padre-Hitler, que dirige a la invasión *panzer* contra Inglaterra; es el órgano genital de papá, enorme y potente, que ataca y destruye al suyo, representado por la bomba. Le recuerda que ya en un material anterior representó a su genital y al de papá en lucha. Pero el Oliver "malo" y el Hitler que invade a Inglaterra, también representan a su propio odio, a su envidia y a sus celos, los cuales serían muy destructivos si los dirigiera contra ella y contra su familia. Por ello siente que esta parte mala suya debería ser destruida por la otra parte de su personalidad.

Hacia el final de la sesión, Richard desea discutir con *M.K.* la posibilidad de modificar el plan de vida que sigue. No desea continuar viviendo con los Wilson. ¿No podría ella, durante las tres semanas que faltan, ir a vivir a "Y", donde están sus padres?

M.K. contesta que no le es posible hacer esto, e interpreta que lo que quiere, además, es tenerla a ella para sí sólo durante este tiempo, quitándosela a los demás pacientes de "X", a los que considera enemigos y rivales.

Richard contesta que entonces va a tratar una vez más de conseguir una habitación en un hotel, o si no, de hacer el viaje de ida y vuelta. ¿Le daría *M.K.*, en ese caso, horarios de mañana y de tarde alternativamente?

M.K. le contesta que sí.

Antes de salir, Richard coge rápidamente el paquete y, medio en broma, dice que podría realmente morder a través de él, pero que no lo va a hacer.

M.K. interpreta que, como las naranjas que manda a su nieto representan su pecho y el de mamá, que ningún otro niño debería de tener, su mordisco significa que prefiere destruir los pechos buenos antes de dejárselos a otro; pero como al mismo tiempo también desea vivamente no dañarla ni a ella ni a su madre ni a sus hijos, por esto se controla para no morder.

Richard se va de un humor mucho menos infeliz, pensando sin duda en las medidas a tomar. Ha estado otra vez mordiendo mucho el lápiz amarillo, el cual muy a menudo ha representado el pene de su padre; pero creo que en este momento representa también el pecho de la madre. En la segunda mitad de la sesión, se ha sentido menos perseguido, y ha mirado menos a los transeúntes; pero, de todas maneras, lo ha hecho más que lo que lo hacia recientemente (nota 1).

Nota de la sesión número setenta y seis.

I. En este momento, tan cercano a mi partida, operan con mucha fuerza el temor ante mi pérdida, toda la ansiedad que ésta la produce y una gran necesidad de ser querido. Pero, sin embargo, creo que el factor específico de las dos naranjas que iba yo a mandar a mi nieto, fue el que trajo a un primer plano con toda su fuerza los sentimientos más tempranos que vivenciara ante la pérdida del pecho, así como también la envidia, los celos y la ansiedad persecutoria asociados a la misma. El transcurso de toda la sesión muestra la manera cómo estas emociones tempranas se extienden para abarcar a todas las relaciones que tiene establecidas, e influyen sobre las ansiedades persecutorias relacionadas con la situación edípica. Por otra parte, la necesidad que tiene de refrenar sus sentimientos hostiles, que constituye lo característico de su vida mental, se pone también plenamente en juego.

SESION NÚMERO SETENTA Y SIETE (Sábado)

Richard llega unos minutos tarde, pero parece que no le molesta. Menciona que va a ir a su casa en autobús, y este viaje ocupa una gran parte de la sesión. Está de un humor muy diferente del de la sesión anterior, debido en parte a que se va a su casa, pues durante toda la semana la ha echado mucho de menos. Además, le dice a *M.K.* que ha escrito a su madre. pidiéndole que arregle las cosas de manera diferente a como están ahora, y está seguro de que así lo va a hacer. Durante un buen rato se refiere a la posibilidad de que el autobús esté repleto. Dice, además, que ha averiguado que viajará en el mismo vehículo que la cobradora bonita que él conoce, y que siempre pide que cedan sus asientos los poseedores de medios billetes cuando el autobús está lleno. Otra cobradora que también le gusta no es tan bonita como ésta, pero "de ninguna manera es fea", y no pide que se levanten los medios boletos. Pero ella sale con un autobús posterior. Evidentemente, a pesar de la angustia que siente por la posibilidad de tener que levantarse, también le gusta la idea de viajar con la cobradora linda, pues repite varias veces lo bella que es y cómo le gusta mirarla.

M.K. interpreta que la quiere, a pesar de no ser completamente "celeste", como la mamá "buena".

Richard repite que es muy bonita y añade, divertido, que en efecto no es "celeste" sino "azul oscuro", que es el color real del uniforme que usa. Comenta, además, que es una pena que una mujer tan linda tenga que ir vestida con gorra, cuello y corbata (nota 1). Una vez la vio con ropa de mujer y estaba muy linda. Añade que sabe bien lo que *M.K.* quiere decir con eso de que no es del todo "celeste"; que no es del todo buena, ni del todo mala. Tras esto se va a beber agua del grifo y se sienta a la mesa.

M.K. interpreta que el temor que siente por el autobús repleto y la linda cobradora que viaja dentro de él, se refiere también a la querida pero sospechosa *M.K.* Últimamente ha tenido la creencia de que toda la gente de la calle venía a verla a ella, dejándola "repleta", como el autobús. El mismo temor siente hacia mamá, la cual también cree que es bonita y que está repleta de bebés en su interior. El día anterior, además, se sintió extremadamente celoso de su nieto e imaginó que lo atacaba y lo destruía por esta causa. Inmediatamente después, sintió que todos los niños de la calle se transformaban en enemigos suyos, pues todos representaron entonces a este nieto y a los bebés del interior del cuerpo de mamá.

Richard comenta que en realidad no le gustan las naranjas. También las habla en casa de los Wilson, de modo que se podría haber comido una, de haberlo deseado.

M.K. interpreta una vez más la importancia particular que tienen, de todas maneras, las naranjas que ella le manda a su nieto, pues están relacionadas con el amor que Richard siente hacia ella y con los celos que tiene de los demás. Estos celos están muy incrementados en la actualid ad por estar ella preparándose para irse y dejarle, cosa que le hace sentir que se va para dar su amor y su atención a los demás pacientes y niños. No solamente se siente, pues, frustrado por ella, sino que además le tiene mucha desconfianza, pues piensa lo mismo que piensa de mamá: que si no le quiere bastante, va a ir a aliarse con los hombres que son enemigos suyos. Estos hombres adquieren en su imaginación características muy asustadoras, porque él mismo tiene muchos celos de ellas y se siente hostil.

En la sesión anterior, pues, llegó a sentir que de tanto odiar a su nieto, había llegado a destruir tanto a éste como a ella y por eso se sintió desesperado. También temió haber destruido al amigo que escribió el sobre de los dibujos, cosa que se vio cuando inmediatamente después de mencionarlo, pensó en un barco de guerra hundido, y después recordó que en realidad no existía ninguno con ese nombre.

Richard hoy responde bien a las interpretaciones. Las escucha con atención y resulta evidente que puede asimilar mucho más de ellas de lo que ha podido hacer el día anterior (nota II). Se queda mirando a dos niñas que pasan por la calle; son las mismas que le llamaron "tonto" y a las cuales calificó él de enemigas.

M.K. interpreta que está tratando de provocar en ellas una respuesta hostil, para así lograr saber quiénes son sus enemigos y lo que éstos le van a hacer. Cuanto más atemorizado se halla, más se siente impulsado a hacerlo, pues aunque provocarles le produce también miedo, encuentra cierto alivio, sin embargo, al ver que ellas no se vengan de él atacándole ni dañándole. En este momento, además, se siente protegido por ella mientras las provoca.

Richard se vuelve hacia la mesa, y dice muy seriamente: "¿Sabes lo que pasó ayer? Se murió mi niñera".

M.K. le cree por un momento y pregunta: "¿Tu niñera?".

Richard repite muy seriamente: "Mi niñera", pero al cabo de un momento admite que no es verdad.

M.K. le pregunta de qué podría haber muerto.

Sin dudar un instante, Richard contesta: "De pulmonía[10]. Se enfrió completamente por dentro. La leche se le quedó toda fría y la ahogó".

M.K. interpreta que este temor tiene su origen en la época en que su mamá le dejó de amamantar. Cada vez que se sentía privado del pecho y la odiaba por ello, imaginaba que la estropeaba y que le ensuciaba la leche; y en la sesión anterior se pudo ver cómo quería morder las naranjas que representaban el pecho, para estropearlas y destruirlas de manera tal, que nadie las pudiera tener. Ello representó entonces también a su niñera, de la cual tenía muchos celos en el pasado, porque también cuidaba de Paul. Todos estos celos los está viviendo ahora otra vez, porque su padre tiene una enfermera que le atiende, de manera que en la actualidad no es sólo el marido de mamá que le pone celoso, sino también un bebé rival.

Simultáneamente con todo esto, sin embargo, se siente muy culpable y asustado, pues piensa que su padre se ha convertido en un bebé enfermo por haber él envenenado con "lo grande" y "lo chico", la leche del pecho de mamá (nota III).

Richard no hace hoy ningún intento de jugar ni de dibujar. Se queda sentado a la mesa hablando con *M.K.*, y de vez en cuando se levanta para mirar a la gente que pasa por la calle, pero esto lo hace menos a menudo que en otras ocasiones, y con mucha menos tensión y ansiedad. También da varias vueltas por la habitación, se queda mirando los cuadros, y señala a *M.K.* una tarjeta en la que hay un pingüino bebé que se está comiendo a un pez de color, en un momento en que el Pato Donald ha ido a buscar comida para él[11].

M.K. interpreta que el pingüino lo representa a él comiéndose el pez (uno de los bebés de mamá), a pesar de que ésta le va a dar de comer a él, lo cual lo hace sentirse culpable.

---

[10]El padre no está enfermo de pulmonía.

[11]Como ya mencioné en otra oportunidad, hay muchas tarjetas clavadas a la pared o distribuidas por el cuarto, de manera que resulta significativo que Richard elija justamente ésa.

Richard pregunta de repente si *M.K.* le quiere hacer un favor: hablar en alemán (esta vez no lo llama austríaco como suele hacerlo) con el señor K., como si éste estuviera sentado a la mesa.

M.K. le pregunta qué le sugiere que le diga.

Richard protesta, diciendo que lo que quiere es que le diga lo que le diría de estar él realmente allí.

M.K. dice en alemán algunas frases no comprometedoras.

Richard se queda escuchando con aire divertido los sonidos extranjeros, mientras mira con mucho interés la expresión facial de *M.K.* y todo su comportamiento; y luego le pide que traduzca lo que acaba de decir. Cuando ella lo hace, parece quedarse contento.

M.K. le interpreta que quiere averiguar cómo era en el pasado su relación con el señor K. Ya una vez le preguntó si le quería, y añadió él mismo en seguida que, naturalmente, debía de ser así. Pero ahora quiere además saber cómo era la relación que guardaba con el Sr. K. interno, pues de ser ésta buena, ello significa que no contiene dentro de sí al papá-Hitler malo, sino que, por el contrario, se siente en paz consigo misma, y no envenenada o perseguida. Significa, además, que no se convierte en la "bruta malvada" enemiga suya. Estas sospechas y temores son similares a los que siente respecto a sus padres, a pesar de saber al mismo tiempo que su papá es un hombre amable.

Richard está muy pensativo y se queda mirando a *M.K.* cariñosamente. De repente se estira y pide que le tome de la mano para ayudarle a hacerlo.

M.K. le pregunta por qué desea en ese determinado momento que ella le tome de la mano.

Richard se queda con un aspecto decepcionado por un momento y luego contesta: "¿Y por qué no?". Añade que esperaba que *M.K.* le contestara como lo ha hecho, y tras ello coloca su mano dentro de la suya, que está apoyada sobre la mesa. Comenta que puede sentir y se pregunta si ella a su vez le siente a él. Tras una pausa pregunta qué haría con ella de estar los dos en la cama juntos.

M.K. le pide que diga él lo que le parece que le haría.

Richard, tímidamente, contesta que la abrazaría, la acariciaría y se pondría muy cerca de ella. Tras una pausa, agrega que cree que no le gustaría hacerle nada con su órgano genital y, a juzgar por la expresión de su cara, es evidente que este pensamiento le resulta especialmente desagradable y asustador[12]. Entonces se va corriendo a la cocina y saca agua del "tanque-bebé", al cual últimamente ha asociado con la ubre de una

---

[12] Véase la nota III de la sesión cuarenta y dos.

vaca, llegándole a llamar "pecho". Llena dos cubos y, tras mirarlos, comenta que uno de ellos está sucio y el otro limpio (de hecho uno está un poco oxidado, pero apenas hay diferencia entre el agua de uno y otro).

M.K. interpreta que esto significa que uno de los pechos es el limpio y "celeste", mientras el otro es el sucio y "malo".

Richard acepta al punto esta interpretación y pregunta cómo ha llegado el "malo" a ponerse tan sucio. Entonces caza una mosca con los dedos y la mete en el cubo "sucio". La mosca se escapa repetidas veces, pero Richard la vuelve a cazar una y otra vez, amenazándola de manera dramática con hacerle sufrir una "muerte cruel". Al final la aplasta contra el cubo. Luego se pone a cazar otras más y las coloca en el tanque, mirando después para ver si siguen su camino hasta llegar al cubo. Está conscientemente gozando con esta crueldad.

M.K. interpreta que los ataques que está llevando a cabo contra las moscas representan un ataque hecho a los bebés de su interior. Pero que, además, está mostrando cómo el pecho y el interior de ella y de mamá han llegado a quedar envenenados y sucios. Pero si las dos están llenas de bebés muertos, también ellas se van a morir, y esto lo ha expresado al decir que su niñera había muerto a causa de la leche fría que tenía dentro de si.

Por otra parte, este deseo de matar a los bebés y al papá de dentro de mamá, es el que le hace sentir tanto temor a una posible venganza por parte de los niños de la calle. Manteniendo a un pecho bueno y a otro malo, trata de guardar en buen estado a una parte de mamá. En cambio, cuando admira a la cobradora de autobús, se da cuenta de que parte de ella es buena, pero que otra parte es mala, ya que pide que den el asiento los poseedores de medio billete. La parte de ella y de mamá que está negra, dañada o manchada, es el órgano genital y el interior. En realidad piensa que la mamá celeste ocupa la parte superior del cuerpo de ésta, y es la mamá-pecho, mientras que la "bruta malvada" ocupa la parte inferior. Por esto, aunque siente ganas de acariciarla a ella, teme, en cambio, su órgano genital y su interior, pues piensa que está todo sucio y envenenado a causa de los bebés muertos que contiene (las moscas aplastadas), y del papá-Hitler. Esto le hace sentir terror ante la idea de poner su órgano sexual en un lugar tan peligroso, aun cuando sea mayor, y a pesar de desear al mismo tiempo hacerlo.

Richard pide a *M.K.* que le vacíe los baldes, y cuándo ésta lo hace se queda, como de costumbre, turbado además de contento.

Sigue entonces cazando moscas, pero ahora las lleva hasta la ventana y allí las deja en libertad. En un momento en que lo hace con una mosca grande y otra más pequeña, comenta que acaba de sacar afuera a papá y a Paul; y un poco más tarde dice que otra mosca es la niña pelirroja. Añade

PSIKOLIBRO

que él en realidad sólo ha matado dos moscas, pues a las demás las ha matado la cañería. Luego hace una pausa, tras la cual pregunta si una cañería que va a través del "tanque-bebé", por la cual pasa el agua que sale luego del grifo, puede representar el órgano sexual de su padre.

M.K. interpreta que se siente culpable, y que desea deshacer el daño que ha hecho a las moscas, ya que éstas representan a los bebés, a Paul y a papá. Por eso las ha dejado en libertad. Pero, a pesar de sentirse culpable, también culpa del daño hecho al genital de su padre que está dentro de mamá, aunque luego vuelve a sentir que es él quien tiene la culpa de todo, por haber metido a las moscas dentro del tanque, haciendo que se ahoguen en la cañería.

Richard pide a *M.K.* que vaya afuera con él, y allí salta varias veces desde los escalones. Se queda mirando las montañas y el cielo, y comenta que le gustaría escribir en éste una gran "V", añadiendo que, naturalmente, ésta tiene como significado la victoria de los rusos sobre los alemanes. En el transcurso de la sesión ha mencionado varias veces que le ha comprado al Sr. Smith semillas de rabanitos.

M.K. interpreta que ahora el señor Smith representa al papá bueno que le da semillas buenas -bebés buenos- para que él las pueda poner dentro de mamá. Pero, además, quiere apaciguar al señor Smith, pues le tiene mucha desconfianza.

En un momento determinado de la sesión, Richard golpea violentamente el suelo con un martillo, diciendo que quiere saber qué es lo que se encuentra debajo de éste.

M.K. le interpreta que desea penetrar dentro de ella para saber sí contiene el genital peligroso del señor K., o el bueno de papá que le introduce semillas buenas (los bebés).

Notas de la sesión número setenta y siete.

I. El lamento porque la conductora bonita vista de uniforme, expresa también el deseo de que su madre, y ahora su analista, sean femeninas, es decir, que no contengan a sus maridos. El uniforme masculino representa el objeto masculino interno. En su fantasía, sólo la madre-pecho puede darle la sensación de que está ella sola, y no mezclada con el padre. El temor y el disgusto que siente hacia el órgano genital femenino, está relacionado pues con el sentimiento de que dentro de él se encuentra el masculino. Este tipo de sentimiento tiene un papel muy importante en la impotencia y en otros tipos de perturbaciones de la potencia masculina en general.

II. Esto está relacionado con una cuestión técnica. Sabemos que frecuentemente debemos de repetir las interpretaciones, pues el material se vuelve a presentar con detalles nuevos. Pero existen también otras razones por las cuales debemos a veces volver sobre lo ya dicho. El día anterior a éste, por ejemplo, aunque sin duda alguna Richard pudo incorporar algunos de los puntos que yo le interpreté, no logró, sin embargo, conseguir una visión plena de si mismo, a causa de la ansiedad extrema y de la desesperación que sentía. Además, a la angustia que siente ante la proximidad de mi partida y ante la seria enfermedad de su padre (las cuales están siempre presentes en la actualidad), se añade ahora la perturbación que le causa encontrarse en un ambiente nuevo, que le resulta antipático. Como es la primera vez que sale de su casa sin estar acompañado de su madre, se siente echado de su hogar; y por ello el incidente de las naranjas toma un significado tan particular.

Debido a todas estas razones, aunque Richard comprendió sin duda parte de las interpretaciones que le hice en la sesión anterior y éstas ejercieron sobre él cierto efecto, no logró sin embargo una comprensión total de lo que le dije. En la sesión de hoy, en cambio, responde mejor a mis palabras y desea y puede comprender con mayor facilidad y plenitud, el importante material que estamos tratando. Esto se debe a que las interpretaciones anteriores han disminuido parcialmente su ansiedad; pero también a que se siente más seguro, por haber yo estado de acuerdo con cambiarle el horario, de manera que pueda vivir en su casa; lo cual significa además para él, que me preocupo de él y que soy menos sospechosa. Por otra parte, juega además un papel importante el haber podido expresar a su madre el deseo de disponer su vida de diferente manera, teniendo confianza en que ella accederá.

Por esto es por lo que vuelvo a recorrer, dando más detalles, el terreno de la sesión anterior. Como se presenta cierto material nuevo, como, por ejemplo, el referente a los sentimientos contradictorios con respecto a la cobradora, y al autobús repleto de gente, mis interpretaciones no constituyen una mera repetición de lo anterior. Quiero sin embargo insistir en que, en ciertas circunstancias como las que he mencionado, aun si sólo aparecen pequeños detalles nuevos en el material, es esencial repetir interpretaciones ya dadas.

III. En mi libro *Envidia y gratitud* (1957) voy más lejos de lo que lo hago en esta interpretación. Sugiero en él, que la envidia sentida hacia el pecho de la madre y hacia el papel creador que ésta cumple, hace que el bebé lo ataque y desee privar a su madre de él. Creo, además, que esto ocurre aun en los casos en que el niño es alimentado a pecho, lo cual quiere decir que existe una diferencia entre ser alimentado y ser el poseedor de la fuente de toda satisfacción, es decir, poseer el pecho.

SESION NÚMERO SETENTA Y OCHO (Lunes)

Richard llega puntualmente. Está tranquilo, y tiene el evidente deseo de cooperar con el análisis de la mejor manera posible. Pone sobre la mesa una caja de bombones; dice que ha traído en ella algo para *M.K.*, y le pide que adivine de qué se trata.

M.K. contesta que es la flota.

Richard quiere saber cómo ha podido adivinarlo tan pronto. Se queda pensando en ello, y sugiere que quizás haya oído algún leve sonido metálico, al colocar él la caja sobre la mesa.

M.K. le contesta que es posible que haya sido así, pero añade que además él le había dicho hace poco que había guardado la flota en una caja. Le pregunta luego si al decirle que traía la flota no habría querido decir, además, que desea cooperar con ella en el análisis; hace algún tiempo, en efecto, manifestó que colaborará para ayudar a sus padres.

Richard afirma vivamente que también lo hace por ella.

M.K. sugiere que quizá lo haga también por si mismo.

Richard contesta que no. (Y esto llama la atención, ya que es evidente que está convencido de que el análisis le ayuda y le es necesario.) Saca a continuación. la flota, y la coloca en orden de batalla. El *Nelson* es el que guía a los otros, a pesar de que es el *Hood* el mayor. Tras de decir esto, se detiene y dice que *M.K.* no le ha hecho una pregunta que debería haberle hecho pero que él no le va a decir cuál es; ella debe de averiguarlo sola.

M.K. le sugiere que es sobre la salud de su padre (es lo que en general le pregunta tras cada fin de semana).

Richard contesta que así es; ¿por qué hoy no le ha preguntado por él?

M.K. explica entonces, que él bien sabe que la noche anterior telefoneó a su madre para arreglar los nuevos horarios, y que entonces se enteró de que su padre sigue mejorando satisfactoriamente.

Richard pregunta entonces, sonriendo, si sabe la causa por la cual su madre se vio obligada a interrumpir la conversación telefónica con ella. Fue porque él entró en la habitación y su madre tuvo que deshacerse de él. ¿Oyó el portazo que dio la puerta? Fue él quien la hizo golpear. Al contar esto, lo hace sintiéndose contento consigo mismo, rebelde y desafiante.

M.K. interpreta que ha debido sentir mucha curiosidad por saber lo que ella hablaba con su madre, y también desconfianza por lo que pudieran estar diciendo de él. Le recuerda a este respecto la situación que tantas veces ha repetido en sus juegos, cuando la muñequita que representa a mamá habla con la que la representa a ella. Siempre cree que están hablando de él.

Richard interrumpe una vez más el juego de la flota y compara su reloj, que ha estado en reparación, con el de *M.K.*, diciendo que el de él suena más fuerte. Después le pide que ponga en hora el reloj de mesa, que marca una hora levemente diferente que los dos de pulsera, para que los tres vayan exactamente a la par. Tal como lo ha hecho ya varias veces, inspecciona el reloj de mesa para saber si es de alguna marca extranjera (sabe bien que es suizo) y vuelve a comparar luego su reloj con el de pulsera de *M.K.* Tras esto hace salir algunos de los barcos: les hace dar vueltas por la mesa, escondiéndolos primero tras la cartera de *M.K.* y luego los pone en formación al lado del reloj. Comenta que están en el Mar del Norte, y que se está llevando a cabo una batalla. Al principio, cuando los barcos salen, Richard canta el "dios salve al Rey", pues se trata de barcos británicos; pero en cuanto llegan a sus posiciones al lado del reloj, se con-vierten en alemanes, y otros salen a pelearse con ellos.

M.K. interpreta que teme que tanto el interior de ella, como su órgano genital, sean malos y peligrosos: el reloj extranjero. Refiriéndose al material de la sesión anterior, le recuerda que también entonces pensó que ella, o mejor dicho, mamá, estaba llena de papá, de Paul y de bebés, y que todos estaban muertos y representados por las moscas que él había matado. Expresó entonces, también, ganas de estar con ella en la cama y de acariciarla, pero al mismo tiempo tuvo mucho miedo de su órgano sexual. Por eso, al comparar ahora los dos relojes, está expresando el deseo de que los órganos sexuales de ambos fueran iguales y que ella tuviera un pene, pues le causa terror su interior y su órgano sexual tal como es. Si no fuera así, le gustaría que ninguno de los dos lo tuviera.

El "reloj extranjero", como él ya sabe (ver sesión once), representa el interior del cuerpo de *M.K.*, y abrir y cerrar el estuche que lo contiene, mirar dentro de él. Al colocar los barcos al lado de dicho reloj, sin embargo, se convirtieron en enemigos, lo cual entonces quiere decir que el interior de ella es peligroso, pues tiene dentro de ella a los enemigos. La lucha que libran dentro de ella y de mamá los ingleses, el hermano bueno y papá, va dirigida contra los genitales enemigos de papá y del Sr. K.

Richard empieza a hablar de la R.A.F., la cual ha dirigido esa noche, contra Berlín, un bombardeo particularmente fuerte (se interrumpe al llegar aquí, con aire aterrorizado). Luego se levanta y hace el ruido de un avión, que pretende está bombardeando a la flota desde la estratosfera, y habla del *Scharnhorst* y del *Gneisenau*. El *Bismarck*, que ahora es papá, y el *Prinz Eugen*, que es Paul, quedan dañados por el bombardeo, pero al final son puestos a salvo. En cambio el *Hood*, que ahora es mamá, se hunde. El juego varía muy rápidamente en estos momentos, pues un instante Richard representa a los ingleses, y el siguiente a los alemanes. Algunas veces, además, está del lado de su madre (el *Hood),* mientras que otras está del lado del padre (el *Bismarck),* por el cual siente una profunda pena. En algunas ocasiones, alguno de los destructores se queda solo, en contra de todo el resto de la flota, y representa en ese momento a él o a su padre, perseguidos por el resto de la familia. A veces Richard va a salvar a papá y se mata él mismo; otras ocurre lo contrario. Como todas estas fluctuaciones se llevan a cabo muy rápidamente, *M.K.* no siempre puede seguir lo que está pasando[13].

Mientras juega así, Richard repite varias veces que ha comprado algo en la tienda del Sr. Smith. En una oportunidad ve a la niña pelirroja que pasa por la calle, comenta que se está comiendo una manzana verde, y que tiene el pelo muy colorado, y añade que se está ahogando de rabia.

M.K. interpreta que cree que las mujeres y las niñas tienen los órganos sexuales rojos y dañados, ya que no poseen pene, y que por eso están furiosas, y deseosas de comerse el órgano sexual del hombre (la manzana), aunque al hacerlo se atragantan de rabia. Añade que como tiene tanto miedo al órgano genital de mamá y a su interior, hizo que el *Hood* (que la representa a ella) se hundiera, aliándose entonces con papá, el cual, en el juego de la flota, se estaba peleando con ella. La preocupación que siente ante la enfermedad de su padre contribuye a la ansiedad que tiene por el *Bismarck,* que representa a éste, pero también se sintió luego triste y asustado por perder a mamá, y entonces trató de que fuera ella quien ganara. Tras esto, una vez más se fue del lado de su padre, y siguió cambiando así repetidas veces.

Richard dice que no recuerda haber visto nunca el órgano sexual de una niña ni de una mujer, pero parece dudar de que difiera del órgano del hombre[14].

M.K. repite la interpretación sobre la fantasía de que el órgano femenino esté dañado y que por esta causa todas las niñas -y no sólo la pelirroja- le odien, por desear ellas también tener un pene como el suyo. Las niñas pueden, además, representar al genital de su madre, dañado y por lo tanto vengativo.

Richard levanta los dos cubos que hay en la cocina, y dice primero que él es la lechera. En seguida se corrige y dice que es el lechero, que la

---

[13]La rapidez de los cambios y fluctuaciones de una posición a otra, son un índice de la inseguridad, inestabilidad y enfermedad de Richard, y se hallan en este momento reforzados a causa de mi inminente partida y de la preocupación por la enfermedad de su padre.

[14]Como ya he dicho antes, parece muy poco probable que nunca haya visto desnuda a su niñera, que dormía en la misma habitación, o a su madre. El material además, demuestra repetidas veces que posee un conocimiento inconsciente de la diferencia que existe entre los dos sexos. Me enseña, por ejemplo, que existe una diferencia entre los mástiles del *Rodney* (la madre) y del *Nelson* (el padre), a pesar de ser ésta tan leve que es casi imposible verla, y que consiste en que el del *Rodney* tiene roto un pedacito en su parte superior.

lechera es *M.K.* y que los dos van a ordeñar el "tanque-bebé". Mientras saca agua, se da cuenta de que en ella hay unas burbujas, y comenta que se trata de una leche riquísima, llena de espuma; en cambio no menciona los pedacitos de las moscas que mató el día anterior y que tiró dentro del tanque. Expresa el deseo de saber cómo entra el agua dentro del tanque, y se asegura de cómo es el mecanismo. Luego añade que podría seguir todo el tiempo sacando agua y ordeñando a la vaca, pero que está enfadado porque el agua sale lentamente, pues la vaca da muy poca leche.

M.K. le pregunta si desea beberse tanta cantidad de leche.

Richard se queda un poco sorprendido y dice que no; que bebe muy poca leche, pues no le gusta mucho.

M.K. interpreta que, a pesar de no gustarle la leche en la actualidad, la mamá que le daba de mamar cuando era bebé (1a mamá-pecho) representa en su mente a la maravillosa mamá "celeste". Además se aferra tanto a esta mamá-pecho, a causa del terror que le provoca la parte inferior de su cuerpo, su órgano genital dañado y su interior lleno de bebés muertos y asustadores (las moscas hechas pedazos). El deseo de ser una lechera, como dijo antes, se debe a que ello significaría poseer el pecho de mamá y la mamá-pecho buena. Y si tanto él como ella se convierten en lecheras, al jugar, es porque así logra deshacerse del todo del órgano sexual masculino. Así ni él ni mamá lo tienen, y tampoco tienen dentro de sí el de papá.

Richard vuelve a la mesa y se pone a jugar. Hace andar por encima de ella un pequeño destructor al que llama *Vampire,* y se agacha hasta que sus ojos quedan a nivel de la mesa fijándose bien entonces para descubrir si el barco anda o no derecho Comenta al fin que si va bien y que se está moviendo por sus propios medios (el *Vampire* en general, lo ha representado siempre a él) Lo pone a la par del *Nelson* entonces, hasta que se tocan sus popas y tras meterse el *Nelson* en la boca, menciona una vez más que ha visto al señor Smith.

M.K. interpreta que con el *Vampire* que se mueve por sus propios medios y en forma derecha, está expresando el deseo que tiene de que su órgano sexual no quede dañado; además está jugando con él para saber cómo es. De la misma manera, el hacer que las popas del *Vampire* y del *Nelson* se toquen, expresa el deseo de tocar el pene de su padre y de chuparlo, igual que lo ha hecho con el barco. El señor Smith representa últimamente al padre bueno que le da buenas semillas, y si le gusta ir a su tienda es porque desea ver el pene de su papá y recibir bebés del mismo. En ese caso quedaría transformado en la lechera, y ocuparía el sitio de mamá. Todos estos deseos se encuentran incrementados además por el temor que tiene a los genitales malos de sus padres.

Richard dice entonces que hace unos días tuvo un sueño que quiso contarle, pero que no lo hizo por temor a herir sus sentimientos. A pesar de lo cual, lo relata inmediatamente: *Interrumpía el análisis con M.K. y se iba a ver a otra analista* (habla con gran dificultad y *M.K.* debe hacerle preguntas para ayudarle). *La analista nueva tiene un traje azul oscuro y le recuerda a una mujer que vivía en el hotel y que tenía un perro spaniel muy bonito. A él le gustaba el perro, pero no le gustaba nada la mujer, y no tenía por ella ningún interés. El perro se llamaba James.*

M.K. pregunta a quién se parecía la mujer.

Richard contesta con énfasis: "¡Oh, no era tan bonita como tú!" Y entonces se pone a hablar otra vez de la belleza de los ojos de *M.K.*, tratando de mirárselos mientras lo hace[15]. Al mismo tiempo, le ruega de manera muy suplicante que no se sienta herida, y le pregunta si lo está o no. Después, muy serio, pregunta también si su análisis podría ser continuado por otra persona; por un hombre, por ejemplo.

M.K. se vuelve a referir al sueño y le pregunta dónde se llevaba a cabo este segundo análisis; si era también en el cuarto de jugar.

Richard contesta que era raro; no se hacía en la habitación, sino que parecía empezar en la curva de la calle[16].

M.K. interpreta que a causa del miedo que le tiene al genital de mamá y a su interior, abandona a ésta y se dirige al atractivo genital de papá. Le recuerda que en el juego que hizo con la flota en la sesión de hoy cambió muy rápidamente de uno a otro, demostrando el conflicto que tiene sobre a quién elegir, si a papá o a mamá. En el sueño no está tan interesado en la analista como en el perro atractivo que ésta posee, y que representa al órgano genital de papá que está dentro de mamá (la curva del camino). Le llama además la atención sobre el hecho de que mientras ella interpretaba, empujó al destructor *Vampire* por debajo del llavero hasta hacerle tocar la llave, cosa que antes nunca había hecho, y que también significa que desea tocar el genital masculino bueno que hay dentro de ella. Este deseo de tener el pene bueno se encuentra, además, incrementado por el temor que le tiene al pene-Hitler malo, el cual cree que tienen dentro de sí mamá y ella. Abandonar a *M.K.* para irse con la otra analista, significa renunciar a la

---

[15] Richard se porta aquí de una manera similar a la de un hombre que confiesa haber sido infiel y que trata de hacer parecer a la otra mujer como si fuera algo sin importancia, dirigiéndole en cambio alabanzas a su amor.

[16] Richard tenía un interés particular en ver cómo la gente o los autos aparecían o desaparecían tras esta curva, que podía verse desde el cuarto de juegos. Esto se demostró, por ejemplo, en la oportunidad en que se interesó por la cabeza de un caballo que asomaba tras ella (sesión ocho), mientras que el cuerpo del animal quedaba oculto del otro lado. En aquella ocasión, la cabeza del caballo simbolizaba su pene introducido dentro de *M.K.*

mamá-pecho bueno y dirigirse hacia el atractivo papá-genital (el perro). Y esto es lo que hace que esté tan preocupado de herir sus sentimientos.

Además se siente culpable porque desea abandonarla, para castigarla por abandonarle ella a él, todo lo cual le resulta muy doloroso.

M.K. añade que si en este momento piensa en la necesidad de ir a otro analista, es porque su análisis va a terminar pronto. Y entonces le repite que es perfectamente posible continuarlo con otro, si se presenta la ocasión para ello.

Richard se ha levantado mientras tanto. Se dirige afuera, mira a su alrededor y comenta que han sacado algunas patatas. También dice que el cielo tiene un color celeste muy claro, aunque en realidad está cubierto de nubes.

M.K. interpreta que está negando que el cielo esté cubierto de nubes, porque éstas, como en otras ocasiones anteriores, simbolizan para él la lluvia que ataca y daña a las montañas. También quiere negar el peligro que va a correr ella en Londres, a causa de las bombas.

Richard vuelve a la habitación y habla sobre el vestido que *M.K.* lleva puesto, el cual tiene hileras de puntos blancos sobre un fondo azul; refiriéndose a la parte inferior del mismo, en el cual las líneas toman direcciones diferentes, dice que podrían ponerse en un cartel de copos de jabón.

M.K. interpreta que ahora está poniendo de relieve la limpieza de su órgano genital y de su cuerpo, representado por la parte inferior de su vestido, y que con ello quiere encubrir el miedo que siente ante la suciedad y los peligros que atribuye a dicha parte del cuerpo. Además, quiere compensar el haberse referido a él en términos de mucho menosprecio.

Es evidente que si en esta sesión Richard ha traído la flota como si fuera un regalo que le hace a su analista, y si ha venido dispuesto a trabajar lo más posible por su análisis, ello se debe en parte a que desea vencer los sentimientos de culpa que surgen durante la sesión, debido a su infidelidad. Venir a analizarse con *M.K.* y la relación que guarda con ella, implican para él ser infiel a su madre, conflicto que también siente cada vez que deja a *M.K.* para irse a su casa. También se siente culpable, además, por estar en la actualidad menos dependiente de su madre, lo cual hace que ésta se convierta en alguien menos importante.

La identificación que hace con su madre, basada en la posición femenina, es tan fuerte, que está convencido de que a ella le resulta muy doloroso ser menos necesaria, y además incrementa la culpa que siente por tener deseos homosexuales. Durante toda la sesión se ha mostrado genuinamente cariñoso y afectuoso, y aunque a veces se ha quedado serio y otras deprimido, no se ha sentido tan perseguido por la gente de afuera.

SESION NÚMERO SETENTA Y NUEVE (Martes)

Richard llega con una maleta, listo para irse a su casa después de la sesión. Una vez más, compara su reloj con el de *M.K.*, expresan-do el deseo de que ambos estén exactamente a la misma hora. Aun-que verifica entonces que el suyo está levemente más atrasado, se conforma a sí mismo diciendo que la diferencia es muy pequeña, tras lo cual habla durante bastante tiempo de su reloj; anoche estaba casi "muerto de hambre", dice, pues necesitaba urgentemente que le dieran cuerda. Una vez que él se la dio, sin embargo, se quedó tranquilamente dormido.

M.K. le sugiere que el reloj es él mismo, que necesita el análisis que hace con ella y que se sintió muerto de hambre la noche anterior por no tenerlo. Esto es, además, lo que sentía de bebé, cada vez que quena que mamá le alimentara y le quisiera y ella no estaba. El deseo de que los dos relojes marquen exactamente la misma hora, expresa el querer que ella y él piensen y sientan las mismas cosas, y que *M.K.* se quede dentro de él, formando parte de un todo único con él (nota 1). El reloj también representa su órgano sexual, y el deseo de que los dos lo tengan iguales, pues de esa manera no existiría ninguna diferencia entre ambos. Por otra parte, el dar cuerda al reloj significa alimentar su pene frotándolo y teme dañarle si juega con él. En la última sesión, también el destructor *Vampire* representaba su órgano sexual, y cuando dijo que andaba derecho quiso con ello decir que estaba en buenas condiciones.

Durante la interpretación sobre la masturbación, Richard está muy turbado y al principio niega jugar con su órgano genital; pero después de una pausa admite que a veces lo hace. Tras ello anuncia que ha llegado la flota, y que está en su maleta. No tenia la intención de usarla, pero lo va a hacer después de todo. La saca entonces, y la coloca sobre la mesa.

M.K. interpreta que quizá durante la sesión anterior se haya sentido dolido por no prestarle ella mucha atención a la flota. (El mate-rial había sido muy abundante y había interpretaciones mas urgentes que hacer, causa por la cual *M.K.* no pudo seguir el movimiento de los barcos con el mismo cuidado con que lo hace en otras ocasiones.)

Richard asiente. Le muestra entonces el contenido de la maleta, entre el cual figura su tarjeta de identidad, y le pregunta a *M.K.* si ella también tiene un estuche impermeable para guardar la suya *M* colocar la tarjeta dentro del estuche, va señalando que primero sólo está la mitad dentro, luego un poco más de la mitad y finalmente toda entera. Saca de su bolsillo el billete del autobús y se pregunta si no estará dañado o si se le irá a romper (en realidad está completamente intacto). Está preocupado, pues lo necesita para el viaje de vuelta, de modo que se lo guarda en el bolsillo con mucho cuidado. Después, enseña a *M.K.* su diario, y dice que todos los días la menciona a ella; que nadie lo ha leído, y que ella es la primera persona que lo hace. Tras eso se pone a leerle lo que está en él anotado, una y otra vez. En lo que lee, hay referencias a la cocinera y a los acontecimientos cotidianos. Después pide a *M.K.* que lo lea por su cuenta, dando la impresión de tener completa confianza en ella.

M.K. interpreta que al mostrarle a ella su diario secreto, le da a entender que le está confiando todas las preocupaciones secretas que le causa su órgano genital, y que ha comprendido sus interpretaciones sobre lo que hace con él y se ha sentido aliviado al oírlas. Esto también le ha decidido después de todo a usar la flota. El pensar que se le puede romper el billete que necesita para volver, expresa el temor de que su pene esté dañado y que no lo pueda usar. Y al hacer desaparecer lentamente su tarjeta de identidad dentro del estuche, ha mostrado lo que siente cuando juega con su pene, pues en ciertas ocasiones quizá piensa mientras lo hace, que lo está introduciendo dentro de ella o de mamá. Por otra parte, la tarjeta que desaparece y el posible daño del billete, demuestran también el temor que tiene de perder su órgano como consecuencia de jugar con él..

Richard ha cogido la flota y hace con ella maniobras extremadamente complicadas y rápidas. Al principio tararea una tonada mientras juega, y luego el Himno Nacional. En forma muy dramática dice: "Al amanecer la flota se deslizó lentamente". El primero que aparece entonces es el *Hood*, que lo representa a él; después salen el *Nelson* y el *Rodney,* y entonces coloca al *Hood* al lado derecho del *Nelson,* el cual dice que es el jefe. Varios destructores siguen al *Nelson,* y Richard señala a uno de ellos diciendo: "Este es el jefe de los destructores más pequeños". Después señala al jefe de los destructores "mayores". Entre el *Nelson* y el *Rodney,* coloca a uno de los "pequeños", y dice que también es él (nota II).

En un determinado momento comenta "Nunca jamás se ha dado una batalla como ésta". Los sonidos que hace, que representan a las máquinas de los barcos y a las bombas, se van haciendo más fuertes a medida que el juego continúa, y él mismo se va poniendo cada vez más excitado. Está completamente entregado a lo que hace y apenas mira por la ventana; sólo una vez, al comenzar la sesión y ver a un viejo afuera, pregunta si se trata del "viejo gruñón", pero luego añade que puede que nunca le llegue a ver.

M.K. interpreta que está tratando de dar a su padre (el *Nelson)* lo que le corresponde. También le da la posesión de mamá (el *Rodney)* pues el destructor que ha colocado entre estos dos barcos representa, como lo ha hecho ya en otras oportunidades, el genital de su padre. Con esto está permitiendo que sus padres estén juntos y que tengan relaciones sexuales, pero lo hace con la condición de que hasta cierto punto papá comparta con él sus derechos, pues Richard (el *Hood*), se ha colocado al lado derecho del *Nelson*. Además, también es el jefe de los destructores "pequeños", es decir, el jefe de los niños, lo cual expresa el deseo de tener hermanos y amigos menores a quienes dirigir. Por otra parte, desea también situar a Paul en el lugar que le corresponde, y por esto le hace a él el dirigente de los barcos a los que ha llamado los destructores grandes (nota III).

A pesar de todo esto, muestra al mismo tiempo el deseo que tiene de separar a los padres y de ponerse él entre los dos, dado que el destructor que ha colocado entre el *Rodney* y el *Nelson* no representa solamente el genital de su padre, sino también a sí mismo.

El estado de ánimo de Richard cambia de repente, y también lo hacen las escenas que está actuando. Hasta este momento, a pesar de estar excitado, ha estado también algo contenido, serio y reflexivo, como tratando de encontrar una solución a su conflicto. Pero en este momento uno de los destructores, el *Vampire,* que es él mismo, como dijo antes, se pone a dar vueltas a la mesa, se esconde tras la cartera de *M.K.* y vuelve a aparecer otra vez. Tres destructores más le siguen y Richard los dirige. Ahora son todos alemanes y van a entrar en una batalla contra los barcos ingleses. Después huyen, pero otros barcos británicos les obligan a luchar de nuevo. Se esconden entonces y quedan atrapados. A veces luchan con valor, mientras que otras se esconden tratando de hacer tiempo. Cuando los tres destructores que le acompañan son hundidos, Richard (el *Vampire)* sigue luchando solo contra los ingleses, y más tarde se le agrega otro destructor que pelea a su lado. La lucha continúa cada vez con mayor intensidad, ahora entre el *Vampire* y el *Rodney* (la madre). Richard comenta que el *Vampire* "dispara de manera infernal", mientras que ella le dispara a él "con todos sus cañones" Al final, el *Vampire* (Richard) queda hundido, pero el otro destructor sigue disparando contra la flota británica, hasta que hunde a todos los barcos y queda él como único sobreviviente. Todo el juego es hecho con mucha excitación, con fuertes sonidos y con un tono maníaco, de desafío y de rebelión.

M.K. interpreta que el destructor que ha sobrevivido y que ha matado a todos representa su órgano sexual, porque ahora siente que es poderoso y destructor. El Richard -*Vampire* que ha estado disparando contra al mamá-*Rodney* "infernalmente", le representa a él, que lucha contra la mamá peligrosa que contiene al papá malo y contra la *M.K.* que contiene al Sr. K. malo. Esta mamá mala, la "bruta malvada" que le contesta "con todos sus cañones",. le ataca a su vez con todos los papás -genitales malos que contiene. Si bien en la actualidad Richard siente que posee un órgano sexual, siente también que éste es muy destructivo y hasta traicionero. ya que se convierte en alemán y ataca a la familia británica.

Richard se va a la cocina; allí saca un cubo de agua y dice que es leche. Todo lo hace con mucha rapidez. Se dirige al jardín pidiendo a *M.K.* que salga con él, y tras mirar el cielo dice que va a aclarar. En realidad hay más nubes que otras veces, cuando se ha quejado de que no iba a despejarse el cielo.

Una vez terminada la sesión, Richard camina al lado de *M.K.* y le pide que adivine quién le ha atado la corbata, preguntándole además si todavía la tiene bien atada. Luego le dice que ha sido la muchacha de casa de los Wilson, a la cual ha ido a visitar.

La esperanza de que el cielo aclare y de que siga bien puesta la corbata que le ha atado la muchacha (en representación dé la *M.K.* que le está ayudando), expresan que tiene ahora más confianza de que *M.K.* le arregle el pene, y de que llegue a curarle. La madre de Richard contó a ésta que durante el fin de semana encontró a su hijo mucho más activo y menos neurótico, pero mucho más desobediente y rebelde que de costumbre (nota IV).

Notas de la sesión número setenta y nueve.

1. En la actualidad llegaría yo más lejos aun de lo que llego aquí. He podido observar en algunos pacientes adultos, en efecto, que a veces puede permanecer activo el intenso, pero muy profundamente inconsciente deseo infantil de controlar el objeto, de una manera tal que éste llegue a pensar, sentir e incluso ser en apariencia como el mismo sujeto. Esta fantasía hace que les resulte imposible a estos enfermos quedar jamás satisfechos con las relaciones que llegan luego a establecer. Este deseo abarca además tanto la identificación introyectiva como la proyectiva, pues un deseo tan intenso de controlar el objeto implica incorporarlo dentro de si (al analista), y también introducirse dentro de él con el fin de que objeto y sujeto sean idénticos. Estos procesos pueden permanecer activos en personas cuyas personalidades están bien desarrolladas en ciertos sentidos, y quienes no dan la impresión de desear dominar, ni de carecer de consideración por los demás, etc. Hasta cierto punto, la necesidad de controlar el objeto y de poseerlo, forma parte de la vida emocional infantil y de los estados infantiles narcisísticos.

II. Como en otras ocasiones anteriores, Richard representa varios papeles al mismo tiempo, proceso este bien conocido en el juego de los niños. Estas fluctuaciones también las encontramos en las personalidades de quienes no tienen suficiente fuerza como para identificarse con una sola figura en particular, ni de mantener ningún aspecto particular de su desarrollo. Los dos fracasos forman una interacción. En "Notas sobre algunos mecanismos esquizoides"(l946) y en el capítulo "Sobre la identificación (1955) me he referido ya a los procesos de disociación que van debilitando el yo. La introyección indiscriminada de varias figuras es, en mi opinión, complementaria a la fuerza de la identificación proyectiva, que hace sentir al sujeto que ciertas partes de su yo están diseminadas. Este sentimiento a su vez, refuerza de nuevo la tendencia a identificarse indiscriminadamente. Normalmente encontramos en los sueños estos cambios de roles, y parte del alivio que el sueño produce se deriva del hecho de que a través de él encuentran su expresión los procesos psicóticos.

III. Es interesante ver cómo estos pasos que da Richard hacia una mejor relación social, que implica el deseo de aceptar la autoridad de su padre y de su madre, están relacionados en este caso con la mayor confianza que el niño va teniendo en su propia potencia, o mejor dicho, en la confianza que tiene de obtener en el futuro una potencia plena. Como podemos ver por el material de las sesiones anteriores, el trabajo analítico ha disminuido hasta cierto punto el miedo que le tenía a la masturbación; por ello puede ahora Richard aceptar mejor su papel masculino y el hecho de poseer un pene, a pesar de que éste sea muy agresivo. En el juego del destructor que representa a este órgano, es él el único sobreviviente. La conexión entre la mayor con-fianza que tiene en su propia potencia y la capacidad de reconocer la jefatura del padre, del hermano, y en última instancia, de los sustitutos paternos, tiene aplicaciones generales. La experiencia que tengo del análisis de los hombres me ha demostrado, en efecto, que el miedo a la castración y a la impotencia contribuye grandemente a la formación de actitudes hostiles y envidiosas hacia los maestros y otros sustitutos paternos. En cambio, cuando estos temores disminuyen, puede aceptarse más fácilmente la superioridad y la autoridad de los otros hombres.

El temor a la castración y los sentimientos de impotencia no siempre llevan a la rebelión y al desafío, sino que también pueden dar como resultado una sumisión completa e indiscriminada ante cualquiera que represente a la autoridad. En estos casos la disminución de la ansiedad permite a los hombres que la padecen una mayor capacidad para afirmarse a sí mismos y para demostrarse que son iguales a los demás.

IV. Existe una relación entre este cambio de actitud, que implica estar más francamente agresivo, pero al mismo tiempo más activo y menos inhibido, y el material dado recientemente y en particular en esta sesión. Resulta evidente que Richard se siente más seguro de si mismo, porque tiene menos miedo a la castración y más confianza de poseer un pene. El hecho de que en su imaginación su órgano sexual se pueda convertir en algo tan peligroso como para destruir a toda la familia y quedar rodeado de perseguidores, constituía en el pasado una de las razones por las cuales se sentía impulsado a negar esta posesión y a sentirse impotente. El análisis le ha ayudado ahora a enfrentarse con algo que constituye todavía para él una posesión peligrosa, pero a la cual puede sin embargo valorar, pues también implica tener iniciativa, fuerza la posibilidad de defenderse y sobre todo de crear. La ansiedad que surge en el transcurso de esta sesión sirve así para ilustrar algunos de los factores que inhiben la potencia masculina. El temor de que el pene llegue a ser destructivo y traiga como resultado poner en peligro a la madre y al propio sujeto, puede llevar a éste a la impotencia. He podido también observar que estas ansiedades pueden incrementar la identificación hecha con la madre y reforzar la posición femenina. Como me dijo una vez un paciente: "Prefiero ser la víctima antes que el victimario".

SESION NÚMERO OCHENTA (Miércoles)

Richard encuentra a *M.K.* en la esquina de la calle que lleva al cuarto de juegos. Está tarareando una tonada, que dice que se llama: "Si yo fuera un pajarito chiquito", y en seguida cuenta que el día anterior recibió malas noticias: su canario Dicky murió. Fue algo que no se pudo remediar, pues los pájaros se mueren fácilmente (está evidentemente tratando de tomar la cosa en forma casual y poder así negar el dolor que siente, pues quiere mucho a sus pájaros). En la habitación le dice a *M.K.* que de ahora en adelante sólo debe traer uno de los dos arbolitos de juguete (los cuales han representado a menudo a los dos animalitos)[17]. Piensa darle una mujer a Arthur (el otro canario) pues ahora se sentirá solo; pero no un periquito, que lo destrozaría.

M.K. interpreta que la canción que ha estado cantando expresa el deseo de ser él un pájaro, y de poder hacerle compañía al otro que se ha quedado solo. Este representa además a mamá, la cual se sentiría muy sola de morirse papá; y de igual manera querría acompañar a éste si mamá muriera. Le recuerda a este respecto, que los dos pájaros han representado muy a menudo a sus padres. Con frecuencia, además, ha tenido mucho miedo de las relaciones sexuales entre ambos, y ésta es una de las razones por las cuales desearía que tuvieran los dos el mismo órgano sexual. Ello implica negar que existen diferencias entre los hombres y las mujeres, tal

---

[17] El que Richard pida en este momento que sólo le traiga uno de los dos árboles significa que a pesar de estar negando su tristeza, quiere que yo la comparta con él. Así también yo me quedo entonces con un solo árbol.

Bibliotecas de Psicoanálisis   Página 54

como trató de negar la diferencia existente entre los relojes. También teme que su propio genital sea muy peligroso y que también lo sea el de mamá y su interior. El periquito es diferente al canario; lo cual significa que, a pesar de todo, los órganos sexuales de sus padres son diferentes. Muy a menudo ha afirmado que los dos canarios eran varones, aunque al mismo tiempo representaban a sus padres. El periquito, además, representa a la *M.K.* peligrosa *(Rodney)* que le dispara con todos sus cañones (véase sesión anterior), y a la mamá peligrosa que puede matar a papá. Todo lo cual guarda además una relación con la enfermedad de su padre y el temor que tiene de que se muera.

Richard está ahora triste. Admite que la muerte del pájaro le ha turbado mucho y que lo va a echar de menos. Dibuja entonces una vía de tren, y mientras lo hace canta varios himnos nacionales. La asociación que da respecto al dibujo, es que ha alterado la posición de las vías del tren que tiene en su casa. Está cansado de él, así como también de todos los trenes. En este momento tiene un aspecto muy deprimido.

M.K. interpreta que está muy triste por perderla a ella y que desearía evitar que se marche en el tren. Se refiere además a la pelea que libró el día anterior contra el *Rodney* (*M.K.* y mamá), en la cual su órgano genital, muy poderoso y peligroso (el *Vampire)* mató a toda la familia. Ahora teme que sus deseos se conviertan en realidad.

Tras esta interpretación Richard hace un garabato en el dibujo.

M.K. interpreta que está bombardeando el tren porque ella le va a abandonar; y de hacerlo, también ella sería un pájaro muerto.

Richard entonces escribe una carta dirigida a *M.K.*, que dice así:

"Querida *M.K.*: Me ha gustado el trabajo contigo y te voy a echar mucho de menos. Cariños de Richard". Aunque coloca la mano al escribir de manera tal que ella no pueda verla, se la enseña en cuanto la ha terminado, y comenta que las cruces que ha dibujado al final significan besos.

También le escribirá cuando se vaya, le dice; y en seguida garabatea algo en otra página y se la enseña, comentando, como ya lo ha hecho en otras ocasiones, lo fácil que es convertir la svástica en una bandera británica.

M.K. interpreta que el alemán que bombardea es él que la está matando por abandonarle, pero que también se puede convertir en un Richard que la quiere y que va á escribirle cartas amistosas. Esto es lo que significa convertir la svástica en bandera inglesa. En la sesión anterior, el destructor-Richard, que representaba su órgano sexual peligroso, era alemán, pero ahora siente que es inglés. Como cuando era bebé vivenciaba un odio muy fuerte cada vez que mamá le dejaba solo, siempre tenía mucho miedo de que ésta se muriera; ahora, por lo mismo, teme que se muera ella.

Richard garabatea otra página, mientras canta con voz fuerte y enfadada.

M.K. interpreta que la está bombardeando con ruidos, y que eso es lo que siente cuando hace "lo grande" y está enfadado y lleno de odio. Le muestra también que en el garabato que acaba de hacer ha incluido el número 23, que es el día de su partida.

Richard hace entonces el dibujo 66. Cuando lo termina y lo mira, anuncia que la "S" de "School" *, que está escrita al final de la página, es el número 3, y que el que le precede es el 2; de manera que una vez más ha hecho el 23, y esta vez en forma más clara que antes.

M.K. interpreta la lucha que existe entre el amor y el odio que siente hacia ella. Está tratando de pensar que es buena, ya que al lado del dibujo que la representa en la parte superior de la hoja, ha escrito "linda *M.K.*". Pero, sin embargo, no cree que esto sea verdad, por esta razón la ha dibujado sin brazos y sin pelo, y resulta evidente que no tiene ninguna intención de hacerla parecer bonita. La odia por abandonarle y porque va a reunirse con sus demás pacientes, con su hijo y con su nieto.

Richard insiste en que en el dibujo *M.K.* está muy linda, pues la barriga que le ha hecho tiene forma de corazón y la flecha del centro de la misma significa amor (tiene la cara sonrojada, y se mete el dedo en la boca con frecuencia; su cara expresa la lucha que libra por controlar el odio que siente y una mezcla de ansiedades persecutorias y depresivas). Pregunta a *M.K.* si lamenta tener que marcharse, y si va a vivir con su hijo; no vivirá en el corazón de Londres, ¿no? De pronto, al tomar conciencia de que ha pronunciado la palabra corazón se queda con aire sorprendido y señalando el dibujo dice: "¡Pero si aquí está el corazón!"

M.K. interpreta que su corazón representa a Londres bombardeado, y el hecho de que éste no está sólo dañado por el amor (la flecha) sino también por las bombas. El desea amarla, pero teme que a causa de su abandono, se convierta en el Hitler que la va a bombardear (nota 1). Esto

---

* *School*: escuela, en inglés.

incrementa el miedo que tiene de que se muera, la soledad que siente y la tristeza por su partida.

Richard dice que va a buscar leche. Entonces empieza a sacar agua del tanque, pero se cuida bien de no llenar el cubo del todo, sin duda recordando que *M.K.* le ha dicho que le resulta muy pesado levantarlo cuando está lleno. El suelo de la cocina queda muy sucio, y a *M.K.* le resulta muy difícil hoy ejercer sobre él algún control. Mata muchas moscas, a las que coge ente los dedos en la ventana, para luego meterlas en el "tanque-bebé", dejarlas en libertad y volverlas a cazar. Llena y vacía el tanque de agua e insiste también en llenar todas las vasijas, aunque no lo hace hasta el borde. Cuando mata las dos primeras moscas, menciona los nombres de sus dos enemigos de "Z".

M.K. interpreta que al decir que quería sacar leche del tanque -su pecho- ha querido sacar de ella algo bueno para incorporarlo dentro de sí. Pero al mismo tiempo, movido por los celos, ha matado con la imaginación a su hijo y a su nieto (las moscas). Estos animales representan también a sus bebés y a sus pacientes. Llenar las vasijas tiene además otro significado: está tratando con ello de alimentar a los bebés y a los demás enfermos, así como también a los niños de mamá, entre quienes está Paul incluido. Le recuerda, a este respecto, el deseo que expresó de tener amigos, lo cual significa también tener más hermanos. De la misma manera, el día anterior, el destructor fue acompañado por tres barcos de su mismo tamaño, lo cual significó que tenía amigos y hermanos. Este deseo está en contradicción con los ataques que por otra parte dirige contra los bebés malos de mamá, los cuales, además, le hacen desconfiar y tener miedo de los otros niños, e incrementa el deseo que tiene de destruirlos.

M.K. interpreta, también, que la suciedad que ha hecho en la cocina es para castigarla a ella por dejarle solo, y representa "lo grande" y "lo chico" venenoso, y el odio que antes expresó mediante sonidos de enojo. Pero al mismo tiempo quiere asegurarse de que no está resentida por la suciedad que ha causado, pues si ella no se enfada demuestra así que no le odia; y si logra limpiar todo, esto significa que no la ha dañado a pesar de todo.

Antes de irse, Richard coge un martillo y golpea el suelo con tanta fuerza que *M.K.* debe impedírselo.

M.K. interpreta que está tratando de meterse dentro de ella para sacar de su interior a los bebés muertos y venenosos y al Sr. K., y de esta manera permitirle seguir viviendo; de la misma manera desea sacar de adentro de mamá todas las cosas malas que contiene.

Esta sesión es notable; la expresión de Richard y sus actos expresan claramente rabia y desesperación. A menudo hace rechinar los dientes; en otras ocasiones se mete el dedo en la boca, y al garabatear, rompe la punta del lápiz. Pero, por otra parte, trata una y otra vez de controlarse, y junto con el odio y el resentimiento que siente hacía *M.K.* aparecen también sentimientos de amor y de preocupación por ella.

Nota de la sesión número ochenta.

I. Las personas inseguras no pueden confiar en el amor que sienten, pues cualquier influencia externa o presión interna, puede llegar a movilizar impulsos destructivos dirigidos contra alguna persona amada. Esto les hace temer dañar el objeto. La experiencia me demuestra que interpretar este sentimiento de inseguridad resulta muy provechoso. Se trata, sin embargo, de un sentimiento diferente de la ansiedad que se vivencia por haber destruido, o estar por destruir el objeto, bajo el choque de la rabia y del odio. En una posición opuesta a ésta se encuentran, en cambio, las personas que han podido establecer dentro de sí el objeto bueno de una manera más segura, pues no tienden tanto a ser presa de tales temores, y se sienten con más fuerza para controlar sus impulsos destructivos.

SESION NÚMERO OCHENTA Y UNO (Jueves)

Richard está otra vez esperando a *M.K.* en la esquina y le pregunta si faltan dieciséis días para su partida. En la habitación pone su reloj en hora con el de ella, abre éste, lo inspecciona, pone la alarma y abre y cierra su estuche de cuero varias veces, mientras lo acaricia con las manos. Dice, además, que a pesar de que su reloj marcha un poco mas lentamente que los otros, "va por su camino", y le pasa el dedo por la circunferencia. Comenta que nadie puede ordenarle que se detenga, y mucho menos otro reloj... Tras lo cual, da una rápida ojeada a la cocina, mira incómodamente el "tanque-bebé" y queda turbado al ver que hay en él algo de óxido. Trata entonces de rasparlo para quitárselo y parece quedar agradecido cuando *M.K.* lo saca con un cepillo. Entonces se va rápidamente a la mesa y una vez más mira el reloj para ver si sigue marchando...

Le cuenta a *M.K.*, tras eso, que tiene un secreto que ella desconoce: la noche anterior ha estado andando en bicicleta por la calle y ha pasado por delante de la casa. ¿A dónde lleva el caminito que hay al final de la calle? ¿Qué hacía anoche a eso de las 20,45? (hora en que pasó por su casa). ¿Se enfadaría con él de saber que miró hacia adentro? Richard no espera que *M.K.* conteste a ninguna de estas preguntas, y sigue hablando. Le explica que pidió la bicicleta prestada el día anterior y que con ella recorrió todo el pueblo. Desgraciadamente se le hizo demasiado tarde para ir tan lejos como se había propuesto, pues quería llegar hasta el pueblo vecino. Sigue explicando con detalles su hazaña, comentando que fue muy divertido llevarla a cabo y que lo pasó muy bien. Al ir cuesta abajo, hacía ruidos como si fuera un autobús (nota 1).

M.K. interpreta, como tantas otras veces lo ha hecho ya, que mirar dentro del reloj significa mirar dentro de ella, para asegurarse de que todavía se encuentra en buen estado. Lo mismo significa mirar la cocina, y ambos actos están relacionados con el haber estado matando moscas el día anterior, con haber ensuciado la cocina y con el temor de haberla dañado a ella con estos actos. Por otra parte, el haber dado el paseo en bicicleta significa que tiene menos miedo de los otros niños, y le ha servido además para satisfacer su curiosidad. En efecto, andar frente a la casa donde ella vive significa también explorar su interior; el caminito representa su órgano genital, y se está preguntando adónde le llevaría introducir dentro de él su pene (la bicicleta). Parece, sin embargo, tener menos miedo de que este órgano sea un arma peligrosa, y esta es la razón por la cual ha podido hacer uso de la bicicleta.

Todo esto significa, además, que ha disminuido el temor que tenía de que su odio y sus deseos destructivos lograran un efecto verdadero. El reloj

P S I K O L I B R O

que "sigue su camino", aunque lentamente, representa su pene, el cual ahora ve más pequeño y menos potente, pero siente que no está dañado. Aunque parece poder ahora aceptar mejor que es sólo el órgano genital de un niño, tiene sin embargo confianza de que en el futuro se convertirá en el de un hombre. Poner en hora su reloj, de acuerdo con el de ella, significa que cree que entonces se podrán entender los dos y tenerla de amiga, dentro de sí mismo.

Richard empieza otra vez a manipular el reloj, y dice con mucho sentimiento: "¿Es necesario que nos separemos?" Tras lo cual se dirige al jardín, mira el cielo y dice en voz baja y con emoción: "Está divino". De vuelta en la habitación se pasea por ella, encuentra el martillo y golpea el suelo con fuerza. Mientras lo hace, menciona que el canario que le queda va a volver a casa, cosa que está deseando que ocurra. (El animalito estaba en casa de la niñera, la cual, como dije anteriormente, vive con su marido en el vecindario y le ve a menudo.)

M.K. interpreta que al golpear con el martillo ha tratado de abrir el suelo, sacar de dentro de éste a los bebés muertos, y encontrar a aquellos que estén vivos: el pájaro que vuelve a casa.

Richard se dirige al piano, puesto de cara a la pared, y que tiene colocados encima varios objetos, y dice que le gustaría tratar de tocar. En el transcurso del análisis lo ha mirado ocasionalmente, pero hasta ahora lo ha abierto una sola vez para tocar unas cuantas notas (sesión número cinco). Trata de abrirlo, y le pide a M.K. que le ayude a moverlo y a sacar las cosas que se encuentran sobre la tapa. M.K. hace como él se lo pide. En uno de los ángulos del piano hay una bandera británica, y Richard dice que la va a vigilar; quiere con ello significar que no se caiga. Al principio toca con un solo dedo y de manera muy insegura; luego se detiene, y dice que el piano está lleno de polvo. ¿Le puede ayudar a limpiarlo? M.K. lo hace así, y una vez más Richard trata de tocar, pero comenta con voz triste, que se ha olvidado de todas las sonatas que antes sabía. Entonces trata de tocar otra cosa; busca una silla, se sienta, y toca algunas armonías que inventa, mientras comenta, en voz baja, que antes solía hacer esto muy a menudo. Al cabo de un rato le pregunta a M.K. si le gustaría a ella tocar algo, cosa a la cual M.K. accede. Richard se pone muy contento, se sienta él una vez más y tratando de tocar de nuevo algunas armonías, dice en un susurro que cuando llegue a su casa sentirá un gran placer en volver a tocar. Luego abre la parte superior del piano, y pide a M.K. que toque algunas notas mientras que él mira "adentro". De repente, tomando conciencia de la palabra que acaba de emplear, la mira de manera significativa y dice: "Otra vez el interior". Tras lo cual, golpea el teclado con el codo y pisa los pedales con fuerza. Coge después la bandera, se envuelve en ella y canta vigorosamente el Himno Nacional. Tiene la cara sonrojada y da gritos, tratando de contrarrestar mediante la lealtad, el enfado y la hostilidad que al mismo tiempo siente.

Después mira a través de la ventana, y al ver al anciano de la casa de enfrente dice: "Ahí está el oso". Tras un silencio pregunta si ha pasado el Sr. Smith. Aunque hasta este momento apenas ha prestado atención a los transeúntes, ahora está tenso y lleno de sospechas, y se pone a vigilarlos.

M.K. interpreta que él mismo se ha dado cuenta de que el piano representa el interior de ella, y que el tocarlo significa introducir el pene dentro de su órgano sexual y acariciarla como antes acarició el reloj. De esta manera siente que resucita a los bebés que ha matado, pues las moscas negras ahora están representadas por las teclas negras del piano. Los lindos sonidos que las teclas emiten, representan en cambio las voces de los bebés que tanto le gustan y a los cuales se ha referido ocasionalmente llamándoles "ricos". El hecho de que tanto su reloj como el de ella estén marchando bien, significa que tanto ella como mamá siguen vivas y que están con sus bebés dentro de él. Pero entonces ha tenido miedo del Sr. K., del Sr. Smith y del "oso" de enfrente (en realidad, del papá malo) y se ha puesto a vigilarlos como antes vigiló la bandera. El, por su parte, se siente vigilado tanto por el papá hostil externo como por el que se encuentra dentro de mamá. Por esto en un momento determinado dejó de tocar y empezó a golpear el piano con el codo, pues empezó otra vez la pelea dentro de ella y de mamá. (En cuanto *M.K.* interpreta esto, la inquietud del niño disminuye y parece menos ansioso por vigilar la calle.)

M.K. continúa entonces interpretando. Dice que también teme sentir que cada vez que toca el piano se despiertan en él sentimientos dolorosos. El piano, al que ama en realidad, pues ha dicho que será un placer volverlo a tocar en su casa, representa a mamá, querida pero silenciosa. Constantemente tiene miedo de que éste se muera (nota II) y este temor es ahora mayor a causa de los peligros de la guerra, y del miedo que también tiene de que las bombas la destruyan a ella cuando vaya a Londres.

Richard pide a *M.K.* que le ayude a poner el piano donde estaba antes. Luego abre su maleta y escribe en su diario las cortas notas que redacta habitualmente: que ha estado con *M.K.*, que ha jugado con ella, que la R.A.F. ha llevado a cabo un ataque. Después le enseña lo que ha escrito.

M.K. interpreta que al hacer estas anotaciones no ha escrito sin embargo dos cosas que para él son muy importantes: que la noche anterior anduvo en bicicleta por delante de su casa, gustándole el paseo, y que por primera vez desde hace mucho tiempo ha tratado de tocar el piano, lo cual le ha dado mucho placer y mucha esperanza. Si no ha mencionado estos hechos en su diario, ello se debe a que, aunque para él son muy importantes, tiene mucho miedo también de que se conviertan en cosas malas, pues no confía en la bondad de sus propios sentimientos. Además, aunque considera que su diario es secreto y sólo se lo enseña a ella, en realidad no escribe en él nada verdaderamente privado, a pesar de que le gustaría hacerlo y que por esta causa es por lo que lo llama secreto.

Richard enseña a *M.K.* unas fotografías que ha tomado. Entre ellas hay un paisaje con una puesta de sol, en el cual el cielo está cubierto de nubes. Con especial énfasis comenta que esta fotografía le gusta mucho y que se ven muy bien las nubes que hay en ella [1], tras lo cual dice que le gustaría sacar una foto a *M.K.*, cosa a la cual ésta accede. De repente se encuentra con un negativo al que califica de "fracaso"; entonces pide a *M.K.* que le preste su navaja, y cada vez más agresivo, lo corta en pedacitos pequeños; algunos de éstos se los mete en la boca, los escupe después, y se pregunta si estarán envenenados. También hace una señal en la mesa con la navaja.

M.K. interpreta que el "fracaso" se debe a que teme que al sacarle la foto, la incorpore dentro de sí no como amiga, sino como enemiga, por contener ella al genital-papá malo y venenoso. Por otra parte, el cortar el negativo en pedacitos, demuestra que también teme a sus propios deseos devoradores y ávidos, por lo cual tiene miedo de no poderla guardar en buen estado. La foto simboliza incorporarla a ella dentro de si, cosa que se ve en el hecho de haberse metido en la boca parte del negativo, al que luego ha tratado de sacar fuera, escupiéndolo. El "fracaso", además, estaba guardado en el mismo sobre que la foto del paisaje que tanto le gusta, y que representa a la mamá buena. Esto le hace temer que si corta y destruye el genital de papá que está dentro de mamá, y el genital-Hitler malo que está dentro de ella, también ellas dos pueden ser dañadas. Al hacer la marca en la mesa (que a menudo ha representado a *M.K.*) está demostrando que duda poder mantenerla libre de daño...

Durante esta sesión, en diversas ocasiones, Richard ha martillado el suelo con mucha fuerza y vertido mucha agua en la cocina. Antes de marcharse, pregunta a *M.K.* si va a ir a la tienda de comestibles, y parece aliviado al oír que no. En el camino de vuelta está silencioso, pero no parece sentirse triste. Menciona entonces que ha estado averiguando cuál es la cobradora que le va a tocar en el autobús (ese día se va a su casa) y que está contento porque no es la que le hace ponerse de pie. De todas maneras

---

[1] Como ya he mencionado antes, a Richard le emp iezan ahora a gustar las nubes, mientras que antes sólo le gustaban los cielos carentes de ellas. Creo que en este cambio tiene un significado particular que haya disminuido la idealización (la madre -celeste, el cielo sin nubes), y el que ahora sea capaz en mayor medida de reconocer en su madre y en la naturaleza rasgos cuyo carácter no son únicamente agradables.

este problema parece preocuparle menos de lo que hasta ahora le ha preocupado[2].

Notas de la sesión número ochenta y uno.

I. Teniendo en cuenta que la próxima interrupción del análisis en conjunción con la enfermedad de su padre, mantienen a Richard en una situación de gran tensión, es sorprendente que haya logrado hacer lo que ha hecho. Al principiar el tratamiento tenía miedo de salir solo, aun de día. Ahora, en cambio, es capaz de pedir prestada una bicicleta y de salir con ella al atardecer. También demuestra que es capaz de controlarse, en el hecho de pasar por delante de mi casa sin intentar, sin embargo, verme.

II. Se hace evidente que la inhibición de Richard para tocar el piano se debe a que éste se ha convertido en el símbolo del interior de su madre y de una relación sexual con ella; además no me cabe duda de que también está relacionado con fantasías masturbatorias. La pena que siente por haber dejado la música que tanto le gusta está además relacionada con el piano silencioso; es decir, el piano por él abandonado, que representa a su vez a la madre abandonada y silenciosa, es decir muerta. Al tocar el piano puede volver a ésta a la vida; pero al mismo tiempo, tiene miedo de expresar el deseo de relacionarse sexualmente con ella y ser castigado por su padre. Este ejemplo sirve para esclarecer algo el origen de la inhibición de las sublimaciones.

SESION NÚMERO OCHENTA Y DOS (Viernes)

Me faltan las notas detalladas de esta sesión, pero me ha sido posible hasta cierto punto reconstruir la esencia de lo acontecido en ella, basándome en parte en mis recuerdos y haciendo ciertas deducciones del material de las sesiones precedentes y de las que le siguen.

Richard se encuentra en un estado de gran ansiedad y resulta muy difícil controlarle. Martilla el suelo con mucha fuerza y derrama mucha agua en el suelo de la cocina. También corta la mesa con su cuchillo. Aunque mucho de esto también lo ha hecho en la sesión ochenta y uno, los sentimientos claramente violentos que se dan tras haber tocado el piano, están sin embargo controlados hasta cierto punto. Ahora, en cambio, se expresan con mayor fuerza. En esta sesión pide una vez mas un cambio de horario, pero *M.K.* no se lo puede hacer. Esto le hace sentir un gran

---

[2] Richard siempre está a la búsqueda de mujeres protectoras, y como mencioné ya antes, siempre logra conseguirlas. No cabe duda de que el temor de dañar a su madre o a mí que ha vivenciado tan vivamente en esta sesión, incrementa la necesidad que siente de encontrar a una mujer amiga: la cobradora buena del autobús.

resentimiento, además de rabia y desesperación; y se pone tan violento que *M.K.* se ve obligada a detenerle y en un determinado momento llega a impacientarse con él, reacción ésta que, por no ser usual, le asusta mucho.

El contenido de su maleta representa un papel importante. Ha comprado una langosta para llevarla a su casa, la cual, durante la sesión, se revela como objeto dudoso. Primero se refiere a ella diciendo que es un alimento deleitable y dice que está deseando comérsela, pero al final se pone furioso con ella y la ataca violentamente con el cuchillo.

M.K. interpreta entonces que la langosta está relacionada con el pulpo de las primeras sesiones, que él, ella y mamá contienen. Cuando martilla el suelo, quiere con esto abrirlo para sacar de dentro de mamá el pene malo del padre, y también expresa la desconfianza y el enfado que siente hacia su analista, la que se ha convertido en su mamá "bruta", particularmente tras haber hecho un gesto de impaciencia.

SESION NÚMERO OCHENTA Y TRES (Sábado)

Richard espera una vez más en la esquina, y sólo mira furtivamente a *M.K.* Esta le dice entonces que ha podido, después de todo, arreglar el horario que le pidió; pero aunque Richard parece ponerse contento, sigue sin mirarla. Comenta entonces que tiene planeada una "excursión". Va a ir con John Wilson y con el amigo de éste a escalar una de las montañas mas altas.

Una vez en la habitación, abre su maleta y dice que la langosta ha desaparecido, pero en seguida agrega que es mentira, pues aun la tiene guardada junto con las fotografías, la máquina de sacar fotos y otras cosas.

M.K. le indica que apenas se atreve a mirarla a ella, y que parece estar aterrado por lo que pasó la sesión anterior. Probablemente cuando ella se impacientó con él, sintió que se transformaba en la "bruta malvada".

Richard dice entonces sarcásticamente. "Hitler dijo: «Mi paciencia ha terminado»."

M.K. interpreta que en su mente ella se ha transformado completamente en Hitler. Como siente que ella tiene a Hitler adentro, trata de romper el suelo y cortar la mesa, para cortarlo así a él. Lo que dijo de la langosta en la sesión anterior, demuestra que siente que éste animal se encuentra dentro de sí mismo y dentro de *M.K.* y que está asociado con el papá-pulpo. Al mismo tiempo desearía que la langosta fuera un genital bueno y comestible, pero tiene grandes dudas sobre su bondad y por esto acaba de decir que ha desaparecido, a pesar de estar aún en su maleta. El que la langosta esté guardada junto con la linda fotografía, significa que tiene dentro de sí tanto a la mamá buena como al genital-papá malo. Por otra parte, al comparar a *M.K.* con Hitler, ha querido decir que ella pretende ser "dulce" y celeste" cuando se mantiene calma y no demuestra tener enojo alguno; pero que él siempre ha tenido dudas sobre que esto fuera verdad y que siempre ha esperado que sé pusiera furiosa igual que su madre cuando él se enfada, la muerde y la ataca. Por esta razón es por lo que tantas veces le ha preguntado, como a mamá, si no le ha herido los sentimientos.

Richard dice que quiere sacar una foto a *M.K.* en el jardín tal como decidieron que lo harían. Le pide que sonría y la mira amistosamente; una vez sacada la foto, le dice que le mire los cordones de los zapatos, para asegurarse de que están bien atados y que no se van a desatar. En este momento está genuinamente amistoso, y menciona con alguna preocupación el hecho de que también los extranjeros tengan ahora que alistarse en el país. (Nunca ha llegado a aceptar el hecho de que *M.K.* sea ciudadana británica, a pesar de que lo sabe bien.) De todas maneras, esta disposición no puede afectarla a ella, pues está fuera de edad, dice, y añade muy serio y con sentimiento, que además ella tiene que cumplir una labor muy importante, la de cuidar a sus pacientes.

M.K. le mira las lazadas de los zapatos como Richard le ha pedido, e interpreta que está tratando de incorporar dentro de sí a la *M.K.* "dulce", sonriente y "celeste", para guardarla para siempre y a salvo; pero que antes necesita reasegurarse de que realmente es amiga suya.

Richard empieza a garabatear (dibujo 67)[3], y mientras lo hace se refiere a la *M.K.* dulce, diciendo que se encuentra debajo del garabato.

M.K. le pregunta que dónde está, pues parece estar cortada en pedacitos (nota 1).

Richard contesta que así es, y sin dudar señala la cara que ha dibujado: la cara *(a);* los pechos *(b y c),* las piernas *(d y e)* y la V de la victoria (f). De repente, le mira el dedo y le pregunta si le está sangrando (no estaba ni dañado ni con sangre), y finalmente pregunta si la R.A.F. ha llevado a cabo algún bombardeo.

---

[3] En este dibujo, y en los que siguen, he indicado las partes a las cuales Richard se refiere, llamándolas (a), (b), (c), etc.

M.K. interpreta que él mismo representa a la R.A.F. y que ha bombardeado a la M.K.-Hitler alemana hasta dejarla hecha pedazos. Está haciendo como que la quiere y diciendo que es dulce, pero al mismo tiempo siente que triunfa sobre ella, pues está destruida, y por eso ha hecho la V de la victoria.

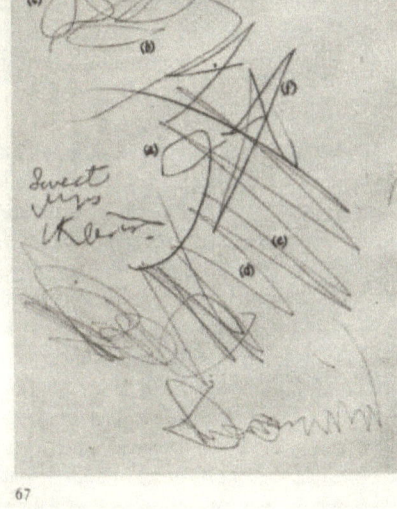

La sesión anterior mostró lo rabioso que estaba por no poder ella arreglarle los horarios como él quería; lo mismo le pasaba al bebé cuando mamá le retiraba el pecho y él sospechaba que era para dárselo a Paul o a papá. La idea súbita que acaba de tener de que le sangra el dedo, expresa el temor que tiene de que sus pechos hayan estado sangrando por habérselos él destruido a mordiscos.

Mientras M.K. habla, Richard hace el dibujo 68. Inclinándose hacia adelante, le mira los ojos y le dice que son muy bellos (lo hace con voz falsa y artificial). Tras esto añade el pene al dibujo y pregunta que cómo se llaman las "partes de arriba" de los pechos (se refiere a los pezones).

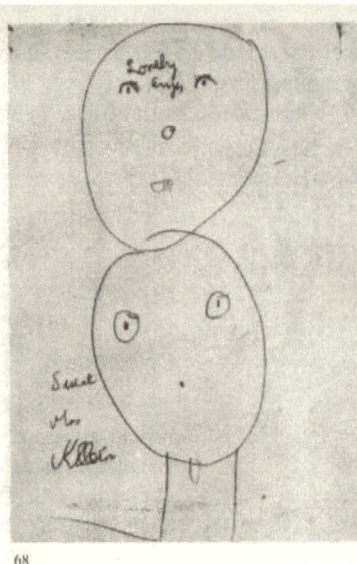

68

M. K interpreta que la barriga que ha dibujado es también una cara -en realidad la de Hitler- que se encuentra dentro de ella, y que el pene que acaba de añadirle parece también ser de Hitler.

Richard se queda sorprendido, pero aunque dice que no se había dado cuenta de ello, está de acuerdo con la interpretación. Entonces hace garabatos en tres hojas más (de las cuales sólo reproduzco una, el dibujo 69). El enojo que tiene se hace cada vez mayor; la cara se le sonroja y los ojos le brillan. De vez en cuando hace rechinar los dientes y muerde con fuerza el lápiz, en particular al hablar de los pechos o cuando dibuja los círculos que los representan. Arranca hojas del cuaderno, y varias veces le pregunta a *M.K.* si ha visto al "buen" Sr. Smith. Pregunta además lo mismo que de costumbre sobre su hijo y su nieto, y también sí puede hablar el austríaco (también esto es muy repetido). Refiriéndose a uno de los garabatos, comenta que es ella, que otra vez está hecha pedazos. En el dibujo 69 indica que *(a)* son los lindos ojos de *M.K.*, *(b)* su nariz, *(c)* su vientre y su pecho, y *(d)* el otro pecho. El tercer garabato es una carta escrita en clave, que el comandante de bombarderos manda al comandante de batallas por haber ganado la Batalla de Gran Bretaña. Esta carta consiste en puntos y rayas y tiene una cantidad de V de la victoria.

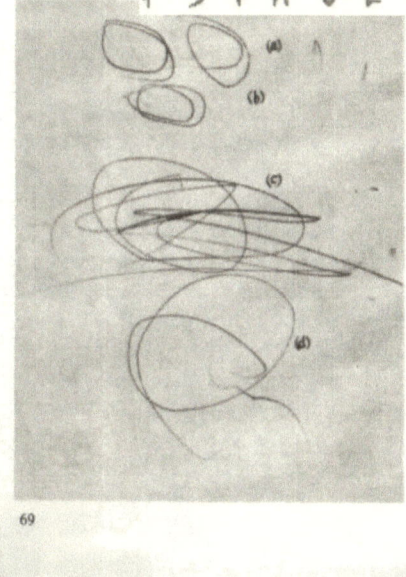

69

M.K. interpreta que está dando a alguien las gracias, y por ayudarle a vencerla y destruirla a ella, que es la mamá extranjera, hostil y "bruta".

Richard no contesta, pero hace el dibujo 70, comentando que la línea de la parte superior *(c)* va dirigida contra ella.

M.K. le hace recordar entonces que en el dibujo 63 hizo una forma similar a la cual llamó banana, y que representaba un órgano genital grande (el suyo y el de papá); en el dibujo de hoy, la línea sale del genital con forma de banana (a) y se dirige contra ella, lo cual quiere decir que la está atacando con su pene. Dentro de la palabra *darling (b)* * también hay una forma de banana, la cual es el papá-genital peligroso que se encuentra dentro de ella y de mamá. La langosta que tiene guardada en su maleta (que es el interior de su cuerpo) le sirve para luchar contra esta mamá mala que contiene a Hitler. Pero, además, este poderoso órgano genital-langosta y pulpo que tiene adentro y que usa en sus peleas, es el comandante de batallas, a quien el comandante de bombarderos le agradece por haberle ayudado, y representa otra parte de su personalidad.

Richard hace otro dibujo, y dice que se trata de *"X"*. Señala un cuadradito pequeño que es la tienda del señor Evans; los otros que están a su lado representan las demás tiendas. Menciona entonces que el señor Evans le ha dado caramelos, y que eran muy ricos. Unas líneas que pasan por delante de la tienda, representan el ferrocarril.

M.K. le pregunta qué son los garabatos redondos que hay al lado del tren.

Richard no contesta.

M.K. entonces le sugiere que se trata de las bombas que ha dejado caer sobre el tren en el que ella va, llevándose los caramelos -el análisis-, los cuales representan, además, a los primeros dulces que probó: los pechos de mamá, los que también ha perdido. Cuando de niño se vio privado del

---

* *Darling*: querida en inglés.

pecho y ahora cada vez que se siente indefenso, se dirige hacia el "buen" señor Smith, o hacia el "buen" señor Evans, quienes representan el atractivo órgano genital de papá. Este órgano sexual le atrae como lo hace la hermosa langosta; pero, como al mismo tiempo odia y envidia el pene paterno, éste se convierte en un enemigo situado dentro de sí mismo, y entonces lo usa como una arma hostil en contra de mamá (nota II). Por todas estas causas siente que tanto el amor que experimenta hacia mamá y ella, como el que siente hacia papá y su órgano sexual, carecen de sinceridad, y que él mismo es por ello un "pillo".

Richard hace el dibujo 71, y comenta que es una luna llena (a), un cuarto de luna (b), y un aeroplano *(c)*, desde el cual está él disparando a la luna.

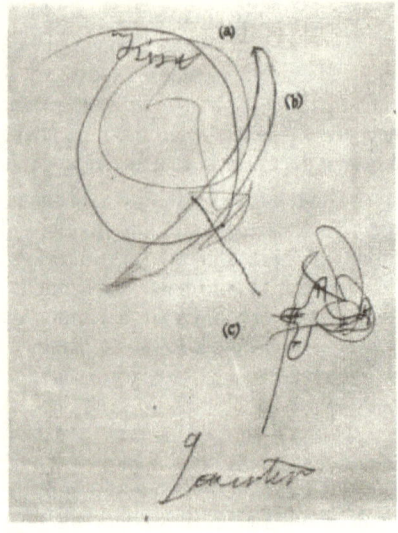

71

M.K. interpreta que la luna es ella, mientras que el cuarto de luna es el órgano sexual del Sr. K. que está dentro de su cuerpo. La luna llena, además, representa su pecho y su vientre, y Richard dispara contra ella y contra el señor K., que están juntos.

Richard está haciendo garabatos y dice que el tren está pasando por una estación.

M.K. interpreta que se trata del pene de papá que está dentro de mamá. Su enojo va siempre dirigido contra la traidora y peligrosa alianza que existe entre sus dos padres, pues cree que mamá contiene dentro de su cuerpo a papá, de la misma manera como ella contiene a Hitler en el suyo (nota III).

Richard hace otro garabato más y comenta: "Este es el tren en que va a viajar *M.K.*". Su rostro expresa creciente rabia y desesperación, y también denotan esto sus movimientos, pues al garabatear marca con violencia muchos puntos en el papel.. Luego hace el dibujo 72 y dice que (a) es también el tren donde *M.K.* va a viajar, y que las diversas partes de que está compuesto son los distintos compartimientos. Señala aquel en el cual ella está viajando (b), y añade que va a bombardear el tren. Empieza a hacerlo entonces con puntos, y durante un rato evita cuidadosamente marcarlos sobre el compartimiento donde *M.K.* viaja; pero al cabo de un rato no puede seguir controlándose, y en un verdadero frenesí, dice que el tren entero va a ser bombardeado y destruido. Se levanta entonces de un salto, y empieza a dar puntapiés a los banquitos y a pisotearlos. En un determinado momento dice que uno de ellos es *M.K.* Luego coge el extremo de un pesado palo que pertenece a la tienda de campaña y lo deja caer en el suelo; golpea los banquitos con el martillo, vuelve a coger el palo y dice que con él está matando al señor Smith, y que también va a matar a Hitler.

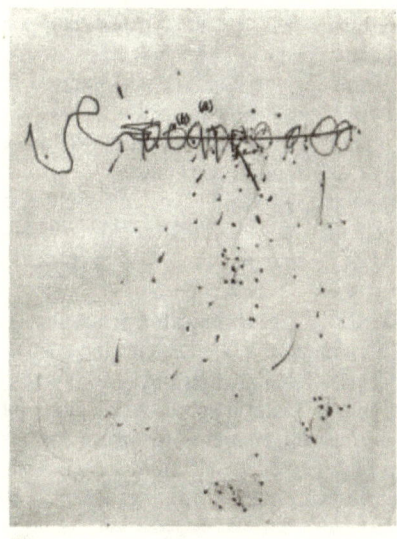

72

M.K. le pregunta dónde se encuentra Hitler en el momento de disparar contra él.

Sin dudar un instante, Richard contesta que en el lugar donde ella se encuentra en este momento.

M.K. interpreta entonces que los banquitos son su hijo, su nieto sus pacientes, a los que él está disparando y matando por irse *M.K.* con ellos. Añade, además, que la desesperación que tiene se debe también al miedo de que sea realmente bombardeada en Londres, sin que él pueda remediarlo. Y como siente que no puede hacer nada para salvarla, la tiene que atacar y destruir (nota IV), para destruir en realidad al papá-genital malo que hay dentro de ella.

En ese momento, la actitud de Richard cambia de una manera sorprendente. Se dirige a la cocina, elige dos cubos blancos, saca agua, y dice que está tomando leche, y que ésta tiene un aspecto muy bueno. Luego se queda mirando a *M.K.* mientras ésta los vacía -no los ha llenado del todo-, y le pide que vaya afuera con él. Allí mira a su alrededor, salta desde los escalones y cae en medio del cantero de las verduras, pero no daña las plantas; tiene una expresión completamente compuesta y amistosa.

Al marcharse se refiere a la cobradora de autobús con quien va a viajar: se trata de la que a él le gusta, y no la que ordena que cedan el asiento los poseedores de medio billete. Aunque menciona la posibilidad de que el autobús esté repleto, no parece que esto le preocupe mucho. Luego pregunta si el hombre de la casa de enfrente (el "oso") es el mismo "viejo gruñón" al que tanto le gustaría ver. Anteriormente, mientras se encontraba en pleno ataque de rabia, apenas miró hacia afuera.

Notas de la sesión número ochenta y tres.

1. Las razones por las cuales hago estas preguntas, obedecen a dos causas: en primer lugar, al mirar el dibujo se me ocurrió pensar que por hallarme debajo tenía que estar cortada en pedacitos. Además, el estado de ánimo de Richard durante las dos últimas sesiones, en las cuales expresó la necesidad de cortarme en pedazos cuando trató de romper el suelo (los ataques uretrales cada vez mayores los expresó al derramar más agua de la que acostumbra) me hizo sentir que había hecho una regresión que le llevaba a portarse tal como lo hacen los niños pequeños, los cuates tratan a veces de dibujar una figura completa, sin lograrlo, y esto debido a varias causas complejas: falta de habilidad y de integración, y sentimientos de culpa por sentir que han roto en pedazos a la madre y al pecho.

Pero, además, hay otra causa. Tanto los sentimientos persecutorios como el resentimiento, contribuyen vivamente a que Richard me ataque. Y como se puede ver por su respuesta, siente además que triunfa sobre mí, pues la V de la victoria representa la victoria sobre mitras haberme reducido a pedacitos. Es decir, que en este momento recurre a formas regresivas de ataque, como son el romper y el morder, y a sus correspondientes ansiedades persecutorias, con el fin de huir de la depresión y la desesperación.

Ya he señalado, hablando en términos generales, que la incapacidad de elaborar la posición depresiva lleva a menudo a hacer una regresión hasta la posición anterior, esquizo-paranoide.

II. Este punto es de gran importancia, tanto para el desarrollo normal como para el anormal; el bebé, en cierta medida, dirige el deseo que tiene del pecho, hacia el pene del padre. Pero si son fuertes el odio, la envidia y el resentimiento sentidos hacia el pecho, entonces la atracción ejercida por el pene lleva al fracaso, tanto de la homosexualidad como de la heterosexualidad, pues el niño transfiere también el odio y la envidia. De esta manera queda perturbada la relación con el padre, al convertirse la homosexualidad en una alianza hostil que le sirve como medio para luchar contra la madre. Si en cambio el niño deja el pecho de ésta y se dirige al pene del padre con menos odio y resentimiento, la relación con ambos progenitores se desarrolla de una manera más favorable, y de adulto puede ser capaz de mantener una buena relación, tanto con los hombres como con las mujeres (véase *El psicoanálisis de niños*, capítulo 12).

III. He señalado ya la importancia que tiene la figura parental combinada, la cual entra en operación desde los primeros estadíos del desarrollo *(El psicoanálisis de niños;* véase también la nota 1 de la sesión veinticinco). Esta figura se ha mantenido en la mente de Richard con gran fuerza, indicando con ello que todavía persisten en él las ansiedades y fantasías más tempranas; y además se ha convertido en una fuente muy importante de sentimientos de desconfianza, dirigidos tanto hacia sus padres, como hacia todos los hombres y mujeres en general. Existe una conexión entre la fuerza que adquiere en la fantasía del niño la figura parental combinada, y la fuerza con que ha internalizado a un padre-órgano genital peligroso y traidor, que es el que le lleva a sentir la existencia de una alianza contra la madre.

IV. La noche anterior hubo una transmisión de la B.B.C. sobre la Batalla de Gran Bretaña, y fue ésta la que sirvió de estímulo para que Richard escribiera la carta en la que uno de los comandantes le da las gracias al otro. Por otra parte, el miedo y la preocupación que siente por los peligros que me esperan en Londres, se encuentran evidentemente incrementados por las noticias que llegan sobre nuevos ataques aéreos. Se hace evidente que la incapacidad que siente para arreglar o revivir a sus objetos dañados o muertos hace que éstos se conviertan en perseguidores. El fuerte sentimiento de culpa que vivencia a causa del odio y de los celos peligrosos que siente le hacen sentirse responsable por la muerte que espera le sobrevenga a su analista; y como la tristeza y la culpa que esto le ocasiona se le tornan inaguantables, aumenta más todavía el odio y la persecución correspondiente. Al mismo tiempo, trata de construir internamente y de preservar a la madre buena (la fotografía que me saca) y es llamativo ver cómo la esperanza de lograr esto, que se refiere al objeto bueno internalizado, está totalmente disociada de la actitud que toma frente a mí como objeto externo, cuando empieza a garabatear con una rabia cada vez mayor. (En "Contribución a la psicogénesis de los estados maniaco-depresivos", 1935, llegué a la conclusión de que la agresión y la ansiedad persecutoria pueden incrementarse, con la finalidad de evitar así la depresión: regresión de la posición depresiva a la esquizo-paranoide.)

La preocupación porque yo tuviera que alistarme es auténtica. Pero inmediatamente después de expresada, Richard da rienda suelta en sus dibujos a la agresividad que siente contra mí, a los consecuentes ataques dirigidos también contra mi familia y mis pacientes, y a la rabia que le causa que yo le deje. El equivalente de estos sentimientos, expresados gráficamente, hubiera sido hacer una rabieta, a las cuales era muy propenso de pequeño. Creo que las rabietas siempre contienen además cierto grado de desesperación, pues mientras dura el ataque de rabia, el niño siente que está destruyendo en forma irreparable a la persona amada, y en particular a la que tiene internalizada. Llama la atención cómo tras darse este material, la actitud de Richard cambia completamente. He comentado ya la manera en que disocia el amor y el odio, y las situaciones internas y externas, como, por ejemplo, cuando trata de preservarme externamente y en cambio me destruye en el exterior. En el lapso de la sesión en que dibuja lleno de rabia y desesperación, trata al mismo tiempo de seguir sintiendo algún amor por mi como objeto externo; pero llama la atención la manera artificial y carente de sinceridad con que se expresan entonces sus sentimientos amorosos. En efecto, al mismo tiempo que habla de la "dulce" *M.K.* y se refiere a mis "lindos ojos", etc., me destruye en el papel y de igual manera, habla de la "hermosa" langosta, a pesar de que se le ha hecho evidente que la considera un objeto peligroso y sospechoso. Esta forma de expresar el amor hacia mi es muy similar a la manera sarcástica con la que, de acuerdo con su madre, se comporta hacia algunas mujeres, pues aunque delante de ellas es muy complaciente y hasta adulador, luego se burla cuando no están presentes. Yo nunca había visto a Richard tan falto de sinceridad al expresar su cariño hacia mi, como en esta sesión; y esta insinceridad está asociada con material referente al pene internalizado por la madre y por él mismo. Primero dice, en efecto, que la langosta que tiene en la maleta es un objeto bueno que él codicia; pero muy pronto sospecha de ella y la odia, y se convierte en un arma peligrosa que usa contra la madre odiada, que además contiene al padre malo, a pesar de que al mismo tiempo hace como que la ama. Creo que este proceso es importante para la formación del carácter en general. La necesidad de apaciguar a la madre, a la cual el hijo siente que ha robado el pene bueno del padre, y la alianza con el padre interior en contra de ella, tienden a llevar a una falta de honestidad y sinceridad inconscientes. El amor de Richard es genuino cuando su actitud predominante es la de protegerme del padre malo, o cuando él mismo se siente perseguido por el padre interior y espera que yo le proteja. Pero se hace artificial y carente de sinceridad, en cambio, todas las veces que siente que posee el pene poderoso, con el cual se alía de manera hostil y peligrosa en contra de mi. En esta situación, también es profundamente insincero con el padre, pues el pene internalizado que anhela, por considerarlo un objeto bueno, se transforma en uno malo cuando el padre se convierte en un aliado hostil suyo, y va contra la madre.

SESION NÚMERO OCHENTA Y CUATRO (Lunes)

Richard está esperando en la esquina, con aspecto vencido y deprimido. Comenta que la excursión planeada no se va a hacer después de todo (ver sesión anterior), porque John Wilson se opone a ella. Está muy desilusionado a causa de esto, y se queda en silencio algún tiempo tras haberse sentado en el cuarto de juegos. Después mira a *M.K.* de manera suplicante y le dice que no quiere oír más cosas desagradables; al mirarse la muñeca, descubre que no ha traído su reloj. Mira entonces otra vez a *M.K.* y le dice que la quiere mucho y que le gustan sus ojos. Hace una pausa y agrega que la langosta estaba horrible: se comió un pedazo de ella, pero tuvo que escupirlo; repite una vez más que era horrible. De repente, apoya por un momento la cabeza sobre el hombro de *M.K.* y le dice que la quiere mucho y que tiene puesta una chaqueta muy bonita. Está sin duda luchando con todas sus fuerzas contra la depresión.

M.K. interpreta que se siente muy culpable por los ataques que ha dirigido contra ella en la sesión anterior. En su mente, siente que podrían haber tenido el efecto de matarla, en cuyo caso la hubiera perdido para siempre. Le recuerda a este respecto el tren en el cual la bombardeaba y la destruía, y los otros dibujos hechos en plena rabia, donde estaba cortada en pedacitos. Le sugiere, además, que siente que cuando ella le deje, desaparecerá la mamá buena celeste, y que no podrá mantenerla viva dentro de si a causa de su enfado y de sus celos. En ese caso, todo lo que le quedaría por dentro sería la langosta, la cual parece ser atractiva y deseable, pero luego se convierte en mala y peligrosa por haberla él atacado con el cuchillo; además, al comérsela, se convierte, aun más en un enemigo interno. La langosta, como antes el pulpo, representa también el órgano genital de su padre, atacado a mordiscos y comido. Y en su imaginación, siente que también *M.K.* tiene a un enemigo así dentro de ella: el órgano genital-Hitler malo.

Richard va a la cocina a sacar agua, y comenta que hay bastante para todos los niños. Llena todos los cubos, pero pronto deja todo sucio, pues la vuelca por el suelo. Esta vez, sin embargo, *M.K.* puede impedir que inunde la cocina, y Richard la mira atentamente para ver si está enfadada o no. También abre todas las puertas del fogón, y mete la mano en el hollín.

M.K. interpreta que esta explorando su interior, para ver si está o no llena de "lo grande" malo, que siente que ha bombardeado dentro de ella en la sesión anterior. La cocina, con la suciedad que causó en ella, también representa a su cuerpo, dentro del cual él ha vertido "lo chico". Al mismo tiempo quiere ponerla a prueba, para averiguar si sigue en términos amistosos con él a pesar de todos estos ataques y de haber tenido que limpiar todo lo sucio.

Cuando *M.K.* limpia el piso, Richard vuelve al cuarto y se pone a jugar con el llavero y las llaves de ésta, haciendo que la llave más pequeña baile con la mayor, y comentando que se trata de ella y él. Acompaña el baile con melodías agradables que tararea, pero pronto las llaves empiezan a dar saltos, y él se pone a cantar ruidosamente y a hacer muecas. En otra oportunidad se refirió a estas muecas diciendo que le hacían parecerse a Hitler. Ve a dos niños en la calle y los llama "insolentes", pues se encontró con uno de ellos antes y le miró de manera insolente. Después coge el palo de madera y, haciendo un esfuerzo, lo sujeta horizontalmente sobre su órgano genital, tras lo cual lo deja caer y dice que está disparando contra Hitler.

M.K. interpreta que está usando el pene-Hitler *internalizado,* el cual da la impresión de nacer del suyo propio (el palo colocado a través de su órgano sexual), para atacar con él al pene-Hitler malo *externo,* representado por el niño insolente. Tiene muchos deseos de estar a solas con la mamá buena y la *M.K.* buena, y de quererlas a las dos: las dos llaves que bailan juntas en el llavero, representan a Richard dentro de *M.K.* y a ésta dentro de él. Pero siente que, de hacer eso, el Hitler malo que está dentro de *M.K.* y de sí mismo, se entrometería y los atacaría, interrumpiendo el baile y el amor de ambos. Lo que más teme, sin embargo, es no poder controlar su propia rabia y el odio que siente, y esto le hace sentirse deprimido y angustiado.

En esta sesión se producen largos intervalos, en los que Richard se queda en silencio. Durante su transcurso a, veces se levanta, anda un poco y se vuelve a sentar; lucha todo el tiempo contra la depresión y contra el enojo. Mientras hace el juego con las llaves parece sentirse más vivaz, pero esto no dura mucho, pues las muecas que hace de Hitler, le demuestran que se siente lleno del padre malo y de su propia agresividad, y de que esto perturba la relación que mantiene con su madre y con *M.K.*

SESION NÚMERO OCHENTA y CINCO (Martes)

Richard tiene un ánimo amistoso, y comunicativo, y está mucho menos deprimido. Pronto se apodera de las llaves, y ejecuta con ellas varias actividades, al tiempo que habla con *M.K.* La llave grande camina con la más pequeña por dentro del llavero, el cual se mueve con ellas, y dice una vez más que se trata de *M.K.* y él que se van, juntos de paseo. Luego se refiere a los recientes bombardeos de la R.A.F., saca la llave pequeña del aro y la hace caminar sola.

M.K. interpreta que ella y él se van juntos de paseo a Londres, pero que de repente él se asusta de los ataques aéreos y se quiere marchar; por esto es por lo que la llave pequeña se sale y se va sola. Pero, además, está saliendo de dentro de ella, pues el llavero también representa a su cuerpo, en el cual él está metido; y también siente que es su propio cuerpo donde ella está a su vez metida.

Richard menciona que la tarde anterior ha estado andando en bicicleta por todo el pueblo y que tiene planeado, después de todo, para el día siguiente, ir a escalar la montaña con John y su amigo. ¿Podría cambiarle la hora del análisis? Saca entonces la segunda llave del llavero, hace una vez más que las dos bailen juntas y entretanto entona trozos de música clásica (nota 1).

M.K. interpreta que ha sacado las llaves del aro porque desea estar en compañía de ella como objeto externo; las dos llaves que bailan son ellos dos, y expresan además el deseo que tiene de introducir su pene en el de ella (nota II). Todo esto también se puede ver en el goce creciente que saca al andar en bicicleta y al escalar, actividades éstas que representan las relaciones sexuales. Las melodías que está cantando demuestran que ahora siente una mayor confianza en que estas relaciones sean buenas y que ni su órgano sexual ni el de ella queden dañados, pues no va a haber pelea alguna (nota III). El ir a escalar la montaña con otros muchachos, también implica compartirla a ella con su familia y con sus demás pacientes, así como también compartir a mamá con papá y con Paul. De esta manera no tiene que pelearse con sus rivales ni en el exterior, ni dentro del órgano genital de mamá.

Richard se ha puesto a mirar a los transeúntes; está más tenso que en guardia. Le cuenta a *M.K.* que casi tuvo un accidente con la bicicleta, pues por poco le atropelló un auto. En él viajaban varios hombres, uno de los cuales le dio un grito para avisarle.

M.K. interpreta que, al principio, creyó que podría tener una buena relación sexual con ella y con mamá, y averiguar cómo son las dos por dentro, pero que en seguida se ha asustado de papá. Cuando con la imaginación introdujo hace un momento su órgano sexual dentro del de ella y exploró su interior y el de mamá, esto le pareció al principio algo agradable y sin ningún peligro, pero ahora la situación parece haber quedado, perturbada por el peligroso señor K. y por papá: el hombre del auto, que por poco le atropella.

Richard responde, entonces, que los hombres del auto eran el señor K., el señor Smith, el "viejo gruñón", Paul y papá. Después pregunta a *M.K.* adónde iba cuando él la encontró la noche anterior: ¿a su casa? ¿Por qué por esa calle precisamente? (En efecto, se encontró con *M.K.* en el pueblo mientras andaba en bicicleta, pero no hizo ningún esfuerzo por detenerla.)

M.K. le pregunta adónde le parece que podía ir.

Richard dice que quizás a ver al señor Smith; pero luego recuerda que este señor no vive en esa dirección.

M.K. interpreta que siempre le preocupa el que mamá, a quien le gustaría tener para él solo, no esté nunca sola con él, y que en su imaginación contiene a papá dentro de sí, y nunca sabe de seguro si se trata del papá bueno o del papá malo. En este momento tampoco sabe si *M.K.* contiene el órgano sexual-Hitler, o al señor K. bueno.

Mientras *M.K.* habla, Richard vuelve a meter las llaves en el llavero y las hace mover dentro del mismo.

M.K. interpreta que esto representa la curiosidad que siente por saber lo que hay dentro de ella, y el miedo a los peligros con que se pueda encontrar.

Richard se refiere entonces al viaje en autobús que debe de hacer para irse a su casa. Va a viajar con la cobradora que él prefiere, y aunque parece que todas ellas están obligadas ahora a pedir a los de medio billete que cedan sus asientos si el autobús está lleno, de todas maneras ésta es la que más le gusta. Relata entonces cómo se llama cada una y cómo es. En primer lugar menciona a la bonita y después a la que no lo es tanto, aunque tampoco es fea; ésta es la que más le gusta. También hay otra que tiene "la cara pintada".

M.K. sugiere que la cobradora que tanto le gusta, representa para él a su niñera. Cuando de niño sentía dudas sobre mamá, y sospechaba de ella, se dirigía a la niñera, la cual entonces no estaba casada y por lo tanto no tenía marido como mamá. La cobradora más linda es mamá, la cual es más bonita que su niñera; pero de niño habla ocasiones en las que quería más a la niñera que a su madre, cosa por la cual luego se sentía culpable.

Richard dice que su niñera es bastante bonita y nada fea. La vio el día anterior al cambiar de autobús camino de su casa, y le dio unos caramelos. (Parece darse cuenta en este momento de cuánto la quiere todavía.) Añade luego que *M.K.* no es la cobradora de la cara pintada y que aunque es muy bonita, no lo es tanto como mamá. Tras esto, le pregunta si se siente dolida por lo que acaba de decirle.

M.K. le sugiere entonces que ella puede representar una mezcla de mamá y la niñera.

Richard dice que ha tenido un sueño, asustador pero excitante al mismo tiempo. Y que hace unas cuantas noches, también soñó que dos personas ponían juntos sus órganos sexuales. Entonces se pone a contar el sueño más reciente, gozando mucho con la narración, que relata de una manera muy viva y dramática; en las partes asustadoras adquiere un aspecto siniestro, mientras que una expresión de felicidad y esperanza se refleja en el brillo de sus ojos al llegar a la parte culminante.

Ve a M.K., la cual está en la parada del autobús que sale para "Y", pero el autobús va a otra parte; en el sueño sólo va a "Y" una vez cada dos semanas. Cuando llega, pasa de largo sin detenerse. (Aquí Richard emite vivos sonidos como de un autobús que pasa.) *Sale corriendo para alcanzarlo, pero el autobús desaparece. Entonces sigue tras él, pero ahora en una caravana, acompañado por una familia muy feliz. El padre y la madre son de edad madura y tienen bastantes hijos, todos ellos muy simpáticos. Pasan por delante de una isla. También viene con ellos un gato muy grande. Al principio, el gato muerde a su perro, pero luego los dos se llevan bien. Más tarde el gato nuevo persigue a su gato de la vida real, pero finalmente también se hacen amigos. Este gato nuevo no es un gato común, pero es muy simpático. Tiene dientes como perlas y es más bien como un ser humano.*

M.K. pregunta si se parece más a una mujer o a un hombre.

Richard contesta que se parece tanto a un caballero como a una dama y continúa: *la isla está en un río. Sobre la orilla de éste, el cielo está completamente negro, los árboles también, y la arena tiene color arena, pero la gente también es negra. Hay toda clase de seres: Pájaros, animales, escorpiones, todos ellos negros. Tanto estos seres como la gente, están completamente quietos. Es algo terrorífico.* Y la cara de Richard expresa horror y angustia.

M.K. le pregunta a qué se parece la isla.

Richard contesta: *la isla no es del todo negra, pero si lo son el agua y el cielo que la rodean. En la isla hay un trozo verde, y la parte del cielo que está sobre ella tiene un poco de azul. La quietud es terrible. De repente él grita: "Eh, ahí", y en ese preciso momento todos y todo empieza a vivir. Ha roto un hechizo. Debían de estar encantados. La gente empieza a cantar, los escorpiones y demás seres se vuelven a meter en el mar; todo el mundo está gozoso, todo se vuelve claro y el cielo queda completamente azul.*

M.K. pregunta qué le pasó a ella en la parada del autobús.

Richard contesta que estaba medio escondida detrás de alguien. *M.K.* pregunta qué clase de persona era ese alguien.

Richard dice primero que no lo sabe; pero luego agrega que cree que *M.K.* se escondía detrás de un hombre.

M.K. le pregunta a quién le recuerda el hombre.

Richard dice que era alto, y tras una pausa, agrega que se parecía a papá.

Al empezar a contar el sueño, ha empezado también a dibujar[4]. El dibujo presenta el gato "humano", su perro, el gato que tiene ahora, la gente negra y quieta, los árboles negros, la isla y el camino por el cual viaja la caravana. En el momento de contar cómo la gente de la isla vuelve a la vida, pide a *M.K.* que le alcance la bolsa de los juguetes y saca antes que nada el tren eléctrico. Mira entonces los dos vagones, los da vuelta y los engancha juntos. Después saca el columpio y lo pone en marcha, tras lo cual lo coloca sobre el tren, hace mover éste, baja el columpio y lo hace hamacar otra vez. Luego forma el tren de carga con todos los vagones que puede encontrar... Finalmente pregunta a *M.K.* si no puede realmente venir a verles a él y a su familia a "Y". Tiene que venir a conocer el lugar. Le gustaría que fuera con él, por lo menos parte del camino, y así le podría indicar el lugar donde cambia de autobús. ¿No va a venir a visitarlos nunca? ¿Por qué? Sería muy lindo si pudiera venir y conocer también a papá. Y al decir esto, lo hace con gran sentimiento .

M.K. interpreta que el tren al que ha añadido todos los vagones que ha podido encontrar (cosa que no ha hecho nunca antes), significa que ella y sus hijos se han convertido en parte de su familia. Esto está representado en el sueño por la familia feliz que va en la caravana y con la cual él viaja. También significa que tiene dentro de sí a toda la gente a la que ama, y que todos están en armonía entre sí.

También está incluida su niñera, quien hasta su casamiento formaba parte de la familia; y por esta causa es por la que desea que ella vaya con él por lo menos hasta el pueblo donde la niñera vive, camino de "Y"; para que las dos se puedan ver otra vez, antes de que ella se vaya a Londres. En el sueño se ve, además, que en una parte de su mente existe una familia feliz y unida, mientras que en otra parte, separados de la primera, existen gente negra y animales, y grandes escorpiones que representan "lo grande" y los órganos genitales. Esto significa que dentro de si mantiene separados a los buenos de los malos, y además que cree que también ella tiene dentro de su cuerpo a gente negra por haber él introducido en ella "lo grande" cada vez que se enfada o tiene celos. El fogón lleno de hollín, la ha representado a menudo a ella, mientras que la limpieza que de él hace significa sacar de su interior y del de mamá todo lo malo: "lo grande" peligroso, los bebés y el órgano genital negro. Pero durante el sueño también da vida a estos seres malos y muertos, los cuales entonces se hacen de color claro y el cielo se torna azul: la mamá celeste. El día anterior, el agua representaba la leche que él sacaba, no sólo para sí mismo, sino también para dársela a los otros niños a quienes quería alimentar, mantener con vida y amar (nota IV). Al

---

[4] Lamentablemente este dibujo se ha perdido, y me veo obligada a reconstruir su contenido por medio de mis notas.

PSIKOLIBRO

jugar hoy, como en otras ocasiones, los dos vagones del tren eléctrico simbolizan los pechos de mamá, mientras que poner al niño del columpio sobre el tren, expresa que lo está alimentando.

El deseo de juntar a su familia con la de *M.K.*, implica, además, no separarse de ella, y por lo tanto poder evitar el miedo, el odio y los celos que ahora siente. Y de esta manera siente que podría preservar a la mamá y a la *M.K.* internas.

Tras haber relatado el sueño, el humor de Richard cambia de una manera muy llamativa. Durante un tiempo parece que persisten en él los sentimientos vivenciados durante el sueño, y goza al describir éste de una manera tan viva. Dice, además, que se lo va a contar a todo el mundo, y da la impresión de sentir que ha hecho una hazaña. Pero pronto abandona el juego con el cual ha acompañado el relato, desaparece el brillo de sus ojos, cobra un aspecto deprimido, distraído, y da la impresión de no estar escuchando las interpretaciones que se le hacen. También se pone inquieto y parece perseguido.

M.K. interpreta que siente miedo de no poder, después de todo, hacer revivir a toda la gente negra y mala, para convertirla en buena, tal como lo ha hecho en el sueño. Y que se preocupa tanto más, cuanto que la sesión se está ya terminando y se va a ir afuera todo el día, y pronto ella le va a dejar. Le recuerda entonces que mencionó además otro sueño al principio de la sesión, y le pregunta de qué se trata.

Richard, que ha estado al lado de la ventana, mirando hacia afuera, se vuelve a poner vivaz, y parece contento de contarlo [5]. *Ve a dos personas que están acostadas juntas. Están fuera de "X", en algún sitio al aire libre. Las dos están completamente desnudas, como Adán y Eva.*

M.K. le pregunta si les vio los órganos genitales.

Richard contesta que sí: *que eran enormes y que era muy desagradable verlos.*

M.K. le pregunta cómo eran.

Richard dice que no sabe realmente cómo es el órgano sexual de la mujer, pero que en el sueño los órganos de las dos personas se parecían al monstruo del libro, el cual era tan grande que el hombre de la lámina parecía un enano en comparación con él. (En una ocasión Richard dijo que el monstruo era orgulloso y altivo, y lo admiró por ello.) Ahora no agrega nada a esta asociación.)

M.K. interpreta que, en su fantasía, los enormes órganos genitales pertenecientes a sus padres son iguales, y que el hombrecito de la lámina,

[5] Sin duda alguna, el narrar el sueño significa que ahora Richard tiene mas capacidad creadora, y además que quiere hacer un regalo a su analista. De este modo vuelven a renacer sus esperanzas y disminuye la depresión.

que dispara a los ojos del monstruo, le representa a él, que está tratando de atacar tanto a los ojos como a los genitales de sus padres.

Al finalizar la sesión, Richard echa a rodar una pelotita de un extremo al otro del cuarto, diciendo que se trata del tren de *M.K.* y que ella está adentro. La pelota cae entre unos paquetes que están en un rincón, y Richard dice que son un parachoques, pero se queda en la duda sobre si el tren se ha dañado o no. Después hace rodar una pelota grande tras la pequeña, y dice que se trata del Sr. Smith que está siguiendo a *M.K.*; pero luego se contradice; es él mismo quien sigue a *M.K.* Al llegar a este punto la sesión termina y entonces se refiere a los planes que tiene para la excursión del día siguiente.

Notas de la sesión número ochenta y cinco.

I. Esto sirve para ejemplificar cómo se pasa de una situación interna a una externa: resulta de interés notar que es fácil de reconocer cuando esto ocurre, si se comprenden suficientemente las fluctuaciones que presenta el material. El creciente interés que demuestra tener Richard en escalar y andar en bicicleta, va a la par con la mayor capacidad que tiene ahora para alejarse de la preocupación constante que le causan las situaciones y los combates internos. Como ya lo he señalado antes, es significativo el hecho de que, a menudo, las situaciones externas se colocan en un primer plano sólo tras haber sido interpretadas primero las situaciones internas de angustia.

II. Richard muestra en este momento que ha dado un paso adelante en su desarrollo: ahora puede sentir que él y yo, en representación de su madre, podemos estar juntos sin que nos molesten ni su objeto interno ni el mío. Resulta de fundamental importancia que exista un buen equilibrio entre las situaciones y relaciones internas y externas. En el caso de Richard, esto significa que la pareja parental combinada -y los perseguidores internos-, han perdido cierta cantidad de poder, al menos temporariamente, lo cual es un índice de progreso, aunque tengo muy presente que estas modificaciones no están todavía plenamente establecidas.

III. He podido ver a menudo que la música representa la armonía interior; pero en esta sesión, esta armonía se extiende también a lo que Richard siente que es la posibilidad de tener una relación sexual sin pelea. Sin duda, ha disminuido la ansiedad que siente al pensar que, tanto en la relación con el pecho, como en la genital, deba de librar una pelea interna dentro del órgano sexual de su madre, al tiempo que le vigila y le persigue su propio perseguidor interior. Esto le lleva a una armonía externa, representada por el acto sexual placentero y no destructivo, el cual, además, está representado por la posibilidad que tiene en este momento de apreciar la música.

IV. Aquí tocamos una de las situaciones de ansiedad más importantes inherentes a la posición depresiva. Si Richard se siente lleno de objetos atacados y por lo tanto malos (como, por ejemplo, las moscas atacadas y peligrosas y la langosta), así como también de excrementos peligrosos y de impulsos destructivos, entonces siente que también los objetos buenos que tiene dentro de sí se encuentran en peligro. Como en los estados de gran ansiedad, esto significa para él sentir que todo lo de su interior está muerto, trata de dar solución a estos problemas, sacando afuera los elementos malos y peligrosos (el hollín). En cambio, cuando se siente más seguro recurre, como lo hace en el sueño, a revivir y a mejorar los objetos malos. Es de interés ver que la isla no es del todo negra, sino que tiene una mancha verde y un poco de cielo azul en el centro. Este centro de bondad que le permite seguir teniendo esperanza, representa el pecho bueno, a la analista buena y a la niñera buena, además de los padres buenos que se encuentran en armonía entre sí. Y desde este núcleo puede surgir la vida y la reparación.

El juego con el tren y con el bebé del columpio muestra que el bebé bueno también representa la posibilidad de volver a adquirir y a preservar la vida. (Como ya mencioné antes, a Richard le gustan muchísimo los bebés, y a menudo pide a su madre que tenga uno. Cuando ésta le contesta que es demasiado vieja para hacerlo, responde que eso es una tontería, que naturalmente que los puede tener; no cabe la menor duda de que piensa lo mismo de su analista.)

Creo que la condición fundamental para que pueda desarrollarse el yo, es que el pecho bueno sirva de núcleo a éste. Richard siempre ha creído en la mamá celeste, coexistiendo la madre idealizada con la madre persecutoria y sospechosa. Sin embargo, esta idealización está basada en el sentimiento de haber internalizado hasta cierto punto un objeto primario bueno, y ello es lo que le sirve de apoyo en todas las situaciones de ansiedad. En el momento actual del análisis, se ha incrementado visiblemente la capacidad de Richard para integrar su yo y para sintetizar los aspectos contrastantes de sus objetos; de igual manera, es más capaz, en su fantasía, de mejorar los objetos malos, y de dar nueva vida y recrear los objetos muertos. Todo esto está asociado, a su vez, al hecho de que el odio se encuentre ahora más mitigado por el amor. En el sueño, Richard puede además juntar a sus dos padres de una manera armoniosa.

Estos procesos, sin embargo, no se han llevado a cabo de una manera completamente satisfactoria, cosa que el niño demuestra cuando en el sueño yo quedo escondida detrás del hombre; este hecho representa, en efecto, las dudas que tiene sobre la posibilidad de que la unión de los

---

padres pueda ser realmente buena. (Lo cual indica una vez más la presencia de la figura parental combinada.)

SESION NÚMERO OCHENTA Y SEIS (Miércoles)

Richard y *M.K.* se encuentran en la esquina. El día está muy ventoso y frío, cosa sobre la cual Richard hace un comentario. También dice que es una hora muy poco usual para encontrarse. (*M.K.* le dio una hora bastante avanzada de la tarde, a causa de los planes que tenía para pasar el día.) Finalmente no fueron a la montaña a causa de la lluvia, pero en cambio, John y él estuvieron de visita en casa del amigo de John. Pregunta a *M.K.* si le importa verle a esta hora, pues generalmente no ve a ningún paciente tan tarde, ¿no? Pero no espera respuesta. Agrega, en cambio, que ha visto los restos de un avión británico que se ha estrellado en la ladera de la montaña, matándose el piloto.

M.K. dice que si está tan preocupado por la posibilidad de haberle causado un inconveniente, ello se debe a que el avión estrellado le preocupa mucho. Tiene miedo de las cosas malas que pueden sucederle y se siente culpable, pues teme que sean por culpa suya. Cada vez que está enfadado y frustrado demuestra que desea que la bombardeen en Londres, y luego siente mucha ansiedad por lo que pueda ocurrirle.

Richard, que esta chupando y mordiendo el lápiz amarillo, se lo saca de la boca. Está triste y silencioso, enfrascado en un profundo pensar.

M.K. le pregunta si está desilusionado por no haber podido ir a escalar la montaña.

Richard contesta que no le ha importado mucho, pues lo ha pasado bastante bien de todas maneras.

M.K. le pregunta si van a intentar hacerlo algún otro día.

Richard contesta que a lo mejor sí, pero que él entonces no irá. *M.K.* le pregunta por qué.

Richard no contesta.

M.K. le sugiere que quizá sea para no tenerle que pedir a ella otra hora por la tarde.

Richard dice que no, pero no lo hace con tono convincente. Repite que no desea ir, pues puede cansarse demasiado. Ha encendido la estufa eléctrica y está encantado con el calor que da. Señalándola, dice que es la mamá buena, que le da un calor muy agradable.

M.K. interpreta que desea mantenerla a ella viva, dentro y fuera de él, en representación de su madre buena; y que cuando siente que irradia calor, tiene una prueba de que está efectivamente viva. Se refiere al sueño de la sesión anterior, y dice que el trozo verde de la isla y el azul del cielo, indican que siente que dentro de sí guarda una parte de la mamá buena y del pecho bueno, y que ambos están vivos. Le recuerda además los dibujos de los imperios, en los cuales el celeste ocupaba la parte central; y una ocasión en que le dijo que el celeste se estaba extendiendo cada vez más y ganando más países del imperio, el cual representaba su interior y el de mamá. Esta esperanza que siente, es la causante de que el sueño le haya hecho tan feliz.

Richard se muestra vivamente de acuerdo y parece alegrarse con esta interpretación. A ella le gusta que él atienda cuidadosamente a sus interpretaciones, ¿no? Hoy está escuchando muy bien y oyendo cada palabra que ella le dice, cosa que también. hizo ayer, agrega. Una vez más, se pone a chupar vigorosamente el lápiz. Dice después que quiere dibujar algo, pero se pregunta qué hacer. (Esto no es usual en él, pues casi nunca duda al empezar a dibujar.) Al cabo de un rato dice que ya sabe qué es lo mejor que puede dibujar, y muy deliberadamente, hace al autobús que lo lleva a su casa.

M.K., al ver que Richard no lo menciona, le pregunta por su padre.

Richard contesta que no está muy bien; que está cansado. Pero que en general se está recuperando en forma satisfactoria. Al decir esto tiene un aspecto triste y preocupado. En el dibujo que hace, hay un hombre que se prepara para subir al autobús; también están dibujados el conductor, la cobradora de la cara pintada, y un asiento desocupado situado en el centro del vehículo, que Richard va a ocupar. Un avión vuela muy bajo sobre el autobús y Richard comenta que este último tiene un aspecto endeble. Después se refiere a las tres cobradoras, diciendo esta vez que le gustan las tres, pues las tres son muy buenas con él. Menciona además a la más bonita de ellas, repitiendo que ella también es buena.

M.K. se refiere a una interpretación anterior, en la cual le dijo que las tres cobradoras representan a su madre, a la niñera y a ella misma. Quiere que las tres sean amigas y le gusta pensar que son buenas con él, particularmente ahora que está triste y preocupado porque ella le va a dejar.

Richard pregunta cuántos días le quedan (conoce muy bien la fecha).

M.K. le recuerda que ha dicho que el autobús parece endeble, y vincula esto con los restos del avión que ha visto esta mañana. Le señala que teme que ella sea vieja, lo cual le recuerda lo que sintió cuando murió su abuelita.

Richard pregunta por lo que *M.K.* va a hacer esta noche: ¿va a leer, a tocar el piano, o a escuchar la radio?

M.K. le pregunta qué quiere que haga.

Richard contesta que le gusta pensar que se queda sentada al lado del fuego, escuchando la radio o leyendo. ¿Qué hace el "viejo gruñón" por las

---

noches? Tras preguntar esto, señala a un anciano que pasa por la calle y le pregunta si es él.

M.K. le contesta que no, e interpreta que está preocupado porque quizás ella no pase la noche tranquila que él desearía que pasara, ya que el "viejo gruñón." representa al Sr. K. malo o al Sr. Smith, los cuales pueden estar con ella y dañarla, perturbarla o preocuparla por dentro.

Richard le pregunta entonces qué diría ella si él fuera a visitarla una noche. ¿Le hablaría o no le gustaría que fuera? De estar él en un peligro serio, ¿le importaría si fuera a verla?

M.K. le pregunta lo que quiere decir por peligro serio.

Richard no contesta, y pregunta a su vez si de no tener él adónde ir, *M.K.* le acogería y la ayudaría. Insiste mucho en obtener una respuesta directa, rogando una y otra vez a *M.K.* que le conteste si le dejaría entonces quedarse con ella..

M.K. interpreta que el temor que siente por no tener dónde ir, significa que teme perder su hogar. Se está preguntando, además, si mamá se pondría de su lado y se quedaría con él, en el caso de que papá le echara de casa o se muriera. De morirse papá, mamá se sentiría sola, y se está preguntando lo que haría entonces por las noches. Parece, pues, que si por un lado está triste y preocupado por la enfermedad de su padre, por el otro tiene miedo a ese padre enfermo o muerto, pues una vez muerto, como lo han visto en otras ocasiones, puede convertirse en un fantasma hostil y empezar a molestar a mamá. A causa de todos estos temores, quiere asegurarse de que ella le ayudaría y le protegería.

Richard dice que le gustaría matar a Hitler, al cual sólo quieren los alemanes malos; pero *M.K.* está naturalizada, de manera que ya no es alemana. Se dirige afuera, y mirando a las nubes, dice que el cielo está "salvaje". Se saca entonces una costra del brazo y éste le empieza a sangrar. Comenta que le gusta chuparse la sangre, la cual ha probado chupando su pañuelo. Tiene un color rojo saludable, ¿verdad? Pero en seguida se queda preocupado por haber perdido un poco de ella y una vez más desea saber si se trata de sangre saludable.

M.K. interpreta que siente que ha matado dentro de sí mismo al papá-Hitler, y que ahora no sabe si la sangre que le sale es la suya o la de él; es decir, si está perdiendo sangre buena o mala. Luego, refiriéndose una vez más al sueño de Adán y Eva, le pregunta en qué posiciones estaban los dos.

Richard contesta: "Estaban acostados de espaldas y se estaban abrazando. Eran muy buenos".

M.K. le recuerda que el día anterior dijo que eran "horribles"; pero como pensar en las cosas que papá y mamá hacen con sus órganos sexuales le resulta tan doloroso, y le asusta tanto, desea pensar en ello como si se tratara de algo lindo, aunque no logra hacerlo.

Richard protesta y dice que sus padres no tienen relaciones sexuales, pues no han tenido ningún hijo desde hace muchos años. Entonces vuelve a irse afuera, mira a su alrededor y habla del paisaje. De vuelta en la habitación, se refiere a su dibujo otra vez y dice que los dos cañones del avión apuntan hacia arriba, y que son los pechos de mamá que alimentan a los niños.

M.K. interpreta que lo que acaba de decir demuestra que piensa que los pechos no son buenos y celestes, sino peligrosos, como los cañones.

En esta sesión, Richard trata constantemente de ver todas las cosas buenas. Por esto corrige el sueño de Adán y Eva. A veces está muy silencioso, pensando profundamente; pero a pesar de los largos silencios, el afecto y la ternura que siente por *M.K.* se manifiesta una y otra vez, aunque no sea con palabras. El deseo constante que tiene de agradarla se puede ver, por ejemplo, en la manera como escucha sus palabras, y en cómo trata de dibujar y de cooperar con el análisis de la mejor manera posible. También intenta inhibir la preocupación y el miedo que le ha producido el avión estrellado, para de esta manera no tener preocupaciones por ella. Repite además varias veces, expresándolo vivamente, el deseo que tiene de matar a Hitler para protegerla a ella, y resulta evidente que se niega a ir a escalar la montaña con los otros muchachos, para evitar tener que pedir otra vez que *M.K.* le dé una hora mas tarde.

Además, parece sentir durante toda la sesión la sensación de algo extraño e incluso misterioso, debido a lo tarde de la hora, a la tormenta y la lluvia. Repetidas veces se queda escuchando el sonido del viento, con una mezcla de emoción y de miedo. En una oportunidad hace un dibujo de sí mismo, con las piernas muy largas.

SESION NÚMERO OCHENTA Y SIETE (Jueves)

Richard espera a *M.K.* en la esquina. Repite que ha decidido no ir a escalar la montaña con los otros muchachos para no cansarse, pero parece estar desilusionado. De repente dice que tiene dolor de muelas, pero inmediatamente después trata de negarlo, añadiendo que en seguida se le va a pasar. Transcurrido un momento, sin embargo vuelve a repetir que le duele el diente, pero le pide a *M.K.* que le prometa no contárselo a mamá, pues teme que de hacerlo se lo saquen. Está muy preocupado por ello, a pesar de que dice que el dolor es leve. Se toca repetidas veces las encías, y trata de darse ánimo, diciéndole a *M.K.* que no se trata de un diente viejo, sino de uno nuevo que le está creciendo. Una vez más admite luego que debe tratarse de una caries, y luego dice que los dientes nuevos están, en cambio, en buenas condiciones.

M.K. interpreta que si se niega a ir de excursión, no es sólo porque no quiere pedirle sesión de tarde, sino también porque el dolor de muelas que siente está asociado a los miedos que tiene por su órgano sexual. Escalar la montaña es para él como escalar dentro de ella y de mamá con su pene; y teme no poder hacerlo por no estar su órgano sexual en buenas condiciones (el diente).

Se refiere también *M.K.* a que en la sesión anterior dijo que su padre estaba muy cansado, y a la tristeza que esto le causa; e interpreta que para él esto significa que también el pene de su papá está dañado y roto, que él es el culpable de ello y que por esto el suyo propio sufriría la misma suerte de introducirlo dentro de mamá; es más: llega a pensar que merece ser roto, pues está mal el querer despojar a papá de mamá.

En la sesión anterior, además, hizo un dibujo de sí mismo con las piernas muy largas; esto significa que se ha convertido en papá, y que si es potente, ello se debe a haberle quitado a éste su órgano sexual. Además, tal como lo ha sentido en otras ocasiones, piensa que ha incorporado dentro de sí a su padre, el cual está ahora cansado y enfermo; y por esta razón él mismo se siente cansado a su vez. También tiene dentro de si al papá-Hitler malo, y ayer golpeó mucho a Hitler; cuando se rascó el brazo para sacarse la costra, haciendo que le sangrara, le pareció que la sangre de Hitler y la suya se confundían, lo cual significa que el Hitler que tiene adentro estaba dañado y sangrando.

Richard dice que le gustaría poder obtener algunos caramelos de la tienda del Sr. Evans; entonces mordería un pedazo, el diente se pegaría a él y se le saldría. O si no, podría ser mal educado con Oliver, su enemigo; éste le contestaría golpeándole en la mandíbula, y el diente se le caería.

M.K. interpreta que siente como si su propio órgano sexual, ahora representado por el diente, estuviera mezclado con el de su padre: el caramelo que quiere que el Sr. Evans le dé. Como muchas veces lo ha demostrado ya, desearía poder chupar y comerse el genital de papá (últimamente la langosta). Pero si perdiera el diente de esta manera, el responsable de arrancar los dos genitales juntos, no sería él sino el caramelo, o mejor dicho, su padre.

Richard empieza a jugar con los juguetes. Sobre el tractor coloca la muñeca que representa a *M.K.*, y frente a ella, la que representa a su madre. Están hablando juntas.

M.K. le pregunta de qué hablan.

Richard dice que están discutiendo para decidir si le deben sacar el diente o no... Luego hace que el tractor siga de cerca al tren eléctrico.

M.K. dice que el tren eléctrico, que a menudo le representa a él, les está observando a ella y a mamá y se está juntando con ellas. Le dice, además, que las dos mujeres que están en el tractor también son dos personas que se hallan dentro de él -ya sea la mamá buena y la mamá mala, o papá y mamá-. Duda que la mamá interna, la *M.K.* interna o sus padres internos, sean buenos realmente con él, y por esto es por lo que a veces tiene poca confianza en ella y teme que delate sus secretos.

Richard hace que la locomotora del tren de carga corra entre la bolsa de los juguetes y la cartera de *M.K.*; comenta que se está moviendo sola, y le pide a *M.K.* que la sujete, poniendo un dedo delante de ella.

M.K. interpreta que la máquina es su pene, que ahora se mueve solo, lo cual quiere decir que él no es responsable de lo que hace; y que se está metiendo dentro de su órgano genital, el cual está representado por su dedo. También desea que ella le toque el pene con la mano; y al mismo tiempo le gustaría que ella detuviera su órgano sexual para impedirle penetrar en su cuerpo.

Richard coloca los banquitos en dos grupos y dice que uno de ellos está formado por los órganos sexuales de papá, del Sr. K., el Sr. Smith, Hitler, Goering, Paul y Hitler, siendo el de éste el más grande (un cubo de madera muy grande). En el otro grupo se encuentra su propio órgano genital, y elige para representarlo el banquito más bonito: uno cubierto con piel, que a él le gusta en forma particular. Con él hay tres órganos masculinos más: uno es del papá bueno y el otro del Paul bueno, pero no sabe a quién pertenece el tercero. Entonces empieza a arrojar los bancos de un lado a otro, en forma alternada. Varias veces mata así a sus enemigos, pero éstos parecen volver a cobrar vida otra vez. Al final, dice que su lado ha resultado victorioso.

M.K. interpreta que los bancos no sólo representan los órganos sexuales, sino además a las personas mismas que los poseen. El juego significa por eso la muerte del papá malo.

Richard se queda muy impresionado durante un momento, y genuinamente asustado dice: "Sería espantoso que papá se muriera"... Un poco más tarde, coge el palo grande y lo tira contra los genitales enemigos, diciendo que es un arma secreta. En esta parte del juego se muestra muy agresivo, hace mucho ruido, y llega casi a romper los bancos.

M.K. interpreta que "el arma secreta" (de la cual se hablaba mucho en aquellos días), es el papá-genital internalizado y potente (la langosta de las últimas sesiones), que él usa ahora tanto en contra de sus enemigos externos como de los internos.

Mientras lucha con los banquitos, Richard dice: "Pobre cuarto de juegos; pronto estará reducido a ruinas".

M.K. interpreta que la habitación la representa a ella, a quien va a destruir por marcharse. Se refiere a los restos del avión que vio el día anterior y al autobús enclenque, y dice que teme que de atacar al Sr. K. malo que hay dentro de ella, y al papá-Hitler malo que está dentro de mamá, también las destruya a ella y a mamá. Pero, de todas maneras, siente que debe destruir a estos hombres, pues de no hacerlo, serían ell os quienes las dañarían.

Richard se ha puesto extremadamente excitado y agresivo; está todo rojo y a veces rechina los dientes. Volviéndose hacia la mesa, coge los juguetes y construye la parada del autobús donde vive su niñera. Los autobuses están representados por el tractor, el vagón de carbón, la locomotora del tren de carga y el tren eléctrico. Todos van en direcciones diferentes. El propio Richard va de un lado a otro en el tren eléctrico (que ahora es un autobús). Cada vez que se encuentran estos diversos vehículos, emite sonidos de enojo, pero evita que choquen. Mientras juega, habla además de las cobradoras y dice que además de las tres en las que tanto se interesa, hay otra, y que todas son muy buenas, agradables y educadas.

M.K. interpreta que las diversas rutas que está indicando se refieren a sus viajes entre "X" e "Y"; pero que además representan a las distintas cobradoras que tanto le dan que pensar últimamente, junto con ella, mamá y su niñera. La parada de autobús es también el interior de *M.K.*, de mamá, y de las demás mujeres, mientras que los autobuses representan a los hombres: papá, Paul, el Sr. K. y el Sr. Smith, quienes, a pesar de estar aún en desacuerdo, se han convertido en gente menos destructiva y tratan de evitar tener choques entre sí. En el juego anterior de los bancos, en cambio, se mataban unos a otros. Esto quiere decir que ahora tiene más en cuenta al papá y al Paul buenos, y que éstos se encuentran más juntos a los malos. En el juego anterior, cada parte trataba de destruir a la otra, y sentía que debía de exterminar completamente al Hitler-papá, que era completamente malo, al sinvergüenza Sr. Smith y al espía extranjero que es el Sr. K. (nota 1).

Richard hace mover el tren eléctrico, dejando los demás vehículos de lado, y mientras lo hace canta suavemente algunas piezas musicales. También coge las dos llaves (que representan a él y a *M.K.*), las saca del llavero y hace que bailen juntas.

M.K. interpreta que ahora está con la *M.K.* externa y que se siente completamente feliz con ella, cosa que se puede ver en las llaves que bailan juntas fuera del llavero, el cual antes representaba su interior y el de ella. También puede ahora estar solo y sentirse contento, cosa por la cual canta cuando el tren eléctrico corre solo.

En un momento anterior de la sesión, Richard preguntó si su corbata estaba bien atada, cosa que vuelve ahora a preguntar. Al salir, cuando va camino del pueblo con *M.K.*, se encuentra con la Sra. Wilson, quien le dice que los dos muchachos han decidido finalmente escalar la montaña, y que están a punto de salir. Richard se queda unos momentos indeciso; quiere ir con ellos, pero hacerlo significa retrasar la ida a su casa. Finalmente decide marcharse a ésta, decisión sobre la cual influye, sin duda, el deseo de ver a su padre.

Al principiar la sesión, Richard se mostraba tímido, angustiado, y lleno de temores hipocondríacos. No podía dejar de hablar de su diente, pues estaba muy preocupado por él. Durante el transcurso de la hora, las interpretaciones le van llevando a cobrar una mayor vivacidad y agresividad, llegando ésta a manifestarse en forma muy destructiva en el juego con los banquitos. Al jugar con los autobuses todavía está acalorado y a veces rechina los dientes, manteniéndose en un estado de falta de cooperación y de manía. Resulta entonces evidente que está tratando de controlar su agresividad, e intentando encontrar una solución mejor a sus problemas, cosa que se muestra, por ejemplo, cuando se trata cuidadosamente de evitar el choque de los autos. Esta restricción de la agresividad se debe, en parte, como se ve en las últimas sesiones, al deseo de separarse de *M.K.* en forma amistosa; y en parte a la tremenda angustia que le provoca la posibilidad de dañar a su padre. Pero la lucha interior es muy fuerte, y sólo puede manejarla poniendo todo su esfuerzo en lograrlo. Lo cual indica que su yo está cobrando más vigor, y que, además, es capaz de hacer una pausa estando a solas con *M.K.*, durante la cual puede sentirse relajado y feliz (las dos llaves que bailan juntas).

Nota de la sesión número ochenta y siete.

I. Ya señalé antes que Richard es ahora más capaz de hacer una mayor integración y de sintetizar más sus objetos; la mamá idealizada celeste está más cercana a la mamá "bruta malvada". Ahora parece estar llevándose a cabo el mismo proceso en relación con el padre, lo cual quiere decir que el odio se va mitigando por el amor, y que las figuras fantaseadas excesivamente malas, se encuentran más unidas a las imágenes reales. Es significativo ver como este desarrollo va unido a una mayor capacidad para encontrar sustitutas tanto de la madre como de la analista, cosa que demuestra en el gran interés que siente hacia las cobradoras del autobús. Anteriormente no parecía sentir más que desprecio hacia las mujeres que no fueran la mamá ideal, *M.K.* o su niñera. Como ya comenté anteriormente, esta creciente capacidad de aceptar figuras sustitutas, indica que ha dado un paso hacia una liberación cada vez mayor de los lazos que lo atan a su madre.

Pero aspecto de este desarrollo lo constituye el que, a pesar de su agresividad y de las ansiedades relacionadas con el padre enfermo, y posiblemente moribundo, se expresan ahora en forma mucho más plena el amor que le tiene y la tristeza que su enfermedad le causa.

SESION NÚMERO OCHENTA Y OCHO (Viernes)

Richard llega un poco tarde, se sienta, mira a *M.K.*, y sacando del bolsillo una pequeña piña, dice que es la primera que ha encontrado este año. Cree que puede ayudarles en el trabajo y por eso la ha traído. Resulta evidente que desea que *M.K.* alabe la forma que tiene y que además la use para el análisis. La segunda cosa que saca del bolsillo es una amapola. La coloca al lado de la piña, la prueba un poco y luego, diciendo que es venenosa, tira tanto la amapola como la piña... En este momento se produce una interrupción, pues llega un hombre para tomar nota del medidor de la luz. Mientras el hombre está en la cocina, Richard dice en voz baja: "Un papá intruso", pero la reacción a esta perturbación es de naturaleza mucho menos persecutoria que la que tuvo cuando vino otro a arreglar la ventana (sesión cincuenta y cuatro). Sin embargo, en cuanto el hombre se va, pide a *M.K.* que le ayude a oscurecer la habitación. Enciende la luz y la estufa, y tras comentar que está todo muy recogido, parece quedarse muy contento.

M.K. interpreta que ha bajado las persianas y encendido las luces, en parte para mantener afuera a los intrusos; pero que también está tratando de esta manera de no ver la lluvia, a la cual tanto odia (afuera, en efecto, está diluviando). También le interpreta el deseo que tiene de ayudar a su análisis en todo lo que sea posible, razón por la cual ha traído la piña y la amapola. La piña representa su órgano sexual, cuya forma desea que ella alabe. Y la amapola venenosa es el órgano sexual de papá comido, la langosta atractiva, pero finalmente venenosa, y el arma secreta que apareció en la sesión anterior. Siente que este papá-genital internalizado ha quedado mezclado con el suyo propio, y quiere escupirlo y satisfacerse en cambio con su propio pene, que es más pequeño y menos dañino. Sin embargo, parece sentir que no puede separar uno del otro, y por esta causa ha tirado tanto la amapola como la piña (nota 1).

Richard mira el mapa y habla un buen rato sobre la situación de la guerra. Está preocupado por los rusos, pero espera que puedan mantenerse en sus posiciones. Al parecer va a haber una campaña de invierno. Después, con un lápiz, sigue la ruta que lleva desde Gran Bretaña hasta Alejandría. El es un comerciante (y hace además ruidos de barco), que lleva un cargamento de comida, municiones y cañones. Hace señales de lápiz en el mar (que borra al finalizar la sesión) y dice que está barriendo las minas que hay en él. Es una lástima, comenta, no poder ir a Rusia por el Mar Negro, pues los franceses han colocado minas en él. Es terrible pensar que los antiguos aliados se hayan vuelto en contra de nosotros.

M.K. interpreta que el estar barriendo las minas del mar simboliza estar limpiando su interior y el de mamá de los órganos genitales peligrosos y de "lo grande" que los malos aliados han puesto dentro de ellas; es decir, que él y papá han colocado allí. Tras sacar a éstos, puede poner adentro su pene bueno, que es lo que representa la mercancía que el comerciante lleva. El pene bueno quiere hacer bebés y además protegerlas a mamá y a ella del papá malo, y por esta causa es por la que también lleva municiones en la carga.

Richard empieza a dibujar. Hace un mapa y en él dibuja al comerciante que va a Alejandría, así como también los movimientos de los barcos enemigos. Terminado el dibujo se queda muy pensativo. Comenta que ha estado pensando mucho sobre la continuación de su análisis, y una vez más pregunta si en caso de morir ella en Londres en un bombardeo, podría alguna otra persona continuarlo. (La manera como habla indica que está aclarando el problema en forma bastante madura y racional.) Dice que por esta causa quiere ir a Londres; su madre le ha escrito una carta ¿no?, pues la ha visto sobre la mesa. ¿Qué es lo que le dice en ella? (Su curiosidad parece mucho menos intensa de lo que ha sido en ocasiones anteriores.)

M.K. le contesta que, en efecto, ha recibido una carta, en la cual mamá le habla de la manera en que está organizando su educación, de acuerdo con lo que discutieron con anterioridad.

Richard contesta que el arreglo es que tenga lecciones dos horas por día, y que se alegra de que no sean más. También menciona las clases de música. (Su madre estaba dudosa sobre si él aceptaría, pues se opuso a tener clases de francés ni de nada adicional a las dos horas diarias.)

M.K. le pregunta si le gustaría tomar lecciones de música.

Richard dice que cree que sí, pero que hace mucho que no las tiene.

M.K. le recuerda que en una sesión reciente el piano representó el interior de ella y de mamá y que tras aquella sesión sus temores disminuyeron. En vez de temer, como lo hacía antes, encontrar dentro de ella. a muchos bebés muertos (las moscas), ahora tiene más esperanzas de que haya bebés vivos, a los cuales representan los sonidos lindos. También puede haber disminuido el temor que le tenía a la aterradora bandera británica, la cual representaba el genital pulpo de papá, que se abalanzaba sobre él.

Richard está muy pensativo, y dice que en realidad le gustaría no tener que hacer nada en absoluto. Lo más divertido es no hacer nada. Pero al decir esto está muy triste, y sólo pretende que se divierte. Luego, tras una larga pausa, y expresando lo que parece ser una decisión a la cual ha prestado mucha consideración, dice que lo que quiere es ir a Londres para continuar el análisis con ella. También desea ir porque tiene muchas ganas de conocer esta ciudad, pero esto no es tan importante. Lo importante es seguir con "el trabajo". Teme, si no lo hace así, no poder seguir "manejándolo" como lo hace ahora. Como cree que es algo muy especial para él, no le importa correr el riesgo de ser bombardeado. *M.K.* por su parte, no vivirá en el mismo Londres, ¿no? ¿No podría él entonces vivir donde viva ella? ¿No puede ella arreglar algo en este sentido? ¿No puede, por favor, escribir a mamá apoyando esta idea suya? Porque cree que mamá no lo hará si sólo él se lo pide, pero en cambio si la escuchará a ella. Además si los rusos logran detener a los alemanes, quizás el peligro no sea tan grande después de todo, y parece ser que lo están haciendo (nota II).

M.K. le pregunta entonces si ha tenido en cuenta que esto significaría estar alejado de su madre bastante tiempo, y que lejos de su casa se sentiría muy solo.

Richard contesta que lo podría soportar si ella le ayuda con el análisis. No quiere esperar hasta que termine la guerra; en caso de que ella fuera bombardeada o se muriera, podría continuar entonces con el analista que ella ha indicado, ¿no?

También quizá fuera posible que mamá se fuera con él si papá siguiera recobrándose tan rápidamente como lo está haciendo ahora. ¿Le ayudará? ¿Le promete ayudarle?

M.K. contesta que no puede realmente aconsejar a su madre que haga tales arreglos en este momento. Le ha dicho, en forma definitiva, que debe continuar con el análisis en cuanto ello sea posible, pero ahora parece estar fuera de toda posibilidad que él vaya a Londres, pues el riesgo es demasiado grande. Luego le pregunta qué es lo que teme cuando se refiere a "perder el manejo" que ahora tiene del análisis.

Richard contesta que no puede explicar exactamente lo que quiere decir, pero que sabe que ha ganado algo que teme perder. Ahora se siente mucho mejor de lo que se sentía antes de comenzar el trabajo. Y enumera algunos de los beneficios que éste le ha dado: está menos preocupado, tiene menos miedo a los niños, está en condiciones de recibir algún aprendizaje, etcétera.

M.K. se muestra de acuerdo con que éstos son los verdaderos beneficios que quiere conservar, pero le sugiere que no sólo se refiere a ellos, sino además, a la mayor seguridad que tiene en si mismo, pues siente que tiene dentro de sí a la mamá celeste, a la mamá buena. Esta está ahora representada por ella, la cual, en su mente, le protege contra los bebés malos y dañados y contra el genital malo de papá que siente que tiene adentro. Y también le ayuda a controlar sus propios deseos de odio y de celos que le destruirían de llegar a él a destruir a la mamá buena junto con la mala. Ahora teme perder a esta mamá buena si el análisis termina. Tras decirle esto, *M.K.* le pregunta cuándo llegó a la decisión de irse a Londres con ella.

Richard contesta que piensa en ello desde hace mucho tiempo, pero que hasta ahora no se había podido decidir.

M.K. le dice que antes nunca había expresado estos deseos en forma tan directa[6].

Richard contesta que algunas cosas le gusta pensarlas solo antes de hablar de ellas, pues quiere asegurarse de que no hagan daño cuando las diga. También le gusta que sus pensamientos salgan como una gran corriente y no como un pequeño reguero. En el transcurso de esta conversación, mira el mapa y se refiere a Kiev, la cual está rodeada pero defendiéndose bien, igual que la valiente y pequeña Tobruk.

M.K. interpreta que se trata de él mismo, que a pesar de ser un niño la quiere proteger a ella en Londres contra el poderoso Hitler; ésta es una de las razones por la cual quiere marcharse con ella. Ya al principio del análisis sintió que arriesgaría gustoso su vida con tal de proteger a mamá del vagabundo que luego resultó ser el papá-Hitler.

Durante esta sesión Richard apenas presta atención a los transeúntes y puede verse que, en términos generales, la ansiedad persecutoria ha disminuido. Aun tras la declaración de *M.K.* de que le resulta imposible apoyar la idea de que vaya a Londres por el momento, lo cual sin duda constituye para él una desilusión, no parece sentirse perseguido. Podemos llegar pues a la conclusión de que la determinación de compartir los peligros con *M.K.*, de protegerla y de mantener vivos tanto a ella como el análisis (lo cual también significa mantener viva la posesión de la madre buena), es lo que contrarresta y disminuye en esta sesión los temores a la persecución, tanto interna como externa. La decisión a la que Richard llega también implica que tiene una buena capacidad creadora, cosa que demuestra cuando juega a ser un comerciante que lleva mercancías -es decir, bebés- y que para hacerlo es capaz de enfrentar una gran cantidad de peligros.

---

[6] Estos pensamientos pueden verse fácilmente en el material cuando, por ejemplo, al jugar con los trenes, Richard sigue a *M.K.* a Londres; o cuando el tren eléctrico, que le representa a él y que contiene a *M.K.*, se va a esta ciudad.

Notas de la sesión número ochenta y ocho.

I. La necesidad que tiene Richard de liberarse del pene internalizado de su padre, el cual siente que está mezclado con el propio, significa que está dando pasos hacia la adquisición de una personalidad independiente. Esto implica conseguir una relativa libertad del padre internalizado, así como también de la madre, los cuales el sujeto siente que son malos, o que gobiernan su propio yo. Aun el objeto bueno, cuando éste es demasiado exigente o controlador, se convierte en uno malo y perseguidor, y de ahí nace la necesidad de deshacerse de él, el cual, si antes era bueno, se ha convertido ahora en malo. En *El psicoanálisis de niños* (capítulo XII), he señalado ya que en la mente del hombre el pene viene a representar su yo. Y en cuanto al tema del objeto bueno que se transforma en perseguidor si ejerce demasiado control y hace demasiadas demandas, lo tengo elaborado en "Contribución a la psicogénesis de los estados maníaco-depresivos" (1935).

II. Estoy convencida de que Richard ha pensado cuidadosamente las sugerencias que me hace. Creo que, en efecto, hubiera venido a Londres a continuar su análisis, si su madre se hubiera mostrado de acuerdo con ello y hubiera hecho los arreglos necesarios. Esto es sorprendente, si tenemos en consideración las extremas ansiedades que sufre este niño tan asustado y neurótico, quien hace sólo unos meses no se atrevía a encontrarse en la calle con otros niños. En términos transferenciales, podemos decir que vivencia hacia mí sentimientos positivos muy intensos, a pesar de que, tal como puede verse por el material, ha tenido también muchas oportunidades de analizar los negativos. (Estos dos factores se encuentran naturalmente interrelacionados.) Sin embargo, este fortalecimiento de la transferencia positiva, es también un índice de la existencia de ansiedades internas y de desconfianza, así como también de la necesidad que tiene de idealizar a la madre; a pesar de lo cual ha podido establecer dentro de si, hasta cierto punto, el objeto bueno, y mediante el análisis ha reforzado considerablemente la relación interna positiva. Por esto es por lo que se siente más seguro. En otra parte he comentado ya ("Sobre la teoría de la ansiedad y la culpa", 1948) que durante la guerra aun los niños expuestos a los mayores peligros pudieron soportarlos adecuadamente cuando la relación con sus padres (o incluso con la madre, si estaba ausente el padre) era lo suficientemente segura. De esta observación y de otras, pude sacar la conclusión de que los peligros externos se pueden soportar bien si el objeto interior está lo suficientemente establecido. Expresé también el punto de vista -que incluso se refiere a Richard-, de que a pesar de que tenemos que admitir que los niños puedan no darse una idea total del grado de peligro externo que tienen que enfrentar, esta idea no debe de exagerarse. Los niños de Londres, desde luego, se dieron bien pronto cuenta de los peligros que debían de enfrentar en sus vidas cotidianas.

SESION NÚMERO OCHENTA Y NUEVE (Sábado)

Las notas que tengo de esta sesión son bastante cortas, lo cual se debe en parte a que Richard trajo poco material ese día. Durante la sesión hace largos silencios, y resulta evidente que se encuentra bajo el pleno impacto de la depresión precedente a nuestra separación. Sin duda alguna, además, el negarme yo en la sesión anterior a apoyar su proyecto de venir conmigo a Londres, ha hecho que aumenten la depresión y la ansiedad que siente por mi ida. Está diluviando, lo cual también constituye una causa de depresión para Richard, aunque ya en ese momento lo sea en menor grado que antes. *M.K.* tiene puesta una capucha impermeable.

Al encontrarse con ella delante de la casa, Richard comenta que está muy bonita, y añade que aunque tiene un aspecto muy dulce, no es el aspecto que puede tener una joven, sino más bien una anciana. Inmediatamente pregunta si le importa que le diga esto, y si se siente herida. También le pregunta si después de la sesión irá al pueblo (cosa de particular interés para él, ya que hoy es uno de los días en que se va a su casa en al autobús y que, al volver *M.K.* de sus compras, pasa por la parada y puede decirle adiós con la mano)... Luego dice que no quiere ver la lluvia horrible que cae y pide a *M.K.* que le ayude a bajar las persianas. Tras ello enciende la luz y la estufa, y comenta que ahora el cuarto ha quedado agradable y acogedor.

M.K. le recuerda que el día anterior tiró afuera al papá-genital venenoso (la amapola), y que la "horrible lluvia" ha estado a menudo asociada en su mente con la orina mala que el genital produce. Quiere mantener este genital malo fuera de sí y también de ella, para poder luego sentir que pueden estar juntos sin que les perturbe la relación el Hitler malo interno. También quiere tener para sí a mamá sola, y no mezclada con papá, para de esta manera poder tenerle plena confianza (nota 1).

Richard dice que sabe que la noche anterior *M.K.* telefoneó a su madre, y le pregunta de qué hablaron. (Su madre, como de costumbre, se lo ha dicho todo.)

M.K. contesta que se refirieron a su deseo de continuar el análisis lo más pronto posible, cosa sobre la cual está ella de acuerdo. Pero tanto ella como mamá llegaron a la conclusión de que está definitivamente fuera de toda posibilidad hacerlo durante el invierno que comienza.

Richard queda evidentemente desilusionado, pero al mismo tiempo siente alivio al oír a *M.K.* hablar en términos tan definitivos. Resulta fácil ver que el resultado de la conversación le alivia de las dudas que tenía sobre si hacer o no lo que había pensado. Mientras *M.K.* le explica todo esto, hace maniobras con la flota británica, calcando los barcos sobre el mapa que hizo el día anterior y que hoy ha ampliado. Una de las cosas que ocurren es que un barco, que viene de Alemania, logra pasar a través de Gibraltar por la noche y es hundido mediante minas en el Mediterráneo. La descripción de estas maniobras de la flota ocupa una gran parte de la sesión.

M.K. interpreta que el Mediterráneo representa ahora a Londres, y que está mostrando el miedo que tiene por lo que le puede pasar a ella en esta ciudad. Se refiere al material de los últimos días, en el cual bombardeó varias veces el tren en el que viajaba, y le recuerda la ocasión en que tiró la pelota más grande (que representaba al Sr. Smith) tras la más pequeña, que era el tren.

Richard menciona un sueño: *El y M.K. se meten en un autobús y descubren que no hay en él ninguna cobradora y que el autobús está vacío. También hay un auto con alguna gente adentro; sobre el asiento está acostada una niña. El auto es muy chato.*

M.K. le pregunta varias cosas, pero no consigue que Richard asocie nada con el sueño. Le interpreta entonces que el autobús vacío y sin cobradora es él sin análisis y sin la mamá interna buena, y que siente, por lo tanto, que se queda sin nadie que le guíe.

Nota de la sesión número ochenta y nueve.

I. En *El psicoanálisis de niños*, he dado mucha importancia a la figura paternal combinada, la cual, tal como allí sugiero, cumple una parte vital en los primeros estadíos del complejo de Edipo (entre las edades de cuatro a seis meses, aproximadamente). En dicho libro (y en otros trabajos también), llego a la conclusión de que, si la fantasía de esta figura combinada permanece arraigada fuertemente a la mente infantil, llega luego a ejercer una gran influencia, tanto en la sexualidad como en todo el desarrollo del niño. Una de estas figuras fantásticas, consiste en que la madre contiene dentro de sí el pene del padre o muchos de sus penes. Otras observaciones, sugieren que el niño muy pequeño llega hasta fantasear que es el pecho de la madre el que contiene el pene del padre, fantasía que por lo general contribuye a que se perturbe el amor por el pecho y a que disminuya la creencia que el niño tiene en su bondad. Podemos considerar que esta fantasía, relacionada con los objetos parciales, constituye una de las fases de los estadíos más tempranos del complejo de Edipo. Más tarde he llegado a la conclusión de que el breve período (que varía en duración de acuerdo con cada individuo) durante el cual el niño siente que la relación que guarda con su madre y con el pecho es exclusiva, sin que entre en ella un tercer objeto, es de una importancia decisiva para la estabilidad de las relaciones objetales en general, y en particular para el desarrollo de las relaciones amorosas y para el establecimiento de amistades duraderas (véase "Observando la conducta de bebés", 1952).

SESION NÚMERO NOVENTA (Lunes)

Richard está esperando a *M.K.* en la esquina; al llegar ésta, salta hacia ella desde detrás de un árbol y dice que quiere divertirse, pero no logra mantener esta actitud. Pronto adquiere, en cambio, un aire muy deprimido, y aunque no llega a llorar, tiene los ojos rojos. Dice que siente la barriga "tembleque" a pesar de no tener ninguna indigestión, y no se puede explicar de dónde le viene esta sensación. Después añade que es la última semana de análisis. ¿Cuando va a poder ir a verla a su casa? Con esto quiere decir que desearía trabajar allí en vez de hacerlo en el cuarto de juegos.

M.K. interpreta que desea irse del cuarto de juegos, en parte porque quiere terminar el análisis con ella en un lugar (su casa) donde no se haya mostrado destructivo. Esto significa empezar todo de nuevo otra vez, para mantenerla como una mamá viva y buena dentro de si. El mencionar que están en la última semana de tratamiento, expresa además que teme que ella se muera.

Richard hace el dibujo 73. Representa a un avión que vuela hacia Londres, y en el cual van *M.K.* y él. El avión tiene el aspecto de una persona, y Richard señala las ruedas de aterrizaje que están colocadas una tras otra, y comenta que son dos pechos. Luego, tras señalar la parte anterior de la máquina, dice: "Aquí estamos tú y yo sentados juntos". Cuando termina, dibuja el autobús que va a *"Y"*, y pregunta a *M.K.* cuándo va a ir a este pueblo a visitarle. ¿Lo podrá hacer esta semana, cuando él esté en casa? ¿Quizás el sábado? ¡Tiene tantas ganas de que conozca el autobús al cual hace el trasbordo...! ¿Por qué no puede venir a verle a su casa? dice, y le ruega insistentemente que lo haga.

M.K. contesta que lo siente mucho, pero no puede ir; en cambio, cuando se vaya ella a Londres, al pasar por el pueblo donde Richard hace el cambio de autobuses, podrá echarle una ojeada.

Richard se refiere al autobús que ha dibujado, y dice que ha marcado el asiento en el que se sienta por lo general.

M.K. le pregunta por los dos asientos vacíos que se encuentran a su derecha, y por otro, también vacío, que hay en el lado izquierdo.

Richard contesta que el de la derecha es para dos personas: uno para que se sienten papá y mamá, y el otro para ella; tras una pausa, añade: "Y el Sr. K.". El asiento de la izquierda es para Paul.

M.K. interpreta que desea que exista armonía dentro de su familia, y mantener una relación amistosa con ella. Esta es la razón por la cual tanto desea que vaya a ver a los suyos antes de marcharse a Londres. Pero también desea que esta relación amistosa exista en su interior, pues el autobús le representa a él.

Richard coge otra hoja de papel, y se pone a sacar la cuenta de las distintas horas en que *M.K.* podría tomar el tren, de manera de interrumpir el viaje en el lugar donde él tiene que tomar el autobús, y poder verlo. Dice que él también tratará de estar allí a la misma hora, pero que se conforma con que ella vea el autobús aun sin él adentro.

M.K. le pregunta si ese autobús es su favorito, y si lo prefiere al de "X".

Richard contesta que le gustan los dos, pues ambos le llevan a su casa.

M.K. le recuerda que por lo general, y sobre todo los sábados, le ve cuando él está ya sentado en el vehículo antes de salir de "X"; y le interpreta que cuando así ocurre debe de sentir que se la lleva a ella adentro, con él. El querer ahora que por lo menos vea el otro autobús, el cual está más cerca de su casa y ella nunca ha visto, se debe a que esto significa para él que venga aun más cerca de él de su niñera y de su familia.

Richard hace el dibujo 74. Comenta que se trata de una vía de ferrocarril, y pasa el lápiz repetidas veces sobre ella, diciendo que es un tren que está de viaje. Menciona, además, que le gustaría ser explorador y leer libros de viajes.

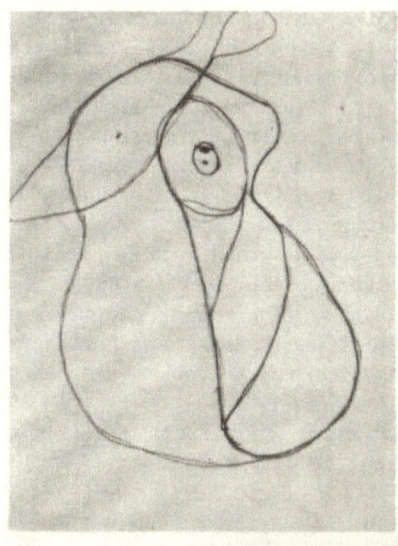

74

M.K. interpreta que está explorando el interior de mamá (ahora de ella) y le indica que la vía del tren que ha dibujado tiene la forma de un cuerpo femenino.

Richard sigue haciendo que el tren (el lápiz) pase por sobre la línea. Tras la interpretación de *M.K.* señala el círculo situado en la parte superior de la hoja, y dice que es el pecho. El círculo menor es el pezón. De repente mete el lápiz dentro de él con un salto, y hace el punto del medio, pero se controla inmediatamente para no hacer más puntos, en un esfuerzo evidente para no destruir el pecho y el cuerpo de *M.K.* Tras esto hace otro dibujo: dos aviones alemanes que están en tierra y otro más que se encuentra en el aire, son destruidos por dos británicos, que les representan a él y a *M.K.* que están juntos en Londres. Luego hace el dibujo de un barco de guerra japonés[7] al cual está torpedeando el *Salmon*. Decide de repente dibujar los marineros y la caldera del barco, y aunque al principio dice que el submarino es *M.K.*, se acuerda luego de que el *Salmon* siempre le ha representado a él. Entonces dice que *M.K.* es el pez que está sobre el barco y que se encuentra segura en el lugar donde está. Una estrella de mar que está situada a la derecha del *Salmon* representa a mamá. y tanto ella como *M.K.* están ayudándole en la lucha contra los japoneses. No sabe quién es un pez que está en un ángulo y al cual por poco le clava las tenazas un cangrejo; pero logra cortar las tenazas a tiempo para que el pez pueda huir.

M.K. interpreta que está aterrado pensando que ha destruido tanto a ella como a su pecho al explorar su cuerpo (tal como se ve en el dibujo 74), pues está muy enfadado por tener que perderla. Este enfado le hace además

---

[7] Desgraciadamente se han perdido algunos de los dibujos de esta sesión.

revivir el que sintió cuando su madre le dejó de amamantar, en cuya ocasión Richard le atacó el pecho mentalmente. En el dibujo del barco japonés, él se une a *M.K.* y a mamá en contra del papá-Hitler malo, para que *M.K.* pueda estar a salvo en Londres. Pero Londres es también la mamá atacada, a la cual protegen los dos aviones británicos, que son él y *M.K.* El *Salmon* es tanto *M.K.* como Richard (ya sea Richard dentro de *M.K.* o *M.K.* dentro de Richard), mientras que el pez que está en el ángulo también representa a *M.K.* y a mamá, atenazadas por el órgano genital malo externo e interno, y a quienes Richard cree también haber atacado. De ahí los puntos que empezó a hacer en el dibujo 74. Este ataque se da simultáneamente al esfuerzo que hace por salvar a las dos.

Richard habla otra vez de la cobradora bonita, diciendo: "por nada del mundo me quedaría con ella". La que es menos bonita es mucho mejor.

M.K. interpreta que quizás ahora le gusta más ella que mamá, a pesar de que es menos bonita que ésta. Y que en otras épocas quizás haya querido a su niñera más que a mamá, aunque ella también fuera menos bonita.

Richard contesta que esto no puede ser: nunca ha querido a su niñera más que a mamá. Pero tras reflexionar un rato, dice que, en efecto, puede haber sido así en el pasado.

M.K. le pide entonces algunos detalles del sueño que le relató la sesión anterior. ¿Por qué se bajó del autobús al ver que no había ninguna cobradora adentro?

Richard contesta que porque era *muy imponente, muy fantasmagórico .El autobús aminoró la marcha cuando él tocó el timbre y saltó de adentro cuando todavía estaba en marcha. Se alegró entonces al ver que estaba allí la Sra. de Wilson, quien lo llevó a casa. La gente del autobús le hace recordar a unas personas que vivían en el hotel.*

M.K. le pregunta si esas personas habían sido buenas con él. Richard contesta que muy buenas; le querían y eran agradables, y al irse le regalaron media corona.

M.K. le pregunta si le parece que le hubieran cuidado de quedarse él solo. En el sueño, al descubrir que el autobús no tiene cobradora, se siente contento de que la Sra. de Wilson se lo lleve a su casa.

Richard contesta que, en efecto, la gente del hotel le hubiera cuidado, pues le querían mucho.

M.K. le pregunta entonces sobre la niña del sueño: ¿dónde estaba acostada?

Richard contesta que al lado del hombre, pero que en seguida se transformó en un perro spaníel, "como Bobby".

M.K. le pide que le hable del auto chato; pero no consigue que Richard asocie nada con él. Le sugiere, entonces, que tanto la gente del auto como la Sra. Wilson, que se lo llevó a casa, representan la familia nueva que espera encontrar en caso de perder la suya propia. Este temor ya antiguo de ser echado de casa, o de perder a su familia al morirse ésta, surge ahora otra vez relacionado con la pérdida de ella. La niña puede entonces representar a una hermana que le hubiera gustado tener. Y como se transforma en Bobby, ello significa que la hubiera querido tanto como quiere al perrito.

En el transcurso de esta sesión Richard apenas hace caso a los transeúntes. Está muy triste. Una o dos veces apoya la cabeza en el brazo que tiene sobre la mesa, y parece no saber qué hacer consigo mismo. Se hace muy evidente que desea que *M.K.* le acaricie y le mime, y en una oportunidad llega a decir que le gustaría acariciarla a ella, pero que teme que a ella no le guste. Repetidas veces coloca la mano sobre su brazo o su mano y repite que no quiere que se vaya. Una vez fuera del cuarto de juegos, vuelve a decir que es una lástima que se marche.

M.K. le contesta que siente mucho tener que marcharse. Le habría gustado mucho poder continuar con su análisis y con el de los demás pacientes.

En una ocasión, al preguntarle *M.K.*, como suele hacerlo, por la salud de su padre (probablemente en relación con el estar sentado en el autobús), Richard la mira con una verdadera sonrisa y expresión muy cálida. Ahora, al decirle ella que siente mucho tener que marcharse, vuelve a ponerse más vivaz y contento. En general, parece estar más animado en la segunda parte de la sesión.

SESIÓN NÚMERO NOVENTA Y UNO (Martes)

Richard presenta mejor aspecto, y está más animado cuando *M.K.* le encuentra frente al cuarto de juegos. Parece además estar mucho menos deprimido y desesperado que en la sesión anterior. Comenta que la habitación tiene un aspecto familiar y bueno, y se pone inmediatamente a jugar con los juguetes. Primero saca el tren eléctrico de la bolsa y pone en marcha el columpio (nota 1) y después coloca el camión del carbón y el tractor encima de los vagones del tren de carga. También construye una estación, dejando, entre las dos casas que la representan, espacio suficiente como para que pueda pasar el tren de carga. Este, al principio debe ir a Londres. En él se encuentran *M.K.* y otras personas, y detrás de él sigue el tren eléctrico, el cual lleva a Richard adentro y a su vez lo representa, tal como lo ha hecho en otras oportunidades. Pero pronto decide separar los dos trenes, y los hace correr por vías diferentes. El eléctrico corre por toda la mesa y por detrás de la cartera y la bolsa de M K. Más tarde,

los dos trenes se empiezan a acercar, y están próximos a chocar; pero Richard amplía la estación, y en el momento en que se va a producir el choque, los vuelve a meter en la bolsa. El tren venía de Londres y marchaba en dirección al Oeste, para luego ir de un lado a otro. En el momento en que los dos estaban por encontrarse, Richard emitió sonidos cada vez más enojados, mientras él mismo tomó un aspecto muy agresivo. Durante todo el juego está muy ruidoso y no desea escuchar a *M.K.*, al mismo tiempo lucha fuertemente para controlar el odio que siente y para evitar el "desastre".

M.K. le pregunta para qué son el tractor y el camión de carbón.

Richard contesta que son municiones para la R.A.F. Pero parece que ambos vehículos le molestan, pues cuando uno de ellos se cae del tren, se pone muy contento.

M.K. interpreta que el tractor y el camión son el Sr. K., el Sr. Smith, Hitler, y la gente mala que hay dentro de ella, a quienes él quiere atacar. De hacerlo, sin embargo, arruinaría también el tren de mercancía, el cual representa a la *M.K.* buena; y ésta es una de las razones por las que los ha colocado encima, de manera que puedan ser fácilmente sacados. Por esta causa también, se ha alegrado tanto cuando se han caído del tren.

Richard ve entonces que el Sr. Smith pasa por la calle Se dirige a la ventana y recibe de él un saludo amistoso. Le sigue luego mirando con mucha atención desde detrás de la cortina, como queriendo averiguar cómo es realmente. Pero parece sospechar menos de él y sentirse menos perseguido.

Una vez que el Sr. Smith pasa de largo, Richard coge el banquito que hace poco representó el genital de éste y dice: "Le voy a tirar su propio órgano sexual"; tras decirlo, tira el banco al suelo.

M.K. se refiere otra vez al "arma secreta" (sesión ochenta y siete) diciendo que es el genital-Hitler interno y comido, con el cual él quiere atacar a los hombres que están relacionados con ella y con Londres.

Richard dice que ahora los juguetes representan autobuses, y coloca en una fila el tractor, la locomotora del tren de pasajeros, el tren eléctrico y el camión del carbón. Todos van en diferentes direcciones. Una vez más empieza a hacer sonidos que expresan su mucho enojo, pero en el momento en que el tren eléctrico llega a la parada de autobuses se pone a cantar suave y melodiosamente.

M.K. interpreta que a duras penas puede contener el enfado que siente hacia la gente que está relacionada con ella -sus pacientes, amigos y familiares-, a quienes representó antes por la gente que viajaba en el tren de carga, y después por los diversos autobuses que venían hacia la parada que la representa a ella. Desea intensamente ser el único que esté cerca de ella y por esto está tan enojado y tan celoso de los demás. También quiere poder expresar la rabia que siente, para de esta manera librarse de ella, y poder seguir siendo su amigo hasta que se marche a Londres.

Richard parece no haber escuchado esta interpretación; pero llegado a este punto, afirma una vez más con énfasis que no quiere dañar a *M.K.* de ninguna manera. A pesar de ello, un minuto después tira de la mesa todos los autobuses menos el eléctrico, que le representa a él, y dice que es un "precipicio". Tiene la cara colorada y está muy excitado, pero se queda muy preocupado al ver que a la locomotora se le caen las dos ruedas delanteras, y le pregunta a *M.K.* si está enfadada y si la puede arreglar.

M.K. contesta que la puede, en efecto, arreglar, e interpreta que quiere saber si realmente ha hecho daño a sus hijos y a sus amigos, y en caso de ser así, si ella los puede volver a poner en buenas condiciones y perdonarle por el odio que siente.

Richard se dirige a la cocina, saca varios cubos de agua y comenta que no está muy limpia; pero aparentemente no le importa mucho. Añade que quiere sacar toda el agua para que el tanque se quede limpio. Al hacerlo lo mira atentamente, para ver el remolino que hace el agua al entrar en la cañería, llevándose la suciedad.

M.K. interpreta que está expresando el deseo de limpiar su interior y el de mamá, sacándole "lo grande" malo, los bebés y los órganos sexuales que ambos contienen. Los ataques que llevó a cabo contra ella, representada por el tren de carga, iban predominantemente dirigidos a liberarla del papá-Hitler (las municiones colocadas sobre el tren), para así salvarla y protegerla. Pero además tiene celos de ella, como los tiene cada vez que piensa que papá está en la cama con mamá, mientras que él está solo Por esto ha arrojado los autobuses por el precipicio. Los autobuses rivales, en efecto, representan al papá rival (y también al bueno), a Paul y a los niños que piensa que todavía pueden nacer.

Richard se pone a jugar con el paraguas de *M.K.*: lo abre, lo hace girar y comenta que le gusta. Después lo usa como paracaídas, y hace como que está descendiendo con él. Al mirar la marca que tiene, comprueba con satisfacción que es de origen británico. Después, con él abierto, da vueltas y vueltas y comenta que está mareado y que no sabe a dónde le está llevando. También repite muchas veces "que el mundo entero se está dando vuelta". Finalmente deja caer el paraguas suavemente, dice que una vez más es un paracaídas y que no está seguro de estar descendiendo bien. Le cuenta además a *M.K.* que un día que hacía mucho viento se puso a jugar con el mejor paraguas de su madre, usándolo como paracaídas, y se lo estropeó por completo; su madre se quedó entonces "muda de rabia".

M.K. interpreta que el paraguas es su pecho. El ser inglés significa que es un pecho bueno y que el de mamá también lo es. Tiene dudas, sin embargo, sobre su contenido, pues no sabe si dentro de ella hay un Sr. K. bueno o uno malo. El paraguas abierto representa el pecho, pero como el mango representa el genital del Sr. K., no sabe si al incorporar este pecho puede fiarse de él, ya que está mezclado con el genital del Sr. K. De la misma manera siente que sus padres están mezclados entre si, dentro de él. La pregunta que se formula sobre adónde le llevará el paraguas, expresa, pues, la incertidumbre que siente sobre si le están o no controlando desde adentro. El mundo que gira es todo el mundo que ha metido dentro de si al tomar el pecho; o mejor dicho, es mamá mezclada con papá, con sus hijos y con todo lo que contiene. Siente, además, que el papá-pene poderoso que tiene internalizado (el arma secreta) es algo que le hace ser poderoso cuando lo usa contra sus enemigos externos, pero que a su vez se transforma en algo peligroso para él si le ataca y controla desde adentro.

A pesar de esto, sin embargo, tiene más confianza que antes en papá y mamá -el paraguas-, tanto tomándolos como personas exteriores como interiores. Por esta causa es por lo que ahora trata su paraguas con más cuidado que antes el de mamá.

Al finalizar la sesión Richard ve a la cobradora de "la cara pintada" que pasa por la calle, y la saluda con la mano desde la ventana. Tras esto se queda preocupado, sin embargo, pensando en qué decirle si ella pregunta lo que estaba haciendo en esta casa. No le puede explicar lo que es el psicoanálisis; pero tampoco le quiere mentir, pues le tiene cariño. Decide, por fin, que le dirá que ha venido a ver a alguien.

Notas de la sesión número noventa y uno.

1. Un rasgo particular de estas ultimas sesiones y que se mantiene hasta la final, lo constituye la fuerte decisión consciente e inconsciente de Richard, de terminar él el análisis de manera amistosa y no demasiado penosa para el analista. La fuerza con la cual controla su agresividad cada vez que ésta se manifiesta, es muy llamativa. Este deseo de terminar el análisis guardando conmigo una buena relación, influye además en su actividad, en su juego y en sus dibujos. Hasta el final trata de hacer lo mejor posible, lo que él llama "el trabajo". Es significativo ver, además, que en esta sesión vuelva a jugar con los juguetes y que en la anterior dibuje barcos y peces del mismo tipo que hacía antes, lo cual debe tener como finalidad negar la terminación del análisis, aparte de llevarlo a un final feliz.

II. En esta sesión, salvo en el momento de mirar al señor Smith cuando éste pasa por la calle, Richard apenas presta atención a la gente. Se encuentra en cambio concentrado en una situación interna, y en este sentido se siente más seguro que otras veces. Esta situación interna de mayor seguridad, incluye la creencia en un pecho bueno protector, cosa que expresa con el juego del paracaídas que le ayuda en momentos de emergencia. Y aunque vemos en seguida que el pecho bueno está unido en su mente con el pene, parece, sin embargo, que tiene más confianza en él que en ocasiones anteriores. La desconfianza que siente ante el órgano señor del Sr. K. que se encuentra dentro de *M.K.*, y ante el de papá, que está dentro de mamá, todavía persiste, pero ahora es menor, pues confía más en la bondad de su padre. Recientemente Richard pudo dirigir su agresividad en forma más consistente contra el padre-Hitler malo, y unirse con la madre buena para ayudarla a defenderse. Además, en vez de dirigir en seguida su agresión contra el pecho cada vez que siente ansiedad, ahora puede, de una manera relativamente más estable, mantener la confianza que tiene depositada en él y en la madre, y afrontar así la lucha contra el padre. (Este cambio de actitud es el resultado de que la agresión se haya canalizado de una manera más "egosintónica".) La mayor confianza que les tiene a la madre buena interna y al padre interno bueno, va surgiendo en forma gradual. En la sesión anterior, por ejemplo, la depresión que le causa el ser dejado por mí, y el temor a la soledad que le hace revivir el miedo infantil a ser abandonado por sus padres, se expresan de una manera mucho más viva que en esta sesión. Por otra parte, también en la sesión anterior demostró tener más confianza que antes en Los dos padres y en la buena relación de ambos, cosa que indica, por ejemplo, en el dibujo del autobús, en el cual ambos están sentados juntos. Pero el cambio que se opera desde la sesión anterior a la actual, pasando por una depresión muy fuerte, hasta llegar a la mayor seguridad que vivencia hoy, también se debe en parte a un elemento maníaco, pues Richard hace uso de la mayor confianza que le tiene a la *M.K.* buena interna y a sus padres para huir del miedo y de la depresión que le provocan la separación.

SESIÓN NÚMERO NOVENTA Y DOS (Miércoles)

Richard está otra vez más deprimido y distraído. Comenta que ha estado jugado con John Wilson y sus amigos, e inmediatamente después saca el tren de carga y el eléctrico y construye una estación capaz de contener a los dos. El tren eléctrico se dirige a "Z", y Richard dice que él y *M.K.* se encuentran en el tren. El de carga también sale de viaje, pero no da detalles de hacia dónde se dirige. Cada vez que los trenes se acercan uno al otro, emite sonidos de enojo, y todo el juego que sigue consiste en evitar que ambos entren en colisión. A menudo están a punto de chocar, pero Richard logra siempre a última hora evitar el desastre, aunque se ve que este conflicto le provoca un gran esfuerzo mental. Mientras juega hace además varias sugerencias sobre posibles cambios de horarios, eligiendo horas en las que sabe que *M.K.* atiende a otros pacientes.

M.K. le dice que no le puede dar las horas que le pide, y le ofrece otras.

De pronto, en un momento en el que los dos trenes se hallan detenidos en la estación, Richard dice que se siente mal y que tiene un dolor en el vientre. Está muy pálido.

M.K. interpreta que la estación es su interior, y que está en una constante espera de que ocurra dentro de él un choque entre el tren eléctrico, que lo contiene a él, a ella y a la mamá buena, y el tren de carga enemigo, que representa a todos los pacientes enojados y a los niños a quienes Richard quiere robarles su analista, llevándosela a su ciudad natal (nota 1). Por esto es por lo que también quiere cambiar la hora de las sesiones, para quitársela a todo el mundo. Aunque está tratando de evitar que choquen los trenes, pues no quiere dañar ni a ella, ni a mamá, ni a sus hijos, y desea terminar el análisis pacíficamente, no parece, sin embargo, creer que pueda evitar el choque internamente. Esto quiere decir que, tanto él como ella, pueden quedar heridos o dañados por sus rivales, y por esta causa se siente tan tenso al jugar y tiene dolor de vientre (nota II).

Richard mira a *M.K.* con sorpresa y dice: "El dolor ha desaparecido por completo. ¿Por qué?" Y el color le vuelve a las mejillas.

M.K. interpreta que el dolor de hoy, igual que el de garganta que tuvo en sesiones anteriores, está relacionado con la ansiedad que siente por su interior, y que al comprender cuáles son estas ansiedades, vivenciándolas conscientemente, el dolor desaparece.

Richard hace ahora que el tren de carga corra detrás del eléctrico y una vez más debe detenerlos a último momento para evitar un desastre; entonces los lleva al otro extremo de la mesa. Un poco más tarde, la locomotora del tren de carga deja sus vagones y entra en la estación; aunque Richard trata de creer que ahora no va a ocurrir ningún desastre, es evidente que se siente inseguro, pues en seguida empuja la locomotora hacia detrás de la cartera de M.K y le dice enojado: "Tonta".

M.K. interpreta que el tren eléctrico la representa a ella ahora. Richard se la está llevando, para separarla de sus demás pacientes e hijos, cosa que demuestra al hacer que el tren eléctrico huya del de carga aunque con peligro de ser dañado por éste. Y después expresa la misma ansiedad de una manera diferente: la locomotora del tren de carga (que ahora representa a *M.K.* la "tonta", a quien ha empujado detrás de la cartera), llega sola a la estación, lo cual quiere decir que él y ella ya no están juntos. Los vagones representan a papá, los pacientes y a los niños, quienes ahora son todos rivales suyos (nota III). La locomotora también representa a la *M.K.* externa, la mamá buena, que es su principal ayuda y apoyo.

Richard dice enfáticamente que *M.K.* está con él en el tren, y le indica que uno de los vagones es él y el otro ella. Desengancha entonces los dos y luego los vuelve a enganchar, añadiendo que están juntos y que además tienen juntos sus órganos sexuales.

M.K. interpreta que siente que no puede evitar el desastre que se cierne sobre los dos. Acaba de darse cuenta de que realmente ella no va a quedarse con él más tiempo, sino que se va a marchar para unirse con sus demás pacientes y con su familia. Y que por esto desenganchó y volvió a enganchar otra vez los vagones.

Richard contesta que si *M.K.* desea dejar a sus demás pacientes, él no tiene nada que ver con ello.

M.K. interpreta que es justamente por esto por lo que se acaba de enfadar tanto con ella -la locomotora-, llamándola "tonta", pues acaba de sentir que no es ella quien desea dejar a sus niños y a sus pacientes (los vagones) para quedarse con él, sino él, Richard, quien quiere separar a éstos de ella.

Richard engancha los vagones al tren de mercancías y los dos trenes chocan, pero el choque lo hace con mucho cuidado... En un determinado momento, mientras juega con los trenes, Richard muestra la desconfianza que le tiene a *M.K.* al preguntarle si puede guardar un secreto. Luego le cuenta que una persona muy importante (cuyo nombre menciona), ha pasado esa mañana por *"X"*. Ahora vuelve a pedirle que no hable de ello.

M.K. interpreta que ha aumentado la desconfianza que le tiene, porque como se va y le deja, se ha convertido en la madre "bruta malvada".

Richard pregunta si *M.K.* es una médica de la mente tal como otros son médicos para el cuerpo.

M.K. contesta que sí, que se puede decir que así es.

Richard dice que la mente es aun más importante que el cuerpo, aunque le parece que la nariz es muy importante también.

M.K. interpreta que la nariz representa su órgano genital, y que teme que le pase algo malo a él; que esté dañado y que no se desarrolle como es debido Esta es la causa que le hace temer convertirse en tonto. Duda, además, que ella pueda llegar a curárselo, además de la mente.

Tras el desastre, Richard guarda los juguetes.

M.K. se refiere a uno de los dibujos de la sesión anterior y vuelve a preguntar por el pez dibujado en la parte baja, el cual está en las garras de lo que Richard llama un cangrejo, y que se parece mucho al pulpo de los primeros dibujos.

Richard dice una vez más que el pez se escapa de las tenazas y luego añade que éstas son los dos pechos.

M.K. interpreta que representan además la rabia que él siente, aunque al mismo tiempo desea que el pecho pueda salvarse y cortar las tenazas. Por haber atacado el pecho, teme ahora que éste se transforme en tenazas y le ataque a él, pues de ser así, para salvarse (ahora es él el pez), tendría que cortar el pecho (nota IV).

Richard dice que no quiere mirar más por debajo de la superficie del dibujo (quiere decir bajo la línea), y sugiere que miren, en cambio, lo que pasa sobre el agua (se refiere al barco que dibujó con tanto placer). Después dice que hace poco estuvo jugando con John Wilson y sus amigos y que él, Richard, bombardeó el camino de Birmania que había en el juego

M.K. interpreta que si bombardeó el camino de Birmania, eso quiere decir que es japonés.

Richard dice entonces con aire desorientado que en ese caso él debe de ser el barco japonés del dibujo.

M.K. le vuelve a señalar entonces las diversas partes que tiene su personalidad, las cuales están representadas por el *Salmon* británico y por el barco japonés. Esta misma situación la ha representado ya antes, al ser a veces alemán y a veces inglés. El barco que lo representa á él tiene, además, gente adentro -los hombrecitos-, y éstos representan a papá, el cual teme que dañe a la mamá buena que está dentro de él. Este temor es el mismo que siente hacia el genital de Hitler, el "arma secreta" que él mismo contiene, y que puede impulsarle a dañar a ella o a mamá. El submarino británico, en cambio, representa a su parte buena, que contiene a la *M.K.* buena y a ma-má.

El estado de ánimo de Richard en esta sesión se parece en general al que tenía en la sesión noventa, pues está muy triste y tenso. El deseo cada vez mayor de ser abrazado y mimado, se muestra repetidas veces en que toca a *M.K.* y deja caer varios objetos al suelo para poder tocarle las piernas al levantarlos. Todo el tiempo está tratando, además, de controlar la agresividad que siente, por temor a dañar con ella sus objetos queridos.

Notas de la sesión número noventa y dos.

1. El choque entre los objetos buenos y los que Richard siente que son los malos (por haberlos atacado y quererlos desposeer), es también el conflicto que existe entre una parte de sí mismo, la cual siente que es buena y que está aliada con el objeto bueno, y otra parte de sí que es hostil y que está en alianza con los objetos que siente que son malos.

II. Es importante tomar nota de la discrepancia existente entre las situaciones internas y externas, y del hecho de que, si bien Richard trata de arreglar las cosas externamente para evitar el desastre, no puede, sin embargo, liberarse del sentimiento de desastre interno, el cual expresa mediante el dolor físico y la tensión mental que refleja de manera muy y notoria La experiencia psicoanalítica demuestra que los esfuerzos realizados para poder manejar las situaciones y relaciones externas, persiguen varias finalidades: no sólo mejorar la relación con el mundo externo -lo cual implica reparar los primeros objetos externos-, sino también apaciguar las ansiedades relativas al mundo interior. De esta manera, las relaciones externas se convierten en un medio para poner a prueba las internas; y de no existir un equilibrio relativamente bueno entre lo externo y lo interno, estos ensayos no consiguen el éxito perseguido.

III. En la actualidad, los estudios que he hecho del yo me sugerirían la formulación de una interpretación hecha desde un punto de vista diferente. Ya he interpretado que una parte de Richard, la cual él vive como buena y en alianza con el buen objeto, está luchando contra su parte destructiva, la cual está a su vez combinada con los objetos malos. Pero el yo de Richard no es aún lo suficientemente fuerte como para manejar el inminente desastre. Podríamos, pues, llegar a la conclusión de que la locomotora, que coloca detrás de mi cartera (la cual me ha representado a mí en varias oportunidades), representa a sus impulsos destructivos, a los cuales él mismo se siente incapaz de controlar y deben por ello ser controlados por el analista (en última instancia, por su objeto bueno). Este objeto bueno también es vivido como un superyó que controla y, por lo tanto, ayuda.

IV. Este ejemplo sirve para ilustrar el hecho de que los intentos de reparar y controlar los impulsos destructivos, no pueden evitar la proyección de éstos sobre el objeto. Como Richard ha destruido muchos pechos, el pecho sigue siendo un objeto del cual no se fía, que puede llegar a morderle y a atenazarle. Esto constituye un ejemplo de la complejidad de los procesos que operan en forma simultánea, pues podemos ver, en efecto, cómo se expresan los impulsos destruc tivos y al mismo tiempo el deseo de controlarlos e incluso aniquilarlos, lo cual puede llegar a significar el aniquilamiento de una parte muy importante de la personalidad (véase "Notas sobre algunos mecanismos esquizoides", 1946). De esta manera el objeto bueno queda a salvo; pero al mismo tiempo se establece una actitud de desconfianza ante él, pues en cualquier momento puede vengarse y hacerse peligroso.

SESIÓN NÚMERO NOVENTA Y TRES, Y ULTIMA (Jueves)

Richard está triste y silencioso. Toda la sesión se caracteriza por la existencia de largos silencios y por los esfuerzos evidentes que hace para poder hablar, seguir trabajando y no dejarse vencer por la depresión, tanto por su bien como por el de *M.K.* Al principiar la hora dice que está muy triste por la ida de ésta y le pregunta si sabe el nombre de una mujer de "Z" de quien ha oído hablar y que hace algún tipo de "trabajo"; pero en realidad no piensa que sea el trabajo adecuado, sino que más bien se trata de una bruja... Luego menciona que se ha hecho amigo de la cobradora bonita.

M.K. interpreta que, como va a perderla a ella y el análisis, está tratando de hacer amigos en todas partes donde pueda. De esta manera piensa que podría evitar el ser atacado por sus enemigos. La cobradora bonita es para él una mezcla de bueno y malo: es tan bonita como su madre, pero al mismo tiempo es mala, por tratarle como a un niño.
De todas maneras quiere estar en buenos términos con ella antes de que se marche *M.K.*

Richard caza una mosca y la echa por la ventana, diciendo que se va al jardín del "oso".

M.K. interpreta que las moscas han representado diversos papeles en las sesiones anteriores. Unas veces las ha matado (en ocasiones en que representaban a los bebés malos o incluso al papá malo). Otras le ha dado libertad, como lo ha hecho en este momento, al decir que el animalito se iba al jardín del "oso", el cual representa a un papá bastante inofensivo.

Richard dice pensativamente: "El oso es el papá azul oscuro", y añade que su papá verdadero es celeste. Es ésta la primera vez que usa la palabra celeste para aplicársela a su padre, pues antes siempre la ha reservado para designar con ella a la mamá ideal o a *M.K.*

M.K. interpreta que ahora usa el celeste para papá y que parece con ello estar expresando el amor que siente por él. Además al perderla a ella, le sirve de consuelo tener un papá casi tan bueno como mamá.

Richard va a la cocina y bebe del grifo.

M.K. interpreta que ya que no puede tener el pecho bueno, quiere incorporar dentro de sí el pene bueno de su padre.

Durante la sesión entera, Richard juega bastante con el reloj. Lo acaricia, lo manosea, lo abre y lo cierra, le da cuerda, y parece estar profundamente enfrascado en cada actividad que hace con él. Al poner la alarma, dice: "*M.K.* está hablando por radio a todo el mundo y dice: Daré a todo el mundo la paz que sea más conveniente". Luego, un poco tímidamente, añade: "Y Richard es un niño muy bueno, y yo le quiero...". Tras esto, sigue matando moscas y cortándolas por la mitad. Llena un cubo de agua hasta el borde, y explica que desea tomar la mayor cantidad de leche que sea posible, pero que además quiere vaciar y limpiar el tanque. También desea matar a todas las moscas que encuentre en el cuarto de juegos. Mientras las mata, se refiere a la "V" de la victoria que está obteniendo sobre ellas... Al volver a la mesa, encuentra que la cartera de *M.K.* está abierta; entonces rápidamente le saca el monedero y dice: "No te importa, ¿verdad?", y lo abre Mira los chelines, los pone de lado, y saca unos billetes. Comenta que *M.K.* parece tener mucho dinero, y luego le pregunta si esto es todo lo que tiene o si tiene más en el banco. Al separar los chelines, hace un gesto como si quisiera quedarse con ellos.

M.K. interpreta que antes de separarse querría sacar de dentro de ella todo "lo grande" (los chelines) y la leche que fuera posible. Pero que luego se asusta, pensando que quizá le deje a ella demasiado poco; por esta causa le ha preguntado si tiene más en el banco. Esto demuestra que teme haberla dejado exhausta. Al matar a todas las moscas, está tratando de protegerla -y a mamá también-, de todos los bebés malos que siente que las dos contienen y que pueden ponerlas en peligro.

Richard, igual que en la sesión anterior, aprovecha todas las oportunidades que se le presentan para tocar a *M.K.*, y en un determinado momento le pregunta si no le gustaría sentarse en el banco de piel que en una sesión anterior representó su órgano sexual.

M.K., tras sentarse un rato en el banco, interpreta que desea tocarla, no sólo porque le gustaría acariciarla como acaricia el reloj, sino también porque le parece que al tocarla se la puede meter dentro de él y mantenerla allí mejor.

Richard da un puntapié a los bancos y tras ello tira la cuerda de la manera que lo hizo anteriormente (sesión cincuenta y dos), recordándole a *M.K.* la forma en que la usó antes, cuando representaba el pene de papá del cual él se había apoderado... También juega mucho con las llaves. Hace que las dos anden juntas; luego, tras sacar la más pequeña del aro del llavero, la vuelve a colocar en él.

M.K. interpreta que desea irse con ella a Londres; luego volver con su mamá, y después, una vez más, irse con ella. Esto es lo que está expresando con el juego de las llaves.

Richard pide entonces a *M.K.* que ponga la mano sobre una hoja de papel, y le dibuja el contorno, el cual se lleva luego con él.

M.K. interpreta que es otra manera de mantenerla a ella dentro de sí.

Richard se pone una vez más a jugar con el reloj: cierra tanto el marco que por poco se cae, pero dice que lo está sujetando todavía. Luego lo cierra del todo, lo vuelve a abrir rápidamente y dice: "Ahora ella está otra vez bien".

M.K. interpreta que teme que ella tenga un colapso y que necesite su apoyo para seguir en pie (si quiere venir a Londres es en parte para protegerla allí). Pero que también se está refiriendo a la *M.K.* interna, la cual teme que tenga un colapso dentro de él; pero está decidido a mantenerla viva, tanto interna como externamente. Si por un lado teme no tener éxito en esta empresa, por el otro tiene la esperanza de poder triunfar.

Hacia el final de la hora Richard se queda muy silencioso, pero dice que ha decidido continuar el trabajo con *M.K.* en algún momento del futuro.

M.K. va con Richard hasta el pueblo, pero una vez allí el niño se despide rápidamente de ella, diciéndole que prefiere que no le vea subir al autobús.

Durante toda la sesión ha estado librando una fuerte batalla contra la depresión, y tratando de que la despedida no fuera demasiado difícil para ninguno de los dos. También ha tratado de mantener viva la esperanza de volver a ver a *M.K.* y de poder continuar el análisis. El esfuerzo que hace por colaborar con ella se ve en la manera como, al tirar la cuerda, le recuerda lo que ello significó en el pasado.

COMENTARIOS FINALES

El psicoanálisis que he presentado aquí no es completamente típico, como ya dije en la Introducción. A pesar de ello, el material de Richard y mis interpretaciones sirven para ilustrar los principios básicos de la técnica que empleo para analizar a los niños, tanto durante el período de latencia

PSIKOLIBRO

como en el de la preadolescencia. Por ello creo que este libro constituye una continuación de mi *Psicoanálisis de niños*, y que puede resultar de utilidad para el estudiante de psicoanálisis y en especial para el psicoanalista de niños. En realidad, es ésta la finalidad que persigo al publicarlo.

En las notas he ido indicando ciertas etapas del proceso de desarrollo, algunas de las cuales luego se desvanecen. Sin embargo, las considero importantes, pues parte del trabajo del analista consiste en estudiar tales etapas cuidadosamente, aun cuando no estén suficientemente establecidas.

Todo el proceso del análisis, aunque éste sea mucho más prolongado, implica la existencia de tales cambios, y el proceso de la elaboración sólo se hace posible cuando el analista sigue estas fluctuaciones muy de cerca y las va analizando. Esto implica que no sólo debe interpretar cada nuevo detalle que aparece en el material, sino que además tiene que hacerse cargo de los cambios que se operan en el contenido y en la forma de las situaciones de ansiedad, a medida que el paciente va alcanzando un mejor conocimiento de si mismo.

El progreso de Richard está ligado a la mejoría que experimenta en la relación con el objeto bueno, y estoy convencida de que esto constituye lo fundamental de todo análisis en el que se logran alteraciones favorables y duraderas. He demostrado claramente que para Richard el objeto bueno es la madre "celeste" idealizada, y que la relación que sostiene con la analista mantiene estas mismas características. Como siempre ocurre, la idealización implica necesariamente la existencia de una situación persecutoria de diversos grados, y un signo de progreso considerable en el análisis de Richard, lo constituye el hecho de que éste pueda traer a un primer plano el aspecto persecutorio de la relación con esta madre y analista idealizadas. Al analizar estos dos aspectos, resulta, sin embargo, que la relación del niño con su madre no se basa solamente en la idealización, sino que, hasta cierto punto, ha logrado también establecer con ella una relación de confianza y de amor; y esto a pesar de que la ansiedad persecutoria y los procesos de disociación hagan necesario una y otra vez que recurra a la idealización. Al disminuir estas ansiedades, Richard puede establecer un a relación mucho más segura con el objeto bueno primario: la madre Y además, gracias al análisis del complejo de Edipo, en el cual el elemento paranoico es muy intenso, puede vivenciar más profundamente el amor que siente por su padre. Esto a su vez contribuye a disminuir las sospechas y las ansiedades persecutorias referentes a otras personas, con lo cual se mejoran las relaciones de objeto en general, a la par que la relación que mantiene con ambos padres.

P S ï K o L ï B R o

Todas estas modificaciones implican que Richard se ha hecho más capaz de enfrentar, controlar y contrarrestar los impulsos destructivos, la envidia y las ansiedades persecutorias. Y este desarrollo significa que su yo está en mejores condiciones para aceptar e integrar el superyó. Otro factor que también contribuye al fortalecimiento de su yo, lo constituye el que los procesos de identificación proyectiva e introyectiva, que eran muy poderosos, han disminuido en el transcurso del análisis.

Por otra parte, también queda el yo reforzado, al adquirir Richard una mayor confianza en sus propias dotes y en los aspectos buenos de su carácter; lo cual, además, le da una mayor confianza en llegar a ser potente, permitiéndole al mismo tiempo un despliegue mayor de las fantasías genitales.

En la primera parte de este libro nos encontramos con un Richard que está en un perpetuo tironeo entre sus impulsos destructivos y amorosos, y que es presa de ansiedades tanto persecutorias como depresivas. La total inseguridad que siente queda expresada en el "desastre" que se produce cada vez que usa los juguetes, el cual implica siempre la destrucción de todo su mundo externo e interno, incluido él mismo. otro índice de que no puede controlar la avidez, envidia y competencia, lo encontramos en los dibujos de los imperios, pues sea lo que fuere lo que se propone hacer conscientemente, siempre resulta que él tiene más países que los demás.

Esta situación se va modificando a medida que el análisis progresa. Ya he dicho que antes que la envidia, los celos y la avidez, que en mi opinión son expresiones del instinto de muerte, disminuyen al poder Richard ir enfrentándose gradualmente con sus impulsos destructivos e integrándolos. Esto a su vez permite que la capacidad de amar que tiene entre más plenamente en acción, lo que hace posible que el odio sea mitigado por el amor como resultado de esto, puede al mismo tiempo ir desarrollándose en él una mayor tolerancia hacia los demás y hacia sus propias debilidades. El sentimiento de culpa que vivenciaba a la par de las ansiedades persecutorias, disminuye, y esto implica a su vez la adquisición de una mayor capacidad para reparar. De esta manera puede, hasta cierto grado, elaborar la posición depresiva.

Otra prueba de que el instinto de vida va adquiriendo una preponderancia cada vez mayor, junto con la capacidad de amar, la tenemos en que ya no se siente obligado a separarse de los objetos destruidos, y en cambio, puede tener compasión por ellos. Ya me he referido al hecho de que a pesar de odiar tanto a los enemigos que en aquel momento ponían en peligro la existencia de Gran Bretaña, es, sin embargo, capaz de sentir simpatía por el enemigo vencido. Esto lo demuestra, por ejemplo, cuando se apena por el daño que sufren Berlín y Munich, y en otra ocasión, cuando se identifica con el *Prinz Eugen*, al que acaban de hundir. El predominio cada vez mayor del instinto de vida en la fusión de ambos instintos y la consiguiente mitigación del odio por el amor, constituyen la última razón por la cual puede el niño seguir teniendo esperanza, a pesar de la experiencia dolorosa que es interrumpir un análisis que él reconoce de importancia esencial, tanto consciente como inconsciente.

La afirmación de que, como resultado del trabajo analítico, Richard logra establecer dentro de sí en forma mucho más estable el objeto bueno interno, se ve confirmada por la esperanza que ahora tiene, y por la habilidad que demuestra para mantener una buena relación con su analista, considerada como objeto interno y externo, a pesar del resentimiento, de la sensación de pérdida y de la gran ansiedad que su viaje le ocasionan. Esta mayor seguridad interior, refleja el predominio que ahora tiene el instinto de vida.

Tengo la impresión que este análisis, aun cuando quedó sin terminar, produjo cambios duraderos en el paciente.

www.ingramcontent.com/pod-product-compliance
Lightning Source LLC
Chambersburg PA
CBHW031813170526
45157CB00001B/38